Abkürzungen

ABB	Ausschuß für Blitzableiterbau
AEF	Ausschuß für Einheiten und Formelgrößen
AGt	Ausschuß Gebrauchstauglichkeit in der Elektrotechnik
BAM	Bundesanstalt für Materialprüfung
CEE	Commission Int. pour la Réglementation Electrique (Internationale Kommission zur Regelung elektrischer Erzeugnisse)
CEN	Europäisches Komitee für Normung
CENELEC	Europäisches Komitee für elektrotechnische Normung
CENELCOM	Europäisches Komitee zur Koordinierung elektrotechnischer Normen der Länder der Europäischen Gemeinschaft
CIE	Commission Internationale de l'Eclairage (Internationale Kommission für Beleuchtung)
DBP	Deutsches Bundespatent
DGMA	Deutsche Gesellschaft für Meßtechnik und Automatisierung
DKE	Deutsche Elektrotechnische Kommission (FNE gemeinsam mit Vorschriftenausschuß des VDE), Burggrafenstraße 4–10, 10787 Berlin
DIN	Deutsches Institut für Normung, Burggrafenstraße 4–10, 10787 Berlin
DNA	Deutscher Normenausschuß
EN	Norm der Europäischen Gemeinschaft für Kohle und Stahl, European Standard, Norme Européenne
EVU	Elektrizitäts-Versorgungsunternehmen
EVÖ	Elektrotechnischer Verein Österreichs
FeO	Fernsprechordnung
FNA	Fachnormenausschuß im Deutschen Normenausschuß
FNE	Fachnormenausschuß Elektrotechnik im Deutschen Normenausschuß, Kardinal-Krementz-Straße 18, 56073 Koblenz
HEA	Hauptberatungsstelle für Elektrizitätsanwendung e.V., Am Hauptbahnhof 12, 60329 Frankfurt/Main
IEC	International Electrotechnical Comission = CEI Internationale Elektrotechnische Kommission
ISA	International Standard Association
ISO	International Organization für Standardization (Internationale Organisation für Normung)
JEDEC	Joint Electron Devise Engeneering Council
NTG	Nachrichtentechnische Gesellschaft
ÖNA	Österreichischer Normenausschuß
ÖNORM	Österreichische Norm
PTB	Physikalisch-Technische Bundesanstalt, Bundesallee 100, 38116 Braunschweig
RAL	Ausschuß für Lieferbedingungen und Gütesicherung bei DNA
REFA	Verband für Arbeitsstudien und Betriebsorganisation e.V.
RKW	Rationalisierungskomitee der Deutschen Wirtschaft
TAB	Technische Anschlußbedingungen der VDEW
VDE	Verband Deutscher Elektrotechnischer e.V., Stresemannallee 15, 60596 Frankfurt/Main
VDEW	Vereinigung Deutscher Elektrizitätswerke
VDI	Verein Deutscher Ingenieure
VDMA	Verein Deutscher Maschinenbau-Anstalten e.V.
VOB	Verdingsordnung für Bauleistungen
ZVEH	Zentralverband der deutschen Elektrohandwerke, Lilienthalallee 4, 60487 Frankfurt/Main
ZVEI	Zentralverband der Elektrotechnischen Industrie, Stresemannallee 19, 60596 Frankfurt/Main

Elektrotechnik Tabellen Kommunikationselektronik

Gerhard Brechmann, Cremlingen
Werner Dzieia, Rodgau
Ernst Hörnemann, Heiden
Heinrich Hübscher, Lüneburg
Dieter Jagla, Neuwied
Hans-Joachim Petersen, Helmstedt

Diesem Buch wurden die bei Manuskriptabschluß vorliegenden neuesten Ausgaben der DIN-Normen und VDE-Bestimmungen zugrunde gelegt. Verbindlich sind jedoch nur die neuesten Ausgaben der DIN-Normen und VDE-Bestimmungen selbst.

Die DIN-Normen wurden wiedergegeben mit Erlaubnis des DIN Deutsches Institut für Normung e.V. Maßgebend für das Anwenden der Norm ist deren Fassung mit dem neuesten Ausgabedatum, die bei der Beuth Verlag GmbH, Burggrafenstraße 6, 10787 Berlin, erhältlich ist.

Die auszugsweise Wiedergabe der DIN-Normen mit VDE-Kennzeichnung erfolgt mit Genehmigung des DIN Deutsches Institut für Normung e.V. und des Verbandes Deutscher Elektrotechniker (VDE) e.V. Maßgebend für das Anwenden der Normen sind deren Fassungen mit dem neuesten Ausgabedatum, die bei der vde-verlag gmbh, Bismarckstraße 33, 10625 Berlin bzw. Merianstraße 29, 63069 Offenbach und bei der Beuth Verlag GmbH, Burggrafenstraße 6, 10787 Berlin, erhältlich sind.

Dieses Papier wurde aus chlorfrei gebleichtem Zellstoff hergestellt

3. Auflage   Druck   7   6   5
Herstellungsjahr   2002   2001

Alle Drucke dieser Auflage können im Unterricht parallel verwendet werden.

© Westermann Schulbuchverlag GmbH, Braunschweig 1996

Verlagslektorat: Armin Kreuzburg
Verlagsherstellung: Herbert Heinemann

Herstellung: westermann druck GmbH, Braunschweig

ISBN 3-14-225037-9

Inhaltsverzeichnis

1 Grundlagen
5 ... 72

2 Bauelemente und Grundschaltungen
73 ... 130

3 Signalausbreitung und -verteilung
131 ... 156

4 Signalverarbeitung und -wiedergabe
157 ... 232

5 Telekommunikation
233 ... 262

6 Informationstechnik
263 ... 328

7 Messen, Steuern, Regeln
329 ... 362

8 Antriebe und Anlagen
363 ... 406

9 Technische Dokumentation
407 ... 432

Formeln
433 ... 450

Vorwort zur 3. Auflage

Ein Tabellenbuch gewinnt gerade nach den Intentionen der neuen Lehrpläne eine zentrale Bedeutung in der Aus- und Weiterbildung. Wenn von den Facharbeitern zukünftig mehr Selbständigkeit in Planung, Durchführung und Kontrolle ihrer Arbeit, mehr Kommunikations- und Kooperationsbereitschaft gefordert wird, so ist eine umfangreiche Datenbank für unterwegs und zu Hause unverzichtbar.

Das Buch deckt durch seine vielfältige und ausführliche Darstellung den kompletten Lehrstoff berufsbildender Schulen sowohl im Handwerks- als auch im Industriebereich ab. Darüberhinaus kann es vom in der Praxis stehenden Facharbeiter, Meister bis hin zum Techniker jederzeit als zusätzliche Informationsquelle eingesetzt werden. Somit ist es unterrichtsbegleitend, bei der praxisorientierten Tätigkeit und nicht zuletzt beim Selbststudium sehr gut einsetzbar.

Wo immer möglich, werden die verwendeten Vorschriften und Normen in der rot hinterlegten Kopfzeile einschließlich Ausgabedatum genannt. Dabei handelt es sich in der Regel um Auszüge, die auf die Belange von Berufsschule und Berufspraxis didaktisch reduziert wurden.

Klarer Seitenaufbau und Farbhinterlegungen tragen zur Übersichtlichkeit bei und vereinfachen so das rasche Auffinden der gesuchten Information. Die Farbgebung in den Darstellungen wurde nach funktionalen Gesichtspunkten ausgewählt. Wenn aus sachlogischen Gründen erforderlich, haben wir nicht gezögert, vierfarbige Abbildungen vermehrt mitaufzunehmen.

Neben aktuellen Vorschriften und Normen wurde besonderer Wert gelegt auf ein ausführliches Stichwortverzeichnis, welches dem Benutzer auch über verschiedene Begriffe den Zugang zum gesuchten Lernstoff erlaubt. Damit ist sichergestellt, daß die Informationsdichte in diesem Werk auch nutzbar ist.

Die vorliegende 3. Auflage wurde komplett überarbeitet sowie um 48 Seiten erweitert, um damit den neuen Entwicklungstendenzen moderner Technologie zu entsprechen. Außerdem wurde den vielfachen Wünschen aus der Leserschaft Rechnung getragen und am Ende des Buches eine Formelsammlung integriert. Hier wurde versucht, die sich durchs ganze Buch ziehenden Formeln nicht nur zu bündeln, sondern auch Strukturen der Elektrotechnik aufzuzeigen. Wem die kompakte Darstellung im Formelteil nicht genügt, kann anhand großzügig angelegter Seitenverweise schnell und zuverlässig auf die ausführliche Darstellung im Informationsteil zurückgreifen.

Für Hinweise und Verbesserungsvorschläge sind Autoren und Verlag jederzeit aufgeschlossen und dankbar.

Autoren und Verlag   Braunschweig 1996

1 Grundlagen

Mathematik

Allgemeine mathematische
   Zeichen und Begriffe 6
Zeichen und Begriffe der
   Mengenlehre 7
Standard-Zahlenmengen 7
Zahlen und Zahlensysteme 8
Logarithmieren 9
Griechisches Alphabet 9
Schaltalgebra 10
Funktionen und Lehrsätze 11
Längen- und Flächenberechnungen ... 12
Körperberechnungen 13

Physik

Physikalische Größen und
   Einheiten 14
Formelzeichen und Einheiten 15
Physikalische Konstanten 17
Indizes 18
Masse und Kraft 19
Mechanische Arbeit, Leistung
   und Drehmoment 20
Wirkungsgrad 20
Mechanische Energie 21
Reibung 21
Hebel und Rollen 22
Antriebe 22
Bewegungen 23
Gleichförmige Kreisbewegung 24
Druck 24
Wärme 25
Akustik 26
Optik 28

Chemie, Werkstoffe, Werkstoffbearbeitung

Grundlagen der Chemie 30
Stoffabscheidung durch Elektro-
   lyse (Galvanisieren) 32
Spannungsreihe der Elemente
   (Normalpotentiale) 32
Periodensystem 33
Stoffwerte von Werkstoffen 33
Stoffwerte von chemisch reinen
   Elementen 34
Eigenschaften von Werkstoffen 35
Eisenwerkstoffe 36
Legierungen 36
Nichteisen-Metalle 37
Widerstandswerkstoffe 38
Kontaktwerkstoffe 38
Magnetwerkstoffe 39
Kunststoffe 40
Keramische Werkstoffe 41
Löten, Lötstationen 42
Löten, Leiterplattenmontage 43
Gedruckte Schaltungen 44
Flexible Leiterplatten 45
Kleben 46

Elektrotechnik

Grundlegende Größen und
   Formeln der Elektrotechnik 47
Normspannungen 48
Nennströme in A 48
Spannung und Strom, gekürzte
   Schreibweise 48
Elektrischer Widerstand 49
Messung elektrischer Widerstände ... 49
Schaltungen mit Widerständen 50
Schaltungen mit Spannungs-
   quellen 52
Wärmewirkungsgrad 52
Elektrisches Feld, Kondensator 53
Magnetisches Feld 54
Induktionsspannung 56
Schaltvorgänge bei Konden-
   satoren und Spulen 57
Impulsformung durch
   RC-Glieder 58
Wechselspannung und
   Wechselstrom 59
Fourier-Analyse 60
Nichtsinusförmige Spannungen 61
Stromsysteme 62
Drehstromübertragung 62
Stern- und Dreieckschaltungen
   im Drehstromnetz 63
Widerstände im Wechselstromkreis ... 64
Filterschaltungen 66
Schaltungsumwandlungen 67
Schwingkreis 68
Einengung des Frequenzbereiches ... 69
Komplexe Größen 70
Vierpolparameter von elektrischen
   Zweitoren 71
Vierpolparameter 72

Allgemeine mathematische Zeichen und Begriffe

DIN 1302/04.94

Zeichen	Verwendung	Sprechweise (Erläuterungen)
Pragmatische Zeichen (nicht mathematisch im engeren Sinne. Bedeutung von Fall zu Fall präzisieren)		
$\approx$	$x \approx y$	x ist ungefähr gleich y
$\ll$	$x \ll y$	x ist klein gegen y
$\gg$	$x \gg y$	x ist groß gegen y
$\triangleq$	$x \triangleq y$	x entspricht y
...		und so weiter bis, und so weiter (unbegrenzt), Punkt, Punkt, Punkt
Allgemeine arithmetische Relationen und Verknüpfungen		
$=$	$x = y$	x gleich y
$\neq$	$x \neq y$	x ungleich y
$<$	$x < y$	x kleiner als y
$\leq$	$x \leq y$	x kleiner oder gleich y, x höchstens gleich y
$>$	$x > y$	x größer als y
$\geq$	$x \geq y$	x größer oder gleich y, x mindestens gleich y
$+$	$x + y$	x plus y, Summe von x und y
$-$	$x - y$	x minus y, Differenz von x und y
$\cdot$	$x \cdot y$ oder xy	x mal y, Produkt von x und y
— oder /	$\frac{x}{y}$ oder x/y	x durch y, Quotient von x und y
Σ	$\sum_{i=1}^{n} x_i$	Summe über x_i von i gleich 1 bis n
$\sim$	$f \sim g$	f ist proportional zu g
Besondere Zahlen und Verknüpfungen		
π		pi (3,1415926...); exp (1)
e		e (2,7182281...)
	x^n	x hoch n, n-te Potenz von x
$\sqrt{}$	$\sqrt{x}$	Wurzel (Quadratwurzel) aus x
$\sqrt[n]{}$	$\sqrt[n]{x}$	n-te Wurzel aus x
$|\,|$	$|x|$	Betrag von x
∞		unendlich
Elementare Geometrie		
$\perp$	$g \perp h$	g und h stehen senkrecht zueinander (g orthogonal zu h)
$\parallel$	$g \parallel h$	g ist parallel zu h
$\uparrow\uparrow$	$g \uparrow\uparrow h$	g und h sind gleichsinnig parallel
$\uparrow\downarrow$	$g \uparrow\downarrow h$	g und h sind gegensinnig parallel
$\sphericalangle$	$\sphericalangle (g, h)$	(nicht orientierter) Winkel zwischen g und h
$\measuredangle$	$\measuredangle (g, h)$	orientierter Winkel von g nach h (Zählrichtung festgelegt)
	$\overline{PQ}$	Strecke von P nach Q
d	$d(P, Q)$	Abstand (Distanz) von P nach Q
$\triangle$	$\triangle (ABC)$	Dreieck ABC
$\cong$	$M \cong N$	M ist kongruent zu N
Exponentialfunktion und Logarithmus		
exp	exp z od. e^z	Exponentialfunktion von z oder e hoch z
ln	ln x	natürlicher Logarithmus von x (Basis e)
	x^z	x hoch z
log	$\log_y x$	Logarithmus von x zur Basis y
lg	lg x	dekadischer Logarithmus von x (Basis 10)
Trigonometrische Funktionen sowie deren Umkehrungen		
sin	sin z	Sinus von z
cos	cos z	Cosinus von z
tan	tan z	Tangens von z
cot	cot z	Cotangens von z
Arcsin	Arcsin x	Arcussinus von x
Arccos	Arccos x	Arcuscosinus von x
Arctan	Arctan x	Arcustangens von x

Zeichen und Begriffe der Mengenlehre

DIN 5473/07.92

Zeichen	Verwendung	Sprechweise (Erläuterungen)
$\in$	$x \in M$	x ist Element von M
$\notin$	$x \notin M$	x ist nicht Element von M
	$x_1, \ldots, x_n \in A$	$x_1, \ldots, x_n$ sind Elemente von A
$\{\,\mid\,\}$	$\{\,x \mid \varphi(x)\,\}$	die Klasse (Menge) aller x mit $\varphi(x)$
$\{\,,\ldots,\,\}$	$\{\,x_1, \ldots, x_n\,\}$	die Menge mit den Elementen $x_1, \ldots, x_n$
$\subseteq$	$A \subseteq B$	A ist Teilklasse (Teilmenge) von B, A sub B
$\subsetneq$	$A \subsetneq B$	A ist echte Teilklasse von B, A echt sub B
$\cap$	$A \cap B$	A geschnitten mit B, Durchschnitt von A und B
$\cup$	$A \cup B$	A vereinigt mit B, Vereinigung von A und B
$\setminus$	$A \setminus B$	A ohne B, Differenz von A und B
$\emptyset$ oder $\{\,\}$		leere Menge

Standard-Zahlenmengen

DIN 5473/07.92

Zeichen	Definition	Sprechweise	Beispiele
$\mathbb{N}$ oder **N**	Menge der **nichtnegativen ganzen Zahlen**. Menge der **natürlichen Zahlen**. $\mathbb{N}$ enthält die Zahl 0.	Doppelstrich-N	0, 1, 2, 3, 4
$\mathbb{Z}$ oder **Z**	Menge der **ganzen Zahlen**.	Doppelstrich-Z	−4, −3, −2, −1, 0, 1, 2, 3, 4
$\mathbb{Q}$ oder **Q**	Menge der **rationalen Zahlen**.	Doppelstrich-Q	$-4,\ -3,\ -2,\ -\tfrac{3}{2},\ -1,\ 0,\ \tfrac{1}{2},\ 1,\ \tfrac{7}{4},\ 2,\ 3,\ \tfrac{19}{5},\ 4$
$\mathbb{R}$ oder **R**	Menge der **reellen Zahlen**.	Doppelstrich-R	$-4,\ -3,\ -2,\ -\tfrac{3}{2},\ -1,\ -\sqrt{\tfrac{1}{4}},\ 0,\ \tfrac{1}{2},\ 1,\sqrt{2},\ \tfrac{7}{4},\ 2,\ 3,\ \tfrac{19}{2},\ 4,\ e,\ \pi$
$\mathbb{C}$ oder **C**	Menge der **komplexen Zahlen**.	Doppelstrich-C	

Vektoren

DIN 1303/03.87

Schreibweise	**A, B, …, a, b, …** $\vec{A}, \vec{B}, \ldots, \vec{a}, \vec{b}, \ldots$	Multiplikation mit einem Skalar	$\lvert \vec{A} \cdot B = \vec{C}$
Graphische Darstellung	$\vec{A}$	Addition von Vektoren	$\vec{A} + \vec{B} = \vec{C}$
Komponenten eines Vektors	$\vec{A} = \vec{A}_x + \vec{A}_y$	Subtraktion von Vektoren	$\vec{A} + (-\vec{B}) = \vec{C}$
Betrag eines Vektors	$A = \lvert \vec{A} \rvert$		

Zahlen und Zahlensysteme

Dezimalzahlen-System

- Zeichenvorrat: 0, 1, 2, 3, 4, 5, 6, 7, 8, 9
- Mögliche unterschiedliche Zeichen pro Stelle: 10
- Basis 10 (B = 10)
- Kennzeichnung: Index 10 oder D (dezimal)

Stelle	4.	3.	2.	1.	1.	2.
Wertigkeit	10^3	10^2	10^1	10^0	10^{-1}	10^{-2}
	1000	100	10	1	1/10	1/100
Beispiel:	5	0	3	2 ,	1	2

$5 \cdot 10^3 + 0 \cdot 10^2 + 3 \cdot 10^1 + 2 \cdot 10^0 + 1 \cdot 10^{-1} + 2 \cdot 10^{-2}$

Dualzahlen-System

- Zeichenvorrat: 0 und 1
- Mögliche unterschiedliche Ziffern pro Stelle: 2
- Basis 2 (B = 2)
- Kennzeichnung: Index 2 oder B (binär)

Stelle	4.	3.	2.	1.	1.	2.
Wertigkeit	2^3	2^2	2^1	2^0	2^{-1}	2^{-2}
	8	4	2	1	1/2	1/4
Beispiel:	1	0	0	1 ,	1	1

$1 \cdot 2^3 + 0 \cdot 2^2 + 0 \cdot 2^1 + 1 \cdot 2^0 + 1 \cdot 2^{-1} + 1 \cdot 2^{-2}$

Hexadezimal-Zahlensystem (Sedezimal-System)

- Zeichenvorrat: 0, 1, 2, 3, 4, 5, 6, 7, 8, 9, A, B, C, D, E, F
- Mögliche unterschiedliche Zeichen pro Stelle: 16
- Basis 16 (B = 16)
- Kennzeichnung: Index 16 oder H (hexadezimal)

Stelle	4.	3.	2.	1.	1.	2.
Wertigkeit	16^3	16^2	16^1	16^0	16^{-1}	16^{-2}
	4096	256	16	1	1/16	1/256
Beispiel:	1	3	F	C ,	5	A

$1 \cdot 16^3 + 3 \cdot 16^2 + F \cdot 16^1 + C \cdot 16^0 + 5 \cdot 16^{-1} + A \cdot 16^{-2}$

Vergleich zwischen Zahlensystemen

dual	dezimal	hexadezimal	dual	dezimal	hexadezimal
0	0	0	10000	16	10
1	1	1	10001	17	11
10	2	2	10010	18	12
11	3	3	10011	19	13
100	4	4	10100	20	14
101	5	5	10101	21	15
110	6	6	10110	22	16
111	7	7	10111	23	17
1000	8	8	11000	24	18
1001	9	9	11001	25	19
1010	10	A	11010	26	1A
1011	11	B	11011	27	1B
1100	12	C	11100	28	1C
1101	13	D	11101	29	1D
1110	14	E	11110	30	1E
1111	15	F	11111	31	1F

Komplementbildung

B-Komplement: Ergänzung der gegebenen Zahl zur ganzen Potenz der Basis des gewählten Zahlensystems.

(B-1)-Komplement: B-Komplement minus 1

Beispiele:

Basis	Zahl	B-Komplement	(B-1)-Komplement
		Zehnerkomplement	Neunerkomplement
B = 10	6	4	3
	73	27	26
		Zweierkomplement	Einerkomplement
B = 2	111	001	000
	101	011	010

Umwandlungen von Zahlen

Dezimalzahl in Dualzahl (Rest-Verfahren)

Bsp.: $13,3_D$

Ganzzahliger Anteil	Nachkommastelle
13 : 2 = 6 Rest 1	$0,3 \cdot 2 = 0,6 + 0$
6 : 2 = 3 Rest 0	$0,6 \cdot 2 = 0,2 + 1$
3 : 2 = 1 Rest 1	$0,2 \cdot 2 = 0,4 + 0$
1 : 2 = 0 Rest 1	$0,4 \cdot 2 = 0,8 + 0$
	$0,8 \cdot 2 = 0,6 + 1$
	$0,6 \cdot 2 = 0,2 + 1$
	. =
	. =
$13_D = 1101_B$	$0,3_D = 0,010011..._B$

$13,3_D = 1101,01001..._B$

Dezimalzahl in Hexadezimalzahl (Rest-Verf.)

Bsp.: $5116,33_D$

5116 : 16 = 319 Rest C	$0,33 \cdot 16 = 0,28 + 5$
319 : 16 = 19 Rest F	$0,28 \cdot 16 = 0,48 + 4$
19 : 16 = 1 Rest 3	$0,48 \cdot 16 = 0,68 + 7$
1 : 16 = 0 Rest 1	$0,68 \cdot 16 = 0,88 + A$
	$0,88 \cdot 16 = 0,08 + E$
	. =
	. =
$51116_D = 13FC_H$	$0,33_D = 0,547AE..._H$

$5116,33_D = 13FC,547AE..._H$

Hexadezimalzahl in Dezimalzahl

1. Potenzwert-Verfahren

Bsp.:
$C0A,E_H = 12 \cdot 16^2 + 0 \cdot 16^1 + 10 \cdot 16^0 + 14 \cdot 16^{-1}$
$= 3072 + 0 + 10 + 0,875$
$= 3082,875_D$

2. Horner-Schema

Bsp.: $13FC,E8_H$

	1	3	F	C		0, E 8	
16 ·		1+3	= 19		8	: 16 = 0,5	
16 · 19		+15	= 319		(14 +0,5)	: 16 = 0,90625	
16 · 319		+12	= 5116				
	$13FC_H$		= 5116_D		$0,E8_H$	= 0,90625	

$13FC,E8_H = 5116,90625_D$

Dualzahl in Dezimalzahl

1. Potenzwert-Verfahren

Bsp.:
$1001,11_B = 1 \cdot 2^3 + 0 \cdot 2^2 + 0 \cdot 2^1 + 1 \cdot 2^0 + 1 \cdot 2^{-1} + 1 \cdot 2^{-2}{}_D$
$= 8 + 0 + 0 + 1 + 0,5 + 0,25_D$
$= 9,75_D$

2. Horner-Schema   Bsp.: $1101,0101$

	1 1 0 1	0,0101	
2 · 1 +1	= 3	1	: 2 = 0,5
2 · 3 +0	= 6	(0 + 0,5)	: 2 = 0,25
2 · 6 +1	= 13	(1 + 0,25)	: 2 = 0,625
		(0 + 0,625)	: 2 = 0,3125
	$1101_B = 13_D$	$0,0101_B$	= $0,3125_D$

$1101,0101_B = 13,3125_D$

Zahlen und Zahlensysteme

Umwandlung von Zahlen

Hexadezimalzahl in Dualzahl

Jede Ziffer durch die entsprechende vierstellige Dualzahl ausdrücken.

Beispiel:

$$7C3_H = \underbrace{0111}_{7} \; \underbrace{1100}_{C} \; \underbrace{0011}_{3\,B}$$

Dualzahl in Hexadezimalzahl

- Dualzahl in "Viererblöcke" aufteilen.
- Jedem Block die Hexadezimalzahl zuordnen.

Beispiel:

$$0101\,1110_B = \underbrace{0101}_{5}\,\underbrace{1110}_{E} = 5E_H$$

Rechnen mit Dualzahlen

Addition
0 + 0 = 0
0 + 1 = 1
1 + 0 = 1
1 + 1 = 10   Übertrag (Carry)
0,1 + 0,1 = 1,0

Bsp.:
```
    110,11
 + 1011,01
 ---------
   1111,10  Carry
  10010,00
```

Subtraktion
0 − 0 = 0
10 − 1 = 1   Entleihung (Borrow)
1 − 0 = 1
1 − 1 = 0
0,1 − 0,1 = 0,0

Bsp.:
```
   11000,11
 − 1101,01
 ---------
   11110,00  Borrow
   1011,10
```

Multiplikation
0 · 0 = 0
0 · 1 = 0
1 · 0 = 0
1 · 1 = 1

Bsp.:
```
  1010 · 101,1
     1010
 +   0000
 +  1010
 + 1010
 ------------
   110111,0
```

Division
0 : 0 nicht definiert
0 : 1 = 0
1 : 0 nicht definiert
1 : 1 = 1

Bsp.: 1010 : 11 = 11,01
```
 − 11
 ----
   100
 −  11
 ----
    10
 −  11
 ----
   100
 −  11
 ----
    10
```

Römische Zahlen

I	= 1	XI	= 11	CX	= 110		
II	= 2	XX	= 20	CC	= 200		
III	= 3	XXX	= 30	CCC	= 300		
IV	= 4	XL	= 40	CD	= 400		
V	= 5	L	= 50	D	= 500		
VI	= 6	LX	= 60	DC	= 600		
VII	= 7	LXX	= 70	DCC	= 700		
VIII	= 8	LXXX	= 80	DCCC	= 800		
IX	= 9	XC	= 90	CM	= 900		
X	= 10	C	= 100	M	= 1000		

Logarithmieren

Basiszahlen von Logarithmen

Basis	Name	Schreibweise
2	Zweierlogarithmus (dualer Logarithmus)	$\log_2 b = \mathrm{ld}\, b$
$e = 2{,}718\ldots$	Natürlicher Logarithmus	$\log_e b = \ln b$
10	Zehnerlogarithmus (dekadischer Logarithmus)	$\log_{10} b = \lg b$

Logarithmengesetze

$$\log(a \cdot b) = \log a + \log b$$

$$\log \frac{a}{b} = \log a - \log b$$

$$\log a^n = n \cdot \log a$$

$$\log \sqrt[a]{b^n} = \log b^{\frac{n}{a}} = \frac{n}{a} \log b$$

$$\log_a b = \frac{\log_c b}{\log_c a} = \frac{\lg b}{\lg a} = \frac{\ln b}{\ln a}$$

$$a^x = b \;\Rightarrow\; \log_a b = x$$

$\log_{10} 6 = x$ → lg 6 = 0,77815

$\ln b = x$ → ln 6 = 1,79176

6	Numerus **b**
log	dekadischer Logarithmus, Basis **a** = 10
0.77815	Logarithmus **x**

6	Numerus **b**
ln	natürlicher Logarithmus, Basis **a** = **e**; e = 2,718…
1.79176	Logarithmus **x**

Griechisches Alphabet

A	α	Alpha	I	ι	Iota	P	ϱ	Rho
B	β	Beta	K	ϰ	Kappa	Σ	σ	Sigma
Γ	γ	Gamma	Λ	λ	Lambda	T	τ	Tau
Δ	δ	Delta	M	μ	My	Y	υ	Ypsilon
E	ε	Epsilon	N	ν	Ny	Φ	φ	Phi
Z	ζ	Zeta	Ξ	ξ	Xi	X	χ	Chi
H	η	Eta	O	ο	Omikron	Ψ	ψ	Psi
Θ	ϑ	Theta	Π	π	Pi	Ω	ω	Omega

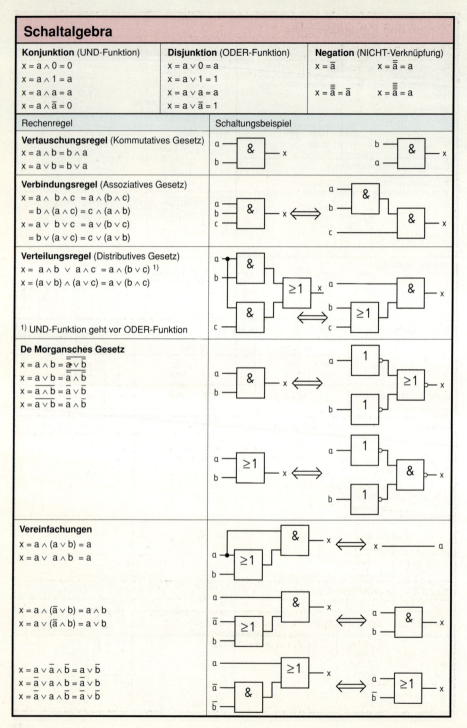

Funktionen und Lehrsätze

Winkelfunktionen (rechtwinklige Dreiecke)

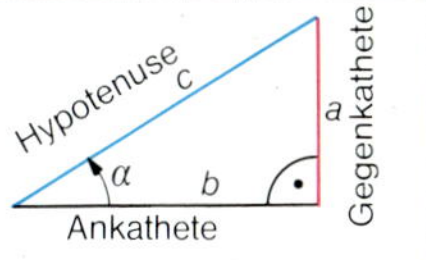	$\sin \alpha = \frac{a}{c}$	Sinus $= \frac{\text{Gegenkathete}}{\text{Hypotenuse}}$	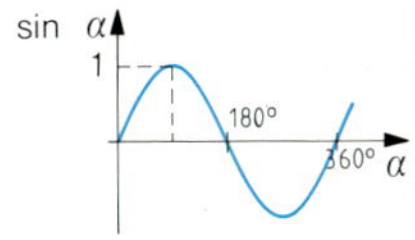
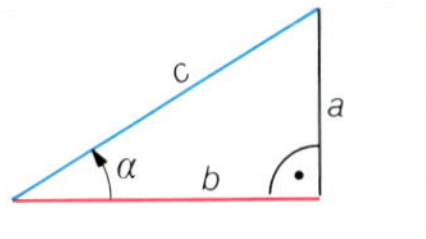	$\cos \alpha = \frac{b}{c}$	Cosinus $= \frac{\text{Ankathete}}{\text{Hypotenuse}}$	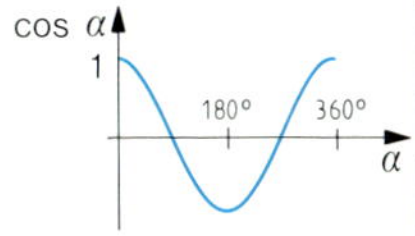
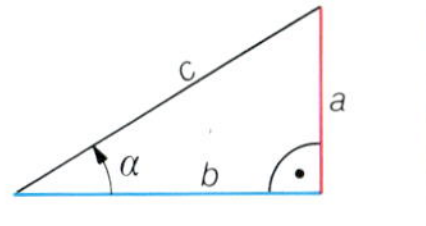	$\tan \alpha = \frac{a}{b}$	Tangens $= \frac{\text{Gegenkathete}}{\text{Ankathete}}$	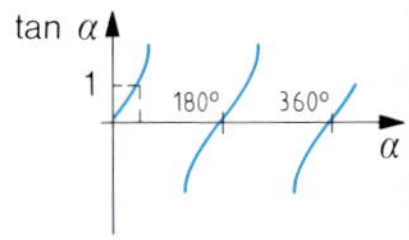
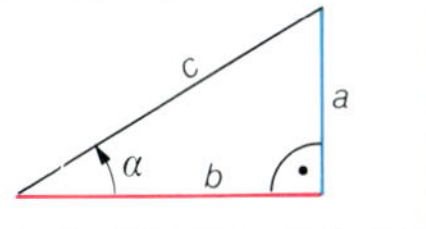	$\cot \alpha = \frac{b}{a}$	Cotangens $= \frac{\text{Ankathete}}{\text{Gegenkathete}}$	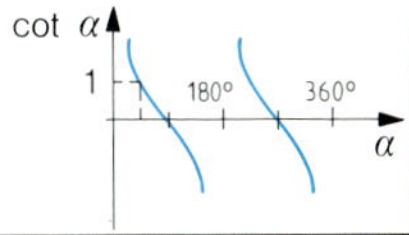

Vorzeichen der Winkelfunktionen in den vier Quadranten

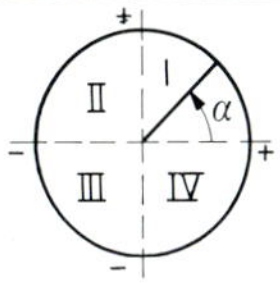

Quadrant	Winkel	sin	cos	tan	cot
I	0° … 90°	+	+	+	+
II	90° … 180°	+	−	−	−
III	180° … 270°	−	−	+	+
IV	270° … 360°	−	+	−	−

Lehrsatz des Pythagoras (rechtwinklige Dreiecke)

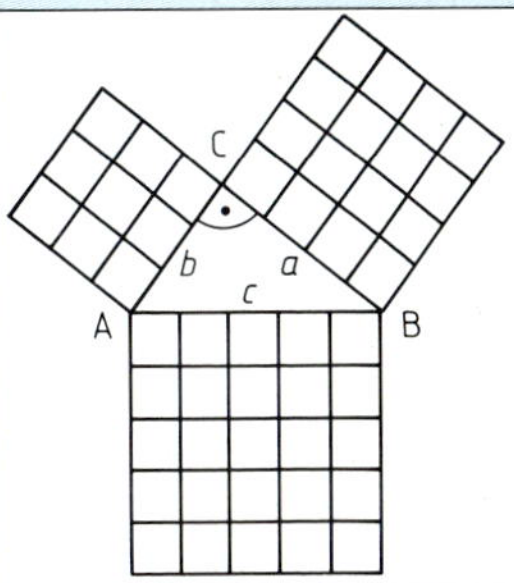

Das Quadrat über der Hypotenuse *c* ist gleich der Summe der beiden Kathetenquadrate

$$c^2 = a^2 + b^2$$

Strahlensatz (ähnliche Dreiecke)

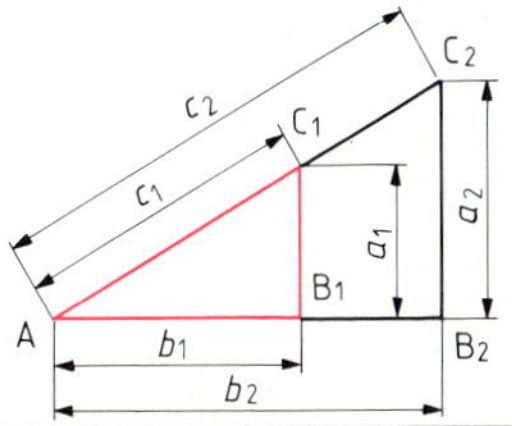

In ähnlichen Dreiecken verhalten sich die Seiten des Dreiecks (A B_1 C_1) wie die gleichliegenden Seiten des Dreiecks (A B_2 C_2)

$$\frac{a_1}{b_1} = \frac{a_2}{b_2}$$

$$\frac{a_1}{c_1} = \frac{a_2}{c_2}$$

$$\frac{b_1}{c_1} = \frac{b_2}{c_2}$$

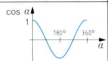

Längen- und Flächenberechnungen

Quadrat

$A = a^2$

$U = 4 \cdot a$

$d = \sqrt{2} \cdot a$

Kreis

$A = \pi \cdot r^2$

$A = \dfrac{\pi \cdot d^2}{4}$

$U = \pi \cdot d$

Rechteck

$A = a \cdot b$

$U = 2 \cdot (a + b)$

$d = \sqrt{a^2 + b^2}$

Kreisring

$A = \pi (R^2 - r^2)$

$A = \dfrac{\pi}{4}(D^2 - d^2)$

Raute (Rombus)

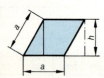

$A = a \cdot h$

$U = 4 \cdot a$

Kreisausschnitt

$A = \dfrac{b \cdot r}{2}$

$b = \dfrac{\pi \cdot r \cdot \alpha}{180°}$

Parallelogramm

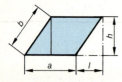

$A = a \cdot h$

$U = 2(a + \sqrt{l^2 + h^2})$

$U = 2(a + b)$

Kreisabschnitt

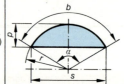

$A = \dfrac{b \cdot r - s(r - p)}{2}$

$b = \dfrac{\pi \cdot r \cdot \alpha}{180°}$

Trapez

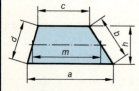

$A = m \cdot h$

$m = \dfrac{a + c}{2}$

$U = a + b + c + d$

Ellipse

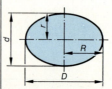

$A = \dfrac{\pi \cdot D \cdot d}{4}$

$U = \pi \cdot \dfrac{D + d}{2}$

$U = \pi \sqrt{2(R^2 + r^2)}$

Dreieck

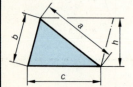

$A = \dfrac{c \cdot h}{2}$

$U = a + b + c$

Regelmäßige n-Ecke

$r = \dfrac{a}{2} \cot \dfrac{\alpha}{2}$

$R = \dfrac{a}{2 \sin \dfrac{\alpha}{2}}$

$U = n \cdot a$

$A = \dfrac{n \cdot a^2}{4} \cot \dfrac{\alpha}{2}$

n: Anzahl der Ecken

Körperberechnungen

Würfel

$V = a^3$

$d = a\sqrt{3}$

$A_0 = 6 \cdot a^2$

Prisma

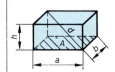

allgemein: $V = A \cdot h$

$V = a \cdot b \cdot h$

$d = \sqrt{a^2 + b^2 + h^2}$

$A_0 = 2(a \cdot b + a \cdot h + b \cdot h)$

Zylinder

$V = \dfrac{\pi \cdot d^2}{4} \cdot h$

$A_M = \pi \cdot d \cdot h$

$A_0 = \pi \cdot d \cdot h + \dfrac{\pi \cdot d^2}{2}$

Hohlzylinder

$V = \dfrac{\pi \cdot h}{4}(D^2 - d^2)$

Pyramide

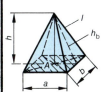

$V = \dfrac{a \cdot b \cdot h}{3}$

$h_b = \sqrt{h^2 + \dfrac{a^2}{4}}$

$l = \sqrt{h_b^2 + \dfrac{b^2}{4}}$

Pyramidenstumpf

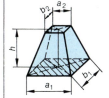

$V = \dfrac{h}{3}(a_1 \cdot b_1 + a_2 \cdot b_2 + \sqrt{a_1 \cdot b_1 \cdot a_2 \cdot b_2})$

Kegel

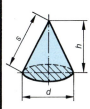

$V = \dfrac{\pi \cdot d^2 \cdot h}{12}$

$s = \sqrt{r^2 + h^2}$

$A_M = \pi \cdot r \cdot s$

$A_0 = \pi \cdot r \cdot s + \dfrac{\pi d^2}{4}$

Kegelstumpf

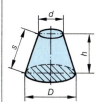

$V = \dfrac{\pi \cdot h}{12}(D^2 + d^2 + D \cdot d)$

$s = \sqrt{h^2 + (R - r)^2}$

$A_M = \dfrac{\pi \cdot s}{2}(D + d)$

$A_0 = \dfrac{\pi \cdot s}{2}(D + d) + \dfrac{\pi}{4}(D^2 + d^2)$

Kugel

$V = \dfrac{4}{3}\pi \cdot r^3$

$V = \dfrac{\pi \cdot d^3}{6}$

$A = \dfrac{\pi \cdot d^2}{4}$

Kugelabschnitt

$V = \pi \cdot h^2 \left(r - \dfrac{h}{3}\right)$

$A = \pi \cdot 2 \cdot r \cdot h$

$A = \dfrac{\pi}{4}(s^2 + 4h^2)$

A_M: Mantelfläche
A_0: Gesamtoberfläche

Physikalische Größen und Einheiten

DIN 1301/12.93
DIN 1313/04.78

Größen	Erklärungen	Beispiele
Skalare	Zur eindeutigen Festlegung genügt die Angabe des • Zahlenwertes und der • Einheit	Masse, m Zeit, t Arbeit, W
Vektoren	Zur eindeutigen Festlegung sind erforderlich: • Zahlenwert, • Einheit, • Richtung im Raum oder in der Ebene, • Richtungssinn (Drehsinn)	Kraft $\vec{F}$, Geschwindigkeit $\vec{v}$, Elektrische Feldstärke $\vec{E}$

Schreibweise   DIN 1313/04.78

Beispiel:
Größenwert = Zahlenwert · Einheit
l = $\{l\}$ · $[l]$
l = 3 · m
Länge = Zahlenwert der Länge · Einheit der Länge

Physikalische Gleichungen   DIN 1313/04.78

Größengleichungen	Einheitengleichungen	Zahlenwertgleichungen
z. B. $v = \dfrac{s}{t}$; $m = 8$ kg	z. B. 1 m = 100 cm 1 h = 3600 s 1 kWh = 3600 Ws	z. B. $\{v\} = 3{,}6 \dfrac{\{s\}}{\{t\}}$
Zugeschnittene Größengleichung		v in km/h
z. B. $\dfrac{v}{\text{km/h}} = 3{,}6 \cdot \dfrac{s/\text{m}}{t/\text{s}}$		s in m t in s

SI-Basiseinheiten [1)]   DIN 1301/12.93

Größe	Formelzeichen	Einheitenname	Einheitenzeichen
Länge	l	Meter	m
Masse	m	Kilogramm	kg
Zeit	t	Sekunde	s
elektrische Stromstärke	I	Ampere	A
thermodynamische Temperatur	T	Kelvin	K
Stoffmenge	n	Mol	mol
Lichtstärke	I_v	Candela	cd

[1)] **S**ystème **I**nternational d'Unités (Internationales Einheitensystem)

Vorsätze und Vorsatzzeichen für dezimale Teile und Vielfache von Einheiten   DIN 1301/12.93

Faktor	Vorsätze	Vorsatzzeichen	Faktor	Vorsätze	Vorsatzzeichen	Faktor	Vorsätze	Vorsatzzeichen
10^{-24}	Yocto	y	10^{-3}	Milli	m	10^{6}	Mega	M
10^{-21}	Zepto	z	10^{-2}	Zenti	c	10^{9}	Giga	G
10^{-18}	Atto	a	10^{-1}	Dezi	d	10^{12}	Tera	T
10^{-15}	Femto	f	10^{1}	Deka	da	10^{15}	Peta	P
10^{-12}	Piko	p	10^{2}	Hekto	h	10^{18}	Exa	E
10^{-9}	Nano	n	10^{3}	Kilo	k	10^{21}	Zetta	Z
10^{-6}	Mikro	µ				10^{24}	Yotta	Y

Einheitenähnliche Namen und Zahlen   DIN 1301 Bbl. 1, T.1/04.82

Größe	Einheitenname	Einheitenzeichen	Bemerkungen
Pegel und Maße in der Nachrichtentechnik und Akustik	Neper Bel Dezibel	Np B dB	1 Np = (20/ln 10) dB ≈ 8,69 dB 1 dB = (ln 10/20) Np ≈ 0,115 Np
Lautstärkepegel L_s	Phon	phon	DIN 45 630 Teil 1
Lautheit S	Sone	sone	DIN 45 630 Teil 1
Anzahl der Binärentscheidungen, Entscheidungsgehalt, Informationsgehalt	Bit	bit	DIN 44 300

Formelzeichen und Einheiten

DIN 1301/12.93
DIN 1304/03.94

Formelzeichen	Bedeutung	SI-Einheit	Einheitenname, Bemerkungen
Längen und ihre Potenzen, Winkel			
x, y, z	Kartesische Koordinaten	m	
α, β, γ	ebener Winkel, Drehwinkel	rad	Radiant, 1 rad = 1 m/m
ϑ, φ	(bei Drehbewegungen)		1 Vollwinkel = 2π rad
			Gon: 1 gon = $(\pi/200)$ rad
			Grad: 1° = $(\pi/180$ rad)
			Minute: 1′ = $(1/60)°$
			Sekunde: 1″ = $(1/60)′$
Ω, ω	Raumwinkel	sr	Steradiant, 1 sr = 1 m²/m²
l	Länge	m	Meter, 1 int. Seemeile = 1852 m
b	Breite	m	
h	Höhe, Tiefe	m	
δ, d	Dicke, Schichtdicke	m	
r	Radius, Halbmesser, Abstand	m	
f	Durchbiegung, Durchhang	m	
d, D	Durchmesser	m	
s	Weglänge, Kurvenlänge	m	
A, S	Flächeninhalt, Fläche, Oberfläche	m²	Quadratmeter, 1 a = 10^2 m²,
S, q	Querschnittsfläche, Querschnitt	m²	1 ha = 10^4 m²
V	Volumen, Rauminhalt	m³	Kubikmeter, 1 l (Liter) = 1 dm³ = 1 L
Zeit und Raum			
t	Zeit, Zeitspanne, Dauer	s	Sekunde, min, h (Stunde), d (Tage)
T	Periodendauer, Schwingungsdauer	s	
τ, T	Zeitkonstante	s	
f, ν	Frequenz, Periodenfrequenz	Hz	Hertz, 1 Hz = 1 s^{-1}, $f = 1/T$
f_0	Kennfrequenz, Eigenfrequenz im ungedämpften Zustand	Hz	
ω	Kreisfrequenz, Pulsatanz (Winkelfrequenz)	s^{-1}	$\omega = 2\pi f$
n, f_r	Umdrehungsfrequenz (Drehzahl)	s^{-1}	1 min^{-1} = $(1/60)$s^{-1}
ω, Ω	Winkelgeschwindigkeit, Drehgeschw.	rad/s	
α	Winkelbeschleunigung, Drehbeschl.	rad/s²	
λ	Wellenlänge	m	
v, u, w, c	Geschwindigkeit	m/s	1 km/h = 1/3,6 (m/s)
c	Ausbreitungsgeschw. einer Welle	m/s	
a	Beschleunigung	m/s²	
g	örtliche Fallbeschleunigung	m/s²	g_n = 9,80665 m/s² (Normfallbeschl.)
Mechanik			
m	Masse, Gewicht als Wägeergebnis	kg	Kilogramm, 1 t (Tonne) = 1 Mg
ϱ, ϱ_m	Dichte, volumenbezogene Masse	kg/m³	1 g/cm³ = 1 kg/dm³ = 1 Mg/m³
J	Trägheitsmoment	kg · m²	
F	Kraft	N	Newton, 1 N = 1 kg · m/s² = 1 J/m
F_G, G	Gewichtskraft	N	
G, f	Gravitationskonstante	N · m²/kg²	
M	Kraftmoment, Drehmoment	N · m	
p	Bewegungsgröße, Impuls	kg · m/s	
L	Drall, Drehimpuls	kg · m²/s	
p	Druck	Pa	Pascal, 1 Pa = 1 N/m², 1 bar = 10^5 Pa
σ	Normalspannung, Zug- oder Druckspannung	N/m²	
ε	Dehnung, relative Längenänderung	1	$\varepsilon = \Delta l/l$
E	Elastizitätsmodul	N/m²	$E = \sigma/\varepsilon$
μ, f	Reibungszahl	1	$\mu = F_R/F_N$, F_R: Reibungskraft
W, A	Arbeit	J	Joule, 1 J = 1 N · m = 1 W · s
E, W	Energie	J	1 Wh = 3,6 kJ, eV (Elektronvolt)
E_p, W_p	potentielle Energie	J	
E_k, W_k	kinetische Energie	J	
P	Leistung	W	Watt, 1 W = 1 J/s
η	Wirkungsgrad	1	

Formelzeichen und Einheiten

DIN 1301/12.93
DIN 1304/03.94

Formel-zeichen	Bedeutung	SI-Einheit	Einheitenname, Bemerkungen
Elektrizität und Magnetismus			
Q	elektrische Ladung	C	Coulomb, $1\,C = 1\,A \cdot s$, $1\,A \cdot h = 3{,}6\,kC$
e	Elementarladung	C	
D	elektrische Flußdichte,	C/m^2	
P	elektrische Polarisation	C/m^2	
φ, φ_e	elektrisches Potential	V	Volt, $1\,V = 1\,J/C$
U	elektr. Spannung, Potentialdifferenz	V	
E	elektrische Feldstärke	V/m	$1\,V/mm = 1\,kV/m$
C	elektrische Kapazität	F	Farad, $1\,F = 1\,C/V$, $C = Q/U$
ε	Permittivität	F/m	früher: Dielektrizitätskonstante
ε_0	elektrische Feldkonstante	F/m	Permittivität des leeren Raumes
ε_r	Permittivitätszahl, relat. Permittivität	1	früher: Dielektrizitätszahl
I	elektrische Stromstärke	A	Ampere
J	elektrische Stromdichte	A/m^2	$1\,A/mm^2 = 1\,MA/m^2$, $J = I/A$
Θ	elektrische Durchflutung	A	
V, V_m	magnetische Spannung	A	
H	magnet. Feldstärke	A/m	$1\,A/mm = 1\,kA/m$
Φ	magnetischer Fluß	Wb	Weber, $1\,Wb = 1\,V \cdot s$
B	magnetische Flußdichte	T	Tesla, $1\,T = 1\,Wb/m^2$, $B = \Phi/S$
L	Induktivität, Selbstinduktivität	H	Henry, $1\,H = 1\,Wb/A$
μ	Permeabilität	H/m	$\mu = B/H$
μ_0	magnetische Feldkonstante	H/m	Permeabilität des leeren Raumes
μ_r	Permeabilitätszahl, relat. Permeabilität	1	$\mu_r = \mu/\mu_0$
H_i, M	Magnetisierung	A/m	$1\,A/mm = 1\,kA/m$, $M = B/\mu_0 - H$
R_m	magnetischer Widerstand, Reluktanz	H^{-1}	
Λ	magnetischer Leitwert, Permeanz	H	
R	elektr. Widerstand, Wirkwiderstand, Resistanz	Ω	Ohm, $1\,\Omega = 1\,V/A$
G	elektr. Leitwert, Wirkleitwert, Konduktanz	S	Siemens, $1\,S = 1\,\Omega^{-1}$, $G = 1/R$
ϱ	spez. elektr. Widerstand, Resistivität	$\Omega \cdot m$	$1\,\mu\Omega \cdot cm = 10^{-8}\,\Omega \cdot m$, $1\,\Omega \cdot mm^2/m = 10^{-6}\,\Omega \cdot m = 1\,\mu\Omega\,m$
$\gamma, \sigma, \varkappa$	elektrische Leitfähigkeit, Konduktivität	S/m	$\gamma = 1/\varrho$
X	Blindwiderstand, Reaktanz	Ω	
B	Blindleitwert, Suszeptanz	S	$B = 1/X$
$Z, |Z|$	Scheinwiderstand, Betrag d. Impedanz	Ω	$\underline{Z}$: Impedanz (komplexe Impedanz)
$Y, |Y|$	Scheinleitwert, Betrag d. Admittanz	S	$\underline{Y}$: Admittanz (komplexe Admittanz)
Z_w, Γ	Wellenwiderstand	Ω	
W	Energie, Arbeit	J	
P, P_p	Wirkleistung	W	
Q, P_q	Blindleistung	W	Energietechnik: var (Var), $1\,var = 1\,W$
S, P_s	Scheinleistung	W	Energietechnik: VA (Voltampere)
φ	Phasenverschiebungswinkel	rad	auch Winkel der Impedanz
$\delta_\varepsilon, \delta_\mu$	Verlustwinkel (Permittivität, Permeabil.)	rad	
λ	Leistungsfaktor	1	$\lambda = P/S$, Elektrotechnik: $\lambda = \cos\varphi$
d	Verlustfaktor	1	
k	Oberschwingungsgehalt, Klirrfaktor	1	
N	Windungszahl	1	
Akustik, Atom- und Kernphysik			
p	Schalldruck	Pa	Pascal
c, c_a	Schallgeschwindigkeit	m/s	
P, P_a	Schalleistung	W	
L_p, L	Schalldruckpegel		wird in dB angegeben
L_N	Lautstärkepegel		wird in phon angegeben
N	Lautheit		wird in sone angegeben
A	Aktivität einer radioakt. Substanz	Bq	Becquerel, $1\,Bq = 1/s$
H	Äquivalentdosis	S_v	Sievert, $1\,S_v = 1\,J/kg$

Formelzeichen und Einheiten

DIN 1301/12.93
DIN 1304/03.94

Formelzeichen	Bedeutung	SI-Einheit	Einheitenname, Bemerkungen
Thermodynamik und Wärmeübertragung			
T, Θ	Temperatur, thermodyn. Temperatur	K	Kelvin
$\Delta T, \Delta t, \Delta \vartheta$	Temperaturdifferenz	K	
t, ϑ	Celsius-Temperatur	°C	Grad Celsius, $t = T - T_o$, $T_o = 273{,}15\,K$
α_l	(therm.) Längenausdehnungskoeffiz.	K^{-1}	
α_v, γ	(therm.) Volumenausdehnungsk.	K^{-1}	
Q	Wärme, Wärmemenge	J	Joule
$\Phi_{th}, \Phi, \dot{Q}$	Wärmestrom	W	
R_{th}	therm. Widerstand, Wärmewiderstand	K/W	$R_{th} = \Delta\vartheta/\Phi_{th}$
G_{th}	therm. Leitwert, Wärmeleitwert	W/K	$G_{th} = 1/R_{th}$
ϱ_{th}	spezifischer Wärmewiderstand	K·m/W	
λ	Wärmeleitfähigkeit	W/(m·K)	
α, h	Wärmeübergangskoeffizient	W/(m²·K)	
k	Wärmedurchgangskoeffizient	W/(m²·K)	
a	Temperaturleitfähigkeit	m²/s	
C_{th}	Wärmekapazität	J/K	
c	spezifische Wärmekapazität	J/(kg·K)	auch: massenbez. Wärmekapazität
H_o	spezifischer Brennwert	J/kg	auch: massenbez. Brennwert
H_u	spezifischer Heizwert	J/kg	auch: massenbez. Heizwert
Licht, elektromagnetische Strahlung			
Q_e, W	Strahlungsenergie, Strahlungsmenge	J	
I_v	Lichtstärke	cd	Candela
Φ_v	Lichtstrom	lm	Lumen, 1 lm = 1 cd·sr
Q_v	Lichtmenge	lm·s	1 lm·h = 3600 lm·s
L_v	Leuchtdichte	cd/m²	
E_v	Beleuchtungsstärke	lx	Lux, 1 lx = 1 lm/m² = 1 cd·sr/m²
η	Lichtausbeute	lm/W	
H_v	Belichtung	lx·s	
c_o	Lichtgeschw. im leeren Raum	m/s	$c_o = 2{,}99792485 \cdot 10^8$ m/s
ε	Emissionsgrad	1	
f	Brennweite	m	
n	Brechzahl	1	$n = c_o/c$
D	Brechwert von Linsen	m^{-1}	Dioptrie, 1 dpt = 1 m^{-1}, $D = n/f$
ϱ	Reflexionsgrad	1	
α	Absorptionsgrad	1	

Physikalische Konstanten

Konstante	Formelzeichen	Zahlenwert und Einheit
Elektrische Feldkonstante	ε_o	$8{,}854 \cdot 10^{-12}$ As/Vm
Magnetische Feldkonstante	μ_o	$1{,}257 \cdot 10^{-6}$ Vs/Am
Elementarladung	e	$1{,}6021 \cdot 10^{-19}$ C
Lichtgeschwindigkeit im leeren Raum	c_o	$2{,}99792 \cdot 10^8$ m/s
Ruhemasse des Elektrons	m_e	$9{,}109 \cdot 10^{-31}$ kg
Ruhemasse des Protons	m_p	$1{,}6725 \cdot 10^{-24}$ g
Ruhemasse des Neutrons	m_n	$1{,}6748 \cdot 10^{-24}$ g
Boltzmann-Konstante	k	$1{,}381 \cdot 10^{-23}$ J/K
Planck-Konstante, Plancksches Wirkungsquantum	h	$6{,}626 \cdot 10^{-34}$ Js
Gravitationskonstante	G, f	$6{,}673 \cdot 10^{-14}$ m³/(g·s²)
Fallbeschleunigung	g	$9{,}80665$ m/s²
Absoluter Nullpunkt der thermodynamischen Temp.	T_o	$-273{,}15$ °C
Loschmidtsche Zahl	L	$6{,}023 \cdot 10^{23}$ Moleküle/mol

Indizes

DIN 1304/03.94

Index	Bedeutung	Beispiele	
0	null, leerer Raum, Leerlauf	φ_0:	Nullphasenwinkel, n_0: Leerlaufumdrehungsfrequenz
1	eins, primär, Eingang, Anfangszustand	U_1:	Primärspannung, P_1: Eingangsleistung
2	zwei, sekundär, Ausgang, Endzustand	U_2:	Sekundärsp., P_2: Ausgangsleistung
a	außen	d_a:	Außendurchmesser
abs	absolut	μ_{abs}:	absolute Permeabilität
amp	Amplitude	μ_{amp}:	Amplituden-Permeabilität
an	anodisch	U_{an}:	Anodenspannung
as	asynchron	n_{as}:	asynchrone Umdrehungsfrequenz
A	Anlauf, Anzug	I_A:	Anlaufstromstärke
dam	Dämpfung	f_{dam}:	Eigenfrequenz bei Dämpfung
dyn	dynamisch	p_{dyn}:	dynamischer Druck
eff	Effektivwert	B_{eff}:	Effektivwert der magn. Flußdichte
el	elektrisch	W_{el}:	elektrische Arbeit
en	energetisch	L_{en}:	Strahldichte
E	Erde, Erdschluß	I_E:	Erdstromstärke
f	Feld, Erregung	I_f:	Erregerstromstärke
fin	Ende (finis)	α_{fin}:	Endausschlag
G	Generator, Gewicht	P_G:	Generatorleistung
h	Haupt-	Φ_h:	magnetischer Hauptfluß
hyd	hydraulisch	p_{hyd}:	hydraulischer Druck
H	Hysterese	P_H:	Hystereseverluste
id	ideell	δ_{id}:	ideeller Luftspalt
indu	induziert	U_{indu}:	induzierte Spannung
k	Kurzschluß	I_k:	Kurzschlußstromstärke
kat	kathodisch	I_{kat}:	Kathodenstromstärke
kin	kinetisch	E_{kin}:	kinetische Energie
lim	Grenzwert (limes)	ϑ_{lim}:	Grenztemperatur
Lu	Luft	B_{Lu}:	Luftspaltinduktion
mag	magnetisch	W_{mag}:	magnetische Energie
max	maximal	δ_{max}:	Maximalausschlag
mec	mechanisch	E_{mec}:	mechanische Energie
min	minimal	α_{min}:	Minimalausschlag
n	allgemeine Zahl, Normzustand	ω_n:	Kreisfrequenz der n-ten Teilschwingung
N	normal ($\perp$)	F_N:	Normalkraft
ob	oberer, oben		
or	Ursprung, Anfang (origo)	U_{or}:	Urspannung
p	Wirk- (bei elektr. Leistungen)	P_p:	Wirkleistung
par	parallel	R_{par}:	Parallelwiderstand, Shunt
ph	Phase	c_{ph}:	Phasengeschwindigkeit
pot	potentiell	E_{pot}:	potentielle Energie
pul	Puls	f_{pul}:	Pulsfrequenz
q	Blind- (bei elektr. Leistungen)	P_q:	Blindleistung
rel	relativ	μ_{rel}:	Permeabilitätszahl, relative Permeabilität
R	Reibung, ohmscher Widerstand	F_R:	Reibungskraft, U_R: elektr. Sp. am Widerstand
s	Schein- (bei elektr. Leistungen)	P_s:	Scheinleistung
ser	Reihe, Serie	R_{ser}:	Reihenschlußwiderstand
str	Ständer (Stator)	d_{str}:	Ständerdurchmesser
syn	synchron	n_{syn}:	synchrone Umdrehungsfrequenz
t	Augenblickswert, Zeitabhängigkeit	P_t:	Augenblickswert der Leistung
th	Wärme, thermisch	R_{th}:	Wärmewiderstand
tot	total	μ_{tot}:	totale Permeabilität
v	Verlust	P_V:	Verlustleistung
w	Wirk-, Wirbel	I_w:	Wirkkomponente eines Wechselstromes
X	induktiver Widerstand, Blindwiderstand	U_X:	Blindkomponente einer Wechselspannung
zul	zulässig	v_{zul}:	zulässige Geschwindigkeit
δ	Luftspalt	B_δ:	Luftspaltinduktion
σ	Streuung	Φ_σ:	magnetischer Streufluß

Masse und Kraft

Masse, Kraft und Gewichtskraft
DIN 1305/01.88

	Masse	Kraft	Gewichtskraft
Formelzeichen	m	F	F_G, G
Einheitenzeichen	kg	N (Newton), $1\,\text{N} = 1\,\text{kg} \cdot \text{m/s}^2$	N, $1\,\text{N} = 1\,\text{kg} \cdot \text{m/s}^2$
Definition	Die physikalische Masse m ist die Eigenschaft eines Körpers, die sich sowohl in Trägheitswirkungen gegenüber einer Änderung seines Bewegungszustandes als auch in der Anziehung auf andere Körper äußert (Gravitation). **Die Masse ist ortsunabhängig.**	Die physikalische Kraft F kann als Produkt der Masse m eines Körpers und der Beschleunigung a, die er unter der Kraft F erfahren würde, dargestellt werden: $F = m \cdot a$	Die Gewichtskraft F_G ist das Produkt aus der Masse m eines Körpers und der (örtlichen) Fallbeschleunigung g: $F_G = m \cdot g$ **Die Gewichtskraft ist ortsabhängig.**

Beispiele:

Ort	Masse in kg	Fallbeschleunigung in $\frac{m}{s^2}$	Gewichtskraft in N
Äquator (Erde)	100	9,78	978
Pol (Erde)	100	9,84	984
Mond	100	1,62	162
Jupiter	100	25,99	2599

Zusammensetzung von Kräften

Winkel zwischen den Kräften	Wirkungslinie	Zeichnerische Darstellung	Resultierende Kraft F_R
$\alpha = 0°$	gleich		$F_R = F_1 + F_2$
$\alpha = 180°$	gleich		$F_R = F_2 - F_1$
$\alpha = 90°$	senkrecht zueinander		$F_R = \sqrt{F_1^2 + F_2^2}$ $\tan \beta = \dfrac{F_1}{F_2}$
α beliebig	beliebig		$F_R = \sqrt{F_1^2 + F_2^2 - 2 F_1 \cdot F_2 \cdot \cos(180° - \alpha)}$ $\tan \beta = \dfrac{F_1 \cdot \sin \alpha}{F_2 + F_1 \cdot \cos \alpha}$

Zerlegung von Kräften

Zerlegung in Komponenten

$\vec{F}_{1x}$ und $\vec{F}_{1y}$ sind die Komponenten von $\vec{F}_1$ in Richtung des vorgegebenen Koordinatensystems.

$F_{1x} = F_1 \cdot \cos \alpha$
$F_{1y} = F_1 \cdot \sin \alpha$

Mechanische Arbeit, Leistung und Drehmoment

	Arbeit	Leistung	Drehmoment
Formelzeichen	W	P	M
Einheitenzeichen	J (Joule) N m (Newtonmeter) W s (Wattsekunde)	W (Watt) $\frac{\text{N m}}{\text{s}}$	N m
Definition	Eine mechanische Arbeit wird verrichtet, wenn an einem Körper längs eines Weges s eine Kraft F wirkt. $W = F \cdot s$	Die Leistung ist der Quotient aus der Arbeit W und der Zeit t. $P = \frac{W}{t}$ mit $W = F \cdot s$ und $v = \frac{s}{t}$: $P = F \cdot v$	Ein Drehmoment entsteht, wenn eine Kraft außerhalb eines Drehpunktes angreift. $M = F \cdot r$ r: Abstand vom Drehpunkt

Beispiele für mechanische Arbeit

Hubarbeit	Reibungsarbeit	Federspannarbeit
Bedingung: F und v sind konstant	Bedingung: F und v sind konstant	Bedingung: Elastische Feder $F \sim s$, $D = \frac{F}{s}$

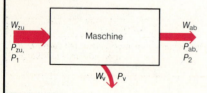

$F = F_G$
$W = F_G \cdot s$
$W = m \cdot g \cdot s$

$W = F_R \cdot s$

$W = \frac{F_F \cdot s}{2}$

Wirkungsgrad η

Einzelwirkungsgrad

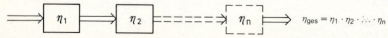

Der Wirkungsgrad ist gleich dem Quotienten aus der abgegebenen Arbeit W_{ab} (Leistung) und der zugeführten Arbeit W_{zu} (Leistung).

$\eta = \frac{W_{ab}}{W_{zu}}$; $\eta = \frac{P_{ab}}{P_{zu}}$; Angabe in Prozent oder als Zahl.

$\eta = \frac{P_2}{P_1}$; z. B. $\eta = 0{,}82 \triangleq 82\,\%$

$W_v = W_{zu} - W_{ab}$; $P_v = P_{zu} - P_{ab}$

P_v: Verlustleistung

Gesamtwirkungsgrad

$\eta_{ges} = \eta_1 \cdot \eta_2 \cdot \ldots \cdot \eta_n$

Mechanische Energie

Formelzeichen: E, W
Einheitenzeichen: N m (Newtonmeter), W s (Wattsekunde), J (Joule) 1 N m = 1 W s = 1 J

Umwandlung von Arbeit in Energie

Arbeit	→ Energie	$W = E$
Hubarbeit	→ Energie der Lage, potentielle Energie	$E_p = m \cdot g \cdot s$
Federspannarbeit	→ Spannenergie, potentielle Energie	$E_s = \dfrac{F \cdot s}{2}$
Beschleunigungsarbeit	→ Bewegungsenergie, kinetische Energie	$E_k = \dfrac{m \cdot v^2}{2}$

Energieerhaltung

Wenn Energien umgewandelt werden, ist die Summe immer konstant.	$E_p + E_k =$ konstant

Beispiel Hubarbeit

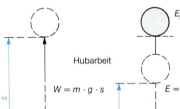

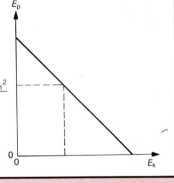

Reibung

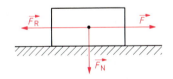

$F_R = \mu \cdot F_N$

F_R: Reibungskraft
μ: Reibungszahl
F_N: Normalkraft

Die Reibungskraft hängt nicht von der Größe der Berührungsfläche ab.

Haftreibung	Gleitreibung	Rollreibung
Haftreibung tritt auf, bevor sich ein Körper bewegt.	Wenn Körper aufeinander gleiten, tritt Gleitreibung auf.	Wenn ein Körper auf einem anderen Körper rollt, tritt Rollreibung auf.

Beispiele für Reibungszahlen

Stoffe	Haftreibungszahl	Gleitreibungszahl		Rollreibungszahl
		trocken	flüssig	
Gleitlager	0,1	—	0,03	
Stahl auf Stahl	0,3	0,2	0,04	0,001
Stahl auf Holz	0,5	0,3	0,05	
Lederriemen auf Stahl	0,6	0,3	—	
Gummireifen auf Asphalt	0,8	0,7	0,3	0,02 … 0,03
Mauerwerk auf Beton	1,0	0,8	—	

Hebel und Rollen

Unter Vernachlässigung der Reibung gilt:
Aufgenommene Arbeit (Energie) = Abgegebene Arbeit (Energie)

$W_1 = W_2$
$F_1 \cdot l_1 = F_2 \cdot l_2; \quad M_1 = M_2$

Zweiseitig ungleicharmiger Hebel

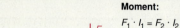

Moment:
$F_1 \cdot l_1 = F_2 \cdot l_2$

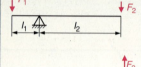

Arbeit:
$F_1 \cdot s_1 = F_2 \cdot s_2$

Einseitig ungleicharmiger Hebel

Moment:
$F_1 \cdot l_1 = F_2 \cdot l_2$

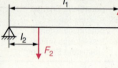

Arbeit:
$F_1 \cdot s_1 = F_2 \cdot s_2$

Feste Rolle

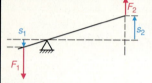

Moment:
$F_1 = F_2$

Arbeit:
$F_1 \cdot s_1 = F_2 \cdot s_2$

Lose Rolle

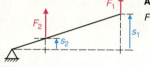

Moment:
$F_1 = \dfrac{F_2}{2}$

Arbeit:
$F_1 \cdot s_1 = F_2 \cdot s_2$

Antriebe

Riemenantriebe

einfache Übersetzung

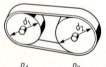

$i = \dfrac{n_1}{n_2} \quad i = \dfrac{d_2}{d_1}$

$d_1 \cdot n_1 = d_2 \cdot n_2$

d_1: Durchmesser des antreibenden Rades
n_1: Drehzahl des antreibenden Rades
i: Übersetzungsverhältnis
d_2: Durchmesser des angetriebenen Rades
n_2: Drehzahl des angetriebenen Rades

doppelte Übersetzung

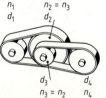

$n_3 = n_2 \qquad n_4$

$n_4 = n_1 \dfrac{d_1 \cdot d_3}{d_2 \cdot d_4}$

i_{ges}: Gesamtes Übersetzungsverhältnis
i_1, i_2: Einzelübersetzungsverhältnisse

$i_{ges} = i_1 \cdot i_2$
$i_{ges} = \dfrac{n_1}{n_4}$
$i_{ges} = \dfrac{d_2 \cdot d_4}{d_1 \cdot d_3}$

Zahnradantriebe

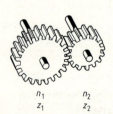

$n_1 \quad n_2$
$z_1 \quad z_2$

$i = \dfrac{n_1}{n_2} \quad i = \dfrac{z_2}{z_1}$

$n_1 \cdot z_1 = n_2 \cdot z_2$

z: Zähnezahl
z_1: Zähnezahl des antreibenden Zahnrades
z_2: Zähnezahl des angetriebenen Zahnrades

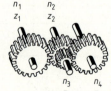

$n_1 \quad n_2$
$z_1 \quad z_2$

$n_3 \quad n_4$
$z_3 \quad z_4$

$n_2 = n_3$

$n_4 = n_1 \dfrac{z_1 \cdot z_3}{z_2 \cdot z_4}$

i_{ges}: Gesamtes Übersetzungsverhältnis

$i_{ges} = i_1 \cdot i_2$
$i_{ges} = \dfrac{n_1}{n_4}$
$i_{ges} = \dfrac{z_2 \cdot z_4}{z_1 \cdot z_3}$

Bewegungen

Formelzeichen und Einheiten
s: Weg, Strecke $\quad [s] = $ m, km
t: Zeit $\quad [t] = $ s, min, h
v: Geschwindigkeit $\quad [v] = \frac{m}{s}; \frac{km}{h}; \frac{m}{min}; \quad 1\frac{km}{h} = \frac{1}{3,6}\frac{m}{s} = 0,278 \frac{m}{s}; \quad 60 \frac{m}{min} = 3,6 \frac{km}{h}$
a: Beschleunigung $\quad [a] = \frac{m}{s^2}$

Allgemeine Beziehungen

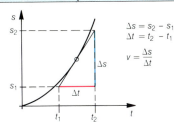

$\Delta s = s_2 - s_1$
$\Delta t = t_2 - t_1$
$v = \frac{\Delta s}{\Delta t}$

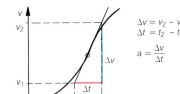

$\Delta v = v_2 - v_1$
$\Delta t = t_2 - t_1$
$a = \frac{\Delta v}{\Delta t}$

Sonderfälle

	Geradlinig gleichförmige Bewegung	Gleichmäßig beschleunigte Bewegung	
	In gleichen Zeiten werden gleiche Wegstrecken zurückgelegt.	In gleichen Zeiten werden ungleiche Wegstrecken zurückgelegt.	
		positive Beschleunigung	**negative Beschleunigung**
Weg	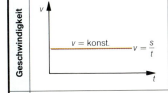 $s = v \cdot t$	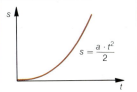 $s = \frac{a \cdot t^2}{2}$	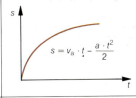 $s = v_a \cdot t - \frac{a \cdot t^2}{2}$
Geschwindigkeit	$v = $ konst. $v = \frac{s}{t}$	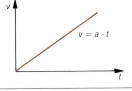 $v = a \cdot t$	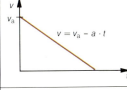 $v = v_a - a \cdot t$
Beschleunigung	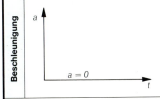 $a = 0$	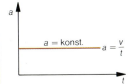 $a = $ konst. $a = \frac{v}{t}$	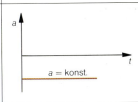 $a = $ konst.

Freier Fall
(gleichmäßig beschleunigte Bewegung im Vakuum)

$s = \frac{g \cdot t^2}{2}$

$v = g \cdot t; \quad v = \sqrt{2g \cdot s}$

g: örtliche Fallbeschleunigung

$g = 9,80665 \frac{m}{s^2}$

Gleichförmige Kreisbewegung

Geschwindigkeit v

Der Betrag der Geschwindigkeit ist stets gleich. T: Zeit für eine Umdrehung $2\pi \cdot r$: Wegstrecke bei einer Umdrehung	$v = \dfrac{s}{t}$ $v = \dfrac{2\pi \cdot r}{T}$
Die Richtung der Geschwindigkeit ändert sich ständig. Deshalb tritt eine Radialbeschleunigung a_r auf. Sie ist stets zum Mittelpunkt gerichtet.	$a_r = \dfrac{v^2}{r}$

Winkelgeschwindigkeit ω

α_G: Winkel im Gradmaß α_B: Winkel im Bogenmaß In der Zeit T wird der Vollwinkel von 360° (2π) überstrichen. ω: Winkelgeschwindigkeit $[\omega] = \dfrac{1}{s}$	$\alpha_B = \dfrac{s}{r}$ $\dfrac{\alpha_G}{\alpha_B} = \dfrac{360°}{2\pi}$ $\omega = \dfrac{2\pi}{T}$ $\omega = 2\pi \cdot f$

Weg / Geschwindigkeit / Winkelgeschwindigkeit

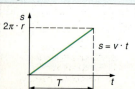
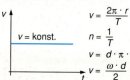
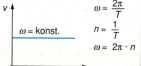

$s = v \cdot t$

$v = \text{konst.}$ $v = \dfrac{2\pi \cdot r}{T}$ $n = \dfrac{1}{T}$ $v = d \cdot \pi \cdot n$ $v = \dfrac{\omega \cdot d}{2}$

$\omega = \text{konst.}$ $\omega = \dfrac{2\pi}{T}$ $n = \dfrac{1}{T}$ $\omega = 2\pi \cdot n$

Leistung und Drehmoment

allgemein: $P = \omega \cdot M$
$P = 2\pi \cdot n \cdot M$ $P = \dfrac{n \cdot M}{9549}$

P in kW
M in Nm
n in $\dfrac{1}{\min}$

(zugeschnittene Größengleichung)

Druck

p: Druck $[p] = \dfrac{N}{m^2}$ $1\,\dfrac{N}{m^2} = 1\,\text{Pa (Pascal)}$

F: Kraft $[F] = N$ $1\,\dfrac{N}{m^2} = 10^{-5}\,\text{bar}$

A: Fläche $[A] = m^2$ $1\,\text{bar} = 10^5\,\dfrac{N}{m^2}$

$p = \dfrac{F}{A}$

Atmosphärische Druckangaben   DIN 1314/02.77

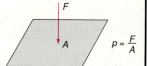

p_{abs}: Absolutdruck (Druck gegenüber dem Druck Null im leeren Raum)

p_{amb}: Absoluter Atmosphärendruck

Δp, $p_{1,2}$: Druckdifferenz, Differenzdruck

p_e: Atmosphärische Druckdifferenz, Überdruck (positiv oder negativ)

$\Delta p = p_{abs,1} - p_{abs,2}$ $p_e = p_{abs} - p_{amb}$

Wärme

Temperatur

tiefste Temperatur: $\vartheta_0 = -273{,}15\,°C = 0\,K$

Temperatur	Kelvin-Temperatur	Celsius-Temperatur	Fahrenheit-Temperatur
Formelzeichen	T	t, ϑ	t, ϑ
Einheitenzeichen	K (Kelvin)	°C (Grad Celsius)	°F (Grad Fahrenheit)
Einheit der Temperaturdifferenz	1 K (Kelvin)	1 K (Kelvin)	–
Zusammenhang	$0\,K = -273\,°C$ $273\,K = 0\,°C$ $373\,K = 100\,°C$		$\vartheta_F = \dfrac{9}{5}\vartheta_C + 32°$ $\vartheta_C = (\vartheta_F - 32°)\dfrac{5}{9}$

Temperaturmessung

Flüssigkeitsthermometer mit Quecksilber	−30 °C … 280 °C	Segerkegel	220 °C … 2000 °C
Flüssigkeitsthermometer mit Quecksilber und Gasfüllung	−30 °C … 750 °C	Metallausdehnungsthermometer	−20 °C … 500 °C
		elektrische Widerstandsthermometer	−250 °C … 1000 °C
Flüssigkeitsthermometer mit Alkohol	−110 °C … 50 °C	Glühfarben	500 °C … 3000 °C
Thermocolore	150 °C … 600 °C	Gasthermometer	−272 °C … 2800 °C

Ausdehnung durch Wärme

lineare Ausdehnung

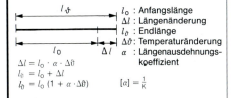

l_0 : Anfangslänge
Δl : Längenänderung
l_ϑ : Endlänge
$\Delta\vartheta$: Temperaturänderung
α : Längenausdehnungskoeffizient

$\Delta l = l_0 \cdot \alpha \cdot \Delta\vartheta$
$l_\vartheta = l_0 + \Delta l$
$l_\vartheta = l_0 (1 + \alpha \cdot \Delta\vartheta)$

$[\alpha] = \dfrac{1}{K}$

kubische Ausdehnung

V_0 : Anfangsvolumen
ΔV : Volumenänderung
V_ϑ : Endvolumen
$\Delta\vartheta$: Temperaturänderung
γ : Volumenausdehnungskoeffizient

$\Delta V = V_0 \cdot \gamma \cdot \Delta\vartheta$
$V_\vartheta = V_0 + \Delta V$
$V_\vartheta = V_0 (1 + \gamma \cdot \Delta\vartheta)$

es gilt angenähert:
$\gamma \approx 3\alpha \qquad [\gamma] = \dfrac{1}{K}$

Wärmemenge Q

$Q = m \cdot c \cdot \Delta\vartheta$

Q: Wärmemenge $[Q] = J$ (Joule)
m: Masse
$\Delta\vartheta$: Temperaturänderung
c: spezifische Wärmekapazität

$[c] = \dfrac{kJ}{kg \cdot K}$

Die einem Körper zugeführte oder von ihm abgegebene Wärmemenge ist abhängig vom Produkt aus der Masse, der spezifischen Wärmekapazität und der Temperaturänderung, die der Körper erfährt.

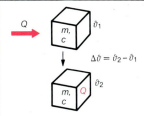

$\Delta\vartheta = \vartheta_2 - \vartheta_1$

Mischungsvorgänge

abgegebene Wärmemenge = aufgenommener Wärmemenge

$Q_{ab} = Q_{auf}$

$m_1 \cdot c_1 (\vartheta_1 - \vartheta_m) = m_2 \cdot c_2 (\vartheta_m - \vartheta_2)$

$\vartheta_m = \dfrac{m_1 \cdot c_1 \cdot \vartheta_1 + m_2 \cdot c_2 \cdot \vartheta_2}{m_1 \cdot c_1 + m_2 \cdot c_2}$

ϑ_m: Mischungstemperatur

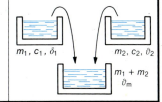

Akustik

DIN 45 630 T.1/12.71, T.2/09.67

Schall

Druck p, Δp Schalldruckänderung, Schalldruck, atm. Druck, $p_0 = 1{,}013$ bar, Verdichtung, Verdünnung

Lautstärken von Schallquellen

Schallquelle	Lautstärkepegel L_N in phon	Schalldruck p in µbar
Hörschwelle	0	$2 \cdot 10^{-4}$
Flüstern in 1 m Entfernung	30	$6{,}4 \cdot 10^{-3}$
mittlere Sprachwiedergabe	50	$6{,}4 \cdot 10^{-2}$
Verkehrslärm	70	$6{,}4 \cdot 10^{-1}$
Preßlufthammer	90	6,4
startendes Flugzeug, 5 m Abst.	110	64
Schmerzschwelle	130	640

Schallgeschwindigkeit

$c = f \cdot \lambda$ $[c] = \dfrac{\text{m}}{\text{s}}$

c: Schallgeschwindigkeit
f: Frequenz
λ: Wellenlänge

Wellenarten

Longitudinalwellen (Längswellen)
Schwingungsrichtung der Teilchen ist identisch mit der Ausbreitungsrichtung des Schalls.
Transversalwellen (Schubwellen)
Teilchen schwingen quer zur Ausbreitungsrichtung des Schalls.

Schalleistungen von Schallquellen

Schallquelle	Schalleistung P in W
Mittelwert der Unterhaltungssprache	$7 \cdot 10^{-6}$
Höchstwert der menschlichen Stimme	$2 \cdot 10^{-3}$
Klavier	$2 \cdot 10^{-1}$
Autohupe	5
Lautsprecher	10
Sirene	1000

Schalldruckpegel

$L_p = 20 \lg \dfrac{p}{p_0}$ dB

p: effektiver Schalldruck
Luftschall: $p_0 = 20 \, \mu\text{N/m}^2 = 2 \cdot 10^{-4}$ µbar

Schallschnellepegel

$L_v = 20 \lg \dfrac{v}{v_0}$ dB

v: effektive Schallschnelle
Luftschall: $v_0 = 50$ nm/s

Schallintensitätspegel

$L_I = 10 \lg \dfrac{I}{I_0}$ dB

I: Schallintensität $[I] = \dfrac{\text{W}}{\text{m}^2}$

Luftschall: $I_0 = 10^{-12}$ W/m² = 1 pW/m²

Schalleistungspegel

$L_p = 10 \lg \dfrac{P}{P_0}$ dB

Schalleistung: P
Luftschall: $P_0 = 10^{-12}$ W = 1 pW

Materialkenngrößen (20 °C)

Stoff	Dichte ϱ in $\dfrac{\text{kg}}{\text{m}^3}$	Feldkennimpedanz Z_0 in $\dfrac{\text{N} \cdot \text{s}}{\text{m}^3}$	Schallgeschwindigkeit c in $\dfrac{\text{m}}{\text{s}}$
Aluminium	2700	$16{,}9 \cdot 10^6$	6260
Gummi	900	$1{,}3 \cdot 10^6$	1480
Kupfer	8900	$41{,}8 \cdot 10^6$	4700
Silber	10500	$37{,}8 \cdot 10^6$	3600
Stahl	7800	$45{,}6 \cdot 10^6$	5850
Alkohol	789	$9{,}93 \cdot 10^6$	1180
Quecksilber	13551	$19{,}7 \cdot 10^6$	1451
Transformatoröl	900	$1{,}3 \cdot 10^6$	1425
Wasser	1000	$1{,}4 \cdot 10^6$	1440
Luft	1,19	408	343

Feldkennimpedanz

Verlustfreies Medium (Wellenwiderstand)

$Z_0 = \varrho \cdot c$ $[Z_0] = \dfrac{\text{Pa} \cdot \text{s}}{\text{m}}$

ϱ: Dichte
c: Schallgeschwindigkeit

Akustik

DIN 45 630 T.1/12.71, T.2/09.67

Lautstärkepegel

Angabe: L_N in phon

Der Lautstärkepegel eines beliebigen Schalleindrucks beträgt z. B. x phon, wenn von einem gehörmäßig normalempfindenden Beobachter der Schall als gleich laut wahrgenommen wird, wie ein Ton mit $f = 1$ kHz, dessen Schalldruckpegel x dB beträgt.

Lautheit

Angabe: N in sone

Die Lautheit ist der Stärke der Schallwahrnehmung normalhörender Beobachter proportional.

Zusammenhang zwischen Lautheit und Lautstärkepegel

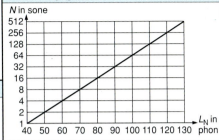

Bewertungskurve für Schallpegelmesser

Der Schall wird ähnlich dem menschlichen Gehör bewertet. Das Meßergebnis entspricht dem Schallempfinden des Menschen.

Mikrofon — Filter — Verstärker — Meßinstrument

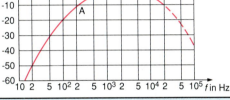

Schalldruckpegel L_p in Abhängigkeit von der Frequenz (Kurven gleicher Lautstärke, Sinustöne)

gehörmäßig normalempfindende Personen, Alter: 18–25 Jahre

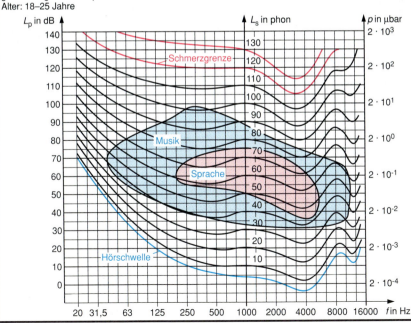

Optik

DIN 5031/03.82

Optische Strahlung

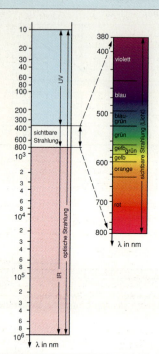

Relativer spektraler Helligkeitsempfindlichkeitsgrad (Augenempfindlichkeit)

Tagessehen: $V(\lambda)$
Helligkeitsadaption oberhalb von 10 lx, photooptischer Bereich, Zapfen-Sehen;
Strahlungsäquivalent: K_m = 683 lm/W

Nachtsehen: $V'(\lambda)$
Dunkeladaption unterhalb 0,1 lx, skoptischer Bereich, Stäbchen-Sehen;
Strahlungsäquivalent: K_m = 1699 lm/W

(Kurven sind Mittelwerte, an vielen Personen ermittelt)

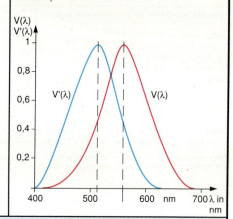

Wellenlängenbereiche der UV- und IR-Strahlung

Name	Kurzzeichen		Wellenlänge λ in nm	Frequenz f in THz	Energie Q_e in eV
Ultraviolett-strahlung (UV)	UV-C	VUV[1]	100 … 200	3000 … 1500	12,4 … 6,2
		FUV[2]	200 … 280	1500 … 1070	6,2 … 4,4
	UV-B	(Mittleres UV)	280 … 315	1070 … 950	4,4 … 3,9
	UV-A	(Nahes UV)	315 … 380	950 … 790	3,9 … 3,3
Sichtbare Strahlung, Licht	VIS		380 … 780	790 … 385	3,3 … 1,6
Infrarot-Strahlung (IR)	NIR	IR-A[3]	780 … 1400	385 … 215	1,6 … 0,9
		IR-B[3]	1400 … 3000	215 … 100	0,9 … 0,4
	IR-C	MIR[4]	3000 … 50000	100 … 6	0,4 … 0,025
		FIR[5]	50000 … 1·10⁶	6 … 0,3	0,025 … 0,001

Strahlungsphysikalische (radiometrische) Größen (radiometric units)

- rein physikalische Betrachtungsweise
- Index e bedeutet: energetische
- Bereich von 10^1 … 10^6 nm

Lichttechnische (fotometrische) Größen (photometric units)

- physiologische Bewertung durch das menschliche Auge
- Index v bedeutet: visuell
- Teilbereich der optischen Strahlung, 380 nm … 780 nm

[1] Vakuum UV, [2] Fernes UV, [3] Nahes IR, [4] Mittleres IR, [5] Fernes IR

Optik

DIN 5031/03.82

Formeln, Formelzeichen	Strahlungsphysikalische Größen – Beschreibung	Strahlungsphysikalische Größen – Einheit	Lichttechnische Größen – Beschreibung	Lichttechnische Größen – Einheit
$Q, (W)$	Strahlungsenergie, Q_e Strahlungsmenge	W · s	Lichtmenge, Q_v	lm · s, lm · h (Lumensek.)
$\Phi = \frac{Q}{t}$	Strahlungsleistung, Φ_e (Strahlungsfluß)	W	Lichtstrom, Φ_v	lm (Lumen) 1 lm = 1 cd · sr
Sender				
$I = \frac{\Phi}{\Omega_1}$	Strahlstärke, I_e	$W \cdot sr^{-1}$	Lichtstärke, I_v	cd (Candela)
$L = \frac{\Phi}{\Omega_1 \cdot A_1 \cdot \cos \varepsilon_1}$ $L = \frac{\Phi}{\Omega_2 \cdot A_2 \cdot \cos \varepsilon_2}$	Strahldichte, L_e	$W \cdot sr^{-1} \cdot m^{-2}$	Leuchtdichte, L_v	$cd \cdot m^{-2}$
$M = \frac{\Phi}{A_1}$	Spezifische Ausstrahlung, M_e	$W \cdot m^{-2}$	Spezifische Lichtausstrahlung, M_v	$lm \cdot m^{-2}$
Empfänger				
$E = \frac{\Phi}{A_2}$	Bestrahlungsstärke, E_e	$W \cdot m^{-2}$	Beleuchtungsstärke, E_v	lx (Lux) $1\ lx = 1\ lm \cdot m^{-2}$
$H = E \cdot t$	Bestrahlung, H_e	$W \cdot s \cdot m^{-2}$	Belichtung, H_v	lx · s $1\ lx \cdot s = 1\ lm \cdot s \cdot m^{-2}$

Darstellung lichttechnischer Größen (punktförmige Lichtquelle)

Raumwinkel Ω

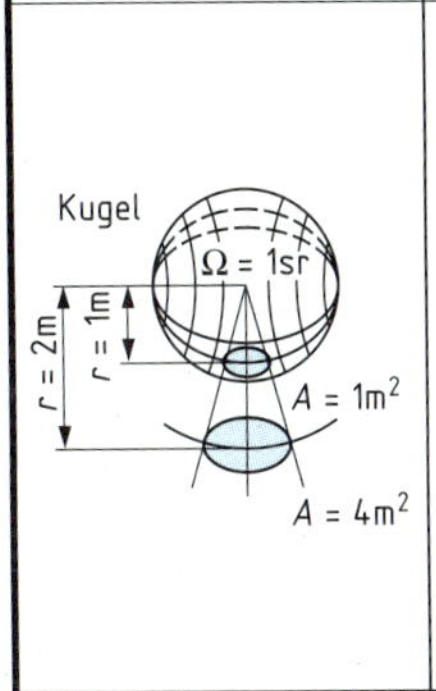

Kugel
Ω = 1sr
r = 2m
r = 1m
A = 1m²
A = 4m²

Lichtstrom Φ_v

Lichtquelle
Iv = 1cd
r = 1m
Ω = 1sr
A = 1m²
Φv = 1lm

Lichtmenge Q_v

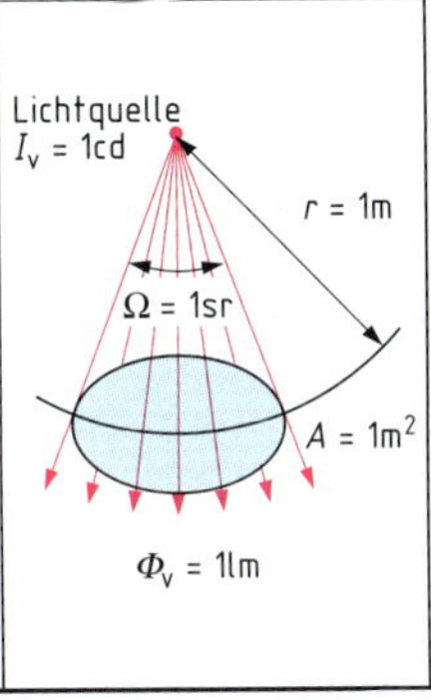

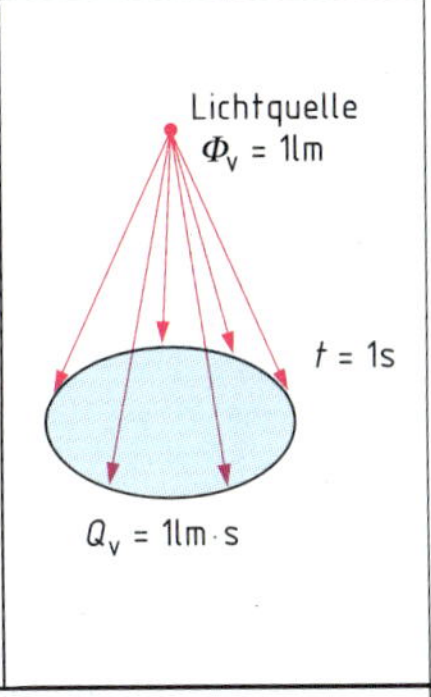

Lichtquelle
Φv = 1lm
t = 1s
Qv = 1lm·s

Belichtung H_v

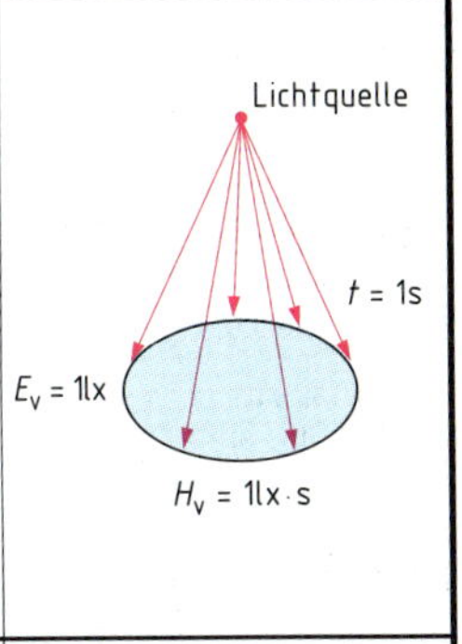

Lichtquelle
t = 1s
Ev = 1lx
Hv = 1lx·s

Projizierte Fläche $A \cdot \cos \varepsilon$

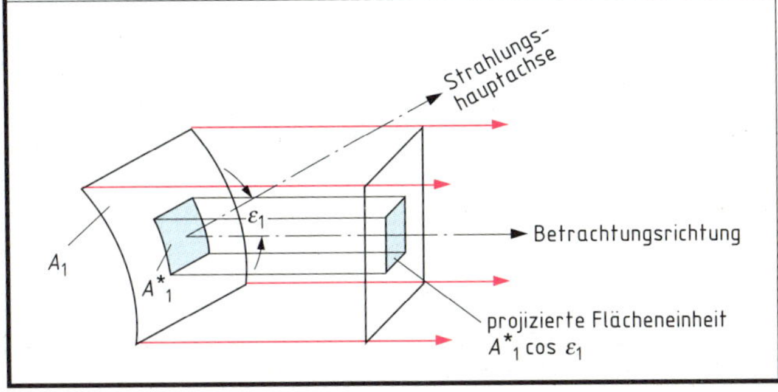

Strahlungs-
hauptachse
ε1
Betrachtungsrichtung
A1
A*1
projizierte Flächeneinheit
A*1 cos ε1

Beleuchtungsstärke E_v

Lichtquelle
Iv = 1cd
r = 2m
Ω = 1sr
A = 1m²
r = 1m
E = 1lx
A = 4m²
E = 1/4 lx
Φv = 1lm

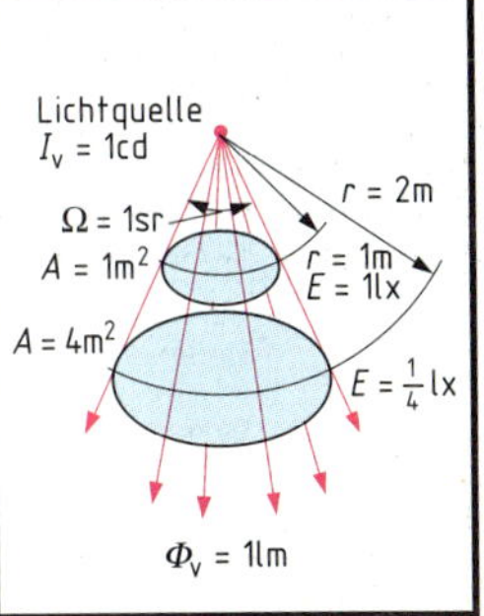

Grundlagen der Chemie

Stoffeinteilung

```
                    Stoffe (Eisen, Sauerstoff, Schwefelsäure,
                            Benzol, Luft)
         ┌────────────────┴────────────────┐
   Reine Stoffe                      Stoffgemische
   (Eisen, Sauerstoff,                  (Luft)
   Schwefelsäure, Benzol)
   ┌──────┴──────┐
Chemische Elemente          Chemische Verbindungen
(Eisen, Sauerstoff)         (Schwefelsäure, Benzol)
   ┌──────┴──────┐              ┌──────┴──────┐
Metalle      Nichtmetalle   anorgan.        organ.
(Eisen)      (Sauerstoff)   Verbindungen    Verbindungen
                            (Schwefelsäure) (Benzol)
```

Atomaufbau

Atomkern		Atomhülle
Protonen	**Neutronen**	**Elektronen**
Elektrisch positive Masseteilchen. Die Protonen bestimmen den Charakter des Elements. Protonenzahl = Kernladungszahl = Ordnungszahl	Elektrisch neutrale Masseteilchen. Die Neutronenzahl kann für die Atomkerne des gleichen Elements unterschiedlich sein (Isotope).	Elektrisch negative Masseteilchen. Bei einem neutralen Atom ist die Protonenzahl gleich der Elektronenzahl.

Atomteilchen

Name	Ladung e in As	Masse m in g
Elektron	$-1{,}602 \cdot 10^{-19}$	$9{,}1089 \cdot 10^{-28}$
Neutron	0	$1{,}6748 \cdot 10^{-24}$
Proton	$+1{,}602 \cdot 10^{-19}$	$1{,}6725 \cdot 10^{-24}$

Schalen	Elektronen	Bezeichnung
K	2	1 s
L	2, 6	2 s, 2 p
M	2, 6, 10	3 s, 3 p, 3 d
N	2, 6, 10, 14	4 s, 4 p, 4 d, 4 f

Atommodell

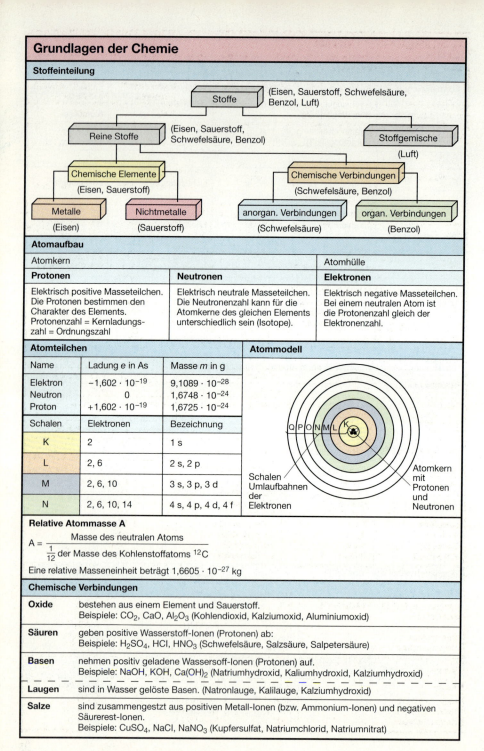

Schalen Umlaufbahnen der Elektronen — Atomkern mit Protonen und Neutronen

Relative Atommasse A

$$A = \frac{\text{Masse des neutralen Atoms}}{\frac{1}{12} \text{ der Masse des Kohlenstoffatoms } ^{12}C}$$

Eine relative Masseneinheit beträgt $1{,}6605 \cdot 10^{-27}$ kg

Chemische Verbindungen

Oxide   bestehen aus einem Element und Sauerstoff.
Beispiele: CO_2, CaO, Al_2O_3 (Kohlendioxid, Kalziumoxid, Aluminiumoxid)

Säuren   geben positive Wasserstoff-Ionen (Protonen) ab:
Beispiele: H_2SO_4, HCl, HNO_3 (Schwefelsäure, Salzsäure, Salpetersäure)

Basen   nehmen positiv geladene Wasserstoff-Ionen (Protonen) auf.
Beispiele: $NaOH$, KOH, $Ca(OH)_2$ (Natriumhydroxid, Kaliumhydroxid, Kalziumhydroxid)

Laugen   sind in Wasser gelöste Basen. (Natronlauge, Kalilauge, Kalziumhydroxid)

Salze   sind zusammengesetzt aus positiven Metall-Ionen (bzw. Ammonium-Ionen) und negativen Säurerest-Ionen.
Beispiele: $CuSO_4$, $NaCl$, $NaNO_3$ (Kupfersulfat, Natriumchlorid, Natriumnitrat)

Grundlagen der Chemie

Atomsymbole und ihre Schreibweise
DIN 32640/12.86

	Chlormolekül	Chlorid-Ione	Wasserstoffmolekül	Natriumchloridmolekül
ohne Angabe der Ionenladung	Cl_2		H_2	NaCl
mit Angabe der Ionenladung		$2\,Cl^-$	$2\,H^-$	$(Na^+ Cl^-)$

Beispiele:

$A = Z + N$
(N: Neutronenzahl)

Nukleonenzahl A $\longrightarrow$ $^{12}_{6}C$ Ca^{2+} $\longleftarrow$ Ionenladung $O_{\underline{2}}$ $\longleftarrow$ Stöchiometrischer Index

Protonenzahl Z (Ordnungszahl)

Oxidationszahlen: $C^{IV}(Cl^{-I})_4$; $Na_2[\overset{6+2-}{SO_4}]$

Bindungen

	Metallbindung	Ionenbindung	Atombindung
Merkmale	Anziehung zwischen Atomrümpfen (positiv) und frei beweglichen Elektronen.	Anziehung zwischen entgegengesetzt geladenen Ionen.	Gemeinsame Elektronenpaare.
Aufbau	Atomrümpfe und freibewegliche Elektronen bilden einen Metallkristall.	Metall-Ionen und Nichtmetall-Ionen bilden einen Ionenkristall.	Nichtmetall-Atome bilden ein Molekül.
Beispiele	Na	NaCl	Cl_2

Chemische Reaktionen

Reaktion	Zink (Zn)	+ Salzsäure (2 HCl) → Zinkchlorid ($ZnCl_2$)		+ Wasserstoff (H_2)
	Zn	+ 2 HCl	→ $Zn^{2+}(Cl^-)_2$	+ H_2
Teilchen	Atome (Ionen im Metallgitter)	Moleküle	Ionen im Ionengitter	Moleküle
Bindung	Metallbindung	Atombindung	Ionenbindung	Atombindung

Namen anorganischer Verbindungen (Beispiele)

Element	Bezeichnung	Name eines Salzes	Formel des Salzes
Fluor	Fluorid	Kalziumfluorid	CaF_2
Chlor	Chlorid	Natriumchlorid	NaCl
Brom	Bromid	Silberbromid	AgBr
Jod	Jodid	Natriumjodid	NaJ
Sauerstoff	Oxid	Schwefeldioxid	SO_2
Schwefel	Sulfid	Eisen(II)-sulfid	FeS
Stickstoff	Nitrid	Natriumnitrid	Na_3N
Kohlenstoff	Carbid	Kalziumcarbid	CaC_2

Säure / Säurerest-Ion

Name	Formel	Name	Zeichen
Chlorwasserstoffsäure (Salzsäure)	HCl	Chlorid-Ion	Cl^-
Salpetersäure	HNO_3	Nitrat-Ion	NO_3^-
Schwefelsäure	H_2SO_4	Sulfat-Ion	SO_4^{2-}
Kohlensäure	H_2CO_3	Carbonat-Ion	CO_3^{2-}
Phosphorsäure	H_3PO_4	Phosphat-Ion	PO_4^{3-}

Base / Basenrest-Ion

Name	Formel	Name	Zeichen
Kaliumhydroxid	KOH	Hydroxid-Ion	OH^-
Natriumhydroxid	NaOH	Hydroxid-Ion	OH^-
Kalziumhydroxid	$Ca(OH)_2$	Hydroxid-Ion	$(OH^-)_2$

Stoffabscheidung durch Elektrolyse (Galvanisieren)

Stoffabscheidung durch Elektrolyse

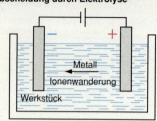

Wirkungsgrad (Stromausbeute)
Katodischer Wirkungsgrad

$$\eta = \frac{m^*}{c \cdot I \cdot t}$$

Der Wirkungsgrad ist stark von der Anlage abhängig.

Die Verluste entstehen durch:
- Nebenreaktionen (z. B. Wasserstoffabscheidung)
- Zusammensetzung der Flüssigkeit
- Erwärmung der Flüssigkeit

m^*: verfügbare Masse

Massenberechnung (Faradaysches Gesetz)
$m = c \cdot I \cdot t$
m: Masse
c: elektrochemisches Äquivalent
$[c] = \dfrac{mg}{As}, \dfrac{g}{Ah}$ $1\dfrac{mg}{As} = \dfrac{3{,}6\,g}{Ah}$
I: Stromstärke
t: Zeit

Schichtdicke s

$$s = \frac{m}{A \cdot \varrho} \qquad s = \frac{c \cdot I \cdot t}{A \cdot \varrho} \qquad s = \frac{c \cdot J \cdot t}{\varrho}$$

ϱ: Dichte

Stromdichte J

$$J = \frac{I}{A} \qquad A: \text{Fläche} \qquad [J] = \frac{A}{dm^2}$$

Metall		Wertigkeit	elektrochem. Äquivalent c in $\frac{g}{A \cdot h}$	Metall		Wertigkeit	elektrochem. Äquivalent c in $\frac{g}{A \cdot h}$	Metall		Wertigkeit	elektrochem. Äquivalent c in $\frac{g}{A \cdot h}$
Al	Aluminium	III	0,3356	Au	Gold	I	7,3490	Mn	Mangan	II	1,0249
Pb	Blei	II	3,8654	Au	Gold	III	2,4497	Ni	Nickel	II	1,0954
Cd	Cadmium	II	2,0969	Co	Kobalt	II	1,0994	Pt	Platin	IV	1,8195
Cr	Chrom	III	0,6467	Cu	Kupfer	I	2,3707	Ag	Silber	I	4,0247
Cr	Chrom	VI	0,3233	Cu	Kupfer	II	1,1854	Zn	Zink	II	1,2197
Fe	Eisen	II	1,0419	Mg	Magnesium	II	0,4535	Sn	Zinn	II	2,2142

Spannungsreihe der Elemente (Normalpotentiale)

Potentialbildung

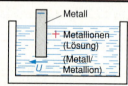

Als Bezugselektrode für die Spannungsangabe (Normalpotential) wird eine Wasserstoffelektrode H/H^+ verwendet.

Normalpotentiale wichtiger Gebrauchsmetalle
(luftgesättigtes Wasser, pH 6; 25 °C)

Metall	Potential in V
Gold	+0,306
Silber	+0,194
Neusilber Ns 6218	+0,161
Silberlot 4500	+0,156
Messing Ms 63	+0,145
Kupfer	+0,140
Nickel Ni 99,6	+0,118
Cr-Ni-Stahl (V2A)	−0,084
Aluminium Al 99,5	−0,169
Zinnlot LSn 90	−0,258
Blei Pb 99,9	−0,283
Zink Zn 99,975	−0,807

Normalpotentiale (theoretische Werte)

Element	Elektrodenreaktion	Potential in V
Lithium	$Li \to Li^+ + e$	−3,02
Kalium	$K \to K^+ + e$	−2,92
Calcium	$Ca \to Ca^{2+} + 2e$	−2,89
Natrium	$Na \to Na^+ + e$	−2,84
Aluminium	$Al \to Al^{3+} + 3e$	−1,67
Mangan	$Mn \to Mn^{2+} + 2e$	−1,05
Zink	$Zn \to Zn^{2+} + 2e$	−0,76
Chrom	$Cr \to Cr^{3+} + 3e$	−0,71
Schwefel	$S_2 \to S^{2+} + 2e$	−0,51
Eisen	$Fe \to Fe^{2+} + 2e$	−0,44
Cadmium	$Cd \to Cd^{2+} + 2e$	−0,40
Nickel	$Ni \to Ni^{2+} + 2e$	−0,25
Zinn	$Sn \to Sn^{2+} + 2e$	−0,41
Blei	$Pb \to Pb^{2+} + 2e$	−0,125
Eisen	$Fe \to Fe^{3+} + 3e$	−0,036
Wasserstoff	$\tfrac{1}{2}H_2 \to H^+ + e$	±0,000
Zinn	$Sn \to Sn^{4+} + 4e$	+0,050
Kupfer	$Cu \to Cu^{2+} + 2e$	+0,345
Kupfer	$Cu \to Cu^+ + e$	+0,52
Silber	$Ag \to Ag^+ + e$	+0,80
Quecksilber	$Hg \to Hg^{2+} + 2e$	+0,80
Platin	$Pt \to Pt^{2+} + 2e$	+1,2
Gold	$Au \to Au^+ + e$	+1,7
Fluor	$F_2 \to 2F^- + 2e$	+2,85

Periodensystem

Periode	Schale																	
1	K	H 1,1		Beispiel: Atommassezahl — Kurzzeichen — Ordnungszahl — Wertigkeit ($^{1}_{1}$H$_{1}$)					Nichtmetall									He 4, 2,0
2	L	Li 7, 3,1	Be 9, 4,2									B 11, 5,3	C 12, 6,4	N 14, 7,$^{2}_{5}$	O 16, 8,2	F 19, 9,1	Ne 20, 10,0
3	M	Na 23, 11,1	Mg 24, 12,$^{2,4}_{6,7}$			Schwermetall						Al 27, 13,3	Si 28, 14,4	P 31, 15,$^{3}_{5}$	S 32, 16,$^{2}_{6}$	Cl 35, 17,$^{1,5}_{7}$	Ar 40, 18,0
4	N	K 39, 19,1	Ca 40, 20,2	Sc 45, 21,3	Ti 48, 22,$^{2}_{4}$	V 51, 23,$^{2}_{5}$	Cr 52, 24,$^{3,4}_{6}$	Mn 55, 25,$^{2}_{6,7}$	Fe 56, 26,$^{2}_{3}$	Co 59, 27,$^{2}_{3}$	Ni 59, 28,$^{2}_{3}$	Cu 64, 29,$^{1}_{2}$	Zn 65, 30,2	Ga 70, 31,3	Ge 73, 32,$^{2}_{4}$	As 75, 33,$^{3}_{5}$	Se 79, 34,$^{2}_{6}$	Br 80, 35,$^{1}_{5}$	Kr 84, 36,0
5	O	Rb 85, 37,1	Sr 88, 38,2	Y 89, 39,3	Zr 91, 40,4	Nb 93, 41,$^{3}_{5}$	Mo 96, 42,$^{4}_{6}$	Tc 99, 43,7	Ru 101, 44,$^{3,4}_{6,8}$	Rh 103, 45,$^{3}_{4}$	Pd 106, 46,$^{2}_{4}$	Ag 108, 47,2	Cd 112, 48,2	In 115, 49,3	Sn 119, 50,$^{2}_{4}$	Sb 122, 51,$^{3}_{5}$	Te 128, 52,$^{2}_{6}$	J 127, 53,$^{1,3}_{5,7}$	Xe 131, 54,0
6	P	Cs 133, 55,1	Ba 137, 56,2	La 139*), 57,3	Hf 179, 72,4	Ta 181, 73,5	W 184, 74,6	Re 186, 75,7	Os 190, 76,$^{2,3}_{4,8}$	Ir 192, 77,$^{3}_{6}$	Pt 195, 78,$^{2}_{4}$	Au 197, 79,$^{1}_{3}$	Hg 201, 80,$^{1}_{2}$	Tl 204, 81,$^{1}_{3}$	Pb 207, 82,$^{2}_{4}$	Bi 209, 83,$^{3}_{5}$	Po 210, 84,$^{2}_{6}$	At 210, 85,1	Rn 222, 86,0
7	Q	Fr 223, 87,1	Ra 226, 88,2	Ac 227*), 89,3	Ku 104,4	Ha 105,5		Edelmetall								Halbmetall	Edelgas	

Leichtmetall

Periode	Schale			Lanthanide										
6	P			Ce 140, 58,$^{3}_{4}$	Pr 141, 59,3	Nd 144, 60,3	Pm 147, 61,3	Sm 150, 62,3	Eu 152, 63,3	Gd 157, 64,3	Tb 159, 65,3	Dy 163, 66,3	Ho 165, 67,3	Er 167, 68,3	Tm 169, 69,3	Yb 173, 70,$^{2}_{3}$	Lu 175, 71,3
7	Q			Actinide Th 232, 90,4	Pa 231, 91,3	U 238, 92,$^{3}_{6}$	Np 237, 93,$^{3}_{6}$	Pu 242, 94,$^{3}_{6}$	Am 243, 95,$^{3}_{6}$	Cm 247, 96,3	Bk 249, 97,$^{3}_{4}$	Cf 251, 98,3	Es 254, 99,3	Fm 253, 100,3	Md 256, 101,3	No 102,3	Lr 103,3

Stoffwerte von Werkstoffen (20 °C und 1,013 · 10^5 Pa)

Name	Kurzzeichen	Dichte ρ in $\frac{kg}{dm^3}$ Gas: $\frac{mg}{cm^3}$	Schmelzpunkt ϑ_{Fl} in °C	Siedepunkt ϑ_{G} in °C	Spez. Schmelzwärme q in $\frac{kJ}{kg}$	Spez. Wärmekapazität c in $\frac{kJ}{kg \cdot K}$	Längen-/ Volumen-Ausdehnungskoeffizient α in $\frac{10^{-6}}{K}$ (0 … 100 °C)
Aluminiumoxid	Al$_2$O$_3$	4,0	2050	2700	263	0,764	6,5
Glas	–	2,4 … 2,7	≈ 700	–		0,850	5
Polyvinylchlorid	PVC	1,35	–	–	165	1,500	8,0
Porzellan	–	2,3 … 2,5	1600	–		0,880	4
Quarz	SiO$_2$	2,1 … 2,6	1480	2230		0,745	8
Benzin	–	0,68 … 0,75	– 30 … – 50	40 … 200		2,020	1000
Heizöl	–	≈ 0,82	– 10	> 170		2,070	950
Petroleum	–	0,81	– 70	150 … 300		2,150	1000
Wasser (destill.)	H$_2$O	1,00[1]	0	100		4,182	207
Kohlendioxid	CO$_2$	1,977[2]	– 56,6	– 78,5		0,630[3]	–
Luft	–	1,29[2]	– 220	– 191,4		0,716[3]	–
Methan	CH$_4$	0,72[2]	– 182,5	– 161,5		1,680[3]	–

[1] bei 4 °C [2] bei 0 °C [3] bei V = const.

Stoffwerte von chemisch reinen Elementen (20 °C und 1,013 · 10^5 Pa)

Name	Kurz-zei-chen	Ord-nungs-zahl	Dichte ϱ in $\frac{kg}{dm^3}$ Gas: $\frac{mg}{cm^3}$	Schmelz-punkt ϑ_{Fl} in °C	Siede-punkt ϑ_G in °C	Spez. Schmelz-wärme q in $\frac{kJ}{kg}$	Spez. Wärme-kapazität c in $\frac{kJ}{kg \cdot K}$	Längen-Ausdeh-nungs-koeffi-zient α in $\frac{10^{-6}}{K}$ (0...100°C)	Elektrische Leit-fähig-keit $\varkappa$ in $\frac{MS}{m}$	Tempera-tur-koeffi-zient α_{20} in $\frac{10^{-3}}{K}$
Aluminium	Al	13	2,7	660	2270	398	0,899	23,9	37,8	4,7
Antimon	Sb	51	6,69	630,5	1640	163	0,210	10,8	2,59	5,4
Argon	Ar	18	1,78	−189	−186	−	−	−	−	−
Arsen	As	33	5,73	sublimiert	618	−	0,350	10,8	−	4,7
Barium	Ba	56	3,8	710	1696	−	0,277	19	2,78	6,5
Beryllium	Be	4	1,85	1283	2870	−	1,885	12,3	31,2	9,0
Bismut (Wismut)	Bi	83	9,8	271	1560	54	0,126	13,5	0,91	4,5
Blei	Pb	82	11,34	327	1750	25	0,130	29	4,77	4,2
Bor	B	5	1,7...2,3	2300	2500	−	0,960[1]	8	0,91	−
Brom	Br	35	3,19	−7,3	59	−	−	1150[2]	−	−
Cadmium	Cd	48	8,64	321	767	54	0,230	29,4	13,7	4,2
Calcium	Ca	20	1,55	850	1439	329	0,630	−	−	−
Chlor	Cl	17	1,557	−	−34,1	−	−	−	−	−
Chrom	Cr	24	7,1	1900	2300	314	0,460	8,5	6,76	5,9
Eisen	Fe	26	7,87	1535	2880	268	0,466	11	10	4,6
Fluor	F	9	1,69	−218	−188	−	−	−	−	−
Gallium	Ga	31	5,91	29,75	2400	−	−	18	2,5	4,0
Germanium	Ge	32	5,32	938	2700	409	0,310	6	0,0011	1,4
Gold	Au	79	19,3	1063	2700	63	0,130	14,3	47,6	4,0
Helium	He	2	0,18	−272	−268,9	−	5,230[2]	−	−	−
Indium	In	49	7,3	155	2000	238	−	−	44	−
Iridium	Ir	77	22,4	2454	>4800	−	−	−	20,4	4,1
Jod	J	53	4,94	113,7	184,5	62	0,220	−	−	−
Kalium	K	19	0,86	63,5	776	58	0,750	84	15,9	5,7
Kobalt	Co	27	8,9	1490	3200	243	0,437	15	17,8	5,9
Kohlenstoff	C	6	3,51	−	−	−	0,500	−	−	−
Krypton	Kr	36	3,74	−157,2	−152,9	−	−	−	−	−
Kupfer	Cu	29	8,93	1083	2390	205	0,390	16,8	58	4,3
Lithium	Li	3	0,53	180	1340	669,9	−	58	11,7	4,9
Magnesium	Mg	12	1,74	650	1097	373	0,924	26	23,3	4,1
Mangan	Mn	25	7,43	1244	2152	264	0,504	15	2,56	5,3
Molybdän	Mo	42	10,2	2620	5550	273	0,270	5	20	4,7
Natrium	Na	11	0,97	97,7	883	113	1,260	72	23,3	5,4
Neon	Ne	10	0,899	−248	−246	−	−	−	−	−
Nickel	Ni	28	8,9	1452	3075	301	0,441	13	14,5	6,7
Osmium	Os	76	22,7	2500	4400	−	−	5	10,5	4,2
Palladium	Pd	46	12	1554	3387	−	−	10,6	10,2	3,7
Phosphor	P	15	1,83	44,1	280	21	0,755[1]	−	−	−
Platin	Pt	78	21,4	1769	3800	100	0,134	9	10,2	3,9
Quecksilber	Hg	80	13,96	−38,9	357	11,3	0,138	182	1,063	0,99
Radium	Ra	88	5	700	1140	−	−	−	−	−
Radon	Rn	86	−	−71	−61,9	−	−	−	−	−
Sauerstoff	O	8	1,43	−219	−183	13	0,920	−	−	−
Schwefel	S	16	2,07	112,8	444,6	38	0,710[1]	90	−	−
Selen	Se	34	4,8	220	688	83	0,330	−	−	−
Silber	Ag	47	10,5	960,8	1980	105	0,230	19,7	67,1	4,1
Silicium	Si	14	2,35	141,4	2630	142	0,075	7	0,001	−
Stickstoff	N	7	1,25	−210	−196	−	1,050	−	−	−
Strontium	Sr	38	2,54	757	1366	136	0,075	−	3,25	3,8
Tantal	Ta	73	16,6	2990	4100	172	0,138	6,5	7,14	3,5
Tellur	Te	52	6,24	453	1390	140	0,200	17,2	0,0016	−
Thallium	Tl	81	11,85	303	1457	−	0,134	2,9	6,25	5,2
Titan	Ti	22	4,5	1660	3535	88	0,630	8,2	2,38	5,4
Uran	U	92	18,7	1130	3500	365	0,120	−	4,76	2,8
Vanadium	V	23	6,1	1900	3000	343	0,504	8,3	−	3,9
Wasserstoff	H	1	0,09	−257	−252	−	14,240	−	−	−
Wolfram	W	74	19,3	3380	4727	193	0,143	4,5	18,2	4,8
Xenon	Xe	54	−	−112	−108	−	−	−	−	−
Zink	Zn	30	7,13	419,5	906	100	0,395	29	17,6	4,2
Zinn	Sn	50	7,29	232	2360	59	0,228	27	8,7	4,6

[1] bei 0°C   [2] bei 18°C

Eigenschaften von Werkstoffen

Bezeichnung	Formelzeichen, Einheit	Formel	Erklärung
Dichte	ϱ in $\frac{kg}{dm^3}$	$\varrho = \frac{m}{V}$	Masse bezogen auf das Volumen
Elastizität			Verformung durch Krafteinwirkung und Rückgang der Verformung nach Kraftzurücknahme
Plastizität			Verformung durch Krafteinwirkung ohne Rückgang der Verformung nach Kraftzurücknahme
Zähigkeit			Zerbrechen durch Krafteinwirkung mit Formveränderung
Sprödigkeit			Zerbrechen durch Krafteinwirkung ohne Formveränderung
Härte	HB, HV, HRC		Widerstand gegen Eindringen in ein Material, Prüfverfahren: • **Brinell** (HB), • **Vickers** (HV), • **Rockwell** (HRC)
Festigkeit	R_m in $\frac{N}{mm^2}$	$R_m = \frac{F_m}{S_0}$	Widerstand gegen Bruch, z. B. Zugfestigkeit (F_m: Kraft bei Bruch; S_0: ursprünglicher Querschnitt); weitere Eigenschaften: Druck-, Biege-, Scher-, Knick- und Verdrehfestigkeit
Dehnung	ε		Längenveränderung bei Krafteinwirkung
Bruchdehnung	A	$\Delta A = \frac{\Delta l_B}{l_0} \cdot 100\,\%$	Δl_B: Längenänderung bei Bruch; l_0: ursprüngliche Länge
Streckgrenze			Zugfestigkeitsgrenze (auch Fließgrenze); Übergang der elastischen Verformung in eine plastische Verformung
Warmfestigkeit			Widerstand gegen Zerstörung durch hohe Temperaturen
Wärmeleitfähigkeit	λ in $\frac{W}{m \cdot K}$	$\lambda = \frac{Q \cdot s}{\Delta \vartheta \cdot A \cdot t}$	Wärmeleitung: Durchdringung eines Werkstückes von Wärmemengen (s: Dicke; A: Fläche) Wärmeleitfähigkeit: Wärmeleitung bezogen auf Werkstückmaße und Temperaturunterschied
Spezifische Wärmekapazität	c in $\frac{kJ}{kg \cdot K}$	$c = \frac{Q}{m \cdot \Delta \vartheta}$	Zum Erwärmen notwendige Wärmemenge bezogen auf Masse und Temperaturunterschied
Spezifischer elektrischer Widerstand	ϱ in $\frac{\Omega \cdot mm^2}{m}$	$\varrho = \frac{R \cdot q}{l}$	Elektrischer Widerstand eines Stoffes von 1 m Länge und 1 mm² Querschnitt
Elektrische Leitfähigkeit	$\varkappa$ in $\frac{m}{\Omega \cdot mm^2}$	$\varkappa = \frac{l}{R \cdot q}$	Kehrwert des spezifischen elektrischen Widerstandes
Temperatur-Koeffizient	α in $\frac{1}{K}$; K^{-1} β in K^{-2}	$\alpha = \frac{\Delta R}{R_{20} \cdot \Delta \vartheta}$ $\Delta R \approx R_{20} \cdot (\alpha \cdot \Delta \vartheta + \beta \cdot \Delta \vartheta^2)$	Änderung des elektrischen Widerstandes bei Temperatur-Änderung <200 °C, α_{20} Temperatur-Koeffizient bei 20 °C >200 °C, β

Eisenwerkstoffe

Unlegierte Baustähle — DIN EN 10025/03.95

Kurzname	alte Bezeichnung	C-Anteil in %	R_e in N/mm²	R_m in N/mm²	A_5 in %	schmelzschweißbar	Beanspruchung	Verwendungsbeispiele
S185	St33		185	290…510	18	nein	sehr gering	Geländer
S235JR	St37-2	0,17…0,2	235	340…470	26	ja	gering	Stahl-, Maschinenbau
S275JR	St44-2	0,21	275	410…560	22	ja	mäßig	Achsen, Wellen
S355JR	St52-2	0,2…0,22	355	490…630	22	ja	hoch	Brücken
E295	St50-2	0,3	295	470…610	20	nein	mittel	Zahnräder, Stifte, Keile
E335	St60-2	0,4	335	570…710	16	nein	höchst	verschleißfeste Teile
E360	St70-2	0,5	360	670…830	11	nein		

Werkzeugstähle — DIN 17350/10.80

Kurzname	C-Anteil in %	Härte (weichgeglüht) HB	Härtetemperatur in °C	Abschreckmittel	Anlaßtemperatur in °C	Härte nach Anlassen	Verwendungsbeispiele
C85W	0,85	222	810	Öl	180	57	Schnittwerkzeuge für Holz
X210CrW12	2,1	255	960	Luft	180	60	Stahlblech (… 3mm)
115CrV 3	1,15	223	790	Wasser	180	60	Gewindebohrer, Senker
21 MnCr5	0,21	212	820	Öl	180	58	Werkzeuge für Kunststoff
90 MnCrV 8	0,9	229	800	Öl	180	58	Stanzen, Meßwerkzeuge
56 NiCrMoV 7	0,56	248	850	Öl, Luft	500	40	Preßstempel
X 40 CrMoV 51	0,4	229	1030	Öl, Luft	550	51	Warmarbeitsstahl Gesenke für Leichtmetalle

Legierungen — DIN 17660…6/12.83

Kurzname	Bestandteile in %									Verwendungsbeispiele
	Cu	Zn	Pb	Sn	Mg	P	Si	Fe	Ni	Mn	Al	

Kurzname	Cu	Zn	Pb	Sn	Mg	P	Si	Fe	Ni	Mn	Al	Verwendungsbeispiele
Messing:												
CuZn10	90	9,5	0,05	0,05				0,05	0,2		0,02	Installationsteile für E-Technik
CuZn37	63	36,3	0,1	0,1				0,1	0,3		0,03	Schrauben, Blattfedern
CuZn38Pb1,5	60,5	37	1,5	0,2				0,3	0,3		0,05	Kondensatorböden
CuZn40Pb2	59	37,8	2	0,2				0,4	0,3		0,1	Uhrenmessing
Zinnbronze:												
CuSn4	95	0,3	0,05	4		0,01		0,1	0,3			stromleitende Federn
CuSn6	93			6		⋮						Gleitelemente
CuSn8	91			8		0,35						
Neusilber:												
CuNi12Zn24	64,5	22,5	0,03	0,03				0,3	12	0,5		Tiefziehteile
CuNi18Zn20	61,5	20	0,03	0,03				0,3	18	0,5		Federn
CuNi9Sn2	87,7	0,1	0,03	2,3				0,3	9,5	0,3		Kontakte
CuNi44Mn1	54,4		0,2	0,01				0,5	44	1,25		Widerstände mit kleinem α
Guß-Messing:												
G-CuZn33Pb	61,5	33	2	1,5			0,05	0,8	1		0,2	Konstruktionsteile für Elektrotechnik
GD-CuZn37Pb	59,5	37	2	0,7			0,1	0,5	1		0,5	
Guß-Aluminium-Bronze:												
G-CuAl10Fe	82	0,5	0,2	0,3			0,2	3	3	1	10	komplizierte Konstruktionsteile
G-CuAl10Ni	77	0,2	0,05	0,2	0,05		0,1	4,5	5,5	2,5	10	Kohlehalterungen
G-CuAl8Mn	83	0,2	0,1	0,2	0,1			0,8	1,5	6	8	hochbeanspruchte Teile

Nichteisen-Metalle

DIN 1700/07.54

Werkstoff-Bezeichnung

Beispiel:

```
                    E  -  Al  Mg  Si  0,5  F22
Herstellung/Verwendung ┘        │        └── Eigenschaften/Zustand
                                └────────── Zusammensetzung
```

Herstellung/Verwendung		Zusammensetzung		Eigenschaften/Zustand	
Buch-staben	Bedeutung	Buch-staben	Bedeutung	Buch-staben	Bedeutung
G	Guß, allgemein	Al	Aluminium	g	geglüht
GD	Druckguß	Ag	Silber	ka	kaltausgehärtet
GK	Kokillenguß	Cr	Chrom	ta	teilausgehärtet
GZ	Schleuderguß	Cu	Kupfer	wa	warmausgehärtet
Gl	Gleitmetall	Cd	Cadmium	hh	halbhart (1,2 · weich)
L	Lot	Mg	Magnesium	h	hart (1,4 · weich)
V	Vorlegierung	Mn	Mangan	fh	federhart (1,8 · weich)
Kb	Kabel	Ni	Nickel	zh	ziehhart
E	Elektrotechnik	Pb	Blei	G	rückgeglüht
KE	kathodisch abgeschieden	Si	Silicium	W	weichgeglüht
E1, E2	sauerstoffhaltig	Sn	Zinn	F	Festigkeit
F	feuerraffiniert	Zn	Zink	L	Leitfähigkeit, elektr.
	Phosphorgehalt				
SF	sauer-stofffrei " hoch	Die Zahlen geben entweder die Legierungsbestandteile in % oder die Leitfähigkeit in $\frac{MS}{m}$ an		Die Zahlen geben die Mindest-zugfestigkeit in $\frac{daN}{mm^2}$ oder die Leitfähigkeit in $\frac{MS}{m}$ an	
SW	" niedrig				
SE	" sehr niedrig				
S	Schweißzusatz-Werkstoff				

Kupfer

DIN 40 500 T.1/04.80
DIN 1708/01.73

Kurzname	Bestandteile in %			Eigenschaften					Verwendung
	Cu	O	P	$\varkappa$ in $\frac{MS}{m}$	R_m in $\frac{N}{mm^2}$	A_5[1] in %	HB	λ in $\frac{W}{m \cdot K}$	
E-Cu 57	99,9	0,005		>57	200	38	45	395	Drähte,
E1-Cu 58	99,9	… 0,04		>58	… 250	45	… 70	395	Gußstücke
KE-CuF20	99,9			58	–	–	–	–	Katoden
SE-CuF20	99,9		0,003	57	200	17	70	385	Leiterwerkstoff
SF-CuF20	99,9		<0,04	45 … 50	200	45	55	305 … 340	Wasser-Rohre
SW-CuF20	99,9		<0,014	52	200	42	55	352	Apparatebau
G-CuL45	99,8			45	150	25	40	305	Schaltbauteile
G-CuL50	99,9			50	150	25	40	340	

Aluminium

DIN 40 501 T.1…3/06.85

Kurzname	Bestandteile in % (Rest Al)					Eigenschaften				Verwendung
	Si	Fe	Cu	Mg	andere	$\varkappa$ in $\frac{MS}{m}$	R_m in $\frac{N}{mm^2}$	A_5[1] in %	HB	
E-AlF7						35,4	65 … 100	25	20 … 30	Rohre, Stangen
E-AlF10	0,25	0,4	0,02	0,05	Cr + Mn + Ti + V max. 0,03	34,8	100 … 140	6	28 … 38	Rohre, Stangen
E-AlF13						34,5	130 … 170	4	32 … 48	Bänder, Bleche
E-AlF16						34,5	160 …	3	≥ 40	Bleche
E-AlMgSi 0,5F22	0,55	0,2	0,05	0,5		30	215 … 280	12	65 … 90	Stromschienen

[1] A_5: Bruchdehnung, wenn der Zugstab $l_o = 5 \cdot d_o$

Widerstands-Werkstoffe

DIN 17 471/04.83

Kurzname (Handelsnamen als Beispiel)	ϱ in $\frac{kg}{dm^3}$	R_m in $\frac{N}{mm^2}$	α in 10^{-6} $\frac{1}{K}$	λ in $\frac{W}{m \cdot K}$	c in $\frac{J}{g \cdot K}$	T_S in °C	T_A in °C	ϱ_{20} in $\mu\Omega m$	α_{20} in 10^{-3} $\frac{1}{K}$	besondere Eigenschaften	Verwendung
CuNi2	8,9	220	16,5	130	0,38	1090	300	0,05	+1,0	weich lötbar	niedrigohmige Widerstände Heizdrähte
CuNi6	8,9	250	16	92	0,38	1095	300	0,10	+0,5		
CuMn3	8,8	290	15,5	84	0,39	1050	200	0,125	+0,28	weich lötbar	Widerstände mit geringer Belastung
CuMn12Ni (Manganin)	8,4	390	18	22	0,41	960	140	0,43	±0,01	hohe zeitliche Konstanz des Widerstandes	Meß- und Normalwiderstände, Vorschaltwiderstände
CuNi44 (Konstantan)	8,9	420	13,5	23	0,41	1280	600	0,49	−0,08	gut zunderbeständig	Meßwiderstände, Heizdrähte, Potentiometer
NiCr8020 (Nikrothal 80)	8,3	650	13	15	0,42	1400	600	1,08	+0,05	wie CuNi 30Mn nicht ferromagnetisch	hochohmige Widerstände

T_S: Schmelztemperatur; T_A: obere Anwendungstemperatur an Luft;   Index 20: 20 °C

Kontakt-Werkstoffe

Kurzname	ϱ in $\frac{kg}{dm^3}$	T_S in °C	λ in $\frac{W}{m \cdot K}$	$\varkappa$ in $\frac{MS}{m}$	α in 10^{-3} K^{-1}	Verwendungsbeispiele
Reine Metalle:						
Ag (Feinsilber)	10,5	961	1	67,1	4,1	Relais
Au (Feingold)	19,3	1063	0,72	47,6	4	Fernmeldetechnik
Ir	22,5	2454	0,14	20,4	4,1	Legierungen
Mo	10,2	2620	0,38	20	4,75	Hochspannungsschalter
W	19,3	3380	0,31	17,6	4,8	Unterbrecher-Kontakte
Pt	21,4	1769	0,17	10,2	3,9	Legierungen
Pd	12,0	1552	0,17	9,8	3,7	Fernmeldetechnik
Re	21,0	3180	0,14	5,3	4,5	Unterbrecher-Kontakte
Legierungen:						
CuAg (2 ... 6 % Ag) (Silberbronze)	9,2	1010	0,27	38	−	Federn, Messer, Elektroden
Ag (2 % Cu + Ni) (Hartsilber)	10,5	945	0,97	52	3,5	Schütze, Relais
AgCd (5 ... 20 % Cd)	10,4	930	0,41	28	1,9	Lichtschalter, Thermostate
PdAg (40 % Pd)	11	1230	−	4,9	0,34	Drehwähler, Blinkgeber
AuAg (92 % Au)	18,7	1045	0,24	11	−	Fernmeldetechnik
AuNi (95 % Au)	18,2	1010	0,20	7,1	0,68	Subminiturtechnik
PtIr (90 % Pt)	21,6	1790	0,11	5,5	2,2	Abbrandfeste Kontaktstücke
PtIr (80 % Pt)	21,7	1840	0,042	3,2	0,77	in Meß- und F-Technik
Sinter-Werkstoffe						
AgW (20 % Ag)	15,5	960	0,55	22	−	Leistungsschalter, Zerhacker
Ag Graphit (2,5 % C)	9,5	960	−	48	−	Schleifkontakte
C (Graphit, Kohle)	~2	~3900	≈130	0,07...0,17	−0,04	Schleifstücke

Magnet-Werkstoffe

DIN 41 305 T.1, T.2, T.4–T.6/11.76
DIN 41 305 T.3/05.81

Übertragerbleche

Kurz-name	Bestand-teile	Kennzeichnung Farbe	Kennzeichnung Strich-anzahl	ϱ in $\frac{kg}{dm^3}$	$\varkappa$ in $\frac{MS}{m}$	H_c in $\frac{A}{m}$	$B_{Sät}$ in T	μ_{16} [1] (μ_4)	T_{Curie} [2] in °C	Handelsnamen (Beispiele)
A0	Stahl mit	–	0	7,7	2,5	100	2,03	450	750	Trafoperm
A2	2,5 …	hell-	2	7,63	1,82	60	2	800 … 900	750	
A3	4,5 % Si	grün	3	7,57	1,47	35	1,92	750 … 900	750	Hyperm 4
C2	Stahl mit 3,5 …	weiß/schwarz	je 1	7,55	2,00	30	2	1300	750	
C5	4,5 % Si	weiß	3	7,65	2,22	15	2	2100	750	
D1	Stahl mit	h.blau	1	8,15	1,33	60	1,3	1900 … 2400	250	Permenorm 3601
D1a	36 …	h.blau/weiß	je 1	8,15	1,33	50	1,3	2200 … 2300	250	Magnifer 36K
D3	40 % Ni	h.blau/schwarz	je 1	8,15	1,33	15	1,3	2500 … 2900	250	
E3	Ni-Fe-Leg. mit	hellrot	1	8,6	2,00	2	0,7 … 0,8	(16000 … 35000)	400	Mumetall, Hyperm 500
E4	≈ 75 % Ni	hellrot/weiß	je 1	8,7	1,82	1	0,6 … 0,8	(30000 … 40000)	270 … 400	
F3	Ni-Fe-Leg. mit ≈ 50 % Ni	gelb/grün	je 1	8,25	2,22	10	1,5	4000	470	Hyperm 50 Permenorm 5000 Magnifer 50RG

[1] μ_{16}: μ_r bei $H = 1{,}6 \, \frac{A}{m}$ [2] T_{Curie}: Entmagnetisierungstemperatur

Magnetisierungs-Kennlinien

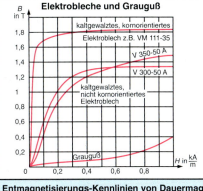

Entmagnetisierungs-Kennlinien von Dauermagnet-Werkstoffen

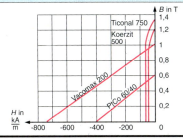
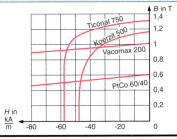

Kunststoffe

Kurz-zeichen	Kunststoff	Eigenschaften	ϱ in $\frac{kg}{dm^3}$	T_A in °C dauernd	T_A in °C kurzzeitig	ϱ_D in $\Omega \cdot cm$	R_m in $\frac{N}{mm^2}$	E_d in $\frac{kV}{mm}$	λ_{20} in $\frac{mW}{m \cdot K}$	ε_r
PVC hart	Polyvinyl-chlorid	beständig gegen viele Chemikalien, alterungsbeständig	1,35...1,4	60...70	70...80	10^{16}	50	20...50	100	3,3...4,0
PVC weich	Polyvinyl-chlorid	geringere chemische Beständigkeit	1,2...1,3	50...60	60...70	$10^{10}...10^{15}$	20	20...35	100	3,5...7,5
PS	Polystyrol	hart, spröde, Oberflächenglanz	1,05	65...80	75...90	10^{17}	50	50	110	2,6
SB	Styrol-Butadien	höhere Zähigkeit als PS, empfindlich gegen UV-Licht	1,04	65...75	75...85	10^{16}	40	40...100	120	2,6...2,9
SAN	Styrol-Acrylnitril	beständig gegen Küchenflüssigkeiten, kratzfest	1,08	85...90	90...95	10^{16}	80	30...50	120	2,9
ABS	Acrylnitril-Butadien-Styrol	Oberflächenglanz, Schlagzähigkeit, kratzfest	1,03...1,07	75...95	85...105	10^{15}	40	40	150	3,0...4,0
PE LDPE HDPE	Polyethylen Weich-PE Hart-PE	wenig witterungsbeständig. Steigende Dichte ergibt steigende Härte und Wärmeformbeständigkeit, aber sinkende Transparenz	0,92...0,96	80...95	90...110	10^{17}	10...20	70...100	350	2,3
PP	Polypropylen	chem. Beständigkeit, harte Oberfläche	0,9	100...110	130...140	10^{17}	30	70...90	200	2,4
PA12	Polyamid 12	geringe Wasseraufnahme, sehr gute chem. Beständigkeit	1,02	80...110	140...150	10^{14}	60	50...60	200	3,0...4,0
POM	Polyoxymethylen (Acetalharz)	zäh, wärmeformbeständig, maßhaltig, abriebfest, nicht säurefest	1,41	90...110	110...140	10^{15}	70	50...70	250	3,7
PMMA	Polymethylmethacrylat	glasklar, spröde, chem. beständig, alterungs- und witterungsbeständig	1,18	75...95	85...100	10^{17}	70	40	186	3,4
CA CAB	Celluloseacetat Cellulose-Acetobutyrat	zäh, transparent, nicht lebensmittelecht, kraftstoffbeständig	1,26...1,17	50...80	70...95	10^{14}	30	30...40	200	3,3...6,0
PETB PBTP	Polyethylen-Polybutylen-enterephthalat	hart, kristallin, abriebfest, geringe Wasseraufnahme, niedrige Ausdehnung	1,37...1,3	100	160	10^{14}	60	50...100	200	3,0...4,0
PC	Polycarbonat	hart, steif, zäh, maßhaltig, alterungsbeständig	1,2	130	140	10^{16}	60	30...50	198	3,0
UP	Polyester ungesättigt	maßhaltig, licht- und farbecht, sehr fest	1,3	130	170	10^{12}	40	10...15	150	2,7...3,6
EP	Epoxid	chem. beständig, sehr leicht fließend, geringe Steifigkeit bei Wärme	1,1...1,4	130	180	10^{14}	70	35	244	3,5...5,0
PF	Phenol-Formaldehyd	bräunlich, dunkelt nach, spröde, nicht lebensmittelecht, chem. beständig	1,25	100...140	140...200	$10^{8}...10^{12}$	50	20	198	4,0...10,0

Thermoplaste: PVC hart bis PETB PBTP, PC
Duroplaste: UP, EP, PF

ϱ_D: Durchgangswiderstand; E_d: elektrische Durchschlagfestigkeit

Keramische Werkstoffe

DIN VDE 0335 T.1/02.88

Beispiel:

```
                    ┌── Typ
             KER  110.1
    Keramik ──┘       └── Gruppe (z. B. 100)
```

Typ	Werkstoffart Farbe Masseart	wesentliche Bestandteile	Rohdichte ϱ in $\frac{kg}{dm^3}$	Druckfestigkeit σ_{dB} in $\frac{kN}{mm^2}$	Längenausdehnungskoeffizient α in $10^{-6} K^{-1}$	Wärmeleitfähigkeit λ in $\frac{W}{m \cdot K}$	tan δ bei 50 Hz in 10^{-3}	tan δ bei 1 MHz in 10^{-3}	ϱ_D in 10^{11} Ωcm	ε_r
110.1	Porzellan	Aluminium-	2,2	0,45	3,5...5,5	1,2...2,6	25	12	1	6
110.2	Porzellan	silikat	2,3	0,55	3,5...5,5	1,2...2,6	25	12	1	6
111	Porzellan		2,2	0,25	3,5...4,5	1,2...1,6	–	–	1	–
220	Steatit	Magnesium-	2,6	0,85	7...9	2,3...2,8	3	2,5	5	6
221	Sondersteatit	silikat	2,7	0,90	6...8	2,3...2,8	1,5	1,2	10	6
240	Forsterit, porös		1,9	0,10	8,5...9,5	1,4...1,6	–	0,5	–	4
250	Forsterit, dicht		2,8	0,80	–	3,4...4,2	1,5	0,5	–	6
310	Kondensator-	Titandioxid	3,5	–	6...8	3,4...4,0	–	0,8	–	60...100
311	keramik	(TiO_2, Rutil)	3,5	–	6...8	3,1...3,8	–	2,0	–	40...60
320		Mg-Titanat	3,1	–	6...10	3,6...3,8	–	0,3	–	12...40
330		TiO_2 und	4,0	–	8...9	–	–	0,3	–	25...50
331		andere Oxide	4,8	–	–	–	–	0,4	–	30...60
340		Sr- und	3,0	–	–	–	–	5	–	120...350
		K-Titanat								
350			4,0	–	–	–	–	25	–	350...3000
351		Ba-Titanat	4,0	–	–	–	–	25	–	>3000
410		Cordierit Al-Mg-Silikat	2,1	0,3	1...2	2...2,3	20	7	1	5
510	weiß ⎫ fein-	Aluminium-	1,9	0,2	3...5	1,2...1,7	–	–	–	–
511	braun ⎬ porös	silikat, auch	1,9	0,2	3...5	1,3...1,5	–	–	–	–
512	braun ⎭	andere Anteile,	1,8	0,05	3...5	1,0...1,2	–	–	–	–
520	weiß...braun	auch Cordierit	2,0	0,25	1,5...3	1,3...1,7	–	–	–	–
530	feinporös		2,0	0,25	3,5...5	1,4...1,6	–	–	–	–
610		Al_2O_3	2,6	0,7	5...6	2,3...5,8	–	–	–	–
706	Oxidkera-	Al-Oxid	3,3	1	5...6	10...16	–	1	–	8
	mische	(Korund)								
708.1	Stoffe	Al-Oxid	3,5	1,7	5...6	14...21	0,5	1	–	9
	(hochfeuer-	(Korund)								
708.2	fest)	Al-Oxid	3,6	1,8	5...7	16...24	0,5	1	–	9
		(Korund)								
710		Al-Oxid	3,7	2,1	5...7	19...28	0,2	0,5	–	9
		(Korund)								
720	porös	Mg-Oxid	2,5	0,11	8...9	5,8...10	–	–	–	10
730		Zr-Oxid	5,0	1,75	8...9	1,2...3,5	–	2	1	24

Typ	Verwendung	Typ	Verwendung	Typ	Verwendung
110	Hoch-, Niederspannungsisolierteile	250	Glasverschmelzung für Vakuumgefäße	520	Funken- und Lichtbogenschutz
111	Niederspannungsisolierteile	300	Kondensatoren, besonders für HF	530	
				610	Isolier- und Schutzrohre
220	wie 110 (besonders HF)	410	Wärmetechnik	706	für Thermoelemente
221	Kondensatoren	510	Heizleiterträger für	...	Isolatoren für Zündkerzen
240	Isolierteile (maßgenau)	...	Wärmegeräte	730	Isolierteile für Vakuumtechnik
		512			

Löten, Lötstationen

MOS-Arbeitsplatz

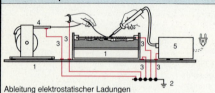

Ableitung elektrostatischer Ladungen

1: Leitfähige Unterlage
2: Betriebserde, nicht Neutralleiter o. Netzerde
3: Potentialverbindung
4: Lotspender
5: Lötstation

Lötstation, temperaturgeregelt

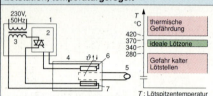

420 — thermische Gefährdung
370 — ideale Lötzone
340 —
280 — Gefahr kalter Lötstellen

T: Lötspitzentemperatur

1: Lötstation
2: Temperaturregler mit Temperaturwähler und -anzeige
3: Trenntransformator
4: Handlötkolben
5: Lötspitze
6: Temperaturfühler
7: Heizelement

Maschinelles Löten gedruckter Schaltungen

Vorbehandlung	Durchsatz von Platten
• Feuchtigkeit und Gase dem Plattenmaterial mittels Wärme entziehen. • Trocknen im ventilierten Ofen (16 h bei 105 °C). • Lagerdauer beachten: Lagerung verursacht Veränderung der Oberflächen (Zinn, Kupfer). • Vorwärmen der Leiterplatten auf ca. 150 °C, 20 s bei allen Verfahren erforderlich.	$N = 3600 \cdot \dfrac{v}{L+A} \qquad t = \dfrac{l}{v}$ N: Durchsatz von Platten je Stunde t: Lötzeit in s l: Länge der Welle in Lötrichtung in cm v: Transportgeschwindigkeit in cm/s L: Länge der Leiterplatten in cm A: Abstand zwischen den Platten in cm

Bauelemente, bedrahtet

Wellenlöten (Schwallöten)
Einfachwelle

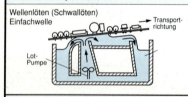

- Für Leiterplatten ohne SMD-Bauteile auf der Lötseite genügt Einfachwelle. Platte wird über Welle bewegt.
- Lottemperatur: max. 265 °C.
- Eintauchtiefe: 2…6 mm
- Transportgeschwindigkeit: 1…3 cm/s.
- Flußmittel und nachträgliche Reinigung erforderlich.

Bauelemente, bedrahtet und SMD (Mischbestückung)

Wellenlöten, Doppelwelle

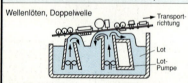

- Kritische Bereiche der einseitig SMD-bestückten Leiterplatten können Lotbrücken bilden, bzw. kein Lot annehmen. Abhilfe: Doppelwellenlöten.
- Erste Lotwelle befördert Lot an kritische Stellen (Primärbenetzung).
- Zweite laminare Lötwelle entfernt überschüssiges Lot.

SMD-Bauelemente, Reflowlöten

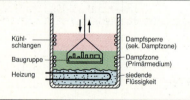

- **Reflowlöten:** Vor dem Löten aufgebrachte Lotpaste wird geschmolzen.
- **Kondensationslöten:** Baugruppe wird in Dampfzone einer siedenden inerten (neutralen) Flüssigkeit getaucht. Lotpaste schmilzt infolge Kondensationswärme. Überhitzung der Bauteile nicht möglich. Siedepunkt = Löttemperatur ca. 215 °C. Beidseitig bestückte Leiterplatten gleichzeitig lötbar. Keine nachträgliche Reinigung.

Löten, Leiterplattenmontage

Löten, allgemein

Stichwort	Erläuterung
Lötfuge	0,05 ... 0,26 mm, je dünner desto besser, Kapillarwirkung
Festigkeit	Weichlöten: ca. 40 $\frac{N}{mm^2}$; Hartlöten: 250 ... 400 $\frac{N}{mm^2}$
Kupferlötkolben	Zinnlote lösen Kupfer an, daher Lötkolben nacharbeiten
Leitungen an Lötösen	Lötöse / Isolation / Leitungsdraht

Leiterplatten mit bedrahteten Bauelementen

Schritt	Erläuterung		
Leiterplatten-Layout	Leiterbahn mit Lötauge		

Durchmesser in mm von

	Draht (d_1)	LP-Loch (d_2)	Lötauge (d_3)
bis 0,6		0,8	2,0
0,6 ... 0,8		1,0	2,0
0,65 ... 1,1		1,3	2,5

Schritt	Erläuterung	
Biegen der Anschlußdrähte auf Rastermaß	$R > d$; $a \geq 2d$ = mind. 1,5 mm	Mechanische Beanspruchung vom Bauelementkörper fernhalten! Vorschädigung möglich.

Richtwerte für Biegewinkel β

Anschlußart	β in °
axial	40 ... 60
radial	40 ... 60
DIP-Gehäuse	10 ... 60

Ätztechnik	e in mm	f in mm	b in mm
normal	0,8 ... 2,0	0,7 ... 1,1	0,5 ... 2,0
fein	0,5 ... 2,0	0,3 ... 1,1	0,5 ... 2,0
feinst	0,5 ... 1,5	0,3 ... 0,9	0,5 ... 1,5

Schritt	Lagefixierung der Bauelemente: „Snap-in"-Sicken	Beim Snap-in-Sicken können Bauelementhalterungen entfallen. Bei Halbleitern „d" einhalten!

Löten	Löttechnik	Größe, Lot	Wert, Legierung
	Schwallöten mit Einfach- oder Doppelwelle	Lot Durchzugswinkel Löttemperatur Lötzeit, Einfachwelle Lötzeit, Doppelwelle	L-Sn 63 Pb und L-Sn 60 Pb 5 ... 10° 260° ± 5 °C < 3s < 5 s
	Schleppöten	Lot, Löttemperatur	L-Sn 60 PbCu, 245 °C

Leiterplatten mit SMD-Bauteilen (SMD: Surface Mounted Device)

Leiterplatten-Layout: SOT 23, SOT 89

Maße in mm

		Zylinderform		Quaderform		
Bauelement	L	3,5	5,9	2	3,2	4,5
	B	1,5	2,2	1,25	1,6	3,2
Anschlußfläche	L	1,2	2,1	1,1	1	2,2
	b	1,6	2,3	2,1	2,4	4
	m	2,8	4,8	2	3,2	4,5
	a	1,6	2,7	0,9	2,2	2,3

Montage, Löten: SMD, Leiterplatte, Klebepunkt, Leiterbahnen

Anordnung der Bauelemente	Kleber	Lotpaste	Reflow-	Schwallöten
SMD, einseitig			x	x
SMD, einseitig		x	x	
SMD, beidseitig, 1. Seite		x	x	
SMD, beidseitig, 2. Seite	x			x
Mischbestückung, SMD einseitig		x		x
Mischbestückung, SMD beidseitig, 1. Seite		x	x	
Mischbestückung, SMD beidseitig, 2. Seite	x			x

Gedruckte Schaltungen

DIN IEC 326 T.3/09.93

Kupferkaschierung

Dicke in µm	zul. Abweichung in µm	Nenngewicht Masse/Fläche in g/m²
18	+6 / −2	152
35	±5	305
70	±8	610

Metallkaschiertes Basismaterial, Nenndicken [1] in mm

| 0,2 | 0,5 | 0,7 | 0,8 | 1 | 1,2 | 1,5 | 1,6 | 2 | 2,4 | 3,2 | 6,4 |

[1] Alle Werte nach IEC 249 T.2. Einzelnormen nach IEC 249 T.2 können die Anzahl der zulässigen Werte einschränken.

Rastermaße in mm

| 2,5 | 2,54 | 0,625 | 0,635 | 0,5 | 0,1 |

Loch-Nenndurchmesser in mm

| 0,4 | 0,5 | 0,6 | 0,8 | 0,9 | 1 | 1,3 | 1,6 | 2 |

Anschlußflächendurchmesser (Bauteile u. Lötseite)

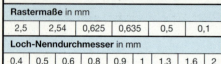

Lochausführung, Material	D − d in mm	D/d
Loch, nicht metallisiert, Phenolharz-Hartpapier	≥ 1	≥ 2,5…3,0
Loch, nicht metallisiert, Epoxid-Glashartgewebe	≥ 1	≥ 2,5…3,0
Loch, metallisiert	≥ 0,5	≥ 1,5…2,0

D: Anschlußflächendurchmesser   d: Lochdurchm.

Elektrischer Widerstand (Cu-Leiter)

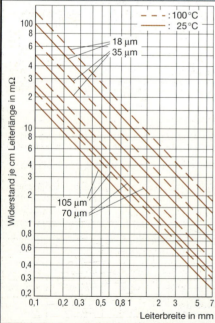

Strombelastbarkeit

Dauerstromwerte für Cu-Leiter bei Nenndicken des Basismaterials von 1,6 - 3,2 mm. Leiterbild einseitig. Die Werte sind um 15 % zu reduzieren, wenn Umhüllungen verwendet werden oder die Nenndicke 0,5 bis 1,5 mm beträgt.

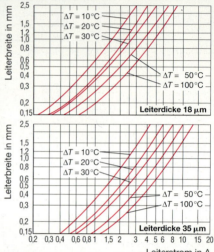

Spannungsfestigkeit

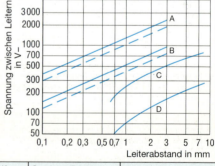

Kurve	Spannung/Faktor	Anwendung
A	Sprühaussetzspannung (IEC 512-2, Prüfung 4b)	Für EP-GC, chemisch inaktiver Staub: — : in geschl. Räumen -- : außerhalb Gebäuden, jedoch im Gehäuse bis 1000 m Höhe
B	Betriebsspannung bei Sicherheitsfaktor 2,5	
C	Betriebsspannung bei Sicherheitsfaktor 5	bis 3000 m Höhe
D	Betriebsspannung bei Sicherheitsfaktor 11 (s. auch IEC 65)	bis 15 000 m Höhe

Kurven gültig für Leiterplatten ohne Schutzüberzug.

Flexible Leiterplatten

Anwendungen
- Automobiltechnik, Armaturenverdrahtung
- Optische Geräte, Verdrahtung für Kameras
- Büromaschinen, Schreibmaschinen, Drucker
- Haushaltsgeräte, Unterhaltungselektronik, Spielzeug
- Raum-, Luftfahrt, Satelliten-, Instrumentenverdrahtung
- Elektromedizin, Miniaturisierung von Geräten
- Passive Bauelemente als Einzelbauteil oder Bestandteil der flexiblen Schaltung sind möglich. Es können erzeugt werden:
  - Widerstände mit eingeschränkten Toleranzen
  - Kondensatoren
  - Spulen, auch gefaltet
  - Abschirmungen

Ausführungsarten
- Normal- und Feinleitertechnik, ein-, zwei-, mehrlagig,
- Hybridtechnik (verbunden mit starren Leiterplatten),
- Roll- oder Harmonikaleitung, federnd bzw. gefaltet.

Eigenschaften
- Zuverlässigkeit sehr hoch, auch bei elektrischer, mechanischer und thermischer Beanspruchung,
- Gewichtsreduzierung durch dünne Basismaterialien,
- Volumenersparnis, da Verdrahtung aufgrund der hohen Flexibilität auf engstem Raum möglich ist,
- Elektrische Werte gleichbleibend für Kapazität, Induktivität, Kopplung und Wellenwiderstand,
- Kostenersparnis gegenüber Kabelbaumverdrahtung.

Materialeigenschaften

Basismaterial	Materialdicken in µm		Eigenschaften			Kleber	Betriebstemperatur
	Basis	Kupfer	Flexibilität	elektr. Eig.	Lötbarkeit		
Kupfer auf Polyesterfolie	75, 125 75, 125	35 70	sehr gut	sehr gut	eingeschränkt	Polyester-Basis	–70…+100° C
Kupfer auf Polyimidfolie	25, 50, 75 25, 50, 75 25	35 2 x 35 2 x 17,5	sehr gut	sehr gut	sehr gut	Epoxidharz-, oder Polyester-Basis	–70…+140° C
Kupfer auf Glasfaser-Epoxidharzfolie	75, 125 75, 125	35 70	gering	sehr gut	sehr gut	Epoxidharz, oder Polyester-Basis	–70…+150° C

Gestaltungshinweise

Konturen der Leiterplatte

- Lange Ausleger vermeiden, ggf. durch Faltung (auch durch Spreizung) erzeugen. (s. Bsp. rechts)
- Mehrere Teile in einem Nutzen verschachteln:

- Einfache rechteckige Zuschnitte sind wirtschaftlich.
- Scharfe Innenkanten vermeiden (Einreißgefahr bei mechanischen Beanspruchungen). Radien (s. rechts) oder Innenkonturwinkel (Aufklebung) zur Verstärkung vorsehen.

Beispiel für Auslegergestaltung

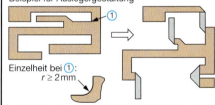

Einzelheit bei ①:
$r \geq 2\,mm$

Leiterbahnen

- Bei dynamischer Beanspruchung bzw. kleinen Biegeradien einseitige Leiterbahnführung (Leiterbahnen in die neutrale Faser). Keine Durchkontaktierungen in diesen Bereichen.
- Dimensionierung der Leiterbahnbreite und -dicke erfolgt nach Strombelastbarkeit.
  Orientierungswerte bei 70 µm: 4 A je mm
                  bei 35 µm: 2,5 A je mm
- Leiterbahnabstände unter Isolationswiderstände und Spannungsfestigkeit berücksichtigen.
  Orientierungswerte für Durchschlagspannung:
  Polyesterfolie: $3 \cdot 10^6$ V/cm
  Polyimidfolie: $1{,}8\ldots2{,}8 \cdot 10^6$ V/cm
  Glasfaser-Epoxidfolie: $2{,}5 \cdot 10^5$ V/cm
- Gebräuchliche Isolierauflagen:
  Polyester-, Polyimid-, Glasfaser-Epoxidfolie
  Stärke: 25 µm, 50 µm, 75 µm dick
  Isolierauflage in Material und Dicke vorzugsweise wie Basismaterial.

Lötaugen

Bei dynamischer Beanspruchung und starken Temperaturschwankungen die Übergänge von Leiterbahn – Lötauge fließend gestalten.
Lötaugen ggf. zusätzlich mit Verankerungen sichern.

| falsch | richtig | richtig | richtig |

Löten

Basismaterial	Verfahren	Temperatur in °C	Dauer in s
Polyesterfolie	Lötkolben	max. 230	max. 1
Polyimidfolie	Lötbad	max. 260	max. 10
Glasfaser-Epoxidfolie	Lötbad	max. 260	max. 10

Kleben

DIN 16 920/06.81
VDI 2229/06.79

Haftmechanismus

- Adhäsion: Oberflächenhaftung des Klebstoffs am Werkstück
- Kohäsion: Festigkeit innerhalb des Klebstoffs

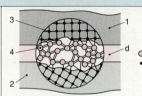

1: Werkstück 1
2: Werkstück 2
3: Metallion
4: Klebstoffmolekül
O—O: Kohäsion
—O: Adhäsion
d: Klebfuge

Klebverfahren

Verfahren	Erklärung	Verfahren	Erklärung
Kontaktkleben	Klebstoff-Film ist scheinbar trocken. Kleben unter Druck	Lösungs-mittel-aktivierkleben	Klebstoff-Film wird durch organisches Lösungsmittel klebfähig gemacht
Haftkleben	Klebstoff-Film haftet zu jeder Zeit unter leichtem Druck		
Wärmeaktivier-kleben	Klebstoff-Film wird durch Wärme klebfähig gemacht	Naßkleben	Fügeschicht entsteht durch Verdampfen eines Lösungsmittels

Voraussetzungen für Klebverbindungen

Klebegerechte Konstruktion

günstig:
- große Klebflächen
- Zug-, Druck-, Zugscherbeanspruchung
- kleine Fugendicke

Zug   Druck   Zugscherbelastung

ungünstig:
- kleine Klebflächen
- Schälbeanspruchung
- große Fugendicke

Schälbean-spruchung   konstr. Umwandlung   Zugscher-beanspruchung

Vorbehandlung der Klebflächen
Entfernen von Fremd- und Oberflächenschichten (mechanische Bearbeitung, Entfetten)
- Metalle: schmirgeln, schleifen, strahlen
- Kunststoffe: schmirgeln, beizen, spülen, trocknen

Kontrolle der Klebfläche mit Wassertropfenmethode

Vorbereitung   gut   mangelhaft

Auswahl der Klebstoffgruppe nach Werkstoffkombinationen

Werkstoff 1 \ Werkstoff 2	Metalle	Glas	Keramik	Thermo-plaste I	Thermo-plaste II	Duro-plaste	Gummi-elasto-mere
Metalle	A, D	A, B	C, D	D, F	E	C, F	E, F
Glas	A, B	A, B	A, B	B, C	–	B, C	–
Keramik	C, D	A, B	F, C	C, E	E	C, E	E
Thermoplaste I (ABS, PS, PA, PMMA, PVC, PC)[1]	C, D, F	B, C	C, E	C, E	E	C, E	E
Thermoplaste II (POM, PBTP, PETP, PSO, PPO)[1]	E	–	E	E	E	E	E
Duroplaste (PF, UF, MF, EP, UP)[1]	C, F	B, C	C, E	C, E	E	C, E	E
Gummi-Elastomere (NR, CR, SBR, NBR, EPDM, UR)	E, F	–	E	E	E	E	E

[1] s. Seite 40

Klebstoffgruppen A…F, Eigenschaften

Gruppe	Chemische Basis	Aushärtung	Aushärte-zeit bei Raumtemp. in h	Zug-festigkeit in N/mm²	Temp.-Bereich in °C	spezifischer Widerstand in Ω·m	Fugen-dicke max. in mm
A	Urethanmethacrylat	anaerob, mit Aktivator oder Wärme	12…24	10…30	−55…+200	–	0,1 …0,2
B	Urethanmethacrylat	mit UV-Bestrahlung	12	12…36	−50…+120	–	0,4
C	Methacrylatelastomer	mit Aktivator	24	6…18	−55…+150	$7{,}7 \cdot 10^{12} \ldots 5 \cdot 10^{15}$	0,2 …0,5
D	Methyl-Cyanacrylat	durch Luftfeuchtigkeit	12	12…25	−60…+80	$0{,}2 \ldots 1 \cdot 10^8$	0,05…0,25
E	Ethyl-Cyanacrylat	durch Luftfeuchtigkeit	12	12…25	−60…+80	$0{,}2 \ldots 1 \cdot 10^8$	0,05…0,3
F	diverse Cyanacrylate	durch Luftfeuchtigkeit	12…24	10…25	−60…+100	$0{,}2 \ldots 1 \cdot 10^8$	0,05…0,3

Grundlegende Größen und Formeln der Elektrotechnik

Größe	Darstellung	Größen und Formelzeichen	Einheit und Einheitenzeichen	Formel
Spannung		Spannung U	Volt V	$U = \dfrac{W}{Q}$
		Ladung Q	Coulomb C Amperesekunde As	
		Arbeit W	Wattsekunde Ws, VAs	

Die **elektrische Spannung** zwischen zwei Punkten eines elektrischen Feldes ist gleich dem Quotienten aus der verrichteten Verschiebungsarbeit und der bewegten Ladung.

Stromstärke		Stromstärke I	Ampere A	$I = \dfrac{Q}{t}$
	$F = 2 \cdot 10^{-7}$ N, $I = 1$ A	Zeit t	Sekunde s, 1 As = 1 C	

Ein Ampere ist die Stärke eines zeitlich unveränderlichen elektrischen Stromes durch zwei geradlinige, parallele, unendlich lange Leiter, die einen Abstand von 1 m haben und zwischen denen im leeren Raum je 1 m Doppelleitung eine Kraft von $2 \cdot 10^{-7}$ N wirkt.

Stromdichte		Stromdichte J	Ampere durch Quadratmeter A/m²	$J = \dfrac{I}{q}$
		Querschnittsfläche q	Quadratmeter m² $1\,m^2 = 10^4\,cm^2 = 10^6\,mm^2$	
Stromstärke, Spannung, Widerstand und Leitwert	Ohmsches Gesetz	Widerstand R	Ohm Ω $1\,\Omega = 1\,\dfrac{V}{A}$	$I = \dfrac{U}{R}$
		Leitwert G	Siemens S $1\,S = 1\,\dfrac{A}{V}$	$G = \dfrac{1}{R}$ $I = G \cdot U$
Elektrische Arbeit		Elektrische Arbeit, W	Wattsekunde Ws, VAs $1\,kWh = 3{,}6 \cdot 10^6\,Ws$ $1\,Nm = 1\,Ws = 1\,J$	$W = U \cdot I \cdot t$ $W = P \cdot t$
Elektrische Leistung		Elektrische Leistung P	Watt W, VA	$P = \dfrac{W}{t}$ $P = U \cdot I$ $P = I^2 \cdot R$ $P = \dfrac{U^2}{R}$

Normspannungen

DIN IEC 38/05.87

Wechselspannungen unter 120 V (für Betriebsmittel)

bevorzugt		6	12	24	42	60		110
ergänzend	5		15	36	48		100	

Gleichspannungen unter 750 V (für Betriebsmittel)

bevorzugt				6		12	24	36	48	60	72	96	110	220	440
ergänzend	2,4	3	4	4,5	5	7,5	9	15	30	40		80		125	250	600

Wechselstromnetze zwischen 100 V und 1 000 V (Übergangszeit bis zum Jahr 2003)

Drehstrom-Vierleiter- oder Dreileiternetz				Einphasen-Dreileiternetz
230 V/400 V[1]	277 V/480 V	400 V/690 V[1]	1 000 V	120 V/240 V

[1] Bestehendes 220 V/380 V- (bzw. 380 V/660 V-) Netz muß auf 230 V/400 V- (bzw. 400 V/690 V-) Netz geändert werden; Übergangszeit so kurz wie möglich, nicht länger als 20 Jahre.
   1. Schritt der Übergangsregelung: 230 V/400 V + 6 %, − 10 %
   Endzustand   230 V/400 V ± 10 %

Gleichstrom-Bahnnetze		Wechselstrom-Einphasen-Bahnnetze		
Nennspannung (bevorzugt)	Bereich	Nennspannung (bevorzugt)	Bereich	Frequenz in Hz
750	500 … 900	15 000	12 000 … 17 250	16 $^2/_3$
1 500	1 000 … 1 800			
3 000	2 000 … 3 600	25 000	19 000 … 27 500	50 oder 60

Drehstromnetze über 1 kV bis 230 kV (Nennspannung)

bevorzugt in BRD	3	6	**10**	15	**20**		35	45	**66**	**110**	**132**	150	**220**
andere Länder	3,3	6,6	11		22	33			69	115	138		230

Fettgedruckte Werte sind Vorzugswerte für öffentliche Verteilernetze

Drehstromnetze über 245 kV (höchste Spannung)

300	363	**420**	525	765	1 200	Vorzugswert fett gedruckt

Nennströme in A

DIN 40 003/03.69

1	1,25	1,6	2	2,5	3,15	4	5	6,3	8
10	12,5	16	20	25	31,5	40	50	63	80
100	125	160	200	250	315	400	500	630	800
1 000	1 250	1 600	2 000	2 500	3 150	4 000	5 000	6 300	8 000
10 000									

Es können, falls erforderlich, anstatt 1,6 A; 3,15 A; 6,3 A und 8 A auch die Werte 1,5 A; 3 A; 6 A und 7,5 A bzw. das 10-, 100-, und 1 000fache dieser Werte vorgesehen werden.

Spannung und Strom, gekürzte Schreibweise

Graphisches Symbol	Kurz-bez.[3]	Benennung	Reihenfolge der Angaben (nicht erforderliche Angaben können entfallen):
——— [1] − − − [2]	DC	Gleichspannung Gleichstrom	− Anzahl der Außenleiter − übrige Leiter − Spannungs- und Stromwert − Frequenz (Zahlenwert und Einheit) − Spannung oder Strom (Zahlenwert und Einheit)
∼	AC	Wechselspannung Wechselstrom	
≈	UC	Gleich- und Wechsel-spannung oder Strom	**Beispiel:** 1/N/PE ∼ 230 V oder 1/N/PE AC 230 V

[1] Vorzugsweise in Schaltungen
[2] Vorzugsweise auf Betriebsmitteln und Einrichtungen
[3] Anwendung z. B. in Datenverarbeitung und Schrifttum

Elektrischer Widerstand

Bezeichnung	Darstellung	Größen und Formelzeichen	Einheitenzeichen	Formel
Widerstand von Leitern		R: Widerstand	Ω	
		l: Leiterlänge	m	
		q: Querschnittsfläche	m^2, mm^2	$R = \dfrac{\varrho \cdot l}{q}$
		ϱ: Spezifischer Widerstand	$\Omega \cdot m$, $\dfrac{\Omega \cdot mm^2}{m}$	
			$1\dfrac{\Omega \cdot mm^2}{m} =$ $1\,\mu\Omega \cdot m$	$\varkappa = \dfrac{1}{\varrho}$
		$\gamma, \varkappa$: Elektrische Leitfähigkeit	$\dfrac{S}{m}, \dfrac{S \cdot m}{mm^2}$ $1\dfrac{S \cdot m}{mm^2} = 1\dfrac{MS}{m}$	$R = \dfrac{l}{\varkappa \cdot q}$
Widerstand und Temperatur	ϑ_1 R_{20} ⇕ Wärme ϑ_2 R_ϑ	ΔR: Widerstandsänderung	Ω	$\vartheta < 200\,°C$
		R_{20}: Widerstand bei 20°C	Ω	$\Delta R = R_{20} \cdot \alpha \cdot \Delta\vartheta$ $R_\vartheta = R_{20} + \Delta R$
		α, β: Temperaturkoeffizient	$\dfrac{1}{K}, K^{-1}$ $\dfrac{1}{K^2}, K^{-2}$	$R_\vartheta = R_{20}(1 + \alpha \cdot \Delta\vartheta)$
		$\Delta\vartheta$: Temperaturänderung	K	$\vartheta > 200\,°C$
		R_ϑ: Widerstand bei Erwärmung	Ω	$R_\vartheta = R_{20}(1 + \alpha \cdot \Delta\vartheta + \beta \cdot \Delta\vartheta^2)$

Messung elektrischer Widerstände

Bezeichnung	Darstellung	Größen und Formelzeichen	Einheitenzeichen	Formel
Spannungsfehlerschaltung (für große Widerstände)		U: gemessene Spannung	V	
		I: gemessene Stromstärke	A	$R = \dfrac{U - I \cdot R_{i(I)}}{I}$
		$R_{i(I)}$: Widerstand des Strommeßgerätes	Ω	
Stromfehlerschaltung (für kleine Widerstände)		U: gemessene Spannung	V	
		I: gemessene Stromstärke	A	$R = \dfrac{U}{I - \dfrac{U}{R_{i(U)}}}$
		$R_{i(U)}$: Widerstand des Spannungsmeßgerätes	Ω	
Brückenschaltung (Wheatstone-Meßbrücke)		R_1, R_2, R_3, R_4: Widerstände der Meßbrücke	Ω	abgeglichene Brücke: $\dfrac{R_1}{R_2} = \dfrac{R_3}{R_4}$ $I = 0$

Schaltungen mit Widerständen

Vorzeichen und Richtungssinne von Strom und Spannung DIN 5489/09.90

Gleicher Bezugssinn	Ungleicher Bezugssinn	Verbraucher-Pfeilsystem		Erzeuger-Pfeilsystem	
$U = I \cdot R$	$U = -I \cdot R$	Spannungsquelle: $U = U_0 + I \cdot R$	Stromquelle: $I = -I_0 + G \cdot U$	Spannungsquelle: $U = U_0 - I \cdot R$	Stromquelle: $I = I_0 - G \cdot U$

Erstes Kirchhoffsches Gesetz (Knotenregel)

In jedem Knotenpunkt ist die Summe aller Ströme Null.
$$\sum I = 0$$

Beispiel: $I_1 - I_2 - I_3 + I_4 + I_5 = 0$

Zweites Kirchhoffsches Gesetz (Maschenregel)

Die Summe aller Teilspannungen entlang eines geschlossenen Weges (willkürlich gewählter Umlaufsinn) ist Null.
$$\sum U = 0$$

Beispiel: $-U_1 + I \cdot R_1 + I \cdot R_2 - U_2 + I \cdot R_3 = 0$

	Reihenschaltung	Parallelschaltung
Spannung	$U_g = U_1 + U_2 + \ldots + U_n$	Alle Widerstände liegen an derselben Spannung U.
Stromstärke	Durch alle Widerstände fließt derselbe Strom I.	$I_g = I_1 + I_2 + \ldots + I_n$
Widerstände und Leitwerte	$R_g = R_1 + R_2 + \ldots + R_n$	$\dfrac{1}{R_g} = \dfrac{1}{R_1} + \dfrac{1}{R_2} + \ldots + \dfrac{1}{R_n}$ $G_g = G_1 + G_2 + \ldots + G_n$
Verhältnisse	$\dfrac{U_1}{U_2} = \dfrac{R_1}{R_2}$; $\dfrac{U_1}{U_n} = \dfrac{R_1}{R_n}$; $\dfrac{U_1}{U_g} = \dfrac{R_1}{R_g}$; ...	$\dfrac{I_1}{I_2} = \dfrac{R_2}{R_1}$; $\dfrac{I_1}{I_n} = \dfrac{R_n}{R_1}$; $\dfrac{I_1}{I_g} = \dfrac{R_g}{R_1}$; ...

Schaltungen mit Widerständen

Unbelasteter Spannungsteiler | Belasteter Spannungsteiler

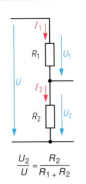
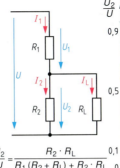
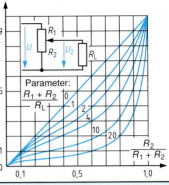

$$\frac{U_2}{U} = \frac{R_2}{R_1 + R_2}$$

$$\frac{U_2}{U} = \frac{R_2 \cdot R_L}{R_1(R_2 + R_L) + R_2 \cdot R_L}$$

Meßbereichserweiterung

Spannungsmessung

n: Faktor der Meßbereichserweiterung
R_v: Vorwiderstand
R_i: Innenwiderstand
U_M: Spannung am Meßwerk bei Vollausschlag
I: Strom durch das Meßwerk bei Vollausschlag

$$n = \frac{U}{U_M}$$

$$R_v = \frac{U - U_M}{I}$$

$$R_v = (n-1)\, R_i$$

Strommessung

n: Faktor der Meßbereichserweiterung
R_p: Parallelwiderstand
R_i: Innenwiderstand
U: Spannung am Meßwerk bei Vollausschlag
I_M: Strom durch das Meßwerk bei Vollausschlag

$$n = \frac{I}{I_M}$$

$$R_p = \frac{U}{I - I_M}$$

$$R_p = \frac{R_i}{(n-1)}$$

Stern-Dreieck-Umwandlung

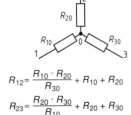
Umwandlung

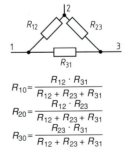

$$R_{12} = \frac{R_{10} \cdot R_{20}}{R_{30}} + R_{10} + R_{20}$$

$$R_{23} = \frac{R_{20} \cdot R_{30}}{R_{10}} + R_{20} + R_{30}$$

$$R_{31} = \frac{R_{10} \cdot R_{30}}{R_{20}} + R_{10} + R_{30}$$

$$R_{10} = \frac{R_{12} \cdot R_{31}}{R_{12} + R_{23} + R_{31}}$$

$$R_{20} = \frac{R_{12} \cdot R_{23}}{R_{12} + R_{23} + R_{31}}$$

$$R_{30} = \frac{R_{23} \cdot R_{31}}{R_{12} + R_{23} + R_{31}}$$

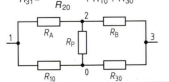
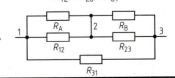

Schaltungen mit Spannungsquellen

Spannungsquelle mit Innenwiderstand

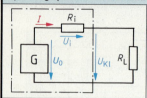

U_0: Leerlaufsp. (Quellensp.)
U_{Kl}: Klemmenspannung
ΔU: Spannungsänderung
R_i: Innenwiderstand
R_L: Belastungswiderstand
I_k: Kurzschlußstrom
ΔI: Stromänderung
P_L: Ausgangsleistung
P_i: Verlustleistung der Spannungsquelle

$U_0 = U_i + U_{Kl}$

$I = \dfrac{U_0}{R_i + R_L}$; $I_k = \dfrac{U_0}{R_i}$

$R_i = \dfrac{U_i}{I}$; $R_i = \dfrac{\Delta U}{\Delta I}$

$U_{Kl} = U_0 - I \cdot R_i$

Anpassung

Stromanpassung, $R_L \ll R_i$	Spannungsanpassung, $R_L \gg R_i$	Leistungsanpassung, $R_L = R_i$
$I \approx \dfrac{U_0}{R_i}$	$I \approx \dfrac{U_0}{R_L}$	$I = \dfrac{U_0}{2R_i}$; $I = \dfrac{U_0}{2R_L}$
$U_{Kl} \approx \dfrac{U_0 \cdot R_L}{R_i}$	$U_{Kl} \approx U_0$	$U_{Kl} = \dfrac{U_0}{2}$
$P_L \approx 0$	$P_L \approx 0$	$P_L = \dfrac{U_0^2}{4R_i}$ $P_i = \dfrac{U_0^2}{4R_L}$

Reihenschaltung

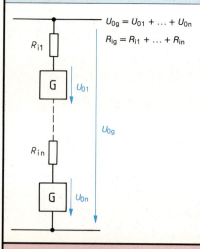

$U_{0g} = U_{01} + \ldots + U_{0n}$

$R_{ig} = R_{i1} + \ldots + R_{in}$

Parallelschaltung

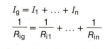

$I_g = I_1 + \ldots + I_n$

$\dfrac{1}{R_{ig}} = \dfrac{1}{R_{i1}} + \ldots + \dfrac{1}{R_{in}}$

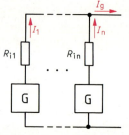

Bei unterschiedlichen Leerlaufspannungen fließen zwischen den Spannungsquellen Ausgleichsströme.

Wärmewirkungsgrad

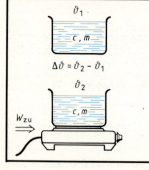

$\Delta \vartheta = \vartheta_2 - \vartheta_1$

W_{zu}: Zugeführte elektrische Arbeit
W_{ab}, Q: Abgegebene Wärmemenge
$\Delta \vartheta$: Temperaturänderung
c: spezifische Wärmekapazität (vgl. S. 286)
η_{th}: Wärmewirkungsgrad
t: Zeit
m: Masse (z. B. Wasser)

$c_{H_2O} = \dfrac{4{,}19 \text{ kJ}}{\text{kg} \cdot \text{K}}$

$W_{zu} = P \cdot t$

$W_{ab} = Q$
$Q = m \cdot c \cdot \Delta \vartheta$

$\eta_{th} = \dfrac{W_{ab}}{W_{zu}}$

$P = \dfrac{\Delta \vartheta \cdot c \cdot m}{\eta_{th} \cdot t}$

$[W_{zu}] = \text{Ws}$
$[P] = \text{W}$
$[t] = \text{s}$

$[Q] = \text{J}$
$[m] = \text{kg}$

$[c] = \dfrac{\text{J}}{\text{kg} \cdot \text{K}}$

$[\Delta \vartheta] = \text{K}$

$[\eta] = 1$

Elektrisches Feld, Kondensator

Kraft zwischen Ladungen (Coulombsches Gesetz)

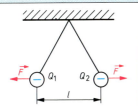

F: Kraft zwischen den Ladungen
Q_1, Q_2: Ladungen
ε: Permittivität
ε_0: Elektrische Feldkonstante
ε_r: Permittivitätszahl
l: Abstand der Ladungen

$$F = \frac{Q_1 \cdot Q_2}{4\pi\varepsilon \cdot l^2}$$

$\varepsilon = \varepsilon_0 \cdot \varepsilon_r \qquad [\varepsilon_r] = 1$

$\varepsilon_0 = 8{,}86 \cdot 10^{-12} \, \dfrac{\text{As}}{\text{Vm}}$

Elektrische Feldstärke

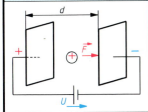

E: Elektrische Feldstärke
F: Kraft auf die Ladung im Feld
Q: Ladung im Feld
U: Spannung zwischen den Platten
d: Abstand der Platten

$E = \dfrac{F}{Q} \qquad [E] = \dfrac{\text{N}}{\text{C}}$

$1\,\text{C} = 1\,\text{As}$

$E = \dfrac{U}{d} \qquad [E] = \dfrac{\text{V}}{\text{m}}$

Kondensator und Kapazität

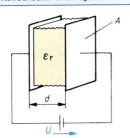

C: Kapazität des Kondensators
Q: Ladung des Kondensators
U: Spannung zwischen den Kondensatorplatten
ε: Permittivität
ε_0: Elektrische Feldkonstante
ε_r: Permittivitätszahl
A: Plattenfläche
d: Plattenabstand
W: Gespeicherte Energie des Kondensators

$C = \dfrac{Q}{U} \qquad [C] = \dfrac{\text{As}}{\text{V}}$

$1\,\dfrac{\text{As}}{\text{V}} = 1\,\text{F (Farad)}$

$C = \dfrac{\varepsilon \cdot A}{d} \qquad \text{(Farad)}$

$\varepsilon = \varepsilon_0 \cdot \varepsilon_r \qquad [\varepsilon_r] = 1$

$\varepsilon_0 = 8{,}86 \cdot 10^{-12} \, \dfrac{\text{As}}{\text{Vm}}$

$W = \dfrac{C \cdot U^2}{2} \qquad [W] = \text{VAs}$

Parallelschaltung von Kondensatoren

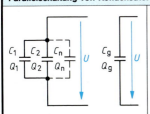

$Q_1 \ldots Q_n$: Ladungen der Einzelkondensatoren
$C_1 \ldots C_n$: Kapazitäten der Einzelkondensatoren
Q_g: Ladung der Gesamtkapazität
C_g: Gesamtkapazität

$Q = C \cdot U$

$Q_g = Q_1 + Q_2 + \ldots + Q_n$

$C_g = C_1 + C_2 + \ldots + C_n$

Reihenschaltung von Kondensatoren

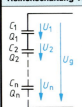

$Q_1 \ldots Q_n$: Ladungen der Einzelkondensatoren
$C_1 \ldots C_2$: Kapazitäten der Einzelkondensatoren
Q_g: Ladung der Gesamtkapazität
C_g: Gesamtkapazität
$U_1 \ldots U_n$: Einzelspannungen
U_g: Gesamtspannung

$Q = C \cdot U$

$Q_g = Q_1 = Q_2 = \ldots = Q_n$

$U_g = U_1 + U_2 + \ldots + U_n$

$\dfrac{1}{C_g} = \dfrac{1}{C_1} + \dfrac{1}{C_2} + \ldots + \dfrac{1}{C_n}$

Magnetisches Feld

Magnetische Feldstärke

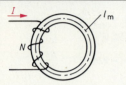

- H: Magnetische Feldstärke
- I: Stromstärke
- N: Windungszahl
- l_m: Mittlere Feldlinienlänge
- Θ: Elektrische Durchflutung

$$H = \frac{I \cdot N}{l_m} \qquad [H] = \frac{A}{m}$$
$$\Theta = I \cdot N \qquad [\Theta] = A$$

Magnetische Flußdichte (Induktion)

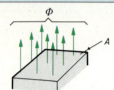

- B: Magnetische Flußdichte
- Φ: Magnetischer Fluß
- A: Fläche

$$B = \frac{\Phi}{A} \qquad [\Phi] = Vs$$
$$1\,Vs = 1\,Wb\ (Weber)$$
$$[B] = \frac{Vs}{m^2}$$
$$1\,\frac{Vs}{m^2} = 1\,T\ (Tesla)$$

Zusammenhang zwischen magnetischer Feldstärke und Flußdichte

Vakuum (Luft)

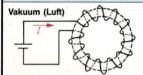

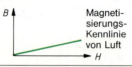

Magnetisierungs-Kennlinie von Luft

- μ_0: Magnetische Feldkonstante

$$B = \mu_0 \cdot H$$
$$\mu_0 = 1{,}257 \cdot 10^{-6}\,\frac{Vs}{Am}$$

Eisenkern

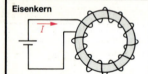

Magnetisierungs-Kennlinie von Eisen

- μ_r: Permeabilitätszahl
- μ: Permeabilität

$$B = \mu \cdot H$$
$$\mu = \mu_0 \cdot \mu_r \qquad [\mu_r] = 1$$

Magnetischer Kreis mit Luftspalt

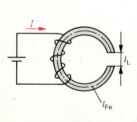

- R_m: Magnetischer Widerstand
- Λ: Magnetischer Leitwert
- R_{mg}: Gesamter magnetischer Widerstand
- R_{mFe}: Magnetischer Widerstand des Eisens
- R_{mL}: Magnetischer Widerstand des Luftspalts
- Θ_g: Gesamtdurchflutung
- H_{Fe}, l_{Fe}: Größen des Eisenkerns
- H_L, l_L: Größen des Luftspalts

$$R_m = \frac{\Theta}{\Phi} \qquad [R_m] = \frac{A}{Vs}$$
$$1\,\frac{A}{Vs} = \frac{1}{H}\ (^1/Henry)$$
$$\Lambda = \frac{1}{R_m} \qquad [\Lambda] = \frac{Vs}{A}$$
$$R_{mg} = R_{mFe} + R_{mL}$$
$$\Theta_g = H_{Fe} \cdot l_{Fe} + H_L \cdot l_L$$

Tragkraft von Magneten

- F: Kraft
- B: Magnetische Flußdichte
- A: Fläche
- μ_0: Magnetische Feldkonstante

$$F = \frac{B^2 \cdot A}{2\mu_0}$$
$$\mu_0 = 1{,}257 \cdot 10^{-6}\,\frac{Vs}{Am}$$

Magnetisches Feld

Stromdurchflossener Leiter im Magnetfeld

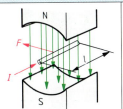

F: Kraft auf den Leiter
I: Stromstärke
l: Leiterlänge im Magnetfeld
z: Anzahl der Leiter

$F = B \cdot I \cdot l \cdot z$

$[F] = N$

Spule im Magnetfeld

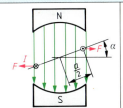

M: Drehmoment

a: Spulenlänge

N: Windungszahl

$M = \dfrac{F \cdot a \cdot \sin \alpha}{2}$

$F = 2 \cdot N \cdot B \cdot l \cdot I$

Kraft zwischen stromdurchflossenen Leitern

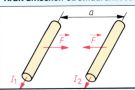

F: Kraft zwischen den Leitern
l: Leiterlänge
a: Abstand der Leiter
I_1, I_2: Stromstärken
μ_0: Magnetische Feldkonstante

$F = \dfrac{\mu_0 \, I_1 \cdot I_2 \cdot l}{2\pi \cdot a}$

$\mu_0 = 1{,}257 \cdot 10^{-6} \, \dfrac{Vs}{Am}$

Induktivität der Spule

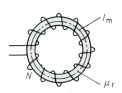

L: Induktivität
N: Windungszahl
A: Fläche (Querschnitt) der Spule
μ_0: Magnetische Feldkonstante
μ_r: Permeabilitätszahl
μ: Permeabilität
l_m: Feldlinienlänge (mittlere)
W: Energie der Spule

$L = \dfrac{\mu \cdot N^2 \cdot A}{l_m}$ \quad $[L] = \dfrac{Vs}{A}$

$1 \, \dfrac{Vs}{A} = 1 \, H \, (Henry)$

$\mu = \mu_0 \cdot \mu_r$ \quad $[\mu_r] = 1$

$W = \dfrac{L \cdot I^2}{2}$

Reihenschaltung von Spulen

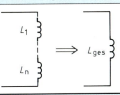

$L_1 \ldots L_n$: Einzelinduktivitäten
L_g: Gesamtinduktivität

$L_g = L_1 + \ldots + L_n$

Parallelschaltung von Spulen

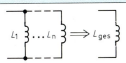

$L_1 \ldots L_n$: Einzelinduktivitäten
L_g: Gesamtinduktivität

$\dfrac{1}{L_g} = \dfrac{1}{L_1} + \ldots + \dfrac{1}{L_n}$

Induktionsspannung

Induktion der Bewegung

Leiter im Magnetfeld

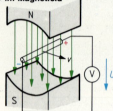

U: Induktionsspannung B: Magnetische Flußdichte l: Leiterlänge im Magnetfeld v: Geschwindigkeit des Leiters z: Anzahl der Leiter	$U = B \cdot l \cdot v \cdot z$

Spule im Magnetfeld

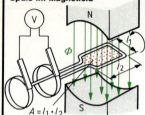

U: Induktionsspannung N: Windungszahl $\Delta\Phi$: Flußänderung Δt: Zeitänderung	$U = N \cdot \dfrac{\Delta\Phi}{\Delta t}$ $U = -N \cdot \dfrac{\Delta\Phi}{\Delta t}$ (Das Vorzeichen hängt vom gewählten Richtungssinn ab)

Induktion der Ruhe

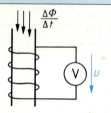

U: Induktionsspannung N: Windungszahl $\Delta\Phi$: Flußänderung Δt: Zeitänderung	$U = N \cdot \dfrac{\Delta\Phi}{\Delta t}$ $U = -N \cdot \dfrac{\Delta\Phi}{\Delta t}$ (Das Vorzeichen hängt vom gewählten Richtungssinn ab)

Einphasentransformatoren, Übertrager   DIN 5489/09.90

Übersetzungsverhältnisse

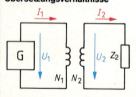

U_1: Primärspannung U_2: Sekundärspannung I_1: Primärstromstärke I_2: Sekundärstromstärke N_1: Primärwindungszahl N_2: Sekundärwindungszahl Z_1: Primärer Scheinwiderstand Z_2: Sekundärer Scheinwiderstand $\ddot{u}$: Übersetzungsverhältnis	$\dfrac{U_1}{U_2} \approx \dfrac{N_1}{N_2}$; $\ddot{u} = \dfrac{N_1}{N_2}$ $\dfrac{I_1}{I_2} \approx \dfrac{N_2}{N_1}$ $\dfrac{Z_1}{Z_2} \approx \left(\dfrac{N_1}{N_2}\right)^2$

Wicklungssinn

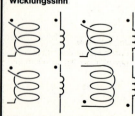

L: gesamte Selbstinduktivität $\left.\begin{array}{l}L_1\\L_2\end{array}\right\}$: Einzelinduktivitäten L_{12}: Gegeninduktivität	$L = L_1 + L_2 + 2L_{12}$ 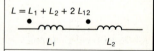 $L = L_1 + L_2 - 2L_{12}$

Schaltvorgänge bei Kondensatoren und Spulen

Kondensator

Aufladung

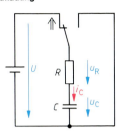

$\tau = R \cdot C$ $[\tau] = s$
             $e = 2{,}718\ldots$

$u_C = U\left(1 - e^{-\frac{t}{\tau}}\right)$

$i_C = \dfrac{U}{R} \cdot e^{-\frac{t}{\tau}}$

bei $t \approx 5\tau$:
Kondensator geladen
(99,33 % von U)

τ: Zeitkonstante
u_C: Spannung am Kondensator
i_C: Strom in der Reihenschaltung

Entladung

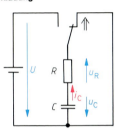
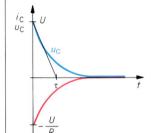

$\tau = R \cdot C$ $[\tau] = s$
             $e = 2{,}718\ldots$

$u_C = U \cdot e^{-\frac{t}{\tau}}$

$i_C = -\dfrac{U}{R} \cdot e^{-\frac{t}{\tau}}$

bei $t \approx 5\tau$:
Kondensator entladen

τ: Zeitkonstante
u_C: Spannung am Kondensator
i_C: Strom in der Reihenschaltung

Induktivität

Einschaltvorgang

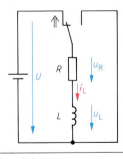
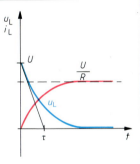

$\tau = \dfrac{L}{R}$ $[\tau] = s$
             $e = 2{,}718\ldots$

$u_L = U\, e^{-\frac{t}{\tau}}$

$i_L = \dfrac{U}{R}\left(1 - e^{-\frac{t}{\tau}}\right)$

τ: Zeitkonstante
u_L: Spannung an der Induktivität
i_L: Strom in der Reihenschaltung

Ausschaltvorgang

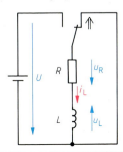
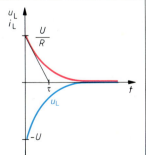

$\tau = \dfrac{L}{R}$ $[\tau] = s$
             $e = 2{,}718\ldots$

$u_L = -U\, e^{-\frac{t}{\tau}}$

$i_L = \dfrac{U}{R} \cdot e^{-\frac{t}{\tau}}$

τ: Zeitkonstante
u_L: Spannung an der Induktivität
i_L: Strom in der Reihenschaltung

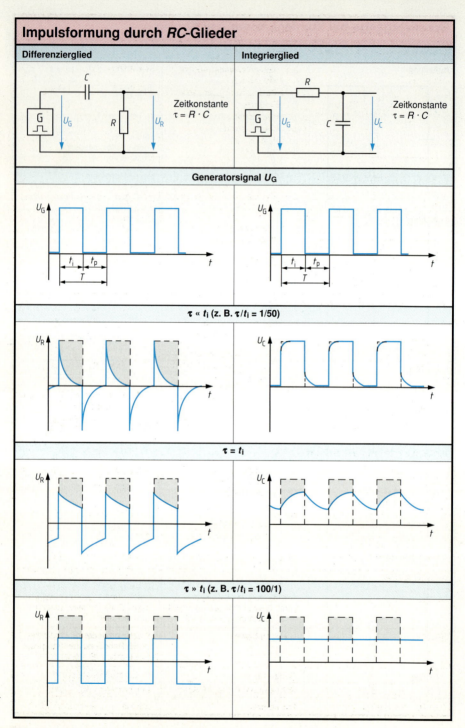

Wechselspannung und Wechselstrom

Sinusförmige Wechselspannung

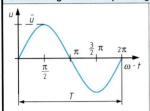

u, i:	Momentanwerte (Augenblickswerte)
$\hat{u}, \hat{\imath}$:	Maximalwerte, Spitzenwerte
f:	Frequenz
T:	Periodendauer
ω:	Kreisfrequenz
p:	Polpaarzahl
n:	Drehzahl

$u = \hat{u} \sin \omega \cdot t$

$\omega = 2\pi \cdot f \qquad [\omega] = \dfrac{1}{s}$

$f = \dfrac{1}{T} \qquad [f] = Hz$

$f = p \cdot n \qquad [n] = \dfrac{1}{s}$

Spitzen- und Effektivwerte

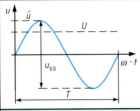

$\hat{u}, \hat{\imath}$: Maximalwerte, Spitzenwerte, Amplituden

U, I: Effektivwerte auch: U_{eff} und I_{eff}

u_{ss}, i_{ss}: Spitze-Spitze-Wert

$U = \dfrac{\hat{u}}{\sqrt{2}}$

$I = \dfrac{\hat{\imath}}{\sqrt{2}}$

$\hat{u}_{ss} = 2 \cdot \hat{u}$

$\hat{\imath}_{ss} = 2 \cdot \hat{\imath}$

Addition phasenverschobener Spannungen und Ströme

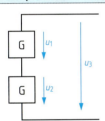

$\varphi_{13}, \varphi_{32}, \varphi_{12}$: Phasenverschiebungswinkel

$\hat{u}_1, \hat{u}_2$: Spitzenwerte der Einzelspannungen

$\hat{u}_3$: Spitzenwert der Gesamtspannung

$u_3^2 = u_1^2 + u_2^2 - 2 \cdot u_1 \cdot u_2 \cdot \cos(180° - \varphi_{12})$

$\tan \varphi_{13} = \dfrac{u_1 \cdot \sin \varphi_{12}}{u_2 + u_1 \cdot \cos \varphi_{12}}$

Leistungen im Wechselstromkreis

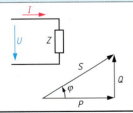

S:	Scheinleistung
P:	Wirkleistung
Q:	Blindleistung
$\cos \varphi$:	
λ:	Leistungsfaktor (Wirkleistungsfaktor)
$\sin \varphi$:	Blindleistungsfaktor

$S = U \cdot I \qquad [S] = V \cdot A$

$S = \sqrt{P^2 + Q^2}$

$P = U \cdot I \cdot \cos \varphi \qquad [P] = W$

$\cos \varphi = \dfrac{P}{S}$

$Q = U \cdot I \cdot \sin \varphi \qquad [Q] = var$

Formelzeichen

$\bar{u}, U_{AV}$	**Arithmetischer Mittelwert** (zeitlich linearer Mittelwert, Gleichwert, Gleichspannungswert)	Fläche unter der Kurve dividiert durch Periodendauer (positiv bzw. negativ)
$\lvert \bar{u} \rvert$	**Gleichrichtwert**	Fläche unter der Kurve dividiert durch Periodendauer (nur positive Flächen, Beträge)
U, U_{RMS}	**Effektivwert**	Quadratischer Mittelwert
$\hat{u}/U$, $F_{Cres} = \hat{u}/U$	**Scheitelfaktor** (Crest-Faktor)	Maximalwert/Effektivwert
$U/\lvert \bar{u} \rvert$, $F = U/\lvert \bar{u} \rvert$	**Formfaktor**	Effektivwert/Gleichrichtwert

Fourier-Analyse

Linienspektrum

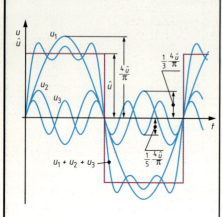

Frequenzspektrum

Jede periodische Schwingung kann als Summe von sinusförmigen Teilschwingungen dargestellt werden.

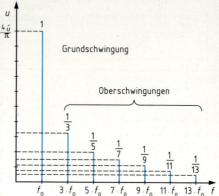

Funktionsgleichung: $u = \dfrac{4\,\hat{u}}{\pi}\left(\sin \omega t + \dfrac{1}{3}\sin 3\omega t + \dfrac{1}{5}\sin 5\omega t + \dfrac{1}{7}\sin 7\omega t\ + \ldots\right);\quad \omega = 2\pi \cdot f$

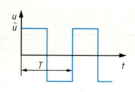

$\bar{u} = 0$
$|\bar{u}| = \hat{u}$
$U = \hat{u}$
$F_{\text{Crest}} = 1$
$F = 1$

$u = \dfrac{4\,\hat{u}}{\pi}\left(\sin \omega t + \dfrac{1}{3}\sin 3\omega t + \dfrac{1}{5}\sin 5\omega t + \ldots\right)$

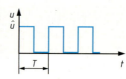

$\bar{u} = \dfrac{\hat{u}}{2}$
$|\bar{u}| = \dfrac{\hat{u}}{2}$
$U = 0{,}707 \cdot \hat{u}$
$F_{\text{Crest}} = 1{,}41$
$F = 1{,}41$

$u = \dfrac{\hat{u}}{2} + \dfrac{2\,\hat{u}}{\pi}\cdot\left(\sin \omega t + \dfrac{1}{3}\sin 3\omega t + \dfrac{1}{5}\sin 5\omega t + \ldots\right)$

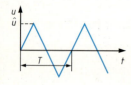

$\bar{u} = 0$
$|\bar{u}| = \dfrac{\hat{u}}{2}$
$U = \dfrac{\hat{u}}{\sqrt{3}}$
$F_{\text{Crest}} = \sqrt{3}$
$F = 1{,}547$

$u = \dfrac{8\,\hat{u}}{\pi}\left(\sin \omega t - \dfrac{1}{9}\sin 3\omega t + \dfrac{1}{25}\sin 5\omega t - +\ \ldots\right)$

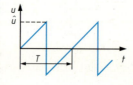

$\bar{u} = \dfrac{\hat{u}}{2}$
$|\bar{u}| = \dfrac{\hat{u}}{2}$
$U = \dfrac{\hat{u}}{\sqrt{3}}$
$F_{\text{Crest}} = \sqrt{3}$
$F = 1{,}547$

$u = \dfrac{2\,\hat{u}}{\pi}\left(\sin \omega t - \dfrac{1}{2}\sin 2\omega t + \dfrac{1}{3}\sin 3\omega t - +\ \ldots\right)$

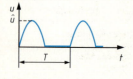

$\bar{u} = 0{,}318\,\hat{u}$
$|\bar{u}| = 0{,}318\,\hat{u}$
$U = 0{,}5\,\hat{u}$
$F_{\text{Cres}} = 2$
$F = 1{,}57$

$u = \dfrac{\hat{u}}{\pi} + \dfrac{\hat{u}}{2}\cdot \sin \omega t - 2\,\dfrac{\hat{u}}{\pi}\cdot\left(\dfrac{1}{3}\cdot \cos 2\omega t + \dfrac{1}{15}\cos 4\omega t + \dfrac{1}{35}\cos 6\omega t + \ldots\right)$

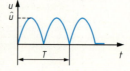

$\bar{u} = 0{,}637\,\hat{u}$
$|\bar{u}| = 0{,}637\,\hat{u}$
$U = \dfrac{\hat{u}}{\sqrt{2}}$
$F_{\text{Cres}} = \sqrt{2}$
$F = 1{,}11$

$u = \dfrac{2\,\hat{u}}{\pi}\left(1 - \dfrac{2}{3}\cos 2\omega t - \dfrac{2}{15}\cos 4\omega t - \dfrac{2}{35}\cos 6\omega t - \ldots\right)$

Nichtsinusförmige Spannungen

Rechtecksignale

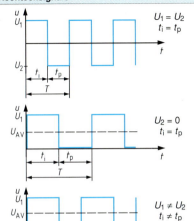

$U_1 = U_2$
$t_i = t_p$

$U_2 = 0$
$t_i = t_p$

$U_1 \neq U_2$
$t_i \neq t_p$

t_i: Impulsdauer
t_p: Pausendauer
T: Periodendauer
f: Frequenz
g: Tastgrad
V: Tastverhältnis
$\bar{u}$: Arithmetischer
U_{AV}: Mittelwert

$T = t_i + t_p$

$f = \dfrac{1}{T} \qquad V = \dfrac{1}{g}$

$g = \dfrac{t_i}{T}$

$U_{AV} = \dfrac{U_1 \cdot t_i + U_2 \cdot t_p}{T}$

Signallaufzeit

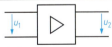

t_l: Signallaufzeit

Bezugspegel müssen nicht immer bei 50 % von $\hat{u}$ liegen.

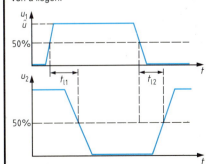

Impulsform

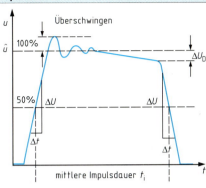

mittlere Impulsdauer t_i

D: Dachschräge
S: Flankensteilheit
ΔU: Spannungsänderung
Δt: Zeitänderung
t_i: Impulsdauer

$D = \dfrac{\Delta U_D}{\hat{u}}$

$S = \dfrac{\Delta U}{\Delta t} \qquad [S] = \dfrac{V}{s}$

Impulsverformung

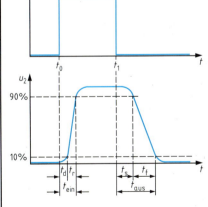

t_d: Verzögerungszeit (delay time)
t_r: Anstiegszeit (rise time)
t_s: Speicherzeit (storage time)
t_f: Abfallzeit (fall time)
t_{ein}: Einschaltzeit
t_{aus}: Ausschaltzeit

$t_{ein} = t_d + t_r$
$t_{aus} = t_s + t_f$

Stromsysteme

DIN 40 108/5.78

Kennzeichnung von Systempunkten und Leitern

Stromsystem	Teil	Außenpunkte, Außenleiter		Mittelpunkt, Mittelleiter, Sternpunkt, Neutralleiter	Bezugserde	Schutzleiter geerdet	Neutralleiter, PEN-Leiter[3]
Gleichstromsystem	Netz	Polarität		M			–
		positiv: L+	negativ: L–				
m-Phasensystem	Netz	vorzugsweise: L1, L2, L3 ... Lm					–
		zulässig auch: 1, 2, 3 ... m [1] [2]					
Drehstromsystem	Netz	vorzugsweise: L1, L2, L3		N	E	PE	PEN
		zulässig auch: 1, 2, 3, [1] [2]					
		zulässig auch: R, S, T [2]					
	Betriebsmittel	allgemein: U, V, W [2]					–

[1] wenn keine Verwechslung möglich
[2] Numerierung oder Reihenfolge der Buchstaben im Sinne der Phasenfolge
[3] Nach DIN 40 108 auch noch Nulleiter

Drehstromübertragung

DIN 40 108/5.78

Verteilung

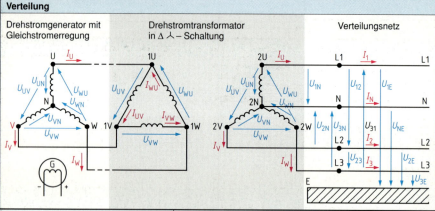

Phasenbeziehungen

Liniendiagramm

Zeigerdiagramm

Spannungen $U_{WU} = \sqrt{3} \cdot U_{UN}$ **Ströme** $I_{WU} = \sqrt{3} \cdot I_U$

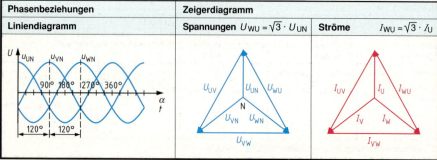

Stern- und Dreieckschaltungen im Drehstromnetz

Sternschaltung mit symmetrischer Belastung $I_N = 0$

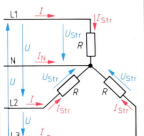

U_{Str}: Strangspannung
U: Leiterspannung
I_{Str}: Strangstrom
I: Leiterstrom
S: Scheinleistung
P: Wirkleistung
Q: Blindleistung
$\cos\varphi$: Leistungsfaktor

$U_{Str} = \dfrac{U}{\sqrt{3}}$
$I = I_{Str}$
$S = \sqrt{3} \cdot U \cdot I$ $[S] = VA$
$S = \sqrt{P^2 + Q^2}$
$P = \sqrt{3} \cdot U \cdot I \cdot \cos\varphi$ $[P] = W$
$Q = \sqrt{3} \cdot U \cdot I \cdot \sin\varphi$ $[Q] = var$

Dreieckschaltung mit symmetrischer Belastung

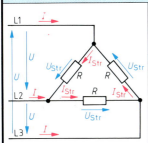

U_{Str}: Strangspannung
U: Leiterspannung
I_{Str}: Strangstrom
I: Leiterstrom
S: Scheinleistung
P: Wirkleistung
Q: Blindleistung
$\cos\varphi$: Leistungsfaktor

$U = U_{Str}$
$I = \sqrt{3} \cdot I_{Str}$
$S = \sqrt{3} \cdot U \cdot I$ $[S] = VA$
$S = \sqrt{P^2 + Q^2}$
$P = \sqrt{3} \cdot U \cdot I \cdot \cos\varphi$ $[P] = W$
$Q = \sqrt{3} \cdot U \cdot I \cdot \sin\varphi$ $[Q] = var$

Zusammenhang zwischen Stern- und Dreieckschaltung bei gleicher Leiterspannung

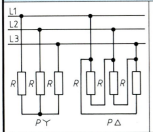

P_Y: Wirkleistung in Sternschaltung
$P_\triangle$: Wirkleistung in Dreieckschaltung

$\dfrac{P_Y}{P_\triangle} = \dfrac{1}{3}$

Gestörte Drehstromschaltungen

Sternschaltung				Dreieckschaltung				
Ausfall				Ausfall				
eines Außenleiters oder eines Stranges		von zwei Außenleitern oder zwei Strängen		eines Stranges	eines Außenleiters	von zwei Strängen	eines Stranges und eines Außenleiters	
mit N	ohne N	mit N	ohne N					
$P=\tfrac{2}{3}P_{or}$	$P=\tfrac{1}{2}P_{or}$	$P=\tfrac{1}{3}P_{or}$	$P = 0$	$P=\tfrac{2}{3}P_{or}$	$P=\tfrac{1}{2}P_{or}$	$P=\tfrac{1}{3}P_{or}$	$P=\tfrac{1}{3}P_{or}$	$P=\tfrac{1}{6}P_{or}$

P: Leistung im Störungsfall; P_{or}: ursprüngliche Leistung

Widerstände im Wechselstromkreis

Schaltung	Stromstärke und Spannung	Widerstand und Leitwert	Leistung
R	$I = \dfrac{U}{R}$ $\varphi = 0°$	$R = \dfrac{U}{I}$	$P = U \cdot I$ $P = I^2 \cdot R$ $P = \dfrac{U^2}{R}$
X_L	$I = \dfrac{U}{X_L}$ $\varphi = 90°$ (induktiv)	$X_L = 2\pi \cdot f \cdot L$ $X_L = \omega \cdot L$	$Q_L = U \cdot I$
X_C	$I = \dfrac{U}{X_C}$ $\varphi = 90°$ (kapazitiv)	$X_C = \dfrac{1}{2\pi \cdot f \cdot C}$ $X_C = \dfrac{1}{\omega \cdot C}$	$Q_C = U \cdot I$
R, X_L in Reihe	$I = \dfrac{U_R}{R}$ $I = \dfrac{U_L}{X_L}$ $I = \dfrac{U}{Z}$ $U^2 = U_R^2 + U_L^2$ $\tan\varphi = \dfrac{U_L}{U_R}$ $\sin\varphi = \dfrac{U_L}{U}$; $\cos\varphi = \dfrac{U_R}{U}$	$Z^2 = R^2 + X_L^2$ $\tan\varphi = \dfrac{X_L}{R}$ $\sin\varphi = \dfrac{X_L}{Z}$; $\cos\varphi = \dfrac{R}{Z}$	$P = U_R \cdot I$ $Q_L = U_L \cdot I$ $S = U \cdot I$ $S^2 = P^2 + Q_L^2$ $\tan\varphi = \dfrac{Q_L}{P}$ $\sin\varphi = \dfrac{Q_L}{S}$; $\cos\varphi = \dfrac{P}{S}$
X_L, R parallel	$U = I_R \cdot R$ $U = I_L \cdot X_L$ $U = I \cdot Z$ $I^2 = I_R^2 + I_L^2$ $\tan\varphi = \dfrac{I_L}{I_R}$ $\sin\varphi = \dfrac{I_L}{I}$; $\cos\varphi = \dfrac{I_R}{I}$	$Y^2 = G^2 + B_L^2$ $\left(\dfrac{1}{Z}\right)^2 = \left(\dfrac{1}{R}\right)^2 + \left(\dfrac{1}{X_L}\right)^2$ $\tan\varphi = \dfrac{R}{X_L}$ $\sin\varphi = \dfrac{Z}{X_L}$; $\cos\varphi = \dfrac{Z}{R}$	$P = U \cdot I_R$ $Q_L = U \cdot I_L$ $S = U \cdot I$ $S^2 = P^2 + Q_L^2$ $\tan\varphi = \dfrac{Q_L}{P}$ $\sin\varphi = \dfrac{Q_L}{S}$; $\cos\varphi = \dfrac{P}{S}$
R, X_C in Reihe	$I = \dfrac{U_R}{R}$ $I = \dfrac{U_C}{X_C}$ $I = \dfrac{U}{Z}$ $U^2 = U_R^2 + U_C^2$ $\tan\varphi = \dfrac{U_C}{U_R}$ $\sin\varphi = \dfrac{U_C}{U}$; $\cos\varphi = \dfrac{U_R}{U}$	$Z^2 = R^2 + X_C^2$ $\tan\varphi = \dfrac{X_C}{R}$ $\sin\varphi = \dfrac{X_C}{Z}$; $\cos\varphi = \dfrac{R}{Z}$	$P = U_R \cdot I$ $Q_C = U_C \cdot I$ $S = U \cdot I$ $S^2 = P^2 + Q_C^2$ $\tan\varphi = \dfrac{Q_C}{P}$ $\sin\varphi = \dfrac{Q_C}{S}$; $\cos\varphi = \dfrac{P}{S}$

Widerstände im Wechselstromkreis

Schaltung	Stromstärke und Spannung	Widerstand und Leitwert	Leistung
(R ∥ X_C parallel circuit)	$I_R = \dfrac{U}{R}$ $I_C = \dfrac{U}{X_C}$ $I = \dfrac{U}{Z}$ $I^2 = I_R^2 + I_C^2$ $\tan\varphi = \dfrac{I_C}{I_R}$; $\cos\varphi = \dfrac{I_R}{I}$ $\sin\varphi = \dfrac{I_C}{I}$	$Y^2 = G^2 + B_C^2$ $\left(\dfrac{1}{Z}\right)^2 = \left(\dfrac{1}{R}\right)^2 + \left(\dfrac{1}{X_C}\right)^2$ $\tan\varphi = \dfrac{R}{X_C}$; $\cos\varphi = \dfrac{Z}{R}$ $\sin\varphi = \dfrac{Z}{X_C}$	$P = I_R \cdot U$ $Q_C = I_C \cdot U$ $S = I \cdot U$ $S^2 = P^2 + Q_C^2$ $\tan\varphi = \dfrac{Q_C}{P}$; $\cos\varphi = \dfrac{P}{S}$ $\sin\varphi = \dfrac{Q_C}{S}$
(X_C, X_L, R in series)	$U_L > U_C$ | $U_L < U_C$ $U^* = U_L - U_C$ $U^* = U_C - U_L$ $U^2 = U_R^2 + U^{*2}$ $\tan\varphi = \dfrac{U^*}{U_R}$ $\sin\varphi = \dfrac{U^*}{U}$; $\cos\varphi = \dfrac{U_R}{U}$	$X_L > X_C$ | $X_L < X_C$ $X^* = X_L - X_C$ $X^* = X_C - X_L$ $Z^2 = R^2 + X^{*2}$ $\tan\varphi = \dfrac{X^*}{R}$ $\sin\varphi = \dfrac{X^*}{Z}$; $\cos\varphi = \dfrac{R}{Z}$	$Q_L > Q_C$ | $Q_L < Q_C$ $Q^* = Q_L - Q_C$ $Q^* = Q_C - Q_L$ $S^2 = P^2 + Q^{*2}$ $\tan\varphi = \dfrac{Q^*}{P}$ $\sin\varphi = \dfrac{Q^*}{S}$; $\cos\varphi = \dfrac{P}{S}$
(R ∥ X_L ∥ X_C parallel)	$I_C > I_L$ | $I_C < I_L$ $I^* = I_C - I_L$ $I^* = I_L - I_C$ $I^2 = I_R^2 + I^{*2}$ $\tan\varphi = \dfrac{I^*}{I_R}$ $\sin\varphi = \dfrac{I^*}{I}$; $\cos\varphi = \dfrac{I_R}{I}$	$X_C < X_L$ | $X_C > X_L$ $\dfrac{1}{X^*} = \dfrac{1}{X_C} - \dfrac{1}{X_L}$ $\dfrac{1}{X^*} = \dfrac{1}{X_L} - \dfrac{1}{X_C}$ $Y^2 = G^2 + B^{*2}$ $\left(\dfrac{1}{Z}\right)^2 = \left(\dfrac{1}{R}\right)^2 + \left(\dfrac{1}{X^*}\right)^2$ $\tan\varphi = \dfrac{R}{X^*}$ $\sin\varphi = \dfrac{Z}{X^*}$; $\cos\varphi = \dfrac{Z}{R}$	$Q_C > Q_L$ | $Q_C < Q_L$ $Q^* = Q_C - Q_L$ $Q^* = Q_L - Q_C$ $S^2 = P^2 + Q^{*2}$ $\tan\varphi = \dfrac{Q^*}{P}$ $\sin\varphi = \dfrac{Q^*}{S}$; $\cos\varphi = \dfrac{P}{S}$

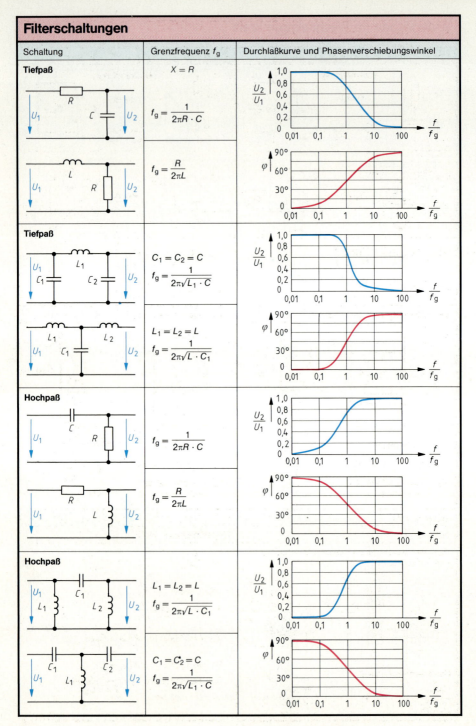

Schaltungsumwandlungen

Umrechnungen zwischen RC-Schaltungen

Umwandlung: R_{ser}, C_{ser} in Serie ⇔ R_{par}, C_{par} parallel

$Z_{ser} = Z_{par}$
$\varphi_{ser} = \varphi_{par}$

$$R_{par} = R_{ser}\left(1 + \left(\frac{X_{Cser}}{R_{ser}}\right)^2\right)$$

$$X_{Cpar} = X_{Cser}\left(1 + \left(\frac{R_{ser}}{X_{Cser}}\right)^2\right)$$

Umrechnungen zwischen RL-Schaltungen

Umwandlung: R_{ser}, X_{Lser} in Serie ⇔ R_{par}, X_{Lpar} parallel

$Z_{ser} = Z_{par}$
$\varphi_{ser} = \varphi_{par}$

$$R_{par} = R_{ser}\left(1 + \left(\frac{X_{Lser}}{R_{ser}}\right)^2\right)$$

$$X_{Lpar} = X_{Lser}\left(1 + \left(\frac{R_{ser}}{X_{Lser}}\right)^2\right)$$

Verlustbehafteter Kondensator

C_{par} parallel R_{par}

- tan δ: Verlustfaktor
- d: Verlustfaktor
- Q: Güte (Gütefaktor)
- R_{par}: Paralleler Verlustwiderstand

$d = \tan \delta$

$\tan \delta = \dfrac{X_{Cpar}}{R_{par}}$

$Q = \dfrac{R_{par}}{X_{Cpar}}$

$Q = \dfrac{1}{d}$

Verlustbehaftete Spule

L_{ser} in Serie mit R_{ser}

- tan δ: Verlustfaktor
- d: Verlustfaktor
- Q: Güte (Gütefaktor)
- R_{ser}: Serieller Verlustwiderstand

$d = \tan \delta$

$\tan \delta = \dfrac{R_{ser}}{X_L}$

$Q = \dfrac{X_{Lser}}{R_{ser}}$

$Q = \dfrac{1}{d}$

Schwingkreis

Schaltungen

Paralleler Verlustwiderstand des Kondensators vernachlässigt.

Resonanzwiderstand

Reihenschwingkreis: $Z_0 = R_{ser}$

Parallelschwingkreis: $Z_0 = R_{par}$

Umrechnungsformeln

$$Q = \frac{X_{Lser}}{R_{ser}} \qquad Q = \frac{R_{par}}{X_{Lpar}}$$

$$R_{par} = R_{ser}(1 + Q^2)$$

$$X_{Lpar} = X_{Lser}\left(1 + \frac{1}{Q^2}\right)$$

bei $Q > 10$ gilt: $X_{Lpar} \approx X_{Lser}$

Resonanz bei: $X_{Lpar} = X_C$

Resonanzfrequenz: $f_0 = \dfrac{1}{2\pi\sqrt{L_{par} \cdot C}}$

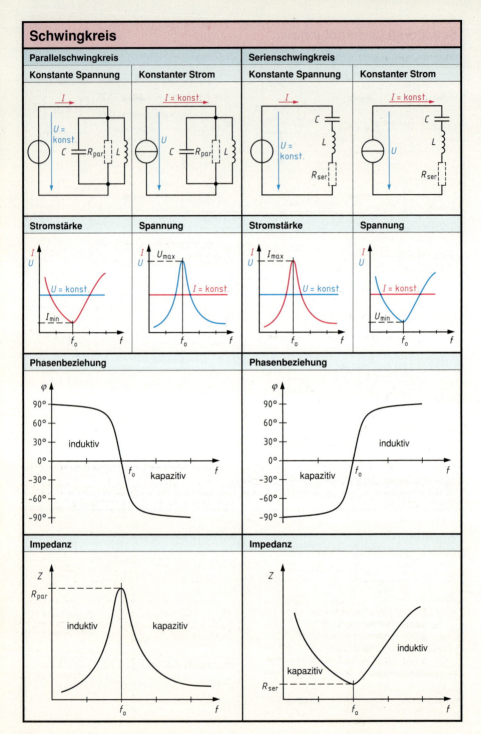

Schwingkreis

Resonanzfrequenz

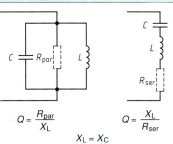

f_o: Resonanzfrequenz
R_{par}: Paralleler Verlustwiderstand
R_{ser}: Serieller Verlustwiderstand
Q: Güte

$$f_o = \frac{1}{2\pi\sqrt{L \cdot C}}$$

$Q = \dfrac{R_{par}}{X_L}$ $Q = \dfrac{X_L}{R_{ser}}$

$X_L = X_C$

Bandbreite

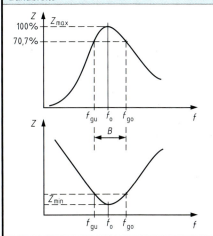

f_{go}: obere Grenzfrequenz ($\varphi = 45°$)
f_{gu}: untere Grenzfrequenz ($\varphi = 45°$)
B: Bandbreite

$B = f_{go} - f_{gu}$

$B = \dfrac{f_o}{Q}$

Einengung des Frequenzbereichs

Grundschaltung	Parallelschaltung	Serienschaltung
L — $C_{min} \ldots C_{max}$, $f_{o\,max} \ldots f_{o\,min}$	L, C_p, $C_{min} \ldots C_{max}$	L, C_s, $C_{min} \ldots C_{max}$
V_f: Frequenzvariationsverhältnis V_C: Kapazitätsvariationsverhältnis f_{0max}: größte Resonanzfrequenz f_{0min}: kleinste Resonanzfrequenz C_{max}: größte Kapazität des Drehkondensators C_{min}: kleinste Kapazität des Drehkondensators $V_f = \dfrac{f_{0max}}{f_{0min}} \quad V_C = \dfrac{C_{max}}{C_{min}} \quad \dfrac{f^2_{0max}}{f^2_{0min}} = \dfrac{C_{max}}{C_{min}}$	$\dfrac{f^2_{0max}}{f^2_{0min}} = \dfrac{C_{max} + C_p}{C_{min} + C_p}$ $C_p = \dfrac{C_{max} - V_f^2 \cdot C_{min}}{V_f^2 - 1}$	$\dfrac{f^2_{0max}}{f^2_{0min}} = \dfrac{C_{max}(C_{min} + C_s)}{C_{min}(C_{max} + C_s)}$ $C_s = C_{max} \dfrac{V_f^2 - 1}{\dfrac{C_{max}}{C_{min}} - V_f^2}$

Komplexe Größen

Reelle Zahlen | Imaginäre Zahlen

Reelle Zahlen
z. B. ganze rationale Zahlen (2, 3, 4, ...),
gebrochene rationale Zahlen (1/4; 1/3; ...)
Irrationale Zahlen
z. B. $\pi = 3{,}14159\ldots$, $e = 2{,}71828\ldots$
$\sqrt{2} = 1{,}414\ldots$, $\sqrt{3} = 1{,}73\ldots$

Die Einheit der imaginären Zahlen ist $\sqrt{-1}$.
Dieser Ausdruck wird mit **j** bezeichnet.
Beispiele: $j \cdot 3 = \sqrt{-1} \cdot 3$; $j^2 = -1$
$j \cdot 3 = -\sqrt{-1}$; $j^4 = 1$

Komplexe Zahlen

Verbindung aus einer reellen Zahl mit einer imaginären Zahl, z. B. $z = 4 + j \cdot 3$

Graphische Darstellung in der Gauß'schen Zahlenebene

Algebraische Form:	$z = a + jb$;	$z = 4 + j \cdot 3$
Trigonometrische Form:	$z = r (\cos \varphi + j \sin \varphi)$;	$z = 5 (0{,}8 + j\, 0{,}6)$
Exponentielle Form:	$z = r \cdot e^{j\varphi}$;	$z = 5 \cdot e^{j 36{,}9°}$
Berechnungsformeln:	$r = \sqrt{a^2 + b^2}$	$\tan \varphi = \dfrac{b}{a}$
	$a = r \cdot \cos \varphi$	$b = r \cdot \sin \varphi$

Komplexer Scheinwiderstand, Leitwert, Phasenverschiebungswinkel (z, y, φ)

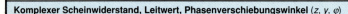

$Z = R$ $Z = R \cdot e^{j 0°}$
$Y = G$ $Y = G \cdot e^{j 0°}$
$\varphi = 0°$

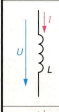

$\underline{Z} = j X_L = j\omega L$ $Z = \omega L$
$\underline{Y} = -j B_L = \dfrac{1}{j\omega L} = -j \dfrac{1}{\omega L}$
$Y = \dfrac{1}{\omega L}$
$\varphi = -90°$
$\underline{Z} = X_L \cdot e^{j 90°}$; $\underline{Y} = B_L \cdot e^{-j 90°}$

$\underline{Z} = -j X_C = \dfrac{1}{j\omega C} = -j \dfrac{1}{\omega C}$
$\underline{Z} = \dfrac{1}{\omega C}$
$\underline{Y} = j B_C = j\omega C$; $Y = \omega C$
$\varphi = -90°$
$\underline{Z} = X_C \cdot e^{-j 90°}$; $\underline{Y} = B_C \cdot e^{j 90°}$

$\underline{Z} = R + j\omega L$; $Z = \sqrt{R^2 + (\omega L)^2}$
$\underline{Y} = \dfrac{R}{R^2 + (\omega L)^2} - j \dfrac{\omega L}{R^2 + (\omega L)^2}$
$\tan \varphi = \dfrac{\omega L}{R}$
$\underline{Z} = Z \cdot e^{j \varphi}$

$\underline{Z} = R - j \dfrac{1}{\omega C}$; $Z = \sqrt{R^2 + \left(\dfrac{1}{\omega C}\right)^2}$
$\underline{Y} = \dfrac{R (\omega C)^2}{(R \omega C)^2 + 1} + j \dfrac{\omega C}{(R \omega C)^2 + 1}$
$\tan \varphi = \dfrac{1}{\omega C R}$
$\underline{Z} = Z \cdot e^{-j \varphi}$

$\underline{Y} = \dfrac{1}{R} - j \dfrac{1}{\omega L}$; $Y = \sqrt{\left(\dfrac{1}{R}\right)^2 + \left(\dfrac{1}{\omega L}\right)^2}$
$\underline{Z} = \dfrac{R (\omega L)^2}{R^2 + (\omega L)^2} + j \dfrac{R^2\, \omega L}{R^2 + (\omega L)^2}$
$\tan \varphi = \dfrac{R}{\omega L}$
$\underline{Y} = Y \cdot e^{j \varphi}$

$\underline{Y} = \dfrac{1}{R} + j\, \omega C$; $Y = \sqrt{\left(\dfrac{1}{R}\right)^2 + (\omega C)^2}$
$\underline{Z} = \dfrac{R}{1 + (R\omega C)^2} - j \dfrac{R^2\, \omega C}{1 + (R\omega C)^2}$
$\tan \varphi = \omega C R$
$\underline{Y} = Y \cdot e^{j \varphi}$

Vierpolparameter von elektrischen Zweitoren

DIN 40 148
T.1/11.78, T.2/01.84, T.3/11.71

Allgemeiner Vierpol

- Vierpole sind beliebig zusammengeschaltete Zweipole mit einem Eingangs- und einem Ausgangsklemmenpaar.
- Passive Vierpole bestehen nur aus passiven Zweipolen (Widerständen, Kondensatoren usw.).
- Aktive Vierpole enthalten zusätzliche Energiequellen.
- Bei passiven Vierpolen besteht ein linearer Zusammenhang zwischen Strömen und Spannungen an den Ein- bzw. Ausgangsklemmen.
- Zusammenhänge werden beschrieben über Gleichungssysteme in Widerstands-, Leitwert-, Hybrid- oder Kettenform.

Beispiel

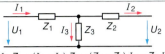

$U_1 = I_1 Z_1 + (I_1 - I_2) Z_3 = (Z_1 + Z_3) I_1 - Z_3 I_2$
$U_2 = I_2 Z_2 + (I_1 - I_2) Z_3 = Z_3 I_1 - (Z_2 + Z_3) I_2$

Vierpolgleichungen

Widerstandsform

$U_1 = Z_{11} \cdot I_1 + Z_{12} \cdot I_2$
$U_2 = Z_{21} \cdot I_1 + Z_{22} \cdot I_2$

Matrizenschreibweise:
$\begin{pmatrix} U_1 \\ U_2 \end{pmatrix} = \begin{pmatrix} Z_{11} & Z_{12} \\ Z_{21} & Z_{22} \end{pmatrix} \cdot \begin{pmatrix} I_1 \\ I_2 \end{pmatrix}$

$Z_{11} = \dfrac{U_1}{I_1}$ bei $I_2 = 0$: Leerlaufwiderstand primär

$-Z_{22} = \dfrac{U_2}{I_2}$ bei $I_1 = 0$: Leerlaufwiderstand sekundär (Vierpol von rechts betrieben)

$Z_{21} = \dfrac{U_2}{I_1}$ bei $I_2 = 0$: Kernwiderstand vorwärts

$-Z_{12} = \dfrac{U_1}{I_2}$ bei $I_1 = 0$: Kernwiderstand rückwärts (Vierpol von rechts betrieben)

Leitwertform

$I_1 = Y_{11} \cdot U_1 + Y_{12} \cdot U_2$
$I_2 = Y_{21} \cdot U_1 + Y_{22} \cdot U_2$

Matrizenschreibweise:
$\begin{pmatrix} I_1 \\ I_2 \end{pmatrix} = \begin{pmatrix} Y_{11} & Y_{12} \\ Y_{21} & Y_{22} \end{pmatrix} \cdot \begin{pmatrix} U_1 \\ U_2 \end{pmatrix}$

$Y_{11} = \dfrac{I_1}{U_1}$ bei $U_2 = 0$: Kurzschlußleitwert primär

$-Y_{22} = \dfrac{I_2}{U_2}$ bei $U_1 = 0$: Kurzschlußleitwert sekundär (Vierpol von rechts betrieben)

$Y_{21} = \dfrac{I_2}{U_1}$ bei $U_2 = 0$: Kernleitwert vorwärts

$-Y_{12} = \dfrac{I_1}{U_2}$ bei $U_1 = 0$: Kernleitwert rückwärts (Vierpol von rechts betrieben)

Kettenform

$U_1 = A_{11} \cdot U_2 + A_{12} \cdot I_2$
$I_1 = A_{21} \cdot U_2 + A_{22} \cdot I_2$

Matrizenschreibweise:
$\begin{pmatrix} U_1 \\ I_1 \end{pmatrix} = \begin{pmatrix} A_{11} & A_{12} \\ A_{21} & A_{22} \end{pmatrix} \cdot \begin{pmatrix} U_2 \\ I_2 \end{pmatrix}$

$A_{11} = \dfrac{U_1}{U_2}$ bei $I_2 = 0$: umgekehrte Spannungsübersetzung im Leerlauf

$A_{22} = \dfrac{I_1}{I_2}$ bei $U_2 = 0$: umgekehrte Stromübersetzung im Kurzschluß

$A_{21} = \dfrac{I_1}{U_2}$ bei $I_2 = 0$: umgekehrter primärer Kernwiderstand im Leerlauf

$A_{12} = \dfrac{U_1}{I_2}$ bei $U_2 = 0$: umgekehrter primärer Kernleitwert im Kurzschluß

Hybridform

$U_1 = H_{11} \cdot I_1 + H_{12} \cdot U_2$
$I_2 = H_{21} \cdot I_1 + H_{22} \cdot U_2$

Matrizenschreibweise:
$\begin{pmatrix} U_1 \\ I_2 \end{pmatrix} = \begin{pmatrix} H_{11} & H_{12} \\ H_{21} & H_{22} \end{pmatrix} \cdot \begin{pmatrix} I_1 \\ U_2 \end{pmatrix}$

$H_{11} = \dfrac{U_1}{I_1}$ bei $U_2 = 0$: Eingangswiderstand bei Ausgangskurzschluß

$H_{22} = \dfrac{I_2}{U_2}$ bei $I_1 = 0$: Ausgangsleitwert bei offenem Eingang

$H_{21} = \dfrac{I_2}{I_1}$ bei $U_2 = 0$: Stromverstärkung bei Ausgangskurzschluß

$H_{12} = \dfrac{U_1}{U_2}$ bei $I_1 = 0$: Spannungsrückwirkung bei offenem Eingang

Vierpolgleichungen vereinfachen sich bei richtungssymmetrischen Vierpolen:
$Y_{11} = -Y_{22}$, $Z_{11} = -Z_{22}$, $A_{11} = A_{22}$

Multiplikation von Matrizen

$\begin{pmatrix} a_{11} & a_{12} \\ a_{21} & a_{22} \end{pmatrix} \cdot \begin{pmatrix} b_{11} & b_{12} \\ b_{21} & b_{22} \end{pmatrix} = \begin{pmatrix} c_{11} & c_{12} \\ c_{21} & c_{22} \end{pmatrix} \Rightarrow$

$c_{11} = a_{11} \cdot b_{11} + a_{12} \cdot b_{21}$ $c_{12} = a_{11} \cdot b_{12} + a_{12} \cdot b_{22}$
$c_{21} = a_{21} \cdot b_{11} + a_{22} \cdot b_{21}$ $c_{22} = a_{21} \cdot b_{12} + a_{22} \cdot b_{22}$

Vierpolparameter

Umrechnung der Vierpolparameter

gesucht \ gegeben	Y		Z		A		H	
Y	Y_{11}	Y_{12}	$\dfrac{Z_{22}}{\Delta Z}$	$\dfrac{-Z_{12}}{\Delta Z}$	$\dfrac{A_{22}}{A_{12}}$	$\dfrac{-\Delta A}{A_{12}}$	$\dfrac{1}{H_{11}}$	$\dfrac{-H_{12}}{H_{11}}$
	Y_{21}	Y_{22}	$\dfrac{-Z_{21}}{\Delta Z}$	$\dfrac{Z_{11}}{\Delta Z}$	$\dfrac{1}{A_{12}}$	$\dfrac{-A_{11}}{A_{12}}$	$\dfrac{H_{21}}{H_{11}}$	$\dfrac{\Delta H}{H_{11}}$
Z	$\dfrac{Y_{22}}{\Delta Y}$	$\dfrac{-Y_{12}}{\Delta Y}$	Z_{11}	Z_{12}	$\dfrac{A_{11}}{A_{21}}$	$\dfrac{-\Delta A}{A_{21}}$	$\dfrac{\Delta H}{H_{22}}$	$\dfrac{H_{12}}{H_{22}}$
	$\dfrac{-Y_{21}}{\Delta Y}$	$\dfrac{Y_{11}}{\Delta Y}$	Z_{21}	Z_{22}	$\dfrac{1}{A_{21}}$	$\dfrac{-A_{22}}{A_{21}}$	$\dfrac{-H_{21}}{H_{22}}$	$\dfrac{1}{H_{22}}$
A	$\dfrac{-Y_{22}}{Y_{21}}$	$\dfrac{-1}{Y_{21}}$	$\dfrac{Z_{11}}{Z_{21}}$	$\dfrac{-\Delta Z}{Z_{21}}$	A_{11}	A_{12}	$\dfrac{-\Delta H}{H_{21}}$	$\dfrac{H_{11}}{H_{21}}$
	$\dfrac{-\Delta Y}{Y_{21}}$	$\dfrac{Y_{11}}{Y_{21}}$	$\dfrac{1}{Z_{21}}$	$\dfrac{-Z_{22}}{Z_{21}}$	A_{21}	A_{22}	$\dfrac{-H_{22}}{H_{21}}$	$\dfrac{1}{H_{21}}$
H	$\dfrac{1}{Y_{11}}$	$\dfrac{-Y_{12}}{Y_{11}}$	$\dfrac{\Delta Z}{Z_{22}}$	$\dfrac{Z_{12}}{Z_{22}}$	$\dfrac{A_{12}}{A_{22}}$	$\dfrac{\Delta A}{A_{22}}$	H_{11}	H_{12}
	$\dfrac{Y_{21}}{Y_{11}}$	$\dfrac{\Delta Y}{Y_{11}}$	$\dfrac{-Z_{21}}{Z_{22}}$	$\dfrac{1}{Z_{22}}$	$\dfrac{1}{A_{22}}$	$\dfrac{-A_{21}}{A_{22}}$	H_{21}	H_{22}

Δ: Determinante einer Matrix; Beispiel $\Delta Z = Z_{11} \cdot Z_{22} - Z_{12} \cdot Z_{21}$

Zusammenschalten von Vierpolen

Reihenschaltung

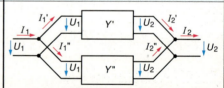

$$\begin{pmatrix} U_1 \\ U_2 \end{pmatrix} = \begin{pmatrix} Z_{11}' + Z_{11}'' & Z_{12}' + Z_{12}'' \\ Z_{21}' + Z_{21}'' & Z_{22}' + Z_{22}'' \end{pmatrix} \cdot \begin{pmatrix} I_1 \\ I_2 \end{pmatrix}$$

Parallelschaltung

$$\begin{pmatrix} I_1 \\ I_2 \end{pmatrix} = \begin{pmatrix} I_1' + I_1'' \\ I_2' + I_2'' \end{pmatrix} = \begin{pmatrix} Y_{11}' + Y_{11}'' & Y_{12}' + Y_{12}'' \\ Y_{21}' + Y_{21}'' & Y_{22}' + Y_{22}'' \end{pmatrix} \cdot \begin{pmatrix} U_1 \\ U_2 \end{pmatrix}$$

Kettenschaltung

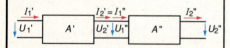

$$\begin{pmatrix} U_1' \\ I_1' \end{pmatrix} = \begin{pmatrix} A_{11}' \cdot A_{11}'' + A_{12}' \cdot A_{21}'' & A_{11}' \cdot A_{12}'' + A_{12}' \cdot A_{22}'' \\ A_{21}' \cdot A_{11}'' + A_{22}' \cdot A_{21}'' & A_{21}' \cdot A_{12}'' + A_{22}' \cdot A_{22}'' \end{pmatrix} \cdot \begin{pmatrix} U_2'' \\ I_2'' \end{pmatrix}$$

Reihen-Parallelschaltung

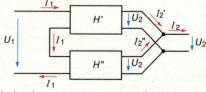

$$\begin{pmatrix} U_1 \\ I_2 \end{pmatrix} = \begin{pmatrix} H_{11}' + H_{11}'' & H_{12}' + H_{12}'' \\ H_{21}' + H_{21}'' & H_{22}' + H_{22}'' \end{pmatrix} \cdot \begin{pmatrix} U_2 \\ I_1 \end{pmatrix}$$

2 Bauelemente und Grundschaltungen

Passive Bauelemente

Qualitätsbegriffe für Bauelemente 74
Anwendungsklassen und Zuverlässigkeitsangaben für Bauelemente der Nachrichtentechnik und Elektronik .. 75
Aufbau, Eigenschaften und Anwendungen von linearen Schichtwiderständen 76
Kennzeichnung von Widerständen und Kondensatoren 77
Bauelemente in SMD-Technologie 78
Potentiometer 79
Temperatur- und spannungsabhängige Widerstände 80
Nennwerte und Kennzeichnung von Kondensatoren 82
Kennzeichnung der Anschlüsse für Kondensatoren bis 1000 V 83
Anwendungsbereiche und Kenndaten von Kondensatoren 84
Kenngrößen und Eigenschaften von MP-Kondensatoren bis 100 V 85
Kenngrößen und Eigenschaften gepolter Al-Elektrolytkondensatoren ... 85
Spulen 86
Übertrager mit Ferritkernen 87
Elektromagnetische Relais 88
Sicherheitsrelais 89
Kurzzeichen für Kontaktarten bei Relais 90
Bandpässe und Bandsperren 91
Oberflächenwellenresonatoren (OFWR) 92
Schwingquarze 93

Halbleiterbauelemente und Grundschaltungen

Halbleiterkennzeichnungen 94
Gehäuseformen von Halbleiterbauelementen 94
Dioden 95
Triggerdioden, UJT, PUT 96
Thyristoren, Triac 97
Bipolare Transistoren 98
Bipolarer Transistor als Schalter 99
Gleichstrommäßige Betrachtung bipolarer Transistoren 100
Wechselstrommäßige Betrachtung bipolarer Transistoren 101
Leistungs-Feldeffekttransistoren 102
Feldeffekttransistoren 103
Feldeffekttransistorgrundschaltungen . 104

Mehrstufige Verstärker 105
Grundschaltungen der Gegenkopplung 106
Großsignalverstärker (Leistungsverstärker) 107
Gegentaktverstärker 107
Optoelektronische Bauelemente 108
Lichtschranken 111
Magnetfeldabhängige Bauelemente ... 112
Operationsverstärker 113
Schaltungen mit Operationsverstärkern 114
Aktive Filter 115

Netzteile, Energieversorgung

Stromrichterbenennungen- und kennzeichen 116
Kennzeichen von Stromrichtersätzen und -geräten 116
Modulschaltungen 117
Spannungsvervielfacherschaltungen .. 117
Ungesteuerte Stromrichter (Gleichrichter) 118
Gesteuerte Stromrichter 119
Sieb- und Stabilisierungsschaltungen . 120
Glättung und Siebung 121
Begrenzerschaltungen 121
Stabilisierte Gleichspannungs-Versorgungsgeräte 122
Gleichstromschalter, Gleichstromsteller 122
Schaltnetzteile, Schaltregler 123
Phasenanschnittsteuerungen, Wechselwegschaltungen 125
Wechselrichter und Wechselstrom-Umrichter 125

Schutz elektronischer Bauelemente

Überspannungsschutz von Halbleiter-Ventilen und -Stromrichtern 126
Überstromschutz von Halbleiter-Ventilen und -Stromrichtern 126
Kühlung und Kühlarten von Halbleiterventilen und Stromrichtern 127
Filterschaltungen für Netzleitungen ... 128
Filterschaltung für Datenleitungen 128
Elektrostatisch gefährdete Bauelemente 129
Edelgasgefüllte Überspannungsableiter 130

Qualitätsbegriffe für Bauelemente

DIN 55 350/05.87
DIN 40 041/12.90

Allgemeine Begriffe

Qualität	Zuverlässigkeit	Fehler	Ausfall
Beschaffenheit einer Einheit (Bauteil, Gerät, Einrichtung), festgelegte und vorausgesetzte Erfordernisse zu erfüllen.	Beschaffenheit einer Einheit bezüglich ihrer Eignung, während oder nach vorgegebenen Zeitspannen bei vorgegebenen Anwendungsbedingungen die Zuverlässigkeitsforderungen zu erfüllen.	• Unzulässige Abweichung eines Bauteilemerkmales (Wertes) vom Sollwert. • Wert außerhalb des Toleranzbereiches.	Beendigung der Funktionsfähigkeit einer materiellen Einheit im Rahmen der zugelassenen Beanspruchung.

Fehlerklassen	Fehleranteil	dpm (Defekte per Mio.)	ppm (parts per Mio.)
Einteilung der Bauelementefehler in • Totalfehler, • elektrische Fehler, • mechanische Fehler.	Anteil der fehlerhaften Bauelemente innerhalb einer Lieferung. Angegeben wird der Wert in %.	Einheit für die Anzahl fehlerhafter Bauteile 1 dpm = $1 \cdot 10^{-6}$ = $1 \cdot 10^{-4}$ % 10000 dpm = 1 %. Angabe wird bei Ein- bzw. Ausgangsprüfung verwendet.	Einheit zur Angabe über Funktionsfehler über den gesamten Herstellvorgang. 1 ppm = $1 \cdot 10^{-4}$ %.

Konformität (Übereinstimmung)

Sortierprüfung	Stichprobenanweisung	Stichprobenprüfung	Stichprobenplan
Sämtliche gefundenen defekten Bauteile werden aus einer Lieferung aussortiert (100 % Prüfung).	Anweisung über die Anzahl der Bauteile in der Stichprobe und Angabe der Qualitätskriterien für die Bauteile.	Prüfung der Qualität anhand einer Stichprobenanweisung zur Beurteilung des Prüfloses.	Zusammenstellung von Stichprobenanweisungen. Es wird unterschieden zwischen normaler, verschärfter und reduzierter Prüfung.

Zuverlässigkeit

Frühausfall	Ausfallsatz a	Ausfallrate λ	fit
Ausfall in der Anfangszeit der Beanspruchung (etwa 100 … 5000 Stunden bei 40 °C).	Anteil ausgefallener Bauteile während einer angegebenen Beanspruchungsdauer. $a = \dfrac{r}{n}$ Wird in % angegeben. Beispiel: n = 2000 Bauelemente r = 2 Ausfälle ergibt Ausfallsatz = 0,1 %.	Ausfallsatz in einem Beanspruchungszeitraum bezogen auf dessen Dauer. $\lambda = \dfrac{r}{n \cdot t_b}$ r: Anzahl der Ausfälle n: Anzahl der Bauteile t_b: Beanspruchungszeit $n \cdot t_b$ ist die Anzahl der Bauelementestunden.	Die Ausfallrate wird in fit (failures in time) angegeben. 1 fit = $1 \cdot 10^{-9}$/h bedeutet: 1 Ausfall in 10^9 Bauelementestunden

Badewannenkurve	MTBF (mean time between failures)
Viele Typen von Bauteilen zeigen einen charakteristischen Verlauf der Ausfallrate bezogen auf die Einsatzdauer. λ in fit — Ausfallrate abnehmend — konstant — zunehmend 0 1 2 3 t in h 1: Frühausfallphase 2: Zufallsausfälle in der Nutzungsphase 3: Verschleißausfallphase	• Mittlere Zeit zwischen zwei Geräteausfällen. • Bei Bauteilen, die in Reihe geschaltet sind: $\text{MTBF} = \dfrac{1}{\sum \lambda_i}$ MTBF in h λ_i: Ausfallraten der einzelnen Bauteile während der Nutzungsphase Beispiel: Fernsehgerät mit 500 Bauelementen; Ausfallrate je Bauelement 30 fit: $\text{MTBF} = \dfrac{1}{15000} \cdot 10^9$ h

Anwendungsklassen und Zuverlässigkeitsangaben für Bauelemente der Nachrichtentechnik und Elektronik

Beispiel:

Klimatischer Bereich: G P E / L T / W N Z   **Mechanische Anwendung:**

- untere Grenztemperatur ⌐
- obere Grenztemperatur ⌐
- Feuchtebeanspruchung ⌐
- Sonderbeanspruchung (Einzelbestimmung)
- Luftdruck
- mechanische Beanspruchung

Zuverlässigkeit:
- Ausfallquotient
- Beanspruchungsdauer

Untere Grenztemperatur

1. Kennbuchstabe	ϑ_{min} in °C
A	freigehalten
B	freigehalten
C	freigehalten
D	
E	−65
F	−55
G	−40
H	−25
J	−10
K	0
L	+5
Z	*)

*) siehe Einzelbestimmungen der Hersteller

Obere Grenztemperatur

2. Kennbuchstabe	ϑ_{max} in °C
A	400
B	350
C	300
D	250
E	200
F	180
G	170
H	155
J	140
K	125
L	110
M	100
N	90
P	85
Q	80
R	75
S	70
T	65
U	60
V	55
W	50
Y	40
Z	*)

Feuchtebeanspruchung

3. Kennbuchstabe	Jahresmittel[1]	Höchstwerte der relativen Luftfeuchtigkeit			Bemerkungen
		30 Tage im Jahr[1]	60 Tage im Jahr[1]	übrige Tage [2]	
A	≦100 %	−	−	−	andauernde Nässe
B	freigehalten				
C	≦95 %	100 %	−	100 %	Betauung
R	≦90 %	100 %	−	95 %	Betauung
D	≦80 %	100 %	−	90 %	Betauung
E	≦75 %	95 %	−	85 %	seltene u. leichte Betauung[3]
F	≦75 %	95 %	−	85 %	seltene u. leichte Betauung[3]
G	≦65 %	−	85 %	75 %	keine Betauung
H	≦50 %	−	75 %	65 %	keine Betauung
J	≦50 %				keine Betauung
Z	siehe Einzelbestimmung				

[1]) Über das Jahr verteilt
[2]) Unter Einhaltung des Jahresmittels
[3]) Kann z. B. beim kurzzeitigen Öffnen von Geräten, die im Freien installiert sind, auftreten.

Ausfallquotient

4. Kennbuchstabe	Ausfallquotient in Ausfällen je 10^9 Bauelementestunden
D	0,1
E	0,3
F	1
G	3
H	10
J	30
K	100
L	300
M	1000
N	3000

4. Kennbuchstabe	Ausfallquotient in Ausfällen je 10^9 Bauelementestunden
P	10 000
Q	30 000
R	100 000
S	300 000
T	1 000 000
U	3 000 000
V	10 000 000
W	30 000 000
Z	siehe Einzelbestimmung

Anwendungsklassen und Zuverlässigkeitsangaben für Bauelemente der Nachrichtentechnik und Elektronik

Beanspruchungsdauer

5. Kennbuchstabe	Beanspruchungsdauer in Stunden
Q	300 000
R	100 000
S	30 000
T	10 000
U	3 000
V	1 000
W	300
Z	siehe Einzelbestimmung

Grenzwerte der mechanischen Beanspruchung

6. Kennbuchstabe	Schwingbeanspruchung		Schockbeanspruchung	
	Frequenz in Hz 10 Hz bis	Beschleunigung in m/s²	Beschleunigung in m/s²	Zeit in ms
Q	2000	500	1000	6
R	2000	200	1000	6
S	2000	100	500	11
T	500	100	300	18
U	55	50	300	18
V	55	50	150	11
W	55	20	150	11
Z	siehe Einzelbestimmung			

Luftdruck

7. Kennbuchstabe	untere Druckgrenze in mbar bis	entspricht einer Betriebshöhe in m über NN
N	840	1 000
R	700	2 200
S	600	3 500
T	530	4 300
U	300	8 500
V	85	16 000
W	44	20 000
Y	20	26 000
Z	siehe Einzelbestimmung	

Sonderbeanspruchung

8. Kennbuchstabe	Beispiele
Z	Spritzwasser, Regen, Schnee, Vereisung, Schwallwasser, Strahlwasser, Druckwasser
	Trockenheit, Meeresluft, Industrieluft, Isolierstoffausdünstung in abgeschlossenen Räumen
	Staub, Sandsturm
	Schimmel, Insekten
	Sonnenstrahlung, andere Strahlung

Aufbau, Eigenschaften und Anwendungen von linearen Schichtwiderständen

	Kohle, C	Metall, Cr/Ni	Edelmetall, Au/Pt
Herstellverfahren	Thermischer Zerfall von Kohlenwasserstoffen	Aufdampfen im Hochvakuum	Reduktion von Edelmetallsalzen durch Einbrennen
Spezifischer Widerstand	$3000 \cdot 10^{-6}\,\Omega \cdot cm$	$\approx 100 \cdot 10^{-6}\,\Omega \cdot cm$	$\approx 40 \cdot 10^{-6}\,\Omega \cdot cm$
Schichtdicke	$10\ldots 30000 \cdot 10^{-9}\,m$	$10\ldots 100 \cdot 10^{-9}\,m$	$10\ldots 1000 \cdot 10^{-9}\,m$
Flächenwiderstand	$1\ldots 5000\,\Omega$	$20\ldots 1000\,\Omega$	$0,5\ldots 100\,\Omega$
Temperaturkoeffizient	$(-200\ldots -800)\cdot 10^{-6} \cdot \frac{1}{K}$	$\pm 100 \cdot 10^{-6} \cdot \frac{1}{K}$	$(+250\ldots +350)\cdot 10^{-6} \cdot \frac{1}{K}$
max. Schichttemperatur	125°C	175°C	155°C
Drift nach 10^4 h Lagerung bzw. bei Belastung auf 125°C in %	$-0,5\ldots +1,5$	$-0,6\ldots +1$	$-0,5$
Stromrauschen	klein	sehr klein	sehr klein
Nichtlinearität	klein	sehr klein	sehr klein
Anwendungen	Vermittlungstechnik, Datentechnik, Weitverkehrstechnik, Elektronik	Für extreme klimatische und elektrische Beanspruchungen, Luft- u. Raumfahrt, Meßgeräte	Kompensation in Transistorschaltungen, Hochlastwiderstände mit Sicherungswirkung bei der Bundespost

Kennzeichnung von Widerständen und Kondensatoren

Farbkennzeichnung von Widerständen

Beispiel: 27 kΩ ± 5 %

- Erster Ring
- Rot (Erste Ziffer)
- Violett (Zweite Ziffer)
- Orange (Multiplikator)
- Gold (Zulässige Toleranz)

Beispiel: 24,9 kΩ ± 1 %

- Erster Ring
- Rot (Erste Ziffer)
- Gelb (Zweite Ziffer)
- Weiß (Dritte Ziffer)
- Rot (Multiplikator)
- Braun (Zulässige Toleranz)

Temperaturkoeffizient: – sechster und breiter Farbring, evtl. unterbrochen
– Schraubenlinie

Farbschlüssel

Kennfarbe		Widerstandswert in Ω		Zulässige rel. Abweichung des Widerstandswertes	Temperatur-Koeffizient (10^{-6}/K)
		zählende Ziffern	Multiplikator		
silber	□	–	10^{-2}	± 10 %	–
gold	□	–	10^{-1}	± 5 %	–
schwarz	■	0	10^{0}	–	± 250
braun	■	1	10^{1}	± 1 %	± 100
rot	■	2	10^{2}	± 2 %	± 50
orange	■	3	10^{3}	–	± 15
gelb	□	4	10^{4}	–	± 25
grün	■	5	10^{5}	± 0,5 %	± 20
blau	■	6	10^{6}	± 0,25 %	± 10
violett	■	7	10^{7}	± 0,1 %	± 5
grau	■	8	10^{8}	–	± 1
weiß	□	9	10^{9}	–	–
keine	⊠	–	–	± 20 %	–

Wertkennzeichnung durch Buchstaben EN 60 062/10.94

Kennbuchstabe	Multiplikator		Beispiele	
p	Pico	10^{-12}	3µ3	= 3,3 µF
n	Nano	10^{-9}	m33	= 330 µF
µ	Mikro	10^{-6}	33m	= 33000 µF
m	Milli	10^{-3}	R33	= 0,33 Ω
R, F		10^{0}	3R3	= 3,3 Ω
K	Kilo	10^{3}	33K	= 33 kΩ
M	Mega	10^{6}	330K	= 330 kΩ
G	Giga	10^{9}	M33	= 0,33 MΩ
T	Tera	10^{12}	3M3	= 3,3 MΩ

Vorzugsreihen für Nennwerte bis ± 5 % zul. Abweichung DIN IEC 63/12.85

E 3 (>±20 %)	E 6 (± 20 %)	E 12 (± 10 %)	E 24 (± 5 %)
1,0	1,0	1,0	1,0
			1,1
		1,2	1,2
			1,3
	1,5	1,5	1,5
			1,6
		1,8	1,8
			2,0
2,2	2,2	2,2	2,2
			2,4
		2,7	2,7
			3,0
	3,3	3,3	3,3
			3,6
		3,9	3,9
			4,3
4,7	4,7	4,7	4,7
			5,1
		5,6	5,6
			6,2
	6,8	6,8	6,8
			7,5
		8,2	8,2
			9,1

Buchstabenkennzeichnung der zulässigen Abweichungen

Symmetrische Abweichung in %

zul. Abweichung	Kennzeichen
± 0,1	B
± 0,25	C
± 0,5	D
± 1	F
± 2	G
± 5	J
± 10	K
± 20	M
± 30	N

Unsymmetrische Abweichung in %

zul. Abweichung	Kennzeichen
+ 30 … − 10	Q
+ 50 … − 10	T
+ 50 … − 20	S
+ 80 … − 20	Z

Symmetrische Abweichung in absoluten Werten (Kapazitätswerte unter 10 pF)

zul. Abweichung	Kennzeichen
± 0,1	B
± 0,25	C
± 0,5	D
± 1	F

Bauelemente in SMD-Technologie[1]

Abmessungen

Typ	Bauform	Länge l_o	Länge l_m	Breite b_o	Breite b_m	Höhe h	Abstand c
Widerstand, (Quader)	0805	2,0 ± 0,2		1,25 ± 0,15		0,45 ± 0,05	≤ 0,1
	1206	3,2 ± 0,2		1,6 ± 0,15		0,6 ± 0,05	
Keramische Kondensatoren,	0805	2,0 ± 0,2		1,25 ± 0,2		≤ 1,3	0,02 ... 0,06
	1206	3,2 ± 0,2		1,6 ± 0,2		≤ 1,3	
	1210	3,2 ± 0,2		2,5 ± 0,2		≤ 1,7	
	1812	4,5 ± 0,2		3,2 ± 0,2		≤ 1,7	
	2220	5,7 ± 0,2		5,0 ± 0,2		≤ 1,7	
Aluminium-Elektrolytkondensator	A	4,6 − 0,3	4,9 − 0,3	4,5 − 0,1		≤ 2,5	0,1 ... 0,15
	B	4,6 − 0,3	4,9 − 0,3	5,5 − 0,1		≤ 3,2	
	C	7,0 − 0,3	7,3 − 0,3	5,0 − 0,1		≤ 3,2	
	D	8,5 − 0,3	8,8 − 0,3	5,9 − 0,1		≤ 4,0	
	E	9,1 − 0,3	9,4 − 0,3	8,0 − 0,1		≤ 4,7	
	F	9,1 − 0,3	9,4 − 0,3	8,0 − 0,1		≤ 6,0	
Tantal-Kondensatoren,	A	≤ 4,3	4,57 ± 0,13	2,55 ± 0,25		1,77 ± 0,13	0,1 ... 0,15
	B	≤ 4,3	4,57 ± 0,13	2,55 ± 0,25		2,57 ± 0,13	
	C	≤ 8,0	8,13 ± 0,13	4,55 ± 0,25		1,77 ± 0,13	
	D	≤ 8,0	8,13 ± 0,13	4,55 ± 0,25		2,57 ± 0,13	
	E	≤ 8,0	8,13 ± 0,13	4,55 ± 0,25		4,97 ± 0,13	
Diskrete Halbleiter	SOT 23	2,9 ± 0,1		1,3 ± 0,1	≤ 2,6	≤ 1,1	0,05 ... 0,1
	SOT 143	2,9 ± 0,1		1,3 ± 0,1	≤ 2,6	≤ 1,1	0,05 ... 0,1
	SOT 89	4,5		< 2,6	≤ 4,25	1,5	0
	SOD 80[1]	3,5 ± 0,1		Ø 1,5	Ø 1,6 ± 0,1		≤ 0,2
Integrierte Schaltungen	SO 6[2]	3,9 − 0,3		4 − 0,2	6,2 − 0,5	≤ 2,2	≤ 0,2
	SO 8	5,2 − 0,2		4 − 0,2	6,2 − 0,5	≤ 2,2	
	SO 14	8,8 − 0,3		4 − 0,2	6,0 ± 0,2	≤ 1,8	
	SO 20 L	12,8 − 0,2		7,6 − 0,2	10,4 ± 0,3	≤ 2,7	
	PLCC 44[3]	16,60 ± 0,07	17,53 ± 0,13	wie Länge		4,4 ± 0,2	
	PLCC 68	24,21 ± 0,07	25,15 ± 0,13			4,6 ± 0,4	

alle Angaben in mm
l_o: Länge ohne Lötanschluß
l_m: Länge mit Lötanschluß
b_o: Breite ohne Lötanschluß
b_m: Breite mit Lötanschluß
h: Gesamthöhe
c: Bodenabstand

[1] Rundgehäuse, [2] Small Outline, [3] Plastic Leaded Chip Carrier

Bauformen

Widerstände
Quader

Kondensatoren
Keramische — Aluminium-El. — Tantal

Spulen / Diskrete Halbleiter
MIFI — SOT 23 — SOT 143 — SOT 89

Spulen / Integrierte Schaltungen
Schalenkern 4,6 Ø — SO 6 ... SO 20 L — PLCC — Mikropack, QFP

[1] SMD: Surface Mounted Device

Potentiometer

DIN 45 922 T.1/01.84

Kennzeichnung und Begriffe

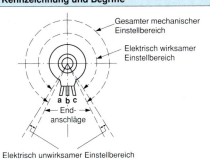

Bezeichnung der Anschlüsse:
a: Endanschluß, der elektrisch dem Schleifkontakt am nächsten liegt, wenn die Welle im Uhrzeigersinn bis zum Anschlag gedreht ist.
b: Anschluß des Schleifkontaktes
c: Endanschluß

Wahlweise Bezeichnungen:
1, 2, 3 oder gelb, rot, grün

Übliche Kurvenverläufe
– Linearer Verlauf
– Logarithmischer Verlauf
– Fallend logarithmischer Verlauf

Bevorzugte Abmessungen für Wellen und Buchsen

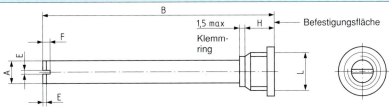

Maß A	Maß B										Maß E	Maß F	Maß H ± 0,5	Maß L
	10 ± 0,5	12,5 ± 0,5	16 ± 0,5	20 ± 0,5	22 ± 0,5	25 ± 0,5	32 ± 0,5	40 ± 1,0	50 ± 1,0	63 ± 1,0	80 ± 1,0				
2,94 ... 3,00												0,5 ... 0,7	1,0 ... 1,2	5	M7 x 0,75
3,925 ... 4,00												0,7 ... 0,8	1,3 ... 1,7	6	M7 x 0,75
5,925 ... 6,00												0,9 ... 1,1	1,8 ... 2,2	8	M10 x 0,75
9,91 ... 10,00												1,9 ... 2,1	2,8 ... 3,2	12	M15 x 1,00

Nummer	Kurvenform
1	linear (lin)
11	linear, mit einer Anzapfung
12	linear, mit zwei Anzapfungen
13	linear, mit drei Anzapfungen
2	steigend exponentiell (+ e)
3	fallend exponentiell (– e)
4	gehoben steigend exponentiell (+ log)
41	gehoben steigend exponentiell mit einer Anzapfung
5	gehoben fallend exponentiell (– log)
51	gehoben fallend exponentiell mit einer Anzapfung
6	S-förmige Kurve
61	S-förmig mit einer Anzapfung
7	ansteigende Kurve mit zwei linearen Teilstrecken
8	fallende Kurve mit zwei linearen Teilstrecken
91	steigende Kurve mit zwei log. Teilstrecken und einer Anzapfung
92	steigende Kurve mit zwei log. Teilstrecken und zwei Anzapfungen
93	steigende Kurve mit drei log. Teilstrecken und zwei Anzapfungen

Beispiel Kurve 7   DIN 41 450 T.1/11.87

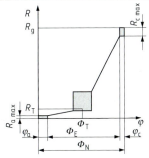

R_g: Gesamt-Widerstandswert (Istwert)
R_a: (< 2 Ω) kleinster einstellbarer Widerstandswert bei a
R_c: (< 2 Ω) kleinster einstellbarer Widerstandswert bei c
R_T: Teilwiderstand bei Φ_T
φ_a: elektrisch unwirksamer Einstellweg bei a
φ_c: elektrisch unwirksamer Einstellweg bei c
Φ_E: elektrisch wirksamer Einstellweg
Φ_N: gesamter mechanischer Einstellweg
Φ_T: Teileinstellweg $\Phi_T = 0,5\ \Phi_N$

Temperatur- und spannungsabhängige Widerstände

Heißleiter DIN 44071/12.76 NTC-Widerstand (**n**egative **t**emperature **c**oefficient)	**Kaltleiter** DIN 44080/10.83 PTC-Widerstand (**p**ositive **t**emperature **c**oefficient)	**Varistoren** VDR-Widerstand (**v**oltage **d**ependent **R**esistor)
Heißleiter sind temperaturabhängige Halbleiterwiderstände, deren Widerstandswerte sich mit steigender Temperatur verringern (Material: polykristalline Mischoxidkeramik)	Kaltleiter sind temperaturabhängige Widerstände, deren Widerstandswerte bei ansteigender Temperatur annähernd sprungförmig ansteigen, sobald eine bestimmte Temperatur überschritten wird (Material: ferroelektrische Keramik, z. B. TiO_3).	Varistoren sind Widerstände, deren Widerstandswerte sich bei ansteigender Spannung verringern (Material: Siliciumkarbid, $\alpha < 5$ Zinkoxid, $\alpha < 30$)

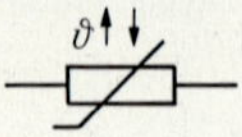

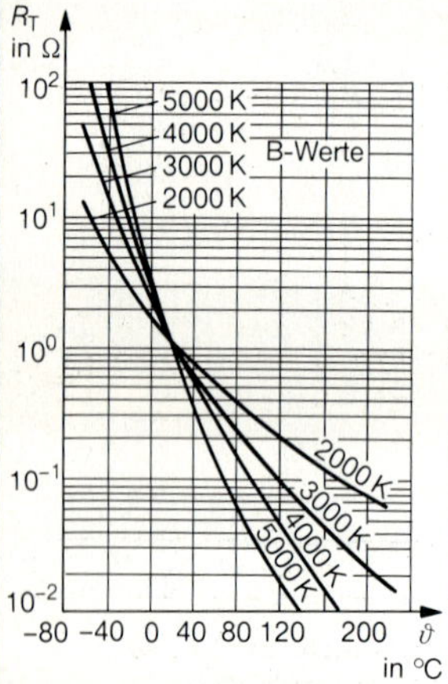

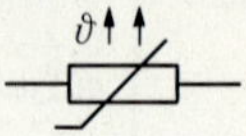

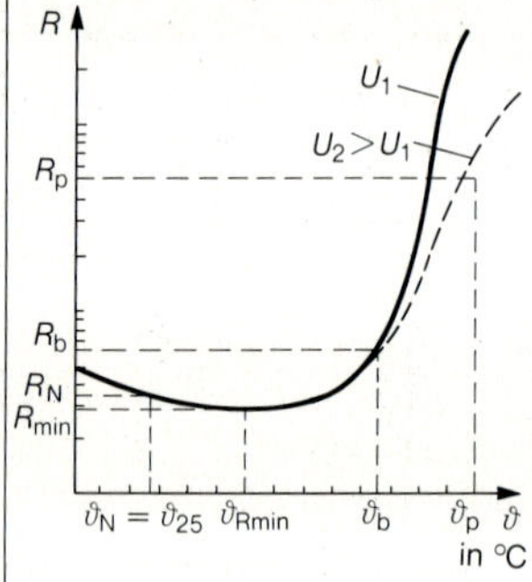

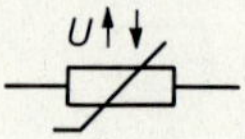

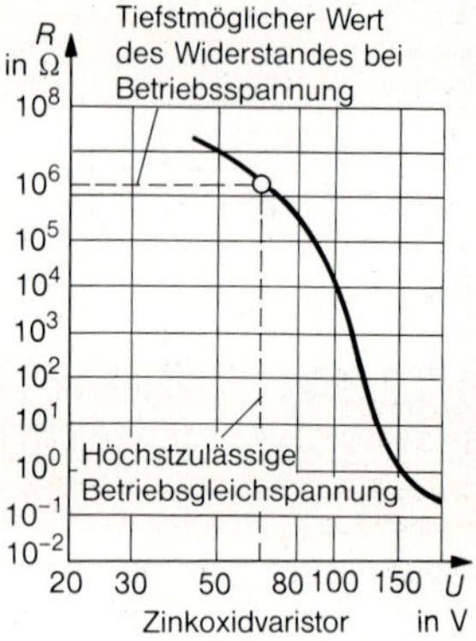

R_N: Nennwiderstandswert bei 25 °C
R_{min}: Kleinster Widerstandswert
R_P: Widerstandswert bei der höchstzulässigen Spannung
α_R: Temperaturkoeffizient
β: Spannungsabhängigkeit (der Widerstandswert des Kaltleiters ist spannungsabhängig)

Temperatur-Koeffizient α_R

$$\alpha_R = \frac{-B \cdot 100}{T^2} \quad [\alpha_R] = \frac{\%}{K} \quad [T] = K$$

B-Wert

$$B = \frac{T_1 \cdot T_2}{T_2 - T_1} \ln \frac{R_1}{R_2}$$

R_1: Widerstandswert in Ω bei T_1 in K (Kelvin)
R_2: Widerstand in Ω bei T_2 in K (Kelvin)
B: B-Wert als Maß für die Temperaturabhängigkeit des Heißleiters in K (Kelvin), Materialkonstante

Beispiele
R_{min} = 50 Ω
ϑ_{Rmin} = 20° C
R_b = 100 Ω
ϑ_b = 60° C
$R_p \geq$ 50 kΩ
ϑ_p = 110° C

U_{max} = 30 V
α_R = 20 %/K

$$R = \frac{U^{1-\alpha}}{K}$$

K: Elementarkonstante in A, von der Geometrie abhängig
α: Nichtlinearitätsexponent

Kennwerte (Beispiele)
$\alpha >$ 30 bei ZnO (Zinkoxidvaristoren)
Betriebstemperatur: −40°C … +85°C
Betriebsspannung: 14 …1500 V
Ansprechzeit: < 50 ns
Stoßstrom: bis 4000 A
Dauerbelastbarkeit: 0,8 W

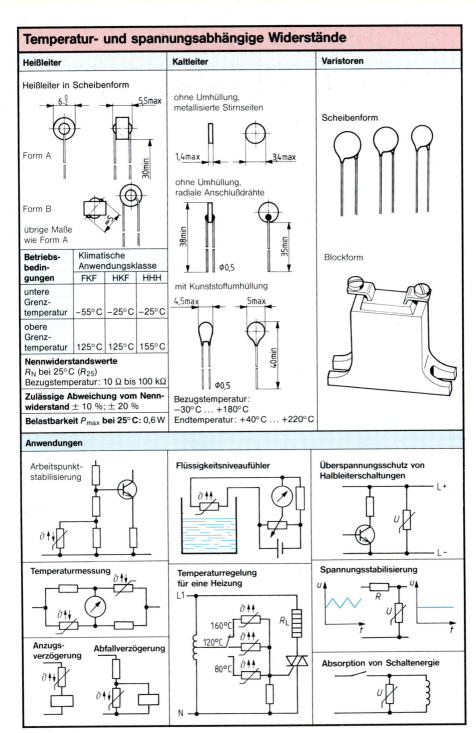

Nennwerte und Kennzeichnung von Kondensatoren

Nennwerte: E-Reihe

Nenngleichspannungen in V für Kondensatoren bis 1000 V

Werte der R5-Reihe	Kondensatorart						
	Papier-kondens.	MP-Kon-densator	Kunststoff-folienkond.	Glimmer-kondens.	Keramik-kondens.	Aluminium-elektrolytk.	Tantalelek-trolytkond.
6,3							6,3
10						10	10
16							16
25						25	25
40	40				40		
63	63	63	63		63		
100	100	100	100		100	100	
160	160	160	160		160		
250	250	250	250	250	250	250	
400	400	400	400				
630	630	630	630		630		
1000	1000	1000	1000	1000	1000	1000	

Zulässige Abweichung des Kapazitätswertes von der Nennkapazität in %

%	Buch-stabe				ab 10 pF	ab 10 pF		
±0,1	B				±0,1			
±0,3	C			±0,3				
±0,5	D			±0,5	±0,5			
±1	F			±1	±1	±1		
±2	G			±2	±2	±2		
±2,5	H			±2,5				
±5	J	±5		±5	±5	±5		±5
±10	K	±10	±10	±10	±10	±10		±10
±20	M	±20	±20	±20	±20	±20		±20
+20…−0	W					+20…−0		
+30…−10	Q					+30…−10		
+30…−20	R					+30…−20		
+50…−0	Y					+50…−0		
+50…−10	T					+50…−10	+50…−10	
+50…−20	S					+50…−20	+50…−20	+50…−20
+80…−0	U					+80…−0		
+80…−20	Z					+80…−20		
+100…−10	V					+100…−10		
+100…−20	−					+100…−20	+100…−20	

Kurzform der Benennung von Kunststoffolien-Kondensatoren

Beispiel: M K C

- metallisierte Beläge (falls Metallfolienbeläge: kein Zeichen)
- Dielektrikum Kunststoff
- Art des Dielektrikums

Kennbuchstabe	Art des Dielektrikums
C	Polycarbonat
P	Polypropylen
S	Polystyrol
T	Polyterephthalat
U	Celluloseacetat

Kennzeichnung der Anschlüsse für Kondensatoren bis 1000 V

DIN 41313/08.76
DIN 48505/07.61

Kondensatorart	Bauform, Gehäuse, Anschlüsse	Kennzeichnung
Papier-, Metallpapier- und Kunststoffolien-Kondensatoren	Gehäuse: zylinder- oder quaderförmig Anschlüsse: axiale Draht- oder Lötfahnen	Außenbelag: Strich (Umfang) KS-Kondensatoren: Farbring zur Kennzeichnung der Nennspannung
	Gehäuse: zylinder- oder quaderförmig Anschlüsse: einseitige Draht- oder Lötfahnen	Außenbelag: Strich (Umfang)
	Gehäuse: zylinder- oder quaderförmig 0 ... 20 N	Außenbelag: ⊥ Gehäuse oder Deckel
Glimmerkondensatoren	alle Bauformen vorhanden	Außenbelag: ⊥
Keramikkondensatoren	Rohrkondensatoren, Scheibenkondensatoren mit axialen oder radialen Anschlüssen	Der Innenbelag wird durch ein Farbzeichen gekennzeichnet (Temperaturkoeffizient). Typ I A: weißer Punkt für den Außenbelag.
Aluminium-Elektrolytkondensatoren	Gehäuse: zylinder- oder quaderförmig mit einseitigen Anschlüssen	Pluspol: +
	Gehäuse: zylindrisch mit axialen Anschlüssen	Pluspol: + Minuspol: Strich auf dem Umfang
	verschiedene Bauformen und verschiedene Anschlüsse (Schraubanschl., Lötfahnen usw.)	Minuspol: − Pluspol: +; Kennzahl 1 oder rote Farbe
Tantal-Elektrolytkondensatoren	Kunststoffumhüllung mit einseitigen Drahtanschlüssen (Tropfenform)	Pluspol: Pluszeichen, längerer Anschlußdraht
	Gehäuse: zylinder- oder quaderförmig mit Aufschrift und axialen Anschlüssen	Pluspol: Pluszeichen Minuspol: Strich auf dem Umfang
	Gehäuse: zylinder- oder quaderförmig mit einseitigen Anschlüssen	Pluspol: Pluszeichen oder durch besondere Formgebung des Gehäuses (Orientierungsnase)

Kennzeichnung bei KS-Kondensatoren

Farbringe	Nennspannung
blau	25 V
gelb	63 V
rot	160 V
grün	250 V
violett	400 V
schwarz	630 V
braun	1000 V

Kennzeichnung

Stromart		ungepolte Kond.	gepolte Kond.
Gleichstrom,	Stranganfang und Strangende	A–B, C–D ...	+ und − bzw. A–B, C–D ...
	Sternende	A, B, C ...	A, B, C ...
	Mittelpunkt	MP	MP
Einphasenstrom		U–V	
Zweiphasenstrom,	verkettet	U, XY, V	
	unverkettet	U–X, V–Y	
Drehstrom,	verkettet	U, V, W	
	unverkettet	U–X, V–Y, W–Z	
	Mittel- bzw. Sternpunkt	Mp	

Anwendungsbereiche und Kenndaten von Kondensatoren (Übersicht)

Kondensatorart	Temperaturbereich in °C	Verlustfaktor tan δ in 10^{-3}	Bevorzugte Anwendung
Papierkondensatoren			
Papierkondensator	–55…+125	50 Hz: 2…2,7	Glättungs- und Hochspannungsk.; Stoß- und Stützk.; besonders für 50 Hz, bis 10 kHz möglich.
Metallpapier-Gleichspannungskondensatoren			
MP	–55…+85	50 Hz: 7…8 1 kHz: 12	Nachrichtentechnik: Koppel-, Glättungs-; Hochspannungs-; Stoß- und Stützkondensatoren.
Metallisierte Kunststoffkondensatoren			
MKU	–55…+70/+85	1 kHz: 12…15	Für Gleichspannung, aber auch für reduzierte Wechselspannung; Miniaturtechnik; Hochtemperatur; Glättung; Kopplung; Ablenkstufen von Fernsehgeräten; Besonders verlustarmer Kondensator; viele Bauformen (auch in Schichtausführung mit Rastermaß).
MKT	–55/–40…+100	1 kHz: 5…7	
MKC	–55/–40…+85/+100	1 kHz: 1…3	
MKP	–40…+85	1 kHz: 0,25	
Verlustarme Kondensatoren			
KS	–55/–10…+70	1 MHz: 0,4…1	Schwingkreiskondensatoren in frequenzbestimmenden Kreisen; Filter; hochisolierende Kopplung und Entkopplung; Miniaturtechnik; Hochtemperatur (Glimmer- und Glaskondensatoren); Blockkondensatoren, Meßkondensatoren; Glas: sehr hohe Konstanz und Strahlungsfestigkeit.
MKS	–55…+70	1 kHz: 0,5…1	
KP	–55/–25…+85	1 MHz: 0,3…1	
Glimmer-Kondensator	–40…+80	1 MHz: ≤ 0,2 (< 1 nF)	
MKV	–55…+85	1 kHz: ca. 1	
Glas-Kondens.	–55…+125	1 MHz: < 0,5	
Keramik-Kondensatoren			
NDK-Kondensator (ε_r = 13…470)	–55/–25…+85/+125	1 MHz: 0,4…1	In frequenzstabilisierten Schwingkreisen zur Temperaturkompensation; Filter-, Hochspannungs-, Impuls-Kondensatoren, auch als Chip.
HDK-Kondensator (ε_r = 700…50000)	–55/+10…+70/+125	1 kHz: 10…20	Kopplung, Siebung, Hochspannungs-, Impulskondensator, auch als Chip.
Elektrolyt-Kondensatoren			
Aluminium-Elektrolytkon.	–55/–25…+70/+125	50 Hz: 80…300 (bis 1000 µF)	Sieb-, Koppel-, Glättungs-, Block-, Motorkondensator; Energiespeicher.
Tantal-Elektrolytkondensator	–55…+85 (+125)	120 Hz: ≤ 40…350	Nachrichtentechnik; Meß- und Regelungstechnik; Chip-Kondensator für Hybridschaltung; Glättung und Kopplung.

$\frac{\Delta C}{C}$ in % — Temperaturabhängigkeit

Z in Ω — Scheinwiderstand, Elektrolytkondensator 100 µF/63 V

Kenngrößen und Eigenschaften von MP-Kondensatoren bis 100 V

DIN 41 180/02.64

Anwendungsklasse (DIN 400 40)		FPC	GPC	HSF	
Grenz-temperatur	untere	−55 °C	−40 °C	−25 °C	
	obere	+85 °C	+85 °C	+70 °C	
zulässige Feuchte-beanspruchung	Höchstwert	100 %	100 %	95 %	
	Jahresmittel	> 80 %	> 80 %	≦75 %	
	Betauung	ja	ja	nein	
Toleranzen	$C_N < 1$ μF	±20 %			
	$C_N \geqq 1$ μF	±10 %			
	zw. 0 u. 60 °C	Richtwert: ± 3 %			
tan δ_{max} bei 20 °C	C_N-Bereich	≦ 4 μF	> 4–10 MF	> 10...32 μF	> 32...64 μF
	$f =$ 50 Hz	$6 \cdot 10^{-3}$	$6 \cdot 10^{-3}$	$7 \cdot 10^{-3}$	$8 \cdot 10^{-3}$
	100 Hz	$7 \cdot 10^{-3}$	$7 \cdot 10^{-3}$	$8 \cdot 10^{-3}$	$8 \cdot 10^{-3}$
	300 Hz	$8 \cdot 10^{-3}$	$9 \cdot 10^{-3}$	$12 \cdot 10^{-3}$	$14 \cdot 10^{-3}$
	1 000 Hz	$10 \cdot 10^{-3}$	$12 \cdot 10^{-3}$	$17 \cdot 10^{-3}$	$25 \cdot 10^{-3}$
	4 000 Hz	$14 \cdot 10^{-3}$	$17 \cdot 10^{-3}$	$28 \cdot 10^{-3}$	–
	10 000 Hz	$17 \cdot 10^{-3}$	$20 \cdot 10^{-3}$	$35 \cdot 10^{-3}$	–
Isolationswider-stand (R_i für $C \leqq 0,1$ μF bei 20 °C)	bei Anlieferung	10 000 MΩ			
	nach 5jähriger Lagerung	8 000 MΩ		6 000 MΩ	
Isolationsgüte ($R_i \cdot C$ für $C >$ 0,1 μF bei 20 °C)	bei Anlieferung	1 000 s			
	nach 5jähriger Lagerung	800 s		600 s	
Normen zu Bauformen		DIN 41 191 DIN 41 192 DIN 41 195...98	DIN 41 199	DIN 41 196 DIN 41 197	

Kenngrößen und Eigenschaften gepolter Aluminium-Elektrolytkondensatoren

DIN 41 240/06.74
DIN 41 332/04.71

Typ	Kennzeichnung, Merkmal
I	Kondensator für erhöhte Anforderungen hinsichtlich Betriebszuverlässigkeit und elektrischer Werte.
I A	Glättungs- und Kopplungskondensatoren, Kondensatoren zur Ableitung von Niederfrequenz- und Hochfrequenzströmen.
I B	Kondensatoren für häufiges Laden und Entladen, erhöhte Anforderung an die zeitliche Kapazitätstoleranz.
II	Kondensatoren für gewöhnliche Anforderungen hinsichtlich Betriebszuverlässigkeit und elektrischer Werte.
II A	Kondensatoren entsprechend Typ I A
II B	Kondensatoren entsprechend Typ I B, mit geringeren Anforderungen.

Typ		I			I				II A				
Anwendungs-klasse		HSF			HUF		HSF		GSF	GPF	HUF	HSF	HPF
Nennspannung U_N in V–		6	15	35	70	6	15	35	70	100	250	3	6	10	16	25	35	50
			100				350			63	100	160	250	350	450
Spitzenspannung U_S in V–		8	18	40	80	8	18	40	80	115	275	bis 100 V: 1,15 U_N, über 100 V: 1,1 U_N		
			115				385					
tan δ_{max} bei 20 °C	50 Hz	0,15...0,05 (≦ 1 mF)								0,30...0,10 (≦ 1 mF)				
	50 Hz	> 1 mF; obige Werte erhöhen sich um 0,01 je 1 mF												
Betriebs-reststrom	$K_b^{1)}$	0,005 $\frac{\mu A}{\mu F \cdot V}$			0,01 $\frac{\mu A}{\mu F \cdot V}$				0,02 $\frac{\mu A}{\mu F \cdot V}$				
	I_o	5 μA			5 μA				3 μA				
U_N in V		6	35	100	6	35	100	350	6,3	35	100	450

1) Betriebsreststrom: $I_{rb} = K_b \cdot U_N \cdot C_N + I_o$ in μA bei 20 °C (Richtwerte), wenn U_N in V und C_N in μF eingesetzt werden.

Spulen

Ferromagnetische Kernmaterialien werden vorzugsweise bei Spulen im niedrigen Frequenzbereich eingesetzt.
- Hohe Permeabilitäten.
- Betrieb bis zur Sättigungsmagnetisierung.

Oxidkeramische Ferrite finden bei Spulen im höheren Frequenzbereich ihren Einsatz.
- Hoher spezifischer Widerstand verhindert spürbare Wirbelstromverluste.
- Mn-Zn-Ferrite bis 1,5 MHz
- Ni-Zn-Ferrite bis 600 MHz

Bauformen und Anwendungen von Spulen

Bauform	Werkstoff	Frequenzbereich in MHz	Flußdichte B in mT	Anwendung
Schalenkerne mit Luftspalt	N48 M33, N58 K1	... 0,1 0,2... 1,6 1,5... 12	≤ 10	• Schwingkreise und Filter mit geschlossenem magnetischen Kreis
Zylinderkerne Rohrkerne Gewindekerne	K1 K12 U17	1,5... 12 6 ... 40 16 ...220	≤ 10	• Schwingkreise und Filter mit offenem magnetischen Kreis
Schalen- und E-Kerne	T38	... 0,3	≤ 10	• Breitbandübertrager (z. B. Antennenübertr.) • Impulsübertrager für EDV
Schalenkerne	M33	... 10		
Zylinder- u. Rohrkerne	U17	...250		
Schalen-, RM- und EP-Kerne U-, E-, EC-, CC- und Schalenkerne	T26 N27, N41	... 0,1 (bei Impulsbetrieb bis 1,0)	≤ 200	• Übertrager • Drosseln (z. B. Schaltnetzteile, Zeilentrafo, ...)
Magnetkopfkerne	N22, T52...54	0,2	≤ 200	• Magnetköpfe

Auswahl von Ferritwerkstoffen

Werkstoff	Relative Anfangspermeabilität μ_i	Flußdichte B bei $H = 3000 \frac{A}{m}$ in mT	bezogener Verlustfaktor $\tan \delta / \mu_i$ bei		Günstiges Frequenzgebiet		Hysteresematerialkonstante η_B bei 10 kHz in 10^{-6}/mT
			f_{min}	f_{max}	f_{min}	f_{max}	
K1	80 ± 20 %	360	$<40 \cdot 10^{-6}$	$<100 \cdot 10^{-6}$	1,5 MHz	12 MHz	<36
M33	700 ± 20 %	400	$<12 \cdot 10^{-6}$	$<20 \cdot 10^{-6}$	0,2 MHz	1 MHz	$< 6,8$
N48	2000 ± 20 %	390	$<0,5 \cdot 10^{-6}$	$<2,5 \cdot 10^{-6}$	1 kHz	100 kHz	$< 0,4$
T38	1000 ± 30 %	380	–	–	–	–	$< 1,4$

Schalenkernspulen

DIN 41 293/08.71

- **Induktivitätsfaktor A_L**
  Auf Windungszahl $N = 1$ bezogene Induktivität (magn. Leitwert). $A_L = \frac{L}{N^2}$
- **Relative effektive Permeabilität μ_e**
  Geringere Permeabilität eines magnetischen Kernes mit Luftspalt.
- **Günstigstes Frequenzgebiet**
  f_{min}: eventuelle Wahl des höherpermeablen Werkstoffes.
  f_{max}: Steilanstieg der Verlustfaktorkurve.

- **Relative Anfangspermeabilität μ_i**
  Verhältnis von Flußdichteänderung ΔB zu Feldstärkeänderung ΔH beim magnetisch geschlossenen Kern ohne Luftspalt.
- **Bezogener Verlustfaktor $\tan \delta / \mu_i$**
  Durch Luftspalt wird $\tan \delta$ nur noch im Verhältnis μ_e / μ_i wirksam.
- **Effektiver Verlustfaktor $\tan \delta_e$**
  Wirksamer Verlustfaktor bei Kern mit Luftspalt.
  $\tan \delta_e = \frac{\mu_e}{\mu_i} \cdot \tan \delta$

Beispiel: Schalenkern Ø 18 x 11:

A_L-Wert in nH	Werkstoff	Gesamtluftspalt s in mm	effektive Permeabilität μ_e
mit Luftspalt (Toleranzen ±3 %)			
25	K1	3,1	12
40	M33	2,0	19,2
100		0,6	47,9
250	N48	0,2	120
500		0,07	240
ohne Luftspalt (Toleranzen ±40 %...–30 %)			
3900	N41		
12000	T38		

Übertrager mit Ferritkernen

Übertrager, allgemein

$$\ddot{u} = \frac{N_1}{N_2} \qquad \ddot{u}^2 = \frac{Z_1}{Z_2}$$

$$\frac{I_1}{I_2} = \frac{N_2}{N_1} = \frac{U_2}{U_1}$$

$\ddot{u}$: Übersetzungsverhältnis
Z_1: Eingangs - Wechselstromwiderstand
Z_2: Ausgangs - Wechselstromwiderstand

Kenngrößen

Magnetische Formgrößen pro Kernsatz
l_e: mittlere magnetische Weglänge im Kern
$\sum l/A$: magnetischer Formfaktor
A_e: effektiver magnetischer Querschnitt

Elektrische Kenngrößen
f: Schaltfrequenz
A_N: Wickelquerschnitt
A_L: Induktivitätsfaktor $A_L = L/N^2$
(Spezifische Induktivität für $N = 1$)

Typ/ Anwendung	Norm	Hauptmaße (Größtwerte)					Magnetische Kenngrößen			Elektrische Kenngrößen	
		Kern			Spulenkörper						
		Größe	a in mm	b in mm	c in mm	d in mm	l_e in mm	$\sum l/A$ in mm^{-1}	A_e in mm^2	A_N in mm^2	A_L-Wert in nH
P-Kern											Ferrit N30
Kleinsignal-Breitband-übertrager	Kern Maße: DIN 41293 T.1/08.71 Formkenngrößen: DIN 41293 T.2/08.71 Spulenkörper DIN 41294/08.71	P 4,6 x 4,1	4,65	4,1	2,05	0,49	7,6	2,60	2,8	0,8	800
		P 5,8 x 3,3	5,8	3,3	1,65	0,67	7,9	1,68	4,7	0,95	1500
		P 7 x 4	7,35	4,2	2,15	1,05	10,0	1,43	7,0	2,2	2000
		P 9 x 5	9,3	5,4	2,8	1,30	12,2	1,25	9,8	3,6	2500
		P 11 x 7	11,3	6,6	3,4	1,60	15,9	1,00	15,9	4,2	3500
		P 14 x 8	14,3	8,5	4,9	2,20	20,0	0,80	25	8,4	4600
		P 18 x 11	18,4	10,6	6,0	3,05	25,9	0,60	43	16,0	5900
		P 22 x 13	22,0	13,6	7,8	3,55	31,6	0,50	63	23,4	7600
		P 26 x 16	26,0	16,3	6,9	4,05	37,2	0,40	93	32,0	9700
		P 30 x 19	30,5	19,0	11,4	4,85	45,0	0,33	136	48,0	11500
		P 36 x 22	36,0	22,0	12,8	5,85	52,0	0,26	202	63,0	15200
RM-Kern											Ferrit N30
Kleinsignal-Breitband-, Leistungs-übertrager	Kern Maße: IEC 431 und DIN 41980 T.1/02.82 Formkenngrößen: DIN 41980 T.2/06.82 Spulenkörper DIN 41981/11.85	RM 4	9,8	10,5	5,78	1,50	22,0	1,7	13	7,7	1900
		RM 5	12,3	10,5	4,88	2,07	22,1	0,93	23,8	9,5	3500
		RM 6	14,7	12,5	6,53	2,42	28,6	0,78	36,6	15	4300
		RM 7	17,2	13,5	7,05	3,17	30,4	0,7	43	21,4	5000
		RM 8	19,7	16,5	9,15	3,47	38	0,59	64	30	5700
		RM 10	24,7	18,7	10,7	4,25	44	0,45	98	41,5	7600
		RM 12	29,8	24,6	14,8	5,1	57	0,39	146	73	8400
		RM 14	34,6	30,2	18,7	6,0	70	0,35	200	107	9500
ETD-Kern											Ferrit N87
Leistungs-übertrager	Kern Maße: IEC 51 (CO)276/12.88	ETD 29	30,6	9,8	19,4	4,90	71	0,92	76	97	2200
		ETD 34	35,0	11,1	20,9	5,80	78,6	0,81	97,1	122	2600
		ETD 39	40,0	12,8	25,7	6,90	92,2	0,74	125	178	2800
		ETD 44	45	15,2	29,5	7,10	103	0,60	173	210	3500
		ETD 49	49,8	16,7	32,7	8,25	114	0,54	211	269	3800
		ETD 54	55,8	19,3	36,8	8,57	127	0,49	280	315	4450
		ETD 59	61,2	22,1	41,2	8,87	139	0,38	368	365	5300
U-Kern											Ferrit N27
Leistungs-übertrager	Kern (nur U20) Maße und Formkenngrößen: DIN 41296 T.7/08.85	U 15	15,9	6,7	10,3	3,7	48	1,5	32	37	1200
		U 20	21,4	7,7	14,7	4,5	68	1,23	55	70	1600
		U 25	25,0	13	20,0	5,9	86	0,82	105	138	2500

P-Kern | RM-Kern | ETD-Kern (Halber Kernsatz) | U-Kern (Halber Kernsatz) | Spulenkörper

Elektromagnetische Relais

DIN 41 215/05.74

Rundrelais

Bei Erregung der Spule zieht der Anker an und betätigt die Kontaktfedersätze. Anwendung in der Fernmeldetechnik.

Reed-Relais

Schaltzeichen
Schutzgas (oder evakuiert)
Spule Blattfedern Glasrohr
Anschlüsse für den Last- oder Anzeigekreis

Die Kontakte sind in schutzgasgefüllte Glasröhrchen eingeschmolzen, die sich in den Erregerspulen befinden. Anwendung in elektron. Schaltungen.

Kammrelais

Kammförmiger Betätigungsteil am Anker betätigt bei Erregung der Spule die Kontaktfedersätze gleichmäßig. Gehäuse schützt vor Staub. Einsatz als Steuerrelais.

Stromstoßrelais

Bistabiles Relais. Geht bei Erregung der Spule in den anderen Schaltzustand über.

Flachrelais

Kompakter gebaut als das Rundrelais. Anwendung in der Fernmeldetechnik. Als vergossenes Relais für gedruckte Schaltungen.

Remanenzrelais

Bistabiles Relais. Erregerspule hat eine Mittelanzapfung. Durch Anlegen einer Spannung an den Eingang bzw. Ausgang, erfolgt die Umschaltung.

Schaltvorgänge von Trockenrelais

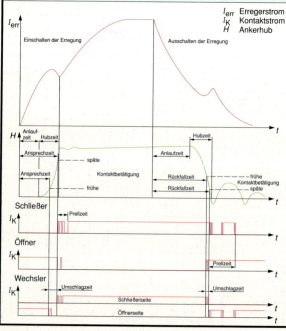

I_{err} Erregerstrom
I_K Kontaktstrom
H Ankerhub

Zeiten

Anlaufzeit
Zeit vom Schließen bzw. Öffnen des Erregerstromkreises bis zum Beginn der Ankerbewegung.

Hubzeit
Zeit vom Beginn der Ankerbewegung bis zum Erreichen der Ankerendlage.

Ansprechzeit
Zeit vom Schließen des Erregerkreises bis zum Schließen bzw. Öffnen des Kontaktes.

Rückfallzeit
Zeit vom Öffnen des Erregerkreises bis zum Öffnen bzw. Schließen eines Kontaktes.

Rückwerfzeit
Zeit vom Schließen des Erregerkreises bis zum Öffnen bzw. Schließen eines Kontaktes.

Prellzeit
Zeit vom ersten bis zum letzten Schließen bzw. Öffnen eines Relaiskontaktes.

Umschlagszeit
Zeit vom Öffnen des geschlossenen Kontaktes bis zum Schließen des anderen Kontaktes.

Sicherheitsrelais

DIN VDE 0435 T.3013/04.93
DIN IEC 255 T.3/04.93

- **Sicherheitsrelais** sind Schaltrelais mit zwangsgeführtem Kontaktsatz.
- **Zwangsführung** bedeutet, daß Öffner und Schließer eines Relais **stets** und über die **gesamte Lebensdauer nicht gleichzeitig** geschlossen sein können.
- **Kontaktabstand** > 0,5 mm im gestörten Zustand.
- Treten am Relais Fehler auf, so dürfen dadurch in der Anlage keine unerwünschten gefährlichen Zustände auftreten.
- Ein sicherer Zustand ist erreicht, wenn bei einem Fehler die Anlage ausgeschaltet bleibt.
- Mit einem Relais, bei dem im Fehlerfall Öffner und Schließer nicht gleichzeitig geschlossen sein können, kann man Schaltungen aufbauen, die die vorgenannten Bedingungen erfüllen.

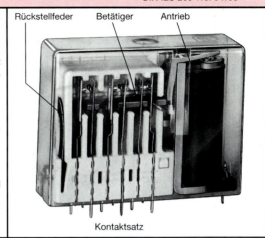

Rückstellfeder Betätiger Antrieb

Kontaktsatz

Betriebsspannungen von Relais

Minimale Betriebsspannung $U_1 = U_{Betr., min}$ $= K_1 \cdot U_{1,20°}$	Beim Anlegen dieser Spannung geht Kontaktsatz in die Arbeitslage.	
Thermische Grenzspannung $U_2 = U_{Grenz., th}$ $= K_2 \cdot U_{2,20°}$	Beim Anlegen dieser Spannung erreicht die Spule ihre Grenztemperatur.	
Betriebs-Grenzspannung $U_3 = U_{Grenz., Betr.}$ $= K_3 \cdot U_{3,20°}$	Bei $U \leq U_3$ bleibt im Fehlerfall der Kontaktabstand größer als 0,5 mm.	

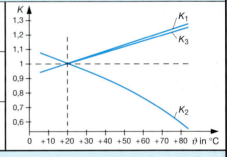

Fehler

Art	Grund	Folgen
Antriebsversagen	Spulenunterbrechung, Antrieb blockiert.	Kontaktsatz geht nicht in die gewünschte Stellung.
Kontaktversagen	Verschweißen eines Kontaktes.	Der antivalente Schaltzustand wird nicht erreicht.
Federbruch	Bruch einer Kontaktfeder oder einer Rückstellfeder.	Elektrische Überbrückung, Kontaktsatz geht nicht in Ruhestellung.
Versagen des Betätigers	Bruch eines Mitnehmers oder eines Betätigers.	Kontakt wird nicht bewegt.
Verschleiß des Betätigers	Verschleiß der Führungsschlitze.	Führung des Kontaktsatzes wird lose.

Beim Auftreten eines dieser Fehler ist in nebenstehender Schaltung der Ausgangsstromkreis, Strompfad 8 und 9 sicher unterbrochen.

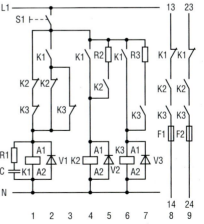

Relaisschaltung, bei der der Ausgangsstromkreis, Strompfad 8 und 9, immer unterbrochen ist, wenn ein Relaisfehler vorliegt.

Kurzzeichen für Kontaktarten bei Relais

DIN 41 020/08.74

Regeln	Zeichen	Bedeutung
• Art und Betätigung wird durch Kurzzeichen festgelegt. • Schließer und Öffner sind Grundkontakte. • Haben mehrere Grundkontakte gemeinsame Kontaktfedern, dann spricht man von Verbundkontakten. • Ein zusammengesetzter Kontakt besteht aus galvanisch getrennten Grund- oder Verbundkontakten oder deren Kombination. • Die Kurzzeichen beruhen auf unbetätigten Kontaktstellungen. • Bezeichnung fortlaufend in Betätigungsrichtung von links und rechts. • Bei zwei Betätigungsrichtungen Ausgangspunkt kennzeichnen. • Folgebestätigung von Kontakten kennzeichnen, wenn erforderlich. • Getrennte Kontakte kennzeichnen.	_	Kontakt vor diesem Zeichen ist vom Kontakt nach diesem Zeichen getrennt.
	+	Kontakte getrennt, erster Kontakt wird zuerst betätigt.
	< >	Spitze zeigt auf zuerst betätigten Kontakt bzw. zuerst betätigte Seite.
	( )	Ausgangspunkt bei zwei Betätigungsrichtungen, gleichzeitig betätigt.
	) (	Ausgangspunkt bei zwei Betätigungsrichtungen, jede allein betätigt.
	x	Mittelfelder des Verbundkontaktes nach beiden Seiten betätigt.

Kurzzeichen	Kontaktbild	Schaltzeichen	Kurzzeichen	Kontaktbild	Schaltzeichen
Grundkontakte			**Zusammengesetzte Kontakte, zwei Betätigungsrichtungen**		
0		(ohne Kontaktfunktion)	0 (–) 1		
1			1 (–) 1		
2			1 (< –) 1		
Verbundkontakte, eine Betätigungsrichtung					
11			1 + 12 (< –) 21 + 1		
12			1 (– >) 1		
221			1 + 12 (– >) 21 + 1		
11 < 2			1) – (1		
Verbundkontakte, zwei Betätigungsrichtungen			**Zusammengesetzte Kontakte, eine Betätigungsrichtung**		
1 (22) 1			0 – 1 – 2		
2 (< 1) 2			11 – 1		
1 > 1			22 – 1		
1 (2 > 2) 1			1 + 2		
11) x (11			21 < 2 + 21 + 1		

Bandpässe und Bandsperren

Bandpässe	Bandsperren
Grundglied	**Grundglied**
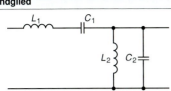	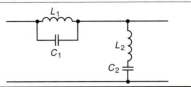
T-Glied	**T-Glied**
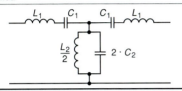	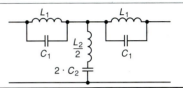
π-Glied	**π-Glied**
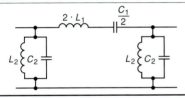	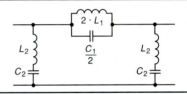

Grundformeln

ω_0: Geometrische Bandmittenfrequenz
ω_1: Untere Grenzfrequenz
ω_2: Obere Grenzfrequenz
B: Bandbreite (Relativwert)
Z_0: Nennwiderstand (Wellenwiderstand)
Ω: Normierte Frequenz
R: Belastungswiderstand

$$\omega_0 = \frac{1}{\sqrt{L_1 \cdot C_1}} \qquad \omega_0 = \frac{1}{\sqrt{L_2 \cdot C_2}} \qquad \omega_0 = \sqrt{\omega_1 \cdot \omega_2}$$

$$B = \frac{\omega_2 - \omega_1}{\omega_0} \qquad Z_0 = \sqrt{\frac{L_1}{C_1}} \qquad Z_0 = \sqrt{\frac{L_2}{C_2}}$$

Dämpfungsverlauf

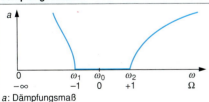

a: Dämpfungsmaß

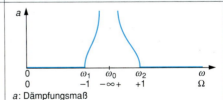

a: Dämpfungsmaß

$$\Omega = \frac{1}{B}\left(\frac{\omega}{\omega_0} - \frac{\omega_0}{\omega}\right) \qquad\qquad \Omega = -B \frac{1}{\left(\frac{\omega}{\omega_0} - \frac{\omega_0}{\omega}\right)}$$

$$L_1 = \frac{Z_0}{\omega_2 - \omega_1} \qquad L_2 = Z_0 \frac{\omega_2 - \omega_1}{\omega_0^2} \qquad L_1 = Z_0 \frac{\omega_2 - \omega_1}{\omega_0^2} \qquad L_2 = Z_0 \frac{1}{\omega_2 - \omega_1}$$

$$C_1 = \frac{1}{Z_0} \cdot \frac{\omega_2 - \omega_1}{\omega_0^2} \qquad C_2 = \frac{1}{Z_0} \cdot \frac{1}{\omega_2 - \omega_1} \qquad C_1 = \frac{1}{Z_0} \cdot \frac{1}{\omega_2 - \omega_1} \qquad C_2 = \frac{1}{Z_0} \cdot \frac{\omega_2 - \omega_1}{\omega_0^2}$$

T-Glied: $Z_0 = 1{,}25 \cdot R$ π-Glied: $Z_0 = 0{,}8 \cdot R$

Oberflächenwellenresonatoren (OFWR)

DIN IEC 49 (CO) 198/05.89

Aufbau

- Piezoelektrisches Einkristall als Grundmaterial.
- Strichgitterreflektoren und Interdigitalwandler in planaren Metallstrukturen aufgedampft.

Wirkungsweise

- Strichgitterreflektoren bilden für die Oberflächenwelle einen Resonanzraum.
- Ein oder zwei Interdigitalwandler (Eintor- bzw. Zweitor-Resonatoren) zwischen den Reflektoren koppeln die akustische Energie ein bzw. aus.
- Vielfachreflexionen im Resonator ergeben stehende akustische Welle mit ausgeprägter Resonanzüberhöhung.
- Anpassung an die Resonatorimpedanzen erfolgen über Quell- und Lastwiderstände.
- Resonanzüberhöhung und Güte nehmen ab.
- Einfügungsdämpfung sinkt, Bandbreite wächst.

Einsatzbereiche

Oberflächenwellenresonatoren werden eingesetzt als
- schmalbandige Filter,
- frequenzbestimmende Bauelemente in Oszillatorschaltungen.

Merkmale

- hohe Güte ($Q_{typ} \geq 5000$),
- hohe Langzeitstabilität,
- geringe Alterungsraten ($\leq 5 \cdot 10^{-6}$ Hz/Jahr),
- hohe spektrale Reinheit des Ausgangssignals (geringes Einseitenband-Phasenrauschen),
- Grundwellenbetrieb zwischen 200 MHz und 1000 MHz.

Dämpfung

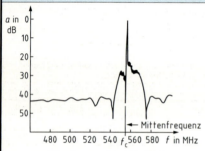

a: Dämpfungsmaß bei $Z = 50\ \Omega$

f_c: Mittenfrequenz, arithmetisches Mittel von zwei Frequenzen, bei denen die Dämpfung einen bestimmten Wert hat (wird jeweils festgelegt).

Einseitenband (ESB)-Phasenrauschen

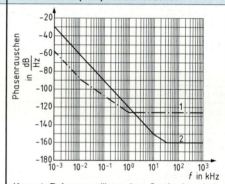

Kurve 1: Referenzoszillator eines Synthesizers bei 10 MHz auf 500 MHz transformiert
Kurve 2: 500 MHz OFW-Oszillator

Anwendung

HF-Oszillator für 433,92 MHz mit OFW-Resonator R 2554

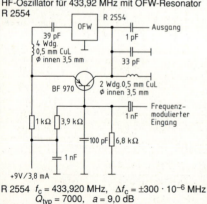

R 2554 $f_c = 433,920$ MHz, $\Delta f_c = \pm 300 \cdot 10^{-6}$ MHz
$Q_{typ} = 7000$, $a = 9,0$ dB

Gehäuseformen und Anschlußbelegungen

TO 8	TO 39
Anschluß 5: Masse	Anschluß 3: Masse

Ersatzschaltung

Schwingquarze

DIN 45 110/06.81, DIN 45 100/07.81, DIN 45 101/09.81

Ersatzschaltbild	Begriffe	Formeln
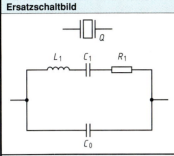	**Serienresonanzfrequenz** Blindwiderstand = 0 Ω, C_0 oder R_1 vernachlässigt	$f_S = \dfrac{1}{2\pi \sqrt{L_1 C_1}}$
	Parallelresonanzfrequenz Scheinwiderstand = ∞, R_1 vernachlässigt	$f_P = \dfrac{1}{2\pi \sqrt{L_1 \dfrac{C_1 \cdot C_0}{C_1 + C_0}}}$
	Lastresonanzfrequenz Scheinwiderstand: reell, Quarz einschließlich parallel oder in Serie geschaltete Lastkapazität C_L	$f_L = f_S \sqrt{1 + \dfrac{C_1}{C_0 + C_L}}$ $= f_S \left(1 + \dfrac{C_1}{2(C_0 + C_L)}\right)$
Beispiel eines Temperaturganges 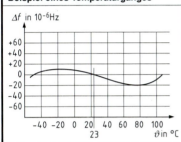	**Ziehbereich** relative Frequenzänderung zwischen zwei Lastkapazitätswerten	$PR = \left\lvert \dfrac{f_{L1} - f_{L2}}{f_r} \right\rvert$ $= \left\lvert \dfrac{C_1 (C_{L2} - C_{L1})}{2 \cdot (C_0 + C_{L1}) \cdot (C_0 + C_{L2})} \right\rvert$
	Ziehempfindlichkeit Frequenzänderung pro pF Lastkapazitätsänderung, angegeben in 10^{-6}/pF	$S = -\dfrac{C_1}{2(C_0 + C_L)^2}$
	Güte	$Q = \dfrac{2\pi f_S L_1}{R_1}$
	C_L: Lastkapazität: die für den Quarz wirksame Eingangskapazität der Oszillatorschaltung	

Gehäuseformen und Kennwerte

	Normalausführungen in Metallgehäuse				SMD in Kunststoff
Bez. n. USA-Norm	HC-48U	HC-49U	HC-45U	HC-35U	XSO-4
Bez. n. DIN 45110	K3A	M4B	N4B	T1A	
• Grundtonquarz: Schwingquarz ist für den Betrieb auf einer Grundschwingung ausgelegt. • Obertonquarz: Schwingquarz ist für den Betrieb auf einer Oberschwingung ausgelegt.					
Grundton in MHz	0,8 … 40	1,8 … 40	3 … 40		8 … 50
3. Oberton in MHz	16 … 90	15 … 90	22 … 90		22 … 120
5. Oberton in MHz	50 … 150	50 … 150	60 … 150		60 … 200
7. Oberton in MHz	110 … 210	110 … 210	110 … 210		110 … 280
9. Oberton in MHz	150 … 360	150 … 360	150 … 360		150 … 360
Güte Q	Grundton: $1 \ldots 2 \cdot 10^6$, 3. Oberton $4 \ldots 7 \cdot 10^6$, 5.–9. Oberton $5 \ldots 10 \cdot 10^6$				
Toleranz der Nennfrequenz Δf	$\pm 100 \cdot 10^{-6}$ Hz … $\pm 2,5 \cdot 10^{-6}$ Hz bei + 23 °C				
Frequenzstabilität	$\pm 50 \cdot 10^{-6}$ Hz … $\pm 1,5 \cdot 10^{-6}$ Hz bei − 55 °C … + 105 °C				
Lastkapazität C_L	16 … 32 pF				

Halbleiterkennzeichnungen (nach Pro Electron[1])

Beispiel: B C X 70
- B — Ausgangsmaterial
- C — Hauptfunktion
- X — Hinweis auf kommerziellen Einsatz
- 70 — Registriernummer (2 oder 3 Ziffern)

1. Kennbuchstabe	Ausgangsmaterial	2. Kennbuchstabe	Bedeutung	2. Kennbuchstabe	Bedeutung
A	Germanium	A	Diode, allgemein	N	Optokoppler
B	Silicium	B	Kapazitätsdiode	P	z. B. Fotodiode, Fotoelement
C	z. B. Gallium-Arsenid (Energieabstand $\geq$ 1,3 eV)	C	NF-Transistor	Q	z. B. Leuchtdiode
		D	NF-Leistungstransistor	R	Thyristor
		E	Tunneldiode	S	Schalttransistor
D	z. B. Indium-Antimonid (Energieabstand $\geq$ 0,6 eV)	F	HF-Transistor	T	z. B. steuerbare Gleichrichter
		G	z. B. Oszillatordiode		
		H	Hall-Feldsonde	U	Leistungsschalttransistor
R	Fotohalbleiter- und Hallgeneratoren-Ausgangsmaterial	K (M)	Hallgenerator	X	Vervielfacher-Diode
		L	HF-Leistungstransistor	Y	Leistungsdiode
				Z	Z-Diode

Als dritter Buchstabe wird bei kommerziellen Bauelementen X, Y oder Z benutzt

Gehäuseformen von Halbleiterbauelementen (nach JEDEC)

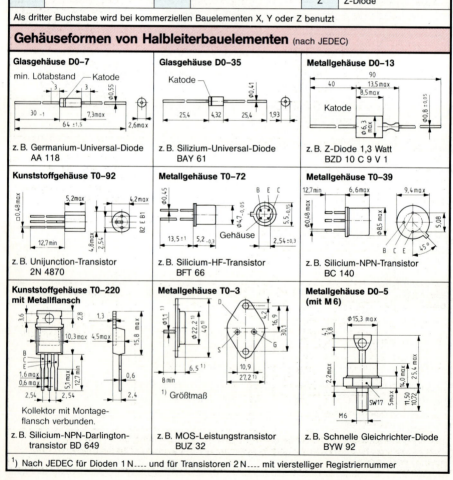

Glasgehäuse DO–7 — z. B. Germanium-Universal-Diode AA 118
Glasgehäuse DO–35 — z. B. Silizium-Universal-Diode BAY 61
Metallgehäuse DO–13 — z. B. Z-Diode 1,3 Watt BZD 10 C 9 V 1
Kunststoffgehäuse TO–92 — z. B. Unijunction-Transistor 2N 4870
Metallgehäuse TO–72 — z. B. Silicium-HF-Transistor BFT 66
Metallgehäuse TO–39 — z. B. Silicium-NPN-Transistor BC 140
Kunststoffgehäuse TO–220 mit Metallflansch — Kollektor mit Montageflansch verbunden. z. B. Silicium-NPN-Darlingtontransistor BD 649
Metallgehäuse TO–3 — [1] Größtmaß — z. B. MOS-Leistungstransistor BUZ 32
Metallgehäuse DO–5 (mit M 6) — z. B. Schnelle Gleichrichter-Diode BYW 92

[1]) Nach JEDEC für Dioden 1 N.... und für Transistoren 2 N.... mit vierstelliger Registriernummer

Dioden

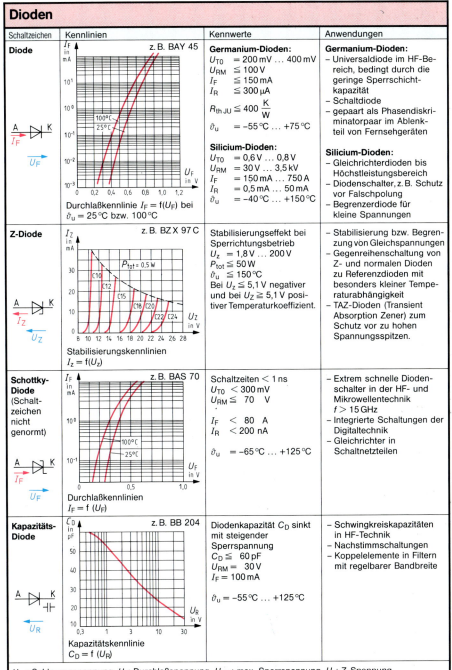

Schaltzeichen	Kennlinien	Kennwerte	Anwendungen
Diode A ▷|◁ K, I_F, U_F	z. B. BAY 45 Durchlaßkennlinie $I_F = f(U_F)$ bei $\vartheta_u = 25\,°C$ bzw. $100\,°C$	**Germanium-Dioden:** $U_{T0} = 200\,mV \ldots 400\,mV$ $U_{RM} \leq 100\,V$ $I_F \leq 150\,mA$ $I_R \leq 300\,\mu A$ $R_{thJU} \leq 400\,\frac{K}{W}$ $\vartheta_u = -55\,°C \ldots +75\,°C$ **Silicium-Dioden:** $U_{T0} = 0{,}6\,V \ldots 0{,}8\,V$ $U_{RM} = 30\,V \ldots 3{,}5\,kV$ $I_F = 150\,mA \ldots 750\,A$ $I_R = 0{,}5\,mA \ldots 50\,mA$ $\vartheta_u = -40\,°C \ldots +150\,°C$	**Germanium-Dioden:** – Universaldiode im HF-Bereich, bedingt durch die geringe Sperrschichtkapazität – Schaltdiode – gepaart als Phasendiskriminatorpaar im Ablenkteil von Fernsehgeräten **Silicium-Dioden:** – Gleichrichterdioden bis Höchstleistungsbereich – Diodenschalter, z. B. Schutz vor Falschpolung – Begrenzerdiode für kleine Spannungen
Z-Diode A ▷|◁ K, I_Z, U_Z	z. B. BZX 97 C Stabilisierungskennlinien $I_Z = f(U_Z)$	Stabilisierungseffekt bei Sperrichtungsbetrieb $U_z = 1{,}8\,V \ldots 200\,V$ $P_{tot} \leq 50\,W$ $\vartheta_u \leq 150\,°C$ Bei $U_Z \leq 5{,}1\,V$ negativer und bei $U_Z \geq 5{,}1\,V$ positiver Temperaturkoeffizient.	– Stabilisierung bzw. Begrenzung von Gleichspannungen – Gegenreihenschaltung von Z- und normalen Dioden zu Referenzdioden mit besonders kleiner Temperaturabhängigkeit – TAZ-Dioden (Transient Absorption Zener) zum Schutz vor zu hohen Spannungsspitzen.
Schottky-Diode (Schaltzeichen nicht genormt) A ▷|◁ K, I_F, U_F	z. B. BAS 70 Durchlaßkennlinien $I_F = f(U_F)$	Schaltzeiten $< 1\,ns$ $U_{T0} < 300\,mV$ $U_{RM} \leq 70\,V$ $I_F < 80\,A$ $I_R < 200\,nA$ $\vartheta_u = -65\,°C \ldots +125\,°C$	– Extrem schnelle Diodenschalter in der HF- und Mikrowellentechnik $f > 15\,GHz$ – Integrierte Schaltungen der Digitaltechnik – Gleichrichter in Schaltnetzteilen
Kapazitäts-Diode A ▷|◁ K ⊢⊣, U_R	z. B. BB 204 Kapazitätskennlinie $C_D = f(U_R)$	Diodenkapazität C_D sinkt mit steigender Sperrspannung $C_D \leq 60\,pF$ $U_{RM} = 30\,V$ $I_F = 100\,mA$ $\vartheta_u = -55\,°C \ldots +125\,°C$	– Schwingkreiskapazitäten in HF-Technik – Nachstimmschaltungen – Koppelelemente in Filtern mit regelbarer Bandbreite

U_{T0}: Schleusenspannung, U_F: Durchlaßspannung, U_{RM}: max. Sperrspannung, U_Z: Z-Spannung
I_F: Durchlaßstrom, I_R: Sperrstrom, ϑ_u: Umgebungstemperatur, R_{thJU}: therm. Widerstand zwischen Sperrschicht und Umgebung

Triggerdioden, UJT, PUT

Schaltzeichen	Kennlinie	Eigenschaften	Anwendung, Kennwerte
Thyristordiode (Vierschichtdiode)		Nach Überschreiten der Kippspannung $U_{(BO)}$ in Vorwärtsrichtung. Verhalten wie Gleichrichterdiode (Spannungsabhängiger Schalter).	Triggern von Zündströmen in Thyristorschaltungen, Aufbau von Zeitkreisen. Kippspannungen von 20...200 V, I_F max. 30 A, Haltestrom 15...45 mA.
Zweirichtungs-Thyristordiode (Fünfschichtdiode)		Verhalten wie antiparallel geschaltete Vierschichtdioden.	Triggern von Zündströmen für Triacs. Kippspannungen bis 10 V, Haltestrom unter 5 mA, Durchlaßstrom ca. 200 mA.
Zweirichtungsdiode (**Diac**: **D**iode **a**lternating **c**urrent)		Stetiger Übergang im Durchbruchbereich. Hohe Durchlaßspannung.	Triggern von Zündströmen für Triacs. Kippspannungen ca. 35 V, Durchlaßstrom stark von Impulslänge abhängig. Maximale Verlustleistung ca. 300 mW.
Unijunktion-Transistor UJT, (auch Doppelbasisdiode)		Mit steigender Spannung U_{EB1} kehrt sich der Sperrstrom um. Ab Höckerspannung U_p wird die Emitter-B1-Strecke leitend.	Ansteuern von Triacs und Thyristoren, *RC*-Generatoren. Spannungen, max. 30 V Ströme, max. 50 mA
Programmierbarer Unijunktion-Transistor (PUT)		Aufbau wie anodenseitig steuerbarer Thyristor. Beschaltung mit R_2 und R_1 bewirkt Funktion eines einstellbaren (I_p, I_v) UJT.	Ansteuern von Triacs und Thyristoren, *RC*-Generatoren. Spannungen: 40 V Ströme: 150 mA

A, A_1, A_2:	Anode, Hauptanschlüsse
B, B_1, B_2:	Basis
E:	Emitter
G, G_A, G_K:	Gate (Steueranschluß, anoden- bzw. katodenseitig steuerbar
K:	Katode
I_F, I_G:	Durchlaßstrom, Gatestrom
I_{GA0}, I_{E0}:	Sperrstrom bei offener Anode (PUT) bzw. offenem Emitter (UJT)
I_H:	Haltestrom, kleinster Strom I_F bei dem der Thyristor noch leitet.
I_p, I_v:	Strom im Höckerpunkt bzw. Talpunkt
$U_{(BO)}$:	Kippspannung
$U_{(BO)0}$:	Nullkippspannung (Kippspannung bei offenem Gate)
U_F:	Durchlaßspannung
U_p, U_v:	Höckerspannung bzw. Talspannung
P_{tot}:	max. Verlustleistung

Thyristoren, Triac

DIN 41785 T3/2.75

Schaltzeichen	Kennlinie	Eigenschaften	Anwendung, Kennwerte
P-Gate-Thyristor		Thyristortriode – katodenseitig steuerbar – rückwärtssperrend.	Stromrichter bis zu größten Leistungen. Von 100 V ... 4000 V, Strom je nach Bauart bis max. 1000 A bei Scheibenthyristoren, wassergekühlt
N-Gate-Thyristor		Thyristortriode – anodenseitig steuerbar – rückwärtssperrend	Kleinleistungsbereich Bei Beschaltung mit Spannungsteiler auch als PUT
Rückwärtsleitender Thyristor		Vorwärtsverhalten wie P-Gate-Thyristor, Rückwärtsverhalten wie Diode.	Wechselrichter mit Blindlastanteil (Die Rückspeisediode wird gespart). Spannung $\leq$ 2500 V Strom $\leq$ 1000 A
Abschaltbarer Thyristor (GTO, Gate-turn-off)		Thyristortriode – katodenseitig steuerbar – Sperren von I_F mit neg. Gatestrom – rückwärtssperrend	Gleichstromsteller bis zum mittleren Leistungsbereich. Spannung $\leq$ 1200 V Strom $\leq$ 400 A
Thyristortetrode		Steuerung – anodenseitig und – katodenseitig möglich, – rückwärtssperrend	Universelle Schaltaufgaben im Kleinleistungsbereich
Zweirichtungsthyristor, Triac (TRIode alternating current)		– Verhalten ähnlich antiparallel geschalteter Thyristoren – Zündung mit pos. oder neg. Gatestrom unabhängig von Polung der Anoden.	Phasenanschnittsteuerungen, elektronische Relais und Schütze im Klein- und Mittelleistungsbereich. Spannungen bis 1200 V, Ströme bis ca. 300 A.

Bipolare Transistoren

NPN-Transistor

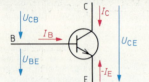

$I_E = I_C + I_B$
$U_{CE} = U_{CB} + U_{BE}$
$B = \dfrac{I_C}{I_B}$
$P_{tot} = U_{CE} \cdot I_C + U_{BE} \cdot I_B$
$P_{tot} \approx U_{CE} \cdot I_C$

PNP-Transistor

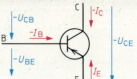

Kennzeichnung von Transistorrestströmen und -sperrspannungen

3. Index-Buchstabe	Bedeutung
0	Nicht genannte Elektrode ist offen, z. B. U_{CE0}
R	Zwischen zweit- und nichtgenannter Elektrode liegt Widerstand, z. B. I_{CER}
S	Zwischen zweit- und nichtgenannter Elektrode ist Kurzschluß, z. B. I_{CES}
V	Zwischen zweit- und nichtgenannter Elektrode liegt Sperrspannung, z. B. I_{CEV}

Beispiel der Transistor-Eigenschaften: Silizium-NPN-Epitaxial-Planar-NF-Transistor BC 140

Besondere Merkmale:
- Verlustleistung 3,7 W
- Komplementär zu BC 160
- Gehäuse TO 39, Kollektor mit Gehäuse verbunden.
- Gewicht max. 1,5 g

Absolute Grenzdaten:
$U_{CES} = 80\,V$
$U_{CE0} = 40\,V$
$U_{EB0} = 7\,V$
$I_C = 1\,A$
$I_B = 100\,mA$
$P_{tot} = 650\,mW$ bei $t_{amb} \leq 45\,°C$
$P_{tot} = 3,7\,W$ bei $U_{CE} \leq 7\,V$ und $t_{case} \leq 45\,°C$
$\vartheta_j = 175\,°C$

Wärmewiderstände:
$R_{thJA}:$ max. $200\,\dfrac{K}{W}$
$R_{thJC}:$ max. $35\,\dfrac{K}{W}$

Statische Kenngrößen ($t_{amb} = 25\,°C$)
$I_{CES} = 10\ldots100\,nA$ bei $U_{CE} = 60\,V$
$U_{(Br)CE0} = 80\,V$ bei $I_C = 100\,\mu A$
$U_{(Br)EB0} \leq 7\,V$ bei $I_E = 100\,\mu A$
$U_{BE} = 1,2\,V$ bei $U_{CE} = 1\,V$ und $I_C = 1\,A$

Dynamische Kenngrößen ($\vartheta_{amb} = 25\,°C$):
$f_T = 50\,MHz$
$C_{CB0} \leq 25\,pF$
$C_{EB0} = 80\,pF$

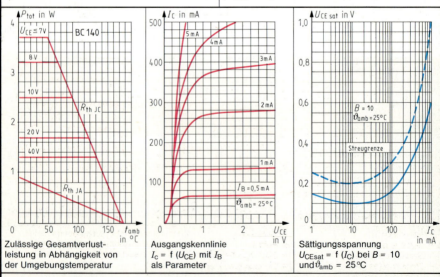

Zulässige Gesamtverlustleistung in Abhängigkeit von der Umgebungstemperatur

Ausgangskennlinie $I_C = f(U_{CE})$ mit I_B als Parameter

Sättigungsspannung $U_{CEsat} = f(I_C)$ bei $B = 10$ und $\vartheta_{amb} = 25\,°C$

B: Gleichstromverstärkung, P_{tot}: Gesamtverlustleistung, τ_j: Sperrschichttemperatur, ϑ_{amb}: Umgebungstemperatur, f_T: Transitfrequenz, R_{thJA}, R_{thJC}: Wärmewiderstand zwischen Sperrschicht und Umgebung (Gehäuse).

Bipolarer Transistor als Schalter

Belastung gegen U_B	Belastung gegen Masse

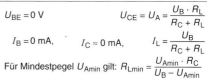

Eingang 0, Ausgang 0	Eingang 0, Ausgang 1
$U_{BE} = 0$ V $\quad U_A = 0$ V $\quad U_{CE} = U_B$	$U_{BE} = 0$ V $\quad\quad U_{CE} = U_A = \dfrac{U_B \cdot R_L}{R_C + R_L}$
$I_B = 0$ mA $\quad\quad I_L = I_C \approx 0$ mA	$I_B = 0$ mA, $\quad I_C \approx 0$ mA, $\quad I_L = \dfrac{U_B}{R_C + R_L}$
Eingang 1, Ausgang 1	Für Mindestpegel U_{Amin} gilt: $R_{Lmin} = \dfrac{U_{Amin} \cdot R_C}{U_B - U_{Amin}}$
$U_{BE} \approx 0{,}7$ V $\quad U_A \approx U_B \quad U_{CE} = U_{CEsat} \approx 0$ V	**Eingang 1, Ausgang 0**
$I_{Bü} = ü \cdot I_B \quad\quad\quad I_L = I_C \approx \dfrac{U_B}{R_C}$	$U_{BE} \approx 0{,}7$ V $\quad\quad U_{CE} = U_{CEsat} = U_A \approx 0$ V
$R_B = \dfrac{U_E - U_{BE}}{I_{Bü}} \quad\quad R_C = \dfrac{U_B - U_{CEsat}}{I_C}$	$I_{Bü} = ü \cdot I_B, \quad I_L \approx 0$ mA, $\quad I_C \approx \dfrac{U_B}{R_C}$
$P_V = U_{CEsat} \cdot I_C + U_{BE} \cdot I_{Bü}$	$P_V = U_{CEsat} \cdot I_C + U_{BE} \cdot I_{Bü}$

Schaltverhalten bei unterschiedlichen Lasten

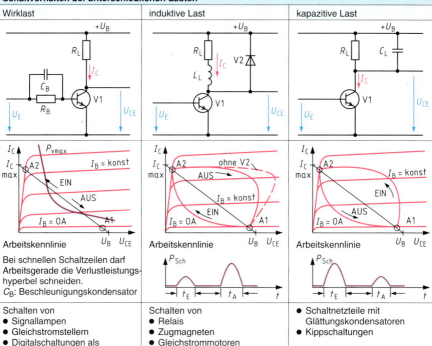

Wirklast	induktive Last	kapazitive Last
Arbeitskennlinie	Arbeitskennlinie	Arbeitskennlinie
Bei schnellen Schaltzeiten darf Arbeitsgerade die Verlustleistungshyperbel schneiden. C_B: Beschleunigungskondensator		
Schalten von • Signallampen • Gleichstromstellern • Digitalschaltungen als Leistungsverstärker	Schalten von • Relais • Zugmagneten • Gleichstrommotoren	• Schaltnetzteile mit Glättungskondensatoren • Kippschaltungen

U_{CEsat}: Kollektor-Emitter-Sättigungsspannung; $\quad I_{Bü}$: Basisstrom bei Übersteuerung; $\quad ü$: Übersteuerungsfaktor (2…10);
P_V: Verlustleistung; $\quad P_{Sch}$: Schaltverlustleistung; $\quad t_E, t_A$: Ein- bzw. Ausschaltzeit

Gleichstrommäßige Betrachtung bipolarer Transistoren

Arbeitspunkteinstellung durch Vorwiderstand zwischen

Betriebsspannung und Basis

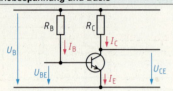

$I_{RC} = I_B + I_C$

$U_{CE} = U_B - U_{RC}$

$R_B = \dfrac{U_B - U_{BE}}{I_B}$ $R_C = \dfrac{U_B - U_{CE}}{I_C}$

Kollektor und Basis

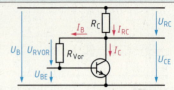

$U_{RC} = (I_B + I_C) \cdot R_C$

$R_{Vor} = \dfrac{U_{CE} - U_{BE}}{I_B}$

Arbeitspunkteinstellung durch

Basisspannungsteiler

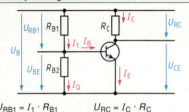

$U_{RB1} = I_1 \cdot R_{B1}$ $U_{RC} = I_C \cdot R_C$

$R_{B1} = \dfrac{U_B - U_{BE}}{I_1}$ $R_{B2} = \dfrac{U_B - U_{RB1}}{I_1}$

$I_1 = I_B + I_Q$ $I_Q = 5\ldots 10 \cdot I_B$

Arbeitspunkt bei halber Betriebsspannung

Schaltungen wie vorhergehend!

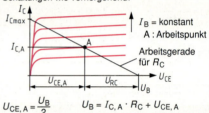

$U_{CE,A} = \dfrac{U_B}{2}$ $U_B = I_{C,A} \cdot R_C + U_{CE,A}$

$I_{CA} = \dfrac{I_{Cmax}}{2}$ $U_{RC} = I_{C,A} \cdot R$ $R_C = \dfrac{U_B}{2 \cdot I_{C,A}}$

Arbeitspunktstabilisierung durch

Emitterwiderstand

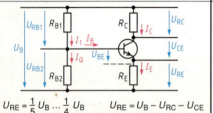

$U_{RE} = \dfrac{1}{5} U_B \ldots \dfrac{1}{4} U_B$ $U_{RE} = U_B - U_{RC} - U_{CE}$

$U_{RB1} = U_B - U_{RB2}$ $U_{RB2} = U_{BE} + U_{RE}$

$R_{B1} = \dfrac{U_{RB1}}{I_1}$; $R_{B2} = \dfrac{U_{RB2}}{I_Q}$; $R_E = \dfrac{U_{RE}}{I_E}$; $R_C = \dfrac{U_{RC}}{I_Q}$

Differenzverstärker

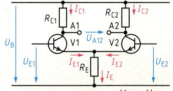

Spannungsverstärkung $v_U = -\dfrac{U_{A1} - U_{A2}}{U_{E1} - U_{E2}} = \dfrac{U_{A12}}{U_D}$

$-U_{A1} = v_U \cdot U_{E1}$; $-U_{A2} = v_U \cdot U_{E2}$

$I_E = I_{E1} + I_{E2}$

Darlington-Schaltung

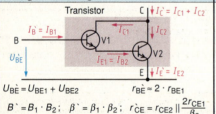

$U_{BE}` = U_{BE1} + U_{BE2}$   $r_{BE}` \approx 2 \cdot r_{BE1}$

$B` = B_1 \cdot B_2$ ;   $\beta` = \beta_1 \cdot \beta_2$; $r_{CE}` = r_{CE2} \| \dfrac{2 r_{CE1}}{\beta_2}$

Komplementär-Darlington-Schaltung

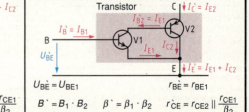

$U_{BE}` = U_{BE1}$   $r_{BE}` = r_{BE1}$

$B` = B_1 \cdot B_2$ ;   $\beta` = \beta_1 \cdot \beta_2$ $r_{CE}` = r_{CE2} \| \dfrac{r_{CE1}}{\beta_2}$

Strichwerte, wie z. B. $U_{BE}`$ oder $r_{CE}`$ beziehen sich auf den Darlington-Transistor

Wechselstrommäßige Betrachtung bipolarer Transistoren

Emitterschaltung

Schaltung	Wechselstrom-Ersatzschaltung
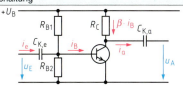	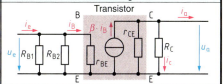

Eigenschaften

$R_B = \dfrac{R_{B1} \cdot R_{B2}}{R_{B1} + R_{B2}}$

$r_e = \dfrac{r_{BE} \cdot R_B}{r_{BE} + R_B}$ $\qquad r_a = \dfrac{r_{CE} \cdot R_C}{r_{CE} + R_C}$

$v_u = -\beta \dfrac{R_C}{r_{BE}}$ $\qquad v_i = \beta \qquad v_p = v_u \cdot v_i$

$f_{gu} = \dfrac{1}{2\pi C_{K,e} \cdot r_e}$ $\qquad f_{go} = \dfrac{1}{2\pi C_{BE} \cdot r_{BB}}$

Anwendungen, Werte[1)]

- Universelle Schaltung zur Spannungs- und Stromverstärkung im NF- und HF-Bereich.

$r_e = 20\,\Omega \ldots 5\,k\Omega$ $\qquad r_a = 5\,k\Omega \ldots 20\,k\Omega$

$v_u = 300 \ldots 1000$ $\qquad v_i = 50 \ldots 300$

$\varphi = 180°$ $\qquad f_{gu} \approx 20\,Hz$

Kollektorschaltung

Schaltung	Wechselstrom-Ersatzschaltbild
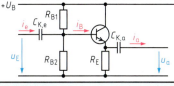	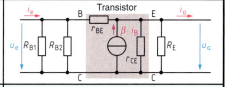

Eigenschaften

$R_B = \dfrac{R_{B1} \cdot R_{B2}}{R_{B1} + R_{B2}}$ $\qquad r_a = \dfrac{\dfrac{r_{BE}}{\beta} \cdot R_E}{\dfrac{r_{BE}}{\beta} + R_E}$

$r_e = \dfrac{(r_{BE} + \beta \cdot R_E) \cdot R_B}{r_{BE} + \beta \cdot R_{BE} + R_B}$

$v_u = \dfrac{\beta \cdot R_E}{\beta \cdot R_E + r_{BE}} < 1$ $\qquad v_i \approx \beta \qquad f_{go} < f_\beta$

Anwendungen, Werte[1)]

- NF-Eingangsverstärker
- Impedanzwandler

$r_e = 10\,k\Omega \ldots 200\,k\Omega$ $\qquad r_a = 4\,\Omega \ldots 100\,\Omega$

$v_u = 0{,}9 \ldots 0{,}98$ $\qquad v_i = 30 \ldots 500$

$v_p = (0{,}9 \ldots 0{,}98) \cdot \sqrt{v_i};\ \varphi = 0°$ $\qquad f_{gu} \approx 20\,Hz$

Basisschaltung

Schaltung	Wechselstrom-Ersatzschaltbild
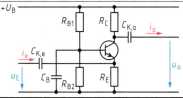	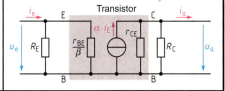

Eigenschaften

$r_e = \dfrac{\dfrac{r_{BE}}{\beta} \cdot R_E}{\dfrac{r_{BE}}{\beta} + R_E}$ $\qquad r_a = \dfrac{r_{CE} \cdot R_C}{r_{CE} + R_C}$

$v_u = \beta \cdot \dfrac{R_C}{r_{BE}}$ $\qquad v_i \approx \dfrac{\beta}{\beta+1} < 1 \qquad f_{go} \approx \beta \cdot f_\beta$

Anwendungen, Werte[1)]

- Oszillatorschaltungen
- HF-Verstärker

$f_{gu} \approx 20\,Hz$

$r_e = 10\,\Omega \ldots 100\,\Omega$ $\qquad r_a = 50\,k\Omega \ldots 1\,M\Omega$

$v_u = 100 \ldots 500$ $\qquad v_i \leq 1$

$\varphi = 0°$ $\qquad v_p \approx v_u$

[1)] Angegebene Werte können im Einzelfall deutlich unter- bzw. überschritten werden. r_{BB}: Basisbahnwiderstand, r_e, r_a: Wechselstrom-Eingangs-/Ausgangswiderstand, v_u: Wechselspannungsverstärkung, v_i: Wechselstromverstärkung, v_p: Leistungsverstärkung, φ: Phasenverschiebung zwischen u_A und u_E, f_{gu}, f_{go}: Untere bzw. obere Grenzfrequenz, β: Transistor-Wechselstromverstärkung, f_β: Frequenz mit 70,7 % der Stromverstärkung bei Transitfrequenz f_T.

Leistungs-Feldeffekttransistoren

Halbleiterstruktur: z. B. V-MOS, U-MOS, HEX-FET, dadurch Spannungen von $U_{DS} \geq 1$ kV bei $I_D \geq 5$ A möglich. Zum Teil sind Schutzelemente wie z. B. Freilaufdiode mit in den FET integriert. Kombination von MOS-FET und Bipolartransistor ergibt BIMOS-Transistor.

Vorteile:
- Hohe Schaltleistung und Überlastsicherheit
- Einfaches Parallelschalten mehrerer Transistoren zur Leistungssteigerung
- Sehr hohe Schaltgeschwindigkeiten, $f_s \leq 10$ μs
- Sehr hohe Grenzfrequenzen

Anwendungen:
- Getaktete Stromversorgungsgeräte
- Motorsteuerung, z. B. in Umrichtern
- Leistungsendstufen in Datentechnik
- Kfz-Elektronik, z. B. in Zündschaltung

Kennwerte und Schaltung eines Leistungs-MOS-FET

N-Kanal-Anreicherungstyp BUZ 10 im Gehäuse TO-220 mit $R_{thJC} = 1,67$

Absolute Grenzdaten
- Drain-Source-Spannung $U_{DS} = 50$ V
- Gate-Source-Spannung $U_{GS} = \pm 20$ V
- Maximaler Drainstrom $I_{DM} = 23$ A bei $\vartheta_G = 25$ °C
- Maximale Verlustleistung $P_{tot} = 75$ W bei $\vartheta_G = 25$ °C

Dynamische Kenngrößen
- Übertragungseinheit $g_{21} = 8$ S bei $I_D = 16$ A und $U_{DS} = 25$ V
- Einschaltzeit $t_E = 85$ ns
- Ausschaltzeit $t_A = 175$ ns

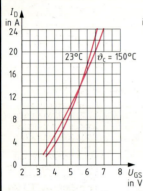
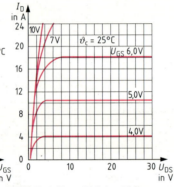
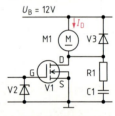

Beispiel:
Fahrtregler mit Motorstrom
$I_M = I_D = 12$ A
$U_B = 12$ V

V1: Leistungs-FET BUZ 10
V2: Begrenzung von U_{GS}
V3: Freilaufdiode
R1, C1: Schutzschaltung

Reihe BUZ umfaßt mehrere Typen, z. B. BUZ 50 mit $U_{DS} = 100$ V, $I_D = 2,8$ A

Leistungs-BIMOS-Transistor (IGBT)

IGBT
(Insulated Gate Bipolar Transistor)

- Schaltgeschwindigkeit, Ansteuerleistung und Robustheit wie Leistungs-MOS-FET.
- Geringer Einschaltwiderstand wie beim bipolaren Darlington-Transistor.
- Einsatz in Frequenzumrichtern, getakteten Stromversorgungen für Schweißgeräte, Schaltnetzteile größerer Leistung, Kfz-Zündung.

Kennwerte des IGBT BUP 304
- Kollektorstrom $I_C = 25$ A bei $\vartheta_G = 25$ °C
- Verlustleistung $P_{tot} = 2000$ W bei $\vartheta_G = 25$ °C
- Wärmewiderstand Chip-Gehäuse $R_{thJC} \leq 0,63 \frac{K}{W}$
- Gate-Schwellenspannung $U_{GE} = 5$ V
- Kollektor-Emitter-Sättigungsspannung $U_{CE(sat)} = 2,5$ V
- Kollektor-Emitter-Durchbruchspannung $U_{(BR)CE} = 1000$ V

Leistungs-MOS-FET mit integriertem Übertemperaturschutz

TEMP – FET
(Temperatur Protected-FET)

- Integrierte Freilaufdiode erspart externe Schutzbeschaltung.
- Sensorchip S ist in Hybridtechnik auf FET-Chip geklebt und elektrisch mit Gate und Source verbunden.
- Thyristorähnlicher Sensor schaltet bei $\vartheta_G = 155$ °C durch und sperrt FET solange, bis Haltestrom mindestens 5 μs unterbrochen wird.

Abschaltzeit t_A des BTS 130

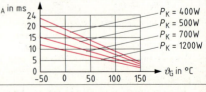

P_K: Kurzschlußleistung, ϑ_G: Gehäusetemperatur

Feldeffekttransistoren

FET (unipolare Transistoren)
- steuern den Arbeitsstrom I_D über ein elektrostatisches Feld zwischen Gate (G) und Source (S).
- zeichnen sich durch praktisch leistungslose Ansteuerung und wesentlich höheren Eingangswiderstand gegenüber bipolaren Transistoren aus.

Sperrschicht-Feldeffekttransistoren (PN-FET; JFET) selbstleitend	Isolierschicht-Feldeffekttransistoren (JGFET), auch MOS-FET[1]	
	selbstleitend (Verarmungstyp)	selbstsperrend (Anreicherungstyp)
N-Kanal	N-Kanal	N-Kanal
P-Kanal	P-Kanal	P-Kanal

Anwendungen von Kleinsignal-MOS-FET

Hochvoltinverter

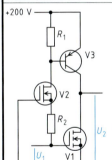

- U_1 = +5 V schaltet V1 ein. Negative Vorspannung am Gate von V2 sperrt V2 und V3 (I_B = 0!). $U_2 \approx 0$ V.
- Bei $U_1 \leq +1{,}5$ V sperrt V1.
- Ab $U_1 \leq -1{,}0$ V wird V2 leitend und schaltet V3 ein. $U_2 \approx 200$ V.
- Einsatz von MOS-FET mit unterschiedlichen Schwellenspannungen verhindern Querstrom während Umschaltphase.

Hochspannungsschalter mit galv. Trennung

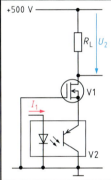

- Kombination von MOS-FET mit Optokoppler trennt Steuer- und Lastkreis galvanisch.
- Hohe Schaltspannungen z. B. BSS 135 mit U_{DS} > 600 V bei kleinem Gehäuse (TO 92) und I_{Dmax} = 70 mA.
- Bei $U_{GS} \leq -3$ V sperrt V1.
- Durch $I_1 \approx 80$ mA wird Fototransistor leitend und $U_{GS} \approx 0$ V. V1 schaltet durch.
- R_L = 50 Ω

Konstantspannungsquelle

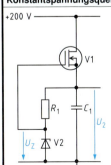

- Bestimmung der Ausgangsspannung durch V2. $U_2 = U_Z + U_{GS}$
- Konstantspannungsquelle führt nur soviel Strom, wie die Last benötigt.
- $I_D = \dfrac{U_{GS}}{R_1}$
- Einsatz u. a. zur Spannungsversorgung von CMOS-Bausteinen.

Elektronischer Spannungsteiler

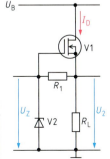

- Bei $U_B < U_Z$ erzeugt Teilerschaltung eine von U_B und I_D abhängeige Ausgangsspannung U_2.
- Bei $U_B > U_Z$ wird U_2 auf U_Z und der Strom auf $I_D \approx \dfrac{U_Z}{R_L}$ begrenzt.
- Einsatz anstelle ohmscher Spannungsteiler, um eine große Stromaufnahme zu vermeiden.
- R_1 = 1 MΩ

[1] **M**etal-**O**xid-**S**emiconductor
U_B: Betriebsspannung, U_1, U_2: Eingangs- bzw. Ausgangsspannung, R_L: Lastwiderstand

Feldeffekttransistorgrundschaltungen

Schaltung	Wechselstrom-Ersatzschaltbild	Eigenschaften, Werte[1]
Sourceschaltung mit Sperrschicht-FET		
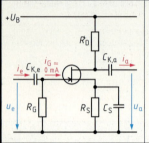	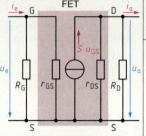	• Nahezu leistungslose Ansteuerung da $r_{GS} \geq 10\,G\Omega$. • Einsatz als Verstärkerschaltung im NF- und HF-Bereich. $r_e = \dfrac{r_{GS} \cdot R_G}{r_{GS} + R_G}$ $r_e = 1\,M\Omega \ldots 10\,M\Omega$ $r_a = \dfrac{r_{DS} \cdot R_D}{r_{DS} + R_D}$ $r_a = 2\,k\Omega \ldots 10\,k\Omega$ $S = \dfrac{\Delta I_D}{\Delta U_{GS}}$ $v_u = \dfrac{\Delta U_{DS}}{\Delta U_{GS}}$ $v_u = -S \cdot r_a$ $v_u = 5\ldots 20$ $v_i \to \infty$ $\varphi = 180°$
Drainschaltung mit Sperrschicht-FET		
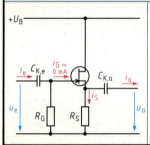	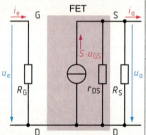	• Erzeugung der negativen Gatespannung (wie oben) über R_S. $-U_{GS} = R_S \cdot I_D$. • Einsatz als Vorverstärker ud Impedanzwandler. $r_e \approx R_G$ $r_e = 1\,M\Omega \ldots 20\,M\Omega$ $r_a \approx \dfrac{1}{S}$ $r_a = 100\,\Omega \ldots 1\,k\Omega$ $v_u = \dfrac{S \cdot R_S}{1 + S \cdot R_S} \leq 1$ $\varphi = 0°$
Sourceschaltung mit Isolierschicht-FET (selbstleitend, N-Kanal)		
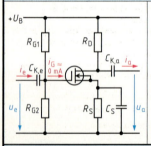	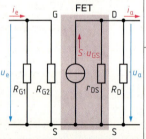	• Leistungslose Ansteuerung, da $r_{GS} \geq 10\,T\Omega$. • Bei $U_{GS} = 0\,V$ ist Drain-Source-Strecke bereits leitend. $r_e = \dfrac{R_{G1} \cdot R_{G2}}{R_{G1} + R_{G2}}$ $r_e = 1\,M\Omega \ldots 10\,M\Omega$ $r_a = \dfrac{r_{DS} \cdot R_D}{r_{DS} + R_D}$ $r_a = 10\,k\Omega \ldots 100\,k\Omega$ $v_u = -S \cdot r_a$, mit $r_a \approx R_D$ $v_u \approx -S \cdot R_D$ $v_u = 5\ldots 20$ $\varphi = 180°$
Drainschaltung mit Isolierschicht-FET (selbstsperrend, N-Kanal)		
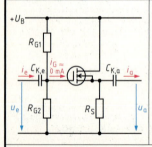	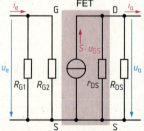	• Leistungslose Ansteuerung, da $r_{GS} \geq 10\,T\Omega$. • Bei $U_{GS} = 0\,V$ ist Drain-Source-Strecke gesperrt. $r_e = \dfrac{R_{G1} \cdot R_{G2}}{R_{G1} + R_{G2}}$ $r_e = 1\,M\Omega \ldots 10\,M\Omega$ $r_a \approx \dfrac{1}{S} \| R_S$ $r_a \approx \dfrac{1}{S}$ für $R_S > 1\,k\Omega$ $v_u \approx \dfrac{S \cdot R_S}{1 + S \cdot R_S}$ $v_u \leq 1$ $\varphi = 0°$

[1] Angegebene Kennwerte können im Einzelfall deutlich unter- bzw. überschritten werden.
S: Steilheit, ca. 1 mS…50 mS für Sperrschicht-FET, 4 mS…20 mS für Isolierschicht-FET

Mehrstufige Verstärker

- Mehrstufige Verstärker entstehen durch Kettenschaltung zweier oder mehrerer Einzelverstärker.
- Verhalten des Gesamtverstärkers wird durch die jeweiligen Kopplungsarten bestimmt.
- Bandbreite des Gesamtverstärkers ist kleiner als die Bandbreite einer Verstärkerstufe.

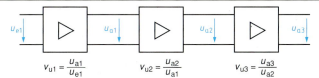

$$v_{u1} = \frac{u_{a1}}{u_{e1}} \qquad v_{u2} = \frac{u_{a2}}{u_{a1}} \qquad v_{u3} = \frac{u_{a3}}{u_{a2}}$$

Gesamtverstärkung $\quad v_{ug} = v_{u1} \cdot v_{u2} \cdot v_{u3}$

Gleichstromkopplung (Galvanische Kopplung)

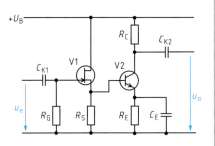

- Einsatz als Verstärker im Gleichspannungs- und NF-Bereich.
- Bei Verstärkeraufbau mit NPN-Transistoren nimmt die Aussteuerbarkeit der Folgestufen durch Erhöhung der Ruhespannung ab.
- Vermeidung dieser Nachteile durch Einsatz von komplementären Transistoren.
- Schaltbild hat in 1. Stufe Drainschaltung mit hohem Eingangswiderstand für schwach belastbare Signalquellen.
- Spannungsverstärkung erfolgt in Emitterschaltung der 2. Stufe.
- Gegenseitige Beeinflussung der Stufen bei Arbeitspunktverschiebungen.

Kapazitive Kopplung (*RC*-Kopplung)

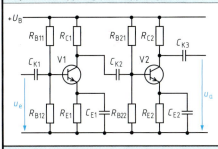

- Einsatz als NF-Verstärker mit frequenzabhängiger Kopplung.
- Durch gleichspannungsmäßige Trennung entfällt gegenseitige Beeinflussung bei einzelnen Arbeitspunktverschiebungen.
- Bandbreite B´ des mehrstufigen Verstärkers ist kleiner als Bandbreite B der einzelnen Stufen.

$$f´_{gu} \approx \sqrt{n} \cdot f_{gu} \qquad f´_{go} \approx \frac{1}{\sqrt{n}} f_{go}$$

- Bei unterer bzw. oberer Grenzfrequenz ist

$$v_{ug} = \left(\frac{1}{\sqrt{2}}\right) n \cdot (v_{u1} \cdot v_{u2} \cdot \ldots \cdot v_n).$$

Übertragerkopplung

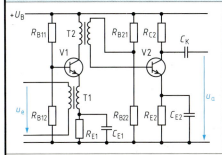

- Einsatz als HF-Verstärker mit optimaler Anpassung der einzelnen Stufen durch Widerstandstransformation bei hohem Wirkungsgrad.

$$ü = \frac{N_1}{N_2} = \sqrt{\frac{Z_e}{Z_a}} \qquad Z_a = Z_e \left(\frac{N_2}{N_1}\right)^2$$

- Im Schaltbild ist erste Stufe als Basisschaltung wirksam. Primärwicklung von T2 wirkt als Arbeitswiderstand.
- Realisierung eines linearen Amplitudenganges über großes Frequenzspektrum nur bei kleinen Streuinduktivitäten und Wicklungskapazitäten möglich.

$f´_{gu}, f´_{go}$: Untere, obere Grenzfrequenz der einzelnen Stufen, *n*: Anzahl der Stufen

Grundschaltungen der Gegenkopplung

- Gegenphasige Rückkopplung des Ausgangssignales von Verstärkern bewirkt Linearisierung und Stabilisierung der Verstärkung.
- Durch Gegenkopplung können die Verstärkereigenschaften v_u, v_i, r_e und r_a beeinflußt werden.
- Grundsätzliche Unterscheidung nach Strom- oder Spannungsgegenkopplung.
- Rückgeführtes Signal kann dem Eingang parallel als Gegenkopplungsstrom oder seriell als Gegenkopplungsspannung zugeführt werden.

Gegenkopplungsfaktor $k = \dfrac{u_{GK}}{u_a^*}$ bzw. $k = \dfrac{i_{GK}}{i_a^*}$

Gegenkopplungsgrad: $1 + k \cdot v$

$v_u^* = \dfrac{v_u}{1 + k \cdot v_u}$ $\quad v_i^* = \dfrac{v_i}{1 + k \cdot v_i}$

Bei $v \gg 1$ gilt: $\qquad\qquad$ Bandbreite $B^* = B \cdot \dfrac{v}{v^*}$

$v_u^* \approx \dfrac{1}{k}$ $\quad$ bzw. $\quad v_i^* \approx \dfrac{1}{k}$

Kennzeichnung der bei Gegenkopplung wirksamen Größen mit *.

Stromgegenkopplung

Strom-Serien-Gegenkopplung

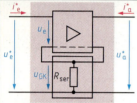

- Vergrößerung von r_e^* und r_a^*
- Reduzierung der Spannungsverstärkung v_u^*

Strom-Parallel-Gegenkopplung

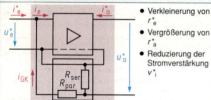

- Verkleinerung von r_e^*
- Vergrößerung von r_a^*
- Reduzierung der Stromverstärkung v_i^*

Spannungsgegenkopplung

Spannungs-Serien-Gegenkopplung

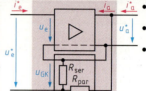

- Vergrößerung von r_e^*
- Verkleinerung von r_a^*
- Reduzierung der Spannungsverstärkung v_u^*

Spannungs-Serien-Gegenkopplung

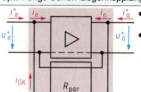

- Verkleinerung von r_e^* und r_a^*
- Reduzierung der Stromverstärkung v_i^*

Gegenkopplungsarten von Transistorschaltungen

Strom-Serien-Gegenkopplung

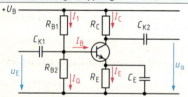

- Emitterwiderstand R_E stabilisiert den Arbeitspunkt gegen thermischen Einfluß.
- Emitterkondensator C_E hebt bei höheren Frequenzen Verstärkungsverlust auf.

$U_{RE} = \dfrac{1}{5} \ldots \dfrac{1}{4} U_B$ $\quad R_C = $ bei symmetrischem Arbeitspunkt

$C_E = \dfrac{r_{BE} + \beta \cdot R_E}{2\pi \cdot f_{gu} \cdot r_{BE} \cdot R_E}$ $\quad R_C = \dfrac{U_B - (U_{RE} + U_{CEsat})}{I_{C,A}}$

$R_{B1} = \dfrac{U_B - (U_{BE} + U_{RE})}{I_Q + I_B}$ $\quad R_{B2} = \dfrac{U_{BE} + U_{RE}}{I_Q}$

$r_e^* = (r_{BE} + \beta \cdot R_E) \parallel R_{B1} \parallel R_{B2} \cdot r_a^* \approx R_C$

$v_u^* \approx -\dfrac{R_C}{R_E}$

Spannungs-Parallel-Gegenkopplung

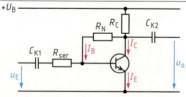

- Nebenwiderstand R_N stabilisiert den Arbeitspunkt gegen thermischen Einfluß.
- Serienwiderstand R_{ser} verhindert Kurzschluß der rückgekoppelten Spannung durch Signalquelle.

$R_N = \dfrac{U_{CE} - U_{BE}}{I_B}$ $\quad R_C = \dfrac{U_B - U_{CE}}{I_C + I_B}$

$r_e^* \approx R_{ser}$ $\qquad r_a^* \approx \dfrac{R_C \parallel r_{CE}}{v_u} \cdot v_u^*$

$v_u^* \approx \dfrac{R_N}{R_{ser}}$

Großsignalverstärker (Leistungsverstärker)

- Leistungsverstärker geben eine größtmögliche Signalleistung an den Verbraucher.
- Forderung nach Leistung, Verzerrungsfreiheit und hohem Wirkungsgrad.

Betriebsarten – Lage des Arbeitspunktes

A-Betrieb

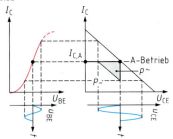

AB-, B-, C-Betrieb

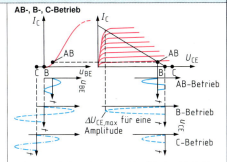

- Arbeitspunkt liegt in Kennlinienmitte. Beide Halbschwingungen der Eingangsspannung u_{BE} steuern aus.
- Kleiner linearer Aussteuerbereich.
- Hoher Ruhestrom, Wirkungsgrad $\eta \leq 50\%$.
- Wirkungsgrad $\eta = \dfrac{P_N}{P_=} \leq 50\%$.
- Geringer Klirrfaktor nur bei Kleinsignalbetrieb.

- Arbeitspunkt liegen im unteren Kennlinienbereich. Bei Aussteuerung nur Übertragung einer Signalhalbschwingung. Realisierung nur durch Gegentaktschaltungen möglich.
- Kleiner Ruhestrom.
- Wirkungsgrad $\eta = \dfrac{P_N}{P_=} \leq 78\%$.
- Verzerrungen größer als bei A-Betrieb.

Gegentaktverstärker

- Aufbau durch zwei komplementäre Transistoren in Kollektorschaltung.
- Einsatz vorzugsweise in Endstufen von Leistungsverstärkern.

Grundschaltung

Gegentakt-B-Verstärker

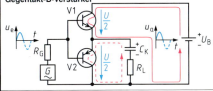

Wirkungsweise

- Bei galvanisch gekoppelter Last sind zwei Betriebsquellen bzw. Betriebsquelle mit Mittelanzapfung erforderlich.
- C_K vermeidet gleichstrommäßigen Kurzschluß des Lastwiderstandes.
- Bei positivem Eingangssignal leitet V1 und lädt C_K mit auf.
- Bei negativem Eingangssignal leitet V2 und C_K wird entladen.

$$P_{RLmax} \approx \frac{1}{8} \cdot \frac{U_B^2}{R_L} \qquad C_K \approx \frac{1}{2\pi \cdot f_u \cdot R_L}$$

Gegentakt-AB-Verstärker

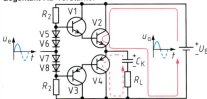

- AB-Betrieb vermeidet starke Verzerrungen bei kleinen Signalamplituden des B-Betriebes.
- Bedingt durch Transistor-Ruheströme ist der Wirkungsgrad ungünstiger als im B-Betrieb.
- Belastung der Signalquelle wird durch Darlington-Stufen gemindert.
- V5, V6 bzw. V7, V8 dienen zur Vorspannungserzeugung.

Quasi-Komplementär-Endstufe

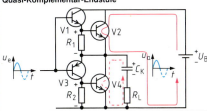

- Forderung bei Verstärkern hoher Leistung oft Einsatz von gleichen Endstufentransistoren V2 und V4.
- Komplementäre Steuertransistoren V1, V3 steuern gleiche Leistungstransistoren V2, V4.
- Wegen unsymmetrischer Eingangswiderstände treten Signalverzerrungen auf, die durch Gegenkopplung kompensiert werden.
- Aufbau von kompletten Verstärkern in integrierter Form, z. B. TDA 4935 mit 2 x 15 W, möglich.

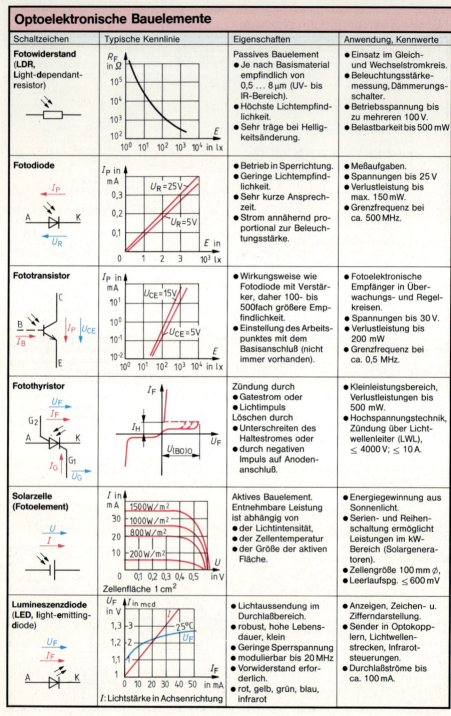

Optoelektronische Bauelemente

Optokoppler

Kenngrößen

CTR: Koppelfaktor, auch Stromübertragungsverhältnis; (CTR: Current-transfer-ratio)

$CTR = \dfrac{I_C}{I_F}$ (in %) bei $I_F = 10$ mA und $U_{CE} = 5$ V

V_{ISOL}: Isolationsprüfspannungen (max. ≈ 10 kV)
I_F: Dioden-Durchlaßstrom   (max. ≈ 80 mA)
I_C: Kollektorstrom   (max. ≈ 100 mA)
f_g: Grenzfrequenz   (typ. 250 kHz)

Beispiel:
Koppelfaktor $\dfrac{I_C}{I_F} = f(I_F)$ bei $\vartheta_u = 25\,°C$, $U_{CE} = 5$ V

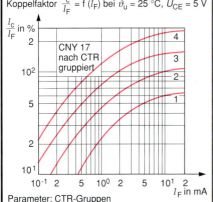

Parameter: CTR-Gruppen

Ausführungen

Schaltung	Bemerkung
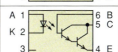 A 1 4 E K 2 3 C	Basisanschluß nicht vorhanden
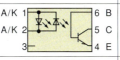 A 1 6 B K 2 5 C 3 4 E	Basisanschluß vorhanden. Mit R_{BE} Erhöhung der Grenzfrequenz möglich.
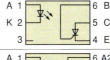 A 1 6 B K 2 5 C 3 4 E	Darlington-Fototransistor $\dfrac{I_C}{I_F} > 500\,\%$
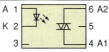 A/K 1 6 B A/K 2 5 C 3 4 E	Antiparallel geschaltete Lumineszenzdioden (Wechselspannungsübertragung).
A 1 6 B K 2 5 C 3 4 E	SCR-Koppler, keine stetige Stromübertragung, sondern Schaltverhalten.
A 1 6 A2 K 2 5 3 4 A1	Triac-Koppler, Schaltverhalten, für Wechselspannung, Spitzensperrspg. bis 600 V

Fotovoltaisches Relais (PVR)

Aufbau ähnlich Optokoppler. Fotovoltaischer Generator (mehrere Fotodioden in Reihe) steuert einen BOSFET (Bidirectional-Output-Switch-Field-Effect-Transistor). Zwei Systeme im DIL-Gehäuse

Steuerstrom I_F	ca. ≥ 2 mA
Steuerspannung U_F	≥ 1,5 V
Max. Laststrom I_{Amax}	1 A
Max. Lastspannung U_{Dmax}	300 V
Durchlaßwiderstand (s. Kennlinie)	10…30 Ω
Thermospannung	0,2 μV
Sperrwiderstand	10^{10} Ω

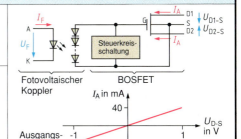

Lichtschranke

Sender (Glühlampe oder Leuchtdiode) mit Empfänger (Fotodiode) auf gemeinsamer optischer Achse montiert. Zwischen Sender und Empfänger wird eine kreisförmige oder lineare Schlitzblende geführt.

Senderspannung (LED)	ca. 1,25 V
Senderstrom	ca. 10 mA
Empfängerversorgungs-Spannung	4,5 … 16 V
Empfängerstrom	ca. 5 … 10 mA
Schaltzeit	ca. 0,5 μs

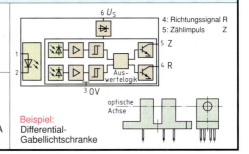

Beispiel:
Differential-Gabellichtschranke

Optoelektronische Bauelemente

Leuchtdioden-Anzeigen (LED-Anzeigen)
Emissionsspektren, Durchlaßspannungen

LED-Farbe	Halbleiter	Wellenlänge in nm	Durchlaßspannung in V
infrarot	Ga AS	950	1,3 … 1,5
rot	Ga AS P	660	1,6 … 1,8
orange	Ga AS P	610	1,6
gelb	Ga AS P	590	2,0 … 2,2
grün	Ga P	565	2,0 … 2,2

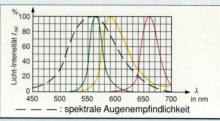

— — — : spektrale Augenempfindlichkeit

7-Segment-Anzeige
Symbolaufbau, charakteristische Größen

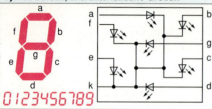

K = gemeinsame Kathode

A = gemeinsame Anode

Symbolhöhe	in mm	2,8	3,8	7	10	13
Betrachtungsabstand	in m	2	3	3	4,5	6
typ. Segmentstrom	in mA	5	5	10	10	10
desgl. bei Niedrigstromausführung	in mA	2,8	3,8	2	2	2

Flüssigkristall-Anzeigen (LCD-Anzeigen)

Funktionsprinzip

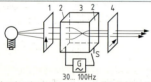

1: Senkrecht orientierter Polarisator
2: Transparente Elektroden
3: Flüssigkristallschicht
4: Waagerecht orientierter Polarisator

LCD's sind je nach Reflektorart mit oder ohne Hintergrundbeleuchtung betreibbar.

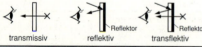

transmissiv — reflektiv — transflektiv

Erklärung

- **ohne Spannung:** Licht wird durch Flüssigkristalle um 90° gedreht und kann beide Polarisationsfilter passieren: Symbole hell, Umfeld hell.
- **Mit Spannung:** Keine Drehung der Lichtpolarisation: Symbole dunkel, Umfeld hell.
- **Parallelorientierte Polarisatoren:** umgekehrter Effekt (Symbole hell, Umfeld dunkel).
- **Schaltzeit** stark temperaturabhängig. Für extreme Temperaturbereiche verschiedene Flüssigkeiten.
- **Farbige LCD's:** Aufdruck farbiger Tinten.
- **Betriebsspannung:** ca. 3…15 V ~, $f = 30…100$ Hz

Vakuum-Fluoreszenz-Anzeigen (VF-Anzeigen)

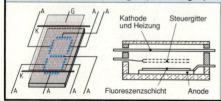

- Aufbau und Funktion wie direktgeheizte Triode. Anoden leuchten, wenn Anoden an Pluspotential liegen und Gitter gegen Katode positiv. Gitter gegen Katode negativ: Segment dunkel. Segmentanode abgeschaltet: Segment dunkel.
- **Farben:** blau/grün, grün, gelb, rot, orange (je nach Anodenbeschichtung).
- **Betriebsspannung** (Anodenspannung): 25…50 V

Lichtschranken

Betriebsarten

Einwegbetrieb

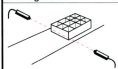

- Sender und Empfänger in getrennten Gehäusen.
- Unterbrechung des Lichtstrahls löst Schaltvorgang aus.
- Reichweite bis 100 m.

Reflexionsbetrieb

- Sender und Empfänger meist in einem Gehäuse.
- Das Objekt ist Reflektor.
- Montageaufwand geringer.
- Reichweite bis ca. 4 m.

Systemarten

Faseroptische Lichtschranken

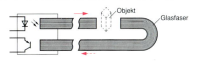

- Lichttransport zu sonst unzugänglichen Orten.
- Explosionsschutz möglich.
- Erkennung sehr kleiner Objekte (< 0,5 mm).

- Sende- und Empfangsfasern im gemeinsamen Lichtkabel.
- Verlauf der Fasern im Kabel bewirkt diffusen Lichtaus-/eintritt am Kabelende.

Doppel-Einweg-Lichtschranke

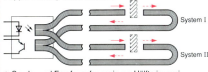

Doppel-Reflexions-Lichtschranke

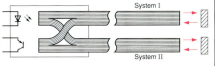

- Sende- und Empfangsfasern je zur Hälfte in zwei getrennten Lichtkabeln.
- Zwei Objekte maximal werden gleichzeitig erfaßt (optische Logik).

- Sende- und Empfangsfasern je zur Hälfte in zwei getrennten Lichtkabeln.
- Zwei Objekte werden maximal gleichzeitig erfaßt.

Linsenoptische Lichtschranken

Hintergrundausblendung

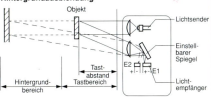

Störlichtausblendung

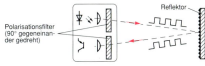

- Hintergrund kann Tastergebnis verfälschen.
- Messung mit zwei Empfängern, die Licht vom Objekt und vom Hintergrund erhalten.
- Auswertung: Lichtanteil an E1 größer bedeutet, daß Objekt vorhanden ist.

- Optik mit Lichtpolarisation und gepulstem Licht.
- Sender und Empfänger synchron gepulst.
- Polarisationsebenen von Sender und Empfänger um 90° gedreht.
- Reflektor dreht Lichtpolarisation ebenfalls um 90°.
- Es wird nur Licht vom eigenen Sender empfangen.
- Hohe Funktionssicherheit.
- Material, das nicht die Polarisationsebene dreht, wird als Objekt erkannt.

Lumineszenzabtastung

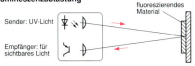

Optischer Distanzsensor

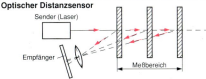

- Erkennen der Vollständigkeit von Schichten (z. B. von Flüssigkeiten auf Oberflächen).
- Sender gibt UV-Licht ab, das von einer lumineszierenden Beimischung in der Schicht in sichtbares Licht umgewandelt wird.
- Fremdlichtausblendung: Sender und Empfänger synchron gepulst.

- Empfängerelemente liefern zwei Teilströme, deren Höhe von der Position des Lichtflecks bestimmt wird.
- Analoges, abstandsproportionales Ausgangssignal zwischen 1…10 V.
- Meßbereich: ca. 0,2…1 m.

Magnetfeldabhängige Bauelemente

Hallgenerator

Halleffekt

Ein Halbleiterplättchen wird von einem Steuerstrom I_1 durchflossen und von einem Magnetfeld durchsetzt. Eine Spannung U_2 (Hallspannung) entsteht an den Anschlüssen 3–4.

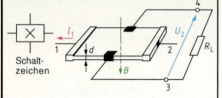

Schaltzeichen

Lineare Anpassung

Abschlußwiderstand für lineare Anpassung R_{LL}: Widerstand R_L, bei dem Linearität zwischen der steuerstrombezogenen Hallspannung U_2/I_1 und dem Steuerfeld erreicht wird.

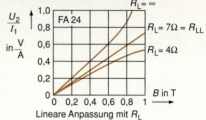

Lineare Anpassung mit R_L

Charakteristische Größen

Leerlaufhallspannung U_{20}: Spannung U_2 bei $R_L = \infty$, Nenninduktion (z. B. 1 T) und Nennsteuerstrom I_{1N}.

$U_{20} = \dfrac{R_h}{d} \cdot I_1 \cdot B$ in V   Typ. Werte: 50 ... 1000 mV

Hallkonstante R_h:
Material- und formgebungsabhängige Konstante

Induktionsempfindlichkeit K_{BO}:
Material- und formgebungsabhängige Konstante

$K_{BO} = \dfrac{U_{20}}{I_{1N} \cdot B}$ in $\dfrac{V}{AT}$ Typ. Wert: 0,5 ... 100 $\dfrac{V}{AT}$

Steuernennstrom I_{1N},   Typ. Wert: 10 ... 400 mA

Anwendung

- Feldregelung
- Signalgabe
- Multiplikation
- Feldmessung (auch bei tiefen Temperaturen)

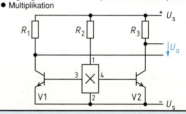

Feldplatte

Aufbau

Der Widerstandswert eines Halbleitermaterials nimmt bei wachsendem magnetischen Feld beliebiger Polarität zu. Die Struktur des Materials bewirkt Umlenken der Strombahnen bei Feldeinwirkung. Bei konstanter Feldstärke sind Strom und Spannung linear. Mit der Gestaltung des Mäanders wird der Grundwiderstand R_o beeinflußt.

Schaltzeichen

Anwendung

- Positionserfassung
- Drehzahl- und Drehsinnerfassung
- Winkelschrittgeber
- Potentiometer

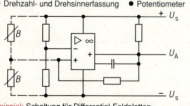

Beispiel: Schaltung für Differential-Feldplatten-Positionssensoren

Charakteristische Größen

Grundwiderstand R_o:
Widerstand der Feldplatte ohne Einwirkung eines Magnetfeldes
Widerstand R_B im Magnetfeld:
Widerstand bei senkrecht einwirkendem Magnetfeld

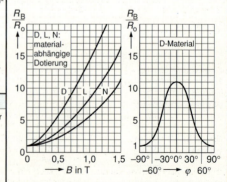

Widerstandsverhältnis $R_B/R_o = f(B)$

Widerstandsverhältnis $R_B/R_o = f(\varphi)$
φ: Neigungswinkel des Magnetfeldes (D-Halbleitermaterial)

Operationsverstärker

Aufbau

Operationsverstärker enthalten einen Differenzverstärker und einen nachgeschalteten, meist mehrstufigen Verstärker.

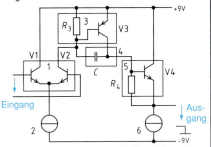

1: Diff.-Verstärker
2,6: Konstantstromquellen
3: Verstärkerstufe
4: Komp.-Kapazität
5: Ausgangsstufe

Blockschaltbild

Frequenzverhalten

Infolge interner Phasendrehung bei hohen Frequenzen besteht Schwingneigung.
Daher ist eine Reduzierung der Verstärkung um 20 dB/Dekade mittels C_K und R notwendig (häufig bereits intern vorhanden).

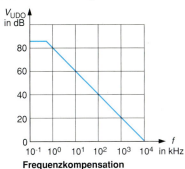

Frequenzkompensation

Schaltzeichen

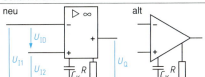

$U_{ID} = U_{I1} - U_{I2}$
Darstellung: einpolig, ohne Speisespannungsanschlüsse.
 −: Invertierender Eingang
 +: Nichtinvertierender Eingang
C_K, R: Frequenzkompensation
U_{ID}: Differenz-Eingangsspannung

Übertragungskennlinie

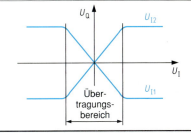

Anwendungsbereiche

Industrielle Elektronik, Regelungstechnik, NF-Technik

Begriff, Formelzeichen	Definition	Beziehung	Typ. Werte
Eingangs-Null-Spannung (input-offset-voltage) U_{I0}	Spannungsdifferenz, die an den Eingängen angelegt werden muß, damit die Ausgangsspannung Null ist.	$U_{I0} = U_{I1} - U_{I2}$ bei $U_Q = 0V$ und Generatorwiderstand $R_G = 50\,\Omega$	max. ± 6 mV
Gleichtakt-Eingangsspannung (common mode input voltage) U_{IC}	Arithmetischer Mittelwert der Eingangsspannungen, wenn die Ausgangsspannung Null ist.	$U_{IC} = \dfrac{U_{I1} + U_{I2}}{2}$	
Eingangs-Null-Strom (input-offset-current) I_{I0S}	Differenz der Eingangsströme im Arbeitsbereich, wenn die Ausgangsspannung Null ist.	$I_{I0S} = I_{I1} - I_{I2}$	80 nA
Eingangs-Ruhestrom (input-bias-current) I_I	Mittlerer statischer Eingangsstrom, der für die Funktion des OP notwendig ist.	$I_I = \dfrac{I_{I1} + I_{I2}}{2}$	80 nA
Differenz-Leerlaufspannungs-Verstärkung (open-loop-voltage-gain) v_{UD0}	Verstärkung einer Differenz-Eingangsspannung ohne Gegenkopplung.	$v_{UD0} = \dfrac{U_Q}{U_{ID}}$ $= 20 \log \dfrac{U_Q}{U_{ID}}$ in dB	80 dB
Gleichtakt-Leerlaufspannungs-Verstärkung (common-mode-voltage-gain) v_{UC0}	Verhältnis der Ausgangsspannung zur Gleichtakt-Eingangsspannung.	$v_{UC0} = \dfrac{U_Q}{U_{IC}}$	

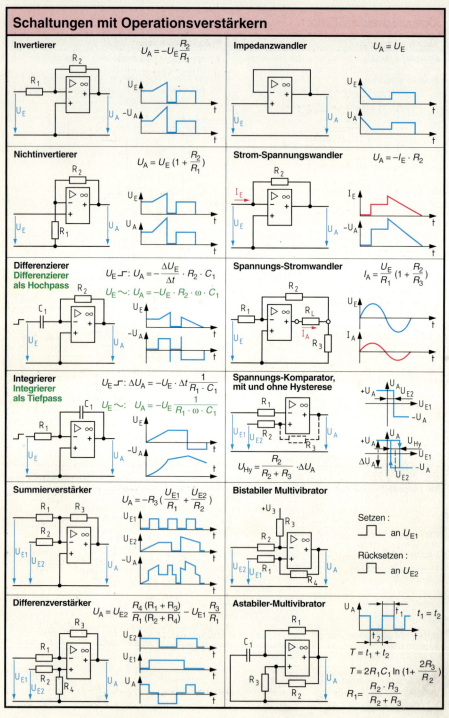

Aktive Filter

Tiefpaß 1. Ordnung

A_0: Verstärkung bei $f = 0$ Hz
f_g: Grenzfrequenz

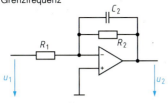

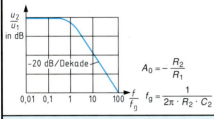

$A_0 = -\dfrac{R_2}{R_1}$ $f_g = \dfrac{1}{2\pi \cdot R_2 \cdot C_2}$

Hochpaß 1. Ordnung

A_∞: Verstärkung bei $f \gg f_g$
f_g: Grenzfrequenz

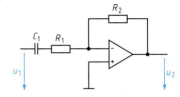

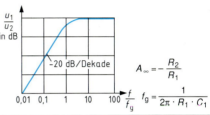

$A_\infty = -\dfrac{R_2}{R_1}$ $f_g = \dfrac{1}{2\pi \cdot R_1 \cdot C_1}$

Tiefpaß 2. Ordnung

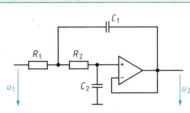

$f_g = \dfrac{1}{2\pi \sqrt{R_1 \cdot R_2 \cdot C_1 \cdot C_2}}$ $A_0 = 1$

Abfall: -40 dB/Dekade

Hochpaß 2. Ordnung

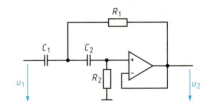

$f_g = \dfrac{1}{2\pi \sqrt{R_1 \cdot R_2 \cdot C_1 \cdot C_2}}$ $A_\infty = 1$

Anstieg: 40 dB/Dekade

Bandpaß aus Tief- und Hochpaß

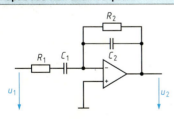

$f_{g1} = f_{g2}$

Resonanzfrequenz: $f_0 = \dfrac{1}{2\pi \cdot R_1 \cdot C_1}$

$f_0 = \dfrac{1}{2\pi \cdot R_2 \cdot C_2}$

Verstärkung bei f_0: $A = -\dfrac{R_2}{2R_1}$

Bandpaß mit Mehrfachgegenkopplung

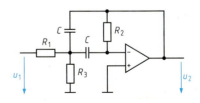

Resonanzfrequenz: $f_0 = \dfrac{1}{2\pi C} \sqrt{\dfrac{R_1 + R_3}{R_1 R_2 R_3}}$

Verstärkung bei f_0: $A = -\dfrac{R_2}{2R_1}$

Stromrichterbenennungen und -kennzeichen DIN IEC 971/08.94

Beispiel:

```
            B 2 H A F
            │ │ │ └── Ergänzende Kennzeichen: Hilfszweige
Kennbuchstabe─┘ │ └──── Ergänzende Kennzeichen: Steuerbarkeit
Kennzahl ───────┘
```

Schaltungsart	Bezeichnung	Kennbuchstabe	Kennzahl
Einwegschaltung	Mittelpunktschaltung	M	
Zweigwegschaltung	Brückenschaltung	B	Pulszahl p
	Verdopplerschaltung	D	
	Vervielfacherschaltung	V	
	Wechselwegschaltung	W	Phasenzahl m des
	Polygonschaltung	P	Wechselstromsystems

Ergänzende Kennzeichen			
Steuerbarkeit		Haupt- und Hilfszweige	
Kurzzeichen	Bedeutung	Kurzzeichen	Bedeutung
U	ungesteuert	A (K)	anodenseitige (katodenseitige)
C	vollgesteuert		Zusammenfassung der Hauptzweige
H	halbgesteuert	Q	Löschzweig
HA (HK)	halbgesteuert mit anodenseitiger	R	Rücklaufzweig
	(katodenseitiger) Zusammenfassung	F	Freilaufzweig
	der gesteuerten Ventile	FC	Freilaufzweig gesteuert
HZ	zweigpaar halbgesteuert	n	Vervielfachungsfaktor

Kennzeichen von Stromrichtersätzen und -geräten DIN 41 762 T.2/02.74
DIN IEC 1148/02.94

Leistungskennzeichen für Vielkristallhalbleiter-Gleichrichtersätze

Beispiel:

```
           ½ B 250 / 220 - 5
           │ │  │     │   └── Kühlart (s. Seite 234)
Anzahl der Schaltungen ┘ │  │     └────── Nenngleichstrom in A
Schaltungskurzzeichen ───┘  └─────────── Nenngleichspannung in V¹⁾
Nennanschlußspannung ─────┘
```

[1] Bei Kondensatorlast wird statt Nenngleichspannung ein C gesetzt, Schräg- und Bindestrich entfallen, Nenngleichstrom in mA.

Leistungskennzeichen für Einkristallhalbleiter-Stromrichtersätze

Beispiel:

```
           Si ²⁄₆ B6 HA 380 / 510 - 800 F
           │  │  │  │   │     │    │   └── Kühlart
Chem. Zeichen des Halbleitermaterials²⁾ │   │   │     │    └────── Typengleichstrom in A
Bruchteil bei Teilstromrichtersätzen ───┘   │   │     └──────────── Typengleichspannung in V¹⁾
Schaltungskurzzeichen ──────────────────────┘   └────────────────── Typenanschlußspannung in V
Ergänzende Kennzeichen ─────────────────────────┘
```

[2] Bei Siliciumventilen kann Si-Zeichen entfallen.

Anschlußkennzeichen	
Kurzzeichen	Bedeutung
A (K)	Anoden- (Katoden-)seitiger Anschluß von Stromrichterzweigen
AM (KM)	Anoden- (Katoden-)seitiger Zusammenschluß zu Gleichstromanschlüssen
AK	Wechselstromseitiger Mittelanschluß von Zweig- und Wechselwegpaaren
G (H)	Steueranschluß (Hilfskatode, Katode) von Thyristoren ohne Impulsübertrager
E, F	Eingangsanschlüsse von Impulsübertragern, E pos. Potential gegenüber F
U, V (U, N)	Wechselstromanschlüsse von Hauptkreisen auf Eingangs- oder Ausgangsseite
U, V, W, ev. N	Drehstromanschlüsse von Hauptkreisen auf Eingangs- oder Ausgangsseite
C, D	Gleichstromanschlüsse der Hauptkreise; C positiv, D negativ im Gleichrichter-Betrieb[3]
C (D), D (C)	Zusammengefaßte Gleichstromanschlüsse von Doppelstromrichtern bez. Vorzugsrichtung

[3] Bei Gleichrichtergeräten kann C mit + oder roter Farbe und D mit – oder schwarzer Farbe gekennzeichnet werden.

Modulschaltungen

DIN IEC 1148/2.94

Modulschaltungen sind hybride integrierte Schaltungen zum rationellen Aufbau von Stromrichtern.

Bezeichnung	Schaltung	Eigenschaften	Grenzwerte				
			U_{RRM} U_{DRM}	I_{FAV}	I_{TAV}	I_{FRMS}	I_{TRMS}
Dioden-Modul B1 U D2 U V2 U		• Wasserdichtes Gehäuse aus schlagfestem Kunststoff. • Potentialfreier Metallboden. • Große Kriechstrecken. • Flexible Anschlußleitungen für Zünd- und Hauptstromkreis möglich. • Leichte Austauschbarkeit aufgrund von Standardgehäusen wie z. B. TO-240 AA Gewicht: 90 g	400V... 1800V	36A... 305A		60A... 480A	
Thyristor-Dioden-Moduln B1HK B1HA D2HK D2HA V2HK V2HA W1HN			400V... 1800V	27A... 320A	27A... 320A	50A... 500A	50A... 500A
Thyristor-Modul B1C D2C V2C W1CN			600V... 1800V		18A... 320A		40A... 500A

Spannungsvervielfacherschaltungen

DIN IEC 971/8.94

Bezeichnung	Schaltung	Spannungsverlauf	Schaltungskennwerte			
			$\frac{U_{di}}{U}$	$\frac{\hat{u}_R}{U}$	$\frac{I_{FAV}}{I_d}$	$\frac{f_{\ddot{u}}}{f}$
Einpuls-Verdoppler-Schaltung D1		U_{di} $2\hat{u}$	2,82	2,82	1,0	1
Zweipuls-Verdoppler-Schaltung D2		U_{di} $2\hat{u}$	2,82	2,82	0,5	2
Einpuls-Vervielfacher-Schaltung V1		U_{di} $6\hat{u}$	$n \cdot 2 \cdot \sqrt{2}$ für $n=3$ 8,48	2,82	n für 2. Stufe 2	1

Ungesteuerte Stromrichter (Gleichrichter)

DIN IEC 971/08.94
DIN VDE 0558 T.1/07.87

Bezeichnung	Schaltung	Spannungsverlauf	Schaltungs- und Ventilkennwerte							
			p	$\frac{U_{di}}{U_{v0}}$	$\frac{U_{im}}{U_{di}}$	$\frac{I_v}{I_d}$	$\frac{I_{FAV}}{I_d}$	$\frac{I_{FRMS}}{I_d}$	$\frac{S_{Li}}{U_{di} \cdot I_d}$	w_U
Einpuls-Mittelpunkt-Schaltung M1U			1	0,45	3,14 / 6,28[2]	1,57	1,0	1,57	3,49	1,21
Zweipuls-Mittelpunkt-Schaltung M2U			2	0,45	3,14 / 3,14[2]	0,785	0,50	0,785	1,23	0,48
Zweipuls-Brücken-Schaltung B2U			2	0,90	1,57 / 1,57[2]	1,11 / 1,0[3]	0,50	0,785 / 0,707[3]	1,23 / 1,11[3]	0,48
Dreipuls-Mittelpunkt-Schaltung M3U			3	0,675	2,09	0,588 / 0,577[3]	0,333	0,588 / 0,577[3]	1,23 / 1,21[3]	0,18
Sechspuls-Brücken-Schaltung B6U			6	1,35	1,05	0,820 / 0,816[3]	0,333	0,580 / 0,577[3]	1,06 / 1,05[3]	0,04

[1] Spannungsverlauf mit Glättungskondensator [2] Maximalwerte mit Glättungskondensator [3] Kennwerte bei induktiver Last

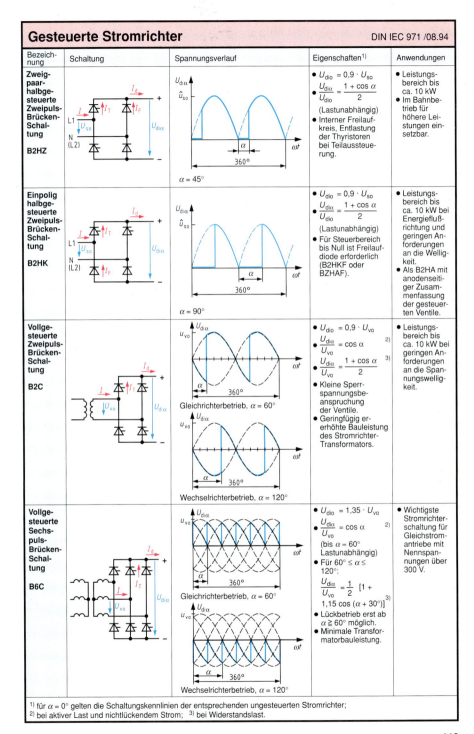

Sieb- und Stabilisierungsschaltungen

Schaltung	Bemerkungen	Schaltung	Bemerkungen
Ladekondensator	Spannungsglättung durch Ladekondensator C_L. Bei Belastung durch R_L entsteht ein Wechselspannungsanteil, die Brummspannung U_W. $$C_L \approx \frac{k \cdot I_d}{p \cdot f \cdot U_W}$$ $k = 0{,}25$ bei Einpuls- u. $k = 0{,}2$ bei Zweipulsschaltungen.	**Glättungsdrossel**	Stromglättung durch Glättungsdrossel L. Stromwelligkeit $$w_I = \frac{I_w}{I_d}$$ $$L \geq \frac{\sqrt{Z^2 - R_L^2}}{p \cdot 2 \cdot \pi \cdot f}$$
RC-Siebglied	Frequenzabhängiger Spannungsteiler als Tiefpaß. Siebfaktor $s = \dfrac{U_{W1}}{U_{W2}}$ $s \approx p \cdot 2 \cdot \pi \cdot f \cdot R_S \cdot C_S$ p Pulszahl der Gleichrichterschaltung $s_G = s_1 \cdot s_2 \cdot \ldots \cdot s_n$	**LC-Siebglied**	Tiefpaß für höhere Lastströme. Siebfaktor $s = \dfrac{U_{W1}}{U_{W2}}$ $s \approx (p \cdot 2 \cdot \pi \cdot f)^2 \cdot L_S \cdot C_S$ p Pulszahl der Gleichrichterschaltung $s_G = s_1 \cdot s_2 \cdot \ldots \cdot s_n$
RZ-Stabilisierung $$S = \frac{\Delta U \cdot U_Z}{U \cdot \Delta U_Z}$$	Der differentielle Widerstand r_Z von V1 wirkt bei Wechselspannungen glättend und bei Gleichspannungen stabilisierend. $$G = \frac{\Delta U_1}{\Delta U_2} = 1 + \frac{R_v}{r_Z}$$ $$R_{v\,min} = \frac{U_{1\,max} - U_Z}{I_{Z\,max} + I_{L\,min}}$$ $$R_{v\,max} = \frac{U_{1\,min} - U_Z}{I_{Z\,min} + I_{L\,max}}$$ $I_{Z\,min} \geq 0{,}1 \cdot I_{Z\,max}$ $I_{Z\,max} \leq \dfrac{P_{tot}}{U_Z}$	**RZ-Präzisions-Stabilisierung**	Glättungsfaktor G $G = G_1 \cdot G_2$ $G_1 \approx \dfrac{R_{v1}}{r_{Z1}}$ $G_2 \approx \dfrac{R_{v2}}{r_{Z2}}$
Konstantspannungsquelle mit Transistor	V1 bewirkt feste Basisspannung an V2. $U_L = U_Z - U_{BE}$ $U_L = U_1 - U_{CE}$ $G \approx \dfrac{R_v}{r_Z}$ $r_i = \dfrac{\Delta U_L}{\Delta I_L} \approx \dfrac{r_Z}{\beta}$	**Integrierter Festspannungsregler** $I_{L\,max} = 1{,}5\ \text{A}$ $U_L = 12\ \text{V}$ z. B. 7812C	Festspannungsregler arbeiten als Konstantspannungsquelle mit Differenzverstärker. $U_1 \geq U_L + 2\ \text{V}$ $r_i \approx 20\ \text{m}\Omega$ $G \approx 500 \ldots 5000$ Sehr verbreitet: Serie 78XX für pos., Serie 79XX für neg. Spannungen $C_1 = 470 \ldots 2200\ \mu\text{F}$ $C_2 = 1 \ldots 10\ \mu\text{F}$
Konstantstromquelle mit Transistor	Da V2 PNP-Transistor, liegt R_L an Masse. Stromeinstellung erfolgt mit Emitterwiderstand R_E. $$I_E = \frac{U_Z - U_{EB}}{R_E} \approx I_L$$ $r_i \approx 50 \ldots 500 \cdot r_{CE}$	**Konstantstromquelle mit Feldeffekttransistor**	Steuerspannung $-U_{GS}$ wird am Source-Widerstand R_S abgenommen. Die I_D–U_{GS}-Kennlinie liefert für jeden Betrag von R_S den Konstantstrom I_L. $$I_L = I_D = \frac{-U_{GS}}{R_S}$$ $r_i \approx 20 \ldots 100 \cdot r_{DS}$

Glättung und Siebung

- Gleichrichterschaltungen liefern pulsierende Gleichspannungen und -ströme.
- Schaltungen mit Glättungsdrosseln werden bis in MW-Bereich eingesetzt.
- Schaltungen mit Lade-(Glättungs-)-Kondensator sind bis 2 kW üblich.
- In der Elektronik beeinflußt der Netztransformator die Dimensionierung der Gleichrichterschaltung.

Gleichrichterschaltungen mit Netztransformator und Ladekondensator

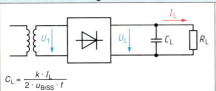

$$C_L = \frac{k \cdot I_L}{2 \cdot u_{BrSS} \cdot f}$$

U_1: Effektivwert der Wechselspannung am Gleichrichtereingang.
U_L: Gleichspannung am Ladekondensator und an der Last.
U_{BrSS}: Brummspannung an der Last (Spitze-Spitze-Wert).
f: Frequenz der Brummspannung
  50 Hz bei Einpulsschaltungen
  100 Hz bei Zweipulsschaltungen
k: Verlustfaktor (Netztransformator).

Auswahl von Netztransformatoren

Kerntyp	Nennleistung	Verlustfaktor k
M 42	4 W	0,63
M 55	15 W	0,56
M 65	33 W	0,51
M 75	55 W	0,48
M 85a	80 W	0,46

Auswahl von Brückengleichrichtern mit maximalem Glättungskondensator

Typ	V1	I_{Lmax}	C_{Lmax}
B 40 C 800		0,8 A	
B 40 C 1000		1,0 A	2500 µF
B 40 C 1500/1000[1]	40 V_{eff}	1,5 A	
B 40 C 3200/2200[1]		3,2 A/2,2 A	5000 µF
B 40 C 5000/3300[1]		5,0 A/3,3 A	10000 µF

Siebschaltungen

- Sieb- oder Filterschaltungen sollen die Brummspannung möglichst stark verringern, ohne den Innenwiderstand deutlich zu erhöhen.
- Die LC-Siebung ist wegen des geringen Spulenwiderstandes R_{sp} sehr vorteilhaft, wird aber wegen Spulengröße und -gewicht weniger eingesetzt.

Siebkette aus RC-Gliedern

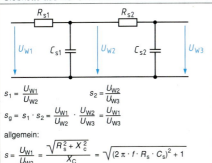

$$s_1 = \frac{U_{W1}}{U_{W2}} \qquad s_2 = \frac{U_{W2}}{U_{W3}}$$

$$s_g = s_1 \cdot s_2 = \frac{U_{W1}}{U_{W2}} \cdot \frac{U_{W2}}{U_{W3}} = \frac{U_{W1}}{U_{W3}}$$

allgemein:
$$s = \frac{U_{W1}}{U_{W2}} = \frac{\sqrt{R_s^2 + X_c^2}}{X_C} = \sqrt{(2\pi \cdot f \cdot R_s \cdot C_s)^2 + 1}$$

$$s \approx 2\pi \cdot f \cdot R_s \cdot C_s$$

s: Siebfaktor – auch Glättungsfaktor G-, Verhältnis von Brummspannungen U_W des Einganges zum Ausgang.
s_G: Gesamtsiebfaktor als Produkt der Einzelsiebfaktoren.
  $s_G = s_1 \cdot s_2 \cdot ... s_n$
f: Frequenz der Brummspannung
  50 Hz bei Einwegschaltungen
  100 Hz bei Zweiwegschaltungen

Begrenzerschaltungen

Störspannungsbegrenzer

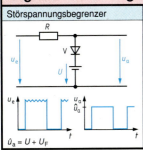

$\hat{u}_a = U + U_F$

Impulsformer

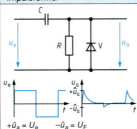

$+\hat{u}_a = U_e \qquad -\hat{u}_a = U_F$

Amplitudenbegrenzer

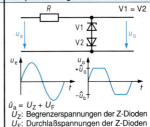

V1 = V2

$\hat{u}_a = U_Z + U_F$
U_Z: Begrenzerspannungen der Z-Dioden
U_F: Durchlaßspannungen der Z-Dioden

Stabilisierte Gleichspannungs-Versorgungsgeräte

- Stabilisierte Gleichspannungs-Versorgungsgeräte (Netzgeräte) sind stetige Gleichstromsteller.
- Realisierung ist durch etliche Schaltungvarianten möglich. Gemeinsam sind Netztransformator, Gleichrichtung und Glättung zur Bildung der Eingangsgleichspannung U_1.

Anforderungen:
- Ausgangsspannung störungsfrei, lastunabhängig, unabhängig von Netzspannungsschwankungen ($R_i = 0\,\Omega$) und in weiten Grenzen einstellbar.
- Kurzschluß- bzw. Dauerkurzschlußfestigkeit.

Schaltungsbeispiele	Wirkungsweise
Netzgerät mit Operationsverstärker 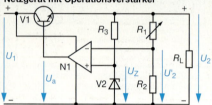	• Schaltung mit geringem Aufwand, da Operationsverstärker N1 von der Eingangsspannung U_1 mitversorgt wird. • Operationsverstärker vergleicht Referenzspannung U_Z mit U'_2 als Teil der Ausgangsspannung U_2. • Sinkt U_2 z.B. durch stärkere Belastung, so steigt Ausgangsspannung U_a von N1 soweit an, bis U_2 den Sollwert erreicht hat. $U_2 = (1 + \frac{R_1}{R_2}) \cdot U_Z \quad U_{2min} = U_Z; \quad U_{2max} \leq U_1$
Netzgerät mit integrierten einstellbaren Spannungsreglern 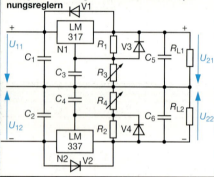	• LM 317 (N1) und LM 337 (N2) sind gebräuchliche integrierte einstellbare Spannungsregler. • $U_{21} = (U_{11} - 3\,\text{V}) \ldots 1{,}2\,\text{V} \approx 1{,}25\,(1 + \frac{R_3}{R_1})\,\text{V}$ $U_{11max} = 40\,\text{V}$ • $U_{22} = [U_{12} - (-3\,\text{V})] \ldots -1{,}2\,\text{V} \approx -1{,}25\,(1 + \frac{R_4}{R_2})\,\text{V}$ $U_{12max} = -40\,\text{V}$ • R_1 bzw. $R_2 \geq 120\,\Omega$ C_1 bzw. $C_2 = 0{,}1\,\mu\text{F}$ • Rückstromschutz durch V1 bzw. V2 • Entladeschutz durch V3 bzw. V4

Gleichstromschalter, Gleichstromsteller   DIN IEC 971/08.94

- Periodisch arbeitende Gleichstromschalter sind Gleichstromsteller ohne Zwischenkreis (Pulswandler, Chopper).
- Bei konstanter Eingangsspannung U_d kann der Mittelwert der Ausgangsspannung U_L stetig verstellt werden.

Steuerarten von Gleichstromstellern

Spannungs- und Stromverlauf	Eigenschaften	Anwendungen
Pulsbreitensteuerung	• Konstante Periodendauer T. • Variable Einschaltdauer T_e. • Konstantes Verhältnis von Lastkreiszeitkonstante $\tau = \frac{L}{R}$ und Periodendauer T.	• Speisung von Fahrmotoren in Elektrofahrzeugen. • Einsatz in Anlagen bei denen veränderliche Frequenzen zu Störungen führen. • Spannungsregler für bürstenlose Drehstromgeneratoren.
Pulsfolgesteuerung	• Variable Periodendauer T. • Konstante Einschaltdauer T_e. • Kommutierungsverluste erreichen Maximalwert erst bei höchster Aussteuerung.	• Einfache Schaltkreise mit geringen Anforderungen an die Stromwelligkeit. • Speisung von Gleichstrommaschinen im Anker- und Feldstellbereich. • Regulierung eines Widerstandes (gepulster Widerstand)

Schaltnetzteile, Schaltregler

Funktionsgruppen von Schaltnetzteilen (SNT)

Schaltnetzteil / DC/DC-Wandler (Primär / Sekundär):
Entstören (EMV) → Gleichrichten → Glätten, Speichern → Schalten → Übertragen, Spg. wandeln, Pot. trennen → Gleichrichten → Glätten → Entstören (EMV) → Abschalten (OVP)

Steuern, überwachen, Schützen PWM → Übertragen → Regeln → Überwachen $U_A \lesseqgtr$

- EMV: Maßnahmen zur „**E**lektro-**M**agnetischen **V**erträglichkeit"
- OVP: **o**ver **v**oltage **p**rotection Überspannungsschutz
- PWM: **P**uls**w**eiten**m**odulation

Leistungsbereiche von Wandlerarten

Leistung in W	≤ 10	10…100	100…300	300…1000	1000…3000	> 3000
Sperrwandler	x	x				
Eintakt-Durchflußwandler		x	x			
Halbbrückenwandler			x	x	x	
Vollbrückenwandler				x	x	x
Gegentakt-Parallelspeisung				x	x	x

Sperrwandler

Schaltbild	Spannungen, Ströme	Formeln für Kenngrößen
Hochsetzsteller (Boost-converter) $U_E \leq U_A$	U_{V1}, U_E, I_L, U_{V1max}	$U_A = \dfrac{1}{1-g} \cdot U_E$ $L = \dfrac{(U_A - U_E) \cdot U_E}{\Delta I_L \cdot f \cdot U_A}$ $I_L = \dfrac{1}{1-g} \cdot I_A$ $U_{V1max} = 2 \cdot U_E$
Inverter (Flyback-converter) $U_E \gtreqless U_A$	U_{V1}, U_E, I_L, U_{V1max}	$U_A = \dfrac{1}{1-g} \cdot U_E$ $L = \dfrac{U_A \cdot U_E}{\Delta I_L \cdot f \cdot (U_A + U_E)}$ $I_L = \dfrac{1}{1-g} \cdot I_A$ $U_{V1max} = 2 \cdot U_E$
Inverter mit galv. Trennung	U_{V1}, U_E, I_L, U_{V1max}	$U_A = \dfrac{N_2 \cdot g \cdot U_E}{N_1 \cdot (1-g)}$ $L_{primär} = \dfrac{U_E \cdot t_{ein}}{\hat{I}_1}$ $\hat{I}_1 = \dfrac{2 \cdot P_A}{\eta \cdot U_E \cdot g}$ $U_{V1max} = 2 \cdot U_E$

Tastgrad $g = \dfrac{t_{ein}}{T}$; $g = \dfrac{\text{Einschaltdauer}}{\text{Periodendauer}}$; Übersetzungsverhältnis: $ü = \dfrac{N_1}{N_2}$

Schaltnetzteile, Schaltregler

Flußwandler

Schaltbild	Spannungen, Ströme	Formeln für Kenngrößen
Tiefsetzsteller (Buck-converter)	U_{V1}, $U_{V1\,max}$, U_E, I_L, ΔI_L	$U_A = g \cdot U_E$ $L = \dfrac{(U_E - U_A) \cdot U_A}{\Delta I_L \cdot f \cdot U_E}$ $I_L = I_A$ $U_{V1\,max} = U_E$
Eintakt-Durchflußwandler (Forward-converter)	U_{V1}, $U_{V1\,max}$, U_E, I_L	$U_A = \dfrac{N_2}{N_1} \cdot g \cdot U_E = \dfrac{g \cdot U_E}{\ddot{u}}$ $I_1 = \dfrac{I_L}{\ddot{u}} + \dfrac{\ddot{u} \cdot U_A}{f \cdot L} \approx \dfrac{I_L}{\ddot{u}}$ $U_{V1\,max} = 2 \cdot U_E$
Gegentakt-Durchflußwandler (Push-Pull-converter)	U_{V1}, U_{V2}, $U_{V2\,max}$, $U_{V1\,max}$, U_E, I_L	$U_A = \dfrac{2 \cdot g}{\ddot{u}} \cdot U_E$ $I_1 = \dfrac{I_L}{\ddot{u}} + \dfrac{\ddot{u}}{4 \cdot L \cdot f} \cdot U_A \approx \dfrac{I_L}{\ddot{u}}$ $U_{V1,\,V2\,max} = 2 \cdot U_E$
Halbbrücken-Durchflußwandler, asymmetrisch	$U_{V1,V2}$, U_E, $U_{V1\,max}$, I_L	$U_A = \dfrac{g}{\ddot{u}} \cdot U_E$ $I_1 = \dfrac{I_L}{\ddot{u}} + \dfrac{\ddot{u}}{f \cdot L} \cdot U_A \approx \dfrac{I_L}{\ddot{u}}$ $U_{V1,\,V2\,max} = U_E$
Halbbrücken-Durchflußwandler, symmetrisch	U_{V1}, U_{V2}, $U_{V2\,max}$, U_E, U_{V1}, U_{V2}, $U_{V1\,max}$, I_L	$U_A = \dfrac{g}{\ddot{u}} \cdot U_E$ $I_1 = \dfrac{I_L}{\ddot{u}} + \dfrac{\ddot{u}}{f \cdot L} \cdot U_A \approx \dfrac{I_L}{\ddot{u}}$ $U_{V1,\,V2\,max} = U_E$
Vollbrücken-Durchflußwandler	$U_{V1,V2}$, $U_{V3,V4}$, $U_{V3,V4\,max}$, $U_{V1,V2\,max}$, U_E, $U_{V1,V2}$, $U_{V3,V4}$, I_L	$U_A = \dfrac{g}{\ddot{u}} \cdot U_E$ $I_1 = \dfrac{I_L}{\ddot{u}} + \dfrac{\ddot{u}}{f \cdot L} \cdot U_A \approx \dfrac{I_L}{\ddot{u}}$ $U_{V1\ldots V4\,max} = U_E$

Phasenanschnittsteuerungen, Wechselschaltungen

W1C-Schaltung als Dimmer mit Triac

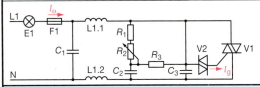
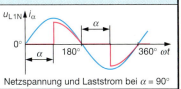

Netzspannung und Laststrom bei $\alpha = 90°$

Steuerkennlinien des Wechselstromstellers bei Widerstandslast

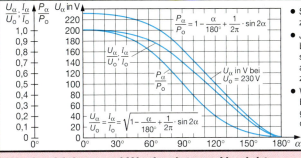

$$\frac{P_\alpha}{P_o} = 1 - \frac{\alpha}{180°} + \frac{1}{2\pi} \cdot \sin 2\alpha$$

$$\frac{U_\alpha}{U_o} = \frac{I_\alpha}{I_o} = \sqrt{1 - \frac{\alpha}{180°} + \frac{1}{2\pi} \cdot \sin 2\alpha}$$

U_α in V bei $U_o = 230$ V

- Stellen des Leistungsumsatzes zwischen 0 % und 100 %.
- Je Haushaltsanlage sind Leuchten mit Phasenanschnittsteuerung nur bis zum Gesamtanschlußwert ≤ 1000 W zulässig.
- Wegen Steuerblindleistung ist EVU-Sondergenehmigung für gewisse Grenzleistungen erforderlich.

Wechselrichter und Wechselstrom-Umrichter

Schaltungsbeispiele	Ausgangsspannungen	Bemerkungen
Selbstgeführter Wechselrichter (einphasig) 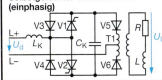	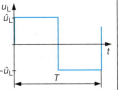	• Wechselrichter in Mittelpunktschaltung versorgt durch Rücklaufdioden V3 und V4 beliebige Lasten mit nahezu rechteckförmiger Wechselspannung. • Einsatz z. B. als Notstromversorgung in Anlagen der Fernmeldetechnik.
Selbstgeführter Wechselrichter (dreiphasig) 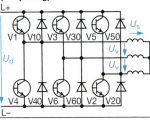	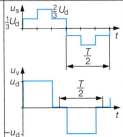	• Anwendung vorzugsweise bei drehzahlgeregelten Antrieben mit Drehstrommaschinen. • Wechselrichter für Leistungen ab 10 kW mit Thyristoren und Einzellöschkreisen. • Spannungsdiagramme bei einem Stromflußwinkel der Ventile von $\Theta = 180°$.
Zwischenkreis-Umrichter (Pulsumrichter) 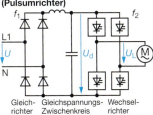 Gleich- / Gleichspannungs- / Wechsel- richter / Zwischenkreis / richter	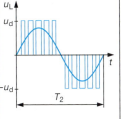	• Durch spezielle Pulsbreitensteuerung kann die Wechselspannung stufenlos bezüglich Frequenz und Amplitude verstellt werden. • Die sinusförmige Grundschwingungsfrequenz liegt unterhalb der Pulsfrequenz (Unterschwingungsverfahren). • Symbol für löschbares Ventil.

Überspannungsschutz von Halbleiter-Ventilen und -Stromrichtern

Überspannungen entstehen u. a. durch:
- Trägerstaueffekt (TSE) der Ventile
- Schalthandlungen an kapazitiven oder induktiven Lasten
- atmosphärische Einflüsse

Schaltungsbeispiele	Eigenschaften	Anwendungen
Kombinierter Schutz 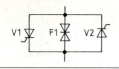	• Schutz gegen TSE-Überspannungen durch RC-Einzelbeschaltung der Ventile. • Überspannungsbegrenzung der Eingangsspannung durch Varistor.	• Schutz kleinerer Stromrichter und elektronischer Lastrelais vor Schaltüberspannungen. • Varistoren sind als TSE-Beschaltung nur für Thyristoren mit Rückstromspitzen <20 A geeignet.
Avalanche-Diode	• Überspannungsbegrenzung durch symmetrische Avalanche-Dioden (Gegenreihenschaltung) • Verlustwärme bei Überspannungsbegrenzung kann durch konstruktive Maßnahmen leicht abgeführt werden.	• Überspannungsbegrenzung von Thyristoren in Anlagen ab 100 kW. • Für Thyristoren mit geringer Spannungssteilheit ist eine zusätzliche TSE-Beschaltung erforderlich.
Kippdiode	• Kippdioden besitzen eine festgelegte Kippspannung U_{BO} von 500 V ... 4000 V und sind für Überkopfzünden geeignet.	• Überspannungsableiter zum Schutz großer Leistungsthyristoren in Blockierrichtung. • Nur für Anlagen, in denen eine Schutzzündung erlaubt ist.

Überstromschutz von Halbleiter-Ventilen und -Stromrichtern

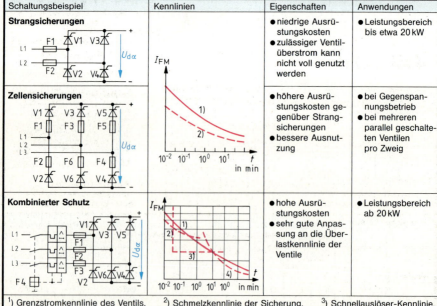

Schaltungsbeispiel	Kennlinien	Eigenschaften	Anwendungen
Strangsicherungen		• niedrige Ausrüstungskosten • zulässiger Ventilüberstrom kann nicht voll genutzt werden	• Leistungsbereich bis etwa 20 kW
Zellensicherungen		• höhere Ausrüstungskosten gegenüber Strangsicherungen • bessere Ausnutzung	• bei Gegenspannungsbetrieb • bei mehreren parallel geschalteten Ventilen pro Zweig
Kombinierter Schutz		• hohe Ausrüstungskosten • sehr gute Anpassung an die Überlastkennlinie der Ventile	• Leistungsbereich ab 20 kW

[1] Grenzstromkennlinie des Ventils,   [2] Schmelzkennlinie der Sicherung,   [3] Schnellauslöser-Kennlinie,
[4] Thermische Überstromauslöse-Kennlinie

Kühlung und Kühlarten von Halbleiterventilen und Stromrichtern

DIN 41 751/5.77

Die Ableitung der Verlustwärme von Halbleiterventilen beeinflußt Belastbarkeit und Bauvolumen der Stromrichteranlagen.

Beispiel: Ventil mit Druckgußkörper

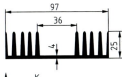

Stationärer Zustand:

$$R_{th} \neq f(t); [R_{th}] = \frac{K}{W}$$

$$P_v = \frac{\vartheta_J - \vartheta_A}{R_{thJA}}$$

$$R_{thJA} = R_{thJA} + R_{thCK} + R_{thKA}$$

Ersatzschaltbild für den Wärmewiderstand R_{th}

$R_{thK} = 60 \frac{K}{W}$

Federkühlkörper aus Federbronze, geschwärzt

Fingerkühlkörper aus Aluminium $R_{thK} = 6 \frac{K}{W}$

Rippenkühlkörper aus Aluminium-Druckguß als Stangenmaterial

Wärmewiderstand des Rippenkühlkörpers als f(l)

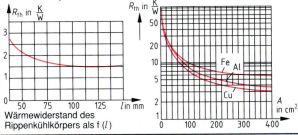

Thyristor $I_{TAV} = f(P_v; \Theta)$
Strombelastbarkeit des Thyristors CS 8
bei $\vartheta_A = 45\ °C$, $R_{thJA} = 3{,}55 \frac{K}{W}$ und $\Theta = 180°$

Kennlinien gelten für senkrechte Montage. Bei waagerechter Montage muß die Fläche um ca. 20% vergrößert werden. Bei schwarzer Oberfläche kann die Fläche um ca. 15% reduziert werden. ≈ 0,85·l

Wärmewiderstände R_{thKA} von 1 mm starken, blanken, quadratischen Blechen

Kühlart	Kühlmittel	Unmittelbare Kühlung		Mittelbare Kühlung durch Wärmeträger im				
				Wärmeleiter	natürlicher Umlauf		erzwungener Umlauf		
					Luft	Öl	Luft	Öl	Wasser
Natürlich	Luft	S		KS	LS	OS	LUS	OUS	—
Verstärkt	Luft[1]	F	G	KF	—	OF	LUF	OUF	WUF
	Wasser	W		—	—	OW	LUW	OUW	WUW

[1] Bei mittelbarer verstärkter Luftkühlung ist statt Kurzzeichen F auch G möglich.

Filterschaltungen für Netzleitungen

Ein-Phasen-Netzleitungsfilter für gedruckte Schaltung

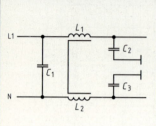
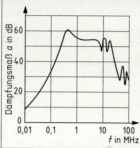

Nennspannung in V~	115/250
Nennstrom in A bei $\vartheta_u = +40\,°C$	0,5
Ableitstrom in mA	< 0,5
Nennkapazitäten C_1 in µF C_2, C_3 in pF	0,25 4700
Nenninduktivitäten L_1, L_2 in mH	39

Ein-Phasen-Netzleitungsfilter mit IEC-Stecker, Sicherungshalter und Netzschalter

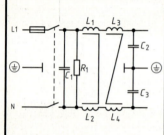
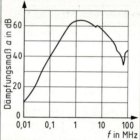

Nennspannung in V~	115/250
Nennstrom in A bei $\vartheta_u = +40\,°C$	3
Ableitstrom in mA	< 1
Nennkapazitäten C_1 in µF C_2, C_3 in nF	0,33 10
Nenninduktivitäten L_1, L_2 in mH L_3, L_4 in µH	1,5 22

Drei-Phasen-Netzleitungsfilter

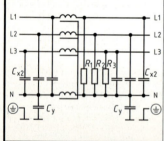
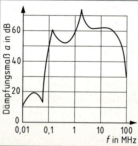

Nennspannung in V~	250/440
Nennstrom in A bei $\vartheta_u = +40\,°C$	16
Spannungsfall je Phase in V	< 0,4
Symmetrischer Blindstrom je Phase in mA	< 140
Ableitstrom in mA	< 3,5

Filterschaltung für Datenleitungen

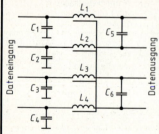
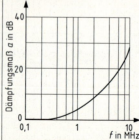

Nennspannung in V~	50
Nennstrom je Leitung in A	0,1
Gleichstromwiderstand je Leitung in Ω	2,5
Nennkapazitäten $C_1 \ldots C_6$ in nF	6,8 1,5
Prüfspannung in V~ in V–	300 750

Elektrostatisch gefährdete Bauelemente

Elektrostatische Aufladungen

- entstehen durch Reibung verschiedener Materialien gegeneinander
- erreichen dabei hohe Werte, wenn die entstehende Ladung sich nicht sofort wieder ausgleichen kann
- entstehen auch bei Bewegungsänderung des Menschen und der damit verbundenen Änderung der Körperkapazität gegenüber der Umgebung
- werden vom Menschen gefühlt ab 3 500 V
- sind vom Menschen zu hören ab 4 500 V
- sind vom Menschen zu sehen ab 5 000 V
- zerstören Halbleiterbauelemente, wenn sie noch weit unter der Wahrnehmungsschwelle des Menschen liegen
- sind abhängig von der Luftfeuchtigkeit

Beispiele für elektrostatische Aufladung

erreichbare Spannung in V	verursacht durch
35 000	gehen auf Teppichboden
12 000	gehen auf Kunststoffboden
18 000	sitzen auf Posterstuhl
8 000	Entlötgerät aus Kunststoff
5 000	Kaffeetassen aus Kunststoff
5 000	Klarsichthüllen aus Kunststoff
8 000	Hefte u. Bücher mit Kunststoffeinband

Beispiele für die Empfindlichkeit gegen elektrostatische Aufladung

Spannung	Bauelement	Spannung	Bauelement
$\geq$ 20 V...	Plastic Flatpack	$\geq$ 100 V	MOS-FET
		$\geq$ 100 V	GAAS-FET
	Plastic Chip Carrier PLCC	$\geq$ 100 V	EPROM
	Plastic Chip Carrier PLCC	$\geq$ 140 V	J-FET
$\geq$ 2000 V	Keramik Chip Carrier LCC	$\geq$ 190 V	OP
		$\geq$ 380 V	Film-Widerstand
$\geq$ 30 V/250 V	SCHOTTKY-Dioden	$\geq$ 1000 V	SCHOTTKY-TTL

Maßnahmen zum Schutz von elektrostatisch gefährdeten Bauelementen

Bauelemente bis zur Verarbeitung in der Verpackung belassen.	Bauelemente nur in zugelassenen Verpackungsschienen und in hochohmig leitenden bzw. antistatisch imprägnierten Behältern (evtl. unlackiertes Holz) transportieren.
Verarbeitung der Bauelemente nur an besonders eingerichteten Arbeitsplätzen.	
Arbeitskleidung nicht aus aufladbaren Kunstfasern, besser ist reine Baumwollkleidung.	Fußböden antistatisch und ableitfähig gestalten.
Erdungsarmband fest an die Haut anlegen.	Untere Grenze der Ableitfähigkeit darf Standortübergangswiderstand (50 kΩ) nicht unterschreiten (DIN VDE 0100/T.600).
Transporteinheiten und bestückte Leiterplatten durch Berühren mit der Hand hochohmig entladen, bevor einzelne Bauelemente berührt werden.	Schuhwerk und Drehstuhl-Isolationswiderstand $\leq$ 100 kΩ
Flachbaugruppen niemals am Steckverbinder oder an Bauelemente-Anschlüssen berühren.	Arbeitstische mit leitfähigem Belag (50 kΩ ... 100 MΩ) verwenden.
Mindestabstand von 10 cm zu Sichtgeräte-Bildschirmen einhalten.	Elektrische Einrichtungen müssen den Unfallverhütungsvorschriften und den VDE-Bestimmungen entsprechen.
Bauelemente auch während der Lagerung in der Lieferverpackung belassen.	Lötkolben ohne Thyristorregelungen verwenden.
Lagertemperatur nicht höher als +60 °C.	Netztransienten mit Funkentstöreinrichtungen verhindern.

Edelgasgefüllte Überspannungsableiter (ÜsAg) — DIN VDE 57 845

Bezeichnungen

1,2 Außenelektroden

3 Mittelelektrode

4 Gasentladungsraum (gefüllt mit Neon o. Argon)

5 Zündhilfe

6 Aktivierungsmasse (setzt Austrittsarbeit der Elektronen herab)

7 Keramik- bzw. Glasisolator

Aufbau

mit 2 Elektroden

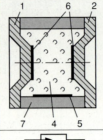

mit 3 Elektroden

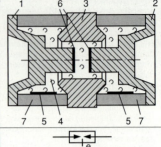

Kenndaten

		mit 2 Elektroden	mit 3 Elektroden
Nennansprechgleichspannung (Zündspannung bei du/dt = 100 V/s)	U_{agN} in V	90 … 1000	90 … 720
Ansprechstoßspannung	U_{as} in V	< 600 … < 1600	< 450 … < 1200
Nennableitstrom (Ableitstrom bei definiertem Stoßstrom)	i_{SN} in kA	5	5 … 20
Nennableitwechselstrom (Effektivwert eines Wechselstromes mit 50 Hz, Dauer 1 s)	I_{WN} in A	5	5 … 10
Isolationswiderstand	R_{iso} in Ω	$\geq 10^{10}$	$\geq 10^{10}$
Kapazität	C in pF	< 2	< 1 … ≤ 2,2

Beispiel für Begrenzung einer sinusförmigen Wechselspannung

- U_Z: Zündspannung, bis zum Erreichen von U_Z fließt kein Strom durch den ÜsAg.

- U_{gL}: Glimmbrennspannung, nach Zünden des ÜsAg bricht anliegende Wechselspannung auf typabhängige Werte (70 V … 150 V) zusammen.

- G: Glimmbereich, ansteigender Strom im ÜsAg.

- B: Führt zur Bogenentladung.

- U_{bo}: Bogenbrennspannung, Wert zwischen 10 V … 25 V ist in weiten Grenzen unabhängig von Strom.

- U_L: Löschspannung, ÜsAg wird wieder hochohmig, nachdem der erforderliche Strom zur Aufrechterhaltung der Bogenentladung nicht mehr vorhanden ist.

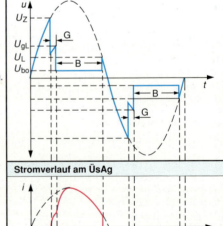

Spannungsverlauf am ÜsAg

Stromverlauf am ÜsAg

3 Signalausbreitung und -verteilung

Elektromagnetische Wellen 132
Wellenausbreitung 133
Frequenz und Wellenlängen-
  bereiche 134
Frequenzbereiche für Hör- und
  Fernsehfunk in Europa 135
Dämpfung, Übertragung und
  Pegel 136
Pegelplan 137
Rauschen 137
HF-Leitung 138
Kabel für Breitband-Kommu-
  nikation-Liniennetze 139
Schaltdrähte und Schaltlitzen für
  Fernmelde- und Informationsver-
  arbeitungsanlagen 139
Kabel für Fernmelde- und Informa-
  tionsverarbeitungsanlagen 140
Koaxiale HF-Steckverbinder 142
Koaxialkabel für HF-Steck-
  verbinder 143
Koaxiales HF-Kabel für Innen-
  verlegung 144
Optische Übertragungstechnik ... 145
Lichtwellenleiter 146
Lichtwellenleiter für Fernmelde-
  und Informationsverarbeitungs-
  anlagen 147
Verseil-Querschnittsbilder (Lagen-
  verseilung) für Lichtwellenleiter-
  Außenkabel 148
Herstellen von Glasfaserver-
  bindungen, Steckverbinder 148
Hochfrequenz-Hohlleiter 149
Empfangsantennen 150
Antennenanlagen 151
Breitbandkommunikation 153
Breitbandanschlüsse 154
Funkentstörung 155

Elektromagnetische Wellen

Schwingung

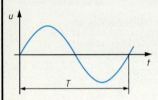

T: Periodendauer $[T] = s$
f: Frequenz $[f] = Hz$
$f = \dfrac{1}{T}$ $1\ Hz = \dfrac{1}{s}$

Wellen

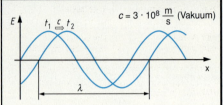

c: Ausbreitungsgeschwindigkeit, $[c] = m/s$
    Lichtgeschwindigkeit
λ: Wellenlänge $[\lambda] = m$
f: Frequenz $[f] = Hz$
x: Weg, Strecke

$\lambda = \dfrac{c}{f}$ $\lambda = c \cdot T$

Wellenabstrahlung

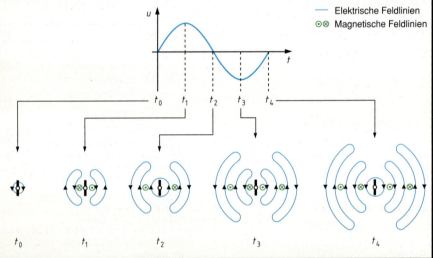

— Elektrische Feldlinien
⊙⊗ Magnetische Feldlinien

Elektromagnetisches Feld

E: Elektrische Feldstärke $[E] = V/m$
H: Magnetische Feldstärke $[H] = A/m$
Z_0: Feldwellenwiderstand $[Z_0] = \Omega$
ε_0: Elektrische Feldkonstante $\varepsilon_0 = 8{,}86 \cdot 10^{-12}\ As/Vm$
μ_0: Magnetische Feldkonstante $\mu_0 = 1{,}257 \cdot 10^{-6}\ Vs/Am$

$E = Z_0 \cdot H$ $Z_0 = 376{,}68\ \Omega$

$Z_0 = \sqrt{\dfrac{\mu_0}{\varepsilon_0}}$

Feldberechnung (Kugelstrahler)

P: Strahlungsleistung der Antenne $[P] = W$
    (abgestrahlte Energie pro Zeit)
S: Strahlungsdichte $[S] = W/m^2$
E: Elektrische Feldstärke $[E] = V/m$
H: Magnetische Feldstärke $[H] = A/m$

$S = \dfrac{P}{4\pi \cdot r^2}$

$S = E \cdot H$

$S = \dfrac{E^2}{Z_0}$

Wellenausbreitung

Ausbreitungszonen

Nahempfangszone	Tote Zone	Interferenzzone (Fadingzone)	Fernempfangszone
Nur Bodenwelle vorhanden.	Bodenwelle und Raumwelle sind nicht vorhanden.	Bodenwelle und Raumwelle sind vorhanden, Auslöschung möglich.	Nur Raumwelle vorhanden.

Feldarten

Nahfeld: $r < \lambda$; $E \sim \dfrac{1}{r^3}$

Fernfeld: $r > \lambda$; $E \sim \dfrac{1}{r}$ (r ca. 10 λ)

Im Fernfeld sind die magnetische und die elektrische Komponente des elektromagnetischen Feldes in Phase und stehen senkrecht aufeinander.

Schichten der Ionosphäre

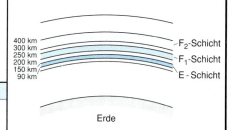

Einteilung der Atmosphäre

Troposphäre: bis ca. 12 km
Stratosphäre: von 12 km bis ca. 80 km
Ionosphäre: von 80 km bis ca. 1000 km

Ausbreitungseigenschaften verschiedener Wellenlängenbereiche

Längstwellen, Langwellen

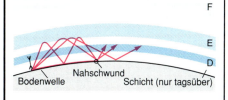

Vorwiegend nur Bodenwellen

Mittelwellen

Tag: Vorwiegend Bodenwellen
Nacht: Boden- und Raumwellen
Ausbreitung ist abhängig von Tages- und Jahreszeit.

Kurzwellen

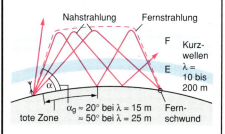

Kurzwellen λ = 10 bis 200 m

$\alpha_g \approx 20°$ bei $\lambda = 15$ m
$\approx 50°$ bei $\lambda = 25$ m

Vorwiegend Raumwelle.
Ausbreitung abhängig von Tages- und Jahreszeit und von Sonnenaktivität, Mehrfachreflexion möglich.

Ultrakurzwellen

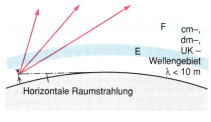

cm–, dm–, UK – Wellengebiet $\lambda < 10$ m

Horizontale Raumstrahlung

Quasioptische Wellen

Frequenz und Wellenlängenbereiche

Elektromagnetisches Spektrum

$c = \lambda \cdot f$

c: Ausbreitungsgeschwindigkeit der elektromagnetischen Welle
$c = 299\,792{,}5 \pm 0{,}1$ km/s
$c \approx 300\,000$ km/s
λ: Wellenlänge
f: Frequenz

Starkstromtechnik
- Techn. Frequenzen: $16\,2/3$ Hz, 25 Hz, 42, 50, 60 Hz, 100, 500 Hz
- Elektrowerkzeuge
- Ultraschalltherapie
- Elektrochirurgie
- Medizinische Strahlenfeldbehandlung
- Induktive Erhitzung — Vorzugsfrequenzen z. B. für Schmelzen, Glühen und Härten
- Kapazitive Erhitzung — z. B. Trocknen, Kunststofftechnologie, Elektromedizin (Kurzwellen-Therapie)

Unmittelbare Übertragungen
- Tonfrequenz: 16 Hz – 20000 Hz
- Ultraschall
- Menschliches Ohr: 16 Hz – 20000 Hz
- Hauptsprachgebiet: 300 Hz – 3000 Hz
- Baß: 100 Hz – 800 Hz
- Sopran: 250 Hz – 3000 Hz
- Oktaven der gleichschwebend temperierten Stimmung: 16,1 Hz, 32,3, 64,7, 129,3, 258,6, 517,3, 1035, 2096 Hz u.s.w.
- Musikinstrumente: 16 Hz – 20000 Hz
- Frequenzgebiet der Wärme-, Licht- und Röntgenstrahlen

Nachrichtentechnik
- Fernschreiben: 25, 50 Hz, 300 Hz, 3400 Hz
- Fernsprechen
- Rundfunkprogramm: 30, 50 Hz, 10, 15 kHz
- Fernsehen (Video): 50 Hz, 5, 10 MHz
- Basisbänder
- Hell-Schreiber: 1000 ± 300 Hz, 3000 ± 300 Hz
- Bildtelegraphie: 1900 ± 600 Hz, 3 kHz, 150 kHz
- Wechselstrom- und Mittelfrequenz-Telegraphie: 420 Hz, 7 kHz, 15 kHz, 375 kHz
- Freileitung
- Hochspannungsleitung
- Symmetrisches Kabel: 6 kHz, 552 kHz
- Koaxialkabel: 60 kHz, 12 MHz
- Hohlkabel: 300, 100 GHz
- Trägerfrequenzbereiche

Mittelbare Übertragungen drahtlos auf Leitungen
- entsprechend internat. Bestimmungen nicht durchgehend benutzt
- Richtfunk: 30 MHz – 40 GHz
- Hör- und Fernsehfunk: Langwelle, Mittelwelle, Kurzwelle, Ultra-Kurzwelle
- 150, 285, 525, 1605 kHz; 3,95; 26,1; 40; 68; 176; 223; 470; 960 MHz; 11,7; 12,76 GHz
- Feste und bewegliche Funkdienste: 10 kHz, 88, 100 MHz, 40 GHz
- Funkortung: 10 kHz, 40 GHz

Frequenz in Hz: $0{,}1$, 1, 10^1, 10^2, 10^3, 10^4, 10^5, 10^6, 10^7, 10^8, 10^9, 10^{10}, 10^{11}

Frequenz- und Wellenlängenbereiche
DIN 40 015/06.85

Bezeichnungen	Anwendungsbereiche	Frequenzbereich	Wellenlängenbereich
ELF (extremely low frequencies)		0,3 Hz ... 3 Hz 3 Hz ... 30 Hz 30 Hz ... 300 Hz	$1 \cdot 10^6$ km ... $1 \cdot 10^5$ km $1 \cdot 10^5$ km ... $1 \cdot 10^4$ km $1 \cdot 10^4$ km ... $1 \cdot 10^3$ km
ILF (infra low frequencies)		300 Hz ... 3 kHz	$1 \cdot 10^3$ km ... 100 km
VLF (very low frequencies), **Myriameterwellen** (Längstwellen)	Funkverkehr zwischen Feststationen	3 kHz ... 30 kHz	100 km ... 10 km
LF (low frequencies), **Kilometerwellen** (Langwellen)	Funkverkehr zwischen Feststationen, Rundfunk, Überseefunk	30 kHz ... 300 kHz	10 km ... 1 km
MF (medium frequencies), **Hektometerwellen** (Mittelwellen)	Rundfunk, Schiffsfunk, Amateurfunk, Polizeifunk	300 kHz ... 3 MHz	1 km ... 0,1 km
HF (high frequencies), **Dekameterwellen** (Kurzwellen)	Rundfunk für große Reichweiten, Küsten-, Flug-, Amateurfunk, Medizin	3 MHz ... 30 MHz	100 m ... 10 m
VHF (very high frequencies), **Meterwellen** (Ultrakurzwellen)	Rundfunk, Fernsehfunk, Richtfunk, Flugnavigation, Polizei-, Amateurfunk, Küstenfunk, Medizin	30 MHz ... 300 MHz	10 m ... 1 m
UHF (ultra high frequencies), **Dezimeterwellen** (Ultrakurzwellen)	Fernsehfunk, Richtfunk, Flugnavigation, Amateurfunk	300 MHz ... 3 GHz	1 m ... 0,1 m
SHF (super high frequencies), **Zentimeterwellen** (Mikrowellen)	Radar, Richtfunk, Navigation	3 GHz ... 30 GHz	10 cm ... 1 cm
EHF (extremely high frequencies), **Millimeterwellen**	Radar, Richtfunk	30 GHz ... 300 GHz	1 cm ... 1 mm
Mikrometerwellen		300 GHz ... 3 THz	1 mm ... 0,1 mm

Frequenzbereiche für Hör- und Fernsehfunk in Europa

Bezeichnung	Frequenzbereich	Bezeichnung	Frequenzbereich
Langwellenbereich	150 ... 285 kHz	VHF-Bereich, Band I, (Kanal 2 bis 4, Fernsehfunk, 7 MHz Senderabstand)	47 ... 68 MHz
Mittelwellenbereich	510 ... 1605 kHz		
Kurzwellenbereich	2,30 ... 2,498 MHz	UKW-Bereich, Band II, (Kanal 2 bis 70, FM-Tonrundfunk, 300 kHz Senderabstand)	87,6.. 108 MHz
75-m-Band	3,95 ... 4,0 MHz		
49-m-Band	5,95 ... 6,2 MHz		
41-m-Band	7,1 ... 7,3 MHz	VHF-Bereich, Band III, (Kanal 5 bis 12, Fernsehfunk, 7 MHz Senderabstand)	174 ... 230 MHz
31-m-Band	9,5 ... 9,9 MHz		
25-m-Band	11,65 ... 12,05 MHz	UHF-Bereich, Band IV, (Kanal 21 bis 37, Fernsehfunk, 8 MHz Senderabstand)	470 ... 606 MHz
23-m-Band	13,6 ... 13,8 MHz		
19-m-Band	15,1 ... 15,6 MHz	UHF-Bereich, Band V, (Kanal 38 bis 69, Fernsehfunk, 8 MHz Senderabstand)	606 ... 862 MHz
16-m-Band	17,55 ... 17,9 MHz		
13-m-Band	21,45 ... 21,85 MHz	SHF-Bereich, Band VI Kanal 1 bis 40	11,7 GHz ... 12,5 GHz
11-m-Band	25,67 ... 26,1 MHz		

(AM-Hörrundfunk, 5 kHz Senderabstand, 9 kHz Senderabstand)

Dämpfung, Übertragung und Pegel

Dämpfungs- und Übertragungsfaktoren

Schaltung	Dämpfungsfaktor D		Übertragungsfaktor T Verstärkungsfaktor	
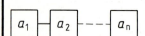 Eingang — Ausgang	Stromdämpfungsfaktor	$D_I = \dfrac{I_1}{I_2}$	Stromübertragungsfaktor	$T_I = \dfrac{I_2}{I_1}$
	Spannungsdämpfungsfaktor	$D_u = \dfrac{U_1}{U_2}$	Spannungsübertragungsfaktor	$T_u = \dfrac{U_2}{U_1}$
	Leistungsdämpfungsfaktor	$D_p = \dfrac{P_1}{P_2}$	Leistungsübertragungsfaktor	$T_p = \dfrac{P_2}{P_1}$

Dämpfungs- und Übertragungsmaße

Schaltung (Einzelglied)	Dämpfungsmaß a	Übertragungsmaß Verstärkungsmaß $-a$
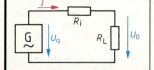 Eingang — Ausgang	Leistungsdämpfungsmaß $a_p = \lg \dfrac{P_1}{P_2}$ B B: Bel $a_p = 10 \cdot \lg \dfrac{P_1}{P_2}$ dB dB: dezi Bel Spannungsdämpfungsmaß $a_u = 20 \cdot \lg \dfrac{U_1}{U_2}$ dB $R_1 = R_2$ Stromdämpfungsmaß $a_I = 20 \cdot \lg \dfrac{I_1}{I_2}$ dB $R_1 = R_2$	Leistungsübertragungsmaß $-a_p = 10 \lg \dfrac{P_2}{P_1}$ dB Spannungsübertragungsmaß $-a_u = 20 \cdot \lg \dfrac{U_2}{U_1}$ dB $R_1 = R_2$ Stromübertragungsmaß $-a_I = 20 \cdot \lg \dfrac{I_2}{I_1}$ dB $R_1 = R_2$

Übertragungskette	Gesamtdämpfungsmaß bzw. Gesamtübertragungsmaß
$\boxed{a_1} - \boxed{a_2} - - - \boxed{a_n}$	$a_{ges} = a_1 + a_2 + \ldots a_n$ (Vorzeichen beachten)

Zusammenhang zwischen Dämpfungsfaktoren und Dämpfungsmaßen

Dämpfungsmaß in dB	a	0	1	3	6	10	20	30	40
Leistungsdämpfungsfaktor	D_p	1	1,26	2	4	10	100	1000	10000
Spannungsdämpfungsfaktor	D_u	1	1,12	1,41	2	3,16	10	31,6	100

Absoluter Pegel L_{abs}

(Schaltung: G, R_i, U_q, R_L, U_0, I)	Der Pegel 0 dB liegt bei der Leistung $P_0 = 1$ mW oder der Spannung $U_0 = 775$ mV vor. ($I = 1{,}29$ mA) P_0: Bezugsleistung U_0: Bezugsspannung	$L_{Pabs} = 10 \lg \dfrac{P}{P_0}$ dBm $L_{Uabs} = 20 \lg \dfrac{U}{U_0}$ dBu $R_L = 600\ \Omega$

Relativer Pegel L_{rel}

Beliebiger Bezugswert:	
z. B. Antennentechnik mit $R_L = 75\,\Omega$; $U_0 = 1\,\mu$V (dBμV) $U_0 = 1$ V (dBV) $P_0 = 1$ W (dBW) $P_0 = 10^{-15}$ W (dBf)	$L_{Urel} = 20 \lg \dfrac{U}{1\mu V}$ dBμV

Pegelplan

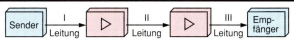

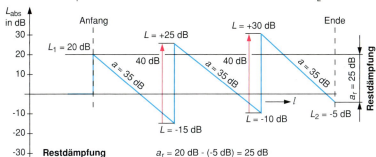

Restdämpfung
$a_r = L_1 - L_2$

$a_r = 20\ \text{dB} - (-5\ \text{dB}) = 25\ \text{dB}$
oder als Summe aller Dämpfungen:
$a_r = 35\ \text{dB} + (-40\ \text{dB}) + 35\ \text{dB} + (-40\ \text{dB}) + 35\ \text{dB} = 25\ \text{dB}$

Rauschen

Rauschleistung, Rauschspannung

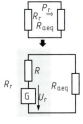

$P_r = k \cdot T \cdot B$
$U_r = \sqrt{4 \cdot k \cdot T \cdot B \cdot R}$

$k = 1{,}38 \cdot 10^{-23}$

P_r: Rauschleistung
U_r: Rauschspannung
P_s: Leistung des Nutzsignals
U_s: Spannung des Nutzsignals

Rauschabstandsmaß, Signal-Rausch-Verhältnis (SNR)

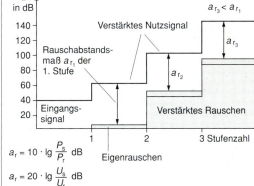

$a_r = 10 \cdot \lg \dfrac{P_s}{P_r}\ \text{dB}$

$a_r = 20 \cdot \lg \dfrac{U_s}{U_r}\ \text{dB}$

R_r: Rauschender Widerstand (Rauschquelle)
R_{aeq}: Nichtrauschender Widerstand
P_r: Rauschleistung
U_r: Rauschspannung
T: Absolute Temperatur in Kelvin
B: Bandbreite in Hz
k: Boltzmann-Konstante

Rauschzahl F				
$F = \dfrac{P_{se}}{P_{re}} : \dfrac{P_{sa}}{P_{ra}}$ $F = \dfrac{P_{se} \cdot P_{ra}}{P_{re} \cdot P_{sa}}$				
Eingangsgrößen: P_{se}; P_{re}				
Ausgangsgrößen: P_{sa}; P_{ra}				
Übertragungsqualität und Rauschabstandsmaß a_r				
Übertragungsqualität		P_s/P_r	U_s/U_r	a_r in dB
Untere Wahrnehmungsgrenze		1	1	0
Untere Sprachverständlichkeitsgrenze		10	3,2	10
Ausreichende Musikwiedergabe		1000	32	30
Rauschfreie Bildqualität		10 000	100	40

Rauschzahl a_F

$a_F = 10 \cdot \lg F\ \text{dB}$

HF-Leitung

Ersatzschaltbild

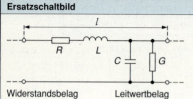

Widerstandsbelag
$R' = \frac{R}{l}$

Leitwertbelag
$G' = \frac{G}{l}$

Induktivitätsbelag
$L' = \frac{L}{l}$

Kapazitätsbelag
$C' = \frac{C}{l}$

Wellenwiderstand

tiefe Frequenzen
$(R > \omega \cdot L)$

$Z = \sqrt{\dfrac{R}{\omega \cdot C}}$

hohe Frequenzen
$(R < \omega \cdot L)$

$Z = \sqrt{\dfrac{L}{C}}$

Paralleldrahtleitung

$Z = \dfrac{\ln \dfrac{2a}{d}}{\sqrt{\varepsilon_r}} \cdot 120\,\Omega$

a: Leiterabstand
d: Leiterdurchmesser
ε_r: Permittivitätszahl

Leitung als Übertragungsstrecke

Ausbreitungsgeschwindigkeit

$v = \dfrac{c}{\sqrt{\varepsilon_r}}$

c: Lichtgeschwindigkeit, $c = 3 \cdot 10^8$ m/s
ε_r: Permittivitätszahl

Verkürzungsfaktor

$K = \dfrac{1}{\sqrt{\varepsilon_r}}$ (bei Koaxialkabel: 0,65 ... 0,82)

Abschlüsse am Leitungsende

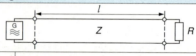

λ: Wellenlänge
l: Leitungslänge
Z: Wellenwiderstand der Leitung

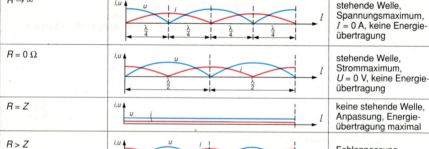

$R \to \infty$		stehende Welle, Spannungsmaximum, $I = 0$ A, keine Energieübertragung
$R = 0\,\Omega$		stehende Welle, Strommaximum, $U = 0$ V, keine Energieübertragung
$R = Z$		keine stehende Welle, Anpassung, Energieübertragung maximal
$R > Z$		Fehlanpassung, verminderte Energieübertragung

Leitung als Bauteil

Leitung am Ende offen

Länge	Verhalten	Länge	Verhalten
$l = \lambda/4$	Serienschwingkreis	$l = \lambda/2$	Parallelschwingkreis
$l > \lambda/4$	(induktiv)	$l > \lambda/2$	(kapazitiv)
$l < \lambda/4$	(kapazitiv)	$l < \lambda/2$	(induktiv)

Leitung am Ende kurzgeschlossen

Länge	Verhalten	Länge	Verhalten
$l = \lambda/4$	Parallelschwingkreis	$l = \lambda/2$	Serienschwingkreis
$l > \lambda/4$	(kapazitiv)	$l > \lambda/2$	(induktiv)
$l < \lambda/4$	(induktiv)	$l < \lambda/2$	(kapazitiv)

Kabel für Breitband-Kommunikation-Liniennetze

Aufbau, Verwendung und Kenngrößen

Kurzzeichen	Kabel-netz	Außendurch-messer in mm	kleinstzulässiger Radius in mm für Biegung	kleinstzulässiger Radius in mm für Umlenkung	Dämpfungsmaß in dB/100 m bei 40 MHz	Dämpfungsmaß in dB/100 m bei 300 MHz
A-2YOK2Y 1qKx3,3/13,5	A/B	17,0	200	450	1,2	3,3
A-2YOK2Y 1nKx2,2/8,8	C	12,5	150	250	1,8	5,0
A-2YK2Y 1iK x1,1/7,3	D	11,0	150	320	3,4	9,8
A-2YOK2Y 1sKx4,9/19,4	BK-	24,5	250	700	0,8	2,3
A-2YOKD2Y1tK x13/8"	V.-Ltg	52,5	350	800	0,38	1,16

BK-Kabelbezeichnung (Beispiel)

Typenkurzzeichen: A – 2Y 0 K 2Y 1 q Kx 3,3/13,5
- Außenkabel: A
- Schichtenkabel: 2Y
- Luftkammerisolation: 0
- Kabelschirm aus Cu: K
- Umhüllung aus Polyethylen: 2Y
- Anzahl der Stromkreise: 1
- Kennbuchstabe zum Kabelaufbau: q
- Koaxialkabel: Kx
- Durchmesser (Innen- u. Außenleiter): 3,3/13,5

Schaltdrähte und Schaltlitzen für Fernmelde- und Informationsverarbeitungsanlagen

DIN VDE 0812/11.88

Arten	Kurzzeichen
• Schaltdrähte mit PVC-Isolierung z. B. YV 2x0,5/0,9	Y: Isolierhülle oder Mantel aus PVC
• Schaltlitzen mit PVC-Isolierung z. B. LIY 2x0,5/1,8	V: Verzinnung
• Geschirmte Schaltdrähte mit PVC z. B. YVO (ST)Y 2x0,5/0,9	LI: Drahtlitzenleiter
• Geschirmte Schaltlitzen mit PVC z. B. LIYDY 2x0,14/1,1	(ST): statischer Schirm aus kunststoffkaschiertem Metallband
	O: ohne Kunststoffband zwischen Adern und Schirm
	C: Schirm auf Kupferdrahtgeflecht
	D: Schirm aus Kupferdrahtbespannung
	z. B. 0,5/0,9: Durchmesser des Leiters/Durchmesser der Ader in mm

Aufbau, Verwendung und elektrische Kennwerte

Kurzzeichen	Verwendung	Leiterwiderstand bei 20 °C max. in Ω/km einadrig	Leiterwiderstand bei 20 °C max. in Ω/km mehradrig	Betriebsspannung (Spitzenspannung) in V
YV…x0,3/0,7	Verdrahten von Geräten	263	274	350
YV…x0,4/0,8		144	148	500
⋮		⋮	⋮	⋮
YV…x0,6/1,1	Beschalten von Verteilern (Rangierdrähte)	64	66	900
LIY…x0,14/1,1	bewegliche Verbindungs-	142	148	500
LIY…x0,25/1,3	leitung zur Signal- und	77,5	79,9	900
⋮	Tonfrequenzübertragung	⋮	⋮	⋮
LIY…x0,75/3,2		25,4	26	3000
YVC 1x0,5/1,1	Verdrahten von Geräten bei	je Ader 92,2		450
2x0,5/0,9	erhöhter elektrischer Beeinflussung	95		450
YV (ST) 1x0,5/1,1		92,2		450
2x0,5/0,9		95		450
YV (ST) Y 1x0,5/1,1		92,2		450
2x0,5/0,9		95		450
YVO (ST) Y2x0,5/0,9		95		150
LIYC 1x0,25/1,3	Signalleitung, Verlegung	77,5		500
2x0,25/1,3	bei erhöhter elektrischer Beeinflussung	79,9		500
LIYCY 1x0,14/1,1 oder		142		350
LIYDY 2x0,14/1,1		148		350
⋮		⋮		⋮

Kabel für Fernmelde- und Informationsverarbeitungsanlagen

DIN VDE 0813/11.88

Schaltkabel

Schaltkabel zur Signalübertragung
z. B. S-Y(ST)Y 10 x 2 x 0,6 BD
Kupferleiter von 0,6 mm Durchmesser,
PVC-Isolierhülle,
Adern zu Paaren, Dreiern oder Fünfern verseilt,
je 5 Verseilelemente zum Bündel verseilt,
Bündel zur Seele verseilt

Verseilung

Adern a bis e entsprechend verseilt zu Paaren, Dreiern, Vierern oder Fünfern

  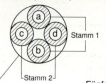

| Paar: 2 Adern | Dreier: 3 Adern | Vierer: 4 verseilte Adern | Fünfer: Vierer und eine unverseilte Ader | Bündel: 5 Verseilelemente, z. B. 5 Paare |

Arten	Kurzzeichen
• Schaltkabel mit geschirmter Kabelseele z. B. S-Y (ST) Y 10 x 3 x 0,6 BD • Schaltkabel mit geschirmten Paaren z. B. S-YY 10 x 2 x 0,6 PIMF LG • Schaltkabel für Signalzwecke z. B. S-YY 30 (5 x 6) x 1 x 0,6 LG	S: Schaltkabel Y: Isolierhülle oder Mantel (PVC) (ST): statischer Schirm PIMF: geschirmtes Paar BD: Bündelverseilung LG: Lagenverseilung

Aufbau, Verwendung und elektrische Kennwerte

Schaltkabel	S-Y(ST)Y ... BD				S-YY ... PIMF LG	S-YY...LG		
Verseilart	Bündelverseilung				Lagenverseilung			
Verseilelement	Paar	Dreier	Vierer	Fünfer	Paar (geschirmt)	Ader		
Cu-Leitung d in mm	0,6				0,6	0,5	0,6	1,0
Isolierhülle, Wanddicke in mm	0,2				0,4	0,3	0,4	0,5
Anzahl der Verseilelemente	1 3 4 5 6 10 11 12 15 16 18 20 22 24 25 30 32 40 50	5 10 11 15 18 20 21 24 25 28	1 5 10 20 25	10	2 5 6 10 12 20	60	10 20 30 60 80	20 24 32 40 60
Verwendung	• Verlegung in trockenen, zeitweise feuchten Betriebsstätten • nicht zugelassen für Starkstrominstallation und im Erdreich							
R_{Ltg}, 1 km, in Ω	Schleife: 130					96	65	23,4
R_{iso}, 1 km, in MΩ	100 (bei 20 °C)							
C_b bei 800 Hz max. 1 km, in nF	120				150	–		
Verlustfaktor bei 800 Hz max.	0,1							
Spannungsfestigkeit U_{eff} in kV	0,8/0,8				2/–	2,5/–		
U_b, U_{max} in V	300				374	375	600	

C_b: Betriebskapazität

Kabel für Fernmelde- und Informationsverarbeitungsanlagen
DIN VDE 0816 T.1/02.88

Außenkabel

Nachrichtenkabel für Ortsnetze
z. B. A-2Y (L) 2Y 100 x 2 x 0,6 STIII BD 1PPERF

		ohne Ringe
Stamm 1	a-Ader	— — — —
	b-Ader	■ ■ ■ ■
Stamm 2	a-Ader	■ — ■ —
	b-Ader	■ ■ ■ ■

Grundfarben der Aderisolierung der 5 Sternvierer					
Vierer 1	rot	Vierer 3	grau	Vierer 5	weiß
Vierer 2	grün	Vierer 4	gelb		

Die Zählbündel sind mit roten Wendeln gekennzeichnet.

Verseilung

    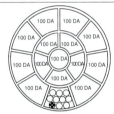

| 5 Stern-Vierer im Grundbündel | 5 Stern-Vierer im Grundbündel (5) | 5 Stern-Vierer im Grundbündel (10) | 5 Grundbündel im Hauptbündel (6) | 10 Grundbündel im Hauptbündel (15) |

Arten

- Außenkabel mit Schichtenmantel z. B. A-2Y (L) 2Y 1500 x 2 x 0,4 STIIIBD
- Außenkabel mit Füllung und Schichtenmantel z. B. A-2YF (L) 2Y 100 x 2 x 0,6 STII

Kurzzeichen

A: Außenkabel
AB: Ader mit Blitzschutz
AJ: Ader mit Induktionsschutz
Y: Schützhülle (PVC)
2Y: Isolierhülle, Mantel o. Schutzhülle aus Polyethylen
02Y: Isolierhülle aus Zell-Polyethylen
D: Konzentrische Lage aus Cu-Drähten
(L) 2Y: Schichtenmantel aus beidseitig beschichtetem Al-Band
F (L) 2Y: Füllung in der Kabelseele und Schichtenmantel
B: Bewehrung
C: Schutzhülle aus Jute und zähflüssiger Masse
E: Masseschicht mit eingebettetem Kunststoffband
STI u. STIII: Stern-Vierer mit elektr. Eigenschaften (Tab.)
BD: Bündelverseilung
1 PPEF: 1 Paar mit perforierter Aderisolierung

Aufbau und elektrische Kennwerte

Außenkabel	A-2Y (L) 2Y ... u. A-2YF (L) 2Y ...			A-02Y (L) 2Y ...		
Verseilart	STIIIBD					STIBD
Cu-Leitung d in mm	0,4	0,6	0,8	0,6	0,8	0,9
Isolierhülle, Wanddicke in mm, ungefüllte, gefüllte Kabel	0,20 0,26	0,25 0,36	0,30 0,44	0,25 —	0,32 —	0,40 —
Anzahl der Doppeladern (DA)	6 bis 2000	6 bis 1200	6 bis 800	6 bis 1200	6 bis 800	6 bis 500
R_{Ltg}, 1 km, in Ω	≤300	≤130	≤73,2	≤130	≤73,2	≤56,6
R_{iso}, 1 km, in GΩ	≥5; 1,5 (Kabel mit Füllung)					10
C_b bei 800 Hz 1 km, in nF	<50	<52	<55		<42	34 ± 3,5

Koaxiale HF-Steckverbinder

DIN 47 280/09.67
DIN 47 299/04.80

Steckverbinderarten

Die Art des Steckverbinders ist durch den Verwendungszweck festgelegt:
- **Kabelstecker**
  zum Anschluß koaxialer Kabel- bzw. Rohrleitungen.
- **Feste Steckverbinder**
  zum Einbau an einem Gehäuse oder Gerät.
- **Leiterplattenkuppler**
  zur Befestigung auf Leiterplatten.
- **Zwischenverbinder**
  zur Verbindung von Steckverbindern innerhalb einer Familie.
- **Übergangsverbinder**
  zur Verbindung von Steckverbindern unterschiedlicher Familien.

Ausführungsarten der Steckkontakte

- Innenleiter-Stift-Kontakt
- Innenleiter-Buchsen-Kontakt
- Innen- und Außenleiter-Zwitter-Kontakt
- Kontaktgabe über zusätzliche Verbindungsteile (Kupplungen, Hülsen)

Verbindungssysteme

- Schraubverbindung
- Bajonettverschluß
- Einschubtechnik
- Flanschverbindung
- Schnappverriegelung
- Reibungsschluß

Ausführungsarten der Steckkontakte

Stift-Buchse-Verbindung

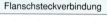

Kuppler Stecker

1 Außenleiterfeder
2 Innenleiterstift
3 Außenleiterhülse
4 Innenleiterbuchse

gestrichelte Teile arbeiten federnd

▼ Kontaktgabe

Flanschsteckverbindung

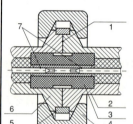

1 Außenleiter-Stirnflächen-Kontakt
2,6 Steckverbinder
3 Doppelkontaktbuchse
4 Klemmschelle
5 Zentrierring
7 Innenleiterkontakte

Beispiele für Steckverbinderarten

Kabelstecker

Leiterplattenkuppler

Bügelstecker

Gehäusestecker
Gehäuse

Übergangsverbinder
Gehäuse

Stecker-Kuppler-Kuppler

Koaxiale HF-Steckverbinder

DIN 47 280/09.67
DIN 47 299/04.80

Einsatzfrequenzbereiche für koaxiale HF-Steckverbinder

Merkmal	Familie[1])	Wellenwiderstand Z in Ω	Frequenzbereich in GHz	Merkmal	Familie[1])	Wellenwiderstand Z in Ω	Frequenzbereich in GHz
Einschubsteckverbindung	1,0/2,3	50 75	0 … 12 0 … 2	Flanschsteckverbindung	1,4/4,4	50	0 … 18
	1,8/5,6	50	0 … 10		4,1/9,5	50	0 … 14
	1,6/5,6	75	0 … 1,2	Schraubsteckverbindung	SMA	50	0 … 18
	1,6/5,6 mit Schirm	75	0 … 8				

[1]) Die Familienbezeichnung (Beispiel: 1,0/2,3) gibt das Verhältnis der Durchmesser Innenleiter (1,0 mm) zu Außenleiter (2,3 mm) an.

Koaxialkabel für HF-Steckverbinder

Wellenwiderstand Z in Ω	Kabeltypenbezeichnung			Max. Kabel-Außendurchmesser in mm	Dielektrikumdurchmesser in mm
	VDE-Bezeichnung	US-Bezeichnung	IEC-Bezeichnung		
$50^{\pm2}$	5YC5Ye 0,3/0,86	RG 178 B/U	96– 50–1–1	1,9	0,86 PTFE
$50^{\pm2}$	2XCCX 0,45/1,5			3,3	1,45 PE
$50^{\pm2}$	2XCC2X 0,45/1,5			3,3	1,45 PE
$50^{\pm2}$	5YC6Y 0,5/1,5	RG 316/U		2,6	1,52 PTFE
$50^{\pm0,5}$	5YK 0,51/1,68	RG 405/U	50–2–1	2,25	1,68 PTFE
$50^{\pm2}$	2YCY 0,9/2,95	RG 58 C/U	50–3–1	5,1	2,94 PE
$50^{\pm0,5}$	5YK 0,9/3,0	RG 402/U		3,6	3,0 PTFE
$50^{\pm2}$	5YCC6Y 1,0/2,95	RG 142		5,08	2,95 PTFE
$50^{\pm0,5}$	5YK 1,63/5,33	RG 401/U	50–2–3	6,4	5,33 PTFE
$50^{\pm2}$	5YCC6Y 0,54/1,5			3,2	1,5 PTFE
$50^{\pm2}$	5YCC5Y 0,5/1,5	RD 316/U		3,0	1,52 PTFE
$75^{\pm2}$	5YK 0,28/1,7			2,18	1,7 PTFE
$75^{\pm3}$	5YC6Y 0,3/1,6	RG 179	75–2–1	2,67	1,6 PTFE
$75^{\pm1,5}$	2YCY 0,4/2,5			4,0	2,52 PE
$75^{\pm2}$	2YCCY 0,4/2,5			5,0	2,52 PE
$75^{\pm1,5}$	2YC(mS)CY 0,4/2,5			5,0	2,52 PE
$75^{\pm1,5}$	2YC(mS)CY 0,5/3,0			6,2	2,8 PE
$75^{\pm3,75}$	2YD(St)Y 0,5/3,0			4,8	2,8 PE
$75^{\pm1,5}$	6YCCY 0,7/4,0			7,6	4,0 FEP
$75^{\pm3,75}$	2YCY 0,7/4,4			6,1	4,2 PE
$75^{\pm1,5}$	2YCCY 0,7/4,4			7,8	4,38 PE
$75^{\pm2}$	2YTkCCY 0,75/4,8			7,7	4,8 PE
$75^{\pm1,5}$	2YCCY 1,0/6,5			9,8	6,38 PE
$75^{\pm1,5}$	2YC(mS)CY 1,0/6,5			9,8	6,36 PE
$75^{\pm4}$	2YCY 0,58/3,7	RG 59 B/U	75–4–1	6,25	3,7 PE
$75^{\pm1,5}$	2YC(mS)C2YCY 0,7/4,4			9,8	4,2 PE
$75^{\pm3,75}$	02XSC(mS)C6Y 0,45/2,0			3,8	2,0 Zell-PE
$75^{\pm3}$	5YC(St)C99Y 0,3/1,3			2,8	1,3 expan PTFE
$75^{\pm3,75}$	02XSCC(St)6Y 0,37/1,6			3,3	1,62 Zell-PE

PTFE: Polytetratfluorethylen (Teflon); PE: Polyethylen; FEP: Perfluorethylen-Propylen

Koaxiales HF-Kabel für Innenverlegung DIN VDE 0887 T.2/11.88

Bezeichnungsbeispiel:

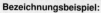

75 – J – 0,7/4,8 – Cu – 12
- Dämpfungsklasse
- Kupferfolie
- Durchmesserverhältnis
- Innenkabel
- Wellenwiderstand 75 Ω

Wellenwiderstand

$$Z \approx \frac{\ln \frac{D}{d}}{\sqrt{\varepsilon_r}} \cdot 60\ \Omega$$

D: Außendurchmesser
d: Innendurchmesser
ε_r: Permittivitätszahl

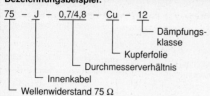

Kabeltyp HF-Kabel 75-J-... (Abmessungen in mm)

Merkmale		0,4/1,9-Al	0,6/2,7-Al	0,7/4,8-Al	0,7/4,8-Cu
Werkstoff des Innenleiters		Stahlkupfer	Stahlkupfer	Kupfer	Kupfer
Werkstoff der Isolierung		Zell-PE[1]	Zell-PE[1]	Voll-PE[1]	Voll-PE[1]
Werkstoff der Außenleiterfolie		Alu-Doppelverbundfolie	Alu-Doppelverbundfolie	Alu-Doppelverbundfolie	Kupfer-Folie
d (Richtwert)		0,40	0,57	0,73	0,73
Durchm. über Isolierung		1,9 ± 0,1	2,7 ± 0,1	4,8 ± 0,2	4,8 ± 0,2
Dicke d. Außenleiterfolie		0,04 ... 0,06	0,04 ... 0,06	0,04 ... 0,06	0,02 ... 0,03
Durchm. der Geflechtdrähte		0,10 ... 0,14	0,10 ... 0,14	0,12 ... 0,16	0,12 ... 0,16
Wanddicke d. Mantels (Nennw.)		0,5	0,6	0,7	0,7
D (Höchstwert)		4,0	5,0	7,5	7,5
Wellenwiderstand in Ω		75 ± 4	75 ± 4	75 ± 3	75 ± 3
Isolationswiderstand bei 20 °C, in GΩ · km (mind.)		10	10	10	10
Rückflußdämpfung (mind.) in dB	40 ... 300 MHz	18	18	19	19
	>300 ... 600 MHz	15	15	16	16
	>600 ... 860 MHz	12	12	14	14
Schirmungsmaß (mind.) in dB	50 ... 100 MHz	70	70	70	70
	>100 ... 500 MHz	75	75	75	75
	>500 ... 1000 MHz	70	70	70	70
Wellendämpfung (höchstens) in dB/100 m	50 MHz	12,2	8,4	6,4	5,8
	100 MHz	17,0	12,1	8,6	8,2
	200 MHz	24,3	17,5	12,2	11,8
	300 MHz	30,2	21,8	15,1	14,6
	500 MHz	39,8	29,0	20,0	19,5
	800 MHz	51,6	37,8	26,0	25,2
	1000 MHz	58,5	43,0	29,4	28,5
einmaliger zulässiger Biegeradius in der Steckdose, mind.		10	13	18	18
zul. Biegeradius, Montage, mindestens		20	25	35	35
zul. Biegeradius unter Zugbelastung, mindestens		40	50	75	75
Zugkraft während der Montage in N, höchstens		30	40	60	60

[1] PE: Polyethylen

Optische Übertragungstechnik

Begriffe

Brechzahl (refractive index)

$n_1 = c/c_1$
c: Lichtgeschwindigkeit im Vakuum
c_1: Lichtgeschwindigkeit im Medium

Brechungsgesetz (law of reflection)

$$\frac{\sin \alpha}{\sin \beta} = \frac{c_1}{c_2} = \frac{n_2}{n_1}$$

n_1, n_2: Brechzahl der Medien
c_1, c_2: Lichtgeschwindigkeiten in den Medien

Numerische Apertur (numerical aperture) A_N

$A_N = n \cdot \sin \Theta_A$
n: Brechzahl
Θ_A: Akzeptanzwinkel, Öffnungswinkel

Moden (mode)

Mögliche Ausbreitungswege in einem Lichtwellenleiter.

Dispersion (dispersion)

Streuung der Signallaufzeiten im Lichtwellenleiter.
Modendispersion: Unterschiedliche Ausbreitungswege.
Materialdispersion: Hervorgerufen durch wellenlängen-abhängige Brechzahl.

Akzeptanzwinkel, Öffnungswinkel Θ_A (acceptance angle)

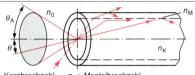

n_K: Kernbrechzahl n_M: Mantelbrechzahl

Dämpfung (attenuation)

Hervorgerufen durch:
- Absorption,
- Streuung,
- abstrahlende Moden,
- Abstrahlung durch Krümmungen,
- Leckmoden

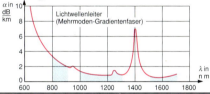

Optische Fenster (optical window)

Wellenlängenbereiche für Lichtwellenleiter mit geringer Dämpfung:
850 nm; 1300 nm; 1550 nm

Empfangselemente

Fototransistor

Einsatzbereich bis einige Kilohertz,
Aufbau: Fotodiode mit nachgeschaltetem Verstärker

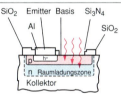

PIN-Fotodiode

Hochdotierte p- und n-Bereiche durch eigenleitende i-Zone getrennt, Spannung in Sperrichtung anlegen. Durch die i-Zone ist die wirksame Raumladungszone, in der durch die Photonen freie Elektronen und Löcher entstehen, erweitert worden.

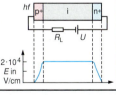

Lawinen-Fotodiode

Durch Stoßionisation werden zusätzliche Elektronen und Löcher erzeugt.

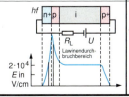

Sendeelemente

Lumineszenz-Diode (LED)	Laser-Diode (LD)

Prinzip

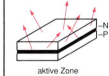 

aktive Zone   aktive Zone

Abstrahlung

 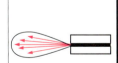

Spektrum

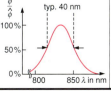 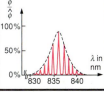

Lichtwellenleiter

Aufbau und Kenndaten | Modenausbreitung

Mehrmoden-Stufenfaser

Stufenindex-Profil | **Multimode-Lichtwellenleiter**

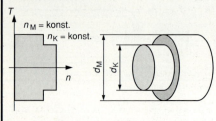 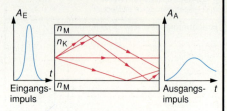

Typische Werte:
$n_M = 1{,}517$ (Mantel)
$n_K = 1{,}527$ (Kern)

Typische Werte:
d_K { 100 µm, 200 µm, 400 µm }
d_M { 200 µm, 300 µm, 500 µm }

- Große Laufzeitunterschiede der Lichtstrahlen,
- Starke Impulsverbreiterung,
- Bandbreite – Reichweite – Produkt
  $B \cdot l > 100$ MHz · km,
- Einsatzbereich: Kurzstrecken, in Gebäuden

Mehrmoden-Gradientenfaser

Gradientenindex-Profil | **Multimode-Lichtwellenleiter**

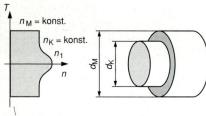 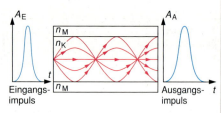

Typische Werte:
$n_M = 1{,}457$ (Mantel)
$n_K = 1{,}417$ (Kern)

Typische Werte:
$d_K = 50$ µm
$d_M = 125$ µm

- Geringe Laufzeitunterschiede der Lichtstrahlen,
- Geringe Impulsverbreiterung,
  $B \cdot l > 1$ GHz · km,
- Einsatzbereich: Ortsnetz, Bezirksnetz

Einmoden-Stufenfaser

Stufenindex-Profil | **Einmoden-Lichtwellenleiter**

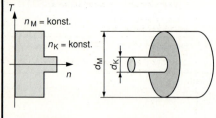 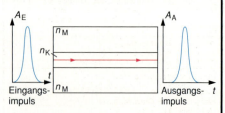

Typische Werte:
$n_M = 1{,}457$ (Mantel)
$n_K = 1{,}417$ (Kern)

Typische Werte:
$d_K = 10$ µm
$d_M = 125$ µm

- Keine Laufzeitunterschiede, da nur eine Ausbreitungsrichtung,
- Formtreue Impulsübertragung,
  $B \cdot l > 10$ GHz · km,
- Einsatzbereich: Fernverkehr

Lichtwellenleiter für Fernmelde- und Informationsverarbeitungsanlagen

DIN VDE 0888/08.87

Fasern, Einzeladern und Bündeladern
DIN VDE 0888 T.2/08.87

Bauarten

- Gradientenfaser
- Einzeladern
  - Vollader
  - Hohlader, ungefüllt
  - Hohlader, gefüllt
  - Einmodenfaser
- Bündeladern
  - ungefüllt
  - gefüllt

Eigenschaften (18 bis 35 °C)

Mehrmoden-Gradientenfaser G50/125

Manteldurchmesser d_M in µm	125 ± 3
Kerndurchmesser d_K in µm	50 ± 3
Numerische Apertur	0,2 ± 0,02
Dämpfungskoeffizient bei 550 nm in dB/km (höchstens)	3,5; 3,0; 2,5
1300 nm in dB/km (höchstens)	1,5; 1,0; 0,8
Bandbreite B_o für 1 km bei 550 nm in MHz (mindestens)	200, 400, 600, 800, 1000
1300 nm in MHz (mindestens)	400, 600, 800, 1000, 1200

Kurzzeichen

Aufbau: 1 2 3 4[1)]/5 6 7 8[2)] 9

(Nummer des Kennzeichnungsmerkmals)

Nr.	Bedeutung
1	Produktbezeichnung: F- Faser V- Vollader H- Hohlader, ungefüllt W- Hohlader, gefüllt B- Bündeladern, ungefüllt D- Bündeladern, gefüllt
2	Anzahl der Fasern (Bündeladern)
3	Bauart: G Gradientenfaser, E Einmodenfaser
4	Kerndurchmesser in µm
5	Manteldurchmesser in µm
6 7	Dämpfungskoeffizient in dB/km Wellenlänge: B = 850 nm; F = 1300 nm; H = 1550 nm
8	Bandbreite in MHz für 1 km
9	Farbe

Einmoden-Stufenfaser E9/125 und E10/125

Manteldurchmesser d_M in µm	125 ± 3
Felddurchmesser bei 1300 nm in µm	9 ± 1; 10 ± 1
Dämpfungskoeffizient in dB/km (höchstens)	0,5 (1300 nm)
Dispersionsparameter zwischen 1285 nm u. 1330 nm in ps/(nm · km) (höchstens)	6
Grenzwellenlänge in nm	1100 bis 1280
Kennzeichnungsfarben	Blau, Gelb, Grün, Rot, Naturfarben, Schwarz

Außenkabel
DIN VDE 0888 T.3/08.87

Kurzzeichen

Aufbau: 1 2 3 4 5 6 7 8 9/10 11 12 13 14

Nr.	Bedeutung
1	Produktbezeichnung: A- Außenkabel
2	H Hohlader, ungefüllt W Hohlader, gefüllt B Bündeladern, ungefüllt D Bündeladern, gefüllt
3	S Metallisches Element in der Kabelseele
4	F Füllmasse
5	2Y PE-Mantel (L)2Y Schichtenmantel (ZN)2Y PE-Mantel mit nichtmetallenen Zugentlastungselementen (L) (ZN)2Y Schichtenmantel mit nichtmetallenen Zugentlastungselementen
6	B Bewehrung BY Bewehrung mit PVC-Schutzhülle B2Y Bewehrung mit PE-Schutzhülle
7	Anzahl der Fasern bzw. Bündeladern mal Anzahl der Fasern je Bündelader
8 9 10	Bauart, G Gradientenfaser Kerndurchmesser in µm Manteldurchmesser in µm
11 12	Dämpfungskoeffizient in dB/km Wellenlänge: B = 850 nm; F = 1300 nm
13 14	Bandbreite in MHz für 1 km LG Lagenverseilung

Innenkabel mit einem Lichtwellenleiter
DIN VDE 0888 T.4/08.87

Kurzzeichen

Aufbau: 1 2 3 4 5 6[1)]/7 8 9 10[2)]

Nr.	Bedeutung
1	Produktbezeichnung: J- Innenkabel
2	V Vollader H Hohlader, ungefüllt W Hohlader, gefüllt
3	Y PVC-Mantel H Mantel aus halogenfreiem Material
4	Anzahl der Fasern
5	Bauart G Gradientenfaser, Glaskern/Glasmantel E Einmodenfaser, Glaskern/Glasmantel
6 7	Kerndurchmesser in µm Manteldurchmesser in µm
8 9 10	Dämpfungskoeffizient in dB/km Wellenlänge: B = 850 nm; F = 1300 nm; H = 1550 nm Bandbreite in MHz für 1 km

1) Bei Einmodenfasern: anstelle Kerndurchmesser der Felddurchmesser.
2) Bei Einmodenfasern: anstelle der Bandbreite der Dispersionsparameter in ps/(nm · km).

Verseil-Querschnittsbilder (Lagenverseilung) für Lichtwellenleiter-Außenkabel

DIN VDE 0888 T.3/08.87

Zeichenerklärung

- ⊙ Einzelader
- ● Ader (Kupfer)
- ○ Blindelement
- ⊘ zentrales Stützelement
- 10 F Bündelader mit 10 Fasern
- n×F Res. Reserve-Bündelader mit n Fasern
- Blind Blindelement
- Stern-Vierer

Kennzeichnungsfarben DIN IEC 304, DIN 47 002

Fasernummer	Farbe
1	Rot
2	Grün
3	Blau
4	Gelb
5	Naturfarben
6	Rot mit schwarzen Ringen
7	Grün mit schwarzen Ringen
8	Blau mit schwarzen Ringen
9	Gelb mit schwarzen Ringen
10	Naturfarben mit schwarzen Ringen

Einzeladern für Kabel bis 12 Fasern

4 Fasern

12 Fasern

Einzeladern für Kabel bis 12 Fasern und Kupferadern

4 Fasern und 2 Adern (Kupfer)

12 Fasern und 2 Adern (Kupfer)

Bündeladern für Kabel mit 20 bis 120 Fasern

20 Fasern

60 Fasern

Bündeladern und Stern-Vierer mit 20 bis 120 Fasern

20 Fasern, 1 Sternvierer

60 Fasern, 1 Sternvierer

Herstellen von Glasfaserverbindungen, Steckverbinder

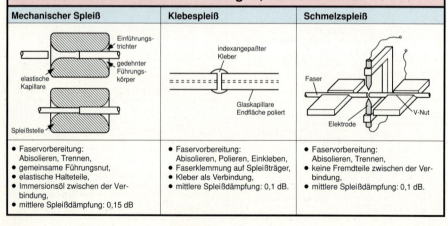

Mechanischer Spleiß	Klebespleiß	Schmelzspleiß
• Faservorbereitung: Abisolieren, Trennen, • gemeinsame Führungsnut, • elastische Halteteile, • Immersionsöl zwischen der Verbindung, • mittlere Spleißdämpfung: 0,15 dB	• Faservorbereitung: Abisolieren, Polieren, Einkleben, • Faserklemmung auf Spleißträger, • Kleber als Verbindung, • mittlere Spleißdämpfung: 0,1 dB	• Faservorbereitung: Abisolieren, Trennen, • keine Fremdteile zwischen der Verbindung, • mittlere Spleißdämpfung: 0,1 dB

Hochfrequenz-Hohlleiter

DIN 47302 T.1 u. T.2/03.80

- Hochfrequenz-Hohlleiter sind Leiter für Hochfrequenz-Energie.
- Energie wird als ebene Welle im umschlossenen Raum des Hohlleiters reflektiert.
- Wellen werden an den ebenen (hochglanzpolierten) Wänden des Hohlleiters reflektiert.
- Übertragen die Energie in Form von H-Wellen (magnetischen Wellen) und E-Wellen (elektrischen Wellen).
- H-Welle wird als TE-Welle (transversal-elektrisch) bezeichnet, da das elektrische Feld nur in Querrichtung vorkommt.
- E-Welle wird als TM-Welle (transversal-magnetisch) bezeichnet, da das magnetische Feld nur transversal vorkommt.
- H- oder E-Wellen werden nach den Querschnittsbildern eines Hohlleiters bezeichnet.
- Hohlleiter sind in quadratischer, rechteckiger, runder oder elliptischer Form aufgebaut (starre o. flexible Bauform).
- Rundhohlleiter ist dämpfungsärmer als Rechteckhohlleiter.
- Rundhohlleiter (elliptischer Hohlleiter) läßt die gleichzeitige Übertragung von zueinander senkrecht polarisierten Wellen zu.
- Hohlleiter werden so betrieben, daß nur die gewünschte Wellenform ausbreitungsfähig ist (Grundwelle).
- Wellen werden in einem Hohlleiter nur dann übertragen, wenn deren Wellenlänge unterhalb der kritischen Wellenlänge liegt.
- Hohlleiter werden eingesetzt als Zuleitung zu Sende-/Empfangsantennen bei Frequenzen ab ca. 2 GHz.

Bezeichnung von E- und H-Wellen

H-Wellen	E-Wellen
• H_{mn}-Welle: m: Anzahl der Betragsmaxima der elektrischen Feldkomponente E_y längs der x-Richtung. n: Anzahl der Betragsmaxima der elektrischen Feldkomponente E_x längs der y-Richtung.	• E_{mn}-Welle: m: Anzahl der Betragsmaxima der magnetischen Feldkomponente H_y längs der x-Richtung. n: Anzahl der Betragsmaxima der magnetischen Feldkomponente H_x längs der y-Richtung.

H_{01}-Welle | H_{12}-Welle | E_{11}-Welle | E_{12}-Welle

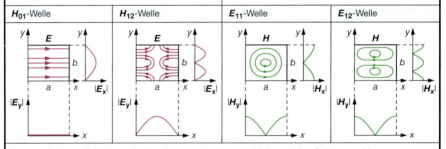

Dargestellt ist der Feldlinienverlauf in einem rechteckigen Hohlleiter mit den Seiten a und b.

Kritische Wellenlänge λ_k

- Wellen eines bestimmten Typs werden nur dann in einem Hohlleiter vorgegebener Größe übertragen, wenn deren Wellenlänge unterhalb der kritischen Wellenlänge liegt.
- Wellenform mit der größten kritischen Wellenlänge heißt Grundwelle.

Rechteckhohlleiter

$$\lambda_k = \frac{2}{\sqrt{\left(\frac{m}{a}\right)^2 + \left(\frac{n}{b}\right)^2}}$$

λ_k: kritische Wellenlänge

m bzw. n: Indizes der H- bzw. E-Welle
a bzw. b: Seiten des Rechteckhohlleiters (in mm)

Rundhohlleiter	Elliptischer Hohlleiter
 Kritische Wellenlänge bei H_{11}-Welle: $\lambda_k = 1{,}7065 \cdot d$ d: Durchmesser in mm	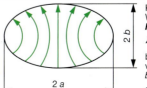 Kritische Wellenlänge bei H_{11}-Welle: $\lambda_k = 1{,}68 \cdot a$ bei Achsenverhältnis $b/a = 0{,}6$ a und b in mm

Empfangsantennen

DIN VDE 0855 T.1/03.94
DIN VDE 0855 T.2/11.75

Arten von Dipolen

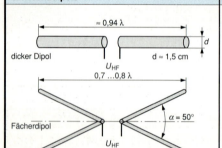

a) gestreckter Dipol
b) Faltdipol
(Halbwellendipol mit $l = \frac{\lambda}{2}$)
$b = 50$ mm ... 100 mm
$Z_{A\,Nenn} = 75\,\Omega$
$Z_{A\,Nenn} = 300\,\Omega$
Gewinn 0 dB
V – R – Verhältnis 1 : 1 (0 dB)

Zusammenschaltung von Dipolen

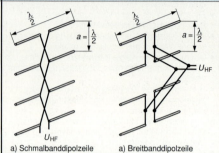

a) Schmalbanddipolzeile
a) Breitbanddipolzeile

Breitbanddipole

dicker Dipol
$d \approx 1{,}5$ cm
$\approx 0{,}94\,\lambda$
$0{,}7 \ldots 0{,}8\,\lambda$
Fächerdipol
$\alpha = 50°$

Aufbau einer Yagi-Antenne

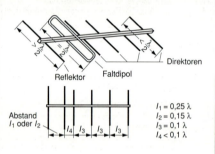

Reflektor Faltdipol Direktoren
Abstand l_1 oder l_2
$l_1 = 0{,}25\,\lambda$
$l_2 = 0{,}15\,\lambda$
$l_3 = 0{,}1\,\lambda$
$l_4 < 0{,}1\,\lambda$

Kenngrößen von Mehrelement-UKW- und FS-Antennen

Antennen							
Empfang mit	UKW-Dipol	3-Element-antenne mit gestrecktem Dipol	UKW-Kreuzdipol	5-Element-Richtantenne	FS-Bd. III-Antenne mit Faltdipol, Vormastmontage	Winkel-Reflektor-mit V-Dipol Bd. IV + V
Richtcharakteristik							
Gewinnmaß	0 dB	5 dB	– 3 dB	7 dB	5 dB	12 dB (bei 470 MHz)
Vor-Rück-verhältnis	1:1 (0 dB)	5,6:1 (15 dB)	–	8:1 (18 dB)	5:1 (14 dB)	30,6:1 (30 dB)
Öffnungs-winkel horizontal	80°	70°		65°	68°	40°
vertikal	360°	110°		80°	110°	27°

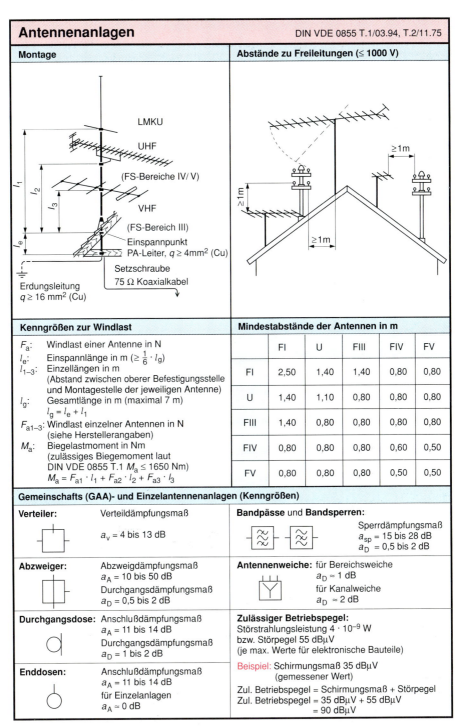

Antennenanlagen

DIN VDE 0855 T.1/03.94

Antennenanlage (Hausgemeinschaft)

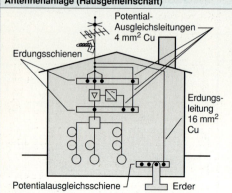

Erdungsleitungen

Verlegung innerhalb und außerhalb von Gebäuden:
- Cu, Querschnitt > 16 mm² ($d > 4{,}6$ mm) blank oder isoliert (gnge)
- Al, Querschnitt > 25 mm² ($d > 5{,}7$ mm) blank, nur Verlegung in Innenräumen oder isoliert (gnge)

Leitungen, ein- oder mehrdrähtig (nicht feindrähtig):
- Al-(Knet)-Legierung, Querschnitt > 50 mm² ($d > 8{,}0$ mm)
- Stahldraht, verzinkt, $d = 8$ mm
- Stahlband, verzinkt, 2,5 mm · 20 mm

Bei vorhandenem Potentialausgleich ist die Antennenanlage einzubeziehen.

Einzel-Antennenanlage mit 4 Steckdosen

Stammleitungssystem

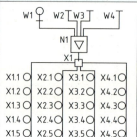

Stichleitungssystem

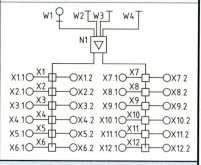

Verstärker

Hausanschluß-Verstärker

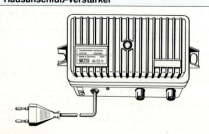

Kennzeichen:
- Steckernetzteil
- Einstellbare Verstärkung 28 dB
- Einstellbarer Entzerrer: 0 bis 20 dB
- Anschlüsse: IEC-Buchsen 2,4/9,5 mit Außengewinde M 14 IEC-Stecker EMK 70,71 (Schirmungsmaß >75 dB)
- Frequenzbereich: 47 bis 450 MHz
- Maximaler Ausgangspegel: 115 dB
- Maximaler Betriebspegel:
  nach FTZ 1R 8–15 100,5 dB
  für 36 TV-Kanäle 98,5 dB
- Rauschmaß: 7 dB
- Stromversorgung: 230 V/50 Hz; 6 W

Verteilverstärker

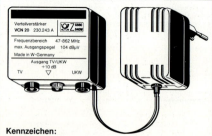

Kennzeichen:
- Steckernetzteil
- Erweiterung von BK- und GA-Anlagen innerhalb der Wohnung
- Aufsteckbar auf Antennensteckdose
- Zusätzlicher Ausgang zum Anschluß weiterer Antennensteckdosen mit einer Verstärkung von +10 dB
- Frequenzbereich: 47 bis 862 MHz
- Maximaler Ausgangspegel: 104 dB
- Maximaler Betriebspegel:
  für BK-Anlagen 80 dB
- Rauschmaß: 10 bis 13 dB
- Stromversorgung: 230 V/50 Hz; 3,8 W

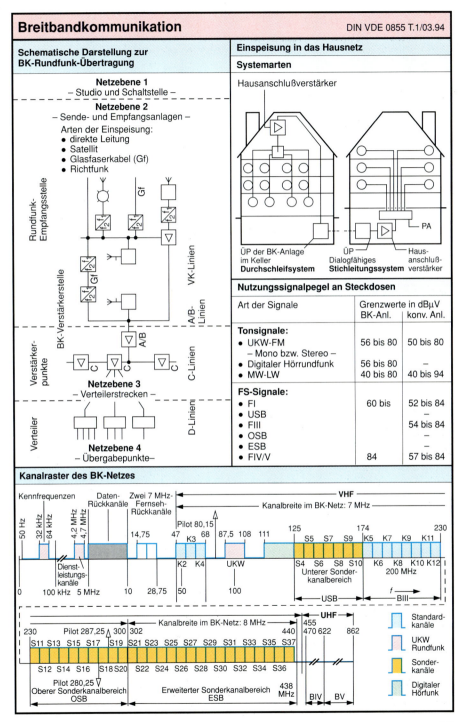

Breitbandanschlüsse

FTZ-.Richtlinie 1R8-15/12.85

Grenzwerte für Nutzsignalpegel am Übergabepunkt

Übertragungstechnische Kenngrößen	Tonsignal	TV-Signal
Übergabepegel	≥ 62 dBµV ≤ 76 dBµV	≥ 66 dBµV ≤ 83 dBµV
Abweichungen der Übergabepegel bei einzelnen Signalen	$\leq \pm 3$ dB	$\leq \pm 3$ dB
Abweichung des Pegelniveaus gegenüber dem Bezugswert an der Signalquelle bzw. Pilotsignal	$\leq \pm 2,5$ dB	$\leq \pm 2$ dB

Übertragungsfrequenz am Übergabepunkt

Übertragungsbereiche	UKW-FM: 87,5 – 108 MHz Digitale Tonsignale 111 – 125 MHz	FI: 47 – 68 MHz FIII: 174 – 230 MHz USB: 125 – 174 MHz OSB: 230 – 300 MHz ESB: 302 – 438 MHz
Pilotsignale auf Pilotfrequenzen mit abgesunkenem Pegel gegenüber dem Systempegel	Unterer Pilot: 80,15 MHz (– 4 dB) Oberer Pilot: 287,25 MHz (± 0 dB) 280,25 MHz (± 0 dB)	
Kanalraster für unteren und oberen bzw. erweiterten Sonderkanalbereich		USB/OSB: 7 MHz (bis 300 MHz) ESB: 8 MHz (über 302 MHz)

Fernsehsignale am Übergabepunkt

Frequenzabstand zwischen benachbarten Signalen Frequenzraster für UKW-FM-Tonsignale	≥ 300 kHz Vielfache, 50 kHz	–
Frequenzabweichungen der • Bildträgerfrequenzen bzw. • Trägerfrequenzen gegenüber Sollwert	≤ 20 kHz	≤ 120 kHz
Frequenzabhängige Verzerrungen der Amplitude (Amplitudenabweichung des Fernsehsignals)		– 26 % bis + 23 %
Frequenzabhängige Verzerrungen der Laufzeit (Laufzeitunterschied)		$\leq \pm 130$ ns
Differentielle Verstärkung (Differenz zwischen jeweiligem größten und kleinsten Wert der aussteuerungsabhängigen Amplitudenverzerrung)		$\leq \pm 19$ %
Differentielle Phase (Differenz der maximal zulässigen Phasenabweichung zum Bezugswert)		$\leq \pm 10°$
Störabstände: • effektiver videofrequenter Geräuschabstand • netzsynchrone Brummodulation		$\geq$ 45,5 dB ≥ -52 dB

Funkentstörung

Begriffe

- **Funkstörung** ist eine hochfrequente Störung (0,15 MHz ... 300 MHz) des Funkempfanges.
- Eine **Dauerstörung** ist eine Funkstörung, die länger als 200 ms andauert.
- **Grenzwertpegel** L siehe Diagramme.
- Die **Knackstörung** ist eine Funkstörung, die weniger als 200 ms dauert. Der **Grenzwertpegel** L_Q ist wie folgt zu berechnen
  $L_Q = L + 44$ für $N < 0{,}2$
  $L_Q = L + 20 \log_{10} \dfrac{30}{N}$ für $0{,}2 < N < 30$
  $L_Q = L$ für $30 < N$
  Dabei ist die Einheit für L_Q
  db (µV) für 0,15 MHz < 1 < 30 MHz
  dB (pW) für 30 MHz < 1 < 300 MHz
- Die **Knackrate** N ist die Anzahl der Funkstörungen pro Minute.
- Der **Funkstörgrad** ist eine frequenzabhängige Grenze für Funkstörungen
  0 funkstörfrei
  N funkentstört (Normalstörgrad)
  K funkentstört (Kleinststörgrad)
  G grobentstört (Einsatz beschränkt)

Funkschutzzeichen mit Angabe des Störgrades

Entstörmaßnahmen

- **Zweckmäßige Planung**, z. B. Kurzschlußläufermotoren statt Kommutatormotoren verwenden, besondere Wicklungsanordnung, usw.
- **Beschalten** mit
  Drosselspulen,   Siebgliedern,
  Widerständen,   Funkenlöscheinrichtungen
- **Abschirmung** von Leitungen, Geräten oder Räumen

Gerät der Schutzklasse I

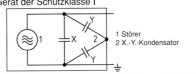

1 Störer
2 X.-Y.-Kondensator

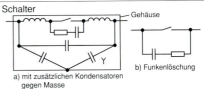

a) mit zusätzlichen Kondensatoren gegen Masse
b) Funkenlöschung

Phasenanschnittsteuerung

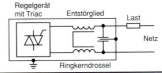

Grenzwertpegel

a **Haushaltsgeräte**
b **Halbleiterstellglieder**
  1 am Netz, 2 am Verbraucher
c **Elektrowerkzeuge**
  1 bis 700 W,
  2 700 W ... 100 W,
  3 1000 W ... 2000 W

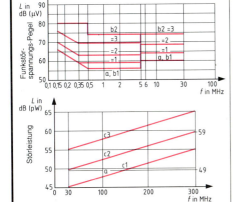

Besondere Geräte und **elektrische Anlagen**

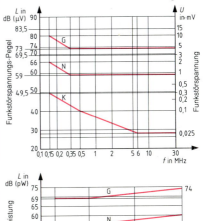

Funkentstörung

DIN VDE 0871/06.78, DIN VDE 0873 T.1/05.82
DIN VDE 0872 T.13/08.91, DIN VDE 0873 T.2/06.83

Begriffe

- Die **Funkstörspannung** ist die mit einem Funkstörmeßempfänger nach DIN VDE 0876 T1 gemessene Spannung einer Funkstörung.
- Mit **Funkstörfeldstärke** bezeichnet man die Feldstärke, die mit einer Meßantenne und einer festgelegten Meßanordnung gemessen wird.
- Die **Funkstörleistung** ist die Leistung eines vom Empfänger erzeugten Hochfrequenzsignales, die am Abschlußwiderstand des Antenneneingangs gemessen wird.
- Die **Funkstörstrahlleistung** ist die in den Raum abgestrahlte Leistung eines Hochfrequenzsignales, die Funkstörungen verursachen kann.
- Unter **Störfestigkeit** versteht man die Fähigkeit einer elektrischen Einrichtung mit Störgrößen bestimmter Höhe ohne Fehlfunktion zu ertragen.
- Der **Störabstand** ist der Pegelunterschied in dB zwischen dem Nutzpegel und dem Störpegel bei Funkstörspannung, -feldstärke oder -leistung.

Grenzwerte der Funkstörfeldstärke der Empfangsoszillatoren

Empfänger	Frequenz	Grenzwert µV/m	Grenzwert dB (µV/m)
Ton-Rundfunkempfänger für Frequenzmodulation (FM)	Grundschwingung des Oszillators bis 104 MHz	3000	70
	über 104 bis 300 MHz	700	57
	Überschwingungen unter 300 MHz	400	52
	Überschwingungen über 300 bis 1000 MHz	400	56
Fernseh-Rundfunkempfänger, Kanäle unter 300 MHz	Grundschwingung des Oszillators	700	57
	Überschwingungen unter 300 MHz	400	52
	Überschwingungen von 300 bis 1000 MHz	600	56
Fernseh-Rundfunkempfänger, Kanäle zwischen 300 und 1000 MHz	Grundschwingung des Oszillators	700	57
	Überschwingungen unter 1000 MHz	600	56

Grenzwerte für Funkstörleistung an den Antennenanschlüssen von Rundfunkempfängern (verursacht durch Empfangsoszillatoren)

Empfänger	Frequenz	Grenzwert µV an 75 Ω	Grenzwert dB (µV) an 75 Ω
Ton-Rundfunkempfänger für FM	Grundfrequenz des Oszillators	500	54
	Überschwingungen unter 300 MHz	315	50
	Überschwingungen über 300 MHz	400	52
Fernseh-Rundfunkempfänger für Kanäle zwischen 47 und 300 MHz	Grundfrequenz des Oszillators und dessen Überschwingungen bis 1000 MHz	160	44
Fernseh-Rundfunkempfänger, Kanäle zwischen 300 und 1000 MHz	Grundfrequenz des Oszillators	2000	66

Grenzwerte für Funkstörspannungen von Ton- und Fernseh-Rundfunkempfängern

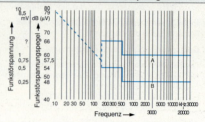

A ≙ Grenzwertverlauf für die Funkstörspannung mit breitbandigem Frequenzspektrum im Frequenzbereich von 150 kHz bis 30 MHz.
B ≙ Grenzwertverlauf für einzelne Spektralkomponenten, die auf diskreten Frequenzen im Frequenzbereich von 150 kHz bis 30 MHz auftreten.

Grenzwerte für Funkstörspannungen von industriellen, wissensch. und mediz. HF-Geräten

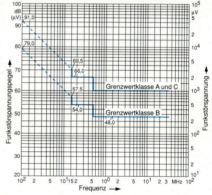

Grenzwertklasse A: Geräte dürfen den angegebenen Grenzwert A nicht überschreiten.
Einzelgenehmigung erforderlich.
Grenzwertklasse B: Grenzwert B darf nicht überschritten werden.
Einzelgenehmigung nicht erforderlich.
Grenzwertklasse C: Grenzwert C darf nicht überschritten werden. Einhaltung des Grenzwertes ist am Betriebsort nachzuweisen.

Störfeldstärke von Hochspannungsfreileitungen

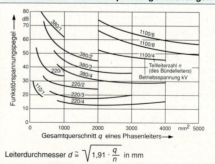

Leiterdurchmesser $d \approx \sqrt{1{,}91 \cdot \dfrac{q}{n}}$ in mm

4 Signalverarbeitung und -wiedergabe

Signalarten 158
Verzerrungen 158
Mischung 159
Amplitudenmodulation (AM) 160
Demodulation amplituden-
   modulierter Signale 161
Modulation mit unterdrücktem
   Träger 161
Frequenzmodulation (FM) 162
Demodulation frequenz-
   modulierter Signale 163
Phasenmodulation (PM) 164
Modulation mit pulsförmigem Träger . . 164
Pulscodemodulation (PCM) 165
Digitale Modulationsverfahren 166
Zeitmultiplex 168
Frequenzmultiplex 168
LC-Sinusoszillatoren 169
RC-Sinusoszillatoren 170
Quarzoszillatoren 170
Ton-Rundfunktechnik 171
Radio-Daten-System (RDS) 173
Audiodatenreduktion 174
Digitale Rundfunkdienste 175
DAB (Digital Audio Broadcasting) 175
Astra Digital Radio (ADR) 177
Digitales Satellitenradio (DSR) 178
Funkortung 179
Rundfunk-Stereofonie 179
Kenndaten von FM- und
   AM-Empfängern 180
Funknetze 181
Paging (Rufsignale) 182
CB-Sprechfunk 182
CCIR-Fernsehnorm 183
Signale und Frequenzen der
   CCIR-Norm 184
Farbsignale der Farbfernsehtechnik . . . 185
Quadraturmodulation in der
   Farbfernsehtechnik 186
PAL-Verfahren 187
Blockschaltbild Farbfernsehempfänger 188
PALplus 189
Elektronisches Farbtestbild 190
Prüfzeilensignale für die Fernsehbild-
   übertragung 191
Blockschaltbild Schwarz-Weiß-
   Fernsehempfänger 192

Weiterverarbeitung von Bild- und
   Ton-ZF im Fernsehempfänger 192
Wiedergewinnung der Farbsignale
   beim Fernsehempfänger 193
Videotext 194
Bildaufnehmer 195
Kathodenstrahlröhren 196
Kathodenstrahlröhren/Flachbild-
   anzeigen 197
Videosysteme 198
Bildaufzeichnung und Bildwiedergabe . 200
Camcorder-Begriffe 201
Video-Nachbearbeitung, Videoschnitt . 201
Video-Programm-System (VPS) 202
Videosteckverbinder 203
Hochauflösendes Fernsehen HDTV . . . 203
Übertragungsverfahren beim
   Satellitenfernsehen 204
Digitale Verarbeitung von analogen
   Fernsehsignalen 205
Begriffe zur Audio-, Fernseh- und
   Videotechnik 206
Heimstudio-Technik (Hi-Fi) 207
Mikrofone 210
Lautsprecher 211
Steckverbinder für elektroakustische
   Anlagen 212
Konzentrische Steckverbinder für
   elektroakustische Anlagen 215
Nadeltonverfahren zur Schallauf-
   zeichnung 216
Magnettonverfahren zur Schall-
   aufzeichnung 216
DCC (Digital Compact Cassette) 218
Audio-CD 219
CD-Familie 220
MD (Minidisc) 221
DAT (Digital Audio Tape) 221
Surround-Sound 222
Digitale Filter 223
Datenkompression (JPEG, MPEG) 224
Kryptografie 225
Alarmanlagen 226
Uhrenanlagen 226
Schaltungen zur Hauskommunikation . 227
Hauskommunikationsanlagen 229
Melde- und Signaltechnik 230
Brandmeldeanlagen 231

Signalarten

wertkontinuierlich, zeitkontinuierlich (analog)

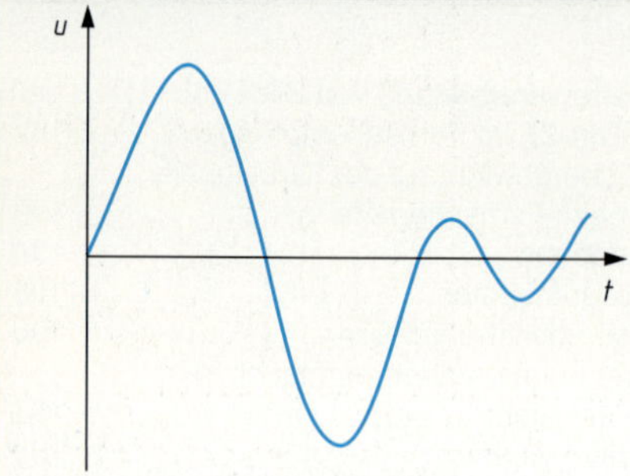

u
t

wertkontinuierlich, zeitdiskret

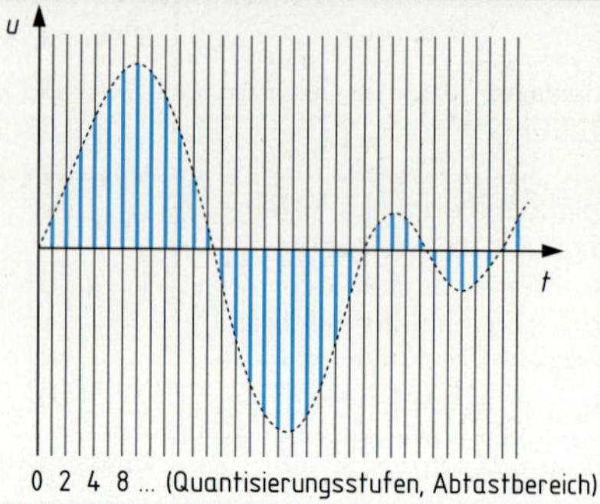

u
t
0 2 4 8 ... (Quantisierungsstufen, Abtastbereich)

wertdiskret, zeitkontinuierlich

u
Quantisierungsstufen
14
12
10
8
6
4
2
0
-2
-4
-6
-8
-10
-12
-14
t

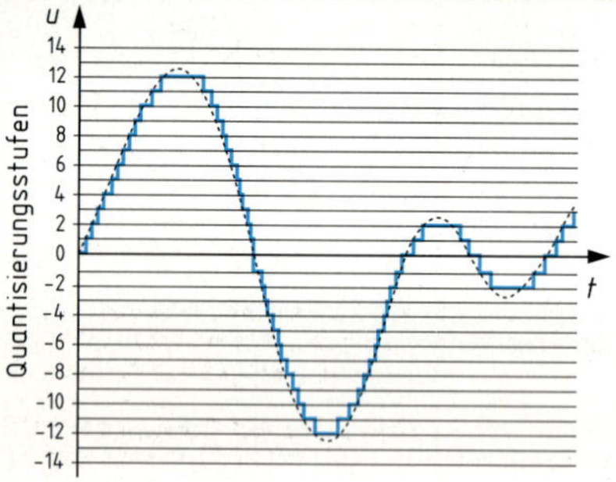

wertdiskret, zeitdiskret

u
t

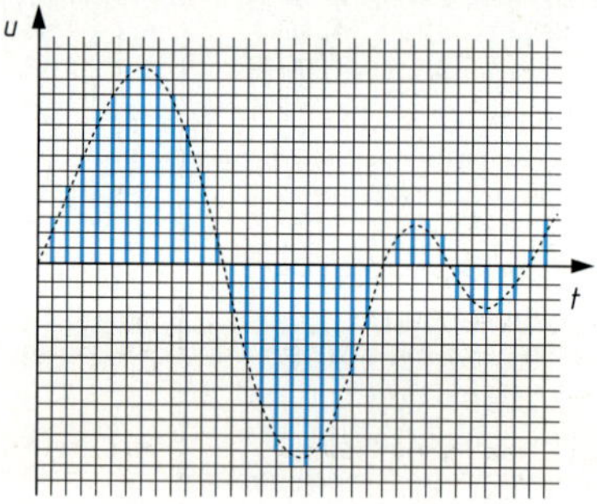

Verzerrungen

Lineare Verzerrungen

Übertragunskanal
u1
t
⇨ u1
T
fo fg f
u2
⇨ u2
t

Übertragunskanal
u1
fp
t
⇨ u1
T
f1 f2 f3 f4 f5 f
f1 = fp
u2
⇨ u2
fp
t

Nichtlineare Verzerrungen

Übertragunskanal
u1
t
⇨ u1
u2
u1
u2
⇨ u2
t

Übertragunskanal
u1
f1
t
⇨ u1
u2
u1
u2
⇨ u2
U1
U2
U3
U4
f1 2f1 3f1 4f1 f

Klirrfaktor k

DIN 45 403/06.63
DIN 40 110

$$k = \sqrt{\frac{U_2^2 + U_3^2 + \ldots + U_n^2}{U_1^2 + U_2^2 + U_3^2 + \ldots + U_n^2}}$$

1 … n: Index für Schwingungen (laufende Nummern)

Teilklirrfaktor

$$k_m = \frac{U_m}{\sqrt{U_1^2 + U_2^2 + U_3^2 + \ldots + U_n^2}}$$

Klirrdämpfungsmaß a_k

DIN 45 403/06.63
DIN 40 110

$$a_k = 20 \cdot \lg \frac{1}{k}\ \text{dB}$$

Teilklirrdämpfungsmaß

$$a_{km} = 20 \cdot \lg \frac{1}{k_m}\ \text{dB}$$

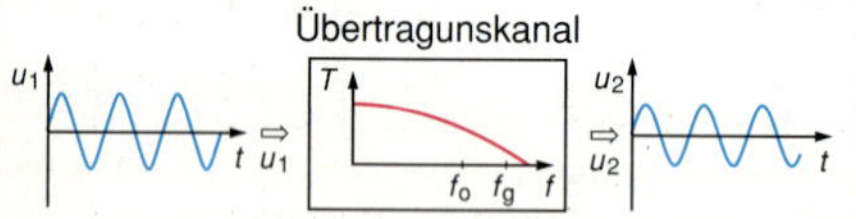

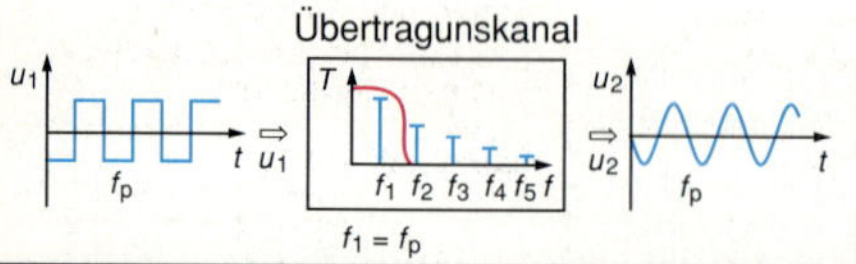

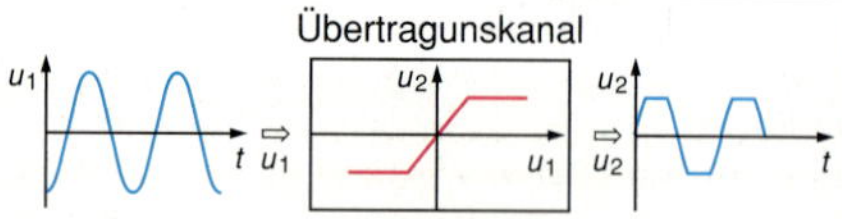

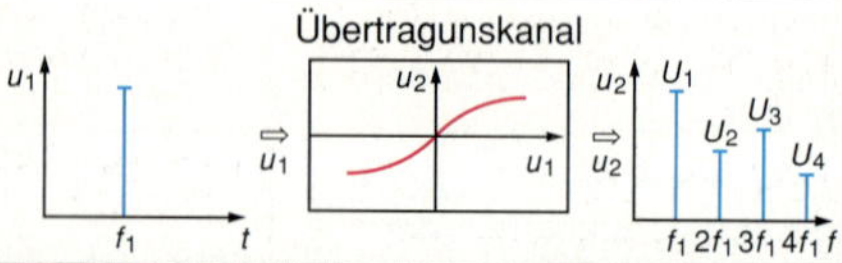

Mischung

Prinzip

Mischstufe: f_1 (Eingangsfrequenz) → f_2 (Mischfrequenz)

Eingang: u_1 ; Ausgang: u_2, i_2

f_0 (Hilfsfrequenz, Oszillatorfrequenz)

(nicht genormtes Schaltzeichen)

Größen

Mischsteilheit S_m

$$S_m = \frac{i_2}{u_1}$$

Mischverstärkung v_m

$$v_m = \frac{u_2}{u_1}$$

Frequenzumsetzung

$f_2 = |f_0 \pm f_1|$

bzw.

$f_2 = |n \cdot f_0 \pm f_1|$ $n = 0, 1, 2 \ldots$

Spektrum u_2 bei $f_0 - f_1$, f_0, f_1, $f_0 + f_1$

Mischschaltung

Eintakt-Mischschaltung

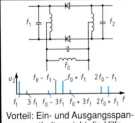

Nachteil: Verkopplung der Schwingkreise, breites Frequenzspektrum.

Emitterschaltung

Nachteil: Verkopplung von Eingangskreis mit Oszillatorkreis.

Source-Schaltung

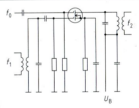

Vorteil: Kleines Frequenzspektrum, großer Aussteuerbereich, geringes Rauschen.

Gegentaktmischschaltung

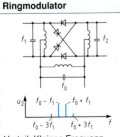

Vorteil: Ein- und Ausgangsspannung enthalten nicht die Hilfsspannung (Oszillatorspannung)

Basisschaltung

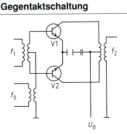

Vorteil: Entkopplung von Ein- und Ausgangskreis, höhere Grenzfrequenz als Emitterschalt.

Schaltung mit Doppelgate-FET

Vorteil: Entkopplung von Eingangs- und Oszillatorkreis, geringes Frequenzspektrum, geringes Rauschen.

Ringmodulator

Vorteil: Kleines Frequenzspektrum, f_1 und f_0 sind nicht am Ausgang vorhanden.

Gegentaktschaltung

Vorteil: Entkopplung von Ein- und Ausgangskreis, kleines Frequenzspektrum.

Schaltung mit IC

Eingangskreis, S 042 P, Oszillatorkreis

Selbstschwingende Mischstufe

Vorteil: Hohe Verstärkung, Ein- und Ausgang entkoppelt, geringes Frequenzspektrum, hohe Großsignalfestigkeit.

Amplitudenmodulation (AM)

Prinzip

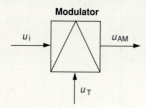

u_i: Informationsspannung
u_T: Trägerspannung
u_{AM}: Amplitudenmodulierte Spannung

Frequenzspektrum

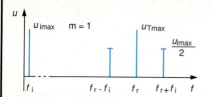

Seitenfrequenzen
B: Bandbreite
f_i: Frequenz der Informationsspannung

$B = 2 \cdot f_{imax}$

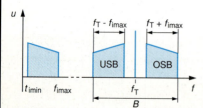

Seitenbänder

Liniendiagramme

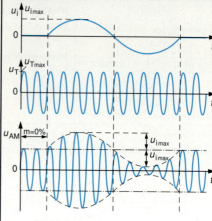

m: Modulationsgrad
Ω: Kreisfrequenz der Trägerschwingung
ω: Kreisfrequenz der Informationsschwingung

$$m = \frac{u_{imax}}{u_{Tmax}}$$

$$u_{AM} = u_{Tmax} \cdot \sin \Omega \cdot t + \frac{u_{imax}}{2} \cos(\Omega - \omega) \cdot t + \frac{u_{imax}}{2} \cos(\Omega + \omega) \cdot t$$

Obere Seitenfrequenz/ band (OSB)

Untere Seitenfrequenz/ band (USB)

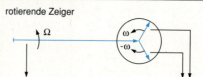

Trägerfrequenz

Leistung

P_M: Mittlere Leistung
 (angegeben bei kleinster Frequenz der Modulationsspannung, u_i)
P_T: Trägerleistung
P_{OSB}: Leistung des oberen Seitenbandes
P_{USB}: Leistung des unteren Seitenbandes

$P_M = (1 + \frac{m}{2})^2 \cdot P_T$

$P_M = P_T + P_{OSB} + P_{USB}$

Zeigerdarstellung

rotierende Zeiger

Trägerspannung

Spannungen der Seitenfrequenzen

Demodulation amplitudenmodulierter Signale

Hüllkurvendetektor

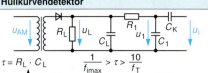

$\tau = R_L \cdot C_L \qquad \dfrac{1}{f_{imax}} > \tau > \dfrac{10}{f_T}$

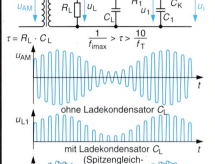

Synchrondemodulator

(Produktdetektor, trägergesteuerter Demodulator)

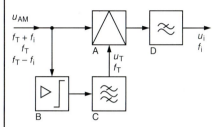

Anwendungsbereich:
Besonders bei integrierten Schaltungen

A: Demodulator
B: Verstärker mit beidseitiger Amplitudenbegrenzung
C: Bandfilter für Trägerfrequenz
D: Tiefpaß für Informationsspannung

Modulation mit unterdrücktem Träger

Ringmodulator zur Trägerunterdrückung

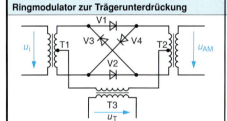

Frequenzspektrum

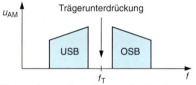

Filter werden zur Beeinflussung des Frequenzganges verwendet.

Arbeitsweise des Ringmodulators

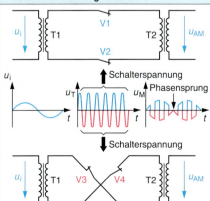

Demodulation mit Ringmodulator

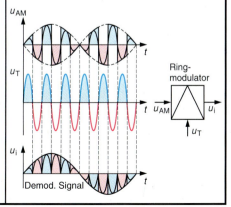

Frequenzmodulation (FM)

Frequenzmoduliertes Signal

u_i: Informationsspannung
u_T: Trägerspannung
u_{FM}: Frequenzmodulierte Spannung
f_i: Informationsfrequenz
f_{imin}: minimale Informationsfrequenz
f_{imax}: maximale Informationsfrequenz
ω_i: Kreisfrequenz Informationsspannung
m: Modulationsindex
f_T: Trägerfrequenz
ω_T: Kreisfrequenz der Trägerspannung

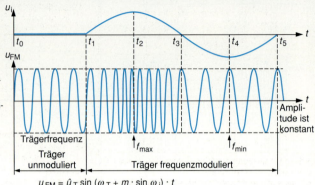

$$u_{FM} = \hat{u}_T \sin(\omega_T + m \cdot \sin \omega_i) \cdot t$$
(ohne Berücksichtigung eines Nullphasenwinkels)

Frequenzhub Δf_T

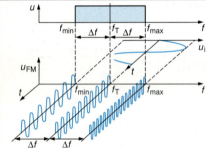

m: Modulationsindex
Δf_T: Frequenzhub
f_i: Informationsfrequenz

$$m = \frac{\Delta f_T}{f_i}$$

UKW-Sender: $\Delta f = 75$ kHz
Fernsehton: $\Delta f = 50$ kHz

Bandbreite B

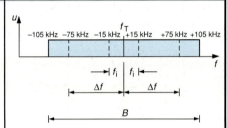

f_T: Trägerfrequenz
B: Bandbreite
Δf_T: Frequenzhub
f_i: Informationsfrequenz
n: Zahl, $n = 1, 2, 3 \ldots$

$$B = 2(\Delta f_T + n \cdot f_{imax})$$

UKW: $B = 2(75\text{ kHz} + 2 \cdot 15\text{ kHz}) = 210$ kHz

Störreduzierung durch Pre- und De-Emphasis

Senderseite

Pre-Emphasis
(Vor-Verzerrung) durch Hochpaß

τ: Zeitkonstante
$\tau = 50$ µs
$\tau = R \cdot C$

Frequenzgangbeeinflussung

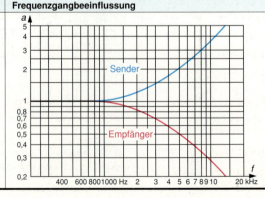

Empfängerseite

De-Emphasis
(Nach-Entzerrung) durch Tiefpaß

τ: Zeitkonstante
$\tau = 50$ µs
$\tau = R \cdot C$

Demodulation frequenzmodulierter Signale

Phasendiskriminator

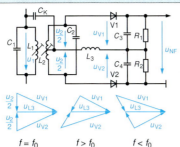

- zwei Einspeisungen in den Demodulatorkreis,
- Amplitudenbegrenzung,
- Umwandlung frequenzmodulierter in amplitudenmodulierte Signale,
- u_{NF} entsteht aus geometrischer Addition der Diodenspannungen

PLL-Diskriminator

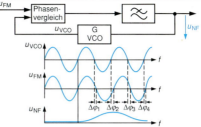

PLL: Phase Locked Loop (Phasenregelkreis)
VCO: Voltage Controlled Oscillator (spannungsgesteuerter Oszillator)

- bei Abweichung von f_1 und f_2 bildet die Phasenvergleichsspannung eine Regelspannung,
- Regelspannung entspricht der Informationsspannung,
- Anwendung in integrierten Schaltungen

Symmetrischer Verhältnisdiskriminator

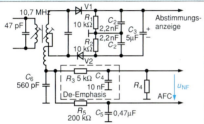

- auch als Ratiodetektor bezeichnet,
- zwei Einspeisungen in den Demodulatorkreis,
- Amplitudenbegrenzung durch $R_1 \cdot C_3$,
- weniger empfindlich als der Phasendiskriminator,
- Spannungen für Abstimmanzeige und automatische Frequenznachregelung möglich,
- u_{NF} entsteht aus geometrischer Addition der Diodenspannungen

Koinzidenzdemodulator

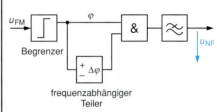

- auch Phasendemodulator genannt,
- frequenzabhängiger Teiler erzeugt eine um $\pm \Delta \varphi$ von der Mittenfrequenz abweichende Spannung,
- mit dem nicht abweichenden Signal wird eine UND-Verknüpfung vorgenommen,
- Anwendung in integrierten Schaltungen

Unsymmetrischer Verhältnisdiskriminator

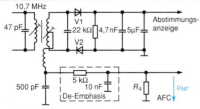

- auch als Ratiodetektor bezeichnet,
- Eigenschaften wie symmetrischer Verhältnisdiskriminator,
- weniger Bauteile als symmetrischer Verhältnisdiskriminator,
- keine Abstimmspannung für automatische Frequenznachregelung möglich

Zähldiskriminator

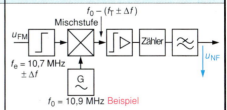

- Begrenzung und Mischung auf eine tiefe Zwischenfrequenz,
- Zähler addiert Impulse, Impulse sind pro Zeiteinheit proportional der Informationsfrequenz,
- Anwendung in integrierten Schaltungen

Phasenmodulation (PM)

Phasenmoduliertes Signal

- u_i: Informationsspannung
- u_T: Trägerspannung
- u_{PM}: Phasenmodulierte Spannung
- f_i: Informationsfrequenz
- f_T: Trägerfrequenz
- ω_T: Kreisfrequenz Träger
- ω_i: Kreisfrequenz Informationsspannung
- $\Delta\varphi_T$: Phasenhub
- φ_T: Phasenwinkel des Trägers

$u_{PM} = \hat{u}_T \sin(\omega_T + \Delta\varphi_T \sin \omega_i) \cdot t$
(ohne Berücksichtigung eines Nullphasenwinkels)

Phasenhub $\Delta\varphi_T$

Frequenzhub Δf_T

$\Delta f_T = \Delta\varphi_T \cdot f_i$

$m = \dfrac{\Delta f_T}{f_i}$

$\varphi = 2\pi \cdot f_T \cdot t$

Modulation mit pulsförmigem Träger

Pulsamplitudenmodulation PAM
Amplitude abhängig von u_i

Pulsfrequenzmodulation PFM
Frequenz abhängig von u_i

Pulsphasenmodulation PPM
Phase abhängig von u_i

Pulsdauermodulation PDM
Pulsdauer abhängig von u_i

Pulscodemodulation (PCM)

Prinzip

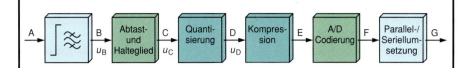

Erläuterungen (Sprachsignale)

A: Analoges Sprachsignal als Eingangssignal.

B: Sprachsignal auf 3,4 kHz begrenzt (Bandbreite B).

C: **Abtastung**, Erzeugung eines PAM-Signals (zeitdiskret amplituden-analog), Abtastfrequenz $f \geq 2B$ (8 kHz, CCITT); Signalspeicherung.

D: **Quantisierung**, Zuordnung der Analogwerte zu diskreten Werten, 256 Quantisierungsabschnitte.

E: **Kompandierung** (nichtlineare Quantelung), kleine Quantisierungsstufen in der Mitte und große am Ende des Aussteuerbereichs (vgl. Kompressionskennlinie).

F: **Codierung**, 256 Code-Wörter, PCM-Bitrate, 64 kbit/s je Sprachkanal.

G: Serielle Bitfolge zur Signalübertragung.

Kompressionskennlinie

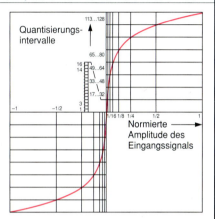

Quantisierung eines Signals und Zuordnung zu Code-Wörtern

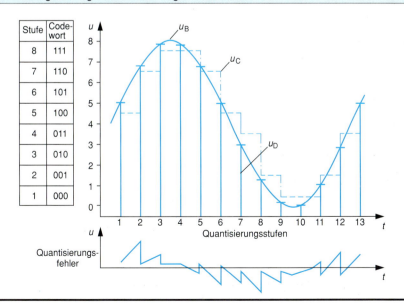

Stufe	Codewort
8	111
7	110
6	101
5	100
4	011
3	010
2	001
1	000

Digitale Modulationsverfahren

Prinzip

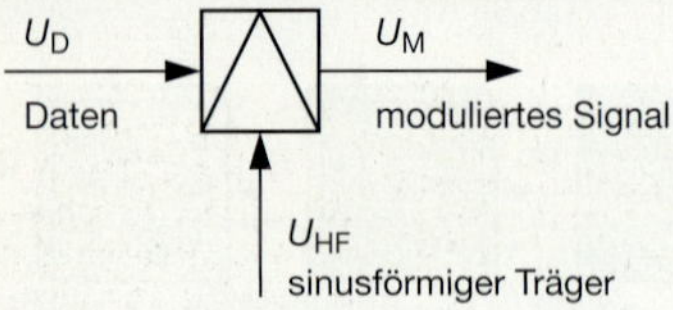

U_D
Daten
U_M
moduliertes Signal
U_{HF}
sinusförmiger Träger

Q
I

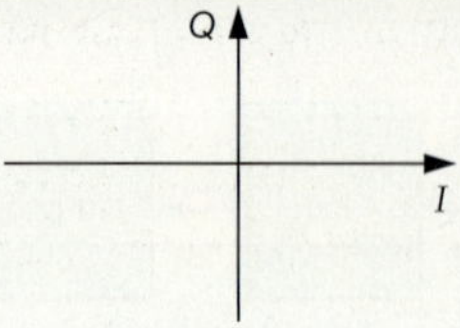

I-Vektor: In Phase Vektor, (horizontale Komponente).
Q-Vektor: Quadratur Phase Vektor, (vertikale Komponente).

Amplitudenumtastung, ASK

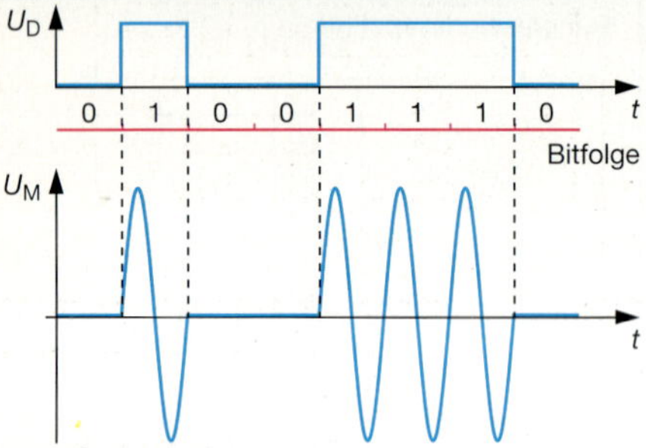

U_D
0 1 0 0 1 1 1 0
t
Bitfolge
U_M
t

ASK: **A**mplitude **S**hift **K**eying

Q
0
1
I

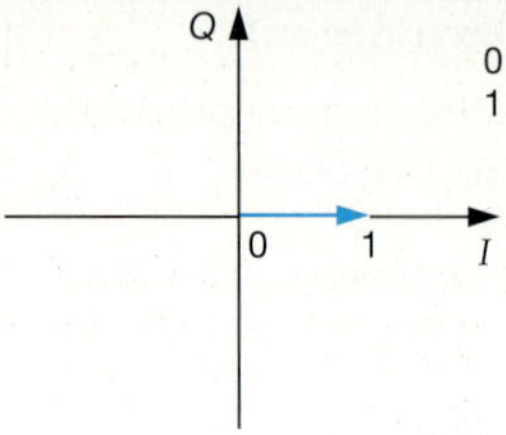

0 ≙ Amplitude 1
1 ≙ Amplitude 2

- Amplitude des Trägers wird geändert (Abb.: Ein- und Ausschalten des Trägers, **On-Off-Keying, OOK**, digitale Glasfasersysteme).

Frequenzumtastung, FSK

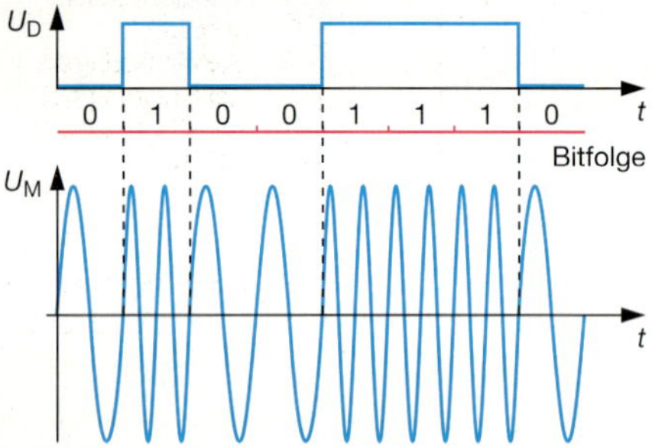

U_D
0 1 0 0 1 1 1 0
t
Bitfolge
U_M
t

FSK: **F**requency **S**hift **K**eying

Q
1
+φ
−φ
I
0

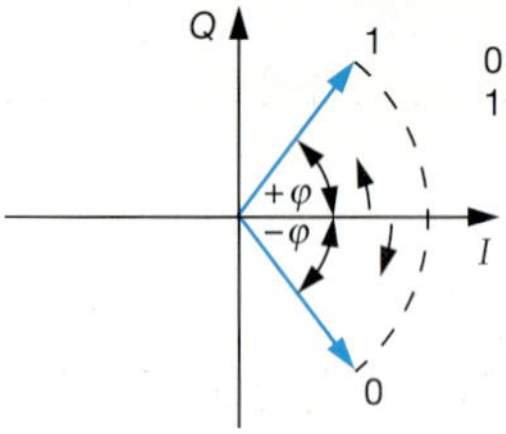

0 ≙ Frequenz 1
1 ≙ Frequenz 2

- Umschaltung von zwei Oszillatoren (s. Abbildung, Phasensprünge),
- Umschaltung eines Oszillators (phasenkontinuierliche FSK, **CPFSK**, **c**ontinuous **p**hase **f**requency **s**hift **k**eying).

Phasenumtastung, PSK

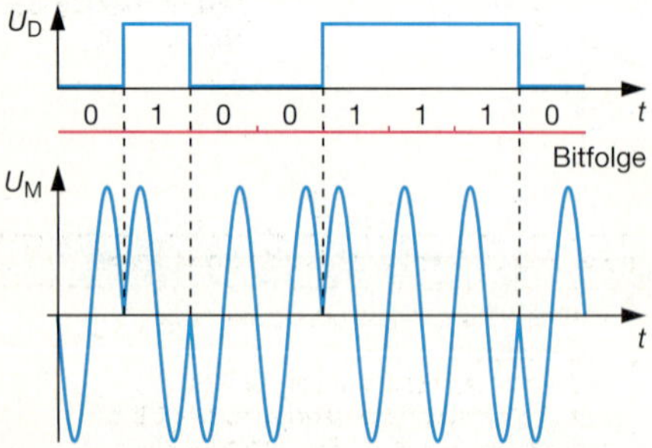

U_D
0 1 0 0 1 1 1 0
t
Bitfolge
U_M
t

PSK: **P**hase **S**hift **K**eying

Q
φ = 180°
φ = 0°
0
1
I

0 ≙ Phase 1
1 ≙ Phase 2

- Umschaltung zwischen zwei verschiedenen Phasen (s. Abbildung, **binäre PSK**, **BPSK**).

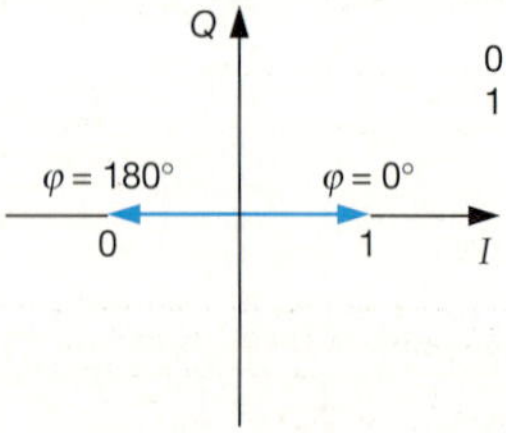

Digitale Modulationsverfahren

Höherwertige Verfahren der Phasenumtastung

- **Quadratur PSK, QPSK (Vierphasenumtastung)**

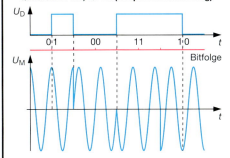

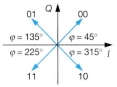

Zusammenfassung von je 2 Bits (Dibit) für vier verschiedene Phasenlagen (Satellitenübertragung).

Bit	Phase	I-Komp.	Q-Komp.
00	45°	+1	+1
01	135°	−1	+1
11	225°	−1	−1
10	315°	+1	−1

- **8-PSK** (Zusammenfassung von 3 Bits)
  000 ≙ 45°; 001 ≙ 90°; 010 ≙ 135° usw. (360°/8 = 45°)
- **16-PSK** (360°/16 = 22,5°)

Offset QPSK, OQPSK

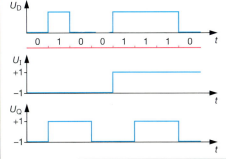

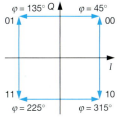

Übergänge zwischen den verschiedenen Phasenlagen erfolgen zeitlich versetzt in jeder Achsenrichtung.
Vorteil: Geringere Schwankung der Amplitude als bei QPSK.

Phasendifferenzcodierung, DQPSK

Bitfolge	$\Delta\varphi$ (Phasenänderung)
11	$-3\pi/4$
01	$3\pi/4$
00	$\pi/4$
10	$-\pi/4$

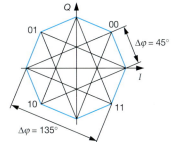

Die Information ist in der Phasenänderung enthalten ($\Delta\varphi$); Mobilfunk ADC/JDC (amerikanisch/japanisch).

Minimum Shift Keying, MSK

- **CPFSK** mit Modulationsindex 0,5 (Optimale Unterscheidung von Bit 1 und 0).
- **Gauß'sche MSK, GMSK**
  Keine Rechteckimpulse für die Daten, sondern Gaußimpulse (Vorteil: günstigeres Spektrum als bei MSK). Anwendung: Mobilfunk, GSM.

Quadratur Amplitudenmodulation, QAM

- Phasen- und Amplitudenumtastung kombiniert.
- Zusammenfassung mehrerer Bits; z. B. 16 QAM (16 Symbole, jeweils 4 Bit).
- Systeme: 16-, 64-, 256-, 1024-QAM.
- Anwendung: Digitaler Richtfunk.

Zeitmultiplex

Zeitmultiplexverfahren

Mehrere Signale werden zeitlich gestaffelt übertragen.

Abtasttheorem:

$$T_A \leq \frac{1}{2 \cdot f_{imax}}$$

f_A: Abtastfrequenz
f_{imax}: Maximale Informationsfrequenz

(mindestens zwei Abtastungen innerhalb einer Periodendauer der Übertragungsfrequenz)

PCM 30

- 30 Fernsprechkanäle in PCM-codierter Form
- $f_{imax} = 3,4$ kHz; $f_T = 8$ kHz
- Periodendauer der Abtastung 125 µs
- 32 Kanäle, zwei für Synchronisier-, Kennzeichen- u. Alarminformationen (Kanal 0 und Kanal 16)

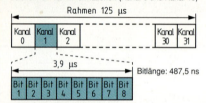

Prinzip

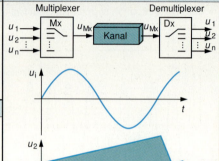

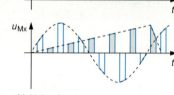

u_{Mx}: Multiplexsignal

Frequenzmultiplex

Prinzip

Frequenzmultiplexverfahren:
Mehrere Signale werden frequenzmäßig gestaffelt übertragen.

f_T: Trägerfrequenz
u_{Mx}: Multiplexsignal

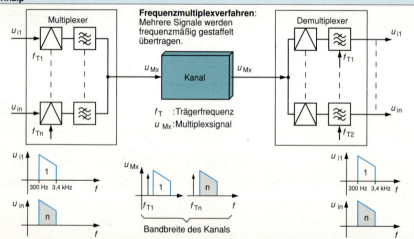

Trägerfrequenztechnik (TF), Sprachkanal: 300 Hz…3,4 kHz					
Vorgruppe 12 kHz…24 kHz	**Primärgruppe** 60 kHz…108 kHz	**Sekundärgruppe** 312 kHz…552 kHz	**Tertiärgruppe** 812 kHz…2044 kHz	**Quartärgruppe** 8516 kHz…12388 kHz	
$f_{T1} = 12$ kHz $f_{T2} = 16$ kHz $f_{T3} = 20$ kHz	$f_{T1} = 84$ kHz $f_{T2} = 96$ kHz $f_{T3} = 108$ kHz $f_{T4} = 120$ kHz	$f_{T1} = 420$ kHz $f_{T2} = 468$ kHz $f_{T3} = 516$ kHz $f_{T4} = 564$ kHz $f_{T5} = 612$ kHz	$f_{T1} = 1364$ kHz $f_{T2} = 1612$ kHz $f_{T3} = 1860$ kHz $f_{T4} = 2108$ kHz $f_{T5} = 2356$ kHz	$f_{T1} = 10560$ kHz $f_{T2} = 11880$ kHz $f_{T3} = 13200$ kHz	
3 Kanäle	12 Kanäle	60 Kanäle	300 Kanäle	900 Kanäle	

LC-Sinusoszillatoren

Prinzip der Schwingungserzeugung

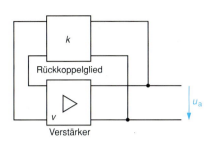

v : Verstärkungsfaktor
k : Rückkopplungsfaktor

$v \cdot k = 1$ (komplexe Größen, Amplituden- und Phasenlage spielen eine Rolle)

Amplitudenbedingung: Amplitude der zurückgeführten Spannung muß so groß sein, daß alle Wirkverluste ausgeglichen werden.

Phasenbedingung: Die Phasenlage der zurückgeführten Spannung muß so sein, daß nach der Verstärkung die Phasenlage von u_a wieder erreicht wird.

Meißner-Oszillator

Prinzip

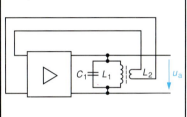

Schaltungsbeispiel

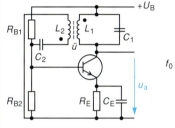

$$f_0 = \frac{1}{2\pi \cdot \sqrt{L_1 \cdot C_1}}$$

Hartley-Oszillator

Prinzip

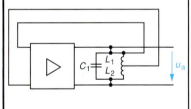

Schaltungsbeispiel

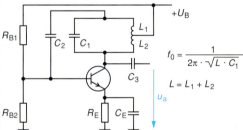

$$f_0 = \frac{1}{2\pi \cdot \sqrt{L \cdot C_1}}$$

$L = L_1 + L_2$

Colpitts-Oszillator

Prinzip

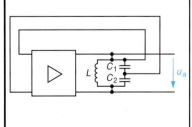

Schaltungsbeispiel

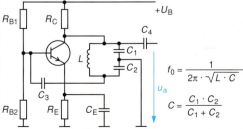

$$f_0 = \frac{1}{2\pi \cdot \sqrt{L \cdot C}}$$

$$C = \frac{C_1 \cdot C_2}{C_1 + C_2}$$

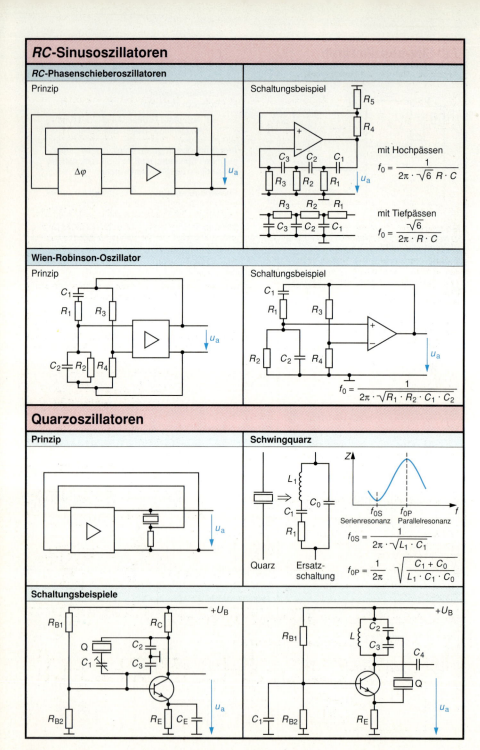

Ton-Rundfunktechnik

Prinzip des Überlagerungsempfängers

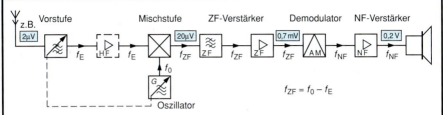

f_E: Eingangsfrequenz $\quad f_0$: Oszillatorfrequenz $\quad f_{ZF}$: Zwischenfrequenz $\quad f_{NF}$: Niederfrequenz

Eingangsstufe, Vorstufe: Selektion des zu empfangenden Signals, Unterdrücken der Spiegelfrequenz, evtl. Verstärkung.
Oszillator: Erzeugen einer Spannung mit konstanter Amplitude und einer Frequenz, die um die Zwischenfrequenz höher liegt als die Eingangsfrequenz.
Mischstufe: Bilden einer konstanten Zwischenfrequenz für jede Sendereinstellung.

ZF-Verstärker: Verstärken der Zwischenfrequenz mit der notwendigen Bandbreite, Erzeugung von steilen Flanken an den Bandgrenzen.
Demodulator: Lösen des Nachrichtensignals (NF) vom Träger.
NF-Verstärker: Verstärken der niederfrequenten Spannung und Ansteuern des Lautsprechers.

Gleichlaufbedingung zwischen Vor- und Oszillatorkreis

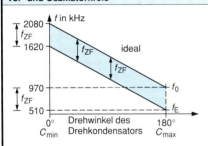

Spiegelfrequenz

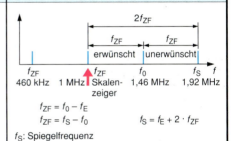

$f_{ZF} = f_0 - f_E$
$f_{ZF} = f_S - f_0$
$f_S = f_E + 2 \cdot f_{ZF}$

f_S: Spiegelfrequenz

Variationsbereiche im Vor- und Oszillatorkreis

	LW	MW	KW	Schaltung
Vorkreis Frequenzverhältnis Kapazitätsverhältnis	150…300 kHz 1:2 1:4	510…1620 kHz 1: 3,16 1:10	5 MHz…20 MHz 1: 4 1:16	
Oszillatorkreis Frequenzverhältnis Kapazitätsverhältnis	610…760 kHz 1:1,25 1:1,5	970…2080 kHz 1:2,2 1:4,8	5,46…20,46 MHz 1: 3,7 1:14	

Überlagerungsempfänger mit doppelter Überlagerung (Doppelsuper)

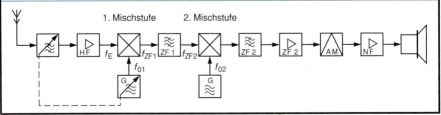

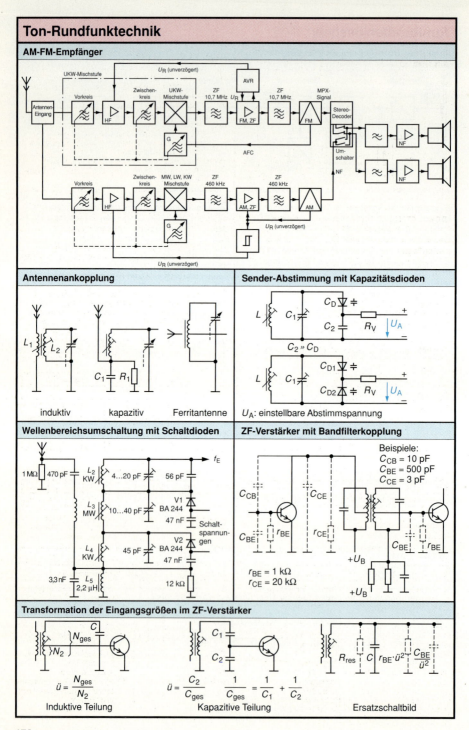

Radio-Daten-System (RDS)

Frequenzspektrum eines UKW-Hörfunksenders mit RDS

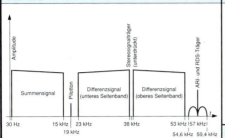

Träger: 57 kHz, mit 1,1875 kHz frequenzmoduliert, Hub auf 1,2 kHz reduziert (ARI: 3,5 kHz Hub).

Datenformat

- Daten sind in einem 16 Bit Datenwort enthalten.
- Datenwort wird durch ein 10 Bit Kontrollwort und einem Offset kontrolliert.
- Datenwort und Kontrollwort werden zu einem 26 Bit langen Block zusammengefaßt.
- 4 Blöcke bilden eine 104 Bit Gruppe.
- 15 Gruppen sind möglich.
- Die Versionen A und B werden unterschieden.

Möglichkeiten von RDS

PI:	Programmidentification: Programmkettenkennung, z. B. WDR I, zusätzlich Länder- und Bereichskennung.
PS:	Programmservicename: Programmname; wird mit 8 Zeichen (ASCII) übertragen.
AF:	Alternative frequencies: Alternative Frequenzen; Liste von Frequenzen übertragen, auf denen der gleiche Programminhalt abgestrahlt wird (automat. Umschaltung möglich).
TP/TA:	Trafficprogram, -announcement: Verkehrsfunk-Durchsagekennung; entspricht SK- bzw. DK-Signal beim Verkehrsfunk.

Weitere Merkmale
(z. Z. in Deutschland nicht realisiert)

ON:	Other networks: Information über andere Dienste.
CT:	Clock, time and Date: Uhrzeit, Datum.
PTX:	Programmtype: Programmartenerkennung.
PIN:	Programitem number: Programmbeitragserkennung.
RT:	Radiotext: Radiotext.
TDC:	Transparent datachannel: Datenkanal für Schaltfunktion.
DI:	Decoder identification: Decoder Identifikation.
MS:	Music/speech: Musik/Sprache-Kennung.
IH:	Inhouse information: Rundfunkinterne Information.
RP:	Radio paging: Rundfunk-Fernruf (Personenruf).
TMC:	Traffic message channel: Verkehrsdatenkanal.

Datenformat der Gruppe 4A (Zeit und Datum)

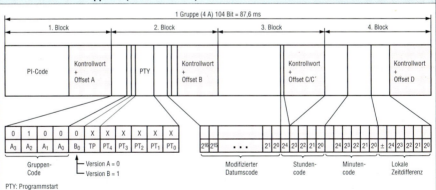

Gruppeninhalt

Gruppe	A_3	A_2	A_1	A_0	B_0	Anwendung	Gruppe	A_3	A_2	A_1	A_0	B_0	Anwendung
0						Info für Abstimmung und Schaltvorgänge	5						transparenter Kanal (Text, Grafik)
0A	0	0	0	0		PI, PTY, TP, TA, DI, MS, PS, AF	5A/B	0	1	0	1	X	PI, PTX, TP, TDC
0B	0	0	0	0	1	PI, PTY, TP, TA, DI, MS, PS	6						rundfunkinterne Übertragungen
1						Programmbeitragserkennung	6A/B	0	1	1	0	X	PI, PTY, TP, INH
1A/B	0	0	0	1	X	PI, PTY, TP, PIN	7						Radio Paging
2						Radiotext	7A/B	0	1	1	1	X	PI, PTY, TP, Radio Paging
2A/B	0	0	1	1	X	PI, PTY, TP, RT	8–13						nicht definiert
3						nicht definiert	14						Andere Dienste
4						Zeit, Datum	14A/B	1	1	1	0	X	PI, PTY, TP, Other Networks
							15						schnelles Info für Abstimmen und Schalten
4A	0	1	0	0	0	PI, PTY, TP, CT	15B	1	1	1	1	1	PI, PTY, TP, DI, MS

Audiodatenreduktion

Psycho-Akustik

- **Ruhehörschwelle:**
  Das menschliche Ohr kann nur Töne oberhalb einer bestimmten Schwelle wahrnehmen (①, oberhalb der Kennlinie).

- **Frequenzabhängige Lautstärkeempfindung:**
  Bei unterschiedlichen Frequenzen besitzt das Ohr eine unterschiedliche Lautstärkeempfindung (②, nichtlinearer Kurvenverlauf).

- **Mithörschwelle:**
  Bei lauten Tönen werden die frequenzmäßig in der „Nähe" liegenden leisen Töne vom Ohr nicht wahrgenommen. Die Hörschwelle wird angehoben ③ (Maskierung).

- **Verdeckungseffekt:**
  Leise Töne werden durch zeitlich voreilende oder nacheilende laute Töne „verdeckt" und damit vom Ohr nicht wahrgenommen ④.

- **Redundanz-Reduktion:**
  Mehrfach vorhandene Teile oder Informationen werden nicht übertragen.

- **Irrelevanz-Reduktion:**
  Nicht wahrnehmbare Teile oder Informationen werden nicht übertragen.

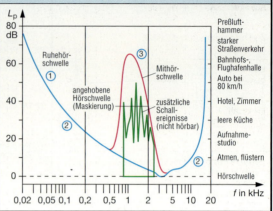

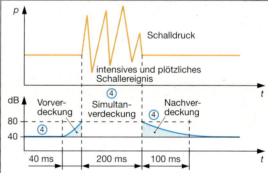

MUSICAM-Verfahren

Masking-pattern **A**dapted **U**niversal **S**ubband **I**ntegrated **C**oding **A**nd **M**ultiplexing (MPEG Layer 2):

- Anwendung bei DAB, universell einsetzbares Basisbandcodierverfahren (professioneller Audiobereich).

- 32 Teilbänder mit 750 Hz Bandbreite.

- Abtastfrequenz pro Teilband 1,5 kHz.

- Blockbildung aus den Samples der Teilbänder.

- Feststellung des Spitzenwertes pro Block, Bildung des Skalenfaktors. Codierung mit 6 Bit (64 Lautstärkeklassen).

- Berechnung der Mithörschwelle für jedes Teilband. Berücksichtigung der Verdeckung und des Quantisierungsrauschens (reduzierte Quantisierung).

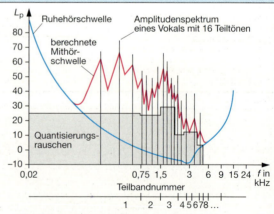

- Bereiche der Datenreduktion:
  – Verständliche Sprachübertragung: 32 kbit/s.
  – Studioqualität pro Monokanal: 192 kbit/s.
  – DAB (pro Monosignal: 32 bis 96 kbit/s (CD Qualität).

Digitale Rundfunkdienste

Bezeichnung	DSR Digitales Satelliten Radio	DAB Digital Audio Broadcasting	ADR Astra Digital Radio	SaRa Satellite Radio
Audio-Abtastung, Modulation	32 kHz QPSK	48 kHz COFDM	48 kHz DQPSK	48 kHz BPSK
Übertragung bzw. Kanal	Satellit, Kabel	Satellit, terrestrisch Kabel	Satellit, Kabel	Satellit, Kabel
Kanalzahl Trägerabstand Bitrate/Kanal Zusatzdaten	16 15 MHz 980 kbit/s –	4 – 8 1,75 MHz 128 – 384 kbit/s < 4,8 kbit/s	1 180 kHz 192 kbit/s < 10 kbit/s	1 (180) 360 kHz 128 kbit/s 9,6 kbit/s
gesamte Netto- Datenrate Fehlerschutz Datenreduktion	10,24 Mbit/s BCH minimal	< 1,7 Mbit/s FEC MPEG Layer 2	192 kbit/s FEC MPEG Layer 2	128 kbit/s FEC MPEG Layer 3

DAB (Digital Audio Broadcasting)

Prinzip

geplante Einführung: 1997

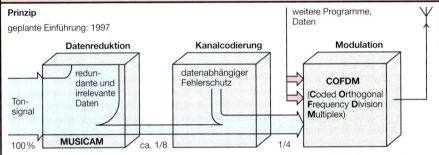

- Datenreduktion auf ca. 1/8 durch MUSICAM (MPEG Layer 2).
- Audio-Bitrate von 32 kbit/s bis 384 kbit/s.
- Sechs qualitativ hochwertige Stereoprogramme (384 kbit/s) bzw. 20 Stereo/Monoprogramme einfacher Qualität.
- Programmbezogene Daten (**PAD**, **P**rogram **A**ssociated **D**ata) im Audio-Bitstrom eingebettet (z. B. Programmkennzeichnung).
- Datendienste
- Service Informationen (**SI**), Verkehrsfunk, Paging.
- Fehlerschutz
- COFDM: Zeit- und Frequenzmultiplex (Immunität gegen Signaleinbrüche, äußere Störungen und Mehrwegeempfang).
- Gleichwellennetz: Alle Sender arbeiten auf derselben Frequenz.
- CD-Qualität
- Frequenz: K 12 VHF (vorwiegend geplant), 223 – 230 MHz (12 A bis 12 D).

Datenrahmen

DAB (Digital Audio Broadcasting)

COFDM (Coded Orthogonal Frequency Division Multiplex)

M: Multiplex

- Keine Übertragung eines einzelnen Programms, sondern mehrere ineinander verschachtelte und gleichmäßig über den Frequenzbereich verwürfelte Programme, z. B. 6 Stereoprogramme.

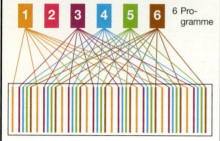

Verschachtelung:

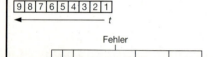

- 1536 schmalbandige Träger.
- Bandbreite des DAB-Signals 1,5 MHz.

OFD: Orthogonal Frequency Division

- Gleichmäßiger Trägerabstand.
- Subträgerfrequenzen sind Vielfache einer Grundschwingung. Dadurch lassen sich trotz Frequenzüberlappungen die Signale voneinander trennen.
- Subträger liegen dicht aneinander.
- Modulation der Subträger: DQPSK.

C: Coded

- Durch Frequenz-Interleaving liegen aufeinanderfolgende Symbole eines Programms frequenzmäßig weit auseinander. Wird ein Symbol von frequenzselektivem Fading verfälscht, wird wahrscheinlich das darauffolgende Symbol nicht verfälscht. Fehler auf dem Übertragungsweg lassen sich durch intelligente Fehlerkorrekturverfahren (Kanalcodierung) vermeiden.

Gleichwellenfähigkeit

UKW-FM-Flächenversorgung (bisher)

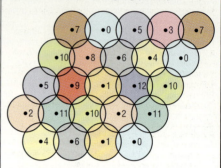

- Vielzahl von Kanälen.
- In etwa 240 km Abstand der Sender mit derselben Trägerfrequenz.

Gleichwellennetz

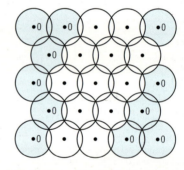

- Alle Sender besitzen dieselbe Trägerfrequenz.
- Geringere Senderdichte, durchschnittlicher Senderabstand 60 km.
- Geringere Abstrahlleistung, da auch Signale der Nachbarsender am Empfangsort ausgewertet werden.
- Synchronisation über Satelliten.
- Mehrwegeresistentes Verfahren: Vor jedem Audiodatenbereich (vgl. Datenrahmen) liegen Schutz- oder Guarddaten, so daß vom Empfänger auch bei Verzögerung/Phasenverschiebung eine korrekte Verarbeitung der Nutzdaten möglich wird.

Geeignete Frequenzbereiche

VHF Band I	47 – 68 MHz	Kanal 2 – 4	12 Blöcke (2A – 4D)
VHF Band III	174 – 230 MHz	Kanal 5 – 12	32 Blöcke (5A – 12D)
VHF Band III	230 – 240 MHz	Kanal 13	6 Blöcke (13A – 13F)
L-Band	1452 – 1467,5 MHz	–	9 Blöcke (LA – LI)

Astra Digital Radio (ADR)

Merkmale und Parameter

- Digitale Übertragung in CD-Qualität, Pay-Radio.
- Träger sind im Frequenzspektrum des Satellitenfernsehens untergebracht.
- 180 kHz Frequenzraster entsprechend dem Analog-Radio.
- Astra verfügt seit 1994 über 64 Transponder in FM-Technik für FS-Programme.
- Frequenzbereich bei Übertragung eines Videosignals: 6,12 MHz bis 8,46 MHz; Unterbringung von 12 digitalen Unterträgern möglich.
- Frequenzbereich bei vollständiger Nutzung des Transponders: 0,18 MHz bis 8,82 MHz; Unterbringung von 48 digitalen Unterträgern möglich.

- Kanalbandbreite 130 kHz.
- Abtastfrequenz 48 kHz.
- Audioquantisierung 16 Bit.
- Nettobitrate 192 kbit/s nach Reduktion.
- Übertragungsbitrate 256 kbit/s nach Kanalcodierung.
- Datenreduktion durch MUSICAM.
- Modulation: QPSK.
- Verwürfelung CCITT V.35.
- Zusatzdatenübertragung, z. B. RDS.
- Empfänger-Frequenzbereich: 950 MHz bis 2050 MHz.
- Polarisationsumschaltung 13/18 V.
- 60 cm Empfangsantenne in der 51 dBW Zone.

ADR-Coder/Sender

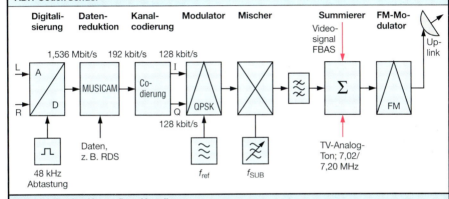

Beispiel für eine Unterträger-Verteilung

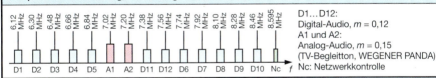

ADR-Empfänger

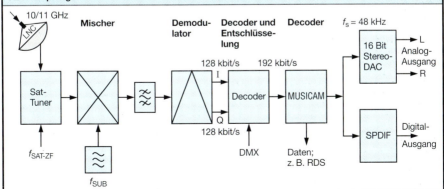

Digitales Satellitenradio (DSR)

Abtastfrequenz

Studiobereich:
Abtastfrequenz 48 kHz, 16 Bit Auflösung (gleichförmige Quantisierung), Grenzfrequenz 20 kHz.

Datenübertragung und Satellitenkanal:
Abtastfrequenz 32 kHz, 14 Bit Auflösung (16/14 Bit Gleitkommatechnik), Grenzfrequenz 15 kHz.

Aus dem 16-Bit Quellsignal wird ein 3 Bit Skalenfaktor abgeleitet. Er gibt an, wieweit der Signalpegel vom Grenzwertpegel entfernt ist. Im Empfänger wird das 14-Bit-Signal wieder in ein 16-Bit-Signal zurückverwandelt.

Zusatzinformationen und Sonderdienste

Im Übertragungsrahmen sind dafür 11 Kbit/s und ein Stereokanal vorgesehen.

Kategorie I
a) Programmzeitangaben
b) Status (Mono, Stereo, Quadro)
c) Programmart
d) Sprache – Musik
e) Originallautstärke
f) Dynamik

Kategorie II
a) einfache Quellenangabe (über alphanumerisches Display)
b) erweiterte Quellenangabe (TV-Bildschirm)

International definierte Programmarten

Nr.	Bedeutung	Nr.	Bedeutung
0	keine Kennzeichen	9	Hörspiel
1	Nachrichten	10	Pop und Rock
2	Kommentare, Features	11	Unterhaltungsmusik
3	Magazinsendung	12	Ernste Musik (Oper usw.)
4	Sport		
5	Bildungsprogramm	13	Jazz
6	Kinderprogramm	14	Volksmusik
7	Jugendprogramm	15	Verschiedenes (z. B. Quiz, Spiele)
8	Kirchenfunk, religiöse Sendung		

Rahmenstruktur

- Zwei Hauptrahmen A: Stereokanäle 1…8; B: Kanäle 9…16 mit je 320 Bit Länge und 32 kHz Wiederholfrequenz.
- Hauptrahmen ist in 77-Bit-Blöcke unterteilt, zu 154-Bit-Worten verkämmt.
- 64 Hauptrahmen bilden einen Überrahmen (Wiederholrate 2 ms).
- Das Zusatzinformations-Bit jedes 77-Bit-Blocks bildet über den Überrahmen ein 64-Bit-Wort, in dem der Zahlenfaktor (42 Bit) und die Programmbegleitinformation übertragen werden.
- Das Sonderdienst-Bit(s) jedes Hauptrahmens bildet pro Überrahmen ein 64-Bit-Wort (48 Bit zur Kennzeichnung des Programmangebots).
- 11 MSBs jedes Kanalabtastwertes pro Hauptrahmen bilden ein 44-Bit-Wort und mit 19 Prüfbits einen BCH (63,44)-Code, mit zwei Fehlerkorrekturen und drei Fehlererkennungen.
- Als Kanalcode wird eine 4fach-Phasenumtastung (4-PSK-Modulation, phase-shift-keying) verwendet.

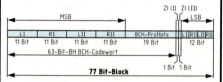

I, II: Stereokanalnummern; L: Linker Kanal, Mono 1;
ZI: Zusatzinformation; R: Rechter Kanal, Mono 2

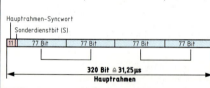

Übertragungskette

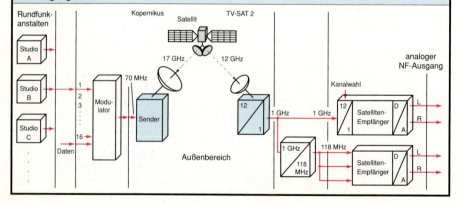

Funkortung

Interferometer

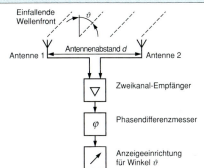

- Interferometer besteht aus zwei Antennen.
- Phasendifferenz φ der einfallenden Welle ist proportional dem Einfallswinkel Θ.
  Einfallswinkel im Bogenmaß: $\Theta = \arcsin\left(\dfrac{\varphi c}{2\pi d f}\right)$
  c: Lichtgeschwindigkeit ($3 \cdot 10^8$ m/s)

Global Positioning System (GPS)

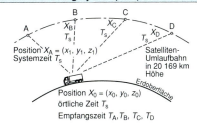

Position $X_A = (x_1, y_1, z_1)$
Systemzeit T_S
Satelliten-Umlaufbahn in 20 169 km Höhe

Position $X_0 = (x_0, y_0, z_0)$
örtliche Zeit T_S
Empfangszeit T_A, T_B, T_C, T_D

- Erdumfassendes Ortungssystem. Liefert dreidimensionale Positions- u. Geschwindigkeitswerte hoher Genauigkeit.
- Satelliten senden Tageszeit in Sekunden u. Positionsdaten.
- Vier Messungen ergeben die Beobachtungszeiten $T_A \ldots T_D$ und Positionsdaten $X_A \ldots X_D$.

Position X_O, Systemzeit und Geschwindigkeit des Fahrzeugs werden aus folgenden Gleichungen ermittelt.

$|X_A - X_O|^2 = c^2 (T_S - T_A)^2$, $|X_C - X_O|^2 = c^2 (T_S - T_C)^2$
$|X_B - X_O|^2 = c^2 (T_S - T_B)^2$, $|X_D - X_O|^2 = c^2 (T_S - T_D)^2$

Rundfunk-Stereofonie

FM-Stereosender

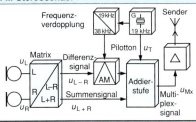

Summen- und Differenzbildung (Matrix)

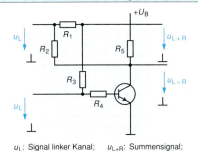

u_L: Signal linker Kanal; u_{L+R}: Summensignal;
u_R: Signal rechter Kanal; u_{L-R}: Differenzsignal

Frequenzspektrum

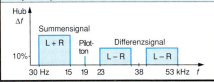

Aufbau des Stereo-Multiplexsignals

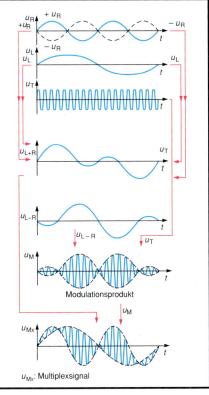

u_{Mx}: Multiplexsignal

Rundfunk-Stereofonie

Matrix-Decoder
Frequenzmultiplex-Verfahren

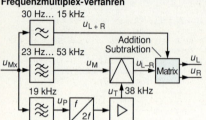

Rückgewinnung des Ausgangssignals mit Hilfe einer Widerstandsmatrix

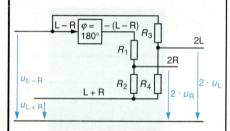

Schalter-Decoder
Zeitmultiplex-Verfahren

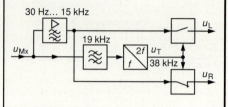

Schalter-Decoder mit PLL-Regelkreis
(Anwendung in integrierten Schaltungen)

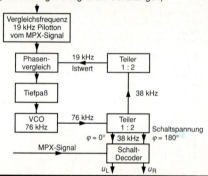

Kenndaten von FM- und AM-Empfängern

Begriffe	Beispiele eines Mittelklasseempfängers
Empfindlichkeit: Eingangsspannung bei 50 mW am 5 Ω Lautsprecherwiderstand; AM-Empfänger bei 1 kHz und $m = 30\%$, Lautstärke- und Klangeinstellung voll aufgedreht; Spannung wird in der Regel für einen bestimmten Störabstand angegeben (6 dB und 26 dB üblich). **ZF-Selektion oder Trennschärfe:** Absenkung der Nachbarsender, AM: 9 kHz-Abstand, FM: 300 kHz-Abstand. **Spiegelfrequenzselektion:** Unterdrückung der Störungen durch Spiegelfrequenzsender. **Klirrfaktor:** Anteil der Oberschwingungen **ZF-Unterdrückung:** Reduzierung des ZF-Signals. **AM-Unterdrückung:** Unterdrückung des AM-Störsignals bei FM-Empfang. **Übersprechdämpfung:** Trennung der Kanäle. **Pilotton-Unterdrückung:** Dämpfung des Pilotton-Signals.	**UKW-Empfangsteil:** • Eingangsempfindlichkeit bei 50 dB Signal-Rauschabstand: Mono: 3,6 µV, Stereo: 43 µV • Klirrfaktor: $m = 100\%$, $f = 1$ kHz, Mono: 0,1 %, Stereo: 0,15 % • Spiegelfrequenzselektion: 90 dB • Trennschärfe: 75 dB • ZF-Unterdrückung: 100 dB • AM-Unterdrückung: 60 dB • Übersprechdämpfung zwischen 50 Hz und 15 kHz: 35 dB **MW-Empfangsteil:** • Eingangsempfindlichkeit 14 µV • Klirrfaktor: 0,5 % • Signal-Rauschabstand bei $m = 30\%$ und Eingangsspannung 1 mV: 50 dB • Spiegelfrequenzselektion: 30 dB • Trennschärfe: 35 dB

Funknetze

C-Netz

Kennzeichnende Merkmale		Netzaufbau
Aufgabe	Telefonverbindung zwischen einem mobilen und einem ortsgebundenen Teilnehmer herstellen.	• Aufteilung des Gebietes in Funkzellen. • Radius einer Funkzelle beträgt etwa 30 km. • Jede Funkzelle besitzt eine ortsfeste Funkstation (Basisstation, BS). • 7 Funkzellen mit unterschiedlichen Frequenzen liegen etwa kreisförmig nebeneinander, (Cluster). • Mobilteilnehmer hält ständig Funkkontakt mit der jeweiligen Basisstation. • An den Zellgrenzen schaltet die Mobilstation selbständig auf den nächsten Funkkanal der Nachbarstation um. • Umschaltung auf andere Kanäle bei Störungen, schlechtem Empfang usw. erfolgt automatisch. • Die 7 Basisstationen teilen sich das Band so auf, daß sich pro Station etwa 30 Kanäle ergeben (30 gleichzeitige Gespräche). • Grenzen einer Funkzelle werden durch relative Entfernungsmessungen erkannt. Prinzip: Alle Basisstationen senden Signalisierungsdaten aus, die von der Mobilstation empfangen werden. Die unterschiedlichen Laufzeiten sind ein Maß für die Entfernung (Genauigkeit ca. 300 m).
Einrichtungsbeginn	1986	
Einsatzgebiet	Deutschland	
Übertragung	Sprach- und Signaldaten werden durch Kompression gleichzeitig übertragen.	
Sprachsignal	analog, 300 Hz ... 3,4 kHz	
Oberband (Basisstation – Teiln.)	461,30 ... 465,74 MHz	
Unterband (Teilnehm. – Basisst.)	451,30 ... 455,74 MHz	
Duplexabstand	10 MHz	
Kanalabstand	20 kHz (222 Duplex-Kanäle)	
Ausgangsleistung eines Senders	15 W bis 5 mW über Steuerkanal veränderbar.	
Endkapazität	ca. 500 000 Teilnehmer	
Vorwahlnummer	0161	
Sprach- und Signaldaten		Funkbereich mit 7 Funkzellen

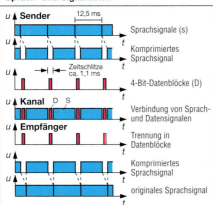

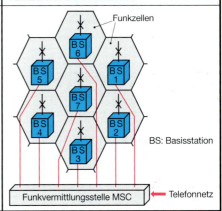

BS: Basisstation

D-Netz (D1 und D2)

- Sprache und Signaldaten digital.
- Aufgabe wie C-Netz, zusätzlich Telefax, Btx usw.
- seit 1991, GSM (Global System for Mobile Communications)
- Unterband: 890 – 915 MHz (uplink)
  Oberband: 935 – 960 MHz (downlink)
- Duplexabstand 45 MHz
- Kanalbreite: 200 kHz, 124 Kanäle
- Unterteilung der Kanäle durch Zeitmultiplex in Zeitschlitze (0,577 ms).
- Mit 148 Bit phasenmoduliert (GMSK).
- Pro Kanal 8 Verkehrskanäle (8 x 0,577 ms = 4,616 ms)
- Basisstationen mit 15 bis 25 W (max. 50 W) Ausgangsleistung.
- Betreiber: D1 (DeTe Mobil, Telekom), D2 (Mannesmann Mobilfunk).

E-Netz

- Sprache und Signaldaten digital.
- Aufgabe wie C-Netz, zusätzlich Telefax, Btx usw.
- seit 1993, DCS-1800-Standard (Digital Cellular System).
- Unterband: 1710 – 1785 MHz (uplink)
  Oberband: 1805 – 1880 MHz (downlink)
- Duplexabstand 95 MHz
- Bandbreite: 2 x 75 MHz
  2976 Kanäle (full rate)
  5952 Kanäle (half rate)
- Trägerfrequenz 372 kHz
- Zellradius 8 km (0,25 W), 10 km 1 W
- Dämpfung ist größer als beim D-Netz: 6 – 8 dB.
- Betreiber: E-Plus Mobilfunk (Thyssen und VEBA).

Paging (Rufsignale)

Eurosignal

Anwendung	Einseitig gerichteter Ruf vom öffentlichen Fernsprechnetz als Signalton und/oder optische Anzeige zu einem mobilen Teilnehmer (unidirektional). Rückruf muß über das Telefon erfolgen.
Gebiet	Deutschland, Frankreich, Schweiz.
Beginn	1974 (Deutschland), 1975 (Frankreich), 1985 (Schweiz).
Frequenzbereiche	A: 87,340 MHz (Mitte) B: 87,365 MHz (Nord und Süd) C: 87,390 MHz D: 87,415 MHz
Funksender	24 in Deutschland, Sendeleistung bis 2 kW, Modulationsart: AM.
Merkmale	Jeder Teilnehmer kann seinen vier Rufnummern eine individuelle Bedeutung zuordnen.
Rufzonen (Deutschland)	Nord: 0509 (Vorwahlnummer) Mitte: 0279 Süd: 0709

ERMES (Euopean Radio Message System)

Empfangsarten	• Nur Ton, • Numerische Nachrichten (20 Ziffern/Ruf), • Alphanumerische Nachrichten (Text, 400 Zeichen/Ruf), • Daten zur Fernsteuerung, Fernüberwachung.
Frequenz	169,4 - 169,8 MHz, 16 Kanäle, B = 25 kHz
Einführung	1996

Cityruf

Rufklasse 0	Nur-Ton-Empfang,
Rufklasse 1	Numerische Nachrichten von bis zu 15 Ziffern,
Rufklasse 2	Alphanumerische Nachrichten (Text), max. 80 Zeichen.
Gebiet	Sadtgebiet, max. 70 km Durchmesser
Beginn	1989
Frequenzen	465,97 MHz, 512 bit/s (Cityruf), 466,072 MHz, 1200 bit/s (Cityruf + Euromessage), 466,23 MHz, 1200 bit/s (Zusatzdienst + Inforuf)
Codierung	7-stellige Teilnehmernummer (ca. 2 Millionen Teilnehmer pro Frequenz adressierbar)
Rufzonen	8 überregionale, 51 regionale
Rufarten	Einzelruf, Gruppenruf, Sammelruf, Zielruf

Scall (Variante des Cityrufs)

Anwendung	Informationsübermittlung unter persönlicher Rufnummer im City-Rufnetz (50 km).
Merkmale	Je nach Endgerät: 15 Ziffern und Tonsignale, direkt über Telefon.

CB-Sprechfunk

Merkmale

• CB: Citizen-Band
• Sprechfunk für jedermann, mit kleiner Leistung, ohne Genehmigung, postalische Bestimmungen sind zu beachten.
• Geräteklassen:
  – Handfunksprechgerät im Spielzeugbereich (ein Kanal, geringe Ausgangsleistung),
  – Handfunksprechgerät (max. Leistungsaufnahme 2 W), Mobilgeräte,
  – Heimstationen (Feststationen).

Betriebsbedingungen
• Beschränkung auf 2 W Gleichstromeingangsleistung. • Maximale Ausgangsleistung AM: 1 W; FM: 4 W • Handfunksprechgeräte dürfen keinen Fremdspannungsanschluß und keinen Antennenanschluß besitzen (nur mit eingebauter Batterie und eingebauter Antenne betreiben). • Mobilgeräte dürfen nur an einer Fahrzeugantenne betrieben werden. Stromversorgung darf nicht über ein Netzteil erfolgen. • Heimgeräte müssen ein eingebautes Netzteil besitzen und dürfen nur mit einer Rundstrahlantenne betrieben werden (keine Richtantenne). • Die elektrischen Werte dürfen nicht verändert werden. • Funkbetrieb ist zwischen beweglichen und ortsfesten Funkanlagen gestattet. • Handfunksprechgeräte mit entsprechender Zulassungsnummer sowie Mobilgeräte dürfen auch stationär betrieben werden.

Kanal	Frequenz in kHz	Kanal	Frequenz in kHz
1	26,965	21	27,215
2	26,975	22	27,225
3	26,985	23	27,235
4	27,005	24	27,245
5	27,015	25	27,255
6	27,025	26	27,265
7	27,035	27	27,275
8	27,055	28	27,285
9	27,065	29	27,295
10	27,075	30	27,305
11	27,085	31	27,315
12	27,105	32	27,325
13	27,115	33	27,335
14	27,125	34	27,345
15	27,135	35	27,355
16	27,155	36	27,365
17	27,165	37	27,375
18	27,175	38	27,385
19	27,185	39	27,395
20	27,205	40	27,405

CCIR-Fernsehnorm[1)]

Einteilung der Fernsehkanäle

Bereich	Kanal	Frequenzbereich in MHz	Bildträgerfrequenz in MHz	1. Tonträgerfrequenz in MHz
I (VHF)	2	47…54	48,25	53,75
	3	54…61	55,25	60,75
	4	61…68	62,25	67,75
Unterer Sonder-kanal-bereich (USB)	S2	111…118	Satelliten-Rundfunk 118 MHz ±7 MHz	
	S3	118…125		
	S4	125…132	126,25	131,75
	⋮	⋮	⋮	⋮
	S10	167…174	168,25	173,25
III (VHF)	5	174…181	175,25	180,75
	⋮	⋮	⋮	⋮
	12	223…230	224,25	229,75
Oberer Sonder-kanalbereich (OSB)	S11	230…237	231,25	236,75
	⋮	⋮	⋮	⋮
	S20	293…300	294,25	299,75
Erweiterter Sonder-kanalbereich (ESB)	S21	302…310	303,25	308,75
	⋮	⋮	⋮	⋮
	S37	430…438	431,25	436,75
IV (UHF)	21	470…478	471,25	476,75
	⋮	⋮	⋮	⋮
	37	598…606	599,25	604,75
V (UHF)	38	606…614	607,25	612,75
	⋮	⋮	⋮	⋮
	69	854…862	855,25	860,75

Vergleich der CCIR-Norm mit Normen aus anderen Ländern

Fernseh-Normen		Europa (CCIR)		Belgien		Frankreich		England		USA
		B (VHF)	G (UHF)	I	II	E	L (nur UHF)	A	I (nur UHF)	
Zeilenperioden je Bild	Zeilenzahl	625	625	625	819	819	625	405	625	525
Vertikalfrequenz	Hz	50	50	50	50	50	50	50	50	60
Horizontalfrequenz	Hz	15625	15625	15625	20475	20475	15625	10125	15625	15750
Bildseitenverhältnis		4:3	4:3	4:3	4:3	4,12:3	4:3	4:3	4 : 3	4 : 3
Bildmodulation		AM neg.	AM neg.	AM pos.	AM pos.	AM pos.	AM pos.	AM pos.	AM neg.	AM neg.
Tonmodulation		FM	FM	AM	AM	AM	AM	AM	FM	FM
Hub (mono)	kHz	±50	±50	–	–	–	–	–	±50	±25
Gesamtkanal	MHz	7	8	7	7	14,8	8	5	8	6
Bildmodulationsbreite	MHz	5	5	5	5	10,6	6	3	5,5	4,2
Bild-/Tonträgerabstand (Tonträgerfrequenz minus Bildträgerfrequenz)	MHz	+5,5	+5,5	+5,5	–5,5	±11,15	+6,5	–3,5	+6	+4,5
beschnittenes Seitenband		unten	unten	unten	oben	u. od. o.	unten	oben	unten	unten
Schwarzpegel von Träger	%	73	73	25	25	25	25	30	73	73
Weißpegel von Träger	%	10	10	100	100	100	100	100	10	15
Impulspegel von Träger	%	100	100	3	3	3	3	0…2	100	100

[1)] **C**omité **C**onsultatif **I**nternational des **R**adiocommunications
(Zwischenstaatlicher beratender Ausschuß für das Funkwesen des Internationalen Fernmeldevereins)

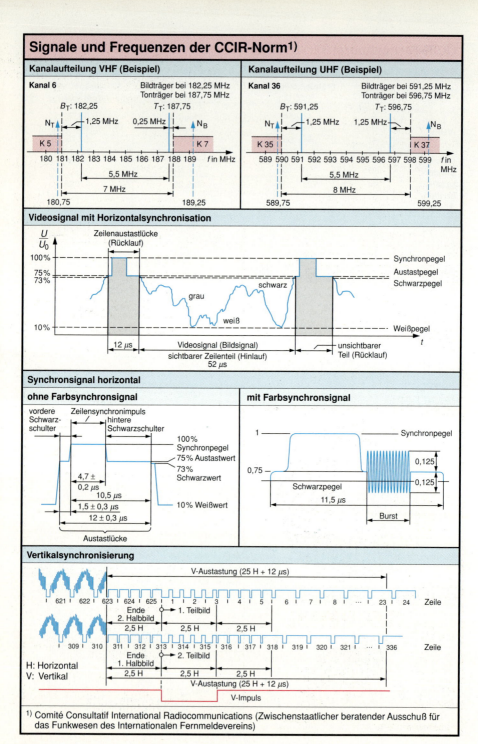

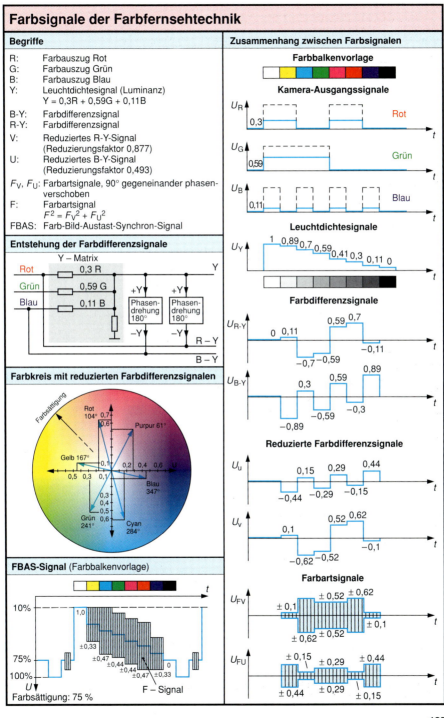

Quadraturmodulation in der Farbfernsehtechnik

Quadraturmodulation für die Farbart Purpur (Sender)

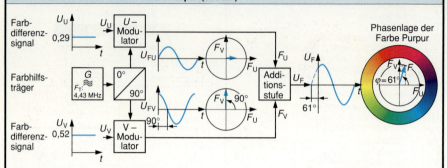

- Modulation mit unterdrücktem Träger (z. B. Ringmodulator)
- Um 90° phasenverschobene Trägersignale (Quadraturmodulation)
- Addition der modulierten Signale F_U und F_V ($F^2 = F_V^2 + F_U^2$)
- Ergebnis: Farbartsignal F, 61° phasenverschoben (bei Purpur)

Spannungen bei Farbbalkenvorlage

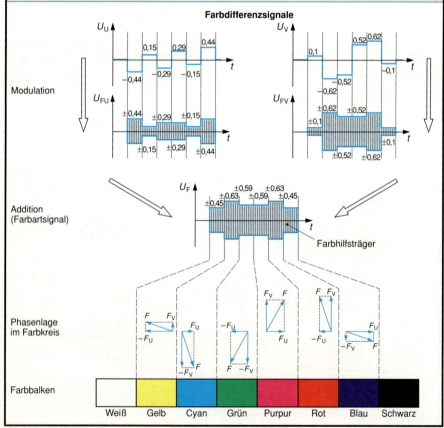

PAL-Verfahren[1])

Prinzip der Phasenfehlerkompensation (Empfänger)

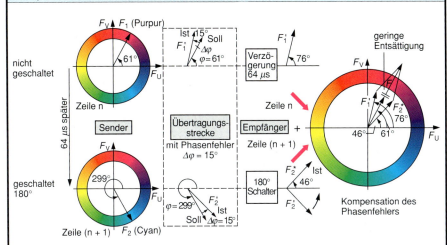

- Ausgangsposition: Zwei benachbarte Zeilen unterscheiden sich kaum in der Farbinformation.
- Sender: Zeile n wird ohne Phasendrehung übertragen, Zeile n + 1 mit Phasendrehung 180°.
- Strecke: Angenommener Phasenfehler 15°.
- Empfänger: Zeile n + 1 wird zurückgeschaltet und mit Zeile n addiert, Phasenfehler ist kompensiert, etwas geringere Farbsättigung.

PAL-Farbcoder (Sender)

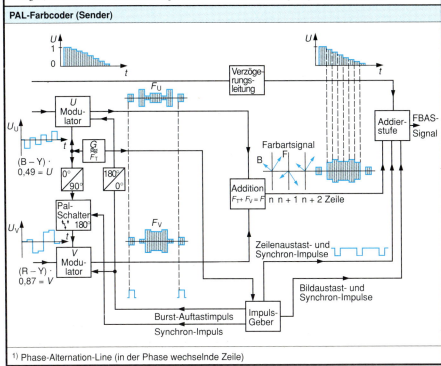

[1]) Phase-Alternation-Line (in der Phase wechselnde Zeile)

Blockschaltbild Farbfernsehempfänger

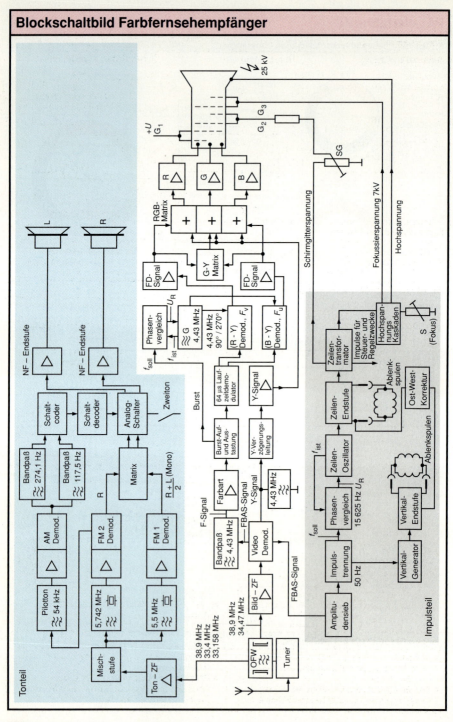

PALplus

Format-Anpassung

Signalaufbereitung	Übertragung	Wiedergabe/Empfänger
Bildquelle im Format 16:9 625 Zeilen		
576 sichtbare Zeilen (432 + 2 × 72) — 16:9	72 Helfer-Zeilen / 432 Letter-Box-Zeilen (PAL-Standard) / 72 Helfer-Zeilen	576 Zeilen (Helfer-Zeilen eingeordnet) — 16:9 Breitbild **PALplus-Empfänger**
		PAL-Empfänger 432 Zeilen (Letterbox) — 4:3

- Jede 4. sichtbare Zeile aus dem 16:9 Bild wird herausgenommen (Helfer-Zeilen).
- 432 Standard-Zeilen
- 144 Helfer-Zeilen in zwei Blöcken (Letter-Box-Zeilen).

- Helfer-Zeilen werden nicht unterdrückt, sondern als besondere Signale mitgesendet.
- Übertragung der Helfer-Zeilen erfolgt zur Hälfte vor und nach den Standardzeilen.

- Durch die geringere Zeilenzahl besitzt das 4:3 Bild bei einer 16:9-Übertragung eine geringere Auflösung.

FBAS-Signal mit Bild und Helfer-Zeile

Signaldiagramm: u (1 V, 0,3 V, 0), Farbburst (4,7 μs), Luminanz- und Chrominanz-Signal, 0,3 V_{SS}, 12 μs, 64 μs, vertikales Helfer-Signal auf Farbträger moduliert, Achse t.

PALplus-Decoder

Blockschaltbild: FBAS PALplus → A/D → Y_D → DX → Helfer Demod./Decod. → 144/576/432 → D/A → Y; PAL Decoder → 432/576 → D/A → U, V; Ausgabe auf 16:9-Bildschirm.

Merkmale von PALplus-Übertragungen

- Abwärtskompatibilität, alle Sendewege können ohne Anpassung genutzt werden, einschließlich PAL-Empfänger.
- PAL-Empfänger zeigt Letterbox bei Wiedergabe (oben und unten jeweils schwarzer Streifen).
- Weniger Farbstörungen bei Abbildung auf PAL-Empfänger.
- PALplus-Empfänger haben keine Cross-Chrominanz- und Cross-Luminanz-Störung (digitale Signalverarbeitung).

Elektronisches Farbtestbild

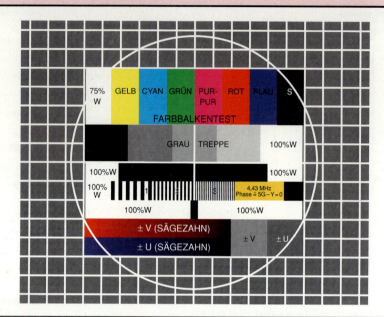

Bedeutung der Bereiche und Einstellmöglichkeiten

Weißer Kreis	**Weiß-Schwarz-Sprung und Schwarz-Weiß-Sprung**
Einstellen und Kontrollieren der Bildlinearität und Bildzentrierung.	Beurteilung der tiefen Videofrequenzen. Bei Amplituden- bzw. Phasenfehlern treten Fahnen bzw. unscharfe Konturen auf.
Umgebendes Gitter	**Videosignale mit 1 MHz, 2 MHz und 3 MHz**
Grauwerte mit 20 % bis 30 % der Weißwerte. Einstellen und Kontrollieren der dynamischen Konvergenz.	Kontrolle der Übertragungsfrequenzen von Tuner und ZF-Verstärker.
Sich kreuzende und hellgetastete Gitterlinien (Bildmitte)	**(G – Y) = 0 Feld**
Einstellen und Kontrollieren der statischen Konvergenz.	• Farbton entspricht der Gesichtsfarbe und dient deshalb zur Einstellung des richtigen Farbgrundkontrastes. • Kontrolle der (G – Y)-Matrix. • Beurteilung linearer Verzerrungen.
Farbbalken (oben)	**Weißbalken mit 100 % Amplitude (Y-Signal)**
Reihenfolge: Weißbalken mit 75 %, 6 Farbbalken (gelb, cyan, grün, purpur, rot, blau) mit 75 % Sättigung, Schwarzbalken. • Kontrolle der Farbübertragungsstufen, • Feststellen von Phasen- und Amplitudenfehlern, • Einstellen des Farbkontrastes, • Einstellen der Amplitudenverhältnisse der Farbdifferenzsignale.	• Kontrolle und Einstellen der Videostufe (Weißpegel, Lage der Schwarzschulter), • Schwarzimpuls von 1 μs Länge in der Mitte, • Beurteilung von Reflexionen.
	PAL-Testsignal mit Sägezahn ±V, +U (links untereinander) und +V mit ±U (rechts nebeneinander)
Fünfstufige Grautreppe	Einstellen von Amplitude und Phase. Sie wird so eingestellt, daß kein „Jalousieeffekt" auftritt und die –V- und ±U-Felder keine Paarigkeit aufweisen. Bei falscher Phasenlage sind die +V- und ±U-Felder farbig.
Weißabgleich, Grauabgleich.	

Prüfzeilensignale für die Fernsehbildübertragung

Zeile 17

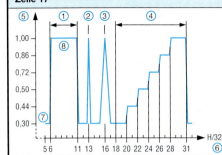

① Weißimpuls
② 2T-Impuls, T = 100 ns, $T = \frac{1}{2 \cdot B}$, B = 5 MHz
③ 20T-Impuls (2 µs)
④ Grautreppe
⑤ Normierte Spannung in %
⑥ Normierte Zeitachse, H/32 = 2 µs
⑦ Schwarz- bzw. Austastwert
⑧ Weißwert, 100 % BA-Signal

Fehlerursachen:
Pegelfehler (①, Pegel), Frequenzgangfehler (①, Dachschräge; ② Amplitude); Intermodulation zwischen Chrominanz und Luminanz (③).

Zeile 18

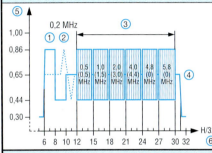

① Multiburst, alternativ zu ②
② Schwingungszug (5 µs), Bezug zu ③
③ Sinusschwingungen unterschiedlicher Frequenz.
④ Grauwert von 50 % des Weißwertes, überlagert mit Sinusschwingungen von 420 mV (Spitze – Spitze), Schwingungspakete etwa 6 µs Dauer.
⑤ Normierte Spannung in %.
⑥ Normierte Zeitachse, H/32 = 2 µs

Fehlerursachen:
Frequenzgangfehler (Amplitudenfrequenzgang).

Zeile 330

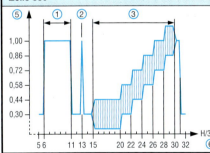

① Weißimpuls
② 2T-Impuls
③ Fünfstufige Grautreppe (modulierte Farbtreppe mit Farbträgerschwingungen), Farbträgerschwingungen: 280 mV (Spitze – Spitze), Phasenlage 60° bezogen auf (B-Y)-Achse.
⑤ Normierte Spannung in %.
⑥ Normierte Zeitachse, H/32 = 2 µs

Fehlerursachen:
Nichtlinearität, Sättigungseffekte in Verstärkern und Umsetzern.

Zeile 331

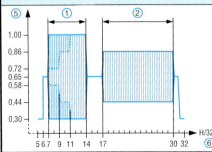

① Farbträger, Farbträgerpakete dreifach gestuft (20 %, 60 % und 100 %), dem Grauwert wird die Farbträgerschwingung mit großer Amplitude überlagert.
② Farbträger, Farbträgerpaket bleibt in der Amplitude konstant.
⑤ Normierte Spannung in %.
⑥ Normierte Zeitachse, H/32 = 2 µs

Fehlerursachen:
Frequenzgangfehler bei f_T = 4,43 MHz, Nichtlinearität, Sättigungseffekte in Verstärkern und Umsetzern.

Zeile 22 bzw. 335: Rauschmessung

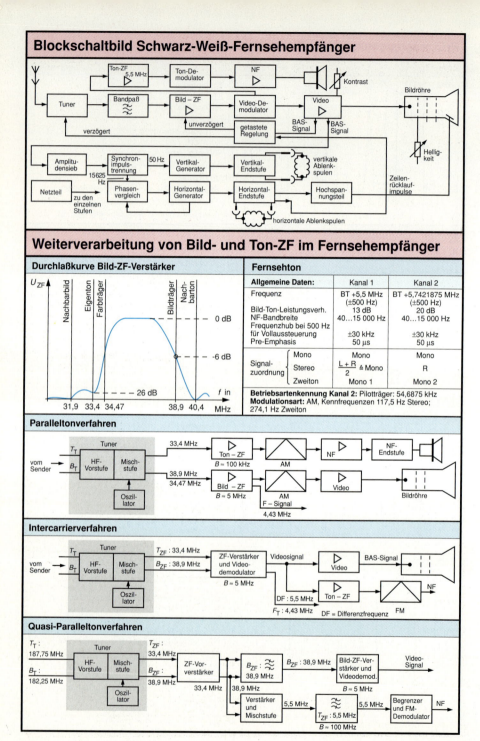

Wiedergewinnung der Farbsignale beim Farbfernsehempfänger

Blockschaltbild der Signalaufbereitung

Ansteuerung der Bildröhre
Farbdifferenz-Ansteuerung
RGB-Ansteuerung

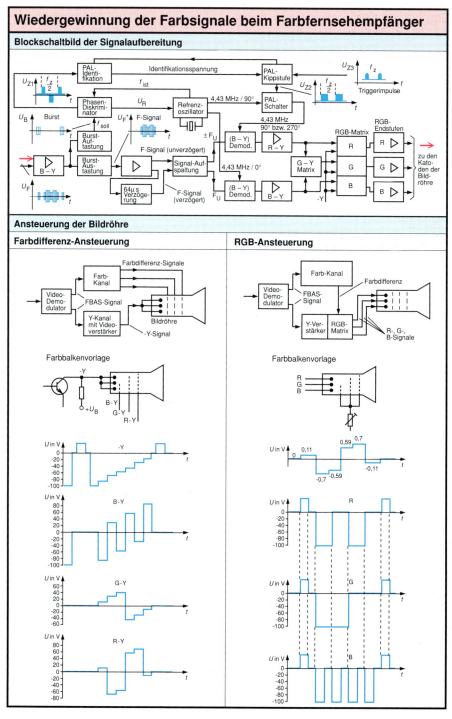

Videotext

Prinzip und Kenndaten

- Informationsübertragung in der Vertikalaustastlücke (≈ 25 Zeilen, 17 werden für das „normale" Fernsehbild nicht benötigt).
- Jede Videotextseite oder -tafel ist durch eine Seitennummer gekennzeichnet.
- Jede Videotexttafel besteht aus max. 24 Zeilen.
- Jede Zeile besteht aus max. 40 Zeichen.
- Jedes Zeichen ist nach einer 10 x 12-Punkt-Matrix aufgebaut.
- Die Tafeln sind in mehrere Seiten unterteilt.
- Pro Datenübertragungszeile wird eine Bildschirmzeile übertragen.
- Videotexttafeln werden sequentiell übertragen.
- Zeichen mit 8 Bit-Code.
- Taktfrequenz 6,937 MHz.
- Ab 1980: Zeile 13,14 sowie 326 u. 327 für Videotext; heute: ab Zeile 11 sowie 324.

Ablauf der Seitenwahl

- Eingabe der Seitennummer im Empfänger.
- Videotext-Decoder vergleicht vorgegebene Seite mit der vom Sender ausgestrahlten Seitennummer.
- Bei Gleichheit der Seitenzahlen wird die Information in den Seitenspeicher eingeschrieben.
- Seite erscheint auf dem Bildschirm.
- Neue Seitenwahl, Vorgang wiederholt sich.

- Textseiten, die häufiger benötigt werden, z. B. Inhaltsverzeichnisse, werden öfter in den Sendezyklus eingefügt (Wartezeit verringert sich).
- Moderne Videotext-Decoder haben mehrere programmierbare Seitenspeicher, Wartezeit verringert sich.

Signale der Vertikalaustastlücke für beide Halbbilder

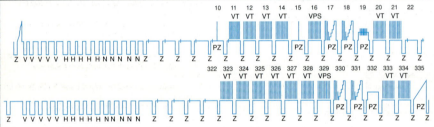

Z: Zeilensynchronimpuls
V: Vortrabant des Rastersynchrongemisches
H: Vertikal-Hauptimpuls
N: Nachtrabant des Rastersynchrongemisches

PZ: Prüfzeilen
VPS: Video-Programm-System
VT: Videotext

Aufbau einer Datenübertragungszeile

- Taktsynchronburst (16 Bit lang)
- Startwort (8 Bit)
- Codierung für Reihennummer (2 Wörter zu je 8 Bit)
- 40 Zeichen- und Steuerwörter (zu je 8 Bit)

Alphanumerischer Zeichenvorrat (Standard)

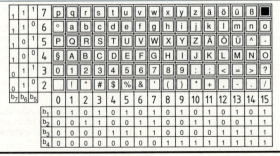

Bildaufnehmer

Bildaufnahmeröhren

Bildwandler, Bildverstärker

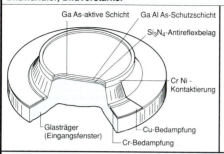

- Nehmen für das menschliche Auge nicht sichtbare Bildinformationen auf.
- Photonen der Objektstrahlung werden in Elektronen umgesetzt (äußerer lichtelektrischer Fotoeffekt), verstärkt und auf Leuchtschirm sichtbar als Bild wiedergegeben.
- **Bildwandler** besteht aus Fotokatode, elektronenoptischem Wandler und Leuchtschirm.
- **Bildverstärker** enthält elektronenoptisches Verstärkersystem.
- **Fotokatode** besteht aus unterschiedlichen Materialien (z. B. Gallium-Arsenid, mit hoher Infrarotempfindlichkeit).

Kameraröhren

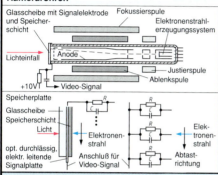

- **Vidikon** (vide, lat. = sehe, Ikon, griech. = Bild) arbeitet mit innerem Fotoeffekt.
- Halbleiterschicht am Röhreneingang (Antimonsulfid) ändert Widerstand durch äußere Belichtung (Photoneneinfall).
- Über Elektronenstrahl erfolgt zeilenweises Abtasten der Speicherschicht.
- Aufladeimpuls des Elektronenstrahls wird kapazitiv ausgekoppelt und stellt Videoinformation dar.
- Röhre bei hohen Beleuchtungsniveaus einsetzbar.
- **Plumbicon** hat Wandlerschicht aus fotoleitendem Bleioxid.
- Einsatz bei Farbfernsehtechnik, da hohe Empfindlichkeit und niedriger Dunkelstrom.

Halbleiter-Bildaufnehmer

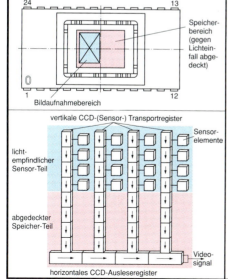

- Sensorelemente bestehen aus MOS-Kondensatoren oder pn-Dioden aus Silizium.
- Das Prinzip der Ladungsspeicherung wird verwendet.
- Signalstrom ist linear abhängig von Beleuchtungsstärke.
- **Zeilensensoren:** Aufgeladene Sperrschichtkapazitäten der Dioden durch Belichtung entladen, anschließend Speicherkapazitäten bildpunktweise über MOS-Transistoren wieder aufgeladen. Ladestrom erzeugt am Arbeitswiderstand das Videosignal. Ladungstransport kann auch über analoge CCD-Transportregister (Charged Coupled Device: Ladungsgekoppelte Einheiten) erfolgen.
- **Interline-Transfer-Bildaufnehmer:** beinhaltet Bildaufnehmer und Speicherbereich auf der optisch wirksamen Fläche. Sensoren spaltenförmig angeordnet. Anzahl entspricht der aufzulösenden Zeilenzahl. Vertikale CCD-Transportregister lesen Informationen aus und transportieren sie über horizontale Ausleseregister zum Verstärker.
- **Frame-Transfer-Bildaufnehmer:** Bildbereich und Speicherbereich voneinander getrennt.
- **x-y-adressierte Bildaufnehmer:** matrixförmige Anordnung der Fotoelemente.

Katodenstrahlröhren

Aufbau

Ablenkung elektrostatisch

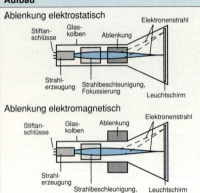

Ablenkung elektromagnetisch

- **Kolben** besteht aus Frontglas mit Leuchtstoffschicht, Konus und Hals, der das Strahlsystem enthält.
- **Elektronenstrahlsystem** erzeugt Elektronenstrahl aus einer thermischen Oxidkatode, beschleunigt und fokussiert ihn über elektrostatische Linse.
- **Ablenksystem** lenkt Elektronenstrahl ab durch:
  a) elektrostatische Felder über Plattenpaar für x- und y-Richtung innerhalb der Röhre
  b) elektromagnetische Felder über außen auf dem Röhrenhals sitzendes Spulenpaar für x- und y-Richtung.
- **Leuchtschirm** besteht aus dünner Schicht von Leuchtstoffteilchen (Phosphor), die vom Elektronenstrahl zu **Fluoreszenz** (nach Anregung kurze Abklingzeit) und **Phosphoreszenz** (langes Nachleuchten) angeregt werden.

Oszilloskop-Röhren

Speicherröhre

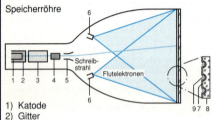

1) Katode
2) Gitter
3) Fokussierung
4) Horizontal-Ablenkung
5) Vertikal-Ablenkung
6) Flutkathoden
7) Kollektorelektrode
8) Frontplatte (Glas)
9) Speicherschicht (Leuchtschirm)

- **Oszilloskop-Röhren** verwenden elektrostatische Ablenkung, da Meßgrößen in der Regel als elektrische Wechselspannungen vorkommen.
- **Netzelektrode** erhöht Nachbeschleunigung, führt zu größerer Auslenkung und Ablenkempfindlichkeit des Elektronenstrahls.
- **Zweistrahlröhre** (gleichzeitige Darstellung von zwei Schirmbildern) mit zwei getrennten Systemen.
- **Speicherröhren** zur Darstellung von einmaligen, nicht wiederholbaren Ereignissen; Vergleichsmessungen von mehreren Signalen; Anzeige von Signalen mit niedriger Wiederholfrequenz.
- **Speicherverfahren** bistabil, über zusätzliche Speicherelektrode (Leuchtschirm); monostabil, durch engmaschiges Netz vor dem Leuchtschirm (Transfernetz), das zunächst das Bild aufnimmt und anschließend durch Aktivieren der Flutelektroden auf Speichernetz überträgt.

Monitorröhren

Röhre mit 110° Ablenkung
Bezeichnung: M38-336 GR/ED

Schaltzeichen

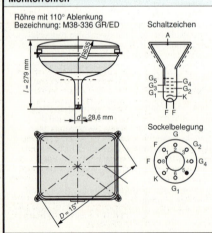

- **Magnetische** Ablenkung.
- Bild wird zeilenweise aufgebaut, durch schnelle **horizontale** und langsame **vertikale Ablenkung** durch Ablenkspulen.
- Darzustellende Information moduliert den Elektronenstrahl in seiner Stärke (Helligkeit).
- Hohe Anforderungen an Auflösung bei Textmonitoren (Ablenkfrequenzen > 100 kHz).
- **Darstellungsfarben:** grün bis grün/gelb (Augenempfindlichkeit maximal), bei Positivdarstellung (dunkle Zeichen, heller Hintergrund) weiß.
- **Bildwiederholfrequenzen** 70 Hz...80 Hz, bestimmt durch Leuchtstoffabklingzeit.
- **Bildschirmentspiegelung** durch geätzte oder vergütete Oberfläche (Reflexionsminderung um Faktor 15).
- **Anschlüsse** bei Elektronenröhren: DIN 41 609/09.77.

Katodenstrahlröhren/Flachbildanzeigen

Farbbildröhren

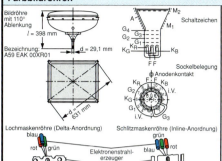

- Verwendet **magnetische** Ablenkung.
- **Lochmaskenröhren:** Leuchtschicht in kleine dreieckige oder parallel liegende Farbbereiche für **Primärfarben** Rot, Grün und Blau eingeteilt.
- Ansteuerung über drei getrennte Elektronenstrahlsysteme durch **Löcher** oder **Schlitze** in der Lochmaske. Jedes Elektronenstrahlsystem trifft nur seine zugehörigen Farben.
- Anordnung der Strahlsysteme in **Deltaform** (Dreieck) und **Inline** (nebeneinander) bei runden Löchern; bei Schlitzen nur Inline.
- **Auflösung** der Röhre abhängig von Größe der Punktanordnung: Fernsehen 0,8 mm, Monitore 0,4...0,5 mm (mittlere Auflösung) bis 0,15 mm... 0,2 mm (sehr hohe Auflösung).
- **Black-Matrix-Röhren** verwenden zusätzliche Graphitstreifen zwischen den Farbbalken; dadurch höherer Kontrast und Farbreinheit.

Leuchtstoffe

Farbdreieck

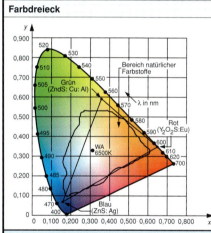

Anwendungen/Eigenschaften

Anwendung	Koordinaten		Fluoreszenz	Phosphoreszenz	Nachleuchten
	Bezeichnung nach EIA	PRO-ELECTRON			
TV-Kontrollmonitor	$x=0,313$ $y=0,329$ —	WA	weiß	weiß	1 ms ... 100 ms
Monochrom Bildschirm/ Datenanzeigen	P4 P6 P18	WW	weiß	weiß	10 µs ... 1000 µs
Farbfernsehen	P22 P58	X	Dreifarbenschirm	—	—
Monitor	$x=0,238$ $y=0,568$ P42	GW	gelb/ grün	gelb/ grün	1 ms ... 100 ms
Oszilloskop	$x=0,139$ $y=0,148$ P11	BE	blau	blau	10 µs ... 1000 µs

Flachbildanzeigen

LCD (Liquid Crystal-Display)

- Flüssigkristallanzeigen bestehen aus zwei parallelen Glasplatten mit Flüssigkeiten aus organischen Verbindungen.
- Dazwischen befindliche Moleküle sind stäbchenförmig (nematisch) und durch elektrische Spannung beeinflußbar in Richtungsanordnung.
- Spannung abgeschaltet: Zelle lichtdurchlässig.
- Spannung eingeschaltet: Zelle lichtundurchlässig.
- **Betriebsarten:** transmissiv: Lichtquelle auf Rückseite; reflektiv: Lichtquelle von Betrachtungsseite; transflektiv: beide Belichtungsarten parallel.

ELD (Electro-Lumineszenz-Display)

- Lichtpunkte entstehen durch Anregung von mangandotiertem Zinksulfid mittels Wechselspannung.
- Farbe **gelb** mit Intensitätsmaximum bei 580 nm.
- Lebensdauer: (Abfall der Helligkeit auf Hälfte des Anfangswertes) mehr als 100 000 h.
- Daten: Sichtwinkel ca. 160°; Reaktionszeiten sehr kurz; 16 Graustufen; Auflösung 3 Linien/mm; Bildschirmgrößen 1024 x 768 Bildpunkte verfügbar.
- In Entwicklung sind ELD-Farbschirme mit weißer Leuchtschicht und drei Farbfiltern.

PLD (Plasma-Display)

- Lichtpunkte entstehen durch Gasentladung. Farbe **orangerot** mit Intensitätsmaximum bei 590 nm.
- Entladung entsteht zwischen Zeilen- und Spaltenelektroden, die um 90° versetzt sind. Dazwischen Glasplatte mit Löchern an Kreuzungspunkten.
- Ausführungen für Gleich- und Wechselspannungsansteuerung. Wechselspannungsausführungen wegen Elektrodenhaltbarkeit bevorzugt.
- Daten: Sichtwinkel ca. 160°; Betriebsspannung 100 V...200 V; 16 Helligkeitsstufen; Auflösung 5 Linien/mm.

Videosysteme

Aufzeichnungsprinzip

- Videosignal wird im Schrägspurverfahren mit rotierenden Videoköpfen aufgezeichnet.
- Neigungswinkel der Kopfspalte (Azimut): Video 2000 ± 15°, Betamax ± 7°, VHS, VHS-C ± 6°, Video 8 ± 10°.
- Ton wird im Längsspurverfahren oder im Schrägspurverfahren (HiFi) aufgezeichnet.

Schrägspurverfahren

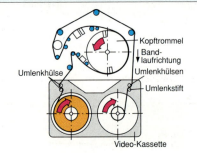

Anwendungsbereiche von Videosystemen

Betamax:	Heim-Recorder
Video 2000:	Heim-Recorder
VHS, S-VHS:	Heim/Kamera-Recorder
VHS-C, S-VHS-C:	Kamerarecorder
Video 8, Hi 8	Heim/Kamera-Recorder

Bandlaufbeispiele

M-Loading

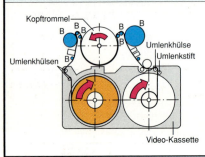

U-Loading

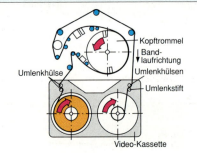

VHS, S-VHS

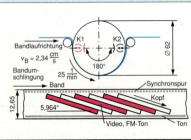

Video 2000

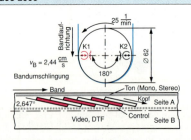

VHS-C

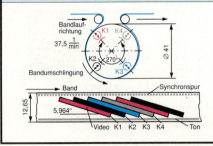

Video 8, Hi 8

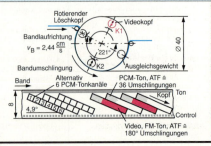

Videosysteme

Abmessungen von Video-Kassetten

System	Bandbreite in mm	Abmessungen in mm	Spieldauer in min
Betamax	12,65	156 x 96 x 25	60–200
Video 2000	12,65	183 x 110,5 x 26	2 x 30–2 x 240
VHS	12,65	188 x 104 x 25	30–240
S-VHS	12,65	188 x 104 x 25	120–180
VHS-C	12,65	92 x 59 x 22,5	30
S-VHS-C	12,65	92 x 59 x 22,5	30
Video 8	8	95 x 62,5 x 15	30–60

Magnetische Eigenschaften von Videobändern

System	Remanenz in mT	Koerzitivfeldstärke in kA/m	Bandmaterial
VHS	120	55,7	Kobaltoxid
S-VHS	170	71,7	Kobaltoxid (verbessert)
8 mm	240	111,3	MP-Band (Metal Powder Band)
Hi 8 mm	370	79,6	ME-Band (Metal Evaporated Band)

Frequenzmoduliertes Y-Signal (Helligkeit)

System	FM-Hubbereich
Video 2000	3,4 MHz…4,7 MHz
VHS	3,8 MHz…4,8 MHz
S-VHS	5,4 MHz…7,0 MHz
Video 8	4,2 MHz…5,4 MHz
Hi 8	5,7 MHz…7,7 MHz

Frequenzverteilung und Kenndaten von Video-Systemen

VHS

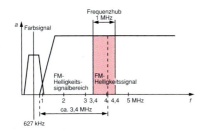

Auflösung: ca. 250 Zeilen

S-VHS

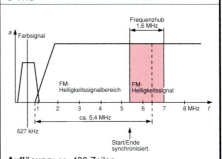

Auflösung: ca. 430 Zeilen

Video 8

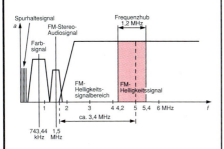

Auflösung: ca. 270 Zeilen

Hi 8

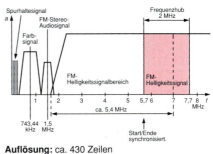

Auflösung: ca. 430 Zeilen

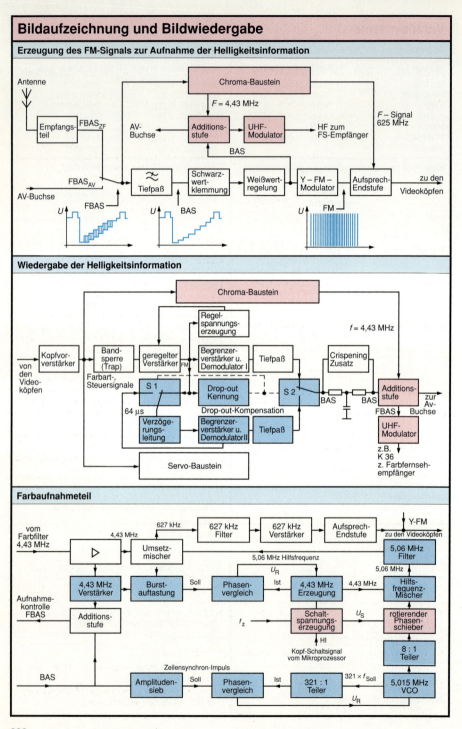

Camcorder-Begriffe

Begriffe	Bedeutung	Begriffe	Bedeutung
Assemble-schnitt	Störungsfreies Aneinanderreihen von Bildpassagen.	Index	Markierung von Bandstellen während Aufnahme und Wiedergabe.
CNR	Chroma Noise Reduction: Chroma Rauschverminderung.	Insertschnitt	Einfügung neuer Szenen.
Data Code	Automatische Datum-/Zeitaufnahme.	Low-Cut-Filter	Eliminierung von Windgeräuschen, Tiefton-Bereich.
Data On Screen	Darstellung der Zusatzinformationen auf Farbmonitor.	Manual Gain	Elektronische Aufhellung der Bildinformation, ohne Beeinflussung der Schärfentiefe.
Digital Superimposer	Konturabspeicherung kontrastreicher Motive, spätere Integration möglich.	Mode Select	Bildjustierung mittels Bildschirm-Dialog.
		ND-Filter	Neutral-Dichtefilter (Graufilter) zur Vermeidung von Überbelichtungen.
Edit Search	Am Aufnahmeort überflüssige Sequenzen durch neue ersetzbar.	Record Review	Kontrolle der letzen Aufnahmesequenz (ca. 2 s).
Fader	Sanftes Ein- und Ausblenden von Szenen auf Schwarz, in Bild und Ton.	Steady Shot	Anti-Verwackler
Fader Mosaik	Sanftes Ein- und Ausblenden einer feinen bis zur grob werdenden Rasterung.	Superimposer Playback	Einfache Titelgestaltung bei der Nachbearbeitung während einer Überspielung.
Frame Record	Unterstützende Funktionen zur Erstellung von Trickaufnahmen.	Time-Code	Automatische Numerierung der einzelnen Bilder bei Aufnahme.
High-Speed Shutter	Verhinderung von Unschärfen bei schnellen Bewegungsabläufen.	Weißabgleich	Abstimmung auf die jeweilige Farbtemperatur (Tages- und Kunstlicht).

Video-Nachbearbeitung, Videoschnitt

LTC, Longitudinal Time Code	RCTC
• Nachträgliches Einfügen in die Audio-Linearspur. Im Amateurbereich Löschung der Monoaufzeichnung. Deshalb nur für Recorder mit HiFi-Audio. • Profibereich • Geringer Aufwand bei Recordern, hoher Aufwand bei Schnittgeräten. • Geeignet für VHS, SVHS, Video 8. • Lesbar bei Wiedergabe.	• Einfügung während der Aufnahme und nachträglich in eine seperate Schrägspur. Spezieller Schreib-/Lesekopf erforderlich. • Amateurbereich • Großer Aufwand • Geeignet für 8 mm und Hi 8. • Time-Code ist lesbar bei Wiedergabe, Pause, schnellem Vor- und Rücklauf sowie Suchlauf.
VITC, Vertical Interval Time Code	**RAPIDTC**
• Aufzeichnung in den Zeilen 6 bis 22 der vertikalen Austastlücke bei Aufnahme. • Profi- und Amateurbereich. • Großer Aufwand, komplizierte Gerätemodifikation. • Geeignet für VHS, SVHS, Hi 8, bedingt 8 mm. • Time-Code lesbar bei Wiedergabe, Pause und Suchlauf. • Unabhängig von der Videonorm.	• Einfügung während der Aufnahme und nachträglich in CTL-Randspur Austastlücke. • Amateurbereich • Geringer Aufwand • Durch Aufzeichnung in Zusatzspur nur geeignet für Video 8 und Hi 8. • Time-Code ist lesbar bei Wiedergabe, schnellem Vor- und Rücklauf, beim Suchlauf.

Video-Programm-System (VPS)

Verwendung
Programmierbare Aufnahme durch Videorecorder, unabhängig von der tatsächlichen Sendezeit.

VPS-Daten
Zeile 16 mit 15 Wörtern zu je 1 Byte (8 Bit)

Modulation
Bi-Phase-Modulation: Jedes Bit wird durch einen Pegelsprung dargestellt.
0 → 1: 0-Zustand, 1 → 0: 1-Zustand
Datenrate 2,5 Mbit/s

VPS-Zeit
Ursprünglich im Programm vorgesehene Anfangszeit. Sie bleibt immer der Sendung zugeordnet, auch wenn Programmteile eingeschoben werden.

VPS-Decoder
Aufgaben (u. a.):
- Überwacht Datenzeile 16.
- Trennt Datenzeile 16 von der Bildinformation.
- Erzeugt Datentakte.
- Vergleicht decodierte VPS-Daten mit programmierten Daten.
- Erzeugt Steuersignale für Videorecorder.

System-Statuscode
- Er zeigt an, daß trotz vorhandener Datenzeile kein VPS-Label gesendet wird,
- Aufzeichnung muß dann im Timerbetrieb durchgeführt werden.

Leercode
Verwendung für Testbilder oder andere Füllprogramme.

Unterbrechungscode
Hiermit können Aufnahmepausen eingeplant werden, z. B. Halbzeitpause bei Fußballübertragungen.

VPS-Datenzeile 16

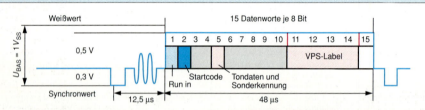

Wort	Funktion, Verwendung	Wort	Funktion, Verwendung
1	Run in; Signal dient zur Synchronisierung des Empfänger-Taktgenerators	7	ASCII-Klarschrift, betriebsbezogen (Beitragsnummer, Beitragslänge)
2	Startcode; Bitmuster zur Erkennung der Datenzeile.	8 u. 9	Zieladresse für Leitweglenkung (Angaben zur Verteilung der Adressen)
3	Codierte Quellenkennung; Identifizierung der Programmquelle (Sendeanstalt).	10	Meldungen/Befehle
4	Klarschrift Quellenkennung (ASCII-Sequenz).	1…14	VPS-Zusatzinformation (VPS-Label, s. unten), Signale zur Steuerung des Videorecorders.
5	Leercode; Tondaten (Zweikanal, Mono, Stereo).		
6	Signalinhaltskennung, programmbezogen (Testbild, Programm).	15	Reserve

Tondaten, Sonderkennung und VPS-Zusatzinformationen in Datenzeile 16

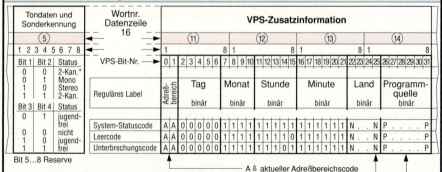

* 2-Kanal-Sendungen werden mit 11 gekennzeichnet.
Die Kombination 00 ist als Sonderfall nur im Empfänger zu berücksichtigen.

A ≙ aktueller Adreßbereichscode
N ≙ aktueller Nationalitätencode
P ≙ aktueller Programmquellencode

Video-Steckverbinder

SCART-Anschluß, DIN-EN 50 049 (EURO-AV)

Buchse (Verdrahtungsseite)

```
 2  4  6  8 10 12 14 16 18 20
 +  +  +  +  +  +  +  +  +  +
 +  +  +  +  +  +  +  +  +  +
 1  3  5  7  9 11 13 15 17 19  21
```

Stecker (Verdrahtungsseite)

```
 1  3  5  7  9 11 13 15 17 19  21
 |  |  |  |  |  |  |  |  |  |
 |  |  |  |  |  |  |  |  |  |
 2  4  6  8 10 12 14 16 18 20
```

Stift	Signal	Stift	Signal
1	Audio-Ausgang B, Stereo-Kanal R	10	Datenleitung 2
		11	RGB Grün-Signal
2	Audio-Eingang B, Stereo-Kanal R	12	Datenleitung 1
		13	RGB Rot-Masse
3	Audio-Ausgang A, Stereo-Kanal L, Mono	14	Datenleitung 3
		15	RGB Rot-Signal
4	Audio-Masse	16	Austastsignal
5	RGB Blau-Masse	17	Video-Masse
6	Audio-Eingang A, Stereo-Kanal L, Mono	18	Austastsignal Masse
7	RGB Blau-Signal	19	Video-Ausgang
8	Schaltspannung	20	Video-Eingang
9	RGB Grün-Masse	21	Schirmung/Masse

Video-Anschluß, (AV-Buchse), DIN 45 322

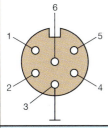

Stift	Signal
1	Schaltspannung 12 V (AV-Wiedergabe)
2	Videosignal (FBAS) (1 Vss an 75 Ω)
3	Masse
4	Ton links bzw. Mono
5	Versorgungsspannung +12 V
6	Ton rechts

Kamera-Anschluß (Stecker)

10 polig

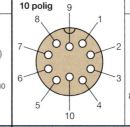

Stift	Signal
1	Video-Ein/Aus
2	Masse
3	Aufnahme, Anzeige
4	Masse bzw. Status
5	Ton rechts oder frei
6	Start-Stop
7	Ton links bzw. Mono
8 u. 9	Masse
10	Kamera-Betriebsspannung 12 V/1 A

Camcorder-Anschluß

Movie-Stecker, 8 polig

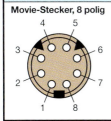

Stift	Signal
1	Videosignal (S-VHS; Y)
2	Video-Masse
3	Schaltspannung
4	Audio-Masse
5	Start-Stop oder frei
6	Ton links bzw. Mono
7	S-VHS: C
8	Ton rechts

Kamera-Anschluß

14 polig

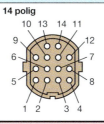

Stift	Signal
1	Videosignal
2	Video-Masse
5	Start-Stop
9	Audio
10	Audio-Masse
13	Versorgungsspannung
14	Versorgungsspannung Masse

Hochauflösendes Fernsehen HDTV[1)]

- Vergrößerung des Bildformats von 4:3 auf 16:9.
- Erhöhung der Zeilenzahl.

USA:
1050 Zeilen; 59 Hz, 94 Hz und 2:1 Abtastung (Zeilensprungverfahren)

Japan:
1125 Zeilen; 60 Hz und 2:1 Abtastung (Zeilensprungverfahren)

Europa (EUREKA-Projekt EU 95[2)]):
1250 Zeilen; 50 Hz, 94 Hz und 1:1 Abtastung (Zeilensprungverfahren)

- Paketübertragungssystem
- Farb- und Helligkeitsinformationen zeitlich nacheinander (Verringerung von Störungen).
- Tonqualität entspricht einer CD.
- Mehrsprachige Übertragung möglich.

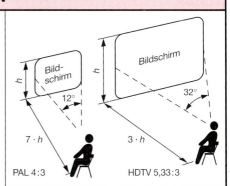

PAL 4:3   HDTV 5,33:3

[1)] High definition television   [2)] 30 Organisationen aus 9 Ländern Europas

Übertragungsverfahren beim Satellitenfernsehen (MAC-Verfahren)[1]

Prinzip

- Toninformation, Farbdifferenzsignale (Chrominanzsignale U und V) und das Helligkeitssignal (Luminanzsignal Y) werden zeitlich komprimiert und nacheinander als Komponenten übertragen (MAC-Verfahren: Multiplexed Analog Components).
- Ton- und Synchronisationssignale werden in digitaler Form in den ehemaligen Austastlücken übertragen (Paketform).

Vorteile von MAC-Verfahren

- Höhere Luminanz- und Chrominanzauflösung.
- Keine Cross-Luminanz- und Cross-Color-Störungen durch fehlendes „Übersprechen" zwischen Luminanz- und Chrominanzsignalen.
- Stereosignale in CD-Qualität.
- Übertragung digitaler Zusatzinformationen.

Unterschiede zwischen MAC-Systemen

C-MAC:
- Ton digital moduliert,
- Phasenumtastung (PSK: Phase Shift Keying),
- Bandbreite > 10 MHz

D-MAC:
- Ton wird frequenzmoduliert (FSK: Frequency Shift Keying).

D2-MAC:
- Binäres Tonsignal wird in ternäres bzw. duobinäres Signal mit drei Zuständen (−1, 0, +1) umgewandelt. Dadurch wird bei gleichem Informationsgehalt eine geringere Bandbreite benötigt. Frequenzbedarf paßt in die Kanalbandbreite der Kabelkanäle: Bandbreite ca. 8 MHz.
- Halbierung der verfügbaren Tonkanäle gegenüber C-MAC.

Zeitlicher Ablauf des MAC-Signals während einer Zeile

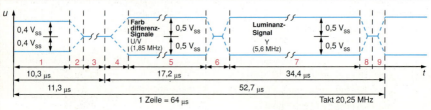

1: 209 Bit für Zeilensynchronisation und Daten/Ton
2:   4 Takt-Perioden, Übergang am Ende des Datenburst
3: 15 Takt-Perioden, Klemmung auf 0,5 V
4: 10 Takt-Perioden, davon 5 Takt-Perioden für Übergang zum Farbdifferenzsignal (für Scrambling)
5: 349 Takt-Perioden für eines der Farbdifferenzsignale U bzw. V
6:   5 Takt-Perioden für den Übergang vom Farbdifferenz- zum Luminanzsignal (für Scrambling)
7: 697 Takt-Perioden für Luminanzsignal Y
8:   6 Takt-Perioden für Übergang vom Luminanzsignal Y (für Scrambling)
9:   1 Takt-Periode, Übergang am Beginn des Datenburst (nächste Zeile)

Vergleich zwischen Signalverläufen beim PAL- und D2-MAC-Verfahren (Farbbalkenvorlage)

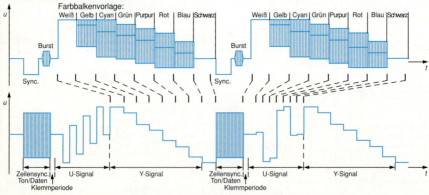

- U- und V-Signale abwechselnd
- U-, V- und Y-Signale komprimiert, analog
- Zeilensynchronisation, Ton und Daten digital

[1] MAC: Multiplexed Analog Components

Digitale Verarbeitung von analogen Fernsehsignalen

Vorteile gegenüber einer analogen Verarbeitung

- Weniger Arbeitsaufwand in der Produktion (z. B. Abgleich durch Automaten).
- Sonderfunktionen mit weniger Mehraufwand realisierbar (Standbild, Flimmerfreiheit…).
- Selbstkorrigierbarkeit bei Alterung.
- Zuverlässigkeit steigt durch weniger Bauteile.

Verstärkung und Dämpfung

Prinzip: Eingangswert wird durch Multiplikationsfaktor verändert.

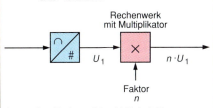

Anwendbar für: Lautstärke, Helligkeit, Kontrast, Arbeitspunkte

Impulsabtrennung

Prinzip: Vom Eingangswert wird ein fester oder geregelter Wert subtrahiert.

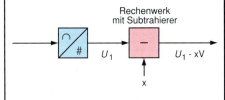

Anwendbar für: Impulsabtrennstufe

Frequenzfilterung

Prinzip: Addition des Abtastwertes mit einem durch Multiplikation veränderten Abtastwert.

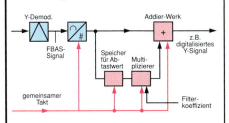

Anwendbar für: Selektion, Differenzfrequenzen, Klangstufen, Farbhilfsträger

Phasenvergleich

Prinzip: Binäre Vergleicher

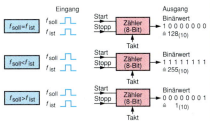

Anwendbar für: Phasenvergleichstufe

Blockschaltbild

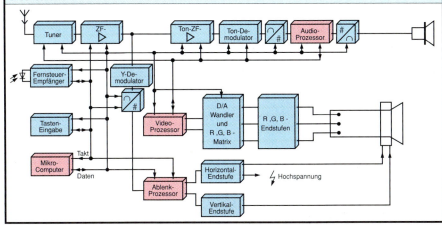

Begriffe zur Audio-, Fernseh- und Videotechnik

Begriff	Bedeutung	Begriff	Bedeutung
Audiotechnik		**Fernsehtechnik**	
Autoreverse	Kassettenwiedergabe in beiden Richtungen ohne zu wenden.	Dual-Page-Text	Gleichzeitige Darstellung von zwei Videotext-Seiten.
AMS	**A**utomatic **M**usic **S**earch: Titel-Suchfunktion vor- oder rückwärts.	Frequenzsynthesizer	Programmierung durch direkte Sendekanaleingabe.
AVLS	**A**uto **V**olume **L**imiter **S**ystem: Automatische Lautstärkenbegrenzung, z.B. Walkman.	Menu On Screen	Mehrsprachiges und bildschirmgeführtes Dialogsystem zur FS-Bedienung.
Dolby	Rauschminderungssystem	OSD	**O**n-**S**creen-**D**isplay: Display informiert mit großen farbigen Ziffern und Balken über Betriebszustände.
DSP	**D**igital **S**ound **P**rocessing: Nachbildung bestimmter Klänge.		
ESP	**E**lectronic **S**hock **P**rotection: Hohe Stoßfestigkeit, z.B. CD.	PIP	**P**icture **i**n **P**icture: Bild im Bild (mehrere TV- bzw. Videoprogramme sichtbar).
Intro-Scan	Anspielen der Titel auf einer CD.	PIT	Picture in Text: Durch Komprimierung TV- bzw. Videobild und Videotextseite.
Repeat	Wiederholmöglichkeit		
Resume	Automatische Fortführung		
RMS	**R**andom **M**usic **S**ensor: Zusammenstellung eines persönlichen Programms (z.B. CD).	Programmlabel	Jedem Speicherplatz kann eine eigene Kennung zugeordnet werden, wird bei Umschaltung eingeblendet.
Search	Schneller Suchlauf mit Ton.	Reversible Learning Commander	Lernfähige IR-Fernbedienung zur Bedienung verschiedener Geräte.
Shuffle Play	Titelwiedergabe in zufälliger Reihenfolge (z.B. CD).		
T.I.M.	**T**ime **I**ndex **R**ecording: Automatische Speicherung von Zeit und Datum zu Beginn einer Aufnahme.	Sleep Timer	Programmierbare Abschaltautomatik
		Video-Aufzeichnungstechnik	
V.O.R.	**V**oice-**O**perated **R**ecording: Sprachgesteuerte Aufnahme.	Auto Head Cleaner	Automatische Reinigung der rotierenden Köpfe bei Kassettenwechsel.
Tonaufzeichnung u. Tonwiedergabe		Digital Auto Tracking	Regelungsvorgang für die beste Kopfposition.
Auto Cue	Abspielvorgang direkt zu Beginn des Titels, ohne Vorlaufzeit.		
		Dynamic Signal Filter (DSF)	Bilddetailverstärkung zur Verminderung des Kantenrauschens (Kontrastgewinn).
Auto-Space-Funktion	Automatisches Einfügen von 3 s vor dem Titel.		
Delete Bank	Speicher für gewählte Titel.	Flying Erase Head (FE)	Rotierender Löschkopf, der das Band bildorientiert löscht (Bedingung für perfekte Schnitte).
Delete Play	Ausschluß bestimmter Titel.		
Delete Shuffle Play	Abspielen der Titel in zufälliger Reihenfolge mit ausgeklammerten Titeln.	Index-System	Index-Suchsystem, gezieltes Auffinden markierter Stellen.
		Index Mark/Erase	Nachträgliches Setzen und Löschen von Markierungen.
Music Scan	Anspielfunktion für alle Titel (z.B. 10, 20 u. 30 s).	LANC	Local Application Control-Daten für den Synchro-Edit-Betrieb.
Peak Search	Stelle mit größter Lautstärke wird zur optimalen Einstellung gesucht.		
		Synchro Edit	Koordinierter Start der Überspielung zwischen zwei Geräten.
Shuffle Play	Wiedergabe in beliebiger Reihenfolge (CD).		
Timer Play	Automatischer Abspielstart bei externer Timer-Steuerung.	Tri Logic	Automatisches Einmessen der Videobänder für die Aufnahme.

Heimstudio-Technik (Hi-Fi)

DIN 45 500
DIN EN 61 305/02.96

Mindestanforderungen an UKW-Empfangsteile (Tuner) — DIN 45 500 T.2/08.74

Übertragungsbereich
40 Hz…12500 Hz (mindestens):
zul. Abweichung des Übertragungsmaßes (1 kHz):
- von 40 Hz… 50 Hz ±3 dB
- über 50 Hz… 6300 Hz ±1,5 dB
- über 6300 Hz…12500 Hz ±3 dB

Unterschiede der Übertragungsmaße der Kanäle bei Stereogeräten
maximal 3 dB von 250 Hz…6300 Hz

Klirrfaktor
≤ 2 % (bei 1 kHz, 40 kHz Hub)

Übersprechdämpfungsmaß zwischen den Kanälen
- 250 Hz… 6300 Hz ≥ 26 dB
- 6300 Hz…12500 Hz ≥ 15 dB

Störabstände
Zwischen 31,5 Hz und 15 kHz gemessen,
1 kHz Modulationsspannung und 40 kHz Hub.

Fremdspannungsabstand
Mono und Stereo: ≥ 46 dB

Geräuschspannungsabstand
Mono und Stereo: 54 dB

Pilotton-Hilfsträger Fremdspannungsabstand
19 kHz: ≥ 25 dB;   38 kHz: ≥ 31 dB

Ausgangsspannung für Verstärker
- Ausgangsbelastung 470 kΩ parallel 100 pF:
  0,5 V…2 V (1 kHz Modulationsfrequenz und 40 kHz Hub)
- Innenwiderstand des Ausgangs: ≤ 47 kΩ

Ausgangsspannung für Schallaufzeichnungsgeräte
DIN 45 310 T1

Anschluß zum Verstärker oder zum Schallaufzeichnungsgerät
Steckdose nach DIN 41 524, bei Mono-Geräten ist Kontakt 2 mit Kontakt 5 zu verbinden.

NF-Bezugspunkt (Masse)
rechter Kanal
linker Kanal
Gehäuseanschluß

Kontakte 1 und 4 können für den Anschluß von Schallaufzeichnungsgeräten beschaltet werden (DIN 45 310 T.1)

Anzugebende Eigenschaften
- empfohlener Antennenwiderstand,
- Antennenspannung bei empfohlenem Antennenwiderstand bzw. Antennenleistung,
- Innenwiderstand und zulässiger Belastungswiderstand der NF-Ausgänge,
- Ausgangsspannung bei 40 kHz Hub

Mindestanforderungen an Verstärker — DIN 45 500 T.6/03.87

Übertragungsbereich
40 Hz…16000 Hz mit Fehlergrenze (1 kHz) von:
±1,5 dB für lineare Eingänge,
±2,0 dB für entzerrende Eingänge.

Unterschied der Übertragungsmaße der Kanäle
Jede Stellung des Lautstärkestellers vom Maximum bis –46 dB von 250 Hz…6300 Hz: ≤ 4 dB

Klirrfaktor
Vorverstärker: ≤ 0,5 % (bei Nenn-Ausgangsspg.)
Leistungsverstärker: ≤ 0,5 % (bei Nenn-Ausgangsleistung)
Vollverstärker: ≤ 0,7 % (Vorverstärker und Leistungsverstärker, bei Nenn-Ausgangsleistung):
- zwischen 40 Hz…16 kHz;
- Abfall der Ausgangsleistung von 3 dB bezogen auf den Nennwert zulässig

Nenn-Ausgangsleistung
≥ 10 W je Kanal (zul. Klirrfaktor), mindestens 10 Minuten, zwischen 15 °C und 35 °C.

Übersprechdämpfungsmaß zwischen Stereokanälen
- ≥ 30 dB zwischen 250 Hz und 10 kHz
- ≥ 40 dB bei 1 kHz
  (Lautstärkesteller: Max. … –40 dB)

Übersprechdämpfungsmaß zwischen den Eingängen
- ≥ 40 dB zwischen 250 Hz und 10 kHz;
- ≥ 50 dB bei 1 kHz

Steckverbindung
DIN IEC 268 T.11 und T.15

Unbewerteter Störabstand
Vorverstärker: ≥ 58 dB (bei allen Stellungen des Lautstärkestellers)
Leistungsverstärker (ohne Lautstärkesteller und bei Nenn-Ausgangsleistung): ≥ 81 dB
Vollverstärker:
- ≥ 58 dB (bei Nenn-Ausgangsleistung),
- ≥ 78 dB (bei Ausgangsleistung 23 dB unter Nenn-Ausgangsleistung)

Bewerteter Störabstand
Vorverstärker: ≥ 63 dB (bei allen Stellungen des Lautstärkestellers)
Leistungsverstärker (ohne Lautstärkesteller und bei Nenn-Ausgangsleistung): ≥ 86 dB
Vollverstärker:
- ≥ 63 dB (bei Nenn-Ausgangsleistung),
- ≥ 83 dB (bei Ausgangsleistung 23 dB unter Nenn-Ausgangsleistung)

Balancesteller
Balancesteller oder getrennte Lautstärkesteller, mindestens 8 dB Verstärkungsminderung in jedem Kanal.

Gehörrichtiger Lautstärkesteller
Bedienelemente müssen vorhanden sein, die diese Wirkung aufheben (Schalter oder Einstellung der Höhen- und Tiefensteller).

Heimstudio-Technik (Hi-Fi)

DIN 45 500

Mindestanforderungen an Mikrofone
DIN 45 500 T.5/06.75

Übertragungsbereich	**Mikrofone ohne Richtwirkung**
Mindestens von 50 Hz bis 12500 Hz.	• Unter 1 kHz: Unterschied der erzeugten Spannungspegel bei Schalleinfall von 0 bis 90° nicht größer als 2 dB. • Oberhalb 1 kHz bis 6,3 kHz: nicht größer als 8 dB.
Sollkurve des Feld-Leerlauf-Übertragungsmaßes Innerhalb des Toleranzfeldes. 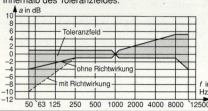	**Mikrofone mit Richtwirkung** 250 Hz bis 8 kHz: Bündelungsmaß größer als 3 dB.
	Klirrfaktor 250 Hz bis 8000 Hz: Bei Schalldrücken bis 100 µbar (Schalldruckpegel 114 dB) kleiner 1 %.
	Unterschiede der Übertragungsmaße der beiden Kanäle bei Stereomikrofonen 250 Hz bis 8 kHz: Nicht mehr als 3 dB.
Istkurve des Feld-Leerlauf-Übertragungsmaßes Zulässige Abweichungen von der Sollkurve: • von 50 Hz… 250 Hz: ±3 dB • über 250 Hz… 8000 Hz: ±2,5 dB • über 8000 Hz…12500 Hz: ±3 dB	**Geräuschspannungsabstand** Mindestens 60 dB
	Anschluß DIN 45 594

Mindestanforderungen an Lautsprecher
DIN 45 500 T.7/02.71

Übertragungsbereich	**Scheinwiderstand**
Mindestens 50 Hz bis 12500 Hz	Innerhalb des Übertragungsbereichs nicht mehr als 20 % unter dem angegebenen Nennwert.
Schalldruck	**Belastbarkeit**
Mindestens 12 µbar (Schalldruckpegel 96 dB) in 1 m Abstand bzw. 4 µbar (86 dB) in 3 m Abstand.	• Nennbelastbarkeit • Musikbelastbarkeit (mindestens 10 W)
Betriebsleistung	**Steckvorrichtung**
Elektrische Leistung zur Erzeugung des Schalldrucks 12 µbar bzw. 4 µbar.	DIN 41 529
Klirrfaktor	**Nennscheinwiderstand**
• von 250 Hz…1 kHz: 3 % • über 1000 Hz…2 kHz: 3 % auf 1 % stetig abfallend • über 2000 Hz: 1 % (alle Werte Höchstwerte)	Bevorzugte Werte: 4 Ω oder 8 Ω
	Anzugebende Eigenschaften Herstellerzeichen oder -name, Typenbezeichnung, Nennschweinwiderstand, Nennbelastbarkeit, Musikbelastbarkeit

Mindestanforderungen an dynamische Kopfhörer nach dem Tauchspulenprinzip
DIN 45 500 T.10/09.75

Übertragungsbereich	**Nennimpedanz**
Mindestens von 50 Hz bis 12500 Hz.	8 Ω, 16 Ω, 200 Ω, 400 Ω, 600 Ω, 1 kΩ, 2 kΩ, 4 kΩ; Istimpedanz darf bei 1 kHz nicht mehr als ±30 % von der Nennimpedanz abweichen.
Frequenzgang des Freifeld Übertragungsmaßes (Sollkurve) Innerhalb des Toleranzfeldes. 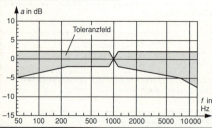	**Kennschalldruck** Mindestens 94 dB bezogen auf 20 µPa.
	Nennbelastbarkeit Mindestens 100 mW.
	Klirrfaktor 100 Hz bis 2 kHz: höchstens 1 %.
	Andrückkraft Nicht über 5 N.
	Anschluß DIN 45 327
Frequenzgang des Freifeld-Übertragungsmaßes (Istkurve) Abweichungen von der Sollkurve kleiner 5 dB.	**Anzugebende Eigenschaften (Mindestangaben)** Wandlerprinzip, Übertragungsbereich, Sollkurve des Freifeld-Übertragungsmaßes, Nennimpedanz, Kennschalldruckpegel, Nennbelastbarkeit, Art der Ankopplung an das Ohr, Andrückkraft, Gewicht.

Heimstudio-Technik (Hi-Fi)　　　DIN 45 500

Mindestanforderungen an Schallplatten-Abspielgeräte　　DIN 45 500 T.3/09.73

Drehzahlabweichung	**Übersprechdämpfungsmaß zwischen den Kanälen**
Zulässige Abweichung: +1,5 % bis −1 %.	• bei 1 kHz: ≥ 20 dB; • zwischen 500 Hz u. 6300 Hz: ≥ 15 dB
Gleichlaufschwankungen	**Auflagekraft, effektive Nadelmasse**
Zulässige Schwankung: ±0,2 %, Plattendurchmesser mindestens 250 mm (bewertete Messung).	Statisch gemessen, höchstens 0,03 N; 2 mg.
Rumpel-Fremdspannungsabstand	**Nachgiebigkeit**
Mindestens 55 dB bei Schnelle von 10 cm/s und 1 kHz	In jede Richtung, statisch gemessen: mindestens 0,8 cm/N; in horizontaler Richtung größer als in vertikaler Richtung.
Übertragungsbereich	**Rundungshalbmesser der Abtastnadel**
Mindestens 40 Hz bis 12500 Hz 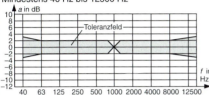	• 15 μm + 3 μm sphärisch; • 6 μm und 18 μm biradial (Richtwerte)
	Vertikaler Spurwinkel
	20° ± 5°
	Ausgangsspannung
Unterschiede der Übertragungsmaße der Kanäle von Stereoabtastern	Schnelle: 10 cm/s und 1 kHz • lineare Verstärkereingänge, 470 kΩ: 0,5 V…1,5 V, • Verstärkereingänge für schnelleabhängige Abtaster (z. B. magnetische Abtaster), 47 kΩ: 5 mV…15 mV
Zulässige Unterschiede bei 1 kHz ≤ 2 dB.	
Nichtlineare Verzerrungen	**Anzugebende Eigenschaften**
Die Verzerrungen dürfen 1 % Frequenz-Intermodulator (FIM) beim Abtasten des Pegeltons −6 dB nicht überschreiten.	Wandlerprinzip, Abtastprinzip, Übertragungsfaktor, Ausgangsspannung, Aussteuerungsreserve, Auflagekraft, Mindestauflagekraft

Mindestanforderungen an Magnetbandgeräte für Aufnahme und Wiedergabe　　DIN 45 500 T.4/07.87

Mittlere Geschwindigkeitsabweichung	**Übertragungsbereich bei Wiedergabe**
Bei jeder Versorgungsspannung: ≤ 1,5 %.	40 Hz…12500 Hz f_1 = 40 Hz f_2 = 250 Hz f_3 = 6300 Hz f_4 = 12500 Hz 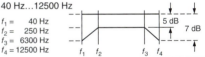
Kurzzeitige Geschwindigkeitsschwankungen	
Höchstens ±0,2 % (bewertet)	
Unbewerteter Störspannungsabstand (über alles)	**Übertragungsbereich (über alles)**
≥ 48 dB (Vollaussteuerung)	40 Hz…12500 Hz f_1 = 40 Hz f_2 = 250 Hz f_3 = 6300 Hz f_4 = 12500 Hz 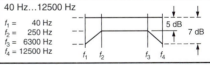
Bewerteter Störspannungsabstand (über alles)	
≥ 56 dB (Vollaussteuerung)	
Ungleichheit der Wiedergabekanäle	**Löschdämpfung**
≤ 2 dB	≥ 60 dB bei 1 kHz
Kanaltrennung zwischen benachbarten, jedoch nicht zusammengehörigen Spuren	**Vollaussteuerung**
	• 315 Hz bei 4,76 cm/s und 9,53 cm/s; • 1 kHz bei 19,05 cm/s und 38,1 cm/s
• ≥ 60 dB bei 1 kHz; • ≥ 45 dB zwischen 500 Hz und 6300 Hz	**Hochlaufzeit bis zur Aufnahme-/Wiedergabegeschwindigkeit**
	≤ 1 s
Kanaltrennung zwischen benachbarten, zusammengehörigen Spuren (Stereo)	**Steckverbindung**
	DIN IEC 268 T.11 und 15
• ≥ 26 dB bei 1 kHz; • ≥ 20 dB zwischen 500 Hz und 6300 Hz	**Anzugebende Eigenschaften**
	Die in dieser Norm angegebenen Eigenschaften.

Mikrofone

Kenngrößen   DIN 45 590/03.74

Übertragungsfaktor T

$T = \dfrac{U}{p}$ $f = 1$ kHz

U: Ausgangsspannung in mV
p: Schalldruckänderung in Pa

Übertragungsmaß G

$G = 20 \cdot \lg \dfrac{T}{T_o}$ dB $f = 1$ kHz

T in V/Pa $T_o = 1$ V/Pa

Richtcharakteristik

Kugel Acht Niere Kardioide Keule

Arten

Typ	Eingangs-größen	Übertragungs-faktor T in mV/Pa (z. B.)	Frequenzgang	Klirr-faktor in %	Anwendungen, Besonderheiten
Kohle	100…500 Ω	1000	700 Hz…4 kHz	25	Telefon, Sprachübertragung, Betriebsspannung erforderlich
Elektromagnetisch	z. B. 2 kΩ	20	400 Hz…6 kHz	10	Telefon, Wechselsprechanlagen
Tauchspul	200 Ω	2	50 Hz…14 kHz	1	Tonaufzeichnung, Tonübertragung
Bändchen	0,1 Ω, mit Übertrager 200 Ω	0,1	50 Hz…18 kHz	0,4	hochwertige Tonaufzeichnung und -übertragung, Studio
Kristall	1 MΩ…5 MΩ $C_e \approx 1$ nF	1	30 Hz…10 kHz	1…2	Tonaufzeichnung und -übertragung
Kondensator	50 MΩ (ohne Verstärkung) $C_e \approx 100$ pF	10	20 Hz…20 kHz	0,1	hochwertige Aufzeichnung und Übertragung, Hilfsspannung erforderlich

Schaltungen von Tauchspulmikrofonen

symmetrisch	unsymmetrisch	
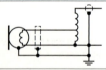	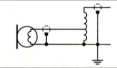	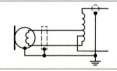
Studiobetrieb, auch bei längeren Leitungen störungsfreie Übertragung	Nur bei nicht allzu großen Leiterlängen störungsfrei, wird im Konsumelektronik-Bereich häufig verwendet (entspricht den Eingangs-	schaltungen der Verstärker), besonders für hochohmige Ausgänge von Mikrofonen.

Schaltungen für Mikrofone ohne und mit getrennter Stromversorgung

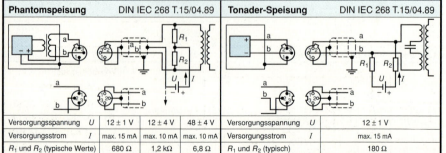

Phantomspeisung	DIN IEC 268 T.15/04.89			Tonader-Speisung	DIN IEC 268 T.15/04.89	
Versorgungsspannung U	12 ± 1 V	12 ± 4 V	48 ± 4 V	Versorgungsspannung U	12 ± 1 V	
Versorgungsstrom I	max. 15 mA	max. 10 mA	max. 10 mA	Versorgungsstrom I	max. 15 mA	
R_1 und R_2 (typische Werte)	680 Ω	1,2 kΩ	6,8 kΩ	R_1 und R_2 (typisch)	180 Ω	

Lautsprecher

Kenngrößen

Nennscheinwiderstand Z_n
Der Scheinwiderstand darf bei keiner Frequenz innerhalb des Übertragungsbereichs mehr als 20 % unter dem angegebenen Nennscheinwiderstand liegen.

Grundresonanzfrequenz f_{res}
niedrigste Eigenfrequenz

Übertragungsfaktor T
$T = \dfrac{p}{U}$ in $\dfrac{Pa}{V}$ Bezugsabstand: 1 m
p: Schalldruck
U: Klemmenspannung des Lautsprechers

Übertragungsmaß G
$G = 20 \cdot \lg \dfrac{T}{T_o}$ dB $T_o = 1$ Pa/V
Bezugsabstand: 1 m

Übertragungsbereich
$f_u ... f_o$ (Abfall 10 dB vom Mittelwert)

Nennbelastbarkeit
maximale Leistung im Dauerbetrieb

Impulsbelastbarkeit
maximale Leistung bei getasteten Sinustönen

Arten

- Dynamische Lautsprecher (Tauchspul-Lautsprecher, Bändchen-Lautsprecher)
- Magnetische Lautsprecher
- Elektrostatische Lautsprecher (Kondensator-Lautsprecher)
- Piezoelektrische Lautsprecher (Kristall-Lautsprecher)
- Ionen-Lautsprecher

Breitband-Lautsprecher
Übertragungsbereich mindestens 90 Hz bis 11200 Hz, Toleranz 10 dB

Tiefton-Lautsprecher
Nennresonanzfrequenz ≤ 50 Hz

Hochton-Lautsprecher
Obere Grenzfrequenz ≥ 14 kHz

Elektrische Weichen

Weiche mit 6 dB Spannungsfall pro Oktave

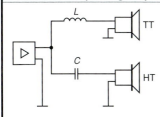
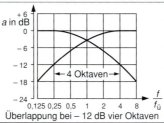

$C = \dfrac{1}{2\pi \cdot f_ü \cdot Z}$

$L = \dfrac{Z}{2\pi \cdot f_ü}$

$f_ü$: Übernahmefrequenz
Z: Lautsprecherimpedanz

Überlappung bei -12 dB vier Oktaven

Weiche mit 12 dB Spannungsfall pro Oktave

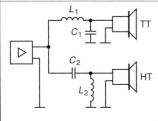
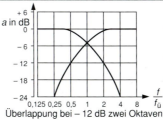

$C_1 = C_2 = \dfrac{1}{\sqrt{2} \cdot 2\pi \cdot f_ü \cdot Z}$

$L_1 = L_2 = \dfrac{\sqrt{2} \cdot Z}{2\pi \cdot f_ü}$

$f_ü$: Übernahmefrequenz
Z: Lautsprecherimpedanz

Überlappung bei -12 dB zwei Oktaven

Lautsprecherbox mit 3-Wege-Weiche

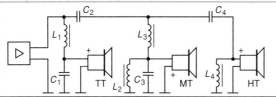

Wertebeispiele:
$Z_1 = Z_2 = Z_3 = 4\ \Omega$
$C_1 = 40\ \mu F;\quad C_3 = 7{,}5\ \mu F$
$C_2 = 20\ \mu F;\quad C_4 = 4{,}7\ \mu F$
$L_1 = 2{,}5$ mH; $L_3 = 550\ \mu H$
$L_2 = 250\ \mu H;\ L_4 = 150\ \mu H$

Steckverbinder für elektroakustische Anlagen

DIN IEC 268 T.11/09.88

Steckverbinder	Anwendungen	Kontaktnummern[1]				
		1	2	3	4	5
Stecker beweglich 130-9 IEC-01	Mikrofon, Mono-System (symmetrisch)	Signal	Schirmung	Rückleitung	–	–
Buchse fest: 130-9 IEC-02	Mikrofon, Mono-System (symmetrisch), tonadergespeist	Signal und +Pol	Schirmung	Rückleitung und –Pol	–	–
	Mikrofon, Mono-System (symmetrisch, phantomgespeist)	Signal und +Pol	Schirmung und –Pol	Rückleitung und +Pol	–	–
	Mikrofon, Mono-System (unsymmetrisch)	Signal	Schirmung und Rückleitung	–	–	–
Stecker beweglich 130-9 IEC-03	Mikrofon, Mono-System (symmetrisch)	Signal	Schirmung	Rückleitung	verbunden mit 1	verbunden mit 3
Buchse fest: 130-9 IEC-04	Mikrofon, Mono-System (unsymmetrisch)	Signal	Schirmung und Rückleitung	–	verbunden mit 1	–
	Mikrofon, Stereo-System (symmetrisch)	Signal linker Kanal	Schirmung	Rückleitung linker Kanal	Signal rechter Kanal	Rückleitung rechter Kanal
	Mikrofon, Stereo-System (unsymmetrisch)	Signal linker Kanal	Schirmung und Rückleitung	–	Signal rechter Kanal	–
	Schallplatten-Abspielgerät und Tuner, Mono-System	–	Schirmung und Rückleitung	Signal	–	verbunden mit 3
	Schallplatten-Abspielgerät und Tuner, Stereo-System	–	Schirmung und Rückleitung	Signal linker Kanal	–	Signal rechter Kanal
	Komb. Aufnahme- und Wiedergabe-Verbindungen an Rundfunkempf. und Verstärker, Mono-System	Ausgang (Aufnahme)	Schirmung und Rückleitung	Eingang (Wiedergabe)	verbunden mit 1	verbunden mit 3
	Komb. Aufnahme- und Wiedergabe-Verbindungen an Rundfunkempf. und Verstärker, Stereo-System	Ausgang li. Kanal (Aufnahme)	Schirmung und Rückleitung	Eingang li. Kanal (Wiedergabe)	Ausgang re. Kanal (Aufnahme)	Eingang re. Kanal (Wiedergabe)
	Komb. Aufnahme- und Wiedergabe-Verbindungen am Magnetbandgerät, Mono-System	Eingang (Aufnahme)	Schirmung und Rückleitung	Ausgang (Wiedergabe)	verbunden mit 1	verb. mit 3 nur bei Wiedergabe
	Komb. Aufnahme- und Wiedergabe-Verbindungen am Magnetbandgerät, Stereo-System	Eingang li. Kanal (Aufnahme)	Schirmung und Rückleitung	Ausgang li. Kanal (Wiedergabe)	Eingang re. Kanal (Aufnahme)	Ausgang re. Kanal (Wiedergabe)
	Hör-/Sprechgarnitur Mono-System	Signal Mikrofon	Schirmung und Rückleitung Mikrofon	Signal li. Kopfhörer	Rückleitung beide Kopfhörer	Signal re. Kopfhörer verb. mit 3
	Hör-/Sprechgarnitur Stereo-System (nur Kopfhörer)	Signal Mikrofon	Schirmung und Rückleitung Mikrofon	Signal li. Kopfhörer	Rückleitung beide Kopfhörer	Signal re. Kopfhörer

[1] Kontaktnummern gesehen beim Blick auf die Steckerstifte

Steckverbinder für elektroakustische Anlagen DIN IEC 268 T.11/09.88

Steckverbinder	Anwendungen	Kontaktnummern[1]							
		1	2	3	4	5	6	7	8
Stecker beweglich: 130-9 IEC-12 Buchse fest: 130-9 IEC-13	Mikrofon, Mono-System (symm.)	Signal	Schirmung	Rückleitung	verb. mit 1	verb. mit 3	Schalter für Fernsteuerung	–	
	Mikrofon, Mono-System (unsymm.)	Signal	Schirm. u. Rückl.	–	verb. mit 1	–	Schalter für Fernsteuerung	–	
	Mikrofon, Stereo-System (symm.)	Signal li. Kan.	Schirmung	Rückl. li. Kan.	Signal re. Kan.	Rückl. re. Kan.	Schalter für Fernsteuerung	–	
	Mikrofon, Stereo-System (unsymm.)	Signal li. Kan.	Schirm. u. Rückl.	–	Signal re. Kan.	–	Schalter für Fernsteuerung	–	
Stecker beweglich: 130-9 IEC-20 Buchse fest: 130-9 IEC-21	Mikrofon, Mono-System (symm.)	Signal	Schirmung	Rückleitung	verb. mit 1	verb. mit 3	Schalter für Fernsteuerung	–	Speisespanng.
	Mikrofon, Mono-System (unsymm.)	Signal	Schirm. u. Rückl.	–	verb. mit 1	–	Schalter für Fernsteuerung	–	Speisespanng.
	Mikrofon, Stereo-System (symm.)	Signal li. Kan.	Schirmung	Rückl. li. Kan.	Signal re. Kan.	Rückl. re. Kan.	Schalter für Fernsteuerung	–	Speisespanng.
	Mikrofon, Stereo-System (unsymm.)	Signal li. Kan.	Schirm. u. Rückl.	–	Signal re. Kan.	–	Schalter für Fernsteuerung	–	Speisespanng.

Zusammenschaltung von Vor- und Leistungsverstärkern in Anlagen für den Heimgebrauch

Steckverbinder	IEC-Typenbezeichnung	Kontaktnummern[1]							
		1	2	3	4	5	6	7	8
	Stecker beweglich: 130-9 IEC-aa Einbaustecker fest: 130-9 IEC-bb Buchse fest: 130-9 IEC-cc Kupplung bewegl.: 130-9 IEC-dd	Signal linker kanal	Schirmung und Rückleitung	Signal rechter Kanal	nicht verbunden	–	–	–	–
	Stecker beweglich: 130-9 IEC-03 Buchse fest: 130-9 IEC-04	nicht verbunden	Schirmung und Rückleitung	Signal linker Kanal	nicht verbunden	Signal rechter Kanal	–	–	–
	Stecker beweglich: 130-9 IEC-10 Buchse fest: 130-9 IEC-11	nicht verbunden	Schirmung und Rückleitung	Signal linker Kanal	nicht verbunden	Signal rechter Kanal	Relaisspeisespannung	Rückl. der Relaisspeisespannung	–
	Stecker beweglich: 130-9 IEC-20 Buchse fest: 130-9 IEC-21	nicht verbunden	Schirmung und Rückleitung	Signal linker Kanal	nicht verbunden	Signal rechter Kanal	nicht verbunden	nicht verbunden	Steuergleichspannung

Kopfhörer und Lautsprecher

Steckverbinder	Anwendung	IEC-Typenbezeichnung	Kontaktnummern[1]				
			1	2	3	4	5
	Kopfhörer Mono-System	Stecker beweglich: 130-9 IEC-14 Buchse fest: 130-9 IEC-15	Schirm./Erde	Rückleitung	verb. mit 2	Signal	verb. mit 4
	Kopfhörer Stereo-System		Schirm./Erde	Rückl. li. Kan.	Rückl. re. Kan.	Signal li. Kan.	Signal re. Kan.
	Lautsprecher niederohmig	Stecker beweglich: 130-9 IEC-05 Einbaustecker fest: 130-9 IEC-06 Buchse fest: 130-IEC-07 und 08 Kupplung beweglich: 130-IEC-09	Signal	Rückleitung	–	–	–

[1] Kontaktnummern gesehen beim Blick auf die Steckerstifte

Steckverbinder für elektroakustische Anlagen DIN IEC 268 T.11/09.88

Zusammenschaltung in Fahrzeugen (z. B. Kraftfahrzeugen), Kontaktbelegung

Steckverbinder	130-9 IEC-03 130-9 IEC-04	130-9 IEC-16 u. 19 130-9 IEC-17 u. 18	130-9 IEC-10 130-9 IEC-11	130-9 IEC-20 130-9 IEC-21	xx yy
Anwendungen	Stecker: Anschlußkabel; Buchse: Ausgang für Leistungsverstärker; Eingang für Vorverstärker am Leistungsverstärker	Stecker: Verbindungskabel in Kombination mit 130-9 IEC-18; Einbaustecker: Leistungsverstärker Buchse: Ansteuergerät; Kupplung: Verbindungskabel in Kombination mit 130-9 IEC-16	Stecker: Anschlußkabel; Buchse: Ausgang für Leistungsverstärker am Vorverstärker; Eingang für Vorverstärker am Leistungsverstärker mit der Möglichkeit der EIN/AUS-Schaltung mittels Fernsteuerrelais	Stecker: Anschlußkabel; Buchse: Ausgang für Leistungsverstärker am Vorverstärker; Eingang für Vorverstärker am Leistungsverstärker mit der Möglichkeit, mittels einer Steuergleichspannung eine elektronische EIN/AUS-Schaltung zu bewirken	Stecker: Anschlußkabel; Buchse: Ausgang für Leistungsverstärker am Vorverstärker; Eingang für Vorverstärker am Leistungsverstärker
Kontaktnummern 1	Signal hinten links	Signal vorn links	Signal hinten links	Signal hinten links	Signal hinten links
2	Rückleitung oder Schirmung der Signalleitungen	Signal hinten links	Rückleitung oder Schirmung der Signalleitungen	Rückleitung oder Schirmung der Signalleitungen	Signal vorn links
3	Signal vorn links	Rückleitung oder Schirmung der Signalleitungen	Signal vorn links	Signal vorn links	Rückleitung oder Schirmung der Signalleitungen
4	Signal hinten rechts	Signal hinten rechts	Signal hinten rechts	Signal hinten rechts	Signal vorn rechts
5	Signal vorn rechts	Signal vorn rechts	Signal vorn rechts	Signal vorn rechts	Signal hinten rechts
6	–	Relais-Versorgungsspannung	Relais-Versorgungsspannung	nicht verbunden	Zusatzschalter (mit dem Zündschalter verbunden)
7	–	–	Rückleitung der Relais-Versorgungsspannung	Beleuchtung (max. 0,3 A)	EIN/AUS-Schalter
8	–	–	–	Steuergleichspannung (max. 0,3 A)	Beleuchtung
9	–	–			Dauerspannungsversorgung
10	–	–			Masse
11	–	–			Steuergleichspannung
12	–	–			Steuergleichspannung

1) Für Neuentwicklungen nicht empfohlen

Konzentrische Steckverbinder
für elektroakustische Anlagen

DIN IEC 268 T.11/09.88

Anwendungen	Typ des Steckverbinders		Kontakt-Nummern		
			1 (Spitze)	2 (Hülse)	3 (Ring)
Mikrofon	130-8 IEC-xx 6,3 mm	130-8 IEC-01 Miniatur 3,5 mm	Signal	Abschirmung und Rückleitung	–
Lautsprecher	130-8 IEC-xx 6,3 mm	130-8 IEC-01 Miniatur 3,5 mm	Signal	Abschirmung	–
Kopfhörer, Mono	130-8 IEC-xx 6,3 mm	130-8 IEC-01 Miniatur 3,5 mm	Signal	Abschirmung und Rückleitung	–
Kopfhörer, Mono	130-8 IEC-yy 6,3 mm		Signal	Abschirmung und Rückleitung	verbunden mit 1
Kopfhörer, Stereo	130-8 IEC-yy 6,3 mm	130-8 IEC-pp Miniatur 3,5 mm	Signal linker Kanal	Abschirmung und Rückleitung	Signal rechter Kanal
Ohrhörer	130-8 IEC-01 Miniatur 3,5 mm	130-8 IEC-02 Subminiatur 2,5 mm	Signal	Abschirmung und Rückleitung	–
Fernbedienungs-eingang (für Mikrofone mit Fernbedienungs-schalter)	130-8 IEC-02 Subminiatur 2,5 mm		Schalter	Schalter	–
Schallplatten-Abspielgerät, Magnetband-gerät, Empfangs-teil, Verstärker usw.	130-8 IEC-zz Phono 3,2 mm		Signal	Abschirmung und Rückleitung	–

Nadeltonverfahren zur Schallaufzeichnung

Schriftarten

Tiefenschrift (Edison 1877)
Schneidstichel wird senkrecht zur Plattenebene bewegt.
Seitenschrift (E. Berliner)
Schneidstichel wird in Richtung der Plattenebene bewegt.

Flankenschrift (Stereoschrift)
Stereosignale steuern den Stichel in um 90° versetzte Bewegungskomponenten. Jede Komponente ist um 45° gegen die Plattenebene geneigt.

Schallplatte

		Mono		Stereo	
Symbol	Mono	M/45, 45		M/33, 33	
	Stereo	St 45		St 33	
Abtastnadel		Mono: ≥ 55 µm, $R ≤ 8$ µm, 90°		Stereo: ≥ 35 µm Durchschnittswert, Minimum 25 µm, $R ≥ 8$ µm, L-Information, R-Information, 90°	
Drehzahl in 1/min		45		33 1/3	
Nenndurchmesser in cm		17,5		30	
Spielzeit in min		6...9		bis 40	
Rillenbreite in µm	Mono	50		50	
	Stereo	40		40	
DIN Normen	Mono	45 537		45 537	
	Stereo	45 546		45 547	

Wiedergabeverstärker für dynamische Systeme

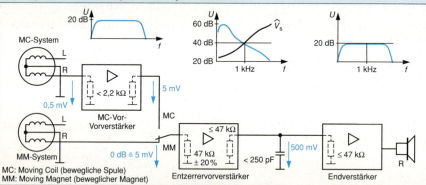

MC: Moving Coil (bewegliche Spule)
MM: Moving Magnet (beweglicher Magnet)

Magnettonverfahren zur Schallaufzeichnung

Daten von Kassetten

Bandart		Dicke in µm	Bandlänge in m	Spielzeit in min
Dreifachspielband	C 60	18	90	30[1]
Vierfachspielband	C 90	12	130	45[1]
Sechsfachspielband	C 120	9	172	60[1]

Daten von Spulen (verwendete Durchmesser: 8; 9; 10; 11; 13; 15; 18; 22; 25; 26,5 cm)

Bandart	Dicke in µm	Bandlänge in m	Spielzeit in min
Standardband	52	360[2]	60[3]
Langspielband	35	540[2]	90[3]
Doppelspielband	26	730[2]	120[3]
Dreifachspielband	18	1080[2]	180[3]

[1] 4,76 cm/s in min je Spur   [2] 18er Spule   [3] 9,53 cm/s in min je Spur

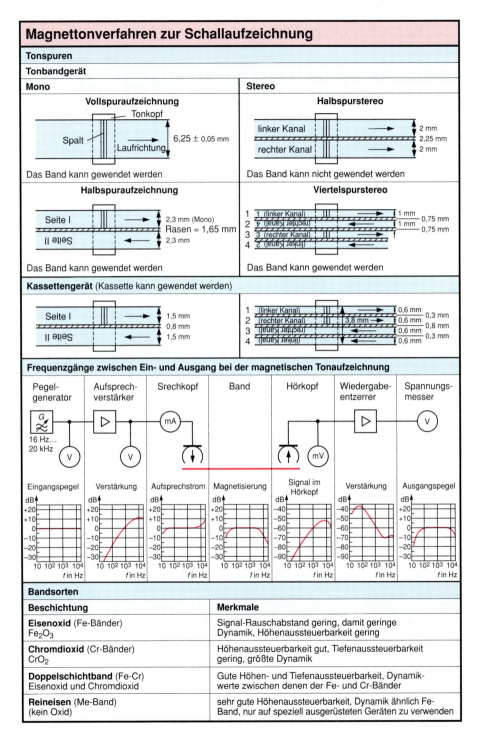

DCC (Digital Compact Cassette)

Abmessungsvergleich

Analog Compact Cassette (CC)

Digital Compact Cassette (DCC)

Vorteile der DCC gegenüber der CC

- Kein wahrnehmbares Rauschen.
- Keine Gleichlauffehler.
- Azimutfehler nicht hörbar.
- Automatische Fehlerkorrektur (Dropouts weitgehend unhörbar).
- Code-Spuren können unabhängig vom Musiksignal Informationen enthalten (Titel, Time-Codes, Adressen usw.).
- Rückwärtskompabilität zur CC (im Abspielgerät separate Tonköpfe und ein analoger Signalweg).

Besonderheiten

- Eingebauter Bandschutz (Edelstahlschieber wie bei Computer-Diskette).
- Robuster und stoßfester Aufbau.
- Band:
  Dicke 12 µm, Beschichtung aus Chromdioxid oder Ferroxid mit Kobaltzusatz ca. 4 µm.
- Digitale Tonaufzeichnung in Längsspurtechnik (feststehender Kopf).
- Datenreduktion

Spurlage und DCC-Tonkopf

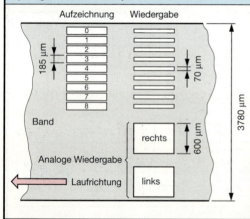
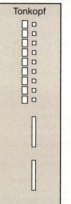

- Zwei Aufzeichnungsrichtungen.
- Drehbarer Tonkopf oder Doppeltonkopf.
- 9 digitale Aufzeichnungsspuren, Abstand 10 µm.
- Spur 0 ist Hilfsspur für Daten, Adressen usw.
- Spur 1 bis 8 enthalten die Signalinformationen.
- Laufzeit 90 min.

Datenreduktion

- Reduktionsverfahren: **PASC** (**P**recision **A**daptive **S**ubband **C**oding), Reduktion auf 1/4 des Vollformates.
- **Pegelabhängige Datenreduktion**:
  - Erfassung der Pegel über der Hörschwelle.
  - Aufgrund der frequenzabhängigen Hörschwelle Zerlegung des Frequenzbereiches in 32 Teilbänder mit ca. 600 Hz Breite (Sub-Band-Signale) mit Filtern.
- **Dynamischer Verdeckungseffekt**:
  - Schwache Signale (noch oberhalb der Hörschwelle) werden nicht wahrgenommen, wenn stärkeres Signal hinzukommt.
- **Adaptive Notation**:
  - Signale über der Hörschwelle werden mit einer der Amplitude angepaßten Auflösung codiert.
- **Bitrate**:
  - 2 x 192 kbit/s (1/4 der CD-Bitrate).

Audio-CD[1])

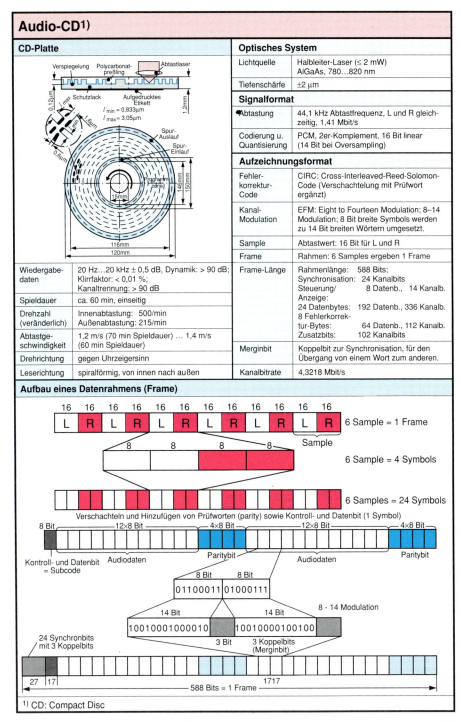

1) CD: Compact Disc

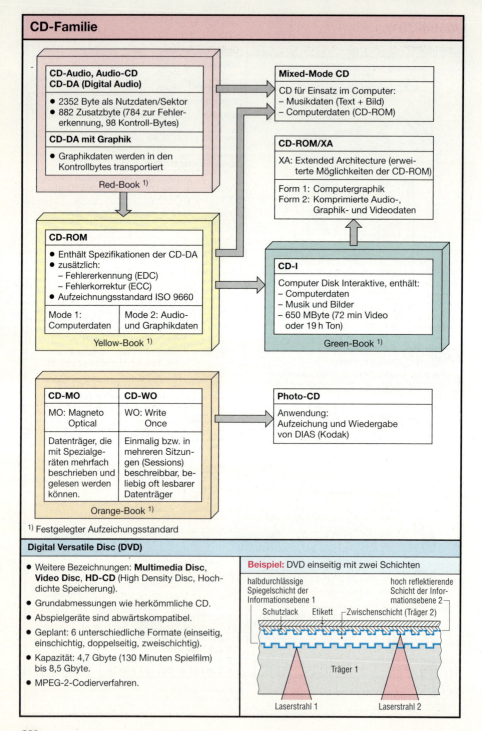

MD (Minidisc)

Aufzeichnungsprinzip (magnetisch)

Leseprinzip (optisch)

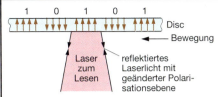

- Die Polarisationsebene des reflektierten Lichtes hängt von den Ausrichtungen der Elementarmagnete ab.

Speichern und Lesen durch Anwendung des Kerr-Effektes:
- Ferromagnetisches Material wird durch Laserlicht erwärmt (489° C).
- Ausrichtung der Molekularmagnete durch Magnetfeld entsprechend den zu speichernden Daten.
- Bei Abkühlung bleibt die Ausrichtung erhalten.

Technische Daten

Durchmesser	63 mm
Abspieldauer	74 min
Bitrate	ca. 140 kbit/s
Lesegeschwindigkeit	1,2 bis 1,4 m/s
Kanäle	2 (Stereo)
Samplingfrequenz	44,1 kHz
Modulation	EFM (vgl. CD)
Fehlerkorrektur	CIRC (vgl. CD)

Datenreduktion (ATRAC)

Adaptive-**T**ransform-**A**coustic-**C**oding:
- Aufteilung in 3 Unterbänder (Subbänder) 0 … 5,5 kHz; 5,5 … 11 kHz; 11 … 22 kHz
- Transformation von anhaltenden Signalen in Blöcken von 11,6 ms
- Transformation von kurzen Impulsen in Blöcken von 2,9 ms (hohe Frequenzen in 1,45 ms)

Anwendung
- Platzsparende Speicherung von Audiodaten (etwa 1/5 der auf der CD verwendeten Daten).
- Beliebig oft Aufnehmen und Wiedergeben.

DAT (Digital Audio Tape)

Bandumschlingung und Kopftrommel

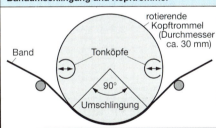

Kenndaten und Merkmale
- Spieldauer: 2 h bis 4 h (Long Play Mode)
- Bandgeschwindigkeit 8,15 mm/s
- Umdrehung der Tonköpfe/s: 1/2000
- Kanäle 2 oder 4
- Abtastfrequenzen: 48; 44,1 oder 32 kHz
- Quantisierung 16 Bit linear oder 12 Bit kompandiert
- DAT-Cassette: 73 x 54 x 10,5 mm
- Kennzeichnung der Spuren durch Frequenzpakete (ATF, Automatic Track Finding, automatisches Spurfinden)
- Spur enthält: 196 Informationsblöcke mit PCM-Daten, Zusatzinformationen (Subcode), Synchrondaten und ATF-Zonen
- Speicherkapazität: etwa 4 x CD
- Unempfindlich gegen mechanische Erschütterungen
- CD-Qualität
- Fehlerkorrektur, Kopierschutz, Preemphasis
- Datenstrom: ca. 2,77 Mbit/s

Schrägspurverfahren und Band

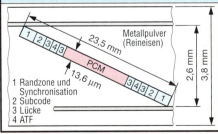

Surround-Sound

Prinzip

- 4 Kanäle bei der Produktion:
  - Links- und Rechts- (Stereo) Kanal;
  - Center-Kanal (Mittenkanal) z.B. für Dialoge, zentrales Geschehen;
  - Surround-Kanal, z.B. für Umgebungsgeräusche, Hintergünde.
- Mischung aller Signale zu einem Stereosignal und einer Übertragung.

Dolby-Pro-Logik-Codierung

- Center-Kanal wird um 3 dB abgesenkt ①.
- Abgesenktes Signal wird zum linken und rechten Kanal gleichphasig hinzuaddiert ②.
- Surround-Signal wird ebenfalls um 3 dB abgesenkt ③.
- Danach folgt eine Bandbegrenzung: 100 Hz … 7 kHz ④.
- Rauschunterdrückung, modifiziertes Dolby-B ⑤.
- Phasendrehung um +90° bzw. −90° (Gesamtdrehung 180°) ⑥.
- Addition zum gesamten Stereosignal L_t u. R_t ⑦.

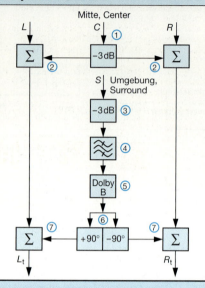

Dolby-Surround-Pro-Logic-Decoder

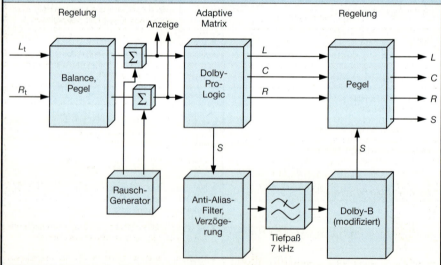

- Surround-Signal wird aus der Differenz $L_t - R_t$ erzeugt. Identische Komponenten des Center-Kanals werden gelöscht.
- Anti-Alias-Filter unterdrückt Störungen durch die digitale Verarbeitung.
- Begrenzung des Surround-Tones auf 7 kHz (entsprechende Lautsprecher).
- Surround-Ton ist ein Mono-Signal.
- Regelung von Balance und Pegel erfolgt durch Signalprozessoren.
- Center-Kanal-Signal entsteht aus der Summe $L_t + R_t$. Gegenphasige Surroundsignale löschen sich aus.
- Regelung der Bässe und Höhen.

Digitale Filter

- Digitale Filter sind Filterschaltungen, die mit digital arbeitenden Schaltungskomponenten aufgebaut sind.
- Werden eingesetzt im Rahmen der digitalen Signalverarbeitung, z. B. bei CD-Playern, Digital-Audio Tape (DAT) oder HDTV (High Definition Television).
- Sind insbesondere bei niedrigen Frequenzen vorteilhaft gegenüber Filtern mit analogen Bauelementen (kleiner u. stabiler).

- Grundformen digitaler Filter werden bezeichnet mit FIR und IIR.
- FIR: Finite Impulse Response (endliche Anzahl von Impulsantworten).
- IIR: Infinite Impulse Response (unendliche Anzahl von Impulsantworten).
- Realisierung mit digitalen Signalprozessoren erlaubt die freie Programmierbarkeit der Filtereigenschaften.

Finite Impulse Response-Filter (FIR)

Blockschaltbild

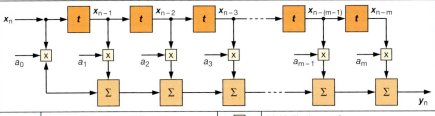

x_n	Eingangssignal zum Zeitpunkt n
x_{n-1}	Eingangssignal zum vorherigen Zeitpunkt
$a_0 \ldots a_m$	Koeffizienten des Filters
y_n	Ausgangssignal zum Zeitpunkt n
x	Multiplikationsstufe
Σ	Additionsstufe
t	Speicherglieder für die Zwischenspeicherung der abgetasteten Eingangssignale (Verzögerungsglied für Abtastperiode)

Funktion

- Am Filtereingang stehen die aktuell abgetasteten digitalen Datenwerte des gewandelten Analogsignals an.
- Mit jedem Abtastschritt werden diese Datenwerte um eine Stufe weitergeschoben.
- Die Ausgänge der Speicherglieder führen zu Multiplikationsstufen, in denen die Multiplikation mit den Filterkoeffizienten stattfindet.
- Ergebnis steht am Ausgang (y_n) als Additionsergebnis der einzelnen Stufen an.
- Filtercharakteristik wird bestimmt durch die Koeffizienten (a) und die Ordnungszahl (m + 1).

- m + 1 bestimmt die erreichbare Dämpfung, aber auch den erforderlichen Rechenaufwand im digitalen Signalprozessor (DSP).

Funktionsgleichung

$$y_n = a_0 x_n + a_1 (x_{n-1}) + a_2 (x_{n-2}) + \ldots + a_{m-1} x_{n-(m-1)} + a_m x_{n-m}$$

Kurzschreibweise: $\quad y_n = \sum_{i=0}^{m} a_i x_{n-i}$

Infinite Impulse Response (IIR)

Blockschaltbild

Funktion

- Jedes Ausgangssignal ist abhängig von den Ausgangssignalen der vorhergehenden Berechnungen.
- Deshalb wird diese Filterform als Infinite-Impulse-Response-Filter bezeichnet.
- IIR-Filter bieten eine hohe Flankensteilheit.
- Stabilität des Filters ist kritisch.

Funktionsgleichung

$$y_n = x_n + a_1 y_{n-1} + a_2 y_{n-2} \ldots a_m y_{n-m}$$

Kurzschreibweise: $\quad y_n = x_n + \sum_{i=1}^{m} a_i y_{n-i}$

Datenkompression (JPEG, MPEG)

Aufgabe/Anwendung

- Datenkompression dient zur Verringerung von digitalen Datenmengen (-volumen).
- Komprimierte Daten sparen Speicherplatz bzw. Übertragungsbandbreite.
- Man unterscheidet verlustlose und verlustbehaftete Reduktionsverfahren.
- Verlustlose Reduktion:
  Die komprimierten Daten können originalgetreu wieder hergestellt werden (z. B. bei Datenspeicherung).
- Verlustbehaftete Reduktion:
  Die komprimierten Daten können nicht wieder originalgetreu hergestellt werden (z. B. bei Audiodaten).
- Datenkompression wird u.a. angewendet bei Fax-, Modem-, Video- und Audioübertragung, Multimediaanwendungen und Datenspeicherung (Datensicherung).

Kompressionsverfahren

Quellencodierung

- Nimmt eine Bewertung der Dateninhalte vor und codiert nach Wichtigkeit der Inhalte.
- Transformationsverfahren sind die Fast-Fourier-Transformation (FFT), die Diskrete-Cosinus-Transformation (DCT) und Vektorquantisierungsverfahren.
- Arbeitet als verlustbehaftetes Verfahren.

Entropie-Codierung [1]

- Betrachtet lediglich den digitalen Datenstrom, ohne die Bedeutung der Dateninhalte zu berücksichtigen.
- Verwendet die Huffman-, die Lauflängen- und die arithmetische Codierung.
- Arbeitet als verlustloses Verfahren.

[1] Entropie: Größe des Nachrichtengehaltes einer Nachrichtenquelle

Standards ISO/IEC

Joint Photographics Expert Group (JPEG)

- Vereinigung von Experten für Fotografie.
- Datenreduktionsverfahren für grauskalierte oder farbige Standbilder, die übertragen oder gespeichert werden sollen.
- Zu codierende Bilder werden in Blöcke (8 x 8 Bildpunkte) aufgeteilt.
- Blöcke werden mittels Diskreter Cosinus-Transformation transformiert und mit Entropieverfahren codiert.
- Erreichbare Reduktionsfaktoren liegen zwischen 6-fach und 10-fach (abhängig vom Bildmaterial).
- Bildaufbauzeiten können durch progressive Übertragung verkürzt werden.

Moving Picture Expert Group (MPEG)

- Expertengruppe für bewegte Bilder.
- Datenkompressionsverfahren für bewegte Bilder und dazugehörenden Ton.
- MPEG-Standards bestehen aus den Teilen
  – System oder Multiplex,
  – Videocodierung,
  – Audiocodierung,
  – Konformitäts-Test.

MPEG I

- Anwendung für bewegte Vollbilddarstellung (farbig oder grauschattiert) von CD-ROM (Videospiele, Video-CD).
- Datenraten bis max. 1,5 Mbit/s.
- Bildgröße max. 352 x 288 Bildpunkte (CIF).
- Bildwechselfrequenz max. 30 Hz.
- Audiocodierung für Mono- und Stereosignal mit Abtastfrequenzen von 32 kHz, 44,1 kHz und 48 kHz.
- Audiosignal wird durch psychoakustisches Modell (bildet Markierungseigenschaften des menschlichen Gehörs nach) quantisiert.

MPEG II

- Erweiterter MPEG I-Standard.
- Anwendung für bewegte Bilder mit Zwischenzeilenverfahren (Digitale Fernsehübertragung).
- Skalierbare Codiermöglichkeiten (Profile) für Basisqualität und verbesserte Bildqualität.
- Farbformat und Helligkeitsauflösung (8 Bit oder 10 Bit) wählbar.
- Datenraten bis zu 100 Mbit/s.
- Audiocodierung erweitert auf Mehrkanalton (multi channel sound).
- Audiocodierung zusätzlich mit 16 kHz, 22,05 kHz und 24 kHz.
- Unterstützt die digitale Übertragung über Satellit, Kabel oder terrestrische Kanäle durch entsprechende Verfahren bei der Zusammenführung von Audio-, Video-, Zusatz- und privaten Daten (Multiplexverfahren).

Hauptprofil-Parameter

Auflösung \ Parameter	Bildgröße (Bildpunkte)	Vollbildrate in Hz	Datenrate in Mbit/s
Low (CIF) [1]	352 x 288	30	4
MAIN (CCIR 601)	720 x 567	30	15
High 1440 (HDTV 4:3)	1440 x 1152	60	60
High (HDTV 16:9)	1920 x 1152	60	80

Low: niedrig; Main: hauptsächlich
High: hoch; HDTV: High Definition Television
Anmerkung: Die Chrominanzauflösung ist in horizontaler und vertikaler Richtung gleich der halben Luminanzauflösung (4:2:0).

[1] CIF: Common Interchange Format (Standardaustauschformat)

Kryptografie

Aufgaben

Kryptografische Verfahren dienen zur Verschlüsselung von Daten und Informationen und schützen diese gegen den Verlust von
- Verfügbarkeit (Vorenthalten von Informationen oder Beeinträchtigung von Funktionen),
- Vertraulichkeit (unbefugte Kenntnisnahme),
- Echtheit (Vortäuschen einer falschen Identität),
- Unversehrtheit (Verändern der Daten durch Manipulation),
- Verbindlichkeit (Nichterfüllen einer Zusage oder Anweisung).

Anwendung

Kryptografische Verfahren sind Bestandteil der Datensicherheit im Rahmen der Informationssicherheit und werden angewendet bei z. B.
- Datenübertragung über öffentliche und private Rechnernetze.
- Speicherung von Daten (auf Festplatten).
- Sprachkommunikation (z.B. GSM-Netze).
- Schutz von Endgeräten (PC-Servern, PC's gegen unerlaubte Zugriffe).
- Multi-Media-Kommunikation.
- Chipkarten.

Verschlüsselungsverfahren

Symmetrische Verschlüsselung

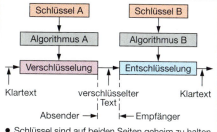

- Schlüssel sind auf beiden Seiten geheim zu halten (secret-key-Methode).
- Schlüssel A und Schlüssel B sind identisch.
- Algorithmen zum Ver-/Entschlüsseln sind identisch und umkehrbar.
- Anwendung findet der Data Encryption Standard (DES); veröffentlicht vom NBS (National Bureau of Standards, Amerika).
- Angewendet bei Banken und Versicherungen.

Unsymmetrische Verschlüsselung

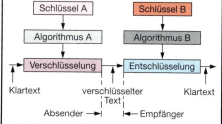

- Schlüssel A ist öffentlich.
- Schlüssel B ist geheim.
- Algorithmus A ist verschieden von Algorithmus B.
- Verfahren wird als public-key-System bezeichnet.
- Anwendung findet das RSA-Verfahren (benannt nach den Erfindern Rivest, Shamir und Adleman).

Data Encryption Standard (DES)

Funktionsprinzip

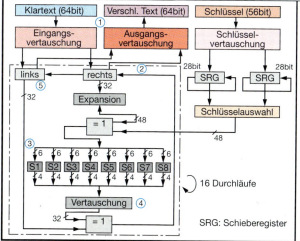

- DES verwendet 16 Durchläufe für Verschlüsselung der 64bit Klartext.
- ① Vertauschen der Ein-/Ausgangsbits an festgelegte Bitpositionen.
- ② Rechter Teilblock wird auf 48bit erweitert u. mit Teilschlüssel Exclusiv-Oder verknüpft.
- ③ Datenblock wird in acht 6bit breite Teilblöcke zerlegt und an S1 bis S8 gelegt. Die 6bit dienen als Adresse der 4bit breiten Datenblöcke in S1 bis S8.
- ④ Vertauschen des 32bit Datenblocks und Exclusiv-Oder verknüpfen mit dem linken Teil des Klartextes ergibt neuen rechten Teilblock des verschlüsselten Textes.
- ⑤ Rechter Teilblock wird zum neuen linken Teilblock.

SRG: Schieberegister

Alarmanlagen

DIN VDE 0833 T.1/01.89

Kurzzeichen	Bezeichnung	Erklärung
GMA	Gefahrenmeldeanlagen	Fernmeldeanlagen zum Melden von Gefahren für Personen und Sachen
BMA	Brandmeldeanlagen	Gefahrenmeldeanlagen zum direkten Hilferuf bei Brandgefahren und Erkennung von Bränden
EMA	Einbruchmeldeanlagen	Gefahrenmeldeanlagen zum automatischen Überwachen von Gegenständen und Anlagen
ÜMA	Überfallmeldeanlagen	Gefahrenmeldeanlagen zum direkten Hilferuf bei Einbruch
ÜAG	Übertragungsanlagen	Gefahrenmeldeanlagen zum Aufnehmen und Übertragen von Meldungen aus BMA, EMA ÜMA

Brandmeldeanlagen

Prinzip

- **Stromverstärkung,** d. h. Verstärkung des Linienstromes (Ruhestrom) beim Zuschalten von maximal 20 parallel geschalteter Melder.
- **Stromschwächung,** d. h. Schwächung des Linienstromes (Ruhestrom) beim Abschalten von maximal 20 in Reihe geschalteter Melder.
- **Pulsmeldung,** d. h. zeitgetaktete Abfrage von maximal 30 parallel geschalteter Melder auf ihre Zustandsänderung bei Störung.

Einbruchmeldeanlagen

Installationsschema für konventionelle Anlage

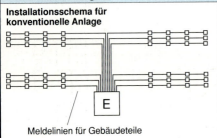

Meldelinien für Gebäudeteile

Anlage mit DAM-Technik

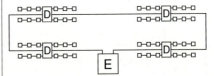

D: Digitales-Adress-Modul (DAM) (Meldung über 2adrige Leitung)
E: Einbruchmeldezentrale   □ : Kontakte/Melder

Kenndaten

- Betriebsspannung, 230 V/12 V; 2 A
- Leitung für Melder, IY (ST) Y 4 · 2 · 0,6
- Notstromversorgung, 2 · 12 V DC/10 Ah

Melderarten

- Bewegungsmelder
- Glasbruchmelder
- Körperschallmelder
- Riegelschaltkontakte
- Magnetkontakt
- Ultraschallmelder
- Überfallmelder

Uhrenanlagen

Blockschaltbild

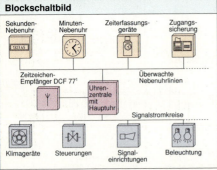

Anwendung

- **Funkführung der Hauptuhr** über DCF 77-Empfang mit Anzeige von Uhrzeit, Datum und Wochentag; automatische Sommer-/Winterzeit-Umschaltung.

- **Uhrenlinien** (Minuten- und Sekundenbetrieb) für Nebenuhren, Zeiterfassungsgeräte, Signaleinrichtungen, Synchronisiereinrichtungen für Rechnersysteme und Hauptuhren

- **Arten von Nebenuhren:** analog und digital anzeigende Nebenuhren für verschiedene Raumarten, z. B. trockene und feuchte Räume, Anlagen im Freien

[1] Zeitzeichensender der Physikal.-Techn. Bundesanstalt Braunschweig

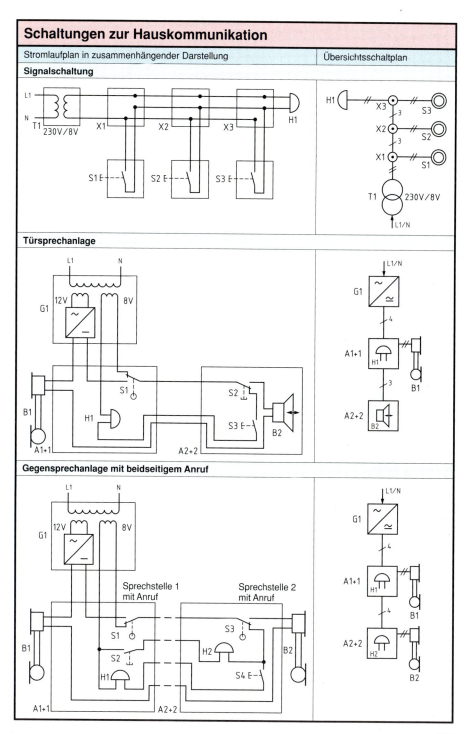

Schaltungen zur Hauskommunikation

Wecker- und Türöffneranlage

Türsprech- und Türöffneranlage

Haussprechanlagen

Zentralanlage

- Gegensprechen zwischen dem Teilnehmer der Zentrale HT und einem weiteren Teilnehmer HT1.1, HT1.2, HT1.3 usw.
- Gegenseitiges Anrufen und Sprechen der Teilnehmer HT1.1, HT1.2, HT1.3 usw. nicht möglich.
- Keine Mithörsperre, d. h. es besteht Mithör- und Mitsprechmöglichkeit für jeden der nicht angerufenen Teilnehmer.

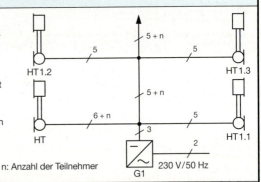

n: Anzahl der Teilnehmer

Linienanlage

- Gegensprechen zwischen dem Teilnehmer einer Zentrale HT1 und HT2 mit den weiteren Teilnehmern HT1.1, HT1.2, HT1.3 usw.
- Gegenseitiges Anrufen und Sprechen aller Teilnehmer untereinander möglich.
- Keine Mithörsperre für Gespräche aller Teilnehmer.

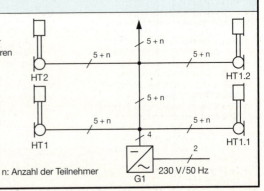

n: Anzahl der Teilnehmer

Hauskommunikationsanlagen

Anlage mit einem Telefon je Wohneinheit

- Modernisierung von Altbauten (adernsparende Anlage).
- Anschluß eines Haustelefons je Wohneinheit anstelle der vorhandenen Türöffnertaste oder Klingel.
- Ergänzung zusätzlicher Adern zwischen Steuergerät und Türstation je nach Teilnehmerzahl.
- Sprechverbindung zwischen Haustelefon und Türstation mit Lautstärkeregelung.
- Mithörsperre bei aufgebauter Sprechverbindung.

n: Anzahl der Teilnehmer; e: Leitung für Etagenruf

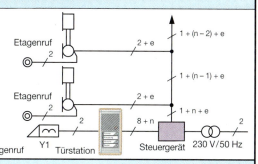

Anlage mit zwei Telefonen je Wohneinheit

- Nutzung vorhandener Leitungen für Klingel und Türöffner (Altbau-Installation).
- Ergänzung zusätzlicher Adern zwischen Steuergerät und Türstation je nach Teilnehmerzahl.
- Parallelanschluß eines zweiten Telefons je Wohneinheit.
- Elektronische Sprachsteuerung und einstellbare Lautstärkeregelung über Steuergerät.
- Mithörsperre bei aufgebauter Sprechverbindung.

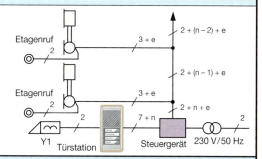

Video-Anlage

- Optische Kontrolle der Eingangstür mit Video-Kamera und Video-Hausstation.
- Einschalten der Kamera und Aktivierung der Haussprechstelle mit einem Klingeltaster an der Türstation.
- Überwachung der Eingangstür durch die Kamera auch unabhängig vom Rufsignal möglich.
- Kombination der Video-Hausstation mit einer Sprechanlage.
- Wetterfeste Außenkamera mit thermostatgesteuerter Heizung, Sonnendach und Infrarotfilter.

Nebenstellenanlage mit Haustelefon

- Türsprechanlage in Kombination mit privater Nebenstellenanlage.
- Anschluß von Funktelefon, Telefax, Modem und Anrufbeantworter.
- Interne und externe Gespräche von jedem Gerät möglich.
- Türfreispracheinrichtung, d. h. bei einer bestehenden Sprechverbindung können beide Teilnehmer ohne Betätigung einer Taste sprechen.
- Verstärker-Netzgerät mit elektronischer Sprachsteuerung.
- Betätigung des Türöffners über ein codiertes Signal.

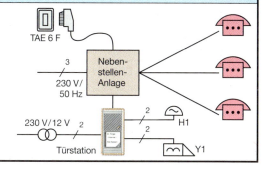

Melde- und Signaltechnik

Melde- und Signaltechnik

Gefahrenmeldetechnik	Straßenverkehrssignaltechnik	Zeitdiensttechnik	Lichtruftechnik
Erkennen von Gefahren für Personen und Sachen und zur Schadensabwehr	Steuern und Leiten des Individualverkehrs für flüssigen Verkehrsablauf	Angabe und Verteilung von Normalzeiten	Optische Signalisierung von Informationen und Herbeirufen von Hilfe

Gefahrenmeldeanlagen

Einteilung

Gefahrenmeldeanlagen (GMA)
- Brandmeldeanlagen (BMA)
- Einbruchmeldeanlagen (EMA)
- Überfallmeldeanlagen (ÜMA)

- Gefahrenmeldeanlagen Klasse I erfassen Störungen und Eingriffe, die sich wie betriebliche Störungen auswirken.
- Gefahrenmeldeanlagen der Klasse II erfüllen die Anforderungen der Klasse I mit dem Zusatz, daß das Verhindern von Meldungen selbst zu einer Meldung führt.

Aufbau

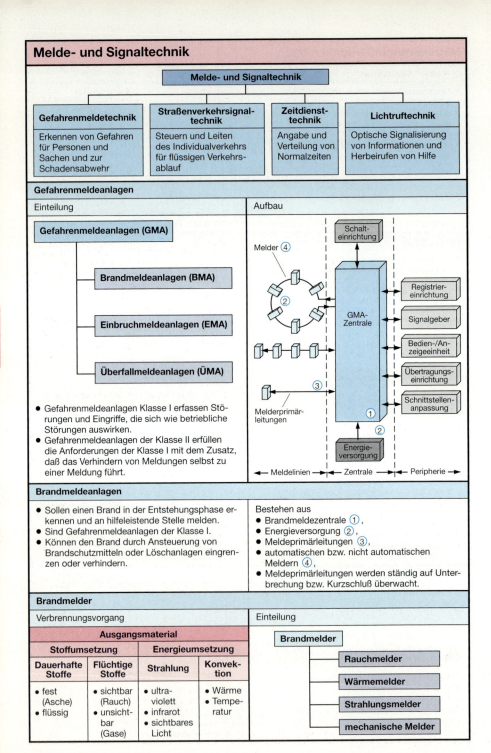

Brandmeldeanlagen

- Sollen einen Brand in der Entstehungsphase erkennen und an hilfeleistende Stelle melden.
- Sind Gefahrenmeldeanlagen der Klasse I.
- Können den Brand durch Ansteuerung von Brandschutzmitteln oder Löschanlagen eingrenzen oder verhindern.

Bestehen aus
- Brandmeldezentrale ①,
- Energieversorgung ②,
- Meldeprimärleitungen ③,
- automatischen bzw. nicht automatischen Meldern ④,
- Meldeprimärleitungen werden ständig auf Unterbrechung bzw. Kurzschluß überwacht.

Brandmelder

Verbrennungsvorgang

Ausgangsmaterial			
Stoffumsetzung		Energieumsetzung	
Dauerhafte Stoffe	Flüchtige Stoffe	Strahlung	Konvektion
• fest (Asche) • flüssig	• sichtbar (Rauch) • unsichtbar (Gase)	• ultraviolett • infrarot • sichtbares Licht	• Wärme • Temperatur

Einteilung

Brandmelder
- Rauchmelder
- Wärmemelder
- Strahlungsmelder
- mechanische Melder

Brandmeldeanlagen

Optischer Rauchmelder

Ruhezustand	Alarmzustand
Labyrinthkammer Lichtquelle Lichtempfänger Lichtempfänger wird nicht bestrahlt	Labyrinthkammer Lichtquelle Lichtempfänger Rauchpartikel Streulicht fällt auf den Empfänger

Ionisationsmelder

Ruhezustand	Alarmzustand
radioaktives Präparat E_1 U_B Ionen E_2 $I_1 \rightarrow$ I_1 = Meßkammerstrom im Ruhezustand; Ionen sind frei beweglich	radioaktives Präparat E_1 U_B Ionen E_2 $I_2 \rightarrow$ I_2 = Verminderter Meßkammerstrom durch das Eindringen von Rauchaerosolen; Ionen können sich nicht bewegen

Schaltung (Optischer Rauchmelder)

① Impulsgenerator (zyklisch angeschaltet)
② Empfangsverstärker
③ Schwellwerterkennung
④ Ausgaberelais
⑤ Einstellwiderstand für Ansprechschwelle

Schaltung (Ionisationsmelder)

Einkammer-Ionisationsmelder

① Meßkammer
② Analog-/Digitalwandler (Pulsbreite ändert sich mit Rauchdichte.)
③ Pulsbreitenüberwachung
④ Ausgaberelais

Flammenmelder

- Werden eingesetzt, wenn bei Verbrennungsvorgang kein Rauch entsteht (z. B. bei Mineralölprodukten).
- Ultraviolett-Melder ist auf UV-Strahlung offener Flammen (150 nm…220 nm) abgestimmt.
- Ultraviolett-Melder können keine Flammen hinter Glasscheiben erkennen.
- Infrarotmelder verwendet pyroelektrischen (pyro: wärmeabhängig) Sensor.
- Infrarotmelder erkennt Strahlung im Bereich von 4000 nm…5000 nm.

Schaltung

① Sensorelement (pyroelektrisch)
② Empfangsverstärker
③ Spitzenwertgleichrichtung
④ Bandpaß (filtert Flammenbewegung aus)
⑤ Schwellwerterkennung
⑥ Pulsbreitenüberwachung/-auswertung

Wärmemelder

- Einsatz dort, wo bei Verbrennungsvorgang mit hoher Verschmutzung oder schnellem Temperaturanstieg zu rechnen ist.
- Bei Maximalmelder wird entweder Bimetallschalter oder Heißleiter als Sensorelelement eingesetzt.
- Maximalmelder löst bei festgelegter Umgebungstemperatur aus.
- Differential-Maximalmelder wertet sowohl maximale Temperatur als auch Temperaturanstieg pro Zeiteinheit aus.

Schaltung

① Meßheißleiter
② Vergleichsheißleiter
③ Bimetallschalter
④ Verstärker
⑤ Schwellwerterkennung

Brandmeldeanlagen

Leitungsarten/Verlegearten

Verwendung	Zulässige Leitungsart (Benennung)	Zulässige Verlegungsart				Verwendung	Zulässige Leitungsart (Benennung)	Zulässige Verlegungsart			
		A	B	C	D			A	B	C	D
alle Meldertypen	J-Y(ST)Y 1 x 2 x 0,8 J-Y(ST)Y 2 x 2 x 0,8	X X	X X	X X		Verlegung im Erdreich	A-2Y(L)2Y 2 x 2 x 0,8	X	X	X	X
Hängemontage - ohne zus. MAZ - mit zus. MAZ	JE-LiYCY 2 x 2 x 0,5 mm² L-YCY 6 x 1 x 0,5 mm²					Leitungen für die Anschaltung von: - Betriebseinrichtungen - Brandschutzeinrichtugen - Alarmierungseinrichtungen	J-Y(ST)Y n x 2 x 0,8 A-2Y(L)2Y n x 2 x 0,8 NYM-O 2 x 1,5 mm² NYM-J 3 x 1,5 mm² NYY-J 3 x 1,5 mm²	X X X X X	X X X X X	X X X X X	 X X X
Ex-Bereiche ab Ex-Linienkoppler	JE-Y(ST)Y 2 x 2 x 0,8	X	(X	(X							
extrem ungünstige Einsatzfälle, z. B. starke HF-Felder	JE-Li YCY 2 x 2 x 0,5 mm²	X	X	X		Auslöseleitung der ÜE (Übertragungseinrichtung)	NYM-J n x 1,5 mm²	X X	X X	X X	
extrem ungünstige Einsatzfälle, z. B. starke elektromagnetische und/oder HF-Felder	J-02YCY 1 x 2 x 0,6 PIMF (H60)	X	X	X	X	Netzzuleitung	NYM-J 3 x 1,5 mm²	X	X	X	
						Batteriezuleitung (Mindest mm² bei ext. Batterie)	NYM-J 3 x 2,5 mm² H07V-U 2,5 mm² NYY-O 2 x 2,5 mm²	X X	X X	X X X	 X
Sammelleitungen f. - alle Meldertypen - Verbindungsleitungen zu Paralleltableau	J-Y(ST)Y n x 2 x 0,8 A-2Y(L)2Y n x 2 x 0,8	X X X X	X X X X	X X X X	 X	Erdanschluß (Fundamenterder mind. 4 mm²)	H07V-U 4 mm²			X	

A) Auf Putz in trockenen und feuchten Räumen
B) Unter Putz in trockenen und feuchten Räumen
C) Eingezogen in Rohr, verlegt nach A) oder B)
D) Im Erdreich

(X: VDE 0165 beachten)

Installationskabel J-Y(ST)Y n x 2 x 0,8

Aufbau

- Cu-Leiter, blank, ø 0,8 mm, PVC-Isolierhülle
- 2 Adern rt/sw zum Paar verseilt
- Kunststoff-Folie
- Metallfolie mit blankem Beidraht (ø 0,5 mm)
- PVC-Mantel, grau oder rot, Wanddicke 1 mm
- Bedruckt mit Aufschrift BRANDMELDEKABEL

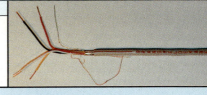

Elektrische Eigenschaften (bei 20° C)

Leiterwiderstand der Schleife max.	73,2 Ω/km	Betriebsspannung max.	300 V_{ss}
Isolationswiderstand mind.	100 MΩ/km	Mechanische und thermische Eigenschaften	gem. VDE 0815
Betriebskapazität bei 800 Hz max.	100 nF/km	Zulässiger Temperaturbereich	
		Verlegung	−5° C ... +50° C
Prüfspannung Ader/Ader	800 V_{eff}	Lagerung	bis +70° C

Leitungsführung

Melderanschluß

zulässig

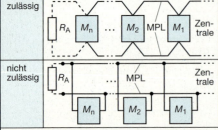

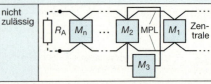

- Ankommende Kabel sind besonders zu kennzeichnen.
- Verlängerung der MDL mit Würge- oder Klemmverbindungen ist nicht zulässig.
- Spannungsfestigkeit (2,5 kV) zu Starkstromleitungen ist einzuhalten.

R_A: Abschlußwiderstand; $M_1 ... M_n$: Melder; MPL: Melderprimärleitung

5 Telekommunikation

CCITT-Empfehlungen 234
Analoges Fernsprechnetz 236
Installation von Telekommunika-
  tions-Anschlußeinheiten (TAE) . . 237
Telekommunikations-Anschluß-
  einheiten (TAE) 237
Anschlußleitungen 238
Fernsprechanschluß-
  dosen (ADo) 239
Anschlußadapter 239
Western-Modular-Technik 239
ISDN-Anschlußeinheiten 239
Vermittlungstechnik 240
Kommunikations-Dienste und
  Datenübertragung in öffentlichen
  Netzen 242
Textkommunikations-Dienste in
  öffentlichen Netzen 243
Datenkommunikation über das
  Telefonnetz 244
Modem nach CCITT V.22bis 245
Modemanschaltung an Telefon-
  netz 246
Modemsteuerung 247
ISDN (Integrated Services Digital
  Network) 248
LAN (Local Area Network) 249
Aufbau lokaler Netzwerke 250
OSI-Referenzmodell 251
Begriffe aus der LAN-Technik 252
Signalcodierung für Basisband-
  übertragung 255
Empfang über Satelliten 256
Satellitenantennen für
  Direktempfang 257
Satelliten-Standorte 258
Mobilkommunikation 259
Mobilfunk-Dienste 260
Global-System for Mobile
  Communication (GSM) 261

CCITT-Empfehlungen

CCITT-Empfehlungen (**C**omite **C**onsultatif **I**nternationale des **T**élégraphique et **T**éléphonique)

- dienen zur herstellerunabhängigen Kommunikation zwischen Systemen,
- werden in Serien zusammengefaßt,
- sind keine Dienstvorschriften für die nationalen Post- und Fernmeldeverwaltungen,
- werden in der Regel in den Dienstvorschriften berücksichtigt.

In der CCITT sind die meisten nationalen Post- und Fernmeldeverwaltungen vertreten.

CCITT-Serien

Serie	Inhalt	Serie	Inhalt
A	Organisation der Arbeit der CCITT	N	Unterhaltung von Ton- und Fernsehübertragungswegen
B	Ausdrucksmittel (Definitionen, Vokabular, Symbole, Klassifizierung)	O	Eigenschaften von Meßgeräten
C	Statistiken	P	Fernsprechübertragungsgüte, Teilnehmereinrichtungen und Fernsprechortsnetze
D	Vermietung internationaler Fernmeldewege		
E	Fernsprechbetrieb, Tarife	Q	Fernsprech-Zeichengabe, Fernsprechvermittlung
F	Telegrafenbetrieb, Tarife		
G	Fernsprechübertragung über drahtgebundene Verbindungen, Satelliten- und Funkverbindungen	R	Telegrafenkanäle
		S	Apparate der alphabetischen Telegrafie
H	Einsatz von Leitungen für Telegrafie (einschließlich Bildtelegrafie)	T	Faksimileapparate und Telematikprotokolle
		U	Telegrafievermittlung
I	Diensteintegrierende Netze (ISDN)	V	Datenübertragung über das Fernsprechnetz
J	Ton- und Fernsehübertragung		
K	Schutz gegen Störungen	X	Datenübertragung über öffentliche Datenübermittlungsnetze
L	Schutz gegen Korrosion		
M	Unterhaltung von Fernsprechleitungen und Trägerfrequenzsystemen	Z	Programmiersprachen für rechnergesteuerte Vermittlungen

Empfehlungen der V-Serie (Datenübertragung über das Telefonnetz)

V.1... V.7	Grundlagen und allgemeine Festlegungen	V.50... V.57	Übertragungsqualität und Unterhaltung
V.10... V.32	Schnittstellen und Modems im Fernsprechband	V.100	Verknüpfung von öffentlichen Daten- und Telefonnetzen
V.35... V.37	Breitbandmodems	V.110	Unterstützung von Datenendeinrichtungen mit V-Schnittstellen durch ein ISDN
V.40... V.41	Fehlersicherung		

Beispiele einzelner Empfehlungen

V.1	Äquivalenz zwischen den Binärzeichen 0 und 1 und den Kennzuständen eines Zwei-Zustands-Codes	V.22	Duplex-Modem mit 1200 bit/s zur Benutzung im öffentlichen Telefonwählnetz und auf festgeschalteten Zweidrahtleitungen
V.2	Leistungspegel für Datenübertragung über Fernsprechleitungen	V.24	Liste der Definitionen der Schnittstellenleitungen zwischen Datenend- und Datenübertragungseinrichtungen
V.5	Normierung der Übertragungsgeschwindigkeit für synchrone Datenübertragung über das öffentliche Telefonwählnetz		
		V.26 bis	Modem mit 2400/1200 bit/s zur Benutzung im öffentlichen Telefonwählnetz
V.15	Anwendung von akustischer Kopplung für die Datenübertragung		
V.21	Modem mit 300 bit/s zur Benutzung im öffentlichen Telefonwählnetz	V.28	Elektrische Eigenschaften für unsymmetrische Doppelstrom-Schnittstellenleitungen

CCITT-Empfehlungen

Beispiele einzelner Empfehlungen der V-Serie

V.29	Modem mit einer Übertragungsgeschwindigkeit von 9600 bit/s zur Benutzung auf festgeschalteten Leitungen.	V.35	Datenübertragung mit 48 kbit/s über Primärgruppenleitungen im Bereich von 60 bis 108 kHz.
V.31 bis V.32	Elektrische Eigenschaften für Einfachstrom-Schnittstellen mit Optokopplern.	V.41	Vom Code unabhängiges System des Fehlerschutzes.
	Familie von Zweidraht-Duplex-Modems mit einer Übertragungsgeschwindigkeit bis 9600 bit/s im öffentlichen Telefonwählnetz und auf festgeschalteten Leitungen.	V.52	Kennwerte für Verzerrungs- und Fehlerratenmeßgeräte für Datenübertragung.
		V.54	Schleifenschaltung für Modems.

Empfehlungen der X-Serie (Datenübermittlungsnetze)

X.1... X.4	Dienste und Leistungsmerkmale in Datennetzen.	X.200... X.229	OSI-Modell, Dienste und Protokolle.
X.20... X.32	Schnittstellen in Datennetzen.	X.300... X.330	Zusammenarbeit von verschiedenen Netzen.
X.40... X.87	Übertragung, Kennzeichengabe und Vermittlung in Datennetzen.	X.400... X.430	Nachrichten Behandlungs-Systeme.
X.92... X.141	Netzaspekte in Datennetzen.		

Beispiele einzelner Empfehlungen

X.1	Internationale Klassen für Benutzer in öffentlichen Datennetzen.	X.26	Elektrische Eigenschaften für unsymmetrische Doppelstrom-Schnittstellenleitungen zur allgemeinen Benutzung mit integrierten Schaltkreisen.
X.2	Internationale- und Leistungsmerkmale für Benutzer in öffentlichen und ISDN-basierenden Netzen.		
X.4	Allgemeine Struktur von Signalen, die nach dem internationalen Alphabet Nr. 5 codiert sind und zur Übertragung in öffentlichen Datennetzen verwendet wird (entspricht im wesentlichen der Empfehlung V.4).	X.28	Schnittstelle zwischen Datenend- und Datenübertragungseinrichtung für eine Start-Stop-Datenendeinrichtung, die eine Paketierungs-/Depaketierungs-Einrichtung (PAD) eines öffentlichen Datennetzes im selben Land erreicht.
X.20	Schnittstelle zwischen Datenendeinrichtung (DEE) und Datenübertragungseinrichtung (DÜE) für Start-Stop-Verfahren in öffentlichen Datennetzen.	X.81	Austausch von Benutzer- und Kontrollinformationen zwischen einem ISDN-Netz und einem leitungsvermittelnden öffentlichen Datennetz (Telefon).
X.20 bis	Betrieb von Datenendeinrichtungen, die für den Anschluß an asynchrone Modems der V.-Serie konzipiert sind zur Anwendung in öffentlichen Datennetzen.	X.121	Internationaler Nummerierungsplan für öffentliche Datennetze.
X.21	Schnittstelle zwischen Datenendeinrichtung und Datenübertragungseinrichtung für Synchronverfahren zur Anwendung in öffentlichen Datennetzen.	X.130	Vorläufige Vorgaben für die Dauer des Aufbaus und des Abbaus von Verbindungen in öffentlichen synchronen Datennetzen mit Leitungsvermittlung.
X.21 bis	Betrieb von Datenendeinrichtungen, die für den Anschluß an synchrone Modems der V.-Serie konzipiert sind in öffentlichen Datennetzen.	X.136	Definition leistungsrelevanter Werte hinsichtlich Genauigkeit und Verläßlichkeit von Diensten in internationalen paketvermittelnden Datennetzen.
X.25	Schnittstelle zwischen Datenendeinrichtung und Datenübertragungseinrichtung für Endeinrichtungen, die im Paketmodus in öffentlichen Netzen arbeiten. (Hier werden u. a. die Eigenschaften der DEE/DÜE-Schnittstelle, die Zugriffsprozeduren und der Paketierungs-Modus beschrieben.)	X.140	Definition von Parametern, die für die Dienstqualität in öffentlichen Datennetzen relevant sind (z. B. die zugelassene Fehlerrate in Abhängigkeit von der Übertragungsgeschwindigkeit).

Analoges Telefonnetz

Elemente des Fernsprechnetzes

Wählnetz, die Verbindung zwischen den Teilnehmern erfolgt durch Wählvorgang.

Vermittlungseinrichtung übernimmt Auf- und Abbau der Verbindung und erfaßt Gebühren; besteht aus mechanisch arbeitenden Motordrehwählern oder rechnergesteuerten Systemen.

Endeinrichtungen sind Fernsprechapparate mit Impulswahl oder Mehrfrequenzwahl (Nebenstellenanlagen), steuern die Vermittlungseinrichtung, signalisieren ankommende Rufe, setzen akustische in elektrische Signale und umgekehrt um.

Übertragungseinrichtungen sind Leitungen zwischen den Endgeräten und der jeweiligen Vermittlung, Leitungen (Kupfer oder Glasfaser) zwischen den Vermittlungen, Richtfunkstrecken oder Satellitenverbindungen.

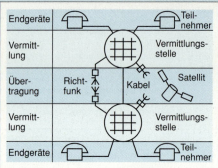

Endgeräte können auch Modem sein

Struktur des Fernsprechnetzes

Hierarchisch aufgeteilt in vier Netzebenen:
- **ZVSt:** Zentralvermittlungsstelle
- **HVSt:** Hauptvermittlungsstelle
- **KVSt:** Knotenvermittlungsstelle
- **EVSt:** Endvermittlungsstelle

EVSt wickeln Verkehr zwischen Teilnehmer und Netz ab.

ZVSt, HVSt und KVSt übernehmen Durchgangs- und Weitverkehrsvermittlung.

Verbindungen sternförmig zwischen EVSt/KVSt und KVSt/HVSt.

Verbindungen stern- und maschenförmig zwischen HVSt/HVSt und HVSt/ZVSt.

Verbindungen maschenförmig zwischen ZVSt/ZVSt.

- ZVStn in Düsseldorf (02...), Berlin (03...), Hamburg (04...), Hannover (05...), Frankfurt (06...), Stuttgart (07...), München (08...), Nürnberg (09...),
- Auslandsverbindungen über Kopfvermittlungsstelle Frankfurt am Main (00...).

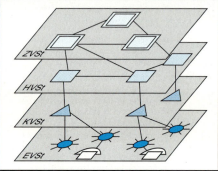

Zuordnung von Vermittlungsstellen zu Ortsnetzkennzahl

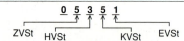

Fernsprechapparat

Bauformen mit **Wählscheibe** oder **Tastenblock**.

Wählverfahren mit Impulsen, Mehrfrequenz oder Dioden-Verfahren.

Gabelumschalter dient zum Einleiten oder Aufheben der Verbindung.

Wählscheibe sendet Impulse über nsi (Nummernschalter-Impuls-Kontakt) bei Rücklauf der aufgezogenen Scheibe.

Kontakt **nsr** (Nummernschalter-Ruhekontakt) unterdrückt die letzten zwei Impulse.

Kontakt **nsa** (Nummernschalter-Arbeitskontakt) schließt elektroakustischen Teil während der Wahl kurz.

Weckerschaltung empfängt Wechselstromimpulse bei ankommendem Ruf (75 V~, 25 Hz).

Anschaltung an Telefonnetz über **Anschlußpunkte a** und **b**.

Schaltung

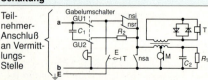

Erdtaste E: nur bei Nebenstellenanlagen

Wählablauf für Ziffer 4

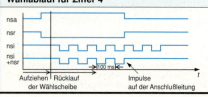

Installation von Telekommunikations-Anschlußeinheiten (TAE)

Zuständigkeitsbereiche

Wohnungsinstallation (nur zugelassene Geräte anschließen)

Ortsvermittlungsstelle — Endverzweiger im Haus

Zuständig: Telekom | Zuständig: Telekom oder zugelassener Personenkreis (Tabelle)

Telekommunikations-Anschlußeinheiten (TAE)   DIN 41 715 T.1, T.2/01.86

Dosenart[1]	Innenschaltung	Steckercodierung	Anwendung
TAE 4F	L_a L_b W E 1 2 3 4	F	Steckbarer Anschluß eines Fernsprechapparates.
TAE 6F	L_a L_b W E b_2 a_2 [2] 1 2 3 4 5 6	F	Steckbarer Anschluß eines Fernsprechapparates (F). Steckbarer Anschluß einer Zusatzeinrichtung (N). auch mit Codierung N erhältlich
TAE 6/6 F/F	Asl_1 [2] L_a L_b W E b_2 a_2 1 2 3 4 5 6 a_2 b_2 E W L_b L_a Asl_2	F/F	Steckbarer Anschluß von zwei Fernsprechapparaten (mit Durchschaltkontakten).
TAE 2 x 6 NF	L_a L_b W E b_2 a_2 [2] 1 2 3 4 5 6 N F	N/F	Steckbarer Anschluß einer Datenendeinrichtung (N, z. B. Modem) in Reihenschaltung mit einem Fernsprechapparat (F).

L_a: Amtsleitung a; L_b: Amtsleitung b;   W: Anschluß für Rufweiterleitung (2. Wecker);   E: Erdung; a_2: geschaltete Amtsleitung a; b_2: geschaltete Amtsleitung b;   F: Codierung für Fernsprechen;   N: Codierung für Nicht-Fernsprechen
[1] Bauformen für Aufputz-, Unterputz- und Kombinations-Installation
[2] Kontakte öffnen beim Einstecken des Steckers

Telekommunikations-Anschlußeinheiten (TAE)

DIN 41 715 T.1, T.2/01.86

Dosenart[1]	Innenschaltung	Steckercodierung	Anwendung
TAE 3 x 6 NFN	L_a L_b W E b_2 a_2 [2]	N/F/N	Steckbarer Anschluß einer Zusatzeinrichtung (N) und einer weiteren Zusatzeinrichtung (N) in Reihenschaltung mit einem Fernsprechapparat (F).
TAE 2 x 6/6 NF/F	L_a L_b W E b_2 a_2 [2]	N/F/F	Steckbarer Anschluß einer Zusatzeinrichtung (N) in Reihenschaltung mit Fernsprechapparat (F) und zusätzliche Einzelanschaltung eines Fernsprechapparates (F).

[1] Bauformen für Aufputz-, Unterputz- und Kombinations-Installation
[2] Kontakte öffnen beim Einstecken des Steckers

Anschlußleitungen

Aufbau	Steckerbelegung	Codierung	Anwendung
TAE 4F1-S/AS4	4 ge — gn 3 5 — br 2 6 — ws 1	F	Anschluß eines Fernsprechapparates an 4- oder 6-polige TAE-Anschlußeinheiten.
TAE 5N1-S/FKS4B9	4 ge — 3 5(br) — br 2 6 gn — ws 1	N	Anschluß der BTX-Anschalterbox D-BT 03 an 6-polige TAE-Anschlußeinheiten. Kontakte 2 und 5 überbrückt.
TAE 6F1/AS7	4 ge — gn 3 5 gr — br 2 6 rs — ws 1	F auch mit Codierung N erhältlich	Anschluß von Fernsprechapparaten oder Endgeräten an 6-polige TAE-Anschlußeinheiten.

Fernsprech-Anschlußdosen (ADo)

Dosenart	Innenschaltung	Codierung	Anwendung
ADo 4	L_a II–I, 1–8, 2–7 W, L_b 3–6, 4–5 E, III–IV	A-A	Steckbarer Anschluß von Fernsprechapparaten. Schlüsselstellung nicht veränderbar. Ein Öffnerkontakt für a-Ader.
ADo 8E	L_a II–I a_2, 1–8, E 2–7 W, 3–6, L_b 4–5 b_2, III–IV	A-A; Schlüsselplatten in 45°-Schritten verstellbar.	Steckbarer Anschluß von Fernsprechapparaten mit Durchschaltung der Sprechadern. Anschluß von Zusatzeinrichtungen wie Telefax, Fernschreib- und Datenübertragungseinrichtungen.

Anschlußadapter

TAE 6N1-S/ADo K8	ADo K8: 1,2,3,4,5,6,7,8 — TAE 6N: 1,4,2,5,3,6	N / N	Adapter zum Anschluß von Zusatzeinrichtungen mit Stecker ADo S8 an TAE-Anschlußeinheit. ADo-Kupplung ohne Schlüsselstellung.
ADo S4-TAE 4F	ADo S4: 1,3,5,7 — TAE 4F: 1,2,4,3	A-A	Adapter zum Anschluß eines 4-poligen TAE-Steckers (F) an ADo 4.
ADo S8-TAE 6N	ADo S8: 1,2,3,4,5,6,7,8 — TAE 6N: 1,4,2,5,3,6	C-H	Adapter zum Anschluß eines 6-poligen TAE-Steckers (N) an ADo 8E.

Western-Modular-Technik (WM)

Stecker 4-polig — 9,65 mm × 13,34 mm, Ansicht auf Steckkontakte, Pins 2,3,4,5

TAE 6F – Western 4-polig (WM4):
- a — 1 — 1
- b — 2 — 2 — W
- W — 3 — 3 — a
- E — 4 — 4 — b
- b2 — 5 — 5 — E
- a2 — 6 — 6

Stecker 6-polig — 9,65 mm × 13,34 mm, Ansicht auf Steckkontakte, Pins 1,2,3,4,5,6

TAE 6N – Western 6-polig (WM5):
- a — 1 — 1 — b2
- b — 2 — 2 — W
- W — 3 — 3 — a
- E — 4 — 4 — b
- b2 — 5 — 5 — E
- a2 — 6 — 6 — a2

ISDN-Anschlußeinheiten (IAE)

IAE 8(4) — Steckbuchse 8 7 6 5 4 3 2 1 — Anschlußklemmen 1a 1b 2a 2b

IAE 2 · 8(4) — Steckbuchse 8 7 6 5 4 3 2 1 | 8 7 6 5 4 3 2 1 — Anschlußklemmen 1a 1b 2a 2b

Vermittlungstechnik

Grundfunktionen der Vermittlungstechnik

- Durchschalten der Nutzkanäle zwischen den Endteilnehmern.
- Zeichengabe zur Verständigung zwischen den Vermittlungsstellen.
- Verkehrslenkung.
- Gebührenerfassung.

Vermittlungstechnik mit mechanischen Wählern

Wahlstufenanordnung für 1000 Teilnehmer

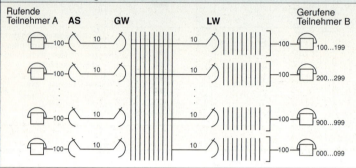

Darstellung in Kurzform:

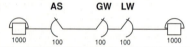

Wahlstufenanordnung für mehr als 1000 Teilnehmer

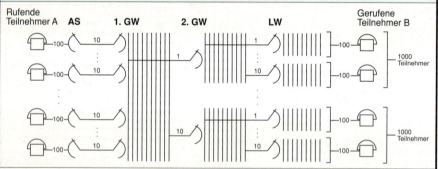

Darstellung in Kurzform:

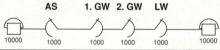

AS (Anrufsucher)

- Konzentriert die Anzahl der Teilnehmerschaltungen A (z. B. 10:1).
- Anzahl der Anrufsucher entspricht Anzahl der Wähler der 1. Gruppenwahlstufe.
- Anzahl der Anrufsucher bestimmt auch die Anzahl der gleichzeitig möglichen Verbindungen aus den jeweils angeschlossenen Teilnehmern.

GW (Gruppenwähler)

- Legt die Verbindungsrichtung durch die Vermittlungsstelle fest.
- Benötigt zur Richtungseinstellung eine Ziffer und sucht in freier Wahl eine freie Leitung in der Richtung.
- 1. Gruppenwähler wählt eine Tausender-Gruppe.
- 2. Gruppenwähler wählt eine Hunderter-Gruppe.

LW (Leitungswähler)

- Expandiert die Verbindungen auf die Anzahl der angeschlossenen Teilnehmer.
- Wählt aus den Teilnehmern B den gewünschten mit den beiden letzten Ziffern der Rufnummer aus.

Merkmale

- Einstellvorgang erfolgt schritthaltend mit den Impulsen der Wahlziffer.
- Keine intelligente Verkehrslenkung möglich, da Einstellvorgang beginnt, bevor Ziel der Verbindung bekannt.

Vermittlungstechnik

Vermittlungstechnik mit digitalen Einrichtungen

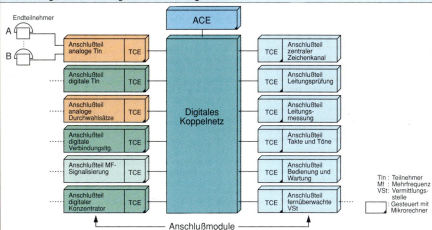

ACE (Auxiliary Control Element)

Funktionssteuereinheit für übergeordnete Steuerungsaufgaben, aufgeteilt in Vermittlungs- und System-Steuereinheit.

Vermittlungssteuereinheit
- Bearbeitet die Vermittlungsaufträge.
- Führt Verbindungsauf- und -abbau durch.
- Erfaßt die Gebühren.

Systemsteuereinheit
- Führt Ziffernauswertung durch.
- Ermittelt die Teilnehmeranschlußlage.
- Zuständig für Verkehrslenkung und Tarifermittlung.
- Gebührenerfassung.
- Fehlerbearbeitung und Fehlermeldung.

TCE (Terminal Control Element)

Modulsteuereinheit für die Steuerung der Funktionen der jeweiligen Anschlußteile.
- Bearbeitung der physikalischen Signalisierung des Anschlußteils.
- Verwaltung der angeschlossenen Peripherie (z. B. Teilnehmerschaltungen).
- Erzeugt Gebührenimpuls (bei Analog-Teilnehmern).

Anschlußteile

Schnittstellen zu den jeweiligen angeschlossenen Endeinrichtungen, z. B. für analoge Teilnehmer mit folgenden Funktionen:
- Zweidraht-/Vierdraht-Wandlung
- Wandlung analoge Sprach- in PCM-Signale
- Erkennen von Schleifenschluß
- Rufstromerzeugung und -einspeisung
- Gleichstromspeisung der Teilnehmer

Digitales Koppelnetz

Besteht aus digitalen Schaltgliedern (UND-Gattern) und hat folgende Aufgaben:
- Durchschalten der Verbindungswege zwischen Teilnehmeranschlüssen
- Teilnehmeranschluß und ACE
- semipermanente Festverbindungen zwischen TCEs und zentralem Zeichenkanal.

Informationsübertragung erfolgt mittels PCM-Signalen. Aufbau erfolgt mehrstufig (je nach Größe der Vermittlungsstelle) mit Zeit- und Raumstufen (Z-R-Z- für kleine und Z-RRR-Z-Struktur für große Vermittlungsstellen).

Verkehrstheorie

Grundbegriffe

Leitung	
Eingangs-, Zubringer-, Ausgangs-, Abnehmer- oder Zwischenleitung.	Begrenzte Erreichbarkeit, wenn Zubringerleitungen nur einen Teil der Abnehmerleitungen erreicht.
Gerät	Hauptverkehrsstunde
Vermittlungstechnische Einrichtung mit speziellen Funktionen (z. B. Koppelnetzsteuerung).	Hat keine bestimmte zeitliche Lage. Stellt eine mittlere Verkehrsbelastung dar. Wird durch viertelstündliche Messungen an fünf bis zehn aufeinanderfolgenden Werktagen ermittelt. Jeweils vier aufeinanderfolgende Meßwerte werden zusammengefaßt und zur Mittelwertbildung verwendet.
Bündel	
Anzahl von Leitungen, die untereinander gleichwertig sind.	
Erreichbarkeit	
Volle Erreichbarkeit ist gegeben, wenn jede Zubringerleitung jede Abnehmerleitung erreichen kann.	

Mittlere Belegungsdauer	Verkehrsmenge	Verkehrswert
$t_m = \dfrac{Y}{c}$ $[t_m] = h$ Y: Summe der Belegungszeiten c: Anzahl der Belegungen	$Y = c \cdot t_m$ $[y] = $ Erlh. Erlh: Erlangstunden	$y = \dfrac{Y}{T} = c \cdot \dfrac{t_m}{Y}$ $[y] = $ Erl. T: Beobachtungsdauer

Kommunikations-Dienste und Datenübertragung in öffentlichen Netzen

Struktur öffentlicher Netze

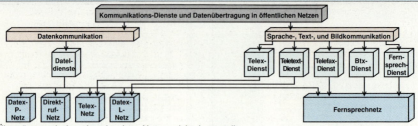

Übergänge zwischen den einzelnen Netzen nicht dargestellt.

Datex-L	Datex-P
Data **Ex**change-**L**: Datenübermittlungs-Dienst über öffentliches Wählnetz mit Leitungsvermittlung.	**Dat**a **Ex**change **P**acket-switched: Datenübermittlungs-Dienst mit Paketvermittlung (X.25).
Datenaustausch international mit europäischen und überseeischen Ländern.	Datenaustausch international mit europäischen und überseeischen Ländern.
Vermittlung erfolgt über zentrale Datenvermittlungsstellen (DVSt).	Vermittlung erfolgt über zentrale Vermittlungsstellen mit Paketvermittlung (DVSt-P).
Verbindungen sind vollduplex.	Datenpakete werden über logische Verbindungen über das Datennetz übertragen.
Bitfehlerwahrscheinlichkeit = $1 \cdot 10^{-6}$.	Datenpakete sind zeitlich verschachtelt.
Beliebiger Code für Übertragung und beliebiges Übertragungssteuerungsverfahren zugelassen (Ausnahme: Datex-L 300).	Bis 255 Verbindungen können auf einer Verbindungsstrecke übertragen werden.
	Geschwindigkeitsanpassung im Netz.
Kurzwahlmöglichkeit; 8 oder 64 Langrufnummern können in DVSt gespeichert werden.	Hohe Ausfall- und Übertragungssicherheit.
	Feste virtuelle Verbindung (FVV).
Direktruf: automatische Verbindungsherstellung zu einem festgelegten Teilnehmer.	Direktruf.
Gebührenübernahme für ankommende Rufe.	Sammelrufnummer für bis zu 30 Datex-P-Anschlüsse eines Teilnehmers.
Anschlußkennung: gegenseitige Identifizierung zwischen rufendem und angerufenem Teilnehmer.	Teilnehmerbetriebsklasse läßt nur Verbindungen zwischen zugelassenen Teilnehmern zu.
Übergang von und zum Datex-P.	Gebührenübernahme bei ankommenden Rufen
Übergang vom Telefonnetz.	Anschluß von nicht X.25-DEE über PAD (Paketier-/Depaketier-Einrichtung).

Benutzerklassen

Bezeichnung	Übertragungsart	Schnittstelle nach CCITT	Bemerkung
Datex-L 300 (300 bit/s)	seriell/ asynchron/ sx/hx/dx	X.20 X.20 bis	CCITT-Code Nr. 5 10 oder 11 bit/Zeichen
Datex-L 2400 (2400 bit/s)	seriell/ synchron/ dx Takt vom Netz	X.21 X.21 bis	beliebiger Zeichen-Code u. beliebiges Steuerungsverfahren
Datex-L 4800 (4800 bit/s)			
Datex-L 9600 (9600 bit/s)			
Datex-L 64000 (64000 bit/s)	seriell/ synchron/ dx	X.21	Wahl durch DEE über 2400 bit/s

sx: simplex; hx: halbduplex; dx: duplex

Datex P10: Basisdienst mit 2400, 4800, 9600, 48000 oder 64000 bit/s, synchrone Übertragung.

Datex P20: Anpassungsdienstleistung für Anschluß asynchroner DEE mit 300, 1200, 1200/75 und 2400 bit/s.

Datex P20L: Zugang von Datex-L mit 300 bit/s.

Datex P20F: Zugang vom Telefon mit 110 ... 300 bit/s, asynchron, dx; 1200 und 1200/75 bit/s, asynchron, dx; 2400 bit/s, asynchron, dx.

Direktruf-Netz (HfD)

- festgeschaltete Verbindungen für digitale Datenübertragung,
- direkte Verbindung von digitalen DEE,
- Datenverbundleitungen zur Kopplung von DV-Anlagen mit Nebenstellenanlagen,
- Übertragungsgeschwindigkeiten: 50, 300, 1200, 2400, 4800, 9600 u. 48000 bit/s; synchron/ asynchron, sx, hx, dx.

Textkommunikations-Dienste in öffentlichen Netzen

Telex (Tx)

- Teleprinter Exchange: Fernschreibvermittlungsdienst.
- Weltweiter Textaustausch auf Basis des CCITT-Code Nr. 2.
- Asynchrone Übertragung mit 1 Startbit, 5 Informationsbits und 1,5 Stoppbits.
- Schrittgeschwindigkeit 50 Bd.
- Telex-Dokumente rechtlich anerkannt.
- Betriebsweise: Lokal- und Empfangsbetrieb wechselseitig.
- Zugang vom und zum Teletex-, Telegramm- und Bildschirmtextdienst, Telebox.

Teletex (Ttx)

- Moderner Fernschreibdienst.
- Textübertragung mit vollem Zeichenvorrat von Schreibmaschinen (CCITT Nr. 5).
- Übertragung über IDN (integriertes Text- und Datennetz) und über ISDN (diensteintegrierendes digitales Fernmeldenetz.
- Übertragungsgeschwindigkeit im IDN 2400 bit/s, im ISDN 64 kbit/s.
- Vorhandene Bürosysteme können eingesetzt werden (z. B. PC).
- Signalisierung nach CCITT X.21.
- Gleichlaufverfahren: synchron.
- Papierformat DIN A4.
- Lokal- und Empfangsbetrieb gleichzeitig.
- Speicherbetrieb für Texte.
- Zugang vom und zum Telex-, Telegramm-, Cityrufdienst, Datex L-2400, Datex-P.

Telefax (Fernkopieren)

- Abgeleitet von Faksimile: originalgetreue Wiedergabe.
- Übertragung von beschriebenem Büroschriftgut (Zeichnungen, Texte, Druckvorlagen).
- Vorlagengröße bis A4.
- Telefax-Geräte werden als Zusatzeinrichtung zum Telefon geschaltet.

Bildschirmtext (Btx)

- Übertragung von Grafik und Text in Farbe.
- Ausgabegerät ist Farbfernsehgerät oder Terminal (24 Zeilen zu je 40 Zeichen).
- Anschaltung an das Telefonnetz über Anschluß DBT-03 (einfacher Modem mit autom. Wahl).
- Eingaben über alphanumerische Tastaturen.
- Übertragungsgeschwindigkeiten 1200/75, 1200/1200 und 2400/2400 bit/s; 64 kbit/s im ISDN.
- Darstellungszeit auf Endgerät ca. 6 s bei reiner Textseite.
- Zeichenvorrat 316 alphanumerische Zeichen, 64 Mosaikzeichen, 62 Schrägmosaikzeichen, 31 Sondergrafikzeichen, 2 x 94 dynamisch frei veränderbare Zeichen.
- Kommunikationsmöglichkeiten im Dialogverfahren, Echtzeitzugriffe auf Datenbanken, Homebanking, Bestellen und Buchen von zu Hause.

Telebox

- Mitteilungs-Übermittlungs-Dienst (elektronischer Briefkasten).
- Zu übermittelnde Nachrichten werden im Zentralrechner in Boxen abgelegt.
- Boxen durch Kennworte gegen Fremdzugriff geschützt.
- Anschaltung über asynchrones Terminal mit 300 … 9600 bit/s Übertragungsrate, ASCII-Code.
- Endgeräte auch über Akustikkoppler bei mobilem Einsatz anschaltbar.
- Zugang über Telefonnetz mit 300 … 1200 bit/s Sonderanwendung Filetransfer möglich.
- Zugang vom und zum Telebrief- und Telegrammdienst.
- Zugang vom Bildschirmtext- und Teleboxdienst.
- Geräte werden in 4 Gruppen eingeteilt.

Merkmal / Gruppe	Übertragungsdauer pro A4 Seite	Vertikale Auflösung in Zeilen/mm	Übertragungsverfahren	Übertragungsnetz	CCITT-Norm, Gerät/Prozedur	Codierung	Bemerkung
1	6 min/4 min	3,85	Amplitudenmodulation	Telefonnetz	T.0, T.2, T.30	–	–
2	3 min/2 min	3,85	Amplituden-/Phasenmodulation	Telefonnetz	T.0, T.3, T.30	–	internationale Übertragungsmöglichkeit
3	20 s … 60 s	3,85 7,7	Amplituden-/Phasenmodulation V.27ter	Telefonnetz	T.0, T.4, T.30	Lauflängencode	kompatibel zu Gr.2/ Kennungsaustausch
4	< 10 s	7,87 9,44 11,81	digital 64 kbit/s	ISDN	T.0, T.5, T.6, T.60…62, T.70, T.72, T.73	Zwei-Dimensional, Lauflängencode	Faksimilecodierte Nachrichten; Optional Teletex

Datenkommunikation über das Telefonnetz

Allgemeines

- Übertragung weltweit über vorhandene Telefonanschlüsse.
- Anschaltung an das Telefonnetz über Modem (Modulator/Demodulator).
- Bei mobiler Anwendung auch Einsatz von Akkustikkopplern.
- Verbindungsaufbau zwischen den Teilnehmern manuell oder automatisch.
- Prozeduren für Wählvorgang nach CCITT X.25 bis oder Hayes-kompatiblem Protokoll.
- Keine Einschränkung des Übertragungscodes bzw. der Übertragungssteuerung während der Übertragung.
- Sicherung gegen Übertragungsfehler mit zusätzlichen Protokollen (MNP3 o. MNP5) möglich.
- Verbindungsgebühren entsprechen denen der normalen Telefonverbindung.
- Übergänge in andere Netze möglich.

Übertragungsraten

Übertragungs-geschwindigkeit	10 Zeichen/s	20/40 Zeichen/s	...300 bit/s	...1200 bit/s	1200 bit/s	2400 bit/s	2400 bit/s	4800 bit/s	9600 bit/s	19200 bit/s
Übertragungs-verfahren	parallel	parallel	seriell asyn.	seriell asyn./syn.	seriell asyn./syn.	seriell syn.	seriell asyn./syn.	seriell syn.	seriell syn./asyn.	seriell syn./asyn.
Betriebs-verfahren	sx	sx m.R.: hx	sx dx	sx, hx m.H.: dx	dx	sx dx	dx	sx dx	dx	dx
Modulations-verfahren	V.19	V.20	V.21 Bell 103J	V.23	V.22 Bell 212A	V.26bis	V.22bis	V.27ter	V.32	Mehrfachträger

sx: simplex, hx: halbduplex, dx: duplex, m.R.: mit Rückkanal 5 oder 75 bit/s, m.H.: mit Hilfskanal 75 bit/s, asyn.: asynchron, syn.: synchron

Netzstruktur

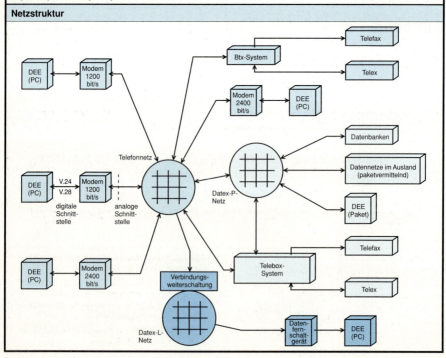

MODEM nach CCITT V.22 bis

Schaltung

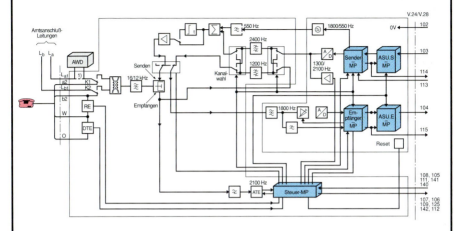

1) Brücke entfällt bei AWD-Zusatz

ASU: Asynchron-/Synchronumsetzer; ATE: Antworttonempfänger; RE: Rufempfänger;
AWD: Automatische Wähleinrichtung; DTE: Datentastenempfänger; MP: Mikroprozessor

Eigenschaften

- Duplexübertragung mit max. 2400 bit/s nach CCITT V.22 bis.
- Schnittstelle zur DEE mit V.24/V.28.
- Manuelle oder automatische Anschaltung an das Fernsprechnetz.
- Automatische Wahl der Teilnehmer nach V.25 bis.

- Anpassung an unterschiedliche Wählnetze (Wahlverfahren, Impulsverhältnis, Frequenz des Wähltones).
- Testmöglichkeiten integriert (analoge lokale, digitale ferne und digitale lokale Testschleife).
- „Fall back"-Prozedur (automatische Umschaltung auf niedrigere Datenraten).

Bedien- und Anzeigeeinrichtung

Taste **ROLL**
- Dient zum Aufrufen der Bedienerführungsmenüs
- Taste <2s gedrückt: 1. Zeile des Testmenüs angezeigt.
- Taste >2s gedrückt: Menü zur Einstellung einer Betriebsart oder eines Parameters wird angezeigt.

Alphanumerisches Display zur Anzeige der ausgewählten Funktionen.

Taste SET aktiviert die ausgewählte Betriebsart oder startet die angewählte Testprozedur.

Leuchtdioden zur Darstellung des Betriebszustandes der V.24-Schnittstelle.

Taste **DATA/TALK** zur manuellen Umschaltung zwischen Sprache und Daten.

Modemanschaltung an Telefonnetz

Anschaltung an Wählnetz über TAE 6N/F

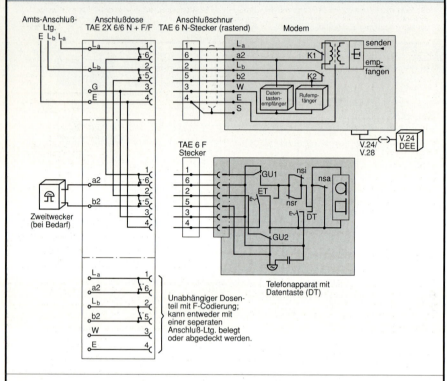

Die Umschaltung zwischen Daten senden/empfangen und Fernsprechen erfolgt über die Datentaste am Telefonapparat oder über die Umschalttaste am Modem. Umgeschaltet werden K1 und K2 über die Steuereinrichtung Datentastenempfänger.

Anschaltung an Zwei-Draht-Standverbindung über TAE 6N

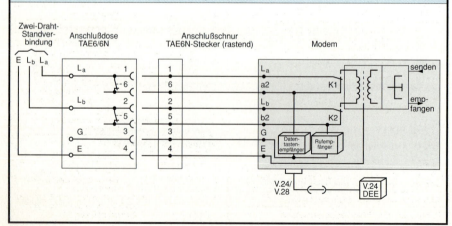

Modemsteuerung

- Modems können über die serielle V.24-Schnittstelle gesteuert werden.
- Hierfür werden Kommunikationsprogramme eingesetzt.
- Sie sind in vielen Software-Paketen für Personalcomputer als Terminalprogramm enthalten.
- Die Modemsteuerung bietet die Möglichkeit, Betriebsarten (Konfigurationsbefehle) und Betriebsabläufe (Ausführungsbefehle) von der DEE aus festzulegen.
- Weit verbreitet ist der Hayes-kompatible-Befehlssatz.
- Hier erfolgt die Steuerung durch einfache ASCII-Zeichenfolgen.

Hayes[1]-Befehlssatz

Betriebsartenumschaltung

+++	Umschalten von Datenübertragung in Kommandoempfang. Vor und nach der Zeichenfolge darf 1 s lang keine Zeichenübertragung stattfinden.

Konfigurationsbefehle

AT B AT B0	Umschalten in die Betriebsart nach CCITT V.22 bis
AT B1	Umschalten in die Betriebsart Bell-212A
AT E AT E0	Zum Modem gesendete Zeichen werden nicht an DEE zurückgesendet (Echo aus)
AT E1	Jedes empfangene Zeichen wird an DEE zurückgesendet (im Kommandobetrieb) (Echo ein)
AT Q AT Q0	Empfangene Befehlsfolgen werden vom Modem quittiert
AT Q1	Quittungen an DEE ausgeschaltet
AT S0 = 0	Keine automatische Anschaltung an die Leitung bei ankommendem Ruf
AT S0 = 1	Automatische Anschaltung an die Leitung bei ankommendem Ruf
AT S2 = yy	Definition des Escape-Zeichens als Dezimalwert (yy: 0 ... 127)
AT S3 = yy	Definition des Carriage-Return-Zeichens als Dezimalwert (yy: 0 ... 127)
AT S4 = yy	Definition des Line-Feed-Zeichens als Dezimalwert (yy: 0 ... 127)
AT S5 = yy	Definition des Back-Space-Zeichens als Dezimalwert (yy: 0 ... 127)
AT Sxx	S-Registerinhalte anzeigen (xx: 0 ... 5)
AT V AT V0	Modem-Meldungen in Kurzform (Nummer) abgeben
AT V1	Modem-Meldungen in Textform
AT Xn	Wähltonerkennung und Auswertung n = 0: Grundantwort (OK u. Connect) n = 1: Antworten (Connect < Baudrate) n = 2: Erkenne „No Dialtone" n = 3: Erkenne „Busy" n = 4: Erkenne „No Dialtone" u. „Busy"
AT & C AT & C0	Schnittstellenleitung 109 im Ein-Zustand während Kommando-Modus
AT & C1	Schnittstellenleitung 109 nur vom Empfangspegel abhängig
AT & G AT & G0	Guardtöne abschalten
AT & G1	Guardton 550 Hz einschalten
AT & G2	Guardton 1800 Hz einschalten
AT & Y AT & Y0	Betriebsparameter aus Speicher 0 in Betriebsartenspeicher laden (nach Netzeinschaltung)
AT & Y1	Wie oben, aus Speicher 1 laden

[1] Hayes: amerikanischer Modem-Hersteller

Ausführungsbefehle

AT Dmmmm	Rufnummer wählen mmmm: 0...9 Ziffern der Rufnummer
Snn	Wählen einer in Speicherstelle nn (0 ... 13) abgelegten Rufnummer
W	Warten auf Wählen
,	Pause von 3 Sekunden
/	Pause von 125 Millisekunden
T	Wählen mit Mehrfrequenz (USA)
P	Wählen mit Impuls (Europa)
AT H AT H0	Modem schaltet die Verbindung ab (trennt Verbindung zur Gegenstelle)
AT H1	Modem wählen
AT I	Ausgabe der Softwareversion
AT O	Modem in Datenübertragungsmodus schalten
AT & V	Anzeigen von Registern u. gespeicherte Rufnrn.
AT A	Anruf ohne eigene Wahl beantworten
A/	Wiederholen der letzten Befehlsfolge

Speicherbefehle

AT Z AT Z0	Betriebsparameter aus Speicher 0 in aktuellen Bereich laden
AT Z1	Wie oben, aus Speicher 1
AT & W AT & W0	Betriebsparameter in Speicher 0 ablegen
AT & W1	Betriebsparameter in Speicher 1 ablegen
AT & Zn	Rufnummer n unter Adresse 0 abspeichern
AT & Zn = m	Rufnummer n unter Adresse m abspeichern (m: 0. n 13)

Meldungen

Kurzform	Textform	Bedeutung
0	OK	Bereitmeldung
1	Connect	Verbindung hergestellt
2	Ring	Ruf kommt an
3	No Carrier	Verbindung unterbrochen
4	Error	Fehlerhafte Eingabe
5	Connect 1200	Verbindung mit 1200 bit/s
6	No Dialtone	Kein Wählton empfangen
7	Busy	Keine Wahl möglich
8	No Answer	Kein Antwortton innerhalb 30 s oder 60 s nach Verbindungsaufbau (Besetzt)
10	Connect 2400	Verbindung mit 2400 bit/s hergestellt

Beispiel für Befehlsfolge

AT E1 B1 D1 CR

: maximale Länge: 36 Zeichen
→ Abschluß für Befehlsfolge
→ Befehlsfolge (Befehle getrennt durch Leerzeichen)
→ Kennzeichen für Hayes-Befehlssatz (muß immer vorangestellt werden; Ausnahme: Befehl A/)

ISDN (Integrated Services Digital Network)

Zusammenfassung

Integrated Services Digital Network: Diensteintegrierendes digitales Fernmeldenetz.

Übertragen von Sprache, Text, Daten und Bildern über ein digitales Netz.

Digitale Durchschaltung zwischen den Teilnehmern.

Verwendung des bestehenden Kupferader-Netzes.

Integration der bestehenden Dienste mit zusätzlichen Verbesserungen.

Telefon: kürzerer Verbindungsaufbau; bessere Sprachqualität und Verständlichkeit; Telefonkonferenzen; Dienstewechsel; Benutzergruppen Festlegung.

Bildtelefon: Optische Wiedergabe der Gesprächsteilnehmer; Festbildübermittlung von Dokumenten, Zeichnungen und Gegenständen.

Btx: Verkürzte Bildaufbauzeit, schnellere Übertragung, beschleunigter Dialog; geplant ist Bildwiedergabe in fotografischer Qualität.

Telefax: Übertragungsgeschwindigkeit 64 kbit/s Übertragung A4-Seite < 10 s, höhere Auflösung (400 Punkte/inch); geplant Übertragen farbiger Kopien.

Teletex: Übertragungszeit/Seite 1 s, Dienstewechsel während des Telefongesprächs.

Telebox: archivieren der Korrespondenz, archivierte Informationen nach Suchkriterien abrufbar.

Temex: Telemetry-Exchange (Fernwirken) Fernüberwachen und Fernsteuern.

Datenübertragung: Standardbitrate 64 kbit/s, einheitliche Kommunikationsschnittstelle S_0.

Bezugskonfiguration

- dient zur funktionalen Abgrenzung der Einheiten,
- berücksichtigt keine technischen Einzelheiten,
- Bezugspunkte R, S, T, U, V trennen die Funktionseinheiten, sind nicht notwendigerweise physikalische Schnittstellen,
- kann zu Testzwecken vom Netzwerkbetreiber gesteuert werden,
- isoliert Endsystemanschluß von Übertragungstechnik auf Teilnehmeranschlußleitung.

ET (**E**xchange **T**ermination: Vermittlungsstelle)
- hat Vermittlungsfunktion,
- Durchführen der Teilnehmer-Netz-Zeichengabe

LT (**L**ine **T**ermination: Leitungsabschluß)
- Übertragungstechnischer Abschluß der Strecke Vermittlungsstelle – Teilnehmeranschluß,
- vielfach Bestandteil der Vermittlungsstelle

NT1 (**N**etwork **T**ermination**1**: Netzabschluß 1)
- Übertragungstechnischer Abschluß der Strecke Vermittlungsstelle – Teilnehmeranschluß auf Teilnehmerseite

NT2 (**N**etwork **T**ermination**2**: Netzabschluß 2)
- Vermittler- oder Konzentrator-Funktionen,
- kann lokales Netz sein

NT12 (**N**etwork **T**ermination**1/2**: Netzabschluß 1/2)
- Zusammenfassung von NT1 und NT2,
- Einsatz wird bedarfsweise festgelegt

TE1 (**T**erminal **E**quipment **1**: Endsystem Typ 1)
- Endgerät zur direkten Anschaltung an S_0-Schnittstelle,
- Anschaltung an NT1 oder NT2

TE2 (**T**erminal **E**quipment **2**: Endsystem Typ 2)
- herkömmliches Endgerät ohne ISDN-Schnittstelle
- Anschaltung über **TA** (**T**erminal **A**daptor: Terminal Adapter) an ISDN-Schnittstelle.

Aufbau der Bezugskonfiguration

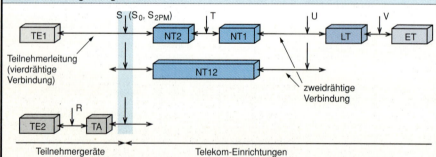

Die universelle Kommunikationssteckdose ist am Referenzpunkt S definiert

Basisanschluß S_0

- zwei Nutzkanäle mit 64 kbit/s
- ein Zeichengabekanal mit 16 kbit/s
- Nutzkanäle mit B_1 und B_2 bezeichnet
- Zeichengabekanal mit D bezeichnet

S_0-Schnittstelle ist passiver Vierdraht-Bus

- je zwei Leitungen für Senden und Empfangen
- max. acht Endgeräte anschließbar
- max. zwei Endgeräte gleichzeitig in Betrieb

Primärmultiplexanschluß S_{2PM}

- max. 30 B-Kanäle mit je 64 kbit/s
- zusätzlich ein D-Kanal mit 64 kbit/s für Zeichengabe

LAN (Local Area Network: Lokale Netzwerke)

Datennetze	Möglichkeiten	Standard
• Sind räumlich abgegrenzt. • Werden von einem Betreiber verwaltet und organisiert. • Ermöglichen einen direkten Datenaustausch zwischen den Teilnehmern des Netzes. • Nutzen ein für alle angeschlossenen Stationen gemeinsames Übertragungsmedium. • Bieten hohe Datenübertragungsgeschwindigkeiten.	• Zentraler Datenhaltung auf großen Massenspeichern. • Elektronischer Datenaustausch zwischen den einzelnen Stationen untereinander bzw. mit der Zentralstation. • Gemeinsamr Nutzung von Programmen, Geräten u. Kommunikationsschnittstellen zu externen Datenübertragungseinrichtungen.	• Nach IEEE-802. • Eingeteilt nach verwendeten Zugriffssteuerverfahren auf das Übertragungsmedium. • Unterteilt in die verschiedenen Datenraten und eingesetzten Übertragungsmedien.

Einteilung lokaler Netze

OSI-Referenzmodell[1]		Institute of Electrical and Electronic Engineers-Standard IEEE-Standard		
Ebene	Funktion	Ebene	Funktion	Standardisiert durch
3	Vermittlungsschicht (Network-Layer)	3 (HILI)	Netzwerkverwaltung Netz-/Netz-Verwaltung (Higher-Layer-Interface)	IEEE 802.1
2	Sicherungsschicht (Data-Link-Layer)	2b (LLC)	Logische Verknüpfungssteuerung (Logical-Link-Controll)	IEEE 802.2
		2a (MAC)	Mediumszugriff-Steuerung (Medium-Access-Controll)	IEEE 802.3 ① ② ③ ④ ⑤ ⑥ ⑦ IEEE 802.10 ⑧
1	Bitübertragungsschicht (Physical-Layer)	1 (Phy)	Elektronischer und mechanischer Aufbau (Physical-Layer)	①.1 ... ①.6

① IEEE 802.3 CSMA/CD

1 Base 5	10 Base 2	10 Base 5	10 Base F	10 Base T	10 Broad 36
Starlan	Thin Ethernet (Cheapernet)	Ethernet	Ethernet with Fibre (mit LWL)	Ethernet with UTP-cable (mit ungeschirmten verdrillten Zweidraht-Leitungen)	Breitband-Ethernet
①.1	①.2	①.3	①.4	①.5	①.6

Erläuterung zum Bezeichnungsschema	10	Base	5
	Datenrate in Mbit/s	Übertragungsverfahren	max. Segmentlänge/100 m
	10 Mbit/s	Basisband	500 m Segmentlänge

② IEEE 802.4 Token Bus	③ IEEE 802.5 Token Ring	④ IEEE 802.6 Metropolitan Area Network MAN
Einkanal-/Mehrkanal mit 1 Mbit/s, 5 Mbit/s, 10 Mbit/s	Basisband mit 1 Mbit/s 4 Mbit/s und 16 Mbit/s	Netzwerke für große Bereiche (Städte)

⑤ IEEE 802.7	⑥ IEEE 802.8	⑦ IEEE 802.9	⑧ IEEE 802.10
Breitband LAN's	Glasfasermedien für die Übertragung	Schnittstelle zu einem integrierten Sprache- und Daten-LAN	Empfehlungen über Sicherheitsaspekte in LAN's

[1] OSI; Open System Interconnection: Referenzmodell für allgemeine herstellerunabhängige Kommunikationsstruktur 1983 von der ISO (International Standard Organisation) festgelegt (vgl. S. 229).

Aufbau lokaler Netzwerke

Netzstrukturen

Stern

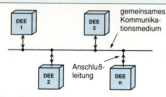

- Punkt- zu Punkt-Verbindung der DEE'n zur Zentrale.
- Daten werden über Zentrale weitergeleitet.

Ring

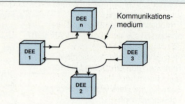

- Ringförmige Verbindung der Stationen untereinander.
- Daten werden von DEE zu DEE weitergeleitet.

Bus

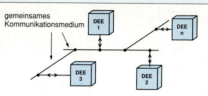

- DEE'n elektrisch parallel an ein Kabel angeschlossen.
- Daten werden direkt zwischen den jeweiligen DEE'n ausgetauscht.

Baum

- Struktur ähnlich Bus, der um Abzweige erweitert wurde.
- Daten werden direkt zwischen den jeweiligen DEE'n ausgetauscht.

Lokales Netzwerk mit CSMA/CD[1])-Zugriffsverfahren (Ethernet) nach IEEE 802.3

Typische Werte

- Aufbau des Netzes als Bus- bzw. Baum-Struktur
- Impedanz des Übertragungskabels $50\ \Omega \pm 2\ \Omega$
- Dämpfung auf 500 m Länge und bei 10 MHz   < 8,5 dB
- Signalgeschwindigkeit $0,77 \cdot c_0$
- Biegeradius des Kabels   ≥ 25 cm
- Außendurchmesser des Kabels   9,525 mm...10,287 mm
- Abschlußwiderstand beidseitig/Segment   50 Ω/1 Watt
- Länge der Transceiverkabel   max. 50 m
- Signalcodierung   Manchester-Code
- Zeit für 1 Bit   100 ns
- Länge pro Segment   max. 500 m
- Anzahl der DEE pro Leitungssegment   max. 100
- Abstand zwischen den DEE-Anschlüssen   min. 2,5 m
- Signallaufzeitverzögerung   max. 2165 ns
- Anzahl der DEE pro Netzwerk   max. 1024

Beispiel eines Netzes

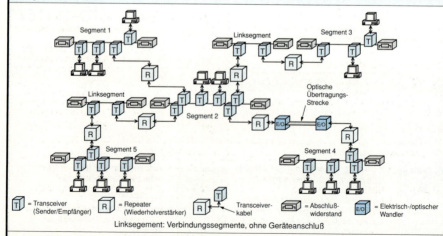

T = Transceiver (Sender/Empfänger)   R = Repeater (Wiederholverstärker)   Transceiverkabel   = Abschlußwiderstand   E/O = Elektrisch-/optischer Wandler

Linksegment: Verbindungssegmente, ohne Geräteanschluß

[1]) CSMA/CD: Carrier Sense Multiple Access With Collision Detection (Vielfacher Zugriff auf das Übertragungsmedium nach vorheriger Prüfung auf vorhandenen Träger)

OSI[1]-Referenzmodell

Prinzip

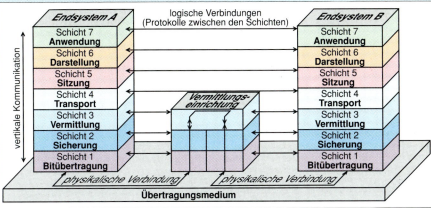

Erläuterung

- OSI-7 Schichtenmodell ist Referenzmodell für herstellerunabhängige Kommunikationssysteme.
- Jede Schicht bietet der darüberliegenden Schicht definierte Dienste an und nutzt seinerseits die Dienste der darunterliegenden Schicht.
- Schichteneinteilung erfolgt mit definierten Schnittstellen.
- Einzelne Schichten können ohne große Gesamtsystemänderungen ausgetauscht und angepaßt werden.
- Schichten 1…4 sind die transportorientierten Schichten (physikalischer Datentransport bis zu den physikalischen Endpunkten der Systeme).
- Schichten 5…7 sind anwendungsorientierte Schichten (Handhabung der Schnittstellen).
- Übertragungsmedium (Verbindungskabel) ist nicht im OSI-Modell festgelegt.

Bitübertragungsschicht

Schicht 1 (Physical)	• zuständig für den physikalischen Transport der digitalen Informationen, • überwacht die Funktion dieser Schicht durch zyklisches Prüfen von Steuerleitungen (getrennt von den Datenleitungen).

Datensicherungsschicht

Schicht 2 (Link)	• zuständig für den unverfälschten Datentransport über einen einzelnen Übermittlungsabschnitt, • Flußsteuerung überwacht die vollständige und richtige Übertragung der Daten von den darüberliegenden Schichten.

Vermittlungsschicht

Schicht 3 (Network)	• zuständig für die Überbrückung geografischer Entfernungen zwischen den Endsystemen durch Einbeziehung von Vermittlungssystemen, • steuert die zeitlich und logische getrennte Kommunikation zwischen verschiedenen Endsystemen.

Transportschicht

Schicht 4 (Transport)	• zuständig für die Erweiterung von Verbindungen zwischen Endsystemen zu Teilnehmerverbindungen, • bildet die Verbindungsschicht zu den anwendungsorientierten Schichten.

Sitzungsschicht

Schicht 5 (Session)	• zuständig für den geordneten Ablauf des Dialoges zwischen den Endsystemen, • festlegen und verwalten der Berechtigungsmarken für die Kommunikation.

Darstellungsschicht

Schicht 6 (Representation)	• zuständig für den gemeinsamen Zeichensatz u. die gemeinsame Syntax, • umwandeln der lokalen Syntax in die für den Transport festgelegte Syntax und umgekehrt.

Anwendungsschicht

Schicht 7 (Applikation)	• zuständig für die Steuerung der untergeordneten Schichten, • übernimmt die Anpassung an die jeweilige Anwendung, • stellt dem Anwenderprogramm die Verbindung zur Außenwelt zur Verfügung.

[1] **OSI: O**pen **S**ystem **I**nterconnection (Offenes System für Kommunikationsverbindungen)

Begriffe aus der LAN-Technik

Begriff	Bedeutung	Begriff	Bedeutung
Acknowledge	Empfangsbestätigung des Empfängers einer Nachricht.	Cheapernet	Lokales Netzwerk ähnlich Ethernet. Verwendet Koaxialkabel RG 58. Übertragungsrate 10 Mbit/s. Segmentlänge 185 m. Bezeichnung nach IEEE: 10 Base 2.
Adresse	Zeichen oder Zeichenfolge, um eine Datenendeinrichtung am Netz als Empfänger oder Absender erkennen zu können.		
		CSMA/CD	Carrier Sense Multiple Access with Collision Detection: vielfacher Zugriff auf das Übertragungsmedium nach vorherigem Prüfen auf vorhandenen Träger. Zugriffsverfahren auf Übertragungskabel (Bsp.: Ethernet).
ANSI	Abkürzung für Amerikanisches Nationales Standardisierungs-Institut. Mitglied der ISO und vergleichbar der DIN.		
ASCII	Amerikanischer Standardcode für den Informationsaustausch.	CRC	Cyclic Redundancy Check: zyklische Codeprüfung. Verfahren, um eine Nachricht gegen Verfälschen bei der Übertragung zu sichern.
Arcnet	LAN-Version für preiswerte Netze. Verwendet Koaxialkabel R-6L in Bussegmenten oder Vielfachsternen. Übertragungsrate 2,5 Mbit/s; Protokoll: Token-Bus.		
		Datei (file)	Zusammenfassung binär codierter Informationen. Diese werden unter einem Dateinamen abgespeichert.
Asynchrone Übertragung	Auch Start-Stopp-Übertragung genannt. Die Zeiten zwischen den einzelnen Zeichen können unterschiedlich lang sein. Deshalb am Anfang und am Ende der übertragenen Zeichen Start- und Stoppbit erforderlich.	Datagramm	Teil einer Nachricht, die in Paketvermittlungsnetzen übertragen wird. Enthält Absender- und Empfängeradresse.
		Distributed Processing	Verteiltes Arbeiten. Bearbeiten einer Aufgabe durch verschiedene Rechner innerhalb eines Netzes.
		Datenquelle	Sender einer Nachricht. Gegenstück ist Datensenke: Empfänger einer Nachricht.
Basisband-Übertragung	Die Daten werden in direkter 0/1-Codierung (ohne Modulation) auf dem Übertragungsmedium übertragen (Beispiel: Ethernet).		
		DEE	Datenendeinrichtung. Quelle oder Senke für eine Datenübertragung.
Baud	Einheit für die Schrittgeschwindigkeit. Benannt nach Baudot. 1 Baud = 1 Schritt/s. Bei binärer Signalcodierung gilt 1 Baud = 1 bit/s.	DFÜ	Datenfernübertragung
		Diskserver	Disketten-Diener. Rechner in einem Netz, der einen oder mehrere Plattenspeicher verwaltet und die Organisation für die übrigen Rechner des Netzes durchführt.
Baum-Netzwerk	Topologie eines LAN: Besteht aus mehreren Bus- o. Sternsegmenten.		
Bitfehler	Bezeichnung für das Verfälschen eines Bits während der Übertragung oder Verarbeitung (0 → 1; 1 → 0).	Druckserver	Rechner im Netz, an den unterschiedliche Drucker oder Plotter angeschlossen sind. Er verwaltet und bearbeitet die Druckaufträge der übrigen Rechner.
Bit-Zeit	Zeitdauer für die Darstellung eines Bits auf dem Übertragungsmedium.		
Breitband-Übertragung	Netzwerk bei dem die gesamte Bandbreite des Übertragungsmediums in einzelne Kanäle aufgeteilt wird und dadurch von mehreren Teilnehmern gleichzeitig genutzt werden kann.	Dropcable	Auch AUI- oder Transceiverkabel genannt. Verbindungskabel zwischen Geräteanschluß an dem Rechner und Netzwerkanschluß.
		DÜE	Datenübertragungseinrichtung. Einrichtung zum Senden, Empfangen, Codieren u. Decodieren von Nachrichten (z. B. MODEM).
Bridge (Brücke)	Eine Einrichtung zum Verbinden gleichartiger Netzwerke auf den Ebenen 1 u. 2 des OSI Referenzmodells.		
Bus	Leitungssystem zum Verbinden einzelner Rechnerkomponenten miteinander. Bei Netzen werden damit die einzelnen abgeschlossenen Segmente bezeichnet.	Duplex, Halbduplex, Simplex	Bezeichnungen für die Art der Nachrichtenübertragung auf einer Übertragungsstrecke. Duplex: gleichzeitig in beide Richtungen (dx). Halbduplex: abwechselnd in beide Richtungen (hx). Simplex: nur in eine Richtung (sx).
BSC	Binary Synchronus Communication: synchrones Übertragungs-Verfahren für Leitungen (entwickelt von IBM).		

Begriffe aus der LAN-Technik

Begriff	Bedeutung	Begriff	Bedeutung
EBCDIC	Extended Binary Coded Decimal Interchange Code: erweiterter binärcodierter Dezimalcode für Datenaustausch. Erweiterter 8-Bit-Zeichensatz.	ISO	International Standard Organisation: Internationale Standardisierungs-Organisation. Hat OSI-Referenzmodell entwickelt.
ECMA	European Computer Manufacturing Association: Vereinigung europäischer Computerhersteller.	Kanal	Übertragungsweg für Daten. Übertragungswege können in mehrere Kanäle aufgeteilt werden.
EIA	Electronic Industries Association: Vereinigung der elektronischen Industrien.	Knoten (node)	Bezeichnung für einen Rechner im Netz, der die Verbindungen im Netz zwischen den einzelnen Stationen vermittelt.
Electronic Mail	Nachrichtenaustausch auf elektronischem Weg über öffentliche oder private Netze (Mailbox-System: Briefkasten-System).	Konzentrator	Einrichtung zum Anschluß mehrerer Terminals über eine Datenleitung an eine Zentraleinheit oder einen Knoten.
Ethernet	LAN-Standard. Bezeichnung nach IEEE: 802.3. Zugriff auf Übertragungsmedium mittels CSMA/CD. Datenrate: 10 Mbit/s. Koaxialkabel als yellow cable (gelbes Kabel) bezeichnet.	LAN	Local Area Network: lokales Netzwerk. Verbindet voneinander unabhängige Rechner und Peripheriegeräte. Datenaustausch erfolgt in serieller Form.
FDDI	Fibre Distributed Data Interface: Verteilte Datenschnittstellen über Lichtwellenleiter gekoppelt. Wird als LAN-Standard formuliert. Übertragungsrate: 100 Mbit/s. Unempfindlich gegen Kabelbrüche, da fehlertolerant aufgebaut.	LLC	Logical Link Control: Logische Verknüpfungs-Steuerung. Teil des ISO-Referenzmodells, in dem die Steuerung der Datenübertragung zwischen zwei Stationen festgelegt ist.
File-Locking	Datei sperren (abschließen). Wird eine Datei im Netzwerk von einem Rechner bearbeitet, wird sie gegen den Zugriff durch andere Rechner gesperrt.	MAN	Metropolitan Area Network: regionales Netzwerk. Hat eine größere Ausdehnung (z. B. Stadtbereich) als LAN: Bezeichnung nach IEEE: 802.6.
File-Server	Datei-Diener. Verwaltet in einem Netzwerk zentral die Dateien der einzelnen Rechner auf einer oder mehreren Festplatten. Er muß multitaskfähig sein.	Manchester Codierung	Selbsttaktender Code. In der Mitte einer Bit-Zeit erfolgt der Flankenwechsel. Im zweiten Teil der Bit-Zeit ist die originale Information enthalten. Im ersten Teil ist die invertierte Information dargestellt. Empfänger kann bei jedem Bit synchronisieren.
Gateway	Torweg. Einrichtung zum Koppeln unterschiedlicher Netzwerke.		
HDLC	High Level Data Link Control: Datenkopplungs-Kontrolle auf hohem Niveau. Protokoll für die Datenübertragungssteuerung. Ermöglicht Duplexübertragung. Standard-Protokoll in der DFÜ (X.25).	MAU	Medium Attachment Unit: Anpaßeinrichtung an das Übertragungsmedium. Bei Ethernet wird damit der Transceiver (Sende- und Empfangseinheit) und der Kabelanschluß bezeichnet. Bei Token-Ring-LAN sind MAU's Ringleitungsverteiler, an die die Stationen angeschlossen werden.
IEEE	Institute of Electrical and Electronic Engineers: Institut der Ingenieure für Elektrik und Elektronik. Amerikanische Organisation, die u. a. LAN-Standards formuliert.		
IBM Token Ring	LAN-Standard. Entwickelt von IBM. Topologie des Netzes: Stern-Struktur. Zugriffsverfahren: Token Passing. Übertragungsrate: 4 Mbit/s.	Modem	Modulator-Demodulator. Einrichtung zur Umsetzung und Anpassung digitaler Signale in analoge Signale.
		Net-BIOS	Network-Basic-Input/Output System: Netzwerk-Ein-/Ausgabe System. Programmier-Schnittstelle für LAN-Programmierung.
ISDN	Integrated Services Digital Network: Diensteintegrierendes Netzwerk auf digitaler Basis. Mit zwei Basiskanälen (B) und einem Signalisierungskanal (D). B-Kanäle mit 64 kbit/s; D-Kanal mit 16 kbit/s.	NUI	Network Users Identification: Identifikation für den Netzwerk-Benutzer. Kennung für Netzwerk-Benutzer als Zugangsberichtigung zum Netzwerk.

Begriffe aus der LAN-Technik

Begriff	Bedeutung
OSI Modell (vgl. S. 229)	Open System Interconnection: Verbindung offener Systeme. OSI-Modell legt Abläufe für die Kommunikation zwischen Rechnern fest. Es besteht aus sieben Schichten und ermöglicht die Kopplung unterschiedlicher Rechnersysteme.
PAD	Packet Assembler/Disassembler: Einrichtung zum Paketieren und Entpaketieren von nicht X.25-fähigen Datenendeinrichtungen.
Parity-Bit	Paritätsbit. Zusätzlich an die Nutzinformation angefügtes Bit. Dient zum Erkennen von einfachen Übertragungsfehlern. Even parity: gerade Parität. Odd parity: ungerade Parität.
Physikalische Ebene	Im OSI-Modell die 1. Ebene. Hier werden die physikalischen Eigenschaften der Schnittstelle (z. B. Pinbelegung) festgelegt.
Queue	Warteschlange für verschiedene Bearbeitungsaufträge (Druckaufträge im File-Server).
Repeater	Signalwiederholer. Verstärkereinrichtung, um Signale auf dem Übertragungsmedium zu regenerieren.
RISC	Reduced Instruction Set Computer: Computer mit reduziertem Befehlssatz.
Router	Einrichtung zum Verbindungen von Netzwerken, die unterschiedlich sind (z. B. Ethernet und Token Ring).
SAA	System Application Architecture: System Anwendungs-Architektur. Regeln und Aufbauvorschriften für Anwenderprogramme innerhalb der IBM-Rechnerwelt.
SCSI	Small Computer System Interface: Schmale Computer System-Schnittstelle. Schnittstelle für Plattenspeicher innerhalb eines Computersystems.
Shared Lock	Verteilte Zugriffssperre. Methode, um Daten von mehreren Anwendern lesen zu können, aber gegen Ändern zu sperren.
Shell	Schale. Ein Hilfsprogramm innerhalb eines LAN-Betriebssystems. Ermöglicht den Übergang von der DOS-Ebene auf die Ebene der Netzwerkbefehle.
SNA	Systems Network Architecture: System Netzwerk Architektur. Architektur für den Aufbau eines Netzwerkes (definiert von IBM). Ähnlich organisiert wie das OSI-Modell.
SQL	Structured Query Language: strukturierte Abfragesprache für relationale Datenbanken.

Begriff	Bedeutung
TCP/IP	Transmission Control Protocol/Internet Protocol: Übertragungs-Steuerungs-Protokoll/Verbindungs-Protokoll. Protokollfamilie zur Kommunikation zwischen unterschiedlichen Rechnern.
Token	Pfand. Bitmuster, das den Zugang zum Übertragungsmedium im Token Ring LAN steuert.
Transceiver	Sende- und Empfangseinrichtung im Ethernet-LAN für den Zugang zum Übertragungskabel.
UPS	Uninterruptable Power Supply: unterbrechungsfreie Stromversorgung.
VAD	Value Added Driver: zusätzlicher Treiber. Ein Softwaretreiber in einem Netzwerk-Betriebssystem, der es ermöglicht, zusätzliche (weitere) Treiber mit einzubinden.
Virtual Circuit	Virtuelle Verbindungen. Sind keine physikalischen Leitungsverbindungen. Verbindungen zwischen den Rechnern werden über Adreß-Kennungen aufgebaut.
WAN	Wide Area Network: Weitverkehrsnetze. Lokales Netzwerk, das über einen abgegrenzten Bereich hinausreicht.
Wire-Centre	Verdrahtungs-Zentrum. Ringleitungsverteiler, an die die Stationen eines Token Ring LAN angeschlossen werden.
Workstation	Arbeitsstation. Alle an ein LAN angeschlossenen Rechner werden als Stationen bezeichnet.
Xmodem	Übertragungsprotokoll für einen Datentransfer zwischen verschiedenen Rechnern über DFÜ. Die Daten werden in Blöcken zu 128 Byte übertragen.
XNS	Xerox Network System: Xerox Netzwerk System. Transportprotokolle für die Ebenen 3 und 4 bei Ethernet LAN's. Von Xerox entwickelt.
Yellow Cable	Gelbes Kabel. Übertragungskabel bei Ethernet LAN's. Kabel verfügt über genau spezifische elektrische Eigenschaften.
Ymodem	Übertragungsprotokoll für DFÜ. Größe der einzelnen Blöcke 1024 Byte.
Zmodem	Übertragungsprotokoll für DFÜ. Ähnlich dem Ymodem-Protokoll. Höhere Übertragungsgeschwindigkeit und zusätzliche Steuerungsfunktionen.

Signalcodierung für Basisbandübertragung

Anwendung

- Digitale Signale werden bei der Übertragung im Basisband nicht moduliert.
- Signale werden als rechteckförmige Impulse auf den Leitungen übertragen.
- Es wird eine hohe Bandbreite oberhalb 0 Hz auf den Leitungen (Übertragungswegen) benötigt.
- Bei galvanischer Kopplung zwischen Sender und Empfänger dürfen die Signale Gleichstromanteile beinhalten.
- Bei galvanischer Trennung zwischen Sender und Empfänger (Übertragerkopplung), wird Gleichstromfreiheit der Signale durch spezielle Codierung der Signale erreicht.
- Taktinformationen können in der Signalcodierung enthalten sein und werden auf der Empfängerseite zurückgewonnen.

NRZ-Code (Non Return to Zero)

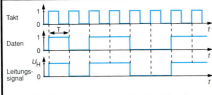

log. 0 ≙ 0-Signal   log. 1 ≙ +U_H-Signal

- Leitungssignal nicht gleichstromfrei.
- Keine Taktrückgewinnung auf der Empfängerseite.

RZ-Code (Return to Zero)

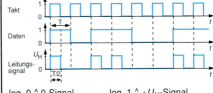

log. 0 ≙ 0-Signal   log. 1 ≙ +U_H-Signal während T/2

- Leitungssignal nicht gleichstromfrei.
- Taktinformation nur bei 1-Signalen mitübertragen.

AMI (Alternate Mark Inversion), Bipolar-Verfahren

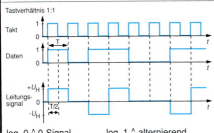

Tastverhältnis 1:1

log. 0 ≙ 0-Signal   log. 1 ≙ alternierend +U_H-Signal und −U_H-Signal

- Signal ist gleichstromfrei.
- Taktinformation nur in 1-Signal.

Tastverhältnis 1:2

log. 0 ≙ 0-Signal   log. 1 ≙ alternierend +U_H-Signal und −U_H-Signal bei T/2

- Signal ist gleichstromfrei.
- Taktinformation nur in 1-Signal.

Manchester-Code

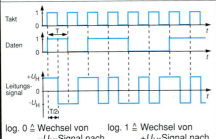

log. 0 ≙ Wechsel von −U_H-Signal nach +U_H-Signal bei T/2

log. 1 ≙ Wechsel von +U_H-Signal nach −U_H-Signal bei T/2

- Signal ist gleichstromfrei und selbsttaktend.

Differential-Manchester-Code

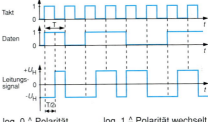

log. 0 ≙ Polarität wechselt am Schrittanfang

log. 1 ≙ Polarität wechselt **nicht** am Schrittanfang

- Signal ist gleichstromfrei und selbsttaktend.

Empfang über Satelliten

Empfangsprinzip

- Rundfunksatelliten senden die Signale frequenzmoduliert. Zur Ausnutzung der Frequenzbereiche sind diese Signale horizontal-, vertikal-, linksdrehend zirkular- oder rechtsdrehend zirkularpolarisiert.
- Empfangene Satellitensignale werden von der Antenne im Brennpunkt gebündelt und auf das Empfangssystem gelenkt.
- Empfangssystem besteht aus Feed (Horn), Bandpaßfilter, Polarisationsweiche oder Polarizer und entsprechend ein oder zwei SHF-Umsetzern (Satelliten-HF-Umsetzern).
- **Feed** ist eine Hornantenne, deren Öffnungswinkel auf den Reflektor abgestimmt ist. Signalableitung vom Feed erfolgt über Rund- oder Rechteckhohlleiter.
- **Polarizer** bewirkt die Drehung der vom Satelliten empfangenen polarisierten Signale. Damit können zwei Polarisationsebenen empfangen werden (z. B. horizontal und vertikal). Umschaltung erfolgt über elektrisch angetriebenen Motor.
- **Polarisationsweiche** mit zwei nachgeschalteten SHF-Umsetzern ermöglicht gleichzeitigen Empfang bei den Polarisationsebenen.
- **SHF-Umsetzer** dienen zum Umsetzen der Satelliten HF (z. B. 10,95 GHz…11,7 GHz) in eine über Koaxialkabel übertragbare Frequenz (0,95… 1,7 GHz). Diese Frequenz wird vom Satelliten-Receiver auf einen UHF-Kanal umgesetzt und kann von Fernsehgeräten wiedergegeben werden.

Sendefrequenzen für Astra

← 10,70 GHz…10,95 GHz →	← 10,95 GHz…11,20 GHz →	← 11,20 GHz…11,45 GHz →	← 11,45 GHz…11,70 GHz →		
K49 K51 K53 K55 K57 K59 K61 K63	K33 K35 K37 K39 K41 K43 K45 K47	K1 K3 K5 K7 K9 K11 K13 K15	K17 K19 K21 K23 K25 K27 K29 K31	Polarisation	Horizontal
K50 K52 K54 K56 K58 K60 K62 K64	K34 K36 K38 K40 K42 K44 K46 K48	K2 K4 K6 K8 K10 K12 K14 K16	K18 K20 K22 K24 K26 K28 K30 K32		Vertikal
←— ASTRA 1D —→	←— ASTRA 1C —→	←— ASTRA 1A —→	←— ASTRA 1B —→		

Insgesamt werden bis zu 64 analoge Fernsehkanäle über ASTRA 1A…1D übertragen. Zusätzlich auf Tonunterträgern erfolgt die Übertragung von Hörfunkprogrammen.

Mit Einführung der digitalen Übertragung wird der Übertragungsbereich von 11,70 GHz…12,75 GHz mit digitalen Signalen belegt (ASTRA 1E, ASTRA 1F, ASTRA 1G).

Satellitenempfangsanlagen

Einzelanlage   Gemeinschaftsanlage

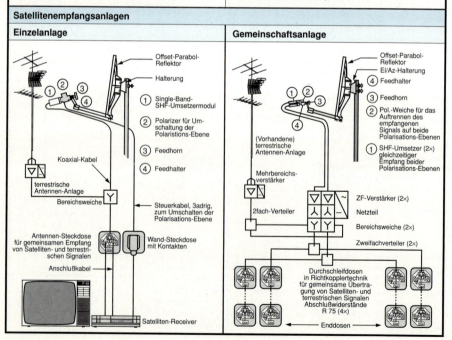

Satellitenantennen für Direktempfang

Parabol-Offset			Parabol-Reflektor		Planar	
Nenndurchmesser in cm		55...150	Nenndurchmesser in cm	60...150	Nenndurchmesser in cm	Kantenlänge 32 Dicke 6
Abmessungen in mm	Höhe	694...1661				
	Breite	568...1525				
Frequenzbereich in GHz		10,95 ... 12,75	Frequenzbereich in GHz	10,95...12,75	Frequenzbereich in GHz	11,7...12,5
Gewinn bei 11,325 GHz 12,1 GHz 12,625 GHz		34,1 dBi...43 dBi 34,75 dBi...43,5 dBi 35,10 dBi...43,9 dBi	Gewinn bei 11,325 GHz 12,1 GHz 12,625 GHz	34,5 dBi...42,4 dBi 35,1 dBi...42,9 dBi 35,6 dBi...43,4 dBi	Gewinn bei 11,7...12,5 GHz	≥ 30 dBi
Windlast bei Staudruck $q = 800$ N/m²		256 N...1920 N	Windlast bei Staudruck $q = 800$ N/m²	339 N...2120 N	Elevation	0°... 40°
					Azimut	0°...360°
					Polarisation	linksdrehend zirkular

dBi ≙ dB bezogen auf den isotropen Strahler (isotroper Strahler: strahlt in den gesamten Raumwinkel 4 π mit der gleichen Intensität elektromagnetische Wellen ab).

Antennenausrichtung

- Es können nur die Satelliten empfangen werden, die in der Nähe des Längengrades des Nutzers positioniert sind.
- Zusätzlich ist der Breitengrad, in dem sich der Nutzer befindet, ausschlaggebend.
- Die Blickrichtung zum Satelliten darf nicht durch Gebäude o. ä. verhindert sein.

- **Azimut**
  Himmelsrichtung, aus der ein Satellitensignal empfangen wird.
  Beispiele: 0° ≙ Norden, 120° ≙ Südosten
  180° ≙ Süden, 240° ≙ Südwesten
- **Elevation**
  Erhebungswinkel; Winkel zwischen theoretischem Horizont und Satellit
  Beispiele: 0° ≙ Waagerechte, 90° ≙ Senkrechte

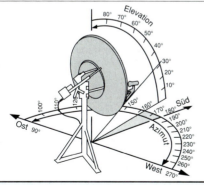

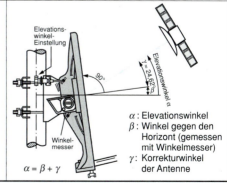

α : Elevationswinkel
β : Winkel gegen den Horizont (gemessen mit Winkelmesser)
γ : Korrekturwinkel der Antenne

$\alpha = \beta + \gamma$

Elevations- und Azimut-Winkel für Satellit Astra (19,2° Ost)

Stadt	Elevation in Grad	Azimut in Grad	Stadt	Elevation in Grad	Azimut in Grad
Berlin	29,8	172,3	Leipzig	30,8	171,3
Braunschweig	29,6	169,1	München	34,3	169,8
Kiel	30,6	167,6	Zwickau	31,6	171,5

Satelliten-Standorte

Satellitenname	Lage in Grad Ost	C	Ku1	Ku2	DBS	Ku3	Satellitenname	Lage in Grad West	C	Ku1	Ku2	DBS	Ku3
MagyarSat	1,5	–	–	x	–	–	Thor	0,8	–	–	–	x	–
Telecomm 1C	3,0	–	–	–	–	x	Intelsat 512	1,0	x	–	x	–	–
Tele X	5,0	–	–	–	x	–	Intelsat 702	1,0	x	–	x	–	–
Sirius	5,0	–	–	–	x	–	Telecom 2B	5,0	x	–	–	–	x
Eutelsat II - F4 M	7,0	–	–	x	–	x	Telecom 2A	8,0	x	–	–	–	x
Eutelsat II - F2	10,0	–	–	x	–	x	Gorizont 11	11,0	x	–	x	–	–
Eutelsat Hot Bird 3	13,0	–	–	x	x	–	Gorizont 4	14,0	x	–	x	–	–
							Inmarsat 2 - F2	15,5	Daten u. Telefon				
Eutelsat Hot Bird 2	13,0	–	–	x	x	–	Inmarsat 3 - F1	15,5	Daten u. Telefon				
							ZSSRD 2	16,0	–	–	x	x	x
Eutelsat II-F6 (Hotbird)	13,0	–	–	x	–	–	Intelsat 515	18,5	x	–	x	–	–
							Intelsat 707	18,5	x	–	x	–	–
Eutelsat II-F1	13,0	–	–	–	–	x	TDF	18,8	–	–	–	x	–
Italsat F1	13,2						TV - Sat 2	19,2	–	–	–	x	–
Eutelsat II-F3	16,0	–	–	x	–	x	Intelsat K	21,5	–	–	x	–	x
ASTRA 1A	19,2	–	–	x	–	–	Intelsat 502	21,5	x	–	x	–	–
ASTRA 1B	19,2	–	–	x	–	–	Express/Gals 2	23,0	–	–	–	x	–
ASTRA 1C	19,2	–	x	–	–	–	Intelsat 605	24,5	x	–	x	–	–
ASTRA 1D	19,2	–	x	–	x	–	Stationar 08	25,0	–	–	–	–	–
ASTRA 1E	19,2	–	–	–	x	–	Intelsat 601	27,5	x	–	x	–	–
ASTRA 1F	19,2	–	–	–	x	–	Hispasat 1A	30,0	–	–	x	x	x
Arabsat 1D	20,0	x	–	–	–	–	Hispasat 1B	30,0	–	–	x	x	x
Eutelsat I-F5	21,5	–	–	x	–	–	Intelsat 705	31,0	x	–	x	–	–
DFS-Kopernikus 1 (FM3)	23,5	–	–	x	–	x	Intelsat 504	31,0	x	–	x	–	–
							Inmarsat 3 - F4	32,0	Daten u. Telefon				
Eutelsat I-F4	25,5	–	–	x	–	–	Intelsat 603	34,5	x	–	x	–	–
Arabsat 2B	26,0	x	–	–	–	–	Orion F1	37,5	–	–	x	–	x
DFS-Kopernikus 2 (FM2)	28,5	–	–	x	–	x	Intelsat-Satelliten	38,0	(x	–	x	–	x)*
							Testar 302	39,0	x	–	–	–	–
Eutelsat	29,0	–	–	x	–	x	PanAmSat I F-2	39,5	x	–	x	–	–
Arabsat 1C	30,0	x	–	–	–	–	Intelsat 708	40,5	x	–	x	–	–
Türksat 2	31,0	–	–	x	–	–	TDRS - A	41,0	x	–	–	–	–
DFS-Kopernikus 3 (FM1)	33,5	–	–	x	–	x	PanAmSat I F-3	43,0	x	–	x	–	–
							Orion F2	43,5	–	–	x	–	x
Stationar 02	35,0	x	–	–	–	–	PanAmSat I F-1	45,0	x	–	x	–	–
Gorizont 12	40,0	x	–	x	–	–	Intelsat 506	50,0	x	–	x	–	–
Türksat 3	42,0	–	–	x	–	–	Intelsat 513	53,0	x	–	x	–	–

World Administrative Radio Conference (WARC) Frequenzplan

Anwendungsbereich	Frequenzband	Frequenzbereich in GHz			
		uplink		downlink	
Inmarsat[1]	L	6,410 ...	6,441	1,530 ...	1,544
Inmarsat	L	6,410 ...	6,441	1,6265 ...	1,6455
Arabsat/Insat	S	5,925 ...	6,045	2,535 ...	2,655
Telemetrie/Daten/TV	CA	5,625 ...	5,925	3,400 ...	3,700
TV/Radio/Daten	C	5,925 ...	6,425	3,700 ...	4,200
Telemetrie/Daten	CA 1	6,625 ...	7,025	4,400 ...	4,800
Militär/Regierung	X	7,900 ...	8,450	7,200 ...	7,750
Industrie/Militär	Ku 1	12,750 ...	13,000	10,700 ...	10,950
TV/Radio/Daten	Ku 2	13,000 ...	13,750	10,950 ...	11,700
TV/Radio/Daten	DBS	13,750 ...	14,550	11,700 ...	12,500
TV/Radio/Daten	Ku 3	14,550 ...	14,750	12,500 ...	12,750
Telemetrie/Daten	Ku 4	14,750 ...	15,250	12,750 ...	13,250
TV/Radio/Daten	K A	27,000 ...	29,900	18,300 ...	21,200
Telemetrie/Daten	K A1	29,900 ...	30,900	21,200 ...	22,200

[1] International Maritime Satellite Organization * geplante Positionen

Mobilkommunikation

Standards bei Mobiltelefonen (digital u. zellular)

System	GSM	ETACS	AMPS	IS - 54	RCR - 27
Anwendung in	Europa	England u. andere Länder	Nordamerika	Nordamerika	Japan
Frequenzbereich in MHz	890 ... 915 / 935 ... 960	872 ... 905 / 917 ... 950	824 ... 849 / 869 ... 894	824 ... 849 / 869 ... 894	800/ 1500
Übertragungsart	digital	analog	analog	analog u. digital	digital
Zugriffsverfahren	TDMA/FDD	FDD	FDD	TDMA/FDD	TDMA/FDD
Modulationsart	GMSK	FM	FM	$\frac{\pi}{4}$ DQPSK	$\frac{\pi}{4}$ DQPSK
Übertragungsrate in kbit/s	270,833	–	–	48,6	42
Trägerfrequenzen	125	1320	832	832	640/480/480
Kanäle pro Trägerfrequenz	8	1	1	3 bzw. 6	3 bzw. 6
Bandbreite in kHz	200	25	30	30	25
Sendeleistung in W	1/5/8/20	0,6/1,2/3	0,6/1,2/3	0,6/1,2/3	0,3/0,8/2

Standards bei kabellosen Telefonsystemen (analog u. digital)

System	CT-1/ CT-14	CT-2	DECT	CT-1	ISM	CT-1	RCR-28 (PHP)
Anwendung in	Europa	Europa	Europa	Nordamerika	Nordamerika	Japan	Japan
Frequenzbereich in MHz	800/ 900	840 ... 844	1880 ... 1900	46/49	915/2450	253/380	1900
Übertragungsart	analog	digital	digital	analog	digital	analog	digital
Zugriffsverfahren	FDD	TDD	TDMA/ TDD	FDD	Spread-Spectrum	FDD	TDMA/ TDD
Modulationsart	FM	GMSK	GMSK	FM	spezifisch	FM	π/4 DQPSK
Übertragungsrate in kbit/s	–	72	1152	–	spezifisch	–	384
Trägerfrequenzen	40/80	40	10	10	50/75	87	TBD
Kanäle pro Trägerfrequenz	1	1	12	1	spezifisch	1	4
Bandbreite in kHz	25	100	1728	20	500/100	12,5	300
Sendeleistung in W	0,01	0,01	0,250	0,0075	< 1	0,01	0,01

Begriffe/Erläuterungen

AMPS	Advanced Mobile Phone System: Fortschrittliches Mobiles Telefon System	GSM	Global System for Mobilecommunication: Globales System für Mobilkommunikation
CT	Cordless Telephone:Schnurloses Telefon	IS	Intersystem: Übergangssystem
DECT	Digital European Cordless Telephone: Digitales Europäisches schnurloses Telefon	ISM	Industriell Scientific Medical: Frequenzbereich für Industrie, Wissenschaft und Medizin
DQPSK	Differential Quadratur Phase Shift Keying: Differentielle Phasenmodulation	Spread-Spectrum	Gespreizte Bandbreite; schmalbandiges Nutzsignal wird über breitbandiges Spektrum übertragen.
ETACS	Extended Total Access Communication System: Erweitertes totales Kommunikationssystem		
FDD	Frequenzy Division Duplex: Verschiedene Frequenzen für Hin- u. Rückübertragung	TDD	Time Division Duplex: Sender u. Empfänger arbeiten auf einer Frequenz, die alternierend zugewiesen wird.
FM	Frequenzmodulation		
GMSK	Gaussian Minimum Shift Keying: Gauß'sche Minimalphasenlagenmodulation	TDMA	Time Division Multiple Access: Vielfachzugriff im Zeitmultiplex

Mobilfunk-Dienste

Frequenz in MHz	Dienst	Frequenz in MHz	Dienst	Frequenz in MHz	Dienst	Frequenz in MHz	Dienst
1400		1710	DCS 1800 Unterband	2000		2400	ISM
1452	T-DAB S-DAB	1785	TFTS (downlink)	2025	Weltraumfunk, Richtfunk (uplink)	2483,5	MobSat (downlink)
1492		1800				2500	LEO
1500		1805	DCS 1800 Oberband	2100			MobSat (downlink)
1525	GEO MobSat (downlink)			2110	FPLMTS	2520	
1559		1880	DECT	2170	MobSat (downlink)		Richtfunk
1600		1900		2200		2600	
1610	LEO MobSat (uplink)		FPLMTS		Weltraumfunk, Richtfunk (downlink)		
1626,5	GEO MobSat (uplink)						
1660,5 / 1670	TFTS (uplink)	1980	MobSat (uplink)			2670	MobSat (uplink)
1675		2000 / 2010		2300		2690	
1700		2025				2700	

T-DAB	**T**errestrial **D**igital **A**udio **B**roadcasting: terrestrischer digitaler Rundfunk
S-DAB	**S**atellite **D**igital **A**udio **B**roadcasting: satellitengestützter Rundfunk
MobSat	**Mob**ile **Sat**ellite: Mobilfunk über Satelliten
DCS 1800	**D**igital **C**ommunication **S**ystem **1800**: Digitale Kommunikation bei 1800
ISM	**I**ndustrial, **S**cientific, **M**edical: Hochfrequenzgeräte u. Kleinleistungsfunkanlagen für Industrie, Forschung u. Medizin
TFTS	**T**errestrial **F**light **T**elephone **S**ystem: Flugzeugtelefon
DECT	**D**igital **E**uropean **C**ordless **T**elecommunication: Digitale Europäische Kommunikation (schnurlos)
FPLMTS	**F**uture **P**ublic **L**and **M**obile **T**elecommunication **S**ystem: zukünftiges öffentliches Land-Mobilkommunikations-System
LEO	**L**ow **E**arth **O**rbit: Umlaufender Satellit (400 km … 1000 km Höhe)
uplink	Aufwärtsrichtung Teilnehmer → Satellit
downlink	Abwärtsrichtung Satellit → Teilnehmer

Begriffe/Erläuterungen

CAIS	**C**ommon **A**ir **I**nterface **S**tandard: Gemeinsame Luftschnittstelle
CCH	**C**ontrol **CH**annel: Steuerkanal
CCIR	**C**omité **C**onsultatif **I**nternational des **R**adiocommunication: Internationaler beratender Ausschuß für Funkdienst
DSSR	**D**igital **S**hort **R**ange **R**adio: Digitaler Nahbereichsfunk
DVB	**D**igital **V**ideo **B**roadcasting: Digitale Video-Übertragung
ERMES	**E**uropean **R**adio **M**essaging **S**ystem: Paneuropäischer Funkrufdienst
EUTELSAT	**Eu**ropean **Tel**ecommunication **Sat**ellite Organization: Europäische Organisation für Satellitenkommunikation
Inmarsat	**In**ternational **Mar**itime **Sat**ellite Organization: Internationale Organisation für Satelliten-Seefunk
LAI	**L**ocal **A**rea **I**dentification: Bereichskennung
PCS	**P**ersonal **C**ommunication **S**ervices: Persönliches Kommunikations-System
RLAN	**R**adio **L**ocal **A**rea **N**etwork: Funknetzwerk
TCH	**T**raffic **CH**annel: Verkehrskanal
UMTS	**U**niversal **M**obile **T**elecommunication **S**ystem: Universelles Mobil-Telekommunikations-System
WARC	**W**orld **A**dministrativ **R**adio **C**onference: Weltweite Vereinigung zur Abstimmung der Funkfrequenzen
WBAX	**W**ireless Private **A**utomatic **B**ranch E**x**change: Schnurlose private Nebenstellenanlage

Global System for Mobile Communication (GSM)

- **GSM**: **G**lobal **S**ystem for **M**obile Communication (Mobilfunksystem). Frühere Bezeichnung: Groupe Spéciale-Mobiles.
- Europaweit eingeführtes Mobilfunksystem (weitere Länder planen ebenfalls die Einführung; z. B. China, Rußland, Australien)
- Dienste im GSM orientieren sich an den Diensten im ISDN.
- Neben Sprachdiensten werden auch Datendienste angeboten.
- Versorgungsgebiet ist in Funkbereiche aufgeteilt (Funkzelle max. 35 km Durchmesser).

Netzarchitektur

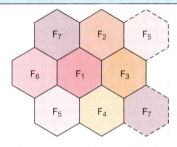

$F_1 \ldots F_7$: Funkzellen mit fest zugeteilten Frequenzbündeln. Wegen begrenzter Reichweite können Frequenzbündel in anderen Zellen wieder verwendet werden.

Technische Daten

Funkübertragung erfolgt nach **TDMA**-Prinzip (**T**ime **D**ivision **M**ultiple **A**ccess: Zeitschlitz mit Vielfachzugriff).

Frequenzen	
Uplink (UL) Mobilstation → Basisstation	890 ... 915 MHz
Downlink (DL) Basisstation → Mobilstation	935 ... 960 MHz
Kanalraster	200 kHz
Trägerfrequenzen (gesamt)	2 x 124
Bitrate (gesamt)	270,833 kBit/s
Sprachkanal	13 kBit/s
Anzahl Sprachkanäle/Träger	8
Modulationsverfahren	GMSK
Modulationsindex	0,3

Netzkonfiguration

Endgeräte	Radiosystem	Vermittlungstechnik	Registerfunktionen

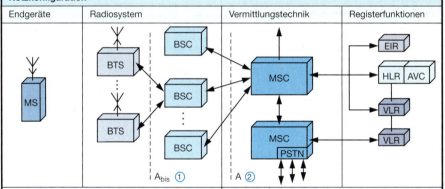

MS (**M**obile **S**tation)

Teilnehmereinrichtung; Teilnehmer wird unabhängig vom Gerät über **SIM** (**S**ubscriber **I**dentity **M**odul: Teilnehmer Erkennungs-Modul) identifiziert.

BTS (**B**ase **T**ransceiver **S**tation)

Basisstation versorgt jeweils eine Funkzelle und wickelt Funkverkehr mit Mobilstationen über Luftschnittstelle U_m ab.

BSC (**B**ase **S**tation **C**ontroller)

- Steuert eine oder mehrere BTS.
- Ist über Datenleitungen (A_{bis}-Schnittstelle) ① mit den BTS verbunden.
- Verwaltet die Funkkanäle.
- Steuert HF-Leistung der Basis- u. Mobilstationen und Handover zwischen BTS.

MSC (**M**obile **S**witching **C**entre)

- Mobilfunkvermittlungsstelle verwaltet die BSC's und stellt den Übergang in das Drahtnetz (PSTN-Public Switched Telephone Network) her.
- Verbindung zwischen MSC und BSC mit Kupferleitungen oder Richtfunkverbindungen über A-Schnittstelle. ②
- Führt zentrale Steuerung durch, z. B. für
  - Gesprächsaufbau und Gesprächsabbau,
  - Location Update (Orts-Aktualisierung),
  - Handover (Gesprächsweitergabe) zwischen verschiedenen BSC's bzw. MSC's
  - Wegesuche im Netz,
  - Schaltung von Echokompensatoren,
  - Gebührenermittlung

Global System for Mobile Communication (GSM)

HLR (Home Location Register)

Heimat-Standortverzeichnis
- Jeder Teilnehmer ist in einem HLR gespeichert.
- Zusätzlich sind auch der aktuelle Aufenthaltsort und alle Berechtigungen innerhalb des Netzes gespeichert.

EIR (Equipment Identity Register)

Geräte-Kennungsverzeichnis
- Verwaltet die Teilnehmer- und Gerätenummern.
- Bei Diebstahl kann das Gerät durch einen Eintrag im EIR gegen Weiterbenutzung gesperrt werden.

VLR (Visitor Location Register)

Besucher-Standortverzeichnis
- Enthält Daten von Teilnehmern, die sich in diesem Bereich aufhalten.
- Bei Verlassen diese Bereiches werden die Daten hier gelöscht und im neuen VLR eingetragen (Handover-Funktion).

AUC (Authentication Center)

Authentisierungszentrum
- Jedem Teilnehmer wird bei Einrichtung des Zugangs ein individueller Schlüssel zugeteilt und im AUC verwaltet.
- Verhindert unerlaubten Zugriff auf das Netz von nicht zugelassenen Teilnehmern.

Signalübertragung

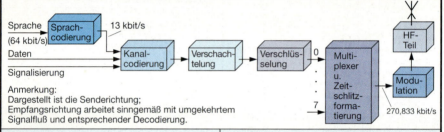

Anmerkung:
Dargestellt ist die Senderichtung;
Empfangsrichtung arbeitet sinngemäß mit umgekehrtem Signalfluß und entsprechender Decodierung.

Sprachcodierung
- Sprachdatenstrom mit 64 kbit/s wird unterteilt in 20 ms lange Abschnitte.
- Datenwerte werden untersucht und Prognose für nächsten Datenwert gebildet.
- Übertragen wird lediglich die Differenz zwischen wirklichem Wert und prognostiziertem Wert.
- Damit wird die Datenrate auf 13 kbit/s reduziert (Full Rate Coder: Vollratencodierung).
- Pro Funkfrequenz sind so 8 Telefongespräche gleichzeitig möglich.
- Zukünftig wird Half Rate Codierung (Halbraten Codierung, mit 6 kbit/s eingesetzt; 16 Gespräche gleichzeitig pro Frequenz)

Kanalcodierung
- Fügt zusätzliche Bits in die zu übertragenden Daten ein, um Störungen auf der Luftschnittstelle zu überbrücken.
- Empfänger kann durch mathematische Verfahren fehlerhafte Bits erkennen und korrigieren.

Verschachtelung
- Datenbits von verschiedenen 20 ms-Abschnitten werden untereinander verschachtelt und auf verschiedene Zeitschlitze im Funkkanal verteilt.
- Bei Übertragungsausfällen sind dadurch nur wenige Bits aus verschiedenen Sprachabschnitten betroffen. Die Kanalcodierung kann diese Störungen aufheben.

Verschlüsselung
- Daten werden durch mathematisches Verfahren verwürfelt (Kryptografie).
- Sicherheitsmechanismus, der die Übertragung gegen Abhören und Verfälschung schützt (Teilnehmer bleibt geschützt).

Multiplexer/Zeitschlitzformatierung
- Bildet das Modulationssignal.
- Formatiert die Zeitschlitze.
- In der Basisstation werden die übrigen Zeitschlitze hinzugefügt.

TDMA-Rahmenstruktur

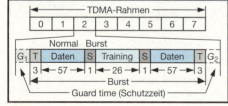

TDMA-Rahmen	4,615 ms	156,25 bit
Zeit/bit	3,692 µs	1 bit
Burst	564,4 µs	148 bit
$G_1 + G_2$	30,5 µs	8,25 bit

T (Tail bit): Anhangsbit
S (Stealing Flag): Kennbit zur Unterscheidung Signalisierung o. Verkehrsdaten

6 Informationstechnik

Verknüpfungsbausteine 264
Vereinfachung mit K-V-Tafeln 265
Monostabile Kippstufe,
    nachtriggerbar 266
Datenbustreiber 266
Bistabile Kippglieder 267
Schmitt-Trigger 268
Abhängigkeitsnotation bei
    digitalen Schaltgliedern 269
Synchrone Zähler 270
Decoder 271
Demultiplexer 271
Multiplexer 271
Schieberegister 272
Komparator 272
Logikfamilien 273
Analog-Digital-Umsetzer 274
Digital-Analog-Umsetzer 274
Zahlen-Codes 275
Alphanumerische Codes 276
Grundbegriffe der Codierung 276
ASCII-Code 277
Mikroprozessor 278
Befehlsliste für 8 Bit Mikropro-
    zessor 8085 279
Befehlscode in hexadezimaler
    Reihenfolge 282
Mikroprozessor, 32 Bit
    (Intel 80486) 283
Mikroprozessor, 64 Bit
    (Intel Pentium) 284
Reduced Instruction Set
    Computer (RISC) 285
Peripheral Component Interface
    (PCI) 286
Small Computer System
    Interface (SCSI) 287
Digitale Signalprozessoren (DSP) . 288
Halbleiterspeicher 289
Schreib-Lese-Speicher 289
Festwert-Speicher 291
ASIC (Anwenderspezifische IC) ... 292
Disketten 293
Festplattenkennzeichnungen 293
Personal Computer Memory
    Card International Association
    (PCMCIA) 294

Karten 295
Paralleler Ein-/Ausgabebau-
    stein 8255 296
Serieller Ein-/Ausgabebau-
    stein 8251 297
Einchip-Mikroprozessor 8751 298
Befehlscode für 8051 in hexa-
    dezimaler Reihenfolge 299
Einchip-Mikroprozessor 80515 ... 300
Mathematischer Co-Pro-
    zessor 80287 301
Quarzoszillatoren für
    Mikrocomputeranwendungen ... 302
IC-Gehäuseformen 303
Personalcomputer (PC) 304
MSDOS 305
BASIC 305
Pascal 306
Serielle Schnittstelle
    (V.24, RS-232) 307
Begriffe und Formeln zur Daten-
    übertragung 308
PC-Schnittstellen 309
IEC-BUS-Schnittstelle 312
I^{2}C-BUS 313
Profibus 314
Elektrische Eigenschaften der
    Schnittstellenleitungen
    (RS 422B) 315
Elektrische Eigenschaften der
    Schnittstellenleitungen
    (RS 423A) 316
Elektrische Eigenschaften der
    Schnittstellenleitungen (RS 485) . 317
Strichcode 318
Dateneingabegeräte 319
Datenausgabegeräte 320
Bildschirmarbeitsplätze 322
Regeln zur Erstellung von Plänen,
    Sinnbilder 323
Programmablaufplan, Struktо-
    gramm 324
Programmiersprachen 325
Phasen der Programment-
    wicklung 326
Datendokumentation 327
Programmdokumentation 328

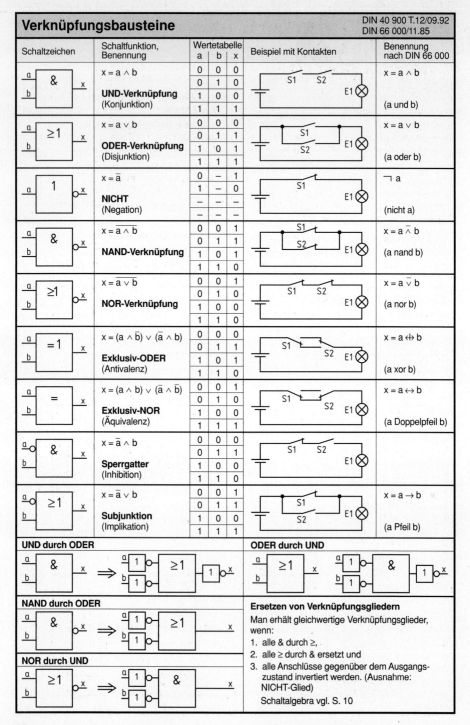

Vereinfachungen mit K-V-Tafeln

Regeln

- Karnaugh-Veitch-Diagramme (K-V-Diagramme, K-V-Tafeln) sind grafische Verfahren zur Vereinfachung von Schaltfunktionen.
- Die Anzahl a der Felder in der K-V-Tafel ist abhängig von der Anzahl n der Eingangsvariablen: $a = 2^n$.
- Angeordnet werden die Eingangsvariablen in der Form, daß jeweils von Spalte zu Spalte und von Zeile zu Zeile nur eine Variable geändert wird.
- In die Felder werden die Werte aus der Wertetabelle eingetragen.
- Felder, die nicht belegt sind, können je nach gewählter Methode mit 0 oder 1 ergänzt werden.
- **Mintermmethode:** möglichst viele Felder, die eine 1 enthalten (Vollkonjunktionen) zu 2er-, 4er-, 8er- oder 16er-Blöcken zusammenfassen.
- Es dürfen nur die Vollkonjunktionen zusammengefaßt werden, die mit einer Seite aneinanderstoßen (nicht mit Ecken).
- Variable innerhalb eines Blockes, die negiert und nicht negiert auftreten, entfallen.
- Die je Block verbleibenden Variablen werden UND-verknüpft.
- Diese UND-Verknüpfungen werden durch ODER-Verknüpfungen zusammengefaßt und ergeben die minimierte Schaltfunktion.
- **Maxtermmethode:** Vereinfachen zum Zusammenfassen und reduzieren wie bei der Mintermmethode mit den Feldern, die eine 0 enthalten.
- Variable innerhalb der Blöcke werden ODER-verknüpft.
- ODER-Verknüpfungen werden mit UND verknüpft und ergeben die minimierte Schaltfunktion.
- K-V-Tafeln werden nur für bis zu 5 Eingangsvariable aufgestellt.

Wertetabelle — Beispiel für 2 Variable

	a	b	x	Vollkonjunktion	Volldisjunktion
1	0	0	1	$x = \bar{a} \wedge \bar{b}$	
2	0	1	0		$\bar{x} = a \vee \bar{b}$
3	1	0	1	$x = a \wedge \bar{b}$	
4	1	1	0		$\bar{x} = \bar{a} \vee b$

K-V-Tafel (Minimierte Funktionsgleichung) — 2 Variable

Mintermmethode:

	$\bar{a}$	a
$\bar{b}$	1	1
b	0	0

$x = \bar{b}$

Maxtermmethode:

	$\bar{a}$	a
$\bar{b}$	1	1
b	0	0

$\bar{x} = b$

Beispiel für 3 Variable

	a	b	c	x	
1	0	0	0	1	$x = \bar{a} \wedge \bar{b} \wedge \bar{c}$
2	0	0	1	1	$x = \bar{a} \wedge \bar{b} \wedge c$
3	0	1	0	1	$x = \bar{a} \wedge b \wedge \bar{c}$
4	0	1	1	0	$\bar{x} = a \vee \bar{b} \vee \bar{c}$
5	1	0	0	1	$x = a \wedge \bar{b} \wedge \bar{c}$
6	1	0	1	0	$\bar{x} = \bar{a} \vee b \vee \bar{c}$
7	1	1	0	0	$\bar{x} = \bar{a} \vee \bar{b} \vee c$
8	1	1	1	0	$\bar{x} = \bar{a} \vee \bar{b} \vee \bar{c}$

Mintermmethode (3 Variable):

	$\bar{a}$		a	
$\bar{b}$	1	1	0	1
b	1	0	0	0
	$\bar{c}$	c		$\bar{c}$

$x = (\bar{a} \wedge \bar{c}) \vee (\bar{b} \wedge \bar{c}) \vee (\bar{a} \wedge \bar{b})$

Maxtermmethode (3 Variable):

	$\bar{a}$		a	
$\bar{b}$	1	1	0	1
b	1	0	0	0
	$\bar{c}$	c		$\bar{c}$

$\bar{x} = (a \vee c) \wedge (b \vee c) \wedge (a \vee b)$

K-V-Tafel für 4 Variable

	$\bar{a}$		a	
$\bar{b}$				$\bar{d}$
				d
b				d
				$\bar{d}$
	$\bar{c}$	c		$\bar{c}$

K-V-Tafel für 5 Variable

	$\bar{a}$		a			$\bar{a}$		a	
$\bar{b}$									$\bar{d}$
									d
b									d
									$\bar{d}$
	$\bar{c}$	c	$\bar{c}$			$\bar{c}$	c	$\bar{c}$	
		$\bar{e}$					e		

Monostabile Kippstufe, nachtriggerbar

Schaltzeichen

74 LS 123

	A	14	6
	B	15	7
	C	1	9
	D	2	10
	E	3	11
	F	13	5
	H	4	12

Anschlußbelegung

Wertetabelle

Eingänge			Ausgänge	
Rücksetzen	A	B	Q	$\bar{Q}$
0	x	x	0	1
x	1	x	0	1
x	x	0	0	1
1	0	↑	⊓	⊔
1	↓	1	⊓	⊔
↑	0	1	⊓	⊔

x: Wert beliebig
↑: Wechsel von 0 nach 1   ⊓: Ausgangsimpuls an Q
↓: Wechsel von 1 nach 0   ⊔: Ausgangsimpuls an $\bar{Q}$

Ausgangsimpulsbreite bei $C_{Ext} > 1000$ pF

mit R_T in kΩ
C_{Ext} in pF
t_w in ns
K siehe Kurve

$t_w = K \cdot R_T \cdot C_{Ext}$
t_w: Ausgangsimpulsbreite
K: Korrekturfaktor

Ausgangsimpulsbreite bei $C_{Ext} \leq 1000$ pF

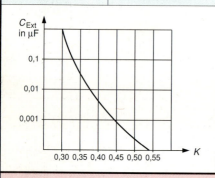
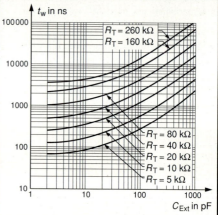

Datenbustreiber

Achtfach, nicht invertierend	Achtfach, invertierend	Achtfach, bidirektional	Vierfach, bidirektional
74 LS 244	74 LS 240	74 LS 245	74 LS 242

Bistabile Kippglieder

DIN 40 900 T.12/09.92

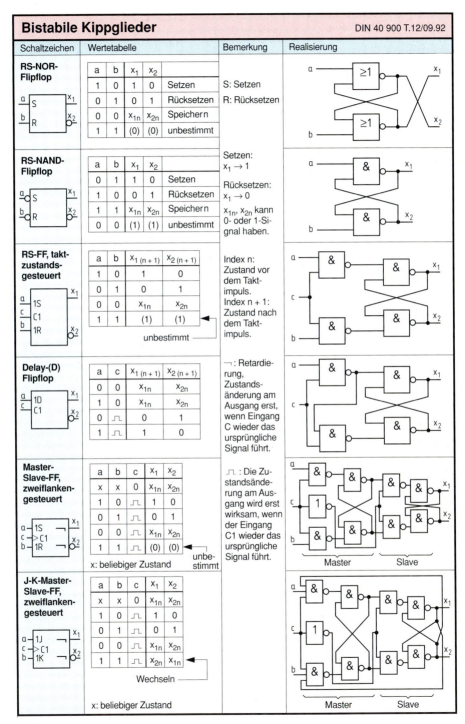

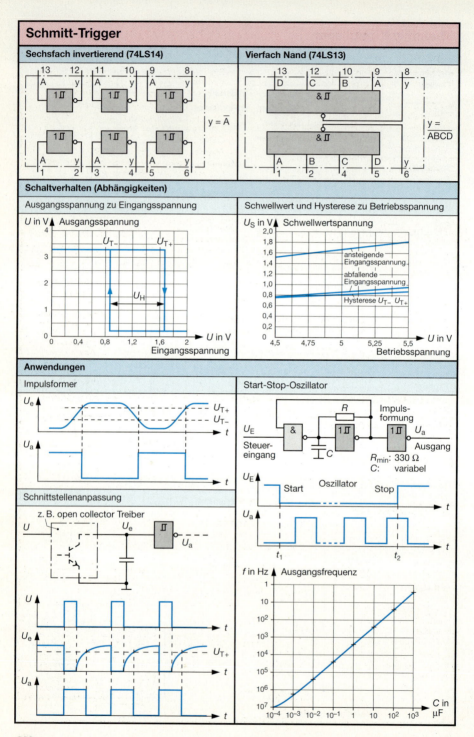

Abhängigkeitsnotation bei digitalen Schaltgliedern — DIN 40 900 T.12/09.92

Regeln

- Abhängigkeitsnotation gibt die Beziehungen zwischen Ein-, Ausgängen oder Ein- und Ausgängen bei digitalen Schaltgliedern an.
- Steuernde Eingänge werden mit festgelegten Buchstaben und einer Kennzahl bezeichnet.
- Ein- oder Ausgänge, die von diesem Eingang gesteuert werden, werden mit derselben Kennzahl bezeichnet.
- Die Kennzahl des gesteuerten Ein- oder Ausgangs wird negiert, wenn die Steuerung durch das Komplement des internen Logik-Zustandes des Steuereinganges erfolgt.
- Sind zusätzliche Bezeichnungen für gesteuerte Ein- oder Ausgänge erforderlich, sind die Kennzahlen diesen Bezeichnungen voranzustellen.
- Steuern mehrere Eingänge einen Ein- oder Ausgang, werden die Kennzahlen der steuernden Eingänge in der Reihenfolge der Wirkung angegeben (von links nach rechts).
- Steuernde Eingänge mit unterschiedlichen Buchstaben müssen unterschiedliche Kennzahlen haben (Ausnahme: Buchstabe A).

Abhängigkeitsarten

Kennbuchstabe	Abhängigkeitsart	Verhalten gesteuerter Ein- u. Ausgänge, wenn steuernder Eingang = 1	Verhalten gesteuerter Ein- u. Ausgänge, wenn steuernder Eingang = 0	Kennbuchstabe	Abhängigkeitsart	Verhalten gesteuerter Ein- u. Ausgänge, wenn steuernder Eingang = 1	Verhalten gesteuerter Ein- u. Ausgänge, wenn steuernder Eingang = 0
G	UND	Funktion freigegeben	0-Zustand	EN	Freigabe	Funktion erlaubt	Funktion verhindert bei gesteuerten Eingängen; offene und Tri-state-Ausgänge extern hochohmig; passive Pulldown-Ausgänge: hochohmiges 0-Signal; passive Pullup-Ausgänge: hochohmiges 1-Signal; andere Ausgänge: 0-Zustand
V	ODER	1-Zustand	Funktion freigegeben				
N	Negation	Zustand komplementiert	keine Funktion				
A	Adressen	Funktion freigegeben	Funktion verhindert				
C	Steuerung	Funktion freigegeben	Funktion verhindert				
M	Mode	Funktion freigegeben	Funktion verhindert				
R	Rücksetzen	gesteuerter Ausgang gesetzt	keine Wirkung				
S	Setzen	gesteuerter Ausgang rückgesetzt	keine Wirkung				
Z	Verbindung	1-Zustand	0-Zustand				

Funktion bedeutet: gesteuerte Eingänge üben ihre definierte Wirkung auf das Element aus; gesteuerte Ausgänge nehmen den durch das Element definierten internen Logik-Zustand an

Beispiele für Abhängigkeiten

UND

a —[G1]— , b —[1]— ≙ a —[&]— , b —[ ]—

a = 0: interner Zustand = 0
a = 1: interner Zustand durch Eingang b bestimmt

ODER

a —[1]— , b —[V1]— ≙ a —[≥1]— , b —[ ]—

a = 0: interner Zustand durch Eingang b bestimmt
a = 1: interner Zustand = 1

Negation

a —[1]— , b —[N1]— ≙ a —[=1]— , b —[ ]—

a = 0: interner Zustand durch b bestimmt
a = 1: interner Zustand von b komplementiert

Steuerung

a —[C1]— , b —[1D]— ≙ a —[&S / &R]— b

Verwendung bei sequentiellen Elementen; kennzeichnet z. B. Takt

Setzen

a —[S1 1]— c, b —[R 1]— d

a	b	c	d
0	0	unverändert	
0	1	0	1
1	0	1	0
1	1	1	0

Rücksetzen

a —[S 1]— c, b —[R1 1]— d

a	b	c	d
0	0	unverändert	
0	1	0	1
1	0	1	0
1	1	0	1

Freigabe

a —[1∇]— c, b —[EN1]—

b	c
0	hochohmig
1	a

Mode

d —[▷C3]— , a —[0]— }M 0/1 , b —[0,3D]— , c —[1,3D]—

Mode 0 (a = 0): laden Eingang b
Mode 1 (a = 1): Laden Eingang c

Adressen

a —[0]— , b —[1]— }A 0/7 , c —[2]— , d —[C1]— , e —[A, 1D ¬A]— , f —[ ]—

Speicherfeld mit 8 Wörtern (A0…A7) zu je 2 Bit durch zwei-zustandsgesteuertes Flipflop realisiert

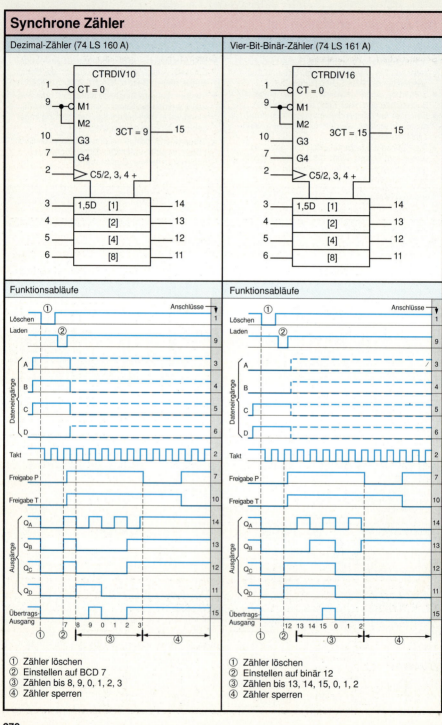

Decoder

BCD- zu Dezimal-Decoder / Prioritäts-Decoder 8 zu 3

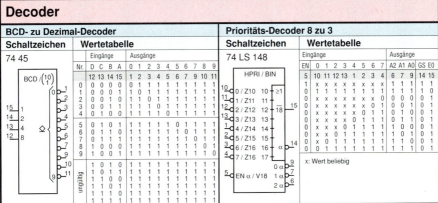

BCD- zu Sieben-Segment

Schaltzeichen / Wertetabelle

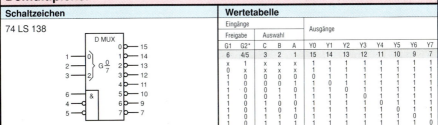

BI ≙ Blanking Input: alle Ausgänge abgeschaltet; RBI ≙ Ripple Blanking Input: Übertragungseingang für 0-Ausblendung; RBO ≙ Ripple Blanking Output: Übertragungsausgang für 0-Ausblendung; LT ≙ Lamp Test: Lampen Test; E: Ein; A: Aus; x: Wert beliebig.

Demultiplexer

Multiplexer

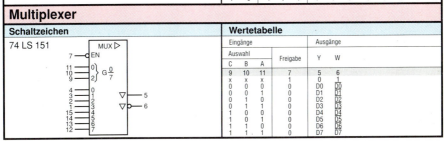

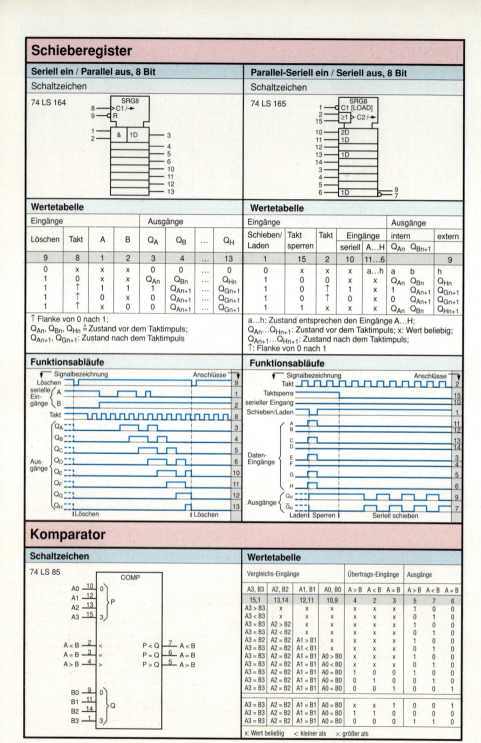

Logikfamilien

Abkürzung	Bedeutung	Kennzeichnung	Temp.-Bereich in °C	Betriebsspannung in V	Kennzeichnung	Temp.-Bereich in °C	Betriebsspannung in V
TTL	Transistor-Transistor-Logik	74…	0…70	4,75…5,25			
S-TTL	Schottky-TTL	74 S…	−40…+85	4,75…5,25	54S…	−55…+125	4,5…5,5
LS-TTL	Low-Power-Schottky-TTL	74 LS…	−40…+85	4,75…5,25	54LS…	−55…+125	4,5…5,5
ALS	Advanced-Low-Power-S-TTL	74 ALS…	−40…+85	4,5…5,5	54ALS…	−55…+125	4,5…5,5
LSL (DTLZ)	Langsame-Störsichere-Logik	FZH…1	0…70	13,5…17	FZH…5	−25…+85	13,5…17
ECL	Emitter-Coupled-Logik	FYH…	+15…+55	−5	MC 10…	−30…+85	−5
CMOS	Complementary-Metal-Oxide-Semiconductor	4000 B	−40…+85	3…15	4000 B	−55…+125	3…15
HCMOS	High-Speed-CMOS-Logik	74 HC…	−40…+85	2…6	54 HC…	−55…+125	2…6
AC	Advanced-CMOS-Logik	74 AC…	−40…+85	3…5,5	54 AC	−55…+125	3…5,5

Logikpegel, Signallaufzeit, Störspannung

Technologie	V_{IH} in V	V_{IL} in V	V_{OH} in V	V_{OL} in V	t_p in ns	mittl. stat. Störspg. in V
Standard TTL	> 2,0	< 0,8	> 2,4	< 0,4	10	1
S-TTL	> 2,0	< 0,8	> 2,7	< 0,5	3	1
LS-TTL	> 2,0	< 0,8	> 2,7	< 0,5	10	0,8
ALS	> 2,0	< 0,7	> (U_s − 2 V)	< 0,4	8	0,8
ECL	< −5	> −1,6	< −5	> −1,7	2–5	0,4
CMOS	4,0 … 8,0	1,0…2,0	4,5…9,0	< 0,5	50	$0,5 \cdot U_s$
HCMOS (U_s = 4,5 V)	> $0,7 \cdot U_s$	< $0,2 \cdot U_s$	> (U_s − 0,5 V)	< 0,4	10	$0,5 \cdot U_s$
AC	> $0,7 \cdot U_s$	< $0,3 \cdot U_s$	> (U_s − 0,5 V)	< 0,5	6	$0,5 \cdot U_s$

V_{IH}: Eingangsspannung bei H-Pegel
V_{IL}: Eingangsspannung bei L-Pegel
V_{OH}: Ausgangsspannung bei H-Pegel
V_{OL}: Ausgangsspannung bei L-Pegel

$$\text{Fan out} = \frac{\text{min. Ausgangsstrom des Senders}}{\text{max. Eingangsstrom der Empfänger}}$$

t_p: Signallaufzeit (im Mittel)
Eingangslastfaktor (Fan in):
 Vielfaches einer normalen log. Eingangslast
Ausgangslastfaktor (Fan out):
 Vielfaches der Eingangslasten, mit denen ein Ausgang belastet werden darf.
Parasitäre Eingangskapazitäten beachten!

Beispiele (1 Gatter)

TTL-NAND-Glied

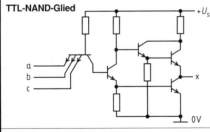

ECL-NOR-Glied

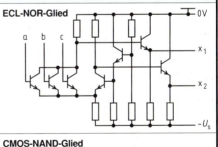

LS-TTL-NAND-Glied

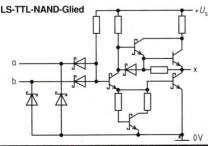

CMOS-NAND-Glied

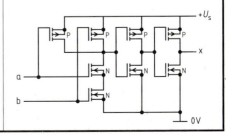

Analog-Digital-Umsetzer

Parallelverfahren	Wägeverfahren	Zählverfahren
• Eingangsspannung wird **gleichzeitig** mit n festen Referenzspannungen verglichen. • Ergebnis wird in einem Schritt ermittelt.	• Eingangsspannung wird **nacheinander** mit n-Referenzspannungen verglichen. • Anzahl der Referenzspannungen entspricht der Stellenzahl der dualen Ausgangszahl.	• Eingangsspannung wird mit **einer** Referenzspannung verglichen (kleinster Wert ≙ LSB). • Dieser Wert wird so oft aufaddiert, bis Wert der Eingangsspannung erreicht ist.

Merkmale	M	A	G	Merkmale	M	A	G	Merkmale	M	A	G
• Direkter-Umsetzer (auch als Flash-Umsetzer bezeichnet)	s	h	g	• Nachlaufverschlüssler	m	m	h	• Pulsbreiten-Umsetzer	n	g	m
				• Stufenrampen-Umsetzer	l	m	h	• Sägezahn-Umsetzer	n	ng	m
• Parallel-Seriell-Umsetzer	s	h	g	• Sukzessive Annäherung	h	m	h	• Dual-Slope-Umsetzer	n	m	h
				• Ladungsübertragung	n	m	m				
				• Subtraktions-Umsetzer	h	m	g				

M ≙ Meßgeschwindigkeit; A ≙ Aufwand; G ≙ Genauigkeit; s ≙ sehr hoch; h ≙ hoch; g ≙ gering; m ≙ mittel; l ≙ langsam; n ≙ niedrig; ng ≙ noch gering

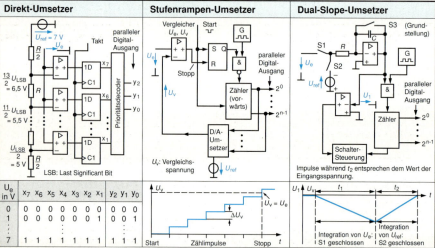

U_e in V	x_7	x_6	x_5	x_4	x_3	x_2	x_1	y_2	y_1	y_0
0	0	0	0	0	0	0	0	0	0	0
1	0	0	0	0	0	0	1	0	0	1
⋮										
7	1	1	1	1	1	1	1	1	1	1

Genauigkeit von Analog-Digital-Umsetzern ist bestimmt durch statische und dynamische Fehler.

Statischer Fehler: (Quantisierungsfehler) ist so groß, wie die halbe Änderung der Eingangsspannung um die Zahl in der niedrigsten Stelle zu ändern ($\pm 1/2$ LSB).

Dynamischer Fehler: entsteht durch Änderung des Eingangssignals während der Umsetzung (Abtastfrequenz muß doppelt so hoch sein wie Signalfrequenz).

Digital-Analog-Umsetzer

Parallelverfahren	Wägeverfahren	Zählverfahren
• Für jede umzusetzende digitale Zahl ist eine diesem Wert entsprechende Spannungsquelle erforderlich. • Die Spannungsquellen werden einzeln, getrennt eingeschaltet.	• Jedem Digitaleingang ist eine unterschiedlich gewichtete Spannungs- oder Stromquelle zugeordnet. • Sie werden entsprechend der anliegenden Dualzahl eingeschaltet und aufsummiert.	• Beim Sägezahnverfahren wird nur eine Referenzspannung benötigt. • Digitalwert wird im Zähler auf Null gezählt. Benötigte Zeit ist proportional zum Digitalwert.

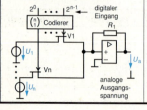

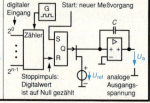

Zahlen-Codes

- Codieren bedeutet den gegebenen Vorrat an Symbolen eines Zeichensatzes den Symbolen eines anderen Zeichensatzes zuzuordnen.
  Codieren erfolgt aus verschiedenen Gründen:
- Bei Datenübertragung: Einfache und zeitsparende Übertragung der Symbole.
- Für Datensicherheit: Daten möglichst schwer entschlüsselbar (kryptologische Codierungen).
- Für Datenverarbeitung: Mathematische Operationen mit geringem technischen Aufwand durchführen.

- Überwiegend verwendet werden binäre Codes.
- Besondere Bedeutung haben die Codes, bei denen die Codewörter aus gleich vielen Elementen bestehen (z. B. vier Bit).
- Bei n Elementen pro Codewort und v unterscheidbaren Zuständen pro Element sind $M = v^n$ Codewörter darstellbar. (Binärsystem mit $v = 2$ ist $M = 2^n$.)

Tetradische Codes

- Bestehen aus vier Bit (Tetrade) je Codewort.
- Codieren die Dezimalziffern 0…9.

- Enthalten sechs Codewörter (Dezimalzahlen 10…15), die nicht verwendet werden (Pseudotetraden).

Mehrschrittige Tetradische Codes

- Ändern mehrere Binärstellen beim Übergang von einem Codewort zum folgenden.
- BCD-Code: Binary-Coded Decimals (binärcodierte Dezimalziffern), geeignet für Addition.
- Aiken-Code: geeignet für Addition und Subtraktion.

Einschrittige Tetradische Codes

- Ändern nur eine Binärstelle beim Übergang von einem Codewort zum folgenden.
- Angewendet bei Analog-Digital-Umsetzern (z. B. Winkelcodierern).

Dezimal-Ziffer	BCD-Code	Aiken-Code	Gray-Code	Glixon-Code	O'Brien-Code
0	0 0 0 0	0 0 0 0	0 0 0 0	0 0 0 0	0 0 0 1
1	0 0 0 1	0 0 0 1	0 0 0 1	0 0 0 1	0 0 1 1
2	0 0 1 0	0 0 1 0	0 0 1 1	0 0 1 1	0 0 1 0
3	0 0 1 1	0 0 1 1	0 0 1 0	0 0 1 0	0 1 1 0
4	0 1 0 0	0 1 0 0	0 1 1 0	0 1 1 0	0 1 0 0
5	0 1 0 1	1 0 1 1	0 1 1 1	0 1 1 1	1 1 0 0
6	0 1 1 0	1 1 0 0	0 1 0 1	0 1 0 1	1 1 1 0
7	0 1 1 1	1 1 0 1	0 1 0 0	0 1 0 0	1 0 1 0
8	1 0 0 0	1 1 1 0	1 1 0 0	1 1 0 0	1 0 1 1
9	1 0 0 1	1 1 1 1	1 1 0 1	1 0 0 0	1 0 0 1
Wertigkeit	8 4 2 1	2 4 2 1			
Stelle	4 3 2 1	4 3 2 1	4 3 2 1	4 3 2 1	4 3 2 1

Höherstellige Codes

- Verwenden mehr als vier Stellen zur Darstellung eines Codewortes.
- 2 aus 5-Code: gleichgewichtiger Code; jeweils zwei von fünf Stellen sind in jedem Codewort mit 1 besetzt; fehlererkennbar.

- 1 aus 10-Code: fehlererkennbar.
- Libaw-Craig-Code: einschrittiger Code.
- Biquinär-Code: 2 aus 7-Code

Dezimal-Ziffer	2 aus 5-Code	1 aus 10-Code	Libaw-Craig-Code	Biquinär-Code
0	0 0 0 1 1	0 0 0 0 0 0 0 0 0 1	0 0 0 0 0	1 0 0 0 0 0 1
1	0 0 1 0 1	0 0 0 0 0 0 0 0 1 0	0 0 0 0 1	1 0 0 0 0 1 0
2	0 0 1 1 0	0 0 0 0 0 0 0 1 0 0	0 0 0 1 1	1 0 0 0 1 0 0
3	0 1 0 0 1	0 0 0 0 0 0 1 0 0 0	0 0 1 1 1	1 0 0 1 0 0 0
4	0 1 0 1 0	0 0 0 0 0 1 0 0 0 0	0 1 1 1 1	1 0 1 0 0 0 0
5	0 1 1 0 0	0 0 0 0 1 0 0 0 0 0	1 1 1 1 1	0 1 0 0 0 0 1
6	1 0 0 0 1	0 0 0 1 0 0 0 0 0 0	1 1 1 1 0	0 1 0 0 0 1 0
7	1 0 0 1 0	0 0 1 0 0 0 0 0 0 0	1 1 1 0 0	0 1 0 0 1 0 0
8	1 0 1 0 0	0 1 0 0 0 0 0 0 0 0	1 1 0 0 0	0 1 0 1 0 0 0
9	1 1 0 0 0	1 0 0 0 0 0 0 0 0 0	1 0 0 0 0	0 1 1 0 0 0 0
Stelle	5 4 3 2 1	9 8 7 6 5 4 3 2 1 0	5 4 3 2 1	6 5 4 3 2 1 0

Nichtdekadische Codes

- Zahlen werden vollständig in einem Codewort dargestellt.
- Codes müssen auf die Menge der zu codierenden Zahlen ausgelegt sein.

Dezimal-Ziffer	Dual-Code	Hamming-Code	Dezimal-Zahl	Dual-Code	Hamming-Code
0	0 0 0 0	0 0 0 0 0 0 0	8	1 0 0 0	1 0 0 1 0 1 1
1	0 0 0 1	0 0 0 0 1 1 1	9	1 0 0 1	1 0 0 1 1 0 0
2	0 0 1 0	0 0 1 1 0 0 1	10	1 0 1 0	1 0 1 0 0 1 0
3	0 0 1 1	0 0 1 1 1 1 0	11	1 0 1 1	1 0 1 0 1 0 1
4	0 1 0 0	0 1 0 1 0 1 0	12	1 1 0 0	1 1 0 0 0 0 1
5	0 1 0 1	0 1 0 1 1 0 1	13	1 1 0 1	1 1 0 0 1 1 0
6	0 1 1 0	0 1 1 0 0 1 1	14	1 1 1 0	1 1 1 1 0 0 0
7	0 1 1 1	0 1 1 0 1 0 0	15	1 1 1 1	1 1 1 1 1 1 1

Alphanumerische Codes (Buchstaben- und Ziffern-Codes)

ASCII-Code

American **S**tandard **C**ode for **I**nformation-**I**nterchange: Standard Code für Datenaustausch.
- 7-Bit-Code (128 Zeichen) und Paritätsbit gerade.
- Enthält Zeichen für Steuerungsfunktionen:
  - TC (Transmission Control):
    Übertragungssteuerung
  - FE (Format-Effectors): Formatsteuerung
  - IS (Information-Seperator): Informationstrennung
  - DC (Device-Control): Gerätesteuerung
    Sonstige Steuerzeichen
- Länderspezifische Symbole möglich.

- Vielfach wird Paritätsbit zur Erweiterung des Symbolvorrates (rechnerintern) verwendet.
- Damit insgesamt 256 Zeichen und Symbole darstellbar.

EBC...DIC...

- **E**xtended **BCD** **I**nterchange **C**ode: Erweiterter BCD-Umwandlungs-Code (entwickelt von IBM).
- 8-Bit-Code, 256 Zeichen, viele Sonderzeichen darstellbar.
- Weil nicht genormt, existieren unterschiedliche Ausführungen.

Grundbegriffe der Codierung

Stellenwertigkeit

Die zu einem Codewort gehörende Zahl kann bei einigen Codes durch Addition der Stellengewichte, die mit 1 belegt sind, ermittelt werden.
Beispiel BCD-Code:
Codewort 0 1 1 0 $\triangleq$ 0·8 + 1·4 + 1·2 + 0·1 = 6
Stellenwert 8 4 2 1

Fehlererkennbarkeit

Codes, die einfache oder mehrfache Verfälschungen von Stellen innerhalb eines Codewortes aufzeigen, sind fehlererkennbar (z. B. 1 aus 10- und 2 aus 5-Code).

Parität

Jedem Codewort kann durch Hinzufügen einer einzelnen Prüfstelle die Fähigkeit zum Erkennen einfacher Fehler gegeben werden.

- Gerade Parität: Paritätsbit wird auf 0 gesetzt, wenn Quersumme der mit 1 besetzten Stellen im Codewort gerade ist.
  Paritätsbit = 1, wenn Quersumme ungerade.
- Ungerade Parität: Paritätsbit = 1, wenn Quersumme gerade;
  Paritätsbit = 0, wenn Quersumme ungerade.

Beispiel

Parität	gerade (even)	ungerade (odd)
Codewort 1	0 1 1 0 0	0 1 1 0 1
Codewort 2	1 1 1 0 1	1 1 1 0 0
Paritätsbit	↑	↑

Blockprüfung

Auch als Longitudinale Redundanzprüfung bezeichnet. Sichert durch **BCC** (**B**lock **C**heck **C**haracter: Paritätszeichen) einen Datenblock.
- Alle Bitstellen mit derselben Bitnummer innerhalb des Blockes werden addiert.
- Dafür wird jeweils ein Paritätsbit gebildet.
- Die zusammengefaßten Paritätsbits ergeben das BCC.

Beispiel:

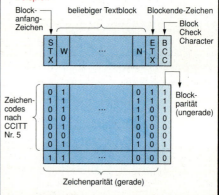

Zyklische Redundanzprüfung

- Beim **CRC**-Verfahren (**C**yclic **R**edundancy **C**heck) wird gesamte Nachricht als serieller Bitstrom betrachtet.
- Alle Bits werden an einen CRC-Generator gegeben.
- Hier wird der Bitstrom durch ein Generatorpolynom dividiert und eine Kontrollzahl erzeugt.
- Daten und Kontrollzahl werden vom Empfänger ebenfalls durch Generatorpolynom dividert.
- Wenn Divisionsrest gleich 0, dann hat keine Verfälschung stattgefunden.
- CRC-Generator besteht aus Schieberegistern, die an bestimmten Stellen über Exclusiv-Oder-Gatter zurückgekoppelt sind.

Übertragungsprinzip mit CRC-Verfahren

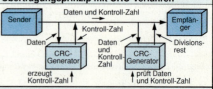

Generatorpolynome für CRC-Generator

CCITT:
G (x) = $x^{16} + x^{12} + x^5 + 1$

CRC-12:
G (x) = $x^{12} + x^{11} + x^3 + x^2 + 1$

CRC-16 (IBM):
G (x) = $x^{16} + x^{15} + x^2 + 1$

CRC-8 (LRC):
G (x) = $x^8 + 1$

ASCII-Code

DIN 66 003/06.74

Spalte / Zeile	00	01	02	03	04	05	06	07
00	NUL (0/0) P000 0000	DLE (10/16) P001 0000	SP (20/32) P010 0000	0 (30/48) P011 0000	@ (40/64) P100 0000	P (50/80) P101 0000	` (60/96) P110 0000	p (70/112) P111 0000
01	SOH (01/1) P000 0001	DC_1 (11/17) P001 0001	! (21/33) P010 0001	1 (31/49) P011 0001	A (41/65) P100 0001	Q (51/81) P101 0001	a (61/97) P110 0001	q (71/113) P111 0001
02	STX (02/2) P000 0010	DC_2 (12/18) P001 0010	" (22/34) P010 0010	2 (32/50) P011 0010	B (42/66) P100 0010	R (52/82) P101 0010	b (62/98) P110 0010	r (72/114) P111 0010
03	ETX (03/3) P000 0011	DC_3 (13/19) P001 0011	# (23/35) P010 0011	3 (33/51) P011 0011	C (43/67) P100 0011	S (53/83) P101 0011	c (63/99) P110 0011	s (73/115) P111 0011
04	EOT (04/4) P000 0100	DC_4 (14/20) P001 0100	$ (24/36) P010 0100	4 (34/52) P011 0100	D (44/68) P100 0100	T (54/84) P101 0100	d (64/100) P110 0100	t (74/116) P111 0100
05	ENQ (05/5) P000 0101	NAK (15/21) P001 0101	% (25/37) P010 0101	5 (35/53) P011 0101	E (45/69) P100 0101	U (55/85) P101 0101	e (65/101) P110 0101	u (75/117) P111 0101
06	ACK (06/6) P000 0110	SYN (16/22) P001 0110	& (26/38) P010 0110	6 (36/54) P011 0110	F (46/70) P100 0110	V (56/86) P101 0110	f (66/102) P110 0110	v (76/118) P111 0110
07	BEL (07/7) P000 0111	ETB (17/23) P001 0111	' (27/39) P010 0111	7 (37/55) P011 0111	G (47/71) P100 0111	W (57/87) P101 0111	g (67/103) P110 0111	w (77/119) P111 0111
08	BS (08/8) P000 1000	CAN (18/24) P001 1000	((28/40) P010 1000	8 (38/56) P011 1000	H (48/72) P100 1000	X (58/88) P101 1000	h (68/104) P110 1000	x (78/120) P111 1000
09	HT (09/9) P000 1001	EM (19/25) P001 1001	) (29/41) P010 1001	9 (39/57) P011 1001	I (49/73) P100 1001	Y (59/89) P101 1001	i (69/105) P110 1001	y (79/121) P111 1001
10	LF (0A/10) P000 1010	SUB (1A/26) P001 1010	* (2A/42) P010 1010	: (3A/58) P011 1010	J (4A/74) P100 1010	Z (5A/90) P101 1010	j (6A/106) P110 1010	z (7A/122) P111 1010
11	VT (0B/11) P000 1011	ESC (1B/27) P001 1011	+ (2B/43) P010 1011	; (3B/59) P011 1011	K (4B/75) P100 1011	[(5B/91) P101 1011	k (6B/107) P110 1011	{ (7B/123) P111 1011
12	FF (0C/12) P000 1100	FS (1C/28) P001 1100	, (2C/44) P010 1100	< (3C/60) P011 1100	L (4C/76) P100 1100	\ (5C/92) P101 1100	l (6C/108) P110 1100	| (7C/124) P111 1100
13	CR (0D/13) P000 1101	GS (1D/29) P001 1101	- (2D/45) P010 1101	= (3D/61) P011 1101	M (4D/77) P100 1101	] (5D/93) P101 1101	m (6D/109) P110 1101	} (7D/125) P111 1101
14	SO (0E/14) P000 1110	RS (1E/30) P001 1110	. (2E/46) P010 1110	> (3E/62) P011 1110	N (4E/78) P100 1110	^ (5E/94) P101 1110	n (6E/110) P110 1110	~ (7E/126) P111 1110
15	SI (0F/15) P000 1111	US (1F/31) P001 1111	/ (2F/47) P010 1111	? (3F/63) P011 1111	O (4F/79) P100 1111	_ (5F/95) P101 1111	o (6F/111) P110 1111	DEL (7F/127) P111 1111

Erklärung
- ASCII-Zeichen: DLE
- Wert hexadezimal: 10
- Wert dezimal: 16
- Wert binär: P001 0000
- Wert oktal: 020
- P: Paritätsbit (P = 0 oder P = 1 muß vereinbart sein; s. DIN 66 022).
- LSB (Least Significant Bit: niederwertiges Bit)
- MSB (Most Significant Bit: höchstwertiges Bit)

Befehl	Art des Befehls	Bedeutung englisch	Bedeutung deutsch
NUL	–	NULL	Null, Nichts
SOH	TC	START OF HEADING	Kopfzeilenbeginn
STX	TC	START OF TEXT	Textanfangszeichen
ETX	TC	END OF TEXT	Textendezeichen
EOT	TC	END OF TRANSMISSION	Ende der Übertragung
ENQ	TC	ENQUIRY	Aufforderung zur Datenübertragung
ACK	TC	ACKNOWLEDGE	Positive Rückmeldung
BEL	–	BELL	Klingelzeichen
BS	FE	BACKSPACE	Rückwärtsschritt
HT	FE	HORIZONTAL TABULATION	Horizontal-Tabulator
LF	FE	LINE FEED	Zeilenvorschub
VT	FE	VERTICAL TABULATION	Vertikal-Tabulator
FF	FE	FORM FEED	Formularvorschub
CR	FE	CARRIAGE RETURN	Wagenrücklauf
SO	–	SHIFT OUT	Dauerumschaltungszeichen
SI	–	SHIFT IN	Rückschaltungszeichen
DLE	TC	DATALINE ESCAPE	Datenübertragungs-Umschaltung
DC 1…4	DC	DEVICE CONTROL 1…4	Gerätesteuerzeichen 1…4
NAK	TC	NEGATIVE ACKNOWLEDGE	Negative Rückmeldung
SYN	TC	SYNCHRONOUS IDLE	Synchronisierung
ETB	TC	END OF TRANSMISSION BLOCK	Ende des Übertragungsblocks
CAN	–	CANCEL	Ungültig
EM	–	END OF MEDIUM	Ende der Aufzeichnung
SUB	–	SUBSTITUTE	Substitution
ESC	–	ESCAPE	Umschaltung
FS	IS	FILE SEPARATOR	Hauptgruppen-Trennzeichen
GS	IS	GROUP SEPARATOR	Gruppentrennzeichen
RS	IS	RECORD SEPARATOR	Untergruppen-Trennzeichen
US	IS	UNIT SEPARATOR	Teilgruppen-Trennzeichen
SP	–	SPACE	Leerzeichen
DEL	–	DELETE	Löschen

Mikroprozessor

8 Bit Mikroprozessor 8085

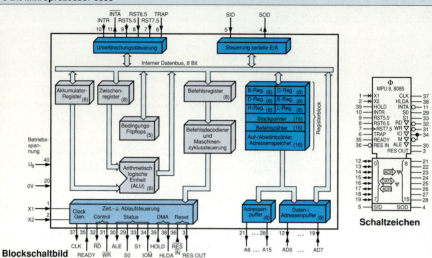

Blockschaltbild — **Schaltzeichen**

Signal	Bedeutung, Funktion
A8 ... A15 AD0 ... AD7	Adreß-Bus, höherwertiges Adreßbyte für Speicheradresse Adreß-Bus, niederwertiges Adreßbyte während des ersten Taktzyklus; Daten-Bus, während des zweiten und dritten Taktzyklus.
ALE	Durch das Adreß-Latch-Enable-Signal ALE=1 wird angezeigt, daß auf dem Adreß/Daten-Bus AD7 ... AD0 das niederwertige Adreßbyte anliegt. Das Signal dient auch als Strobe-Signal zur externen Abspeicherung des niederwertigen Adreßbyte.
S0 u. S1	Status-Information; Halt: S0=0, S1=0; Schreiben: S0=1, S1=0; Lesen: S0=0, S1=1; Operationscode-Abruf: S0=1, S1=1.
RESET IN RESET OUT	Mit 0-Signal wird der Mikroprozessor in den Grundzustand gesetzt. Mit 1-Signal meldet der Mikroprozessor, daß er gerade zurückgesetzt wird.
X1, X2 CLK	Anschlüsse für einen Quarz (1 ... 6 MHz) oder einen externen Takt (X1). Taktausgang zur Verwendung als Systemtakt, $f_{CLK} = f_{Quarz}/2$.
IO/$\overline{M}$	Ausgangssignal gibt Auskunft, ob Lese-Schreiboperation über ein Ein-Ausgabegerät oder den Speicher durchgeführt wird. IO/$\overline{M}$=1: IO Datentransfer; IO/$\overline{M}$=0: MEMORY-Datentransfer.
$\overline{INTA}$	Quittungssignal für Unterbrechungs-Anforderung; $\overline{INTA}$=0: Annahme des Interrupts.
TRAP INTR	Interrupt-Eingang mit allerhöchster Priorität Allgemeiner Interrupt-Eingang niedrigster Priorität
RST5.5 RST6.5 RST7.5	RESTART INTERRUPT; maskierbare Interrupt-Eingänge, deren Restart-Adresse automatisch generiert wird. Die Maskierung erfolgt mit SIM-Befehlen. RST7.5 besitzt die höchste und RST5.5 die niedrigste Priorität.
HOLD HLDA	Durch HOLD=1 lassen sich die Adreß-, die Adreß-/Datenleitungen, die Anschlüsse $\overline{RD}$, $\overline{WR}$ und IO/$\overline{M}$ hochohmig schalten. Quittierung; HLDA=1: AD0 ... AD7, A8 ... A15, $\overline{WR}$ und IO/M hochohmig.
READY	Mit READY=0 können Speicher und E/A-Bausteine den Mikroprozessor warten lassen.
$\overline{RD}$ $\overline{WR}$	Lesesignal; bei Lese- oder IN-Befehl wird $\overline{RD}$=0. Schreibsignal; bei Schreib- oder OUT-Befehl wird $\overline{WR}$=0.
SID SOD	Serieller Dateneingang; durch RIM-Befehl wird anliegendes Bit im AKKU geladen. Serieller Datenausgang; kann durch SIM-Befehl auf 1 oder 0 gesetzt werden.
V_{CC} V_{SS} (GND)	Spannungsversorgung + 5 V, max. 170 mA Masse, 0 V

Befehlsliste für 8 Bit Mikroprozessor 8085

Mnemonic	Binär-Code	Bytes	Takte	Funktion des Befehls
Transferbefehl: Register → Register				
MOV r_1, r_2	01dd dsss	1	4	Lade Register r_1 mit dem Inhalt von Register r_2; r_1, r_2 = A, B, C, D, E, H, L.
XCHG	1110 1011	1	4	Vertausche Inhalte der Registerpaare (D, E) und (H, L).
XTHL	1110 0011	1	16	Vertausche Inhalt des Registerpaares (H, L) und den Inhalt des Wortes, das durch den Stackpointer adressiert ist.
SPHL	1111 1001	1	6	Lade Stackpointer mit dem Inhalt von (H, L).
Transferbefehl: Speicher, Peripherie → Register				
MOV r_1, M	01dd d110	1	7	Lade Register r_1 mit dem Inhalt des Speicherbytes, das durch den Inhalt des Registerpaares (H, L) adressiert ist. r_1 = A,B,C,D,E,H,L.
IN nr	1101 1011	2	10	Akku wird mit Inhalt des Eingabekanals geladen (nr ≤ 255).
LDA adr	0011 1010	3	13	Akku laden mit dem Inhalt der Adresse adr.
LDAX rp	00rr 1010	1	7	Akku laden mit dem Inhalt des Speicherplatzes, der durch den Inhalt des Registerpaares (rp = B, D) adressiert ist.
LHLD adr	0010 1010	3	16	Lade Registerpaar (H, L) mit dem Inhalt der Adressen adr und (adr + 1).
POP rp	11rr 0001	1	10	Registerpaar rp mit dem Wort laden, das durch den Stackpointer adressiert ist: rp = B, D, H, PSW.
Transferbefehl: Konstante → Register				
LXI rp, adr	00rr 0001	3	10	Lade Registerpaar rp mit Wert adr; rp = B, D, H, SP.
Transferbefehl: Register → Speicher, Peripherie				
MOV M, r_1	0111 0sss	1	7	Inhalt von Register r_1 auf Speicherplatz abspeichern, der durch den Inhalt des Registerpaares (H, L) adressiert ist.
OUT nr	1101 0011	2	10	Akku-Inhalt wird auf Ausgabekanal gegeben (nr ≤ 255).
STA adr	0011 0010	3	13	Akku-Inhalt unter Adresse adr speichern.
STAX rp	00rr 0010	1	7	Akku in dem Byte abspeichern, das durch den Inhalt von rp adressiert ist; rp = B, D.
SHLD adr	0010 0010	3	16	Registerpaar (H, L) unter Adresse adr u. (adr + 1) abspeichern.
PUSH rp	11rr 0101	1	12	Inhalt des Registerpaares rp in das Wort speichern, das durch den Stackpointer adressiert ist; rp = B, D, H, PSW.
Transferbefehl: Konstante → Register-Speicher				
MVI r_1, konst	00dd d110	2	7	Lade Register r_1 mit Konstante (konst ≤ 255); r_1 = A, B, C, D, E, H, L.
MVI M, konst	0011 0110	2	10	Lade den Speicherplatz, der durch Inhalt des Registerpaares (H, L) adressiert ist, mit Konstante.
Arithmetische Operationen				
INR r_1	00dd d100	1	4	Zum Inhalt des Registers r_1 wird 1 addiert; r_1 = A, B, C, D, E, H, L.
INR M	0011 0100	1	10	Zum Inhalt des durch Registerpaar (H, L) adressierten Bytes wird 1 addiert.
INX rp	00rr 0011	1	6	Inhalt des Registerpaares rp wird um 1 erhöht; rp = B, D, H, SP.
ADD r_1	1000 0sss	1	4	Register r_1 wird zum Inhalt des Akkus addiert; r_1 = A,B,C,D,E,H,L.
ADD M	1000 0110	1	7	Inhalt des Speicherbytes, das durch den Inhalt des Registerpaares (H, L) adressiert ist, wird zum Inhalt des Akkus addiert.
ADI konst	1100 0110	2	7	Konstante (≤ 255) wird zum Inhalt des Akkus addiert.
ADC r_1	1000 1sss	1	4	Inhalt von Register r_1 und Inhalt des Carry-Bit werden zum Inhalt des Akkus addiert; r_1 = A, B, C, D, E, H, L.
ADC M	1000 1110	1	7	Inhalt des Speicherbytes, das durch Inhalt des Registerpaares (H, L) adressiert ist und der Inhalt des Carry-Bit werden zum Akku-Inhalt addiert.
ACI konst	1100 1110	2	7	Zum Akku-Inhalt werden konst (≤ 255) und Carry-Bit addiert.

Befehlsliste für 8 Bit Mikroprozessor 8085

Mnemonic	Binär-Code	Bytes	Takte	Funktion des Befehls
Arithmetische Operationen				
DAD rp	00rr 1001	1	10	Inhalt des Registerpaares rp und Inhalt des Registerpaares (H,L) werden addiert, Ergebnis in (H, L); rp = B, D, H, SP.
DCR r_1	00dd d101	1	4	Vom Inhalt des Registers r_1 wird 1 subtrahiert; r_1 = A,B,C,D,E,H,L.
DCR M	0011 0101	1	10	Vom Inhalt des durch Registerpaar (H, L) adressierten Bytes wird 1 subtrahiert.
DCX rp	00rr 1011	1	6	Inhalt des Registerpaares rp wird um 1 erniedrigt; rp = B, D, H, SP.
SUB r_1	1001 0sss	1	4	Inhalt des Registers r_1 wird vom Akku-Inhalt subtrahiert; r_1 = A, B, C, D, E, H, L.
SUB M	1001 0110	1	7	Inhalt des Speicherbytes, das durch den Inhalt des Registerpaares (H, L) adressiert ist, wird vom Akkumulator subtrahiert.
SBB r_1	1001 1sss	1	4	r_1 = A, B, C, D, E, H, L; Inhalt von Register r_1 und Inhalt des Carry-Bit werden vom Akkumulator-Inhalt subtrahiert.
SBB M	1001 1110	1	7	Inhalt des Speicherbytes, das durch das Registerpaar (H, L) adressiert ist und Carry-Bit werden vom Akkumulator subtrahiert.
SUI konst	1101 0110	2	7	konst $\leq$ 255 wird vom Akku-Inhalt subtrahiert.
SBI konst	1101 1110	2	7	konst $\leq$ 255 und Carry-Bit werden vom Akku-Inhalt subtrahiert.
DAA	0010 0111	1	4	Akku-Inhalt wird in zweistellige BCD-Zahl umgewandelt.
Logische Operationen				
CMA	0010 1111	1	4	Akku-Inhalt wird negiert
ANA r_1	1010 0sss	1	4	r_1 = A, B, C, D, E, H, L; Akku-Inhalt und Inhalt von Register r_1 UND-verknüpft.
ANA M	1010 0110	1	7	Inhalt des durch Registerpaar (H, L) adressierten Bytes wird mit AKKU-Inhalt UND-verknüpft.
ANI konst	1110 0110	1	7	Akku-Inhalt wird mit konst $\leq$ 255 UND-verknüpft.
ORA r_1	1011 0sss	1	4	r_1 = A,B,C,D,E,H,L; Akku-Inhalt u. Inhalt v. Reg. r_1 ODER-verknüpft.
ORA M	1011 0110	1	7	Inhalt des über Registerpaar (H, L) adressierten Bytes wird mit Akku-Inhalt ODER-verknüpft.
ORI konst	1111 0110	2	7	Akku-Inhalt wird mit konst $\leq$ 255 ODER-verknüpft.
XRA r_1	1010 1sss	1	4	r_1 = A, B, C, D, E, H, L; Akku-Inhalt wird mit Inhalt von Reg. r_1 Exklusiv-ODER verknüpft.
XRA M	1010 1110	1	7	Das über Registerpaar (H, L) adressierte Byte wird EXKLUSIV-ODER mit dem Akku-Inhalt verknüpft.
XRI konst	1110 1110	2	7	Akku-Inhalt wird mit konst $\leq$ 255 EXKLUSIV-ODER verknüpft.
CMP r_1	1011 1sss	1	4	r_1 = A,B,C,D,E,H,L; Akku-Inhalt wird mit Registerinhalt r_1 verglichen.
CMP M	1011 1110	1	7	Akku-Inhalt wird mit dem Inhalt des durch Registerpaar (H, L) adressierten Bytes verglichen.
CPI konst	1111 1110	2	7	Akku-Inhalt wird mit konst $\leq$ 255 verglichen.
Registeranweisungen				
Akkumulator rotieren				
RLC	0000 0111	1	4	Akku zyklisch um 1 Bit nach links schieben; Bit 2^7 wird in Carry-Bit geschrieben; Bit $2^0 \rightarrow$ Bit 2^7.
RRC	0000 1111	1	4	Akku zyklisch um 1 Bit nach rechts schieben; Bit 2^0 wird in Carry-Bit geschrieben; Bit $2^7 \rightarrow$ Bit 2^0.
RAL	0000 0111	1	4	Akku um 1 Bit nach links schieben; Bit 2^7 wird in Carry-Bit u. Carry-Bit in Bit 2^0 geschoben.
RAR	0000 1111	1	4	Akku um 1 Bit nach rechts schieben; Bit 2^0 wird in Carry-Bit u. Carry-Bit in Bit 2^7 geschoben.
Übertragsbit-Anweisungen				
CMC	0011 1111	1	4	Carry-Bit wird negiert.
STC	0011 0111	1	4	Carry-Bit wird gesetzt.
Programmunterbrechung				
EI	1111 1011	1	4	INTE-FF wird gesetzt; der Mikroprozessor kann eine Unterbrechungsanforderung annehmen.
DI	1111 0011	1	4	INTE-FF wird rückgesetzt; der Mikroprozessor kann keine Unterbrechungsanforderungen bearbeiten.

Befehlsliste für 8 Bit Mikroprozessor 8085

Mnemonic	Binär-Code	Bytes	Takte	Funktion des Befehls
Sprungbefehle				
Unbedingte Sprünge				
PCHL	1110 1001	1	6	Progr. wird an Adresse fortgesetzt, die im Registerpaar (H, L) steht.
JMP adr	1100 0011	3	10	Programm wird an Adresse fortgesetzt.
Bedingte Sprünge				
JC adr	1101 1010	3	7/10	Bei Carry-Bit 1 wird das Programm bei der Adresse adr fortgesetzt.
JNC adr	1101 0010	3	7/10	Bei Carry-Bit 0 wird das Programm bei der Adresse adr fortgesetzt.
JZ adr	1100 1010	3	7/10	Bei Zero-Bit 1 wird das Programm bei der Adresse adr fortgesetzt.
JNZ adr	1100 0010	3	7/10	Bei Zero-Bit 0 wird das Programm bei der Adresse adr fortgesetzt.
JM adr	1111 1010	3	7/10	Bei Sign-Bit 1 wird das Programm bei der Adresse adr fortgesetzt.
JP adr	1111 0010	3	7/10	Bei Sign-Bit 0 wird das Programm bei der Adresse adr fortgesetzt.
JPE adr	1110 1010	3	7/10	Bei Parity-Bit 1 wird das Programm bei der Adresse adr fortgesetzt.
JPO adr	1110 0010	3	7/10	Bei Parity-Bit 0 wird das Programm bei der Adresse adr fortgesetzt.
Unterprogrammbehandlung				
Programmaufrufe				
CALL adr	1100 1101	3	18	Programm wird bei der Adresse fortgesetzt.
CC adr	1101 1100	3	9/18	Bei Carry-Bit 1 wird das Programm bei der Adresse adr fortgesetzt.
CNC adr	1101 0100	3	9/18	Bei Carry-Bit 0 wird das Programm bei der Adresse adr fortgesetzt.
CZ adr	1100 1100	3	9/18	Bei Zero-Bit 1 wird das Programm bei der Adresse adr fortgesetzt.
CNZ adr	1100 0100	3	9/18	Bei Zero-Bit 0 wird das Programm bei der Adresse adr fortgesetzt.
CM adr	1111 1100	3	9/18	Bei Sign-Bit 1 wird das Programm bei der Adresse adr fortgesetzt.
CP adr	1111 0100	3	9/18	Bei Sign-Bit 0 wird das Programm bei der Adresse adr fortgesetzt.
CPE adr	1110 1100	3	9/18	Bei Parity-Bit 1 wird das Programm bei der Adresse adr fortgesetzt.
CPO adr	1110 0100	3	9/18	Bei Parity-Bit 0 wird das Programm bei der Adresse adr fortgesetzt.
RST konst.	11nn n111	1	12	Programm wird auf Adresse 8 x konst. fortgesetzt (0 ≤ konst ≤ 7).
Rücksprungbefehle				
RET	1100 1001	1	10	Programm wird an der Adr. fortgesetzt, die in dem Wort steht, das über den Stackpointer adressiert ist.
RC	1101 1000	1	12	Bei Carry-Bit 1 wird das Progr. bei der Adr. fortgesetzt (... vgl. RET).
RNC	1101 1000	1	12	Bei Carry-Bit 0 wird das Progr. bei der Adr. fortgesetzt (... vgl. RET).
RZ	1100 1000	1	12	Bei Zero-Bit 1 wird das Progr. bei der Adr. fortgesetzt (... vgl. RET).
RNZ	1100 0000	1	12	Bei Zero-Bit 0 wird das Progr. bei der Adr. fortgesetzt (... vgl. RET).
RM	1111 1000	1	12	Bei Sign-Bit 1 wird das Progr. bei der Adr. fortgesetzt (... vgl. RET).
RP	1111 0000	1	12	Bei Sign-Bit 0 wird das Progr. bei der Adr. fortgesetzt (... vgl. RET).
RPE	1110 1000	1	12	Bei Parity-Bit 1 wird das Progr. bei der Adr. fortgesetzt (... vgl. RET).
RPO	1110 0000	1	12	Bei Parity-Bit 0 wird das Progr. bei der Adr. fortgesetzt (... vgl. RET).
Sonstige Befehle				
HLT	0111 0110	1	5	Programm hält an, bis Unterbrechungsanforderung eintrifft.
NOP	0000 0000	1	4	Leerbefehl.
RIM	0010 0000	1	4	Lesen Unterbrechungsmaske und seriellen Eingang in AKKU.
SIM	0011 0000	1	4	Setzen Unterbrechungsmaske und seriellen Ausgang.

ddd/sss: Zielregister (Quellregister)   **rp: Registerpaar**

000 ≙ Register B	010 ≙ Register D	100 ≙ Register H	110 ≙ Speicher (M)	00 ≙ B, C	10 ≙ H, L
001 ≙ Register C	011 ≙ Register E	101 ≙ Register L	111 ≙ Akkumulator	01 ≙ D, E	11 ≙ Stackpointer

Makroassembler Konstanten- und Speicherbereichsdefinitionen

Name	Operation	Operand	Funktion
[<name>:]	DB	<ausdruck> / <zeichenfolge>	Definition eines oder einer Folge von 8-Bit Worten; ausdruck: 00H...0FFH; zeichenfolge: bis 64 Zeichen.
[<name>:]	DW	<ausdruck> / <zeichenfolge>	Definition eines oder einer Folge von 16-Bit Worten; ausdruck: 0000H...0FFFFH; zeichenfolge: bis 2 Zeichen.
[<name>:]	DS	<ausdruck>	Definition Speicherbereich; ausdruck: 00H...0FFFFH.

Befehlscode in hexadezimaler Reihenfolge

Hex	Mnemonic		Hex	Mnemonic		Hex	Mnemonic		Hex	Mnemonic		Hex	Mnemonic	
00	NOP		1A	LDAX	D	34	INR	M	4E	MOV	C,M	68	MOV	L,B
01	LXI	B,D16	1B	DCX	D	35	DCR	M	4F	MOV	C,A	69	MOV	L,C
02	STAX	B	1C	INR	E	36	MVI	M,D8	50	MOV	D,B	6A	MOV	L,D
03	INX	B	1D	DCR	E	37	STC		51	MOV	D,C	6B	MOV	L,E
04	INR	B	1E	MVI	E,D8	38	---		52	MOV	D,D	6C	MOV	L,H
05	DCR	B	1F	RAR		39	DAD	SP	53	MOV	D,E	6D	MOV	L,L
06	MVI	B,D8	20	RIM		3A	LDA	Adr	54	MOV	D,H	6E	MOV	L,M
07	RLC		21	LXI	H,D16	3B	DCX	SP	55	MOV	D,L	6F	MOV	L,A
08	---		22	SHLD	Adr	3C	INR	A	56	MOV	D,M	70	MOV	M,B
09	DAD	B	23	INX	H	3D	DCR	A	57	MOV	D,A	71	MOV	M,C
0A	LDAX	B	24	INR	H	3E	MVI	A,D8	58	MOV	E,B	72	MOV	M,D
0B	DCX	B	25	DCR	H	3F	CMC		59	MOV	E,C	73	MOV	M,E
0C	INR	C	26	MVI	H,D8	40	MOV	B,B	5A	MOV	E,D	74	MOV	M,H
0D	DCR	C	27	DAA		41	MOV	B,C	5B	MOV	E,E	75	MOV	M,L
0E	MVI	C,D8	28	---		42	MOV	B,D	5C	MOV	E,H	76	HLT	
0F	RRC		29	DAD	H	43	MOV	B,E	5D	MOV	E,L	77	MOV	M,A
10	---		2A	LHLD	Adr	44	MOV	B,H	5E	MOV	E,M	78	MOV	A,B
11	LXI	D,D16	2B	DCX	H	45	MOV	B,L	5F	MOV	E,A	79	MOV	A,C
12	STAX	D	2C	INR	L	46	MOV	B,M	60	MOV	H,B	7A	MOV	A,D
13	INX	D	2D	DCR	L	47	MOV	B,A	61	MOV	H,C	7B	MOV	A,E
14	INR	D	2E	MVI	L,D8	48	MOV	C,B	62	MOV	H,D	7C	MOV	A,H
15	DCR	D	2F	CMA		49	MOV	C,C	63	MOV	H,E	7D	MOV	A,L
16	MVI	D,D8	30	SIM		4A	MOV	C,D	64	MOV	H,H	7E	MOV	A,M
17	RAL		31	LXI	SP,D16	4B	MOV	C,E	65	MOV	H,L	7F	MOV	A,A
18	---		32	STA	Adr	4C	MOV	C,H	66	MOV	H,M	80	ADD	B
19	DAD	D	33	INX	SP	4D	MOV	C,L	67	MOV	H,A			

Hex	Mnemonic		Hex	Mnemonic		Hex	Mnemonic		Hex	Mnemonic		Hex	Mnemonic	
81	ADD	C	9B	SBB	E	B5	ORA	L	CF	RST	1	E9	PCHL	
82	ADD	D	9C	SBB	H	B6	ORA	M	D0	RNC		EA	JPE	Adr
83	ADD	E	9D	SBB	L	B7	ORA	A	D1	POP	D	EB	XCHG	
84	ADD	H	9E	SBB	M	B8	CMP	B	D2	JNC	Adr	EC	CPE	Adr
85	ADD	L	9F	SBB	A	B9	CMP	C	D3	OUT	D8	ED	---	
86	ADD	M	A0	ANA	B	BA	CMP	D	D4	CNC	Adr	EE	XRI	D8
87	ADD	A	A1	ANA	C	BB	CMP	E	D5	PUSH	D	EF	RST	5
88	ADC	B	A2	ANA	D	BC	CMP	H	D6	SUI	D8	F0	RP	
89	ADC	C	A3	ANA	E	BD	CMP	L	D7	RST	2	F1	POP	PSW
8A	ADC	D	A4	ANA	H	BE	CMP	M	D8	RC		F2	JP	Adr
8B	ADC	E	A5	ANA	L	BF	CMP	A	D9	---		F3	DI	
8C	ADC	H	A6	ANA	M	C0	RNZ		DA	JC	Adr	F4	CP	Adr
8D	ADC	L	A7	ANA	A	C1	POP	B	DB	IN	D8	F5	PUSH	PSW
8E	ADC	M	A8	XRA	B	C2	JNZ	Adr	DC	CC	Adr	F6	ORI	D8
8F	ADC	A	A9	XRA	C	C3	JMP	Adr	DD	---		F7	RST	6
90	SUB	B	AA	XRA	D	C4	CNZ	Adr	DE	SBI	D8	F8	RM	
91	SUB	C	AB	XRA	E	C5	PUSH	B	DF	RST	3	F9	SPHL	
92	SUB	D	AC	XRA	H	C6	ADI	D8	E0	RPO		FA	JM	Adr
93	SUB	E	AD	XRA	L	C7	RST	0	E1	POP	H	FB	EI	
94	SUB	H	AE	XRA	M	C8	RZ		E2	JPO	Adr	FC	CM	Adr
95	SUB	L	AF	XRA	A	C9	RET		E3	XTHL		FD	---	
96	SUB	M	B0	ORA	B	CA	JZ	Adr	E4	CPO	Adr	FE	CPI	D8
97	SUB	A	B1	ORA	C	CB	---		E5	PUSH	H	FF	RST	7
98	SBB	B	B2	ORA	D	CC	CZ	Adr	E6	ANI	D8			
99	SBB	C	B3	ORA	E	CD	CALL	Adr	E7	RST	4			
9A	SBB	D	B4	ORA	H	CE	ACI	D8	E8	RPE				

D8: Konstante oder log./arith. Ausdruck (8 bit); D16 Konstante oder log. arithm. Ausdruck (16 bit); Adr: 16 bit Adresse

Mikroprozessor, 32 Bit (Intel 80486)

Merkmale

- Mikroprozessor mit 32 Bit Datenbus und 32 Bit Adreßbus.
- Enthält komplette Speicherverwaltungseinheit, Fließkomma-Einheit und einen Cache-Controller (-speicher) auf dem Chip.
- Cache wird für Befehle und Daten gemeinsam verwendet.
- Befehls-Pipeline (Röhre) ist fünfstufig aufgebaut.
- I/O-Adreßraum besteht aus 64 k 8 Bit-Ports, 32 k 16 Bit-Ports oder 16 k 32 Bit-Ports (Mischung möglich).
- Adreßbits A4 ... A31 können für Cache-Abfragezyklen als Eingabeanschlüsse verwendet werden.
- Speicherbetrieb ist in ein oder mehrere Segmente mit variabler Länge einteilbar.
- Jedes Segment kann bis zu 2^{32} Bit ($\triangleq$ 4 GByte) groß sein.
- Fließkommaeinheit unterstützt den ANSI-Standard 754 - 1985 für Gleitkomma-Arithmetik.
- Eingebaute Schutzvorrichtungen dienen zur Begrenzung der Fehlerauswirkung und erleichtern die Fehlerfindung.
- Erkannte Fehler werden über das Interrupt-System angezeigt.
- Privilegierungsstufen (0 ... 3) dienen zur hierarchischen Vergabe von Zugriffsrechten für Programmsegmente.
- Privilegierungsstufe 0 (höchstes Privileg) besitzt in der Regel das Betriebssystem.

Interruptvektoren

Interruptvektor	Bedingung	Interruptvektor	Bedingung
0	Division durch Null (CPU)	10	Ungültiges Taskzustandssegment
1	Fehlersuchausnahme	11	Segmentfehler
2	Nicht maskierbarer Interrupt	12	Stackfehler
3	Breakpoint (Befehl INT 3)	13	allgemeine Schutzausnahme
4	Überlauf in CPU (Befehl)	14	Seitenfehler
5	Verletzung Feldgrenze	15	reserviert
6	Ungültiger Operationscode	16	FPU-Ausnahme
7	FPU nicht verfügbar	17	Anordnungsfehler
8	Doppelfehler	18 ... 31	reserviert
9	reserviert	32 ... 255	frei verfügbar

Blockschaltbild

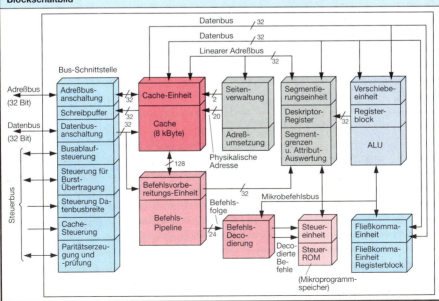

Mikroprozessor, 64 bit (Intel Pentium)

Merkmale

- Mikroprozessor mit 64 Bit Datenbus und 32 Bit Adreßbus.
- Zwei getrennte Pipelines für Festkommaeinheit (U-Pipeline u. V-Pipeline), die beide gleichzeitig pro Takt Integer-Befehle ausführen können.
- Pipelines sind fünfstufig aufgebaut.
- Basisbefehle (z. B. ALU-Operationen sind hardwaremäßig realisiert).
- Getrennte Daten- und Befehls-Caches für schnellen Zugriff auf Daten u. Befehle.
- Dynamische Verzweigungsvorhersage.
- Aufzeichnung der durchgeführten Operationen zur externen Kontrolle.
- Leistungsüberwachung zur Optimierung von Befehlsabläufen.
- Fließkomma-Pipeline ist achtstufig.
- 64 Bit Datenbus arbeitet mit zweistufigen Pipeline-Bursts (Bündelübertragung).
- Datenübertragungsraten über Datenbus liegen bei 528 MByte/s.
- Systemsteuerung erlaubt stromsparende Betriebsarten.
- I/O-Adreßraum besteht aus 64 k 8 Bit-Ports, 32 k 16 Bit-Ports oder 16 k 32 Bit-Ports (Mischung möglich).
- Zugriff auf I/O mit max. 32 Bit-Adressen.

Befehls-Pipeline

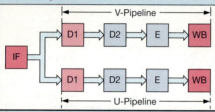

IF	**I**nstruction **F**etch: Befehlsabruf
D1	First **D**ecode (Instruction Decode): Befehlsdecodierung
D2	Second **D**ecode (Address Generation): Adreßberechnung
E	**E**xecute: Befehlsausführung, ALU- und Cache-Zugriffe
WB	**W**rite **B**ack: Zurückschreiben; Aktualisierung der Register

Blockschaltbild

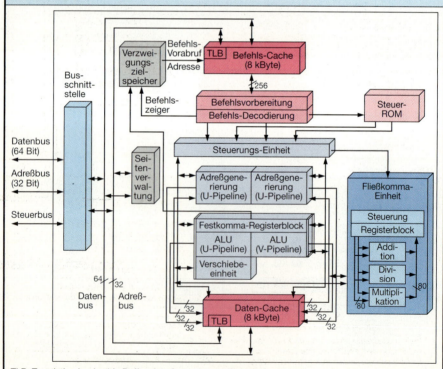

TLB: Translation Lookaside Buffer: Adreßumsetzungs-Zwischenspeicher

Reduced Instruction Set Computer (RISC)

- Mikroprozessoren mit reduziertem Befehlssatz und vereinfachter interner Hardwareorganisation.
- Ausgelegt auf hohe Verarbeitungsleistung.
- Verfügen über einheitliches Befehlsformat.
- Alle Befehle sind gleich lang.
- Operationscode liegt immer an der gleichen Stelle.
- Wenige Adressierungsarten.
- Optimiert auf Lade- und Speicheroperationen.
- Arbeitet mit Befehls-Pipeline (Warteschlange).
- Großer physikalischer Adreßraum (z. B. 4 GB bei MIPS R3000).
- Beinhalten keinen Mikrosequenzer.
- Befehle werden direkt decodiert.
- Verfügen intern über eine Vielzahl von Registern zur schnellen Zwischenspeicherung von Daten.
- Interne Struktur als Harvard-Architektur aufgebaut.
- Offene Systeme sind z. B. MIPS (Microprocessor without Interlocked Pipe Stages: Mikroprozessor ohne verriegelte Warteschlange) und SPARC (Scalable Processor Architecture: Skalierbare Prozessorarchitektur).
- Eingesetzte Compiler arbeiten laufzeitoptimiert.
- Anwendungen u. a. in Workstation (Hochleistungsrechner), Servern oder Maschinensteuerungen (Roboter) als Embedded Controller (eingebettete Controller).

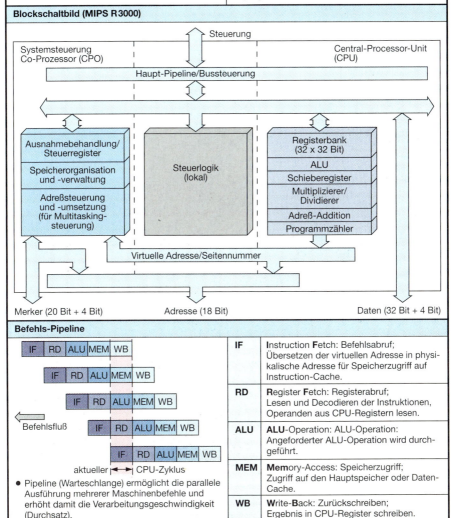

Blockschaltbild (MIPS R3000)

Befehls-Pipeline

- Pipeline (Warteschlange) ermöglicht die parallele Ausführung mehrerer Maschinenbefehle und erhöht damit die Verarbeitungsgeschwindigkeit (Durchsatz).

IF	**I**nstruction **F**etch: Befehlsabruf; Übersetzen der virtuellen Adresse in physikalische Adresse für Speicherzugriff auf Instruction-Cache.
RD	**R**egister Fetch: Registerabruf; Lesen und Decodieren der Instruktionen, Operanden aus CPU-Registern lesen.
ALU	**ALU**-Operation: ALU-Operation: Angeforderter ALU-Operation wird durchgeführt.
MEM	**Mem**ory-Access: Speicherzugriff; Zugriff auf den Hauptspeicher oder Daten-Cache.
WB	**W**rite-**B**ack: Zurückschreiben; Ergebnis in CPU-Register schreiben.

285

Peripheral Component Interface (PCI)

Architektur

Diagramm-Komponenten:
- mathemat. Co-Prozessor
- CPU (z.B. 486 DX)
- Cache (SRAM) (64kByte...1Mbyte)
- CPU-Bus
- CDC
- DRAM (max. 128 MByte)
- DPU
- Audio
- Motion Video
- PCI-Bus
- LAN-Adapter
- SCSI-Host-Adapter
- I/O
- Grafik-Adapter
- SIO
- X-Bus
- Treiber
- ISA-/EISA-Bus
- Tastatur, Maus, Diskette, IDE, Schnittstellen seriell/parallel
- ISA/EISA-Standard Einbauplätze
- BIOS (Flash), Lautsprecher, Festplatte, Echtzeituhr

Cache	Statischer RAM für Zwischenspeicherung.	**SCSI**	**S**mall **C**omputer **S**ystem **I**nterface: Parallele Schnittstelle für Anschluß peripherer Geräte.
CDC	**C**ache **D**RAM **C**ontroller: Adreßschnittstelle für DRAM und PCI-Bus.	**SIO**	**S**ystem **I/O**: Schnittstellenbaustein für ISA-/EISA-Busanschluß.
DRAM	**D**ynamic **R**andom **A**ccess **M**emory: Arbeitsspeicher, dynamisch.	**I/O**	**I**nput/**O**utput: Ein-/Ausgabe-Schnittstelle.
DPU	**D**ata **P**ath **U**nit: Datenschnittstelle für DRAM und PCI-Bus.	**IDE**	**I**ntegrated **D**isc **E**lectronic: Schnittstelle für intelligente Festplatten.
LAN	**L**ocal **A**rea **N**etwork: Netzwerkkarte.	**ISA**	**I**ndustrial **S**tandard **A**rchitecture: Standard-Bussystem.
X-Bus	Teil vom Systembus des PCIXTIAT für I/O-Ports auf der Grundplatine (z. B. für Interruptcontroller).	**EISA**	**E**xtended **ISA**: 32-Bit-Erweiterung für ISA.

Eigenschaften

- Bus-Spezifikation ist unabhängig vom Prozessortyp.
- Entkoppelt Prozessor-Bussystem und Standardbussystem (ISA-/EISA-Bus).
- Busbreite 32 Bit (Standard); Erweiterung auf 64 Bit.
- Unterstützt Mehr-Prozessorsysteme.
- Betriebsspannungen 5 Volt oder 3,3 Volt.
- Betriebsfrequenz von 0 MHz bis 33 MHz.
- Audio-/ Motion Video-Erweiterung für Multimediaanwendungen.
- Busleitungen werden für Adressen und Daten im Multiplex betrieben.
- Über Burst-Zugriffe kann Übertragungsrate deutlich erhöht werden.

Leistungsmerkmale

Busversion	32 Bit	64 Bit
Busart	synchron	synchron
Taktfrequenz	25...33 MHz	25...33 MHz
Datenbusbreite	32 Bit	64 Bit
Adreßbusbreite	32 Bit	32 Bit
Anzahl der Einbauplätze	3	3
Burst-Länge (max.)	nicht begrenzt	nicht begrenzt

Datenraten		
Non-Burst-Read	44 MByte/s	88 MByte/s
Non-Burst-Write	66 MByte/s	132 MByte/s
Burst-Read	105,6 MByte/s	211,2 MByte/s
Burst-Write	117,3 MByte/s	234,5 MByte/s

Small Computer System Interface (SCSI)

- Geräteunabhängiger paralleler Peripheriebus (8 Bit, 16 Bit, 32 Bit breit).
- Dient zum Anschluß verschiedenartiger Peripheriegeräte an Rechnersysteme (PC).
- Bis zu acht externe Geräte (SCSI-Devices) an ein Bussystem anschließbar.
- Geräte können Initiatoren und/oder Targets sein.
- Initiator veranlaßt eine Aktion auf dem Bussystem.
- Target führt die angestoßene Aktion aus.
- Anschluß an Rechner erfolgt über Host-Adapter (z. B. PC-Einsteckkarte).
- Geräte werden über SCSI-Kontroller an SCSI-Bus angeschlossen (im Gerät integriert).
- Brückenkontroller erlauben den Anschluß von bis zu acht logischen Einheiten (Logical Units, LUN's) über entsprechende Schnittstellen (z. B. Drucker).
- Verbindungsleitung muß terminiert sein, um einwandfreie Funktion zu garantieren.
- SCSI-Versionen:
  SCSI-1: Ausgangsstandard (überholt),
  SCSI-2: aktuelle Version,
  SCSI-3: in Vorbereitung.

SCSI-Optionen (Hardware)

Asynchroner SCSI

- Grundsätzliche Übertragungsversion für alle SCSI-Geräte.
- Daten, Nachrichten und Kommandos werden mit min. 1,5 Mbyte/s übertragen.

Synchroner SCSI

- Übertragungsrate für Daten bis zu 5 Mbyte/s.
- Betriebsart wird zwischen Geräten ausgehandelt (neuere Geräte unterstützen diese Betriebsart).

Schneller SCSI (Fast SCSI)

- Übertragungsrate bis 10 Mbyte/s bei synchronem Transfer.
- Anwendung bei Hochleistungsplattenlaufwerken.

Breiter SCSI (Wide SCSI)

- Durch zusätzliches Kabel können 16 oder 32 Bit parallel übertragen werden.
- Übetragungsrate bis 40 Mbyte/s.
- Gemischter Betrieb mit 8bit-Geräten möglich.

Single ended/Differentiell

- **Single ended**: eine Ader pro Signal; open-collector-Ansteuerung.
- Länge des Kabels max. 6 m.
- **Differentiell**: zwei Adern pro Signal; RS-485 Standard.
- Länge des Kabels max. 25 m.
- Gemischter Betrieb nicht möglich.

Konfiguration

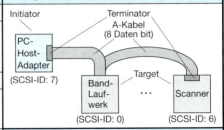

Initiator: PC-Host-Adapter (SCSI-ID: 7)
Terminator
A-Kabel (8 Daten bit)
Target: Band-Laufwerk (SCSI-ID: 0) ··· Scanner (SCSI-ID: 6)

Anschlußbelegung (A-Kabel)

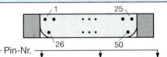

Pin-Nr.		Pin-Nr.		Pin-Nr.	
1	0V	14	DB6	26	Term.+	39	0V
2	DB0	15	0V	27	0V	40	RST
3	0V	16	DB7	28	0V	41	0V
4	DB1	17	0V	29	0V	42	MSG
5	0V	18	DB Par.	30	0V	43	0V
6	DB2	19	0V	31	0V	44	SEL
7	0V	20	0V	32	ATN	45	0V
8	DB3	21	0V	33	0V	46	C/D
9	0V	22	0V	34	0V	47	0V
10	DB4	23	0V	35	0V	48	REQ
11	0V	24	0V	36	BSY	49	0V
12	DB5	25	frei	37	0V	50	I/O
13	0V			38	ACK		

SCSI-3 Architektur

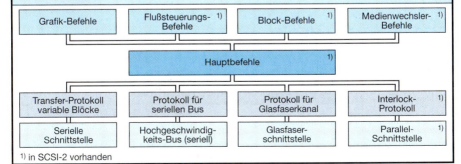

Grafik-Befehle | Flußsteuerungs-Befehle [1] | Block-Befehle [1] | Medienwechsler-Befehle [1]

Hauptbefehle [1]

Transfer-Protokoll variable Blöcke | Protokoll für seriellen Bus | Protokoll für Glasfaserkanal | Interlock-Protokoll [1]

Serielle Schnittstelle | Hochgeschwindigkeits-Bus (seriell) | Glasfaserschnittstelle | Parallel-Schnittstelle [1]

[1] in SCSI-2 vorhanden

Digitale Signalprozessoren (DSP)

Merkmale

- Digitale Signalprozessoren werden zur digitalen Bearbeitung von analogen Signalen mit numerischen Methoden verwendet.
- Filtern unerwünschte Signalkomponenten aus einem Signalgemisch.
- Erzeugen gewünschte Wellenformen.
- Verändern Amplitudeneigenschaften.
- Ermitteln best. Inhalte aus einem Signalgemisch.

- Arbeiten in Echtzeit.
- Verarbeiten die einzelnen Befehle des Befehlssatzes in einem Taktzyklus.
- Führen vollständige Multiplikation und Akkumulation in einem Taktzyklus durch.
- Sind intern in der Harvard-Architektur aufgebaut (getrennte Programm- und Datenspeicher).

Anwendung

- Digitale Filtertechnik (Ersatz von analogen Filtern).
- Spracherkennung, Sprachsynthese.
- Bildübertragung, Bilddatenkompression.
- Robotersteuerung, Motorsteuerung.

- Digitale Vermittlungsanlagen.
- Freisprechtelefone, Funktelefon.
- Mustererkennung, Radartechnik.
- Spektralanalyse, Ultraschall-Geräte.

Anwendungsprinzip

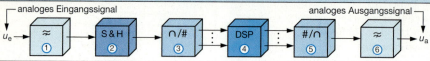

Tiefpaßfilter ①	Digitaler Signalprozessor ④
Begrenzt das Eingangssignal in seiner Bandbreite (filtert nicht gewünschte Signalanteile aus).	Verändert das digitale Eingangssignal entsprechend der Berechnungsformeln u. den gespeicherten Daten.
Sample & Hold-Schaltung ②	Digital- /Analog-Umsetzer ⑤
Tastet das Eingangssignal mit mindestens der doppelten Signalfrequenz ab (Nyquist Theorem) und stellt Amplitudenwert zur Digitalisierung bereit.	Setzt die digitalen Ausgangssignale des DSP in analoge Werte um.
	Ausgangsfilter ⑥
Analog- /Digital-Umsetzer ③	Filtert die bei der A/D-Umsetzung entstehenden hochfrequenten Signalanteile aus (Signalglättung).
Setzt das analoge Signal in digitales Signal um.	

Digitaler Signalprozessor (ADSP 2105)

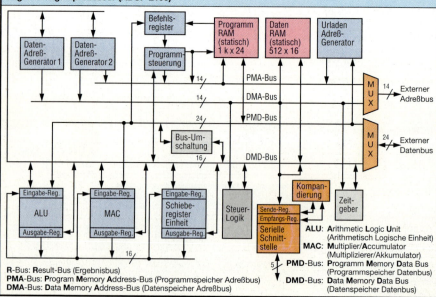

R-Bus: **R**esult-Bus (Ergebnisbus)
PMA-Bus: **P**rogram **M**emory **A**ddress-Bus (Programmspeicher Adreßbus)
DMA-Bus: **D**ata **M**emory **A**ddress-Bus (Datenspeicher Adreßbus)

ALU: **A**rithmetic **L**ogic **U**nit (Arithmetisch Logische Einheit)
MAC: **M**ultiplier/**A**ccumulator (Multiplizierer/Akkumulator)
PMD-Bus: **P**rogramm **M**emory **D**ata Bus (Programmspeicher Datenbus)
DMD-Bus: **D**ata **M**emory **D**ata Bus (Datenspeicher Datenbus)

Halbleiterspeicher

Einteilung nach Speicherverfahren

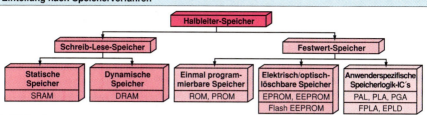

Schreib-Lese-Speicher

SRAM (Static Random Access Memory)

- Speicherprinzip: Flipflop mit Transistoren als statische Speicherzelle.
- Wahlfreier Zugriff auf Inhalte der Speicherzellen.
- Speicherzellen in Matrixform auf dem Halbleiterchip organisiert.
- Adressierung der Zellen über Zeilen- und Spaltendecoder durch extern angelegte Binärsignale (Adresse).
- Dateneingänge und -ausgänge sind entweder getrennt oder auf dem Chip zusammengefaßt.
- Datenwortbreite: 4 Bit, 8 Bit oder 16 Bit.
- Speicherinhalte sind nach Spannungsabschaltung verloren.

Speicherzelle in MOS-Technik

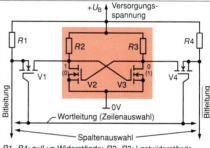

$R1$, $R4$: pull up Widerstände; $R2$, $R3$: Lastwiderstände

gespeicherte Information	Transistor		Spaltenauswahl	
	V2	V3	Bitleitung	Bitleitung
1	gesperrt	leitend	1	0
0	leitend	gesperrt	0	1

Einheitenbezeichnungen

$1\,k = 1 \cdot 2^{10} = 1\,024$ (sprich ka, nicht Kilo)
$1\,M = 1 \cdot 2^{20} = 1\,048\,576$ (sprich Mega)
$1\,G = 1 \cdot 2^{30} = 1\,073\,741\,824$ (sprich Giga)

1 kbyte = 1 024 · 8 bit; 1 Mbyte = 1 048 576 · 8 bit;
1 kbit = 1 024 · 1 bit; 1 Mbit = 1 048 576 · 1 bit

Speicherbaustein 8 k x 8 (64 kbit)

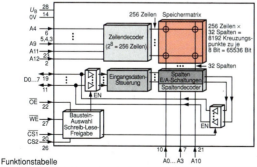

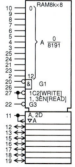

Funktionstabelle

Betriebsart	CS1	CS2	WE	OE	D0…7	Strombedarf
Baustein abgeschaltet	1	x	x	x	hochohmig	gering (typ. 20 µA)
Baustein abgeschaltet	x	0	x	x	hochohmig	gering (typ. 20 µA)
Schreiben	0	1	0	x	Daten ein	normal (typ. 30 mA)
Lesen	0	1	1	0	Daten aus	normal (typ. 30 mA)
Lesen	0	1	1	1	hochohmig	normal (typ. 30 mA)

CS1: Chip select 1 (Baustein-Auswahl 1)
CS2: Chip select 2 (Baustein-Auswahl 2)
WE: Write enable (Schreibfreigabe)
OE: Output enable (Ausgänge freigeben)

Über die Anschlüsse CS1 u. CS2 kann der Leistungsverbrauch des Bausteins gesteuert werden

Schreib-Lese-Speicher

DRAM (Dynamische RAM)

- Speicherprinzip: Information als Ladungsmenge in einem Kondensator (Kapazität ca. $50 \cdot 10^{-15}$ F) gespeichert.
- Wahlfreier Zugriff auf Inhalte der Speicherzellen.
- Speicherzellen in Matrixform organisiert.
- Adressierung der Zellen über Spalten- und Zeilendecoder durch zeitlich nacheinander eingegebene Zeilenadresse (RAS) und Spaltenadresse (CAS). RAS (Row Address Select); CAS (Column Address Select).
- Dateneingänge und Datenausgänge entweder getrennt oder auf dem Halbleiterchip zusammengefaßt.
- Datenwortbreite in der Regel 1 Bit.

- Bei größeren Datenwortbreiten mehrere Bausteine parallel geschaltet.
- Speicherinhalte müssen zyklisch aufgefrischt (refreshed) werden.
- Inhalte der gelesenen Zellen werden automatisch beim Lesen aufgefrischt.

Betriebsarten für Speicher Lesen und Schreiben:
Normal Mode:	Normaler Betrieb
Page Mode:	Seiten- oder Reihenbetrieb
Nibble Mode:	Halbbyte Betrieb
Static Column Mode:	statischer Spaltenbetrieb
Serial Mode:	serieller Betrieb

- Inhalte der Speicherzellen gehen nach Abschalten der Versorgungsspannung verloren.

Speicherbaustein 1 MBit (1 M x 1)

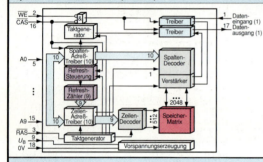
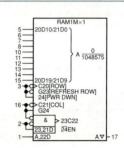

Betriebsarten

Normal Mode

Lesen

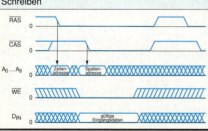

Schreiben

Page Mode

Lesen

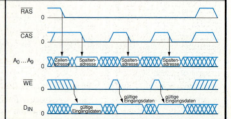

Schreiben

Festwertspeicher

EPROM

- **E**lectrically **P**rogrammable **R**ead **O**nly **M**emory: Elektrisch programmierbarer Nur-Lese-Speicher.
- Speicherprinzip: Information in Form einer Ladungsmenge auf dem zusätzlichen Gate (schwebendes Gate) im Speichertransistor.
- Gespeicherte Ladung verschiebt Schwellenspannung des Transistors.
- Programmierung der Speicherzellen durch Anlegen eines Programmierimpulses.
- Programmiervorgang besteht aus mehreren Zyklen.
- Löschen der Informationen durch Bestrahlen mit ultraviolettem Licht (Wellenlänge 0,2537 µm; Energiedichte ca. 6 Ws/cm^2).
- Wahlfreier Zugriff auf Speicherinhalte.
- Informationen bleiben nach Spannungsabschaltung erhalten.

Programmierablauf (2764A)

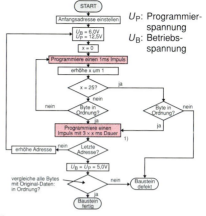

U_P: Programmierspannung
U_B: Betriebsspannung

1) Dieser Programmierimpuls dient zur zusätzlichen Ladungsanreicherung, damit die Datenspeicherung für den vorgegebenen Zeitraum garantiert ist.

Speicherbaustein 64 kbit (8 k x 8)

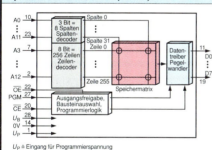

$U_P \triangleq$ Eingang für Programmierspannung

Jeder Spalten- und Zeilenkreuzungspunkt enthält die 8 Bit breite Information (Befehl, Daten).
Bei 256 Zeilen und 32 Spalten entstehen 256 x 32 = 8192 Kreuzungspunkte je 8 Bit.

Anschlußbelegung

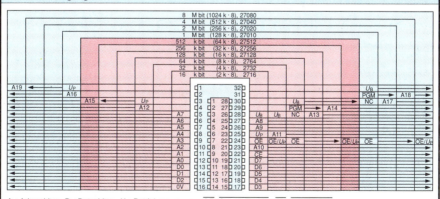

A_n: Adressbit n; D_n: Datenbit n; U_B: Betriebsspannung; $\overline{OE}$: Output Enable; $\overline{CE}$: Chip Enable;
N.C.: Not Connectet (nicht angeschlossen); U_P: Programmierspannung; PGM: Programmierimpuls

Festwert-Speicher

EEPROM

- **E**lectrically **E**rasable **P**rogrammable **R**ead **O**nly **M**emory: elektrisch lösch- und programmierbare Nur-Lese-Speicher.
- Aufbau ähnlich der EPROM-Speicherzelle.
- Dünnere Oxydschicht zwischen schwebendem Gate und Auswahlgate.
- Elektronen können durch äußere elektrische Spannung in beide Richtungen verschoben werden.
- Nachteile: geringe Anzahl von Schreibvorgängen ($\leq 10^3 \ldots 10^4$); lange Schreib- und Löschzeiten für die Datenbytes.
- Speicherinhalte bleiben nach Spannungsabschaltung erhalten.
- Anwendung z. B. als Konfigurationsspeicher in Meßgeräten oder Kanalspeicher in Fernsehgeräten.

NV-RAM

- **N**on **V**olatile **R**andom **A**ccess **M**emory: RAM mit unverlierbaren Daten.
- Bestehen aus SRAM-Zellen und angekoppelten EEPROM-Zellen.
- Solange Betriebsspannung vorhanden, wird RAM-Bereich aktiv.
- Bei Spannungsausfall werden Daten des RAM-Bereichs in EEPROM-Bereich automatisch übertragen.
- Nach Spannungsrückkehr werden Daten zurückgeschrieben.
- Betriebsspannung am Speicherbaustein muß mindestens 10 ms nach Spannungsausfall anstehen, um Daten remanent zu speichern.

Flash EEPROM

- Blitz EEPROM
- Speicherzellen ähnlich aufgebaut wie bei EEPROM.
- Oxydschichtdicke für schwebendes Gate ca. 120 nm.
- Ladungsträger zwischen schwebendem Gate und Substrat durch elektrische Spannung in beiden Richtungen verschiebbar.
- Löschen des Speicherinhaltes nur gesamt durch Löschimpuls möglich.
- Betriebsarten für die Bausteine werden über Kommandoregister gesteuert.
- Speicherinhalte bleiben nach Spannungsabschaltung erhalten.
- Anwendung z. B. als Ersatz für batteriegepuffertes RAM.

ROM/PROM

- **R**ead **O**nly **M**emory: Nur-Lese-Speicher.
- **P**rogrammable **R**ead **O**nly **M**emory: programmierbarer Nur-Lese-Speicher.
- Informationen sind remanent gespeichert.
- **ROM:** Programmierung erfolgt beim Halbleiterhersteller durch Einbringen von leitenden Verbindungen zwischen Zeile und Spalte in der Speichermatrix.
- Anwendung von ROMs nur bei großen Stückzahlen günstig.
- **PROM:** Programmierung erfolgt beim Anwender durch Aufschmelzen der programmierbaren Verbindung zwischen Zeile und Spalte in der Speichermatrix.
- Anwendung auch in kleinen Stückzahlen kostengünstig.

ASIC (Anwenderspezifische IC)

Kundenspezifisch

- ICs werden speziell für einen Kunden von einem Halbleiterhersteller angefertigt.
- Grundlage sind Logikpläne, die die Schaltfunktionen beschreiben.
- Funktionen werden als Transistorschaltungen auf Halbleiterkristall realisiert.
- Neben logischen Funktionen auch Analog-, Speicher- und Leistungsfunktionen möglich.

Silizium- Grundmaterial

Standardzellen

- Schaltfunktionen werden nicht auf Transistorebene entworfen.
- Halbleiterhersteller bieten Bausteinbibliotheken zur Umsetzung der Logikfunktionen.
- Bibliotheken enthalten z. B. Gatter, Schieberegister und Zähler als Makrozellen.
- Makrozellen werden entsprechend der Schaltfunktionen zusammengefügt und auf Halbleiterkristall geätzt.

Logikschaltungen

Gate Array

- Gatter-Felder sind vorgefertigte Schaltungen (Gatter).
- Kundenspezifische Schaltungen werden durch Aufbringen von Metallisierungsverbindungen realisiert.
- Neben Digitalschaltungen sind auch Analog-Arrays realisierbar.
- Einschränkungen beim Entwurf (Anordnung und Platzbedarf) werden durch kostengünstige Herstellung aufgehoben.

Gatterschaltungen

PLD

- **P**rogrammable **L**ogic **D**evice: programmierbare Logikeinheiten.
- Anwenderfunktionen werden durch Programmierung auf Programmiergeräten realisiert.
- **PLA:** **P**rogrammable **L**ogic **A**rray.
- **PAL:** **P**rogrammable **A**rray **L**ogic.
- **FPLA:** **F**ield **P**rogrammable **L**ogic **A**rray.
- **EPLD:** **E**rasable **P**rogrammable **L**ogic **D**evice.

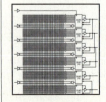

Disketten

DIN 66 247 T.1, T.2/01.88, DIN 66 248 T.1…T.6/01.85, DIN 66 287/09.88, DIN 66 288/09.88

Diskette 130 (5 1/4 Zoll)
Mechanische Eigenschaften

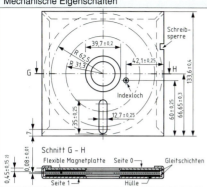

Diskette 90 (3 1/2 Zoll)
Mechanische Eigenschaften

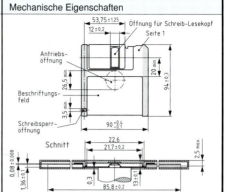

Aufzeichnungskapazität

Diskette E 130:
- Aufzeichnung einseitig (Seite 0) mit 40 konzentrischen Spuren.
- Daten auf Spur 00…34 aufgezeichnet.
- **Spurkapazität**
  Spur 00: 16 Sektoren mit insgesamt 2048 Bytes (128 Byte je Datenfeld);
  Spur 01…34: 9 Sektoren, 2304 Bytes pro Spur.

Diskette Z 130:
- Aufzeichnung zweiseitig (Seite 0 und Seite 1) mit 40 Spuren je Seite (Z 130-M-40) oder 80 Spuren je Seite (Z 130-M-80).
- **Spurkapazität:** Spur 00 Seite 0: 16 Sektoren mit insgesamt 2048 Bytes.
- Spur 01…79: je 16 Sektoren mit 4096 Bytes.
- **Spurbreiten** nach Aufzeichnung bei E 130 und Z 130-M-40: 0,3 mm ± 0,025 mm; Z 130-M-80: 0,155 mm ± 0,0015 mm.

Aufzeichnungskapazität

- Aufzeichnung zweiseitig (Seite 0 und Seite 1).
- 80 Spuren je Seite (Spur 00…79).
- Spurdichte: 5,33 Spuren/mm.
- **Spurkapazität:** 9 Sektoren je Spur, insgesamt 4608 Bytes/Spur; 512 Bytes je Datenfeld.
- Spuraufteilung nach Formatierung in:
  Indexmarkenfeld: min. 32 Bytes, max. 146 Bytes
  Sektorkennungsfeld: 22 Bytes
  Pufferfeld P1: 22 Bytes
  Datenblockfeld: 530 Bytes
  Pufferfeld P2: min. 78 Bytes, max. 84 Bytes
  Pufferfeld P3: Länge variabel
- Prüfzeichen (EDC: Error Detection Characters) besteht aus zwei Bytes und wird durch Generatorpolynom $x^{16} + x^{12} + x^5 + 1$ erzeugt.

Referenzdisketten für Messungen und Geräteeinstellungen sind bei der Physikalisch-Technischen-Bundesanstalt (PTB) in Braunschweig aufbewahrt.

Festplattenkennzeichnungen

RLL-Aufzeichnungsformat

Type	Spuren	Köpfe	Mbyte	Type	Spuren	Köpfe	Mbyte
1	306	4	15	25	0	0	0
2	615	4	31	26	0	0	0
3	615	6	47	27	0	0	0
4	940	8	97	28	0	0	0
5	940	6	73	29	0	0	0
6	615	4	31	30	0	0	0
7	462	8	48	31	0	0	0
8	733	5	47	32	0	0	0
9	900	15	175	33	0	0	0
10	820	3	31	34	0	0	0
11	855	5	55	35	0	0	0
12	855	7	74	36	781	2	20
13	306	8	31	37	781	4	40
14	733	7	66	38	781	6	60
15	0	0	0	39	1024	5	66
16	612	4	31	40	1024	5	66
17	977	5	63	41	1024	8	106
18	977	7	88	42	615	8	63
19	1024	7	93	43	820	6	63
20	733	5	47	44	306	2	7
21	733	7	67	45	306	6	23
22	733	5	47	46	695	5	45
23	306	4	15	47	981	5	63
24	0	0	0				

RLL: Run Length Limited (verkürzte Aufzeichnungslänge)

MFM-Aufzeichnungsformat

Type	Spuren	Köpfe	Mbyte	Type	Spuren	Köpfe	Mbyte
1	306	4	10	26	1024	4	34
2	615	4	20	27	1024	5	42
3	615	6	30	28	1024	8	68
4	940	8	62	29	512	8	34
5	940	6	46	30	615	2	10
6	615	4	20	31	989	5	41
7	462	8	30	32	1020	15	127
8	733	5	30	33	0	0	0
9	900	15	112	34	0	0	0
10	820	3	20	35	1024	9	76
11	855	5	35	36	1024	5	42
12	855	7	49	37	830	10	68
13	306	8	20	38	823	10	68
14	733	7	42	39	615	4	20
16	612	4	20	40	615	8	40
17	977	5	40	41	917	15	114
18	977	7	56	42	1023	15	127
19	1024	7	59	43	823	10	68
20	733	5	30	44	820	6	40
21	733	7	42	45	1024	8	68
22	733	5	30	46	925	9	69
23	306	4	10	47	699	7	40
24	830	10	105	48	manuelle Einträge		
25	615	4	20	49	manuelle Einträge		

MFM: Modified Frequency Modulation (modifizierte Frequenzmodulation)

Personal Computer Memory Card International Association (PCMCIA)

- Herstellervereinigung für scheckkartengroße PC-Erweiterungskarten.
- Zukünftige Bezeichnung: PC-Card.
- Verfügbar z. B. als Speicher-, E/A-, ISDN-, MODEM- oder Festplattenkarte.
- Karten mit Versionsstand größer 2.x sind identisch mit dem **JEIDA**-Standard (**J**apanese **E**lectronic **I**ndustry **D**evelopment **A**ssociation).

Abmessungen

Version	Typ	Länge in mm	Breite in mm	Höhe in mm Anschluß	Höhe in mm Körper
1	–	85,6	54,0	3,3	3,3
2	I	85,6	54,0	3,3	3,3
2	II	85,6	54,0	3,3	5,0
2	III	85,6	54,0	3,3	10,5

Anschlüsse

Ansicht auf Steckverbinder der Karte

PIN 34   Oberseite   PIN 1
PIN 68   Unterseite   PIN 35

(3,3 mm)

Anschlußbelegungen bei E/A-Karten

Pin-Nr.	Signal-Bezeichnung	Abkürzung	Richtung[1]	Pin-Nr.	Signal-Bezeichnung	Abkürzung	Richtung[1]
1	Masse	GND		35	Masse	GND	A
2	Datenbit 3	D3	E/A	36	Karte gefunden 1	CD 1	A (L)
3	Datenbit 4	D4	E/A	37	Datenbit 11	D 11	E/A
4	Datenbit 5	D5	E/A	38	Datenbit 12	D 12	E/A
5	Datenbit 6	D6	E/A	39	Datenbit 13	D 13	E/A
6	Datenbit 7	D7	E/A	40	Datenbit 14	D 14	E/A
7	Karte aktiviert 1	CE 1	E (L)	41	Datenbit 15	D 15	E/A
8	Adreßbit 10	A 10	E	42	Karte aktiv. 2	CE 2	E (L)
9	Ausg. aktiviert	OE	E (L)	43	Auffrischen	RFSH	E
10	Adreßbit 11	A 11	E	44	Reserviert	RFU	E
11	Adreßbit 9	A 9	E	45	Reserviert	RFU	E
12	Adreßbit 8	A 8	E	46	Adreßbit 17	A 17	E
13	Adreßbit 13	A 13	E	47	Adreßbit 18	A 18	E
14	Adreßbit 14	A 14	E	48	Adreßbit 19	A 19	E
15	Schreibfreigabe	WE/PGM	E (L)	49	Adreßbit 20	A 20	E
16	Bereit/Belegt	RDY/BUSY	A (L/H)	50	Adreßbit 21	A 21	E
17	Versorg. Spann.	V_{CC}		51	Versorg. Spann.	V_{CC}	
18	Progr. Spann. 1	V_{PP}		52	Progr. Spann. 2	V_{PP}	
19	Adreßbit 16	A 16	E	53	Adreßbit 22	A 22	E
20	Adreßbit 15	A 15	E	54	Adreßbit 23	A 23	E
21	Adreßbit 12	A 12	E	55	Adreßbit 24	A 24	E
22	Adreßbit 7	A 7	E	56	Adreßbit 25	A 25	E
23	Adreßbit 6	A 6	E	57	Reserviert	RFU	
24	Adreßbit 5	A 5	E	58	Kartenrücksetzung	RESET	E (H)
25	Adreßbit 4	A 4	E	59	Buszyklus verläng.	WAIT	A (L)
26	Adreßbit 3	A 3	E	60	Reserviert	RFU	
27	Adreßbit 2	A 2	E	61	Attr. o. E/A-Zugriff	REG	E (L)
28	Adreßbit 1	A 1	E	62	Batt. Spann. gef. 2	BVD 2	A
29	Adreßbit 0	A 0	E	63	Batt. Spann. gef. 1	BVD 1	A
30	Datenbit 0	D 0	E/A	64	Datenbit 8	D 8	E/A
31	Datenbit 1	D 1	E/A	65	Datenbit 9	D 9	E/A
32	Datenbit 2	D 2	E/A	66	Datenbit 10	D 10	E/A
33	Schreibschutz	WP	A (H)	67	Karte gefunden 2	CD 2	A (L)
34	Masse	GND		68	Masse	GND	

Anschlußbelegungen für Speicherkarten (Abweichungen gegenüber E/A-Karten)

Pin-Nr.	Signal-bezeichnung	Abkürzung	Richtung[1]	Pin-Nr.	Signal-bezeichnung	Abkürzung	Richtung[1]
16	Unterbr. Anford.	IREQ	A (L)	60	Eingabebestätig.	INPACK	A (L)
33	16 Bit E/A	IOIS16	A (L)	62	Lautsprecher	SPKR	A (L)
44	E/A-Lesen	IORD	E (L)	63	Statuswechsel	STSCHG	A (L)
45	E/A-Schreiben	IOWR	E (L)				

[1] Richtung: E: Eingang, A: Ausgang aus Sicht der Karte. (L) bzw. (H) gibt aktiven Pegel an.

Karten

Kartengrößen DIN EN 27810/02.91

Kartenformate

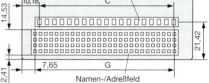

Kartenmaße

Kartenformat	Breite in mm	Höhe in mm	Dicke [1] in mm
ID 000	25	15	0,76
ID 00	66	33	0,76
ID 1	85,6	53,98	0,76
ID 2	105	74	0,76
ID 3	125	88	0,76

[1] Für Karten ohne Prägung und ohne magnetische Aufzeichnung dürfen andere Dickenwerte festgelegt werden.

Hochgeprägte Karten DIN EN 27811 T.3/02.91

Die geprägten Schriftzeichen sind für die Datenübertragung (durch Druckvorrichtung oder visuelles/maschinelles Lesen) bestimmt.

Identifikationsnummernzeile

Zeile für Schriftzeichen nach ISO 7811-1 mit maximal 19 Schriftzeichen-Positionen mit einer Nominaldichte von 7 Schriftzeichen je 25,4 mm. Die Zahl der benutzten geprägten Schriftzeichenpositionen hängt von den Erfordernissen der Anwender ab.

Namen- und Adreßfeld

Vier Zeilen mit je 27 Schriftzeichen nach ISO 7811-1 mit einer Nominaldichte von 10 Schriftzeichen je 25,4 mm.

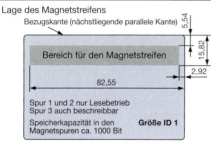

Größte kumulierte Grenzabweichung zwischen den Mittellinien des ersten und des letzten Schriftzeichens jeder Zeile ± 0,08 mm (Grenzabweichung von C und G).

Magnetstreifenkarten DIN EN 27811 T.4, T.5/02.91

Lage des Magnetstreifens

Bezugskante (nächstliegende parallele Kante)

Bereich für den Magnetstreifen

Spur 1 und 2 nur Lesebetrieb
Spur 3 auch beschreibbar
Speicherkapazität in den Magnetspuren ca. 1000 Bit **Größe ID 1**

Lage der Spuren 1, 2 und 3

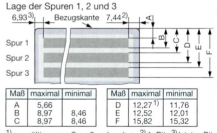

Maß	maximal	minimal	Maß	maximal	minimal
A	5,66		D	12,27 [1]	11,76
B	8,97	8,46	E	12,52	12,01
C	8,97	8,46	F	15,82	15,32

[1] nur gültig, wenn Spur 3 vorhanden   [2] 1. Bit   [3] letztes Bit

Chipkarten DIN EN 27816 T.1, T.2/01.92

- **Speicherchipkarten**
  Ohne Sicherheitslogik, z. B. Krankenversicherungskarte (meist EEPROM).
- **Intelligente Speicherchipkarte**
  mit festverdrahteter Sicherheitslogik, z. B. Telefonkarte.
- **Prozessorchipkarte**
  Intelligente Chipkarte (smartcard) mit Mikroprozessor, RAM, ROM, EEPROM und seriellem Ein- und Ausgabeport.

Kontakbehaftete Karte

Kontaktbelegung	Kontakt	Signalname	Funktion
C1	C1	V_{CC}	Versorgungsspannung
C5	C2	RST	Reseteingang
C2	C3	CLK	Takteingang
C6	C4	RFU	Reserviert
C3	C5	GND	Masse
C7	C6	V_{PP}	Programmierspannung
C4	C7	I/O	Ein-/Ausgang, seriell
C8	C8	RFU	Reserviert

1 Kontaktfelder des Chip
2 RAM
3 ROM
4 EEPROM
5 Serielle Ein-/Ausgabe-Schnittstelle

- **Cryptokarte mit mathematischem Coprozessor**

Kontaktlose Karte

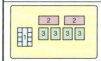

Energieübertragung meist induktiv, Datenübertragung induktiv oder kapazitiv
1 Kontaktfelder des Chip
2 Koppelspulen in der Chipkarte
3 Kapazitive Koppelflächen in der Chipkarte

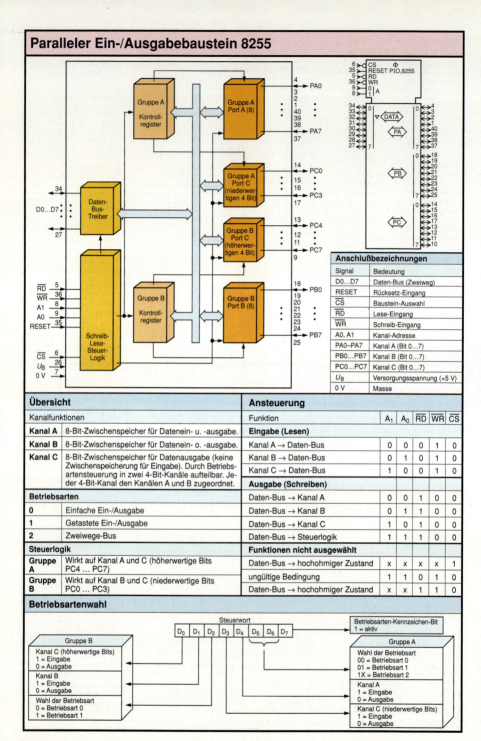

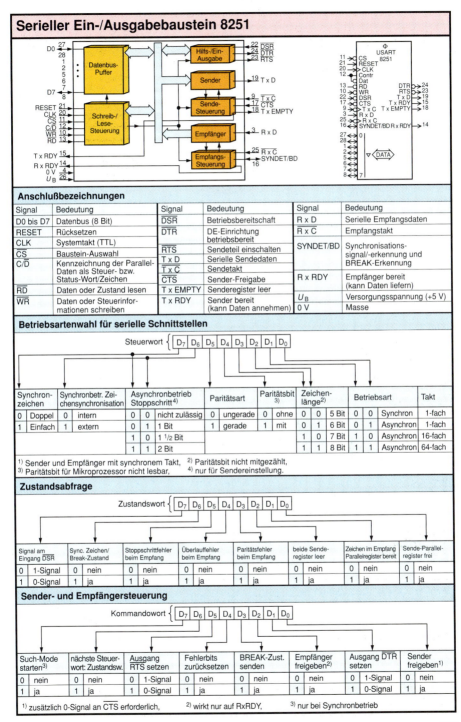

Einchip-Mikroprozessor 8751

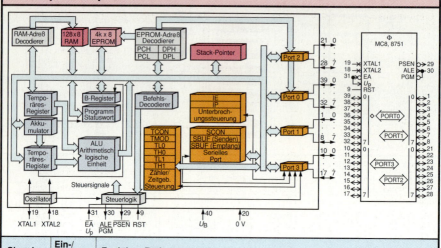

Signal	Ein-/Ausgang	Funktion, Bedeutung
XTAL1	E	Eingang für Quarz; Anschluß muß auf 0 V liegen, wenn an XTAL2 externes Taktsignal eingespeist wird.
XTAL2	E/A	Eingang für Quarz oder externen Taktgenerator.
$\overline{EA}/U_p$	E/E	Umschalteingang für externen/internen Speicher; 1-Signal: interner Speicher (Programmzähler < 0FFFH), 0-Signal: externer Speicher/Programmierspannung.
ALE/$\overline{PGM}$	A/E	Adressen-Zwischenspeicher-Signal für niederwertigen Adreßteil/Programmierimpuls
$\overline{PSEN}$	A	Lesesignal für externen Programmspeicher.
RST	E	Flanke 0 → 1 setzt Prozessor zurück. Automatisches Rücksetzen nach Spannungseinschaltung, wenn Kondensator zwischen RST und + U_B.
P0.0 ... P0.7	E/A	Port 0, 8 Bit breit, bitadressierbar, bidirektional; 8 LS-TTL-Lasten pro Anschluß. Anschluß externer Speicher mit niederwertigem Adreßteil; Einlesen des Befehlsbytes bzw. Ein- oder Ausgeben des Datenbytes.
P1.0 ... P1.7	E/A	Port 1, 8 Bit breit, bitadressierbar, bidirektional; je Ausgang max. 4 LS-TTL-Lasten.
P2.0 ... P2.7	E/A	Port 2, 8 Bit breit, bitadressierbar, bidirektional; je Ausgang max. 4 LS-TTL-Lasten. Anschluß externer Speicher mit höherwertigem Adreßbyte.
P3.0 ... P3.7	E/A	Port 3, 8 Bit breit, bitadressierbar, bidirektional; je Ausgang max. 4 LS-TTL-Lasten.
Alternativfunktionen je Anschluß (Ausgangslatch auf 1-Signal schalten)		
P3.0	E/A	serieller Dateneingang RxD (asynchron); Datenein-/ausgang (synchron).
P3.1	E/A	serieller Dateneingang TxD (asynchron); Datenausgang (synchron).
P3.2	E/A	Interrupt 0 Eingang ($\overline{INT0}$); Timer 0 Gate-Steuerungs-Eingang.
P3.3	E/A	Interrupt 1 Eingang ($\overline{INT1}$); Timer 1 Gate-Steuerungs-Eingang.
P3.4	E/A	Zähler 0 Eingang T0.
P3.5	E/A	Zähler 1 Eingang T1.
P3.6	E/A	$\overline{WR}$-Steuersignal für externen Datenspeicher; Übergabeimpuls für Datenbyte aus Port 0.
P3.7	E/A	$\overline{RD}$-Steuersignal für externen Datenspeicher; Übernahmeimpuls für Datenbyte in Port 0.
U_B	E	Positive Versorgungsspannung (+ 5 V).
0 V	A	0V-Anschluß

Befehlscode für 8051 in hexadezimaler Reihenfolge

Hex	Mnemonic	Hex	Mnemonic	Hex	Mnemonic	Hex	Mnemonic
00	NOP	20	JB badr,rel	40	JC rel	60	JZ rel
01	AJMP page 0	21	AJMP page 1	41	AJMP page 2	61	AJMP page 3
02	LJMP adr16	22	RET	42	ORL dadr,A	62	XRL dadr,A
03	RR A	23	RL A	43	ORL dadr,#c8	63	XRL dadr,#c8
04	INC A	24	ADD A,#c8	44	ORL A,#c8	64	XRL A,#c8
05	INC dadr	25	ADD A,dadr	45	ORL A,dadr	65	XRL A,dadr
06	INC @R0	26	ADD A,@R0	46	ORL A,@R0	66	XRL A,@R0
07	INC @R1	27	ADD A,@R1	47	ORL A,@R1	67	XRL A,@R1
08	INC R0	28	ADD A,R0	48	ORL A,R0	68	XRL A,R0
09	INC R1	29	ADD A,R1	49	ORL A,R1	69	XRL A,R1
0A	INC R2	2A	ADD A,R2	4A	ORL A,R2	6A	XRL A,R2
0B	INC R3	2B	ADD A,R3	4B	ORL A,R3	6B	XRL A,R3
0C	INC R4	2C	ADD A,R4	4C	ORL A,R4	6C	XRL A,R4
0D	INC R5	2D	ADD A,R5	4D	ORL A,R5	6D	XRL A,R5
0E	INC R6	2E	ADD A,R6	4E	ORL A,R6	6E	XRL A,R6
0F	INC R7	2F	ADD AR,7	4F	ORL A,R7	6F	XRL A,R7
10	JBC badr,rel	30	JNB badr,rel	50	JNC rel	70	JNZ rel
11	ACALL page 0	31	ACALL page 1	51	ACALL page 2	71	ACALL page 3
12	LCALL adr16	32	RETI	52	ANL dadr,A	72	ORL C,badr
13	RRC A	33	RLC A	53	ANL dadr,#c8	73	JMP @A,+DPTR
14	DEC A	34	ADDC A,#c8	54	ANL A,#c8	74	MOV A,#c8
15	DEC dadr	35	ADDC A,dadr	55	ANL A,dadr	75	MOV dadr,#c8
16	DEC @R0	36	ADDC A,@R0	56	ANL A,@R0	76	MOV @R0,#c8
17	DEC @R1	37	ADDC A,@R1	57	ANL A,@R1	77	MOV @R1,#c8
18	DEC R0	38	ADDC A,R0	58	ANL A,R0	78	MOV R0,#c8
19	DEC R1	39	ADDC A,R1	59	ANL A,R1	79	MOV R1,#c8
1A	DEC R2	3A	ADDC A,R2	5A	ANL A,R2	7A	MOV R2,#c8
1B	DEC R3	3B	ADDC A,R3	5B	ANL A,R3	7B	MOV R3,#c8
1C	DEC R4	3C	ADDC A,R4	5C	ANL A,R4	7C	MOV R4,#c8
1D	DEC R5	3D	ADDC A,R5	5D	ANL A,R5	7D	MOV R5,#c8
1E	DEC R6	3E	ADDC A,R6	5E	ANL A,R6	7E	MOV R6,#c8
1F	DEC R7	3F	ADDC A,R7	5F	ANL A,R7	7F	MOV R7,#c8

Hex	Mnemonic	Hex	Mnemonic	Hex	Mnemonic	Hex	Mnemonic
80	SJMP rel	A0	ORL C,/badr	C0	PUSH dadr	E0	MOVX A,@DPTR
81	AJMP page 4	A1	AJMP page 5	C1	AJMP page 6	E1	AJMP page 7
82	ANL C,badr	A2	MOV C,badr	C2	CLR badr	E2	MOVX A,@R0
83	MOVC A,@A+PC	A3	INC DPTR	C3	CLR C	E3	MOVX A,@R1
84	DIV AB	A4	MUL AB	C4	SWAP A	E4	CLR A
85	MOV dadr,dadr	A5	–	C5	XCH A,dadr	E5	MOV A,dadr
86	MOV dadr,@R0	A6	MOV @R0,dadr	C6	XCH A,@R0	E6	MOV A,@R0
87	MOV dadr,@R1	A7	MOV @R1,dadr	C7	XCH A,@R1	E7	MOV A,@R1
88	MOV dadr,R0	A8	MOV R0,dadr	C8	XCH A,R0	E8	MOV A,R0
89	MOV dadr,R1	A9	MOV R1,dadr	C9	XCH A,R1	E9	MOV A,R1
8A	MOV dadr,R2	AA	MOV R2,dadr	CA	XCH A,R2	EA	MOV A,R2
8B	MOV dadr,R3	AB	MOV R3,dadr	CB	XCH A,R3	EB	MOV A,R3
8C	MOV dadr,R4	AC	MOV R4,dadr	CC	XCH A,R4	EC	MOV A,R4
8D	MOV dadr,R5	AD	MOV R5,dadr	CD	XCH A,R5	ED	MOV A,R5
8E	MOV dadr,R6	AE	MOV R6,dadr	CE	XCH A,R6	EE	MOV A,R6
8F	MOV dadr,R7	AF	MOV R7,dadr	CF	XCH A,R7	EF	MOV A,R7
90	MOV DPTR,#c16	B0	ANL C,/badr	D0	POP dadr	F0	MOVX @DTPR,A
91	ACALL page 4	B1	ACALL page 5	D1	ACALL page 6	F1	ACALL page 7
92	MOV badr,C	B2	CPL badr	D2	SETB badr	F2	MOVX @R0,A
93	MOVC A,@A+DPTR	B3	CPL C	D3	SETB C	F3	MOVX @R1,A
94	SUBB A,#c8	B4	CJNE A,#c8,rel	D4	DA A	F4	CPL A
95	SUBB A,dadr	B5	CJNE A,dadr,rel	D5	DJNZ dadr,rel	F5	MOV dadr,A
96	SUBB A,@R0	B6	CJNE @R0,#c8,rel	D6	XCHD A,@R0	F6	MOV @R0,A
97	SUBB A,@R1	B7	CJNE @R1,#c8,rel	D7	XCHD A,@R1	F7	MOV @R1,A
98	SUBB A,R0	B8	CJNE R0,#c8,rel	D8	DJNZ R0,rel	F8	MOV R0,A
99	SUBB A,R1	B9	CJNE R1,#c8,rel	D9	DJNZ R1,rel	F9	MOV R1,A
9A	SUBB A,R2	BA	CJNE R2,#c8,rel	DA	DJNZ R2,rel	FA	MOV R2,A
9B	SUBB A,R3	BB	CJNE R3,#c8,rel	DB	DJNZ R3,rel	FB	MOV R3,A
9C	SUBB A,R4	BC	CJNE R4,#c8,rel	DC	DJNZ R4,rel	FC	MOV R4,A
9D	SUBB A,R5	BD	CJNE R5,#c8,rel	DD	DJNZ R5,rel	FD	MOV R5,A
9E	SUBB A,R6	BE	CJNE R6,#c8,rel	DE	DJNZ R6,rel	FE	MOV R6,A
9F	SUBB A,R7	BF	CJNE R7,#c8,rel	DF	DJNZ R7,rel	FF	MOV R7,A

#c8: 8 Bit-Konstante; #c16: 16 Bit-Konstante; badr: Bit-Adresse; dadr: Daten-Adresse; DPTR: Datenzeiger; rel: relative 8-Bit-Adresse; R_i: Register 0 oder 1 der selektierten Registerbank, R_r: Register 0…7 der selektierten Registerbank; @: indirekte Adressierung

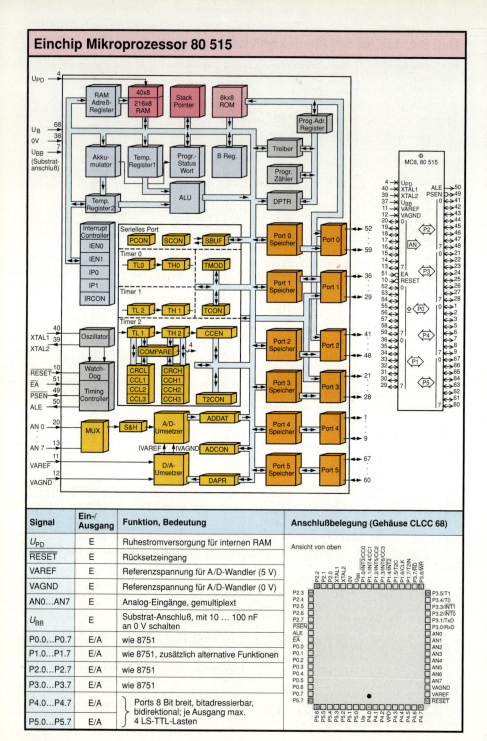

Mathematischer Co-Prozessor 80 287

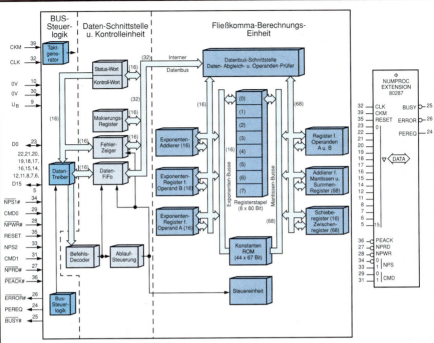

Signal	Ein-/Ausgang	Funktion, Bedeutung
CLK	E	**Cl**ock: Takteingang; TTL oder CMOS-Pegel. Dynamischer Eingang, Taktsignal muß anliegen, um interne Registerinhalte zu speichern.
CKM	E	**C**lock **M**ode: Taktbetriebsart; bei 1-Signal wird CLK direkt verwendet, bei 0-Signal wird CLK intern durch zwei geteilt.
RESET	E	Rücksetzen; Signalwechsel von 0 nach 1 setzt Co-Proz. zurück. Anschließend braucht Co-Proz. 25 Taktzyklen zur Grundstellung.
PEREQ	A	**P**rocessor **E**xtension **Req**uest: Prozessor Erweiterung Anfrage. Steuerleitung von Co-Prozessor an CPU zur Anzeige der Bereitschaft, Daten zu übernehmen bzw. zu senden.
PEACK#	E	**P**rocessor **E**xtension **Ack**nowledge; Prozessor Erweiterung Quittung. Steuersignal als Quittung für PEREQ.

Signal	Ein-/Ausgang	Funktion, Bedeutung
BUSY#	A	Beschäftigt; zeigt an, daß Co-Prozessor Befehle ausführt.
ERROR#	A	Fehler; zeigt eine nicht ausführbare Operation oder Zustand an.
D0 ... D15	E/A	Daten 0 ... 15; bidirektionaler Datenbus; zum Übertragen von Befehlen und Daten.
NPRD#	E	**N**umeric **P**rocessor **R**ead: Numerischen Prozessor lesen; Datenübertragung vom Co-Prozessor zur CPU.
NPWR#	E	**N**umeric **P**rocessor **W**rite: Numerischen Prozessor schreiben; Datenübertragung von CPU zum Co-Prozessor.
NPS1# NPS2	E E	**N**umeric **P**rocessor **S**elect 1 u. 2: Numerischer Prozessor Auswahl; Auswahlsignale für Co-Prozessor.
CMD0 CMD1	E E	**C**om**m**an**d S**elects 0 u. 1: Kommandoauswahl; Betriebsart für Co-Prozessor festlegen.
U_B	E	Betriebsspannung (+5 V)
0 V	E	Masse, 0 V

Quarzoszillatoren für Mikroprozessoranwendungen

E DIN IEC 49 (CO) 199/05.89
DIN 45 174/01.85

Anschaltung von Schwingquarzen an integrierte Oszillatorschaltungen

C-MOS- und N- bzw. H-MOS Schaltkreise

C_{X1} in pF	C_{X2} in pF	f_w in MHz
4…58 19*	4…58 19*	3
8…46 21*	8…46 21*	6
12…30 19*	12…30 19*	10

$C_{X1} \geq C_{X2} \geq \dfrac{C_{X2}}{2}$

X_1, X_2: Anschlüsse für Schwingquarze am Mikroprozessor

Werte mit * sind optimale Werte

Bipolare Schaltkreise

C_{Comp} in pF	f_w in MHz
14…250 30*	12
11…32 18*	15
8,5…16,5 12*	18

C_{Comp}: Kompensations-Kondensator zur Kompensation der Eigeninduktivität des IC

f_w: Arbeitsfrequenz, ergibt sich aus Zusammenwirken von Oszillatorschaltung und Schwingquarz

Quarzoszillatoren in TTL- und C-MOS-Version

Anschlüsse:
1: frei; 7: 0 V; 14: + 5 V
8: Ausgang

Begriffe	TTL-Version	C-MOS-Version
Frequenzbereich	2,4 bis 70 MHz	4 kHz bis 70 MHz
Frequenzstabilität	±100 ppm, ±50 ppm	±100 ppm, ±50 ppm
Betriebstemperatur	0 °C bis +70 °C	–20 °C bis +70 °C
Versorgungsspannung	+5 V ±10 %	+5V ±10 %
Anstiegs-/Abfallzeit t_r/t_f	2,4 bis 19 MHz: 15 ns 19 bis 70 MHz: 10 ns	4 kHz bis 250 kHz: 50 ns 250 kHz bis 70 MHz: 30 ns
Ausgangslast	1 bis 10 TTL	CMOS, 10 LS TTL
Amplitude	$U_L = 0,4$ V max. $U_H = +2,4$ V min.	$U_L = +0,5$ V max. $U_H = +4,5$ V min.
Tastverhältnis $\dfrac{t_1}{t_1+t_2} \cdot 100$ %	40/60 %, 60/40 %; 55/45 %, 45/55 %	40/60 %, 60/40 %

Quarzoszillatoren in SMD-Ausführung für TTL- und C-MOS-Anwendungen

Anschlüsse:
1: frei bzw. output-enable bei 6P/6PT
2: 0 V; 3: Ausgang; 4: + 5V

Begriffe	TQE 6O, 6P	TQE 6T, 6PT	TQE 6H
Frequenzbereich	1,5…26,0 MHz	26…36 MHz	30…55 MHz
Frequenzstabilität	±100 ppm (–10…+70°C), ± 200 ppm (– 40…+85°C)		
Betriebstemperatur	–40…+85 °C		
Versorgungsspannung	+5,0 V ± 0,5 V (max. –0,3…+7 V)		
Anstiegszeit, t_r in ns	max. 8, typ.5	max. 10, typ.5	max. 7, typ.3,5
Abfallzeit, t_f in ns	max. 8, typ.5	max. 8, typ.3	max. 7, typ.3,5
Anlaufzeit in ms	max. 4	max. 10	max. 10
Tastverhältnis $\dfrac{t_1}{t_1+t_2} \cdot 100$ %	40…60 %		
Ausgangssignal	C-MOS	TTL	C-MOS

IC-Gehäuseformen

Bezeichnung	Bedeutung	Bezeichnung	Bedeutung
P-DIP-nn	Plastic, Dual-In-Line-Package, Plastikgehäuse mit zweireihig angeordneten Anschlüssen.	PL-CC-nn	Plastic, Leaded-Chip-Carrier, Plastikgehäuse, quadratisch mit federnden Anschlüssen.
C-DIP-nn	Ceramic, Dual-In-Line-Package, Keramikgehäuse, wie oben.	CL-CC-nn	Ceramic, Leaded-Chip-Carrier, Keramikgehäuse, wie oben.
P-DSO-nn	Plastic, Dual-In-Line-Package, Small-Outline, Plastik-Miniaturgehäuse, Anschlüsse zweireihig, Rastermaß 1,27 mm.	P-PGA-nn	Plastic, Pin-Grid-Array, Plastikgehäuse, quadratisch mit matrixförmiger Anordnung der Anschlußstifte.
P-DVSO-nn	Plastic, Dual-In-Line-Package, Very-Small-Outline, Plastik-Miniaturgehäuse, Anschlüsse zweireihig, Rastermaß 0,76 mm.	C-PGA-nn	Ceramic, Pin-Grid-Array, Keramikgehäuse, wie oben.
		P-QFP-nn	Plastic, Quad-Flat-Pack, Plastikgehäuse, quadratisch und flach, Rastermaß 0,635 mm.
C-CC-nn	Ceramic, Chip-Carrier, Keramik, Chip-Träger ist quadratisch aufgebaut, Anschlüsse als Leiterbahnen auf dem Keramikkörper.	C-QFP-nn	Ceramic, Quad-Flat-Pack, Keramikgehäuse, wie oben.

nn bedeutet Anzahl der Anschlüsse

P-DSO-24

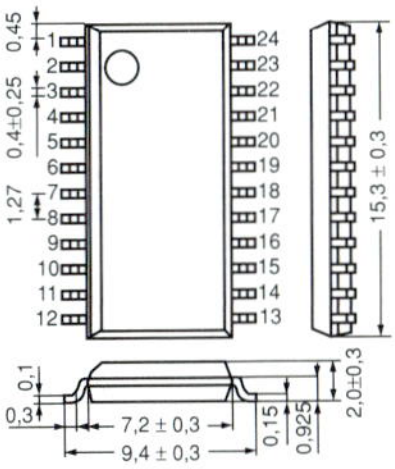

PL-CC-44

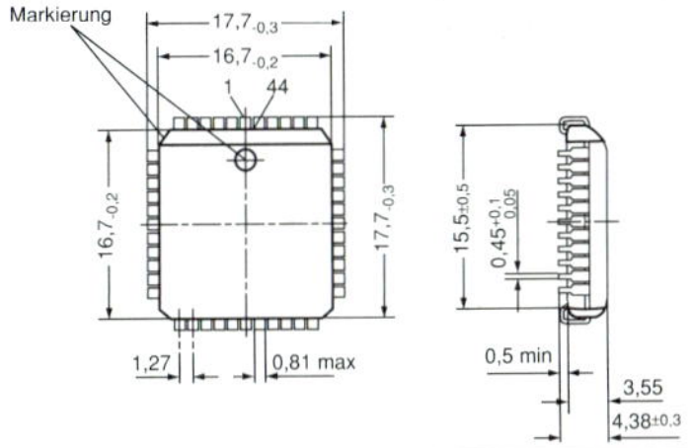

C-CC-68

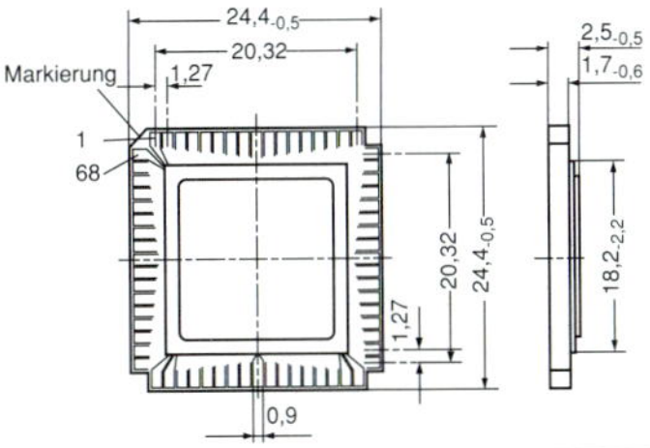

P-QFP-100

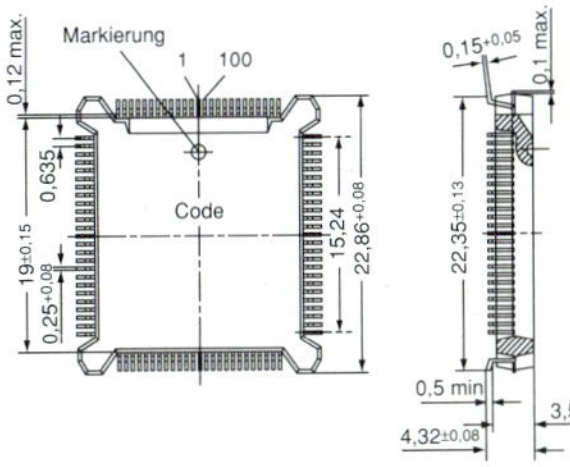

C-QFP-172

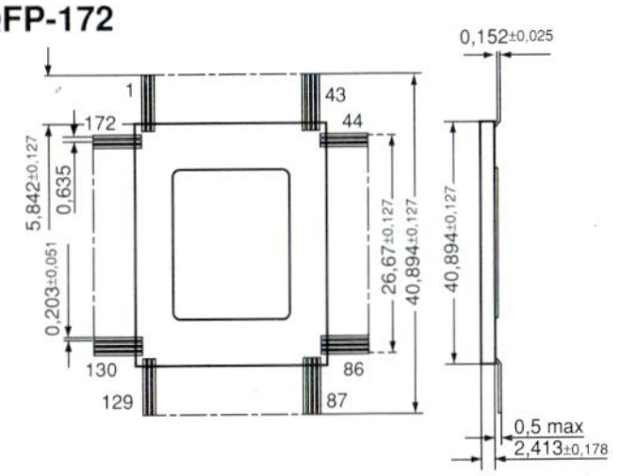

C-PGA-88

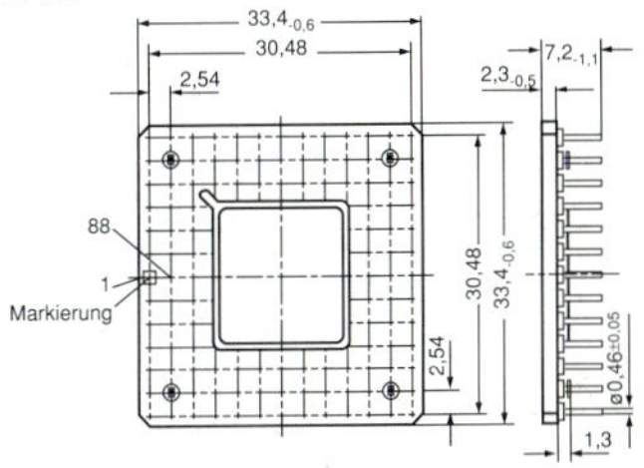

303

Personalcomputer (PC)

Hardware (Blockschaltbild)

```
          ┌─────────────────────────────┐
          │    Verarbeitungsgerät       │
          │ Zentraleinheit mit Rechenwerk,│
          │ Steuerwerk und Arbeitsspeicher│
          └─────────────────────────────┘
         ↗              ↓               ↘
┌──────────────┐  ┌──────────────────┐  ┌──────────────┐
│ Eingabegerät │  │ Externe Speicher │  │ Ausgabegerät │
│ Tastatur,    │  │                  │  │ Monitor,     │
│ Maus,...     │  │                  │  │ Drucker,...  │
└──────────────┘  └──────────────────┘  └──────────────┘
```

Software

Programme	Daten	
• **Betriebsprogramme**, z. B. MS-DOS, OS/2, ... • **Anwenderprogramme**, z. B. Textverarbeitung	• Zahlenwerte • Buchstaben	• Befehle • Texte

Betriebssystem

Programm zur Realisierung der Grundaufgaben des Computers. Ist nach jedem Einschalten des PC in den Arbeitsspeicher zu laden. Beispiele:
- **MS-DOS:** Betriebssystem für IBM-kompatible (funktionsgleiche) Computer.
- **Unix:** Leistungsfähigeres und komfortableres Betriebssystem.
- **OS/2:** Weiterentwickeltes Betriebssystem mit vergrößerter Speicherverwaltung und Multitasking.
- **MS-Windows:** Betriebssystem mit grafischer Oberfläche.

Programmiersprachen

Sie dienen als Hilfsmittel zur Erstellung von Programmen für Betriebssysteme und Anwendungen. Unterteilung in
- **maschinenorientierte** Programmiersprachen z. B. Assemblersprache, die anstelle des binären Maschinencodes einfache Kürzel (Mnemoniks) verwendet.
- **problemorientierte** Programmiersprachen (auch höhere Programmiersprachen), z. B. Pascal für problemorientierte Aufgabenformulierung.
- **objektorientierte** Programmiersprachen z. B. C oder C++.

Externe Speicher

5 1/4-Zoll-Diskette
Magnetisierbares Material auf flexibler Plastikscheibe (Flexy-Disk), z. B.
- **DSDD:** Double Sided Double Density, 360 kByte
- **DSHD:** Double Sided High Density, 1,2 MByte

3 1/2-Zoll-Diskette
Minidiskette (microfloppy) mit steifer Plastikhülle, ab MS-DOS 3.2 einsetzbar, z. B.
- **DSDD:** Double Sided Double Density, 720 kByte
- **DSHD:** Duoble Sided High Density, 1,44 MByte

Magnetische Festplatten
- Speicherkapazität > 1 Gbyte
- Zugriffszeiten (mittlere) 12 ms ... 28 ms

Optische Festplatten
- **CD-ROM:** nur lesbar
- **WORM:** einmal beschreibbar, mehrfach lesbar
- **MO:** wieder beschreibbar

Grafik-Karten

HGC-Karte (Hercules Graphics Card)
Monochrome Anzeige mit hoher Auflösung von 720 x 382 Pixel (Punkten).

VGA-Karte (Video Graphics Array)
Farbgrafikkarte mit
640 x 480 Pixel für maximal 256 Farben
oder
1024 x 768 Pixel für maximal 256 Farben

SVGA-Karte (Super VGA)
Farbgrafikkarte mit
1280 x 1024 Pixel für maximal 256 Farben
(aus 24 Millionen Kombinationen) im Grafikmodus
oder
132 x 60 Zeichenplätze maximal im Textmodus
(bei Zeichenmatrix 9 x 16 Pixel und effektiver Zeichengröße 7 x 9 Pixel).
Weitere Auflösungen und Farben möglich.

Schnittstellen

Centronics-Schnittstelle
- Parallele Schnittstelle (benannt nach einem Druckerhersteller).
- Einsatz vorzugsweise zur Kopplung von Drucker und PC.

RS 232-Schnittstelle
- Serielle Schnittstelle (auch als V.24-Schnittstelle bezeichnet).
- Einsatz bei Kopplung von MODEM, Drucker oder bei Steuerung externer Geräte mit PC.

SCSI-Schnittstelle
- Small Computer System Interface-Schnittstelle als externer Bus.
- Parallele Schnittstelle zur Kopplung externer Geräte mit hohen Übertragungsraten.

PCMCIA-Schnittstelle
- PC-Memory Card International Association (Internationale Vereinigung für Speicherkarten).
- Parallele Schnittstelle (rechnerseitig) zur Anschaltung von scheckkartengroßen Peripheriebaugruppen an den PC.

MS-DOS [1]

Interne Befehle, ständige Verfügbarkeit, da im Arbeitsspeicher geladen.		**Externe Befehle,** nur bei Bedarf von Diskette (Festplatte) in Arbeitsspeicher geladen.	
Befehl	Bedeutung	Befehl	Bedeutung
DATE	Datumanzeige oder -neueinstellung	FDISK	Einteilung der Festplatte in max. vier Bereiche (Partions)
TIME	Uhrzeitanzeige oder -neueinstellung	FORMAT	Formatieren einer Diskette bei gleichzeitiger Löschung bestehender Daten
CLS	Bildschirm wird gelöscht (clear screen)		
COPY	Kopieren von Dateien auf andere Datenträger	DISK-COPY	Kopieren eines vollständigen Disketteninhaltes auf andere Disketten
DEL oder ERASE	Löschen von Dateien	CHKDSK	Angabe der Kapazität, Dateien und der noch verfügbaren Speicherkapazität
DIR	Anzeige des aktuellen Inhaltsverzeichnisses	KEYBGR	Umstellung des PC von amerikanischer Tastatur auf deutsche
MD oder MKDIR	Erstellen eines Datenträger-Unterverzeichnisses	**Kennzeichnung wichtiger Steuertasten**	
RD oder RMDIR	Löschen von (leeren) Verzeichnissen	⏎	Eingabe-, Enter- oder Returntaste
TYPE	Datei-Ausgabe auf Bildschirm	←	Backspace, Korrekturtaste
RENAME oder REN	Umbenennung von Dateien	Del	Delete, Löschtaste
		Ins	Insert-, Einfügetaste
CD	Wechsel des Verzeichnisses	Strg	Komplexe Eingabe mit 2. (evtl. 3.) Taste
VOL	Anzeige des Disketten- bzw. Festplattennamens	F3	Aufruf, Kopieren des Zeilenspeichers

Basic [2]

Befehl[3]	Bedeutung	Befehl[3]	Bedeutung
CLS	Bildschirm löschen	LET A=20	Zuweisung einer Konstanten oder einer Gleichung an die Variable A
CLEAR	Datenspeicher löschen	IF...THEN	Bedingte Verzweigung. Ist Bedingung erfüllt, erfolgt weitere Programmbearbeitung. Bei Nichterfüllung erfolgt Aufruf der bedingungsgesteuerten Programmschleife
NEW	Löschen bisheriger Daten und Programme		
RUN 100	Start des Programmlaufes, hier bei Zeile 100	FOR...TO	Aufruf einer zählergesteuerten Schleife
CHAIN	Laden und Starten eines Programmes	+	Addition
		−	Subtraktion
LIST 110	Anzeige der Programmzeile mit niedriger Nummer, hier Zeile 110	*	Multiplikation
		/	Division
PRINT "Name";	Ausgabe des zwischen Anführungszeichen stehenden Textes ohne Zeilenvorschub	ABS (X)	Absolutbetrag von X
		INT (X)	Integerfunktion, ganzzahliger Anteil von X
PRINT "Name"	Textausgabe wie vorstehend, jedoch mit Zeilenvorschub	SIN (X)	Sinusfunktion
		COS (X)	Kosinusfunktion
PRINT 3 x 6	Ausgabe des Produktes, hier 18	TAN (X)	Tangensfunktion
		ATN (X)	Arcustangensfunktion
INPUT X, Y	Eingabe von Variablen über Tastatur mit Zeilenvorschub. Hier Variable X und Y	SQR (X)	Quadratwurzelfunktion
		LOG (X)	Natürlicher Logarithmus
REM „Prozent"	Kommentar; Einfügen von Texten. Kein Einfluß auf Programmablauf	∧	Potenzfunktion
		EXP (X)	Exponentialfunktion e^x

[1] **M**icro**s**oft **D**isk **O**perating **S**ystem, mit Angabe des Überarbeitungsstandes, z. B. 4.0
[2] **B**eginners **A**ll Purpose **S**ymbolic **I**nstruction **C**ode
[3] Basic-Varianten durch unterschiedliche Befehlsdeutungen möglich

Pascal[1]

Programmaufbau[2]

```
Programmkopf
     ▼
Vereinbarungs- oder
Deklarierungsteil
     ▼
Anweisungsteil
```

Programmkopf

- Ohne Einfluß auf Programmablauf.
- Gibt dem Programm lediglich den Namen.
- Wahlweise Auflistung von Parametern zur Umgebung möglich.

Beispiel: program Elektro_Tabellen;

Leerzeichen erforderlich — Name ohne Leerzeichen — Abschluß mit Semikolon

Vereinbarungsteil (5 Abschnitte)

- **Label-Deklarierungsteil**
  Sprungmarken können durch Sprungbefehl **goto** aufgerufen werden.
- **Konstanten-Definitionsteil**
  Beginn durch reserviertes Wort **const**.
- **Typendefinitionsteil**
  Beginn durch reserviertes Wort **type**.
- **Variablen-Deklarierungsteil**
  Beginn durch reserviertes Wort **var**.
- **Prozeduren- und Funktionen-Deklarierungsteil**
  Reservierte Worte **procedure** und **funktion** bilden Prozedur- bzw. Funktionskopf. Diesem folgen Deklarierungs- und Anweisungsteil.

Anweisungsteil

Beginn mit reserviertem Wort **begin**. Liste der Anweisungen ist durch Semikolon zu trennen. Abschluß durch reserviertes Wort **end**.

Elementare Pascal-Anweisungen[3]   DIN 66 256/01.85

Operatoren

Zeichen	Bedeutung
+	Addition
−	Subtraktion
*	Multiplikation
/	Division
div	Division, nur ganzzahlige Ausgabe
mod	Ausgabe des ganzzahligen Rests
and	Und-Funktion
or	Oder-Funktion
xor	Exklusiv-Oder
not	Nicht, logische Umkehr

Funktionen

Symbol	Bedeutung
Sin (X)	Sinusfunktion
Cos (X)	Kosinusfunktion
ArcTan (X)	Arcustangensfunktion
Sqr (X)	Quadratfunktion
Sqrt (X)	Quadratwurzelfunktion
Ln (X)	Natürlicher Logarithmus
Int (X)	Ganzzahliger Anteil von X
Abs (X)	Absoluter Wert von X
Exp (X)	Exponentialfunktion e^x

Einfache und strukturierte Anweisungen

Befehl	Bedeutung
Variable : = Anweisung	Der Variablen wird der Wert von Anweisung zugewiesen
Goto (100)	Sprung zu Label 100
Begin, End	Leere Anweisungen, ohne Aktion
If-Bedingung **Then** Anweisung **Else** Anweisung	Bedingte Verzweigung, Aufruf einer bedingungsgesteuerten Programmschleife
For Zähler : = Anfangswert **To** Endwert **Do** Anweisung	Wiederholende Anweisung, Aufruf einer zählergesteuerten Programmschleife
While Bedingung **Do** Anweisung	Aufruf einer Programmschleife, bei der das Abbruchkriterium vor Ausführung geprüft wird
Repeat Anweisung **Until** Bedingung	Aufruf einer Programmschleife, bei der die Abbruchbedingung erst am Ende der Schleife geprüft wird

Datei-Anweisungen

Befehl[4]	Bedeutung
Rewrite (X)	Schaffung einer neuen Diskettendatei. Diese ist zu Beginn ohne Elemente (Leer)
Reset (X)	File-Lesezeiger wird auf den Dateianfang gesetzt
Read (X, Y)	Auslesen jeder einzelnen Variablen aus der Datei
ReadLn (X, Y)	Sprung zum Beginn der nächsten Zeile, sonst identisch mit Read-Anweisung
Write (X, Y)	Einschreiben jeder Variablen in die Datei
WriteLn (X, Y)	Nach Schreiben der letzten Variablen erfolgt Sprung in die nächste Zeile
Close (X)	Schließen der Datei

[1] Bei PC-Anwendungen wird erweiterte Version Turbo Pascal eingesetzt.
[2] Unterschiedliche Realisierung von Programmen durch verschiedene Sprachversionen möglich.
[3] Zum Teil gleiche Anweisungen wie bei Basic (Sqr, Exp, Abs, …).
[4] X steht für Dateivariable; Y steht für eine oder mehrere Variable.

Serielle Schnittstelle (V.24, RS-232)

DIN 66 020 T1/05.81

Gegenüberstellung

	Stift Nr.	Kurzzeichen			Bedeutung, Beschreibung	Signal-Richtung	
		CCITT[1] V.24	EIA[2] RS-232	DIN 66 020		DEE → DÜE	DÜE → DEE
Erde	1	101	AA	E1	Schutzerde, Protective Ground (PG)	x	x
	7	102	BB	E2	Signal-, Betriebserde, Signal Ground (SG)	x	x
Daten	2	103	BA	D1	Sendedaten, Transmitted Data (TD)	x	
	3	104	BB	D2	Empfangsdaten, Received Data (RD)		x
Steuer- u. Meldesignale	4	105	CA	S2	Sendeteil einschalten, Request to Send (RTS)	x	
	5	106	CB	M2	Sendebereitschaft, Clear to Send (CTS)		x
	6	107	CC	M1	Betriebsbereitschaft, Data Set Ready (DSR)		x
	20	108.2	CD	S1.2	Endgerät betriebsbereit, Data Terminal Ready (DTR)	x	
	22	125	CE	M3	Ankommender Ruf, Ring Indicator (RI)		x
	8	109	CF	M5	Empfangssingalpegel, Data Channel Received Line Signal Detector (DCD)		x
	21	110	CG	M6	Empfangsgüte, Signal Quality Detector (SQ)		x
	23	111	CH	S4	Hohe Übertragungsgeschwindigkeit (Wahl von DEE), Data Signal Rate Selector (DTE)	x	
	23	112	CI	M4	Hohe Übertragungsgeschwindigkeit (Wahl von DÜE), (DCE)		x
	11	126	CK	S5	Hohe Sendefrequenz ein, Select Transmit Frequency	x	
Takte	24	113	DA	T1	Sendeschritttakt zur DÜE, Transmitter Signal Element Timing (DTE)	x	
	15	114	DB	T2	Sendeschritttakte von DÜE, Transmitter Signal Element Timing (DCE)		x
	17	115	DD	T4	Empfangsschritttakt von DÜE, Receiver Signal Element Timing (DCE)		x
Zusatzkanal	14	118	SBA	HD1	Sendedaten Rückkanal, Secondary Transmitted Data	x	
	16	119	SBB	HD2	Empfangsdaten Rückkanal, Secondary Received Data		x
	19	120	SCA	HS2	Rückkanal Sendeteil einschalten, Secondary Request to End	x	
	13	121	SCB	HM2	Rückkanal Sendebereitschaft, Secondary Clear to Send		x
	12	122	SCF	HM3	Rückkanal Empfangssignalpegel, Secondary Carrier Detector		x
	9,10,11, 18,25				Testspannung, Prüfgeräte, nicht belegt, Reserved for Data Set Testing, unasigned		

DEE: Datenendeinrichtung (z. B. Rechner), DÜE: Datenübertragungseinrichtung (z. B. Modem)
[1] CCITT: Comité Consultatif International Télégrafique et Téléfonique (Internationales Standardisierungsgremium im Fernmeldebereich)
[2] EIA: Electronics Industry Association, Normungsverband der Elektroindustrie USA

Steckerleiste, Buchsenleiste

Mindestumfang

25-pol. Steckerleiste DEE — Schutzerde, Sendedaten, Empfangsdaten, Betriebserde — 25-pol. Buchsenleiste DÜE

Signalpegel

Signalname	Pegel	Betriebszustand
Datenleitung	−3 V ... −15 V	EIN (1)
	+3 V ... +15 V	AUS (0)
Steuer- bzw. Meldeleitung	−3 V ... −15 V	AUS
	+3 V ... +15 V	EIN

Asynchroner Zeichenrahmen (Beispiel „Q")

EW (1) Pause | Zeichenrahmen: D_0 D_1 D_2 D_3 D_4 D_5 D_6 | Pause
Aus (0) | Start-Bit | ASCII-Zeichen (Q) | Paritäts-Bit | 2 Stop-Bits

Begriffe und Formeln zur Datenübertragung

DIN 44 302/02.87

Funktionelle Einteilung einer Datenstation

Datenstation

Datenendeinrichtung, DEE
(data terminal equipment, DTE)
- Fernbetriebseinheit
- Eingabewerk
- Ausgabewerk
- Rechenwerk
- Leitwerk
- Speicher
- Fehlerüberwachungseinheit (evtl.)
- Synchronisiereinheit (evtl.)

Schnittstelle

Datenübertragungseinrichtung, DÜE
(data circuit-terminating equipment, DCE)
- Signalumsetzer
- Anschalteinheit
- Fehlerüberwachungseinheit (evtl.)
- Synchronisiereinheit (evtl.)
(jede Einheit kann bestehen aus: Sende-, Empfangs- und Schaltteil)

Übertragungsleitung

Datenübertragungssystem

Schrittgeschwindigkeit

$v_s = \dfrac{1}{T_s}$ $[v_s]$ = Baud[1]

1 Baud = $\dfrac{1}{s}$

T_s: Schrittdauer $[T_s]$ = s

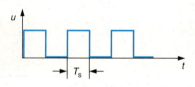

[1] Abkürzung von Baudot, franz. Telegrafentechniker

Zeichengeschwindigkeit

$v_z = \dfrac{1}{T_z}$ $T_z = Z \cdot T_s$

$v_z = \dfrac{v_s}{Z}$ (Zeichen/Sekunde)

T_z: Übertragungsdauer eines Zeichenrahmens
Z: Anzahl der Einheitsschritte in einem Zeichenrahmen

Beispiel:

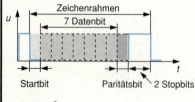

1 Startbit
7 Datenbit
1 Paritätsbit
2 Stopbits
} Z = 11

Übertragungsgeschwindigkeit (Baudrate)

$v_{ü} = v_s \cdot \text{lb } n$ $[v_{ü}] = \dfrac{\text{bit}}{\text{s}}$

$v_{ü} = Z \cdot v_z \cdot \text{lb } n$

n = 2 (binäre Übertragung)
lb: Logarithmus zur Basis 2
lg: Logarithmus zur Basis 10

$\text{lb } n = \dfrac{\lg n}{\lg 2}$

Beispiele für Baudraten:
(asynchrone serielle Übertragung, V.24)

Baud in bit/s	Zeichen/s	Zeit/bit in ms
150	10	6667
300	15	3333
600	60	1667
1200	120	833
2400	240	416
4800	480	208
9600	960	104
19200	1920	52

Wirkungsgrad (Datendurchsatz)

$n_{ü} = \dfrac{n_{\text{Dat}}}{n_{\text{Sta}} + n_{\text{Dat}} + n_{\text{Par}} + n_{\text{Sto}}}$

n_{Dat}: Anzahl der Datenbit
n_{Sta}: Startbit
n_{Par}: Paritätsbit
n_{Sto}: Anzahl der Stopbits

PC-Schnittstellen

Serielle Schnittstelle (RS 232)

Steckverbinder 25-polig

PC-Anschluß (DTE)	Anschlußbelegung				Endgerät (DCE)
	Stift	Signal	Stift	Signal	
	1	PG	13	SCTS	
	2	TxD	14	STxD	
	3	RxD	15	TxC	
	4	RTS	16	SRxD	
	5	CTS	17	RxC	
	6	DSR	18	NC	
	7	SG	19	SRTS	
	8	DCD	20	DTR	
	9	Test	21	SQ	
	10	Test	22	RI	
	11	NC	23	CH/CI	
	12	SCD	24	XTC	
			25	NC	

Steckverbinder 9-polig

PC-Anschluß (DTE)	Anschlußbelegung		Endgerät (DCE)
	Stift	Signal	
	1	DCD	
	2	RxD	
	3	TxD	
	4	DTR	
	5	GND	
	6	DSR	
	7	RTS	
	8	CTS	
	9	Test	

Verbindungsleitungen

Drei-Draht-Kopplung DTE-DTE

DTE	Anschlußbelegung	DTE
	2 TxD ⨯ TxD 2	
	3 RxD ⨯ RxD 3	
	4 RTS ⨯ RTS 4	
	5 CTS ⨯ CTS 5	
	6 DSR ⨯ DSR 6	
	7 SG —— SG 7	
	8 DCD ⨯ DCD 8	
	20 DTR —— DTR 20	

Vollständige Kopplung DTE-DTE

DTE	Anschlußbelegung	DTE
	2 TxD ⨯ TxD 2	
	3 RxD ⨯ RxD 3	
	4 RTS ⨯ RTS 4	
	5 CTS ⨯ CTS 5	
	6 DSR ⨯ DSR 6	
	7 SG —— SG 7	
	8 DCD ⨯ DCD 8	
	20 DTR —— DTR 20	

Drei-Draht-Kopplung DTE-DCE

DTE	Anschlußbelegung	DCE
	2 TxD —— TxD 2	
	3 RxD —— RxD 3	
	4 RTS —— RTS 4	
	5 CTS —— CTS 5	
	6 DSR —— DSR 6	
	7 SG —— SG 7	
	8 DCD —— DCD 8	
	20 DTR —— DTR 20	

Vollständige Kopplung DTE-DCE

DTE	Anschlußbelegung	DCE
	2 TxD —— TxD 2	
	3 RxD —— RxD 3	
	4 RTS —— RTS 4	
	5 CTS —— CTS 5	
	6 DSR —— DSR 6	
	7 SG —— SG 7	
	8 DCD —— DCD 8	
	20 DTR —— DTR 20	

Adapter 25-polig auf 9-polig

25-polig	Anschlußbelegung	9-polig
	2 TxD —— DCD 1	
	3 RxD ⨯ RxD 2	
	4 RTS —— TxD 3	
	5 CTS —— NC 4	
	6 DSR —— GND 5	
	7 SG —— DSR 6	
	8 DCD —— RTS 7	
	—— CTS 8	
	22 RI —— Test 9	

Anschluß nach X.24

15-polig	Anschlußbelegung			
	Stift	Signal	Stift	Signal
	1	Betriebserde (G)	9	Rückleiter Kanal A (GA)
	2	Datenleitung senden (T)	10	Rückleiter Kanal B (GB)
	3	Steuerleitung (C)	11	Empfangsleitung Kanal B (RB)
	4	Empfangsleitung Kanal A (RA)	12	Meldeleitung Kanal B (IB)
	5	Meldeleitung Kanal A (IA)	13	Schrittakt Kanal B (SB)
	6	Schrittakt Kanal A (SA)	14	Bytetakt Kanal B (BB)
	7	Bytetakt Kanal A (BA)	15	frei
	8	Betriebserde (G)		

PC-Schnittstellen

Parallele Schnittstelle

PC-Anschluß	Drucker-Anschluß (IBM)	Drucker-Anschluß (Centronics)
25-polige Buchsenleiste	25-polige Buchsenleiste	36-polige Buchsenleiste
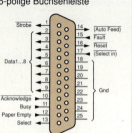	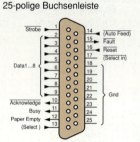	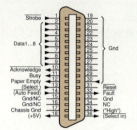

Signal	Bedeutung, Funktion	Signal	Bedeutung, Funktion
Strobe	Datenübergabe; Daten müssen bei 0-Signal gültig sein	(Auto feed)	automatischer Zeilenvorschub nach Zeilenende: Ein/Aus
Data 1…8	Datensignale 1…8;	Fault	Fehlermeldung
Acknowledge	Quittungssignal; Drucker empfangsbereit bei 0-Signal	Reset	Drucker rücksetzen, initialisieren
		Gnd	Ground: 0 V
		NC	Not connected: nicht angeschlossen
Busy	Wartesignal: Drucker nicht empfangsbereit bei 1-Signal	(High)	+5 V, vom Drucker geliefert
Paper Empty	Meldung vom Drucker: Papier zu Ende	(Select in)	Drucker ist nicht ausgewählt
(Select)	Drucker auswählen		Signale in Klammern werden nicht von allen Druckern ausgewertet. Pfeile geben die Signalrichtung an.

Videoanschlüsse

Steckverbinder am PC	Signal bei Grafikkarte				Steckverbinder am PC	Signal bei Grafikkarte VGA, analog			
	Stift	Hercules monochrom	CGA, digital	EGA, digital		Stift	Signal	Stift	Signal
	1	0 V	0 V	0 V		1	rot	10	Sync. Rückl.
	2	0 V	0 V	rot		2	grün	11	Monitor-ID0
	3	frei	rot	rot		3	blau	12	Monitor-ID1
	4	frei	grün	grün		4	Monitor-ID2	13	H.-Sync.
	5	frei	blau	blau		5	frei	14	V.-Sync.
	6	Intensität	Intensität	grün		6	rot Rückl.	15	frei
	7	Video	frei	blau		7	grün Rückl.		
	8	H.-Sync.	H.-Sync.	H.-Sync.		8	blau Rückl.		
	9	V.-Sync.	V.-Sync.	V.-Sync.		9	Codierung		

CGA – Colour Graphics Adapter: Farbgrafik-Adapter; EGA – Enhanced Graphics Adapter: Erweiterter Grafik-Adapter; VGA – Video Graphics Array;

Video-Grafik-Adapter; H.-Sync.: Horizontal-Synchronisation; V.-Sync.: Vertikal-Synchronisation; Monitor ID 0…2 – Monitor Identifizierungsbit 0…2.

Adapter 15-polig auf 9-polig				Scart-Anschluß				
15-polig	Anschlußbelegung		9-polig	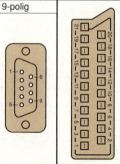	Stift	Signal	Stift	Signal
	1 — rot — 1				1	Audio Ausgang B	11	grün (analog
	2 — grün — 2				2	Audio Eingang B	12	0,7 Vss)
	3 — blau — 3				3	Audio Ausgang A	13	0 V
	4 — 4				4	0 V	14	0 V
	5				5	0 V	15	rot
	6 — rot Rckl. — 6				6	Audio Eingang A	16	(analog, 0,7 Vss)
	7 — grün Rckl. — 7				7	blau (analog, 0,7 Vss)	17	Austastsignal
	8 — blau Rckl. — 8						18	0 V
	9 — Sync. Rckl. — 9				8	Schaltspannung	19	0 V
	10							Video Ausgang 1 Vss
	11				9	0 V	20	Video Eingang 1 Vss
	12				10	frei	21	0 V
	13 H.-Sync.							
	14 V.-Sync.							
	15 Rckl.: Rückleitung							

PC-Schnittstellen

Baugruppen-Steckplätze auf Hauptplatine

ISA	EISA	MCA
• ISA: **I**ndustrial **S**tandard **A**rchitecture (Industrie-Standard-Belegung)	• EISA: **E**nhanced **I**ndustrial **S**tandard **A**rchitecture (Erweiterte-Industrie-Standard-Belegung)	• MCA: **M**icro**c**hannel **A**rchitecture (Mikrokanal-Belegung)
• Anwendung: PC-XT, PC-AT	• Anwendung: PC-AT	• Anwendung: PS/2

ISA (XT-Bereich)

Pin	B	A	Pin
GND	B1	A1	I/O CH CK
RESET DRV	B2	A2	D7
+5V	B3	A3	D6
IRQ 2	B4	A4	D5
-5V	B5	A5	D4
DRQ 2	B6	A6	D3
-12V	B7	A7	D2
Reserviert	B8	A8	D1
+12V	B9	A9	D0
GND	B10	A10	I/O CH RDY
MEMW	B11	A11	AEN
MEMR	B12	A12	A19
IOW	B13	A13	A18
IOR	B14	A14	A17
DACK 3	B15	A15	A16
DRQ 3	B16	A16	A15
DACK 1	B17	A17	A14
DRQ 1	B18	A18	A13
REFRESH	B19	A19	A12
CLK	B20	A20	A11
IRQ 7	B21	A21	A10
IRQ 6	B22	A22	A9
IRQ 5	B23	A23	A8
IRQ 4	B24	A24	A7
IRQ 3	B25	A25	A6
DACK 2	B26	A26	A5
T/C	B27	A27	A4
ALE	B28	A28	A3
+5V	B29	A29	A2
OSC	B30	A30	A1
GND	B31	A31	A0

ISA (AT-Bereich)

Pin	D	C	Pin
MEM CS 16	D1	C1	SBHE
I/O CS 16	D2	C2	LA23
IRQ 10	D3	C3	LA22
IRQ 11	D4	C4	LA21
IRQ 12	D5	C5	LA20
IRQ 13	D6	C6	LA19
IRQ 14	D7	C7	LA18
DACK 0	D8	C8	LA17
DRQ 0	D9	C9	MEMR
DACK 5	D10	C10	MEMW
DRQ 5	D11	C11	D8
DACK 6	D12	C12	D9
DRQ 6	D13	C13	D10
DACK 7	D14	C14	D11
DRQ 7	D15	C15	D12
+5V	D16	C16	D13
MASTER	D17	C17	D14
GND	D18	C18	D15

EISA – Ebene 2

Pin	B	A	Pin
GND	B1	A1	I/O CH CHK
+5V	B2	A2	D7
IRQ 2	B3	A3	D6
-5V	B4	A4	D5
X	B5	A5	D4
X (Codiersteg)	B6	A6	D3
-12V	B7	A7	D2
X	B8	A8	D1
+12V	B9	A9	D0
GND	B10	A10	I/O CH RDY
MEMW	B11	A11	AEN
MEMR	B12	A12	A19
Reserviert	B13	A13	A18
Reserviert	B14	A14	A17
DACK 3	B15	A15	A16
DRQ 3	B16	A16	A15
DACK 1	B17	A17	A14
DRQ 1	B18	A18	A13
REFRESH	B19	A19	A12
CLK	B20	A20	A11
IRQ 7	B21	A21	A10
IRQ 6	B22	A22	A9
IRQ 5	B23	A23	A8
IRQ 4	B24	A24	A7
IRQ 3	B25	A25	A6
DACK 2	B26	A26	A5
T/C	B27	A27	A4
ALE	B28	A28	A3
+5V	B29	A29	A2
OSC	B30	A30	A1
GND	B31	A31	A0

Pin	D	C	Pin
MEM CS 16	D1	C1	SBHE
I/O CS 16	D2	C2	LA23
IRQ 10	D3	C3	LA22
IRQ 11	D4	C4	LA21
IRQ 12	D5	C5	LA20
IRQ 13	D6	C6	LA19
IRQ 14	D7	C7	LA18
DACK 0	D8	C8	LA17
DRQ 0	D9	C9	MEMR
DACK 5	D10	C10	MEMW
DRQ 5	D11	C11	D8
DACK 6	D12	C12	D9
DRQ 6	D13	C13	D10
DACK 7	D14	C14	D11
DRQ 7	D15	C15	D12
+5V	D16	C16	D13
MASTER	D17	C17	D14
GND	D18	C18	D15

EISA – Ebene 1

Pin	F	E	Pin
GND	B1	A1	CMD
+5V	B2	A2	START
+5V	B3	A3	EXRDY
X	B4	A4	EX 32
X (Codiersteg)	B5	A5	GND
X	B6	A6	X (Codiersteg)
X	B7	A7	EX 16
X	B8	A8	SLBURST
+12V	B9	A9	MSBURST
GND	B10	A10	W-R
M-IO LOCK	B11	A11	GND
Reserviert	B12	A12	Reserviert
Reserviert	B13	A13	Reserviert
Reserviert	B14	A14	Reserviert
BE 3	B15	A15	X (Codiersteg)
X (Codiersteg)	B16	A16	BE 1
BE 2	B17	A17	LA 31
BE 0	B18	A18	GND
GND	B19	A19	LA 30
+5V	B20	A20	LA 28
LA 29	B21	A21	LA 27
GND	B22	A22	LA 25
LA 26	B23	A23	GND
LA 24	B24	A24	LA 15
X (Codiersteg)	B25	A25	LA 13
LA 16	B26	A26	LA 12
LA 14	B27	A27	LA 11
+5V	B28	A28	GND
+5V	B29	A29	LA 9
GND	B30	A30	LA 7
LA 10	B31	A31	LA 8

Pin	H	G	Pin
LA 6	D1	C1	SBHE
LA 5	D2	C2	LA 4
+5V	D3	C3	LA 3
LA 2	D4	C4	GND
X (Codiersteg)	D5	C5	X (Codiersteg)
D16	D6	C6	D17
D18	D7	C7	D19
D21	D8	C8	D20
D23	D9	C9	D22
D24	D10	C10	GND
GND	D11	C11	D25
D27	D12	C12	D26
(Codiersteg)	D13	C13	D28
D29	D14	C14	GND
+5V	D15	C15	D30
+5V	D16	C16	D31
MACKn	D17	C17	MREQn
	D18	C18	

MCA

Video-/Audio-bereich	B	A	
ESYNC	B10	A10	VSYNC
GND	B9	A9	HSYNC
P5	B8	A8	BLANK
P4	B7	A7	GND
P3	B6	A6	P6
GND	B5	A5	EDCLK
P1	B4	A4	DCLK
P0	B3	A3	GND
Audio/GND	B2	A2	P7
Audio	B1	A1	EVIDEO
GND	B2	A2	CD/SETUP
Oszillator	B3	A3	MADE 24
A23	B4	A4	A11
A22	B5	A5	A10
A21	B6	A6	A9
GND	B7	A7	+5V
A20	B8	A8	A8
A19	B9	A9	A7
A18	B10	A10	A6
A17	B11	A11	+5V
A16	B12	A12	A3
A15	B13	A13	A4
A14	B14	A14	A3
GND	B15	A15	+5V
A13	B16	A16	A2
A12	B17	A17	A0
IRQ 9	B18	A18	+12V
IRQ 3	B19	A19	ADL
IRQ 4	B20	A20	PREEMPT
IRQ 5	B21	A21	BURST
IRQ 6	B22	A22	-12V
IRQ 7	B23	A23	ARB 0
GND	B24	A24	ARB 1
Reserviert	B25	A25	ARB 2
CHCK	B26	A26	-12V
GND	B27	A27	ARB 3
CMD	B28	A28	ARB/GNT
CHRDYRTN	B29	A29	TC
CD SFDBK	B30	A30	+5V
D1	B31	A31	S0
D3	B32	A32	S1
D4	B33	A33	M/IO
CHRESET	B34	A34	+12V
Reserviert	B35	A35	CD CHRDY
Reserviert	B36	A36	D0
D8	B37	A37	D2
D9	B38	A38	+5V
D12	B39	A39	D5
D14	B40	A40	D6
GND	B41	A41	D7
D15	B42	A42	D10
IORQ 10	B43	A43	D11
IORQ 11	B44	A44	D13
GND	B45	A45	DS 16 RIN REFRESH
	B48	A48	+5V
	B49	A49	D10
	B50	A50	D11
	B51	A51	D13
	B52	A52	+12V
	B53	A53	Reserviert
	B54	A54	SBHE
	B55	A55	CD DS 16
	B56	A56	+5V
	B57	A57	IRQ 14
	B58	A58	IRQ 15

Signalbedeutung (ISA)

A0...A19	Adreßbus
D0...D17	Datenbus
I/O CH CK	Channel Check
I/O CH RDY	Channel Ready
AEN	Address Enable
IRQ2...IRQ7	Interrupt Request
DRQ	DMA Request
DACK	DMA Acknowledge
MEMW	Memory Write
MEMR	Memory Read
I/OW	I/O Write
I/OR	I/O Read
ALE	Address Latch Enable
T/C	Terminal Counter
Reset DRV	Reset Driver

Für AT-Ausbau sind Anschlüsse D1...D18 und C1...C18 mit zusätzlichen Signalen erweitert.

Signalbedeutung (EISA)

• Steckverbinder ist in zwei Ebenen aufgeteilt.
  Ebene 1: Baugruppen nach ISA-Standard.
  Ebene 2: Baugruppen nach EISA-Standard.
• Codierstege verhindern falsches Einstecken.

EISA-Anschlußleiste
EISA-Aussparung
Kontaktstellen
Physikalische Sperre für ISA-Platinen
EISA-Steckplatz

Signalbedeutung (MCA)

A0...A23	Adreßbus
A0...A15	I/O-Adressen
ADL, CMD, M/IO, S0, S1, MADE 24	} Steuersignale für Adressen und Daten
CDDS 16, DS16 RTN	} Erweiterung für MC auf 32 Bit-Daten
CDSFDBK, CDCNRDY, CHRDYRTN	} Steuerung für Zusatzkarten
PREEMPT, ARB (0...3), ARB/GNT, Burst	} Steuerung für Multiuser-Betrieb
IRQ 2, IRQ 15	} Interrupt-Request
ESYNH, EVIDEO, EDCKK	} Bereitstellung für Videosignale

311

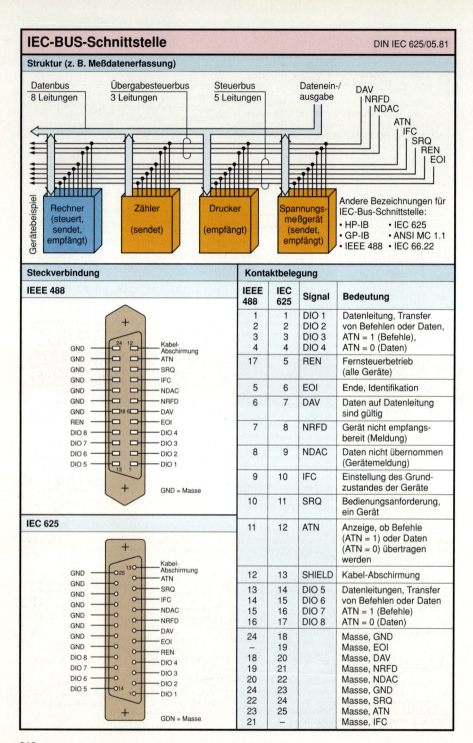

I²C-BUS

- **I²C:** **I**nter-**I**C-Bus; serielles Bussystem zur Kopplung von ICs über kurze Entfernungen (innerhalb von Geräten, z. B. Telefon, Kopierer).
- Datenrate: max. 100 kbit/s.
- Bussystem besteht aus Datenleitung **SDA** (**S**erial **Da**ta Line: serielle Datenleitung) und **SCL** (**S**erial **Cl**ock Line: Serielle Taktleitung).
- Takt- und Datenleitungen werden über Pull-up-Widerstände an positive Versorgungsspannung geschaltet.
- Signal-Pegel sind abhängig von Versorgungsspannung der eingesetzten Treiber.
- Alle Busteilnehmer sind als **wired and** (verdrahtetes UND) an das Bussystem angeschaltet (0-Signal ist beherrschend).
- Teilnehmer am BUS werden nach Funktion bezeichnet.
- **Transmitter:** sendet Daten auf den BUS.
- **Receiver:** empfängt Daten vom Bus.
- **Master:** initiiert Übertragung, sendet Taktimpulse und schließt Übertragung ab.
- **Slave:** Teilnehmer, wird vom Master adressiert.
- **Multimaster:** mehr als ein Master im System, von denen jeder die Kontrolle übernehmen kann.
- Versorgungsspannung für NMOS: +5 V ±10 % 0-Signal $\triangleq$ max. 1,5 V; 1-Signal $\triangleq$ min. 3,0 V.
- Versorgungsspannung für C-MOS (variable U_B) 0-Signal $\triangleq$ max. 0,3 · U_B; 1-Signal $\triangleq$ min. 0,7 · U_B.
- Ausgangsspannung für beide Technologien: max. 0,4 V bei 3 mA Sink-Strom.
- Kabelkapazität: max. 400 pF (einschließlich der Teilnehmeranschlüsse)

Aufbau

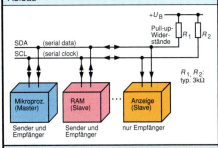

Innenschaltung der Schnittstelle

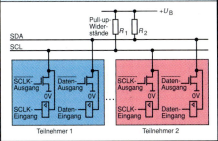

Zuordnung Taktimpuls zu Datenbit

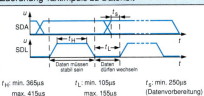

t_H: min. 365µs max. 415µs
t_L: min. 105µs max. 155µs
t_S: min. 250µs (Datenvorbereitung)

Jedes Datenbit wird mit eigenem Taktimpuls übertragen.

Pegelzuordnung für Start und Stopp

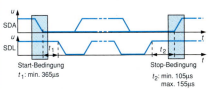

Start-Bedingung t_1: min. 365µs
Stop-Bedingung t_2: min. 105µs max. 155µs

Start- u. Stoppbedingungen können nur vom Master erzeugt werden.

Übertragungsformat für ein Datenbyte

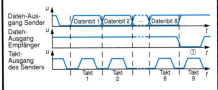

① Während des 9. Taktimpulses legt der Master hohes Signal auf SDA.
Empfänger muß mit niedrigem Signal dem Master anzeigen, daß Datenbyte ordnungsgemäß empfangen wurde.
Quittiert Empfänger nicht, kann Master Datenaustausch durch Stopp beenden.

Telegrammaufbau

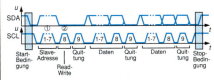

① Erstes Byte nach Start ist Empfänger-Adresse (7 Bit).
② Bit 8 vom ersten Byte zeigt Datenrichtung an (0: schreiben in Slave; 1: Lesen aus dem Slave). Empfängerauswahl erfolgt durch Adressauswertung von allen Teilnehmern.

Profibus

DIN 19 245 T.1 u. T.2/04.91

- **Serielles Bussystem** zur Kopplung digitaler Feldautomatisierungseinheiten, wie z. B. speicherprogrammierbare Steuerungen, Stellgeräte, Meßumformer.
- **Busstruktur:** Linie (abgeschlossen oder offen) mit Stichleitungen und Abzweigen.
- **Übertragungsmedium:** Zweidraht-Leitung, verdrillt und geschirmt.
- **Übertragungslänge** pro Linie: ≤ 1,2 km.
- **Anzahl** der Teilnehmer pro Linie: 32.
- **Übertragungsgeschwindigkeit:** 9,6...500 kbit/s, abhängig von Busstruktur und Länge.
- **Übertragungsverfahren:** halbduplex, asynchron.
- **Adreßumfang:** 0...127; 127 ist Adresse für Broadcast und Multicast.

- **Stationstypen:** aktive Teilnehmer (mit Zugriffssteuerung); passive Teilnehmer (ohne Zugriffssteuerung); max. 32 aktive Teilnehmer, optional bis 127 bei nicht zeitkritischen Anwendungen.
- **Buszugriff:** hybrid, dezentral, zentral; Token-Passing zwischen aktiven Teilnehmern; Master-Slave zwischen aktiven und passiven Teilnehmern.
- **Nachrichtenlänge:** 1, 3 bis 255 Byte pro Telegramm; davon 0 bis 246 Byte Netto-Daten; Telegramme mit Hamming-Distanz HD = 4.
- Einsatz von **Repeatern** ergibt größere Übertragungslängen.

Schichtenarchitektur

Schicht	Anwender	Funktionen
7	Anwendung Anwenderprotokoll	Protokollabwickler Generierung/Interpretation von Nachrichten, Codierung, Verbindungssteuerung, Flußkontrolle, Segmentierung
3...6	„leer"	
2	Sicherung/ Buszugriff	Buszugriff: hybriddezentral/zentral Token Passing/ Master Slave
1	Übertragung	Sicherung: HDu4 Technik: RS 485 Struktur: Linie (Baum)
0	Übertragungsmedium	

Schicht 0 / Schicht 1

- Verschiedene physikalische Schnittstellen stehen zur Verfügung.
- Version 1: EIA-Standard RS-485 und Signalcodierung mit NRZ.
- Geeignet für aufwandarme potentialgebundene oder -getrennte Übertragung bis 500 kbit/s.
- Geplant sind: Lichtwellenleiter als Übertragungsmedium; flächendeckender Aufbau mit bis zu 20 kbit/s mit Hilfsenergieübertragung auf der Busleitung.

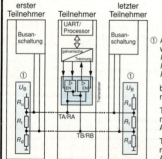

erster Teilnehmer · Teilnehmer · letzter Teilnehmer

① Abschlußwiderstände
R_u: 330 Ω
R_t: 120 Ω
R_d: 330 Ω
bei U_B = 5 V, min. 10 mA
TA/RA: Transmitter/Receiver-Anschluß A
TB/RB: Transmitter/Receiver-Anschluß B

Schicht 2

Zugriffsverfahren Master/Slave

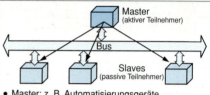

- Master: z. B. Automatisierungsgeräte.
- Buszugriff: Master/Slave mit zentralgesteuertem Polling (Abfrage der Slaves).
- Slave: dezentrale I/O-Multiplexer, einfache SPS.
- Buszugriff: nur Antwort (Responder)-Funktion, kein eigener Zugriff.

Zugriffsverfahren hybrid

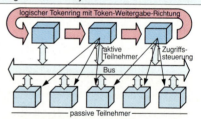

- Aktive Teilnehmer: Automatisierungsgeräte, Test- und Diagnoseeinrichtungen, Programmiergeräte.
- Buszugriff:
  1. Token Access (Buszugriff nach Empfang des Token-Telegramms) mit einfachem Protokoll zwischen aktiven Teilnehmern.
  2. Unterlagertes Master-Slave zwischen aktiven und passiven Teilnehmern.

Steckverbinderbelegung

Stift-Nr.	Signal	Bedeutung
1	Shield	Schirm
2	RP	Hilfsenergie
3	RxD/TxD-P	Empfang/Sende-Daten-P
4	CNTR-P	Steuersignal-P
5	DGND	Bezugspotential für Daten
6	VP	Versorgungsspannung +
7	RP	Hilfsenergie
8	RxD/TxD-N	Empfang/Sende-Daten-N
9	CNTR-N	Steuersignal-N

9-poliger Stecker am Buskabel

Elektrische Eigenschaften der Schnittstellenleitungen (RS 422 B)

DIN 66 259 T.3/03.83

Doppelstrom, symmetrisch, Punkt- zu Punkt-Verbindung

- Doppelstrom-Schnittstelle
- Punkt- zu Punkt-Verbindung
- Datenübertragungsrate bis 10 Mbit/s
- Jede Schnittstellenleitung besteht aus Sender, Empfänger, zwei Stromleitern und ggf. einem Abschlußwiderstand.
- Norm ist kompatibel zu TIA/EIA RS 422 B.
- Norm entspricht der CCITT-Empfehlung V.11 bzw. X.27.
- Geeignet für größere Entfernung zwischen den Einrichtungen DÜE und DEE.
- Geringere Störanfälligkeit durch symmetrische Übertragung.
- Nicht geeignet für Mehrpunktverbindungen.

Ausführung der physikalischen Schnittstelle

Datenendeinrichtung　　　Datenübertragungseinrichtung

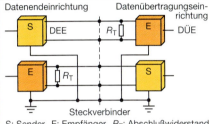

Steckverbinder
S: Sender, E: Empfänger, R_T: Abschlußwiderstand

- Schnittstellenkabel ist der DEE fest zugeordnet.
- Steckverbinder ist 37-polig (ISO 4902-1980) bei DÜE/DEE-Schnittstelle im Fernsprechnetz.
- Steckverbinder ist 15-polig (ISO 4903-1980) bei DÜE/DEE-Schnittstelle in Datennetzen.
- Funktionserdung und Schutzerde sind zu verbinden, falls erforderlich.
- Leitungsabschlußwiderstand ist erforderlich bei Datenraten > 200 kbit/s.
- Leitungsabschlußwiderstand soll gleich dem Wellenwiderstand der Leitung sein.
$R_T = Z_L$ (ca. 100 Ω)

Leitungslänge

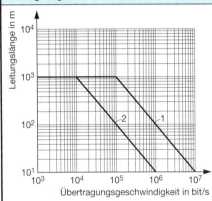

Kurve 1: mit Leitungsabschlußwiderstand
Kurve 2: ohne Leitungsabschlußwiderstand

Richtwerte für Leitungslänge

- Leitungslänge abhängig von Übertragungsgeschwindigkeit, zulässiger Signalverzerrung, Erdpotentialdifferenz und Störeinkopplung.
- Beziehen sich auf verdrilltes Fernsprechkabel mit 0,51 mm Aderdurchmesser.
- Bei Kurve 1 sind Anstiegs- und Abfallzeiten des Empfangssignals jeweils 50 % der Solldauer eines Binärzeichens.
- Bei Kurve 2 ist die Leitungslänge durch eine 6 dB Dämpfung des Signales am Empfängereingang festgelegt.
- Bei synchroner Übertragung von Takt- und Datensignalen in Gegenrichtung ist Phasenanpassung erforderlich.

Schnittstellenbaustein

Sender-/Empfängerbaustein SN 75179 B

Funktionstabelle

Sender			Empfänger	
Eingang D	Ausgang Y	Ausgang Z	Eingang A/B	Ausgang R
1	1	0	$u_{A/B} \geq 0,2$ V	1
0	0	1	$-0,2\text{V} < u_{A/B} < 0,2$ V	?
			$u_{A/B} \leq -0,2$ V	0

?: unbestimmt

Elektrische Kenndaten (typisch)

Empfänger	
Eingangswiderstand	12 kΩ
Eingangsempfindlichkeit	± 200 mV
Eingangshysterese	50 mV
Eingangsspannungsbereich (Leitungsseite)	– 7 V ... + 12 V
Sender	
Senderstrom	± 60 mA
Kurzschlußstrom (mit Strombegrenzung)	± 250 mA
Differenzausgangsspannung (bei 60 mA Ausgangsstrom)	ca. 2,2 V

Anmerkung: Nach RS 422 B sind bis zu 10 Empfänger an einem Sender zulässig.

Elektrische Eigenschaften der Schnittstellenleitungen (RS 423 A)

DIN 66259 T.2/03.83

Doppelstrom, unsymmetrisch, Punkt- zu Punkt-Verbindung

- Legt die elektrischen Eigenschaften von erd-unsymmetrischen Doppel-Strom-Schnittstellenleitungen fest.
- Punkt- zu Punkt-Verbindung
- Übertragungsgeschwindigkeit bis 100 kbit/s
- Sender arbeitet unsymmetrisch.
- Empfänger kann symmetrisch oder unsymmetrisch betrieben werden.
- Entspricht der CCITT-Empfehlung V.10 bzw. X.26 u.

- Norm ist kompatibel zum EIA-Standard RS 423 A.
- Schnittstellen nach dieser Norm können mit symmetrischen Schnittstellenleitungen nach DIN 66259 Teil 3 in einem Schnittstellenkabel betrieben werden.
- Schnittstellen nach DIN 66259 Teil 3 können mit dieser Schnittstelle gekoppelt werden, wenn Ausführung 1 der Schnittstellenausführung gewählt wird.

Ausführungen der physikalischen Schnittstellen

Ausführung 1

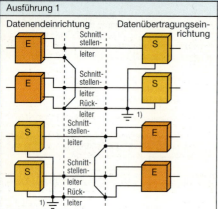

Jeder Rückleiter hat eigenen Stift im Steckverbinder.
S: Sender, E: Empfänger

Ausführung 2

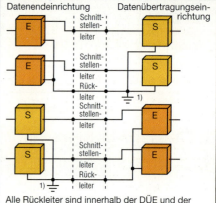

Alle Rückleiter sind innerhalb der DÜE und der DEE miteinander verbunden und auf einen gemeinsamen Stift im Steckverbinder gelegt.

[1] Erdung ist als Betriebs- oder Funktionserdung auszuführen (DIN 57800 T.2/VDE 0800 T.2). Erdung der Rückleiter nur in den Endeinrichtungen, in denen die Sender vorhanden sind.

Leitungslänge

Übertragungsgeschwindigkeit in bit/s

Richtwerte für Leitungslänge sind ermittelt für

Verdrilltes Fernsprechkabel	57 nF/km
Quellwiderstand des Senders	50 Ω
Senderspannung (Betrag)	6 V
Wechsel der Signalzustände bei Geschwindigkeit ≤ 1 kbit/s	100 µs
Wechsel der Signalzustände bei Geschwindigkeit > 1 kbit/s	10 % der Schrittdauer

Schnittstellenbaustein

Empfänger (4-fach), AM 26 LS 32

Funktionstabelle

Eingang A/B	Freigabe G	Freigabe $\overline{G}$	Ausgang y
$u_{A/B} \geq +0{,}2\ V$	1	X	1
	X	0	1
$-0{,}2\ V \leq u_{A/B} \leq +0{,}2\ V$	1	X	?
	X	0	?
$u_{A/B} \leq -0{,}2\ V$	1	X	0
	X	0	0
	0	1	Z

?: unbestimmt, X: beliebig, Z: hochohmig

Elektrische Eigenschaften der Schnittstellenleitungen (RS 485)

DIN E 66 259 T.4/09.93)

Doppelstrom, symmetrisch, für Mehrpunktverbindungen

- Legt die elektrischen Eigenschaften von erdsymmetrischen Doppelstrom-Schnittstellen fest.
- Mehrpunktverbindungen
- Übertragungsgeschwindigkeit bis 1 Mbit/s
- Verbindung der Teilnehmer über paarig verseilte Leitungen mit max. 500 m Länge.
- Entspricht bis auf Datenrate und Kabellänge der EIA RS 485.

- Norm enthält keine Festlegungen über
  - Anzahl der Daten- und Steuerleitungen,
  - Bauart und Stiftbelegung des Steckers für das Stichleitungskabel,
  - zeitlichen Zusammenhang zwischen den Signalen der Schnittstellenleitungen,
  - Übertragungsart (Protokoll).

Mehrpunktverbindung 2-Draht

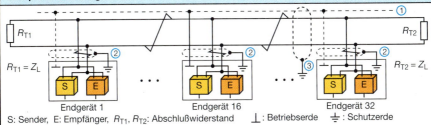

S: Sender, E: Empfänger, R_{T1}, R_{T2}: Abschlußwiderstand ⏚: Betriebserde ⏚: Schutzerde

① Verbindung aller Betriebserden ist wahlweise; muß erfolgen, wenn Erdpotentialdifferenz höher als zulässige Gleichtaktspannungen der Empfänger.
② Schirmung der Stichleitungen ist wahlweise, ggf. mit Schutzerde im Endgerät verbinden.
③ Schirmung der Hauptleitung ist wahlweise; falls vorhanden, nur an einer Stelle mit einer Schutzerde verbinden. Verbindung der Schirme Stichleitung und Hauptleitung kann aus Funkentstörgründen notwendig sein.

Schnittstellenbaustein

Sender-/Empfänger (SN 75176 B)

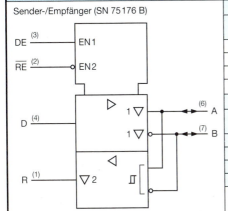

Sender

Eingang D	Freigabe DE	Ausgänge	
		A	B
1	1	1	0
0	1	0	1
X	0	Z	Z

X: beliebig, Z: hochohmig

Empfänger

Eingänge A/B	Freigabe EN	Ausgang R
$u_{AB} \geq 0{,}2$ V	0	1
$-0{,}2$V $< u_{AB} < +0{,}2$V	0	?
$u_{AB} \leq -0{,}2$V	0	0
X	1	Z

u_{ID}: Eingangsspannung zwischen A und B
X: beliebig, Z: hochohmig, ?: unbestimmt

Verstärkerbaustein

Repeater (SN 75177 B)

Eingänge A/B	Freigabe EN	Ausgänge		
		T	Y	Z
$u_{AB} \geq 0{,}2$ V	1	1	1	0
$-0{,}2$V $< u_{AB} < +0{,}2$V	1	?	?	?
$u_{AB} \leq 0{,}2$V	1	0	0	1
X	0	Z	Z	Z

X: beliebig, Z: hochohmig, ?: unbestimmt

Strichcode

DIN 66 236 T.1/08.79
DIN 66 236 T.2/12.87

- Strichcodes (Barcodes) werden verwendet zu maschinenlesbaren Codierungen.
- Codiert werden damit überwiegend Massengüter (z. B. Bücher, Lebensmittel).
- Sie dienen zur automatischen Erkennung von Waren im Fertigungsdurchlauf, bei der Lagerung und beim Versand.
- Barcodes gibt es in verschiedenen Ausführungen.

Aufbau des Strichcodes

① freie Felder ② Start ③ Daten ④ Test ⑤ Stop ① freie Felder

① Freie Felder sind weiß und dienen als Ankündigung für den Strichcodeleser.
② Startzeichen ist spezielles Muster aus Balken und Zwischenräumen.
③ Strichcodierte Daten.
④ Testfeld dient zur Sicherung der eingelesenen Daten.
⑤ Stopfeld ist als spezielles Muster mit Balken u. Zwischenräumen; zeigt Ende eines Symbols an.

Codierarten

Codebezeichnung	Codierbare Daten alpha-num.	num.	Codierart
Codobar		x	Modulbreite; 0 ≙ schmales Element 1 ≙ breites Element: Element kann Balken o. Zwischenraum sein.
Code 11		x	
Code 3/9	x		
Codefamilie 2/5		x	
Code 128	x		NRZ (No Return on Zero) 0 ≙ reflektierende 1 ≙ nicht reflektierende Oberfläche
Code 93	x		
EAN 8,13		x	
UPC A, B, C, D, E		x	

Codefamilie 2/5

Verwendet zur Zeichencodierung fünf binäre Elemente, von denen zwei Elemente immer als 1 dargestellt werden.

Industrieller 2/5-Code

- Enthält alle Informationen in den Balkenbreiten; Zwischenräume zwischen den Balken dienen zur Trennung.
- Hiermit können Folgen von Dezimalziffern codiert werden.

Zeichencodierung

Zeichen	0	1	2	3	4	5	6	7	8	9	Start	Stop
LSB 1	0	1	0	1	0	1	0	0	1	0	–	1
2	0	0	1	1	0	0	1	0	0	1	–	0
4	1	0	0	0	1	1	1	0	0	0	1	1
MSB 7	1	0	0	0	0	0	0	1	1	1	1	–
Parity P	0	1	1	0	1	0	0	1	0	0	–	–

Start — Information 0 0 2 2 — Stop
1 1 0 ... 1 0 1

EAN-/UPC-Code

- **EAN**-European Article Numbering: Europäische Artikel-Bezeichnung.
- **UPC**-Universal Product Code: Universeller Produkt-Code.
- UPC ist Untermenge des EAN-Codes.
- Strichcodesymbol besteht aus vier (EAN 8), fünf (UPC-A) oder sechs (EAN 13) Zeichen, linkem und rechtem Randzeichen und Mittenzeichen.
- Datenzeichen sind in sieben gleiche Teile geteilt.
- Balken sind dunkel (≙ 1), Zwischenräume hell (≙ 0).
- Jedes Datenzeichen enthält zwei Balken und zwei Zwischenräume.
- Balken und Zwischenräume sind ein, zwei, drei oder vier Teilungen breit.

Zeichencodierung

Zeichen	0	1	2	3	4	5	6	7	8	9
	0	0	0	0	0	0	0	0	0	0
	1	1	1	1	1	1	1	1	1	1
	0	0	0	1	0	1	0	0	0	0
	1	1	1	0	1	0	1	1	1	1
	0	0	1	0	0	0	1	0	1	1
	1	1	0	1	1	1	0	1	0	0
	1	0	1	1	0	0	1	0	0	1

linksbündig

Interleaved 2/5 Code

- Ist ein überlappend aufgebauter Code.
- Zwei Zeichen werden in einem Symbol codiert.
- Erstes Zeichen wird mit Balken, zweites Zeichen in den Zwischenräumen der Balken dargestellt.

Zeichencodierung

Zeichen	0	1	2	3	4	5	6	7	8	9	Start	Stop
LSB 1	0	1	0	1	0	1	0	0	1	0	–	–
2	0	0	1	1	0	0	1	0	0	1	–	–
4	1	0	0	0	1	1	1	0	0	0	–	1
MSB 7	1	0	0	0	0	0	0	1	1	1	–	–
Parity P	0	1	1	0	1	0	0	1	0	0	–	0

Start 0000 — Information 34 — Stop 1 00
1. Zeichen — 3 — 2. Zeichen

rechtsbündig

EAN 8-Symbol ① ② ③④ ⑤ ⑥⑦

4017 6178

Klarschriftzeile für optische Lesung (zusätzlich)

① linkes Randzeichen (codiert als 101)
② zwei Kennzeichen (codiert nach linksbündig)
③ zwei Datenzeichen (codiert nach linksbündig)
④ Mittenzeichen (codiert als 01010)
⑤ drei Datenzeichen (codiert nach rechtsbündig)
⑥ Testzeichen (codiert nach rechtsbündig)
⑦ rechtes Randzeichen (codiert als 101)

Dateneingabegeräte

Gerät	Aufbau	Funktion, Eigenschaften
Tastatur Funktionstasten — numerischer Tastenblock — alphanumerische Tasten u. Steuertasten	Alphanumerisches **Tastenfeld** ähnlich der Schreibmaschinentastatur. Funktionstasten können mit Kurzbefehlen belegt werden. Numerische Tastaturen zur Eingabe von Zahlenkolonnen. Tastenprinzipien: Kontakt, Folie, Membran, Leitgummi, Piezoeffekt.	Eingabe von alphanumerischen Kommandos oder Texten. Tastenabfrage durch internen Tastaturprozessor über Matrixsteuerung. Ermittelte Tastencodes werden über serielle Schnittstelle übertragen.
Touchscreen Ansteuerelektronik — Empfangselektronik — Ansteuerelektronik — Empfangselektronik	**Sichtgerät** mit vorgebauter berührungsempfindlicher Oberfläche. Einfache Versionen sind mit Leuchtdioden und gegenüberliegenden Empfängern ausgerüstet. Über das Matrixfeld werden mit dem Finger oder Stiften die zugeordneten Funktionen aktiviert.	Aktivieren von Programmfunktionen, die als Menüpunkte den Matrixfeldern zugeordnet sind. Steuerung und Abfrage der LED-Sender bzw. Empfänger muß vom jeweiligen Anwender-Programm übernommen werden.
Digitalisiertablett	Engmaschiges **Gitternetz** mit Leiterbahnabständen von 0,025 mm. Damit Auflösung von 40 Linien/mm. Abtastung der Koordinaten erfolgt **induktiv** über Koppelstift oder über Fadenkreuzlupe.	Umsetzen von Weg- oder Positionsinformationen in digitale Daten. **Betriebsarten** **Punkt:** Übergabe eines einzelnen Koordinatenpunktes. **Strom:** Fortlaufende Übertragung der Koordinaten, solange Taste am Abtaster eingeschaltet.
Flachbett-Scanner Vorlage — Glasplatte — Grün — Rot — Blau — Stablinsenzeile — CCD-Sensorleiste — Schlitten	Abtastung der Schwarz-weiß- oder Farbvorlage mit drei Komplementär-Farblichtquellen (zeilenförmig). Reflektierte Strahlung wird über Stablinsenzeile auf CCD-Sensorleiste gelenkt (CCD: Charge Coupled Device).	Umsetzen von grafischen oder Textvorlagen in digitale Informationen. Über Software (OCR: Optical Character Regognition, optische Zeichenerkennung) werden Bildpunkte in Raster-/Vektor-Daten oder in Pixel-Dateien aufbereitet.
Barcode-Scanner (stationär) Polygon-Spiegel — Empfangs- u. Auswerte Einheit — Barcodefeld	Handgeräte als **Stiftabtaster** oder **Handscanner**. Stiftabtaster mit Rotlicht- oder Infrarot-Sender/Empfänger. Handscanner und stationäre Geräte mit Laserdioden.	Lichtstrahl wird auf Barcodefeld gestrahlt und von dort in Empfangssystem zurückreflektiert und ausgewertet. Abtastenentfernung bis 1500 mm. Abtastrate bis 600 Scan/s bei stationären Geräten.
Maus Segmentscheibe — Taste — Kontakt — Kugel — Andruckwalze	Die Bewegung der Maus auf einer Unterlage wird über eine **Kugel** auf zwei im Winkel von 90° angeordnete Walzen übertragen, die Segmentscheiben antreiben. Mechanische bzw. optische Abtastung setzt Scheibendrehungen in elektrische Impulse um.	Schnelle Steuerung des Cursors auf dem Bildschirm. Umsetzung Mausbewegung – Cursoränderung kann eingestellt werden. Über Funktionstasten (max. 3) können Softwarefunktionen ausgewählt werden.
Lichtgriffel	**Stiftabtaster** mit optischem Sensor (Fototransistor), Pegelwandler und Leitungstreiber für serielle Übertragung.	Abtasten von einzelnen Bildpunkten auf Sichtgeräten. Da die Position des Elektronenstrahls bekannt ist, kann Koordinate selektiv ermittelt und ausgewertet werden.

Datenausgabegeräte

Gerät	Aufbau	Funktion, Eigenschaften
Typenraddrucker Speichen, Hammer, Papier, Bewegung des Typenrades, Farbband	Enthält alle abdruckbaren Zeichen auf einem **Kunststofftypenrad** (Daisy Wheel). Wird auch als **FFC**-Drucker (**F**ully **F**ormed **C**haracter: voll ausgeformte Zeichen) bezeichnet.	Abzudruckendes Zeichen wird durch Drehung des Typenrades in obere Stellung gebracht und durch Anschlaghammer auf dem Papier abgedruckt. Geringe Druckgeschwindigkeit; hohe Druckqualität (Letter Quality).
Nadeldrucker	Druckkopf besteht aus **elektromagnetisch angetriebenen Nadeln**. Köpfe mit 9, 18 oder 24 Nadeln. Nadeldicke 0,2 mm…0,3 mm. Werden auch als **SIDM**-Drucker (**S**erial **I**mpact **D**ot **M**atrix: seriell anschlagender Matrix-Drucker) bezeichnet. Papierzuführung: Einzelblatt oder Endlos. Antriebssteuerung der Walze und Nadelsteuerung durch Mikroprozessor.	Zeichen werden aus einzelnen Punkten zusammengesetzt. Matrixanordnungen: 9 x 9, 9 x 18, 12 x 24 oder 24 x 36 Zeichenpunkte. Verschiedene Druckqualitäten: **Draft** (Entwurf), **NLQ** (**N**ear **L**etter **Q**uality: annähernd Briefqualität, **LQ** (**L**etter **Q**uality: Briefqualität). Grafikausdruck durch Einzelpunktansteuerung. Farbdruck vielfach nach Farbbandumrüstung möglich.
Tintendrucker 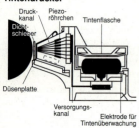 Druckkanal, Piezoröhrchen, Tintenflasche, Dichtschieber, Düsenplatte, Versorgungskanal, Elektrode für Tintenüberwachung	**Anschlagfreie** (non impact) **Drucker**. Druckknopf enthält **Düsen**, aus denen Tintentropfen auf das Papier geschleudert werden. Düsen werden durch **Dichtschieber** bei Nichtgebrauch gegen Austrocknen abgedichtet.	Zeichen werden aus einzelnen Tintenpunkten zusammengesetzt. Tinten müssen bestimmte Eigenschaften aufweisen. Vorteil: **arbeitet geräuschlos**. Einsatz im Bürobereich. **Farbdruck** durch Einsatz eigener Druckköpfe für Cyan, Magenta und Gelb.
Thermotransferdrucker 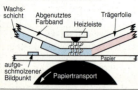 Wachsschicht, Abgenutztes Farbband, Trägerfolie, Heizleiste, Papier, aufgeschmolzener Bildpunkt, Papiertransport	**Farbdrucker** mit vierfarbigem Farbband auf Wachsbasis. Jede Farbe entspricht im Format der zu druckenden Seitengröße. Heizleiste dient zum Abschmelzen der jeweiligen Punkte. Anzahl der Elemente in der Heizleiste bestimmt die Auflösung.	**Vierfarbiges Farbband** enthält die einzelnen Farben hintereinander angeordnet. Elemente der Heizleiste werden entsprechend der Zeileninformation aufgeheizt und schmelzen die Wachsschicht ab. Vorgang wird für jede Farbe nacheinander wiederholt.
Laserdrucker 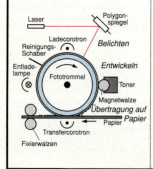 Laser, Polygonspiegel, Ladecorotron, Belichten, Reinigungsschaber, Fototrommel, Entwickeln, Entladelampe, Toner, Magnetwalze, Übertragung auf Papier, Transfercorotron, Fixierwalzen	Anschlagfreier **Seitendrucker**. Verwendet **elektrofotografischen Vorgang** zum Abdruck (ähnlich Fotokopiergerät). Kernstück ist Belichtungseinheit. Sie besteht aus einer lichtempfindlichen geladenen **Fototrommel**. Belichtungseinrichtung ist Laserstrahl, der über Polygonspiegel zeilenweise abgelenkt wird. Entwicklereinheit enthält **Tonerpulver**. Fixierstation dient zur abschließenden Wärmebehandlung. Anstelle des Lasers sind auch **LED**-Zeilen oder **LCS**-Zeilen (**L**iquid **C**rystal **S**hutter) eingesetzt.	Lichtempfindliche Fototrommel wird mittels Laserstrahl belichtet. Ablenkung des Laserstrahles erfolgt zeilenweise über die Breite der Trommel. Laseransteuerung (an/aus) erfolgt vom Mikroprozessor entsprechend der abzudruckenden Zeichen. In Entwicklereinheit wird Tonerpulver auf die belichteten Stellen aufgebracht. **Transfercoroton** überträgt Toner auf Papier. In **Fixierstation** wird durch Druck und Wärme der Toner aufgeschmolzen. Hohe Druckqualität. Auflösung bis 600 dpi (**D**ots **P**er **I**nch: Punkte pro Zoll).

Datenausgabegeräte

Gerät	Aufbau	Funktion, Eigenschaften
Plotter Farbstiftrevolver Schreibstift	• **Flachbettplotter:** Papier wird auf Schreibunterlage elektrostatisch fixiert. **Zeichenstifte** bewegen sich in x- und y-Richtung. • **Trommel- oder Walzenplotter:** Papier wird über Zeichentrommel in x-Richtung transportiert. Stifte bewegen sich in y-Richtung. • **Hochleistungsplotter** arbeiten elektrostatisch.	x-y-Schreiber zur Ausgabe von Vektorgrafiken (auch Zeichen und Symbole). Flachbettplotter geeignet bis A3 Papierformat. Trommelplotter bis A0. Stifte in verschiedenen Farben und Strichstärken. Automatisches Zentrieren des Papierformats. Eigene Programmiersprache zur Ansteuerung.

Datensichtstation (Terminal)

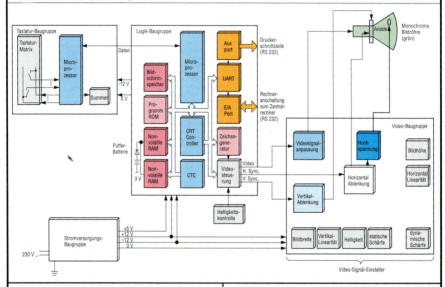

Typische Daten und Funktionen	
• Tastatur mit 85 Tasten und numerischem Tastenfeld über serielle Schnittstelle angeschlossen. • Tastatur enthält frei belegbare Funktionstasten. • Bildschirm mit entspiegelter Bildröhre (12 Zoll) in Leuchtfarbe grün (Phosphor P31). • Darstellungsformat: 24 Zeilen zu je 80 Zeichen Zeile 25 für Statusmeldungen. • Schriftart: 7 x 9 Rasterpunkte in 9 x 12 Punkt-Matrix. • Schnittstellen: RS 232, halb- oder vollduplex, asynchron; 110…19 200 Baud; 7- oder 8-Bit Wortlänge; gerade, ungerade oder keine Parität, 1 Start-Bit, 1 oder 2 Stop-Bit.	• **Tastatur-Baugruppe:** Enthält Matrix-Steuerung für Tasten und akustischen Summer für Aufmerksamkennzeichen. • **Video-Baugruppe:** Analoge Schaltkreise zur Umsetzung der Signale und Ansteuerung der Röhre. • **Logik-Baugruppe:** Zentraler Steuerprozessor, zur Steuerung der Funktionsabläufe auf den Schnittstellen, der Zeichenspeicherung und -ausgabe; Erzeugung der Video-Signale und Synchron-Signale; Firmwarespeicherung (Betriebssoftware) im Programm ROM; Parameter-Einstellungen werden im Nonvolatilen RAM (batteriegepuffert) gespeichert.
Funktionen der Baugruppen	Einstellen von Optionen
• **Stromversorgungs-Baugruppe:** Enthält Festspannungsregler für die unterschiedlichen Betriebsspannungen: +5 V, +12 V, −12 V für Logik-Bg.; +12 V für Tastatur; +12 V, −12 V für Video-Bg.	Um Sichtstation an jeweilige Anforderung anpassen zu können, sind Optionen wählbar. Diese werden dialoggeführt nach Aufruf des **Optionen-Menüs** ausgewählt und im NVRAM gespeichert.

Bildschirmarbeitsplätze

DIN 66 233/04.83
DIN 66 234 T.1...T.9/08.88

Maße für Bildschirmarbeitsplatz

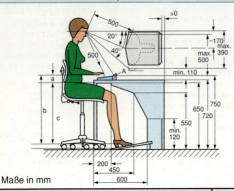

Die Maße a (Abstand Ellenbogen über Oberschenkelseite), b (Ellenbogen über Fußsohle) und c (Oberschenkeloberseite über Fußsohle) werden aus den Benutzergruppen Frauen und Männer ermittelt.

Rahmenmaße	Frauen		Männer
	groß	klein	
a	140	37	142
b	714	541	756
c	608	470	639

Verstellbereich des Stuhles:
420 mm ... 540 mm
Körpermaße des Menschen
DIN 33 402

Maße in mm

Sehraum

horizontal

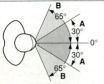

Sehraum ist der Bereich, in dem Objekte durch Augen- und Kopfbewegungen wahrgenommen werden.

Vorgaben für den Sehraum:

vertikal, sitzend

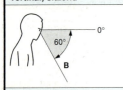

- Objekte, die häufig oder lange beobachtet werden, sind im bevorzugten Sehraum anzuordnen.

- Seltene oder kurzfristige Betrachtungen dürfen über die Grenzen des Sehraums hinaus erfolgen.

vertikal, stehend

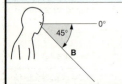

- Überschreitungen in der Seite sind weniger belastend als in der Höhe.

A: bevorzugter Seh-
B: zulässiger   raum

Greifraum

horizontal in Ellenbogenhöhe

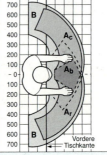

Die Abmessungen für den Greifraum werden bestimmt aus den Maßen für die „Reichweite nach vorn" und die „Schulterbreite" (DIN 33 402).

vertikal

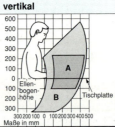

A: Greifraum bevorzugt
A_b: beidhändig
A_l: linke Hand
A_r: rechte Hand

B: Greifraum zulässig

Anforderungen an Zeichen auf Sichtgeräten

Schrifthöhe bei einem Sehwinkel > 18 Minuten

Bezeichnung	Wert
Zeichenbreite (Großbuchst.)	mind. 50 % der Schrifthöhe (empfohlen 70 %); Ausn.: Buchstabe I
Strichstärke	10 % ... 20 % der Zeichenhöhe
Zeichenabstand	mind. 15 % der Schrifthöhe
Zeilenabstand	mind. 15 % der Schrifthöhe
Rasterung	mind. 5 x 7 Punkte
Zeichenfarbe	weiß, gelb, orange, grün

a in mm
h ≥ 2,6 mm bei a bis 500 mm
h = a/190 mm bei a ≥ 500 mm

Sehwinkel ist der Winkel, unter dem ein Gegenstand den Augen erscheint.
Beispiel: Höhe des Gegenstandes h = 1 cm, Betrachtungsabstand 1 m ergibt Sehwinkel von 34 Minuten.

Regeln zur Erstellung von Plänen, Sinnbilder DIN 66 001/12.83

Regeln:
- Pfeile geben die Flußrichtung an.
- Zwischen Sinnbildern dürfen mehrere Verbindungen verlaufen.
- Kreuzungen von Verbindungslinien vermeiden.
- Hintereinander gezeichnete Sinnbilder gleicher Art bilden eine Einheit mehrerer gleichartiger Datenträger. ③
- Sinnbilder können miteinander verknüpft werden, z. B. zu einer Ausgabeeinheit. ①
- Innenbeschriftungen sollen weitere Abläufe erkennen lassen und eindeutig zuordnen.
- Bezeichnung erfolgt oben links des Sinnbildes.
- Durch einen Querstrich oben im Sinnbild wird auf eine detaillierte Darstellung derselben Dokumentation hingewiesen, z. B. schrittweise Verfeinerung eines Programmablaufs. ②
- Mit zusätzlichen senkrechten Linien in den Sinnbildern „Daten" und „Verarbeitung" wird auf eine Dokumentation an anderer Stelle hingewiesen.

Sinnbild	Benennung	Sinnbild	Benennung	Sinnbild	Benennung
	Verarbeitung, Verarbeitungseinheit		Steuerung der Verarbeitungsfolge von außen		Daten auf Lochstreifen, Lochstreifeneinheit
	Manuelle Verarbeitung, Verarbeitungsstelle		Daten, allgemein Datenträgereinheit, allgemein		Daten auf Speicher mit auch direktem Zugriff Datenträgereinheit
	Verzweigung Auswahleinheit		Maschinell zu verarbeitende Daten, Datenträgereinheit		Daten im Zentralspeicher, Zentralspeicher
	Schleifenbegrenzung		Manuell zu verarbeitende Daten, Manuelle Ablage (z. B. Ziehkartei, Archiv)		Manuelle optische oder akustische Eingabedaten, Eingabeeinheit
	Anfang		Daten auf Schriftstück (z. B. auf Belegen, Mikrofilm) Ein-/Ausgabeeinheit		Verbindung, Verarbeitungsfolge, Zugriffsmöglichkeit
	Ende		Daten auf Speicher mit nur sequentiellem Zugriff, Datenträgereinheit		Verbindung zur Datenübertragung, Datenübertragungsweg
	Synchronisierung paralleler Verarbeitungen		Maschinell erzeugte optische oder akustische Daten, Ausgabeeinheit		Grenzstelle (zur Umwelt), z.B. Anfang, Ende
	Sprung mit/ohne Rückkehr		Daten auf Karte (z. B. Lochkarte, Magnetkarte), Lochkarteneinheit		Verbindungsstelle
	Unterbrechung einer anderen Verarbeitung				Verfeinerung
					Bemerkung

Sinnbilder nach Nassi-Shneiderman DIN 66 261/11.85

Sinnbild	Benennung	Sinnbild	Benennung	Sinnbild	Benennung
GOTO	Strukturblock (allgemein)	FOR...NEXT / LET / PRINT	Schleife, geplante Wiederholung FOR ... NEXT	Input X / x=1 x=2 x=3 / Y=100 Y=200 Y=300	Mehrseitige Auswahl z. B. Menüauswahl
INPUT / LET / PRINT	Strukturblock mit drei Befehlen (Anweisungen) von oben nach unten	X = 1 / ja nein	Zweiseitige Auswahl	FOR...NEXT / LET / IF...THEN END / PRINT	Schleife mit Ausstiegsbedingung
INPUT A | B / LET	Strukturblock mit drei Befehlen (Anweisungen) zwei parallel	Y=100 Y = 0	entweder – oder wahr – falsch		
READ LET / IF ... THEN	Schleife (bedingte) Wiederholung bis Bedingung erfüllt ist.				

Programmablaufplan, Struktogramm

Programmablaufplan nach DIN 66 001	Nassi-Shneiderman Struktogramm DIN 66 261	Programmablaufplan nach DIN 66 001	Nassi-Shneiderman Struktogramm DIN 66 261
Verarbeitung (allgemein, Strukturblock, Elementarblock)		Wiederholung (kopfgesteuerte Schleife)	
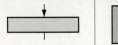			
<ul><li>Aufgabenkurzbeschreibungen</li><li>Unterprogrammnamen,</li><li>Anweisungen, Programmiersprachenbefehle</li></ul>		<ul><li>Schleifendurchläufe Abfrage der Bedingung erfolgt vor der Durchführung der Verarbeitung a. Ist die Bedingung bei der ersten Abfrage schon nicht erfüllt, erfolgt keine Durchführung der Verarbeitung a (engl. WHILE-Schleife).</li></ul>	
Reihenfolge (Sequenz)		Wiederholung (fußgesteuerte Schleife)	
	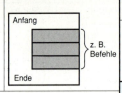	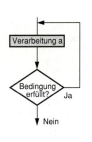	
<ul><li>Aneinanderreihung von mehreren Anweisungen, Befehlen</li><li>Aufzählung mehrerer nacheinander zu bearbeitender Aufgaben</li></ul>		<ul><li>Schleifendurchläufe Abfrage der Bedingung nach dem Durchlauf der Verarbeitung a (engl. REPEAT- oder UNTIL-Schleife).</li></ul>	
Bedingte Verzweigung		Schleife mit Unterbrechung	
		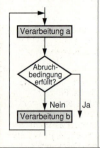	
<ul><li>Auswahl von einer Verarbeitung aus zwei möglichen, aufgrund einer logischen Entscheidung.</li><li>Ist die Abfrage mit Ja beantwortet, dann Verarbeitung a, andernfalls Verarbeitung b. Diese Verzweigung wird auch als IF (wenn Bedingung erfüllt) THEN (dann Verarbeitung a) ELSE (sonst Verarbeitung b) Abfrage bezeichnet.</li></ul>		<ul><li>Schleifendurchläufe Die Bedingung (Abbruch-Bedingung) wird während der Verarbeitung abgeprüft (engl. CYCLE-Schleife).</li></ul>	
Fallabfrage, Fallunterscheidung			
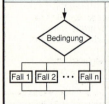	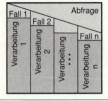		
<ul><li>Auswahl einer Möglichkeit aus mehreren Vorgaben (engl. Case-Block)</li></ul>			

Programmiersprachen

Name	Anwendung/Eigenschaften	Name	Anwendung/Eigenschaften
Ada benannt nach Ada Byron	• leichtes Programmieren durch klare Ausdrücke • gute Fehlererkennung • assemblernahe Programmierung • andere Programmiersprachen lassen sich leicht einbinden • echte Realtime-Sprache	**Modula** Modulare Sprache	• Anwendung in der Prozeßtechnik, Text-, Datei-Verarbeitung • maschinennahe Programmierung • Syntax ähnlich Pascal • Ablaufgeschwindigkeit ähnlich C-Programmen • für PC's verfügbar
Algol **Algo**rithmic-**L**anguage DIN 66 026	• algorithmische Formelsprache • strukturiertes Programmieren möglich • Ursprache für neuere Programmiersprachen • keine Realtime-Sprache	**Pascal** benannt nach Blaise Pascal	• ursprünglich als Universalsprache gedacht • gute Strukturierung möglich • leichte Dokumentation • wenige Grundbefehle • Einarbeitungszeit länger als bei Basic • mit Turbo-Pascal annähernd Realtime-Prgrammierung
Basic **B**eginners **A**ll **P**urpose **Sym**bolic **I**nstruction **C**ode DIN 66 284	• leicht erlernbar • problemorientierte Sprache • Einsatz im technisch-wissenschaftlichen Bereich • vielfältige Abwandlungen des Basic verfügbar (GW-Basic, Turbo-Basic, ...) • strukturiertes Programmieren möglich • bedingtes Realtime-Verhalten	**Pearl** **P**rocess and **E**xperiment **A**utomation **R**ealtime **L**anguage DIN 66 253	• problemorientiert • rechnerunabhängig • Realtime Programmierung • Anwendung in Prozeßsteuerung • Syntax ähnlich wie Pascal • unterstützt echtes paralleles Multitasking auf Multiprozessor-Anlagen
C entwickelt aus Basic Combined Programming Language	• maschinennahe Programmierung • kompakter Code • Einsatz u. a. für Programmiersprachenentwicklung • Syntax sehr kompakt • strukturiertes Programmieren möglich • andere Programmiersprachen können eingebunden werden	**Prolog** **Pro**gramming in **Log**ic	• ist nichtalgorithmisch (Steuerung des Programmflusses nicht möglich) • anstelle von Prozeduren stehen Funktionen, die „wahr" oder „falsch" sein können • Anwendung bei der objektorientierten Programmierung
Comal **Com**mon **Al**gorithmic **L**anguage	• Syntax ist ähnlich der Basic-Syntax • Kontrollstrukturen ähnlich wie im Pascal • Einsatz im schulischen Informatikunterricht	**Lisp** **Lis**t **P**rocessing	• Listenverarbeitende Sprache (Listen: Aufzählung von Zahlen oder Zeichenfolgen) • nicht prozedural (keine Aneinanderreihung von Befehlen) • Programmaufbau besteht aus Funktionen • geeignet für rekursive Programmierung • Anwendung in der künstlichen Intelligenz
Forth **Four**th **Generation Language**	• einfach zu handhaben • Befehlssatz und Compiler sind erweiterbar • Editor, Interpreter, Compiler und integrierter Assembler benötigen nur wenig Programmspeicher • Anwendung bei Steuerungsaufgaben		
Fortran **For**mula **Tran**slation DIN 66 027	• geeignet für Programmierung mathematischer Formeln • keine leistungsfähigen Sprachelemente für Ein-/Ausgabe • Buchstaben oder Zahlenfolgen nur umständlich programmierbar • strukturiertes Programmieren kaum möglich • Realtime-Verhalten bedingt • große Programmbibliotheken	**Assembler**	• maschinennahe Programmierung • gebunden an die jeweilige Prozessorfamilie • geeignet für Echtzeitanwendungen • großer Befehlsvorrat • Unterprogrammaufrufe und Makros möglich • hochsprachenähnliche Abfragen (IF-THEN-ELSE) zum Teil möglich • Längere Einarbeitung erforderlich

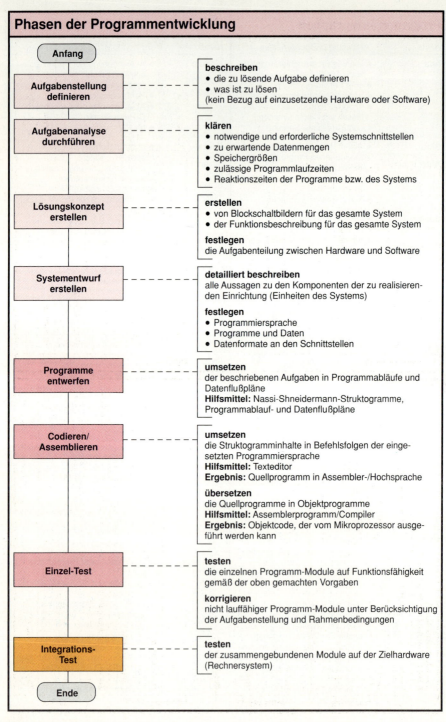

Datendokumentation

DIN 66 232/08.85

Seite 2

Datensicherung

Archivierung
Angaben der Verfahren, Ort, Archivierungszweck, Sperrfrist, Zeiträume zwischen den Archivierungen

Wiederherstellung
Angaben des Verfahrens zur Rekonstruktion des Datenobjektes

Chiffrierung
Angaben des Verfahrens zur Verschlüsselung des Datenobjektes

Inhalt

Datentyp,
der im Datenobjekt verwendet wird, z. B. Zahl, Text, Tabelle

Maßeinheit,
die im Datenobjekt verwendet wird, z. B. kg, mm

Wertebereich,
der im Datenobjekt verwendet wird; Ober- u. Untergrenzen des Wertebereiches

Prüfbedingungen
z. B. Prüfzeichen, Plausibilitätsbedingungen

Verschlüsselung
Regeln für das Verschlüsseln oder Schlüsselverzeichnis

Aufbau (Liste der Datenobjekte)
Angaben der Datenobjekte, aus denen das beschriebene Datenobjekt besteht.

Darstellung

Größe
(physikalische) des Datenobjektes (z. B. Anzahl der Bytes)

Code,
der zur Darstellung der Zeichen verwendet wird, z. B. 7-Bit-Code nach DIN 66 003

Zeichenvorrat,
der zulässig ist (z. B. mit oder ohne Umlaute).

Komprimierung
Art der Datenkomprimierung

Datenträger
z. B. Magnetband, Floppy Disk

Format
angeben, in dem das Datenobjekt auftreten kann (z. B. geblockte Sätze nach DIN 66 028)

Zuordnungen

Abhängigkeiten
Angaben der Datenobjekte, zu denen eine Abhängigkeit besteht. Benennen der Art der Abhängigkeit.

Vorkommen
Verzeichnis der Datenobjekte, in denen das hier beschriebene Datenobjekt noch vorkommt.

Verwendung
Angaben der Abteilungen, die das Datenobjekt verwenden.

Seite 1

Datendokumentation
DIN 66 232-A, Ausgabe August 1985

Bezeichnung

Status
z. B. Test, Produktion

Gattung
z. B. Datenfeld, Datei

Technische Bezeichnung
zur Identifikation des Datenobjektes

Gültig von bis

Version
Kennzeichnung für nacheinander gültige Dokumentationen

Variante
Kennzeichnung für nebeneinander gültige Dokumentationen

Geltungsbereich
z. B. Angabe einer Organisationseinheit eines Unternehmens

Fachliche Bezeichnung
zur Identifikation des Datenobjektes

Zuständigkeit

fachlich
zuständige Abteilung angeben (z. B. Rechnungsabteilung)

organisatorisch
zuständige Abteilung angeben (z. B. Betriebsleitung)

technisch
zuständige Abteilung angeben (z. B. Softwareentwicklung)

Standort
angeben, wo das Datenobjekt mit aktuellem Inhalt vorliegt (z. B. Zweigniederlassung des Unternehmens)

Bedeutung

Beschreibung
- Datenobjekt fachbezogen beschreiben.
- Verwendungszweck angeben.
- Abgrenzen zu anderen Datenobjekten.

Deskriptoren
Schlüssel-, Schlag- oder Stichwörter angeben, die z. B. als Suchbegriffe verwendet werden können.

Schutzwürdigkeit
Angaben des Vertraulichkeitsgrades oder der Datenschutzanforderungen.

Zugriff

Zugriffsberechtigungen: E(inbringen), L(esen), A(endern/Löschen), U(ebermitteln)

Art | **Instanz**
Einbringen | Angaben der Abteilung, die den Inhalt des Datenobjektes erzeugen darf.
Lesen | Angaben der Abteilung, die den Inhalt des Datenobjektes lesen darf.
Ändern/Löschen | Angaben der Abteilung, die den Inhalt des Datenobjektes ändern bzw. löschen darf.
Übermitteln | Angaben der Abteilung, die den Inhalt des Datenobjektes an Dritte übermitteln darf.

Zugriffsregelungen
Beschreiben der Maßnahmen oder Verfahren, die den Zugriff auf das Datenobjekt regeln.

327

Programmdokumentation

DIN 66 230/01.81

Gerätebedarf	Für den ordnungsgemäßen Ablauf erforderliche Geräte und Einrichtungen (z. B. Massenspeicher).
Programmgröße	Maximaler Speicherbedarf in Byte für Befehle, Daten, Ein-/Ausgabeanweisungen, Unterprogramme und Programmbausteine.
Programmbedarf	**Betriebssystem** Hersteller, Name, Variante und Version des verwendeten Betriebssystems.
	Unterprogramme Hersteller, Name, Variante und Version der erforderlichen Unterprogramme.
	Sonstige Programme Hersteller, Name, Variante und Version der übrigen Programme, die zum Ablauf des Programms erforderlich sind.
Programmiersprachen	**Sprache, Sprachumfang, Anzahl der Anweisungen** Verwendete Programmiersprache: Anzahl der Anweisungen (z. B. Fortran, 700 Anweisungen).
	Übersetzer Verwendete Übersetzerprogramme (Compiler)
Betriebsarten	Stapelbetrieb ☐ Dialogbetrieb ☐ Realzeitbetrieb ☐ Sonstige Betriebsart ☐
Dateien	**Bezeichnung, Verwendungszweck,** der vom Programm verwendeten Dateien. **Datenträger,** auf denen die verwendeten Daten gespeichert sind. **Speicherbedarf,** für jede verwendete Datei angeben (z. B. n Blöcke zu m Bytes). **Dateiorganisation** z. B. sequentiell, gestreut, mit oder ohne Schlüssel. **Zugriffsart** z. B. physisch-sequentiell, wahlfrei.
Konventionen	Bei der Anwendung des Programmes zu berücksichtigende rechtliche, technische oder organisatorische Bedingungen (z. B. Urheberrechte, Weitergabe- oder Mitbenutzungsvereinbarungen, Datenschutzgesetz).
Zuständigkeiten (Anschriften)	**Entwicklung** Abteilung oder Person, die für Entwicklung des Programmes zuständig ist.
	Vertrieb Abteilung oder Person, die für den Vertrieb des Programmes zuständig ist.
	Pflege Abteilung oder Person, die für die Pflege des Programmes zuständig ist.
	Weiterentwicklung Abteilung oder Person, die für die Weiterentwicklung des Programmes zuständig ist.
Unterlagen	Verzeichnis der Unterlagen für das Programm (z. B. Handbuch, Programmdokumentation nach DIN 66 232).
Installierungen	**Hersteller** des Rechners, auf dem das installierte Programm läuft. **Anlagentyp** auf dem das installierte Programm läuft. **Betriebssystem** unter dem das installierte Programm läuft. **Anzahl** der vorhandenen Installierungen des Programmes.
Preise/Kosten	Art des Angebots (z. B. freibleibend)
	Kaufpreis Mietpreis
	Installierungskosten Wartungs- und Pflegekosten
	Schulungskosten

Seite 2

PROGRAMMKENNDATEN
nach DIN 66 230, Ausgabe …/19.…

Programmname(n)
Bezeichnung zur Identifizierung des Programmes

Programmsystem
z. B. Organisationsprogramm

Variantenbezeichnung
Ergänzung zum Programmnamen zur Unterscheidung gleichzeitig einsetzbarer Programme

Versionsbezeichnung
Ergänzung zum Programmnamen zur Unterscheidung von nacheinander eingesetzten Versionen

erste Version freigegeben am
Datum der ersten Freigabe

aktuelle Version freigegeben am
Datum der Freigabe für aktuelle Version

Deskriptoren
Schlüssel-, Schlag- oder Stichwörter, die die gelöste Aufgabe beschreiben und als Suchbegriffe dienen können.

Aufgabe (Kurzbeschreibung, ggf. Beispiel, fachbezogene Ein- und Ausgabe, Methoden, Vorschriften, Besonderheiten)
- Anwendungsbezogene Beschreibung der mit dem Programm gelösten Aufgabe (ggf. mit Zeichnung).
- Verwendete Verfahren (z. B. Rechenverfahren).
- Angaben der Gesetze, Normen und Richtlinien, die Bestandteil der gestellten Aufgabe sind.
- Angaben des Anwendungsbereiches des Programms (z. B. erforderliche Voraussetzungen).
- Literaturhinweise, die bei der fachlichen Lösung herangezogen wurden.
- Art der Fehlerbehandlung (Fehlermeldungen, Fehlerreaktionen).
- Gliederung des Programmes (z. B. Unterprogramme, Module, Segmente). Gliederung kann auch grafisch (Baumstruktur) erfolgen.
- Datenflußbeschreibung
- Programmablaufbeschreibung
- Festlegung der Eingabe- und Ausgabedaten.
- Angabe der temporären Dateien, Variablen und Konstanten.
- Anwendungsgrenzen (z. B. max. verarbeitbare Datenmenge, Laufzeiten).
- Testverfahren (Methoden und Programme) zur Überprüfung des fehlerfreien Programmlaufes.
- Bedienungsanweisungen für das Programm.
- Wiederanlaufverfahren nach Systemunterbrechung.
- Leistungsmerkmale des Programmes (z. B. Zeitbedarf für Laufzeiten, CPU-Zeiten, Ein-/Ausgabezeiten für definierte Datenmengen).

Seite 1

7 Messen, Steuern, Regeln

Grundbegriffe der Meßtechnik ... 330
Skalensymbole 330
Leistungs- und
  Leistungsfaktormessung 331
Zählerschaltungen 332
Digitale Meßtechnik 333
PC-Meßtechnik 334
Logikanalysator 335
Signalgenerator 335
Messen mit dem Elektronen-
  strahl-Oszilloskop 336
Beschriftung der Bedienungs-
  elemente 336
Messen mit dem Elektronen-
  strahl-Oszilloskop 337
Meßbrücken 338
Messen an Verstärkern,
  Empfängern 339
Elektrische Messung nicht-
  elektrischer Größen 341
Sensoren 342
Digitale Sensorsysteme 344
Begriffe und Bezeichnungen der
  Regelungs- und Steuerungs-
  technik 345
Zeitverhalten 346
Zeitverhalten von Regelstrecken . . 347
Stetige Regeleinrichtungen für
  elektrische Regelaufgaben 348
Unstetige Regeleinrichtungen 349
Einstellen von Reglern 350
Digitale Regelung 351
Kompaktregler 353
Leittechnik, Prozeßleittechnik 355
Speicherprogrammierbare
  Steuerungen (SPS) 356
Aktuator-Sensor-Interface 358
Servoantriebe 360
Funktionsplan 361
Elektronische Steller 362

Grundbegriffe der Meßtechnik DIN 1319/01.95

- **Messen**
  Experimenteller Vorgang zur Ermittlung eines speziellen Wertes einer physikalischen Größe als Vielfaches einer Einheit oder eines Bezugswertes.
- **Meßgröße**
  Durch Messung erfaßte physikalische Größe, z. B. Arbeit.
- **Meßwert**
  Speziell zu ermittelnder Wert der Meßgröße in Zahlenwert und Einheit, z. B. 12 kWh.
- **Meßprinzip**
  Nutzung einer charakteristischen physikalischen Erscheinung zur Messung, z. B. Drehmomentbildung beim elektrodynamischen Motorzähler zur Messung der elektrischen Arbeit.
- **Meßverfahren**
  Praktische Anwendung und Auswertung eines Meßprinzips.
- **Direktes Meßverfahren**
  Meßwertlieferung durch unmittelbaren Vergleich mit einem Bezugswert derselben Meßgröße, z. B. Massenvergleich mit Gewichten.
- **Indirektes Meßverfahren**
  Rückführung des gesuchten Meßwertes auf andere physikalischen Größen, z. B. drehzahlproportionale Arbeit beim Motorzähler.
- **Meßeinrichtung** (Meßanordnung)
  Besteht aus einem oder mehreren zusammenhängenden Meßgeräten mit Zusatzeinrichtungen und Zubehör.
- **Analoges Meßverfahren**
  Eindeutige punktweise stetige Darstellung der Meßgröße, z. B. stetig verschiebbarer Zeiger.
- **Digitales Meßverfahren**
  Zahlenmäßige Darstellung der Meßgröße bei gegebenem kleinsten Meßschritt.
- **Zählen**
  Ermittlung der Anzahl von gleichartigen Elementen oder Ereignissen, die bei der Untersuchung eines Vorganges auftreten.
- **Prüfen**
  Feststellung, ob Prüfgegenstand eine oder mehrere vereinbarte oder vorgeschriebene Bedingungen erfüllt.

Skalensymbole DIN 43 802 T.6/01.91

Beispiel:

- Meßwerk
- Genauigkeitsklasse
- Stromarten
- Prüfspannung
- Nennlage

Meßwerke

- Drehspulmeßwerk mit Dauermagnet, allgemein
- Eingebauter Zusatz: Gleichrichter
- nicht isolierter Thermoumformer
- isolierter Thermoumformer
- Drehspul-Quotientenmeßwerk
- Drehmagnetmeßwerk
- Drehmagnet-Quotientenmeßwerk
- Elektrodynamisches Meßwerk, eisenlos
- Elektrodynamisches Meßwerk, eisengeschlossen
- Elektrodynamisches Quotientenmeßwerk, eisenlos
- Dreheisenmeßwerk
- Dreheisen-Quotientenmeßwerk
- Induktionsmeßwerk
- Hitzdrahtmeßwerk
- Bimetallmeßwerk
- Elektrostatisches Meßwerk
- Vibrationsmeßwerk
- Magnetische Schirmung

Stromarten

- Gleichstrom
- Wechselstrom
- Gleich- und Wechselstrom
- Drehstrominstrument mit einem Meßwerk
- mit zwei Meßwerken
- mit drei Meßwerken

Prüfspannungen

- Prüfspannung 500 V
- Prüfspannung höher als 500 V, z. B. 2000 V
- Keine Spannungsprüfung

Nennbedingungen

z. B. Nennbedingung 25 °C, Einflußbereich 15 bis 25 °C und 25 bis 35 °C

Nennlagen

- Senkrechte Nennlage
- Waagerechte Nennlage
- Schräge Nennlage Neigungswinkel, z. B. 60°

Hinweise

- Getrennter Nebenwiderstand
- Getrennter Vorwiderstand
- Getrennter Scheinwiderstand

Besonderer Hinweis

- Achtung! Gebrauchsanweisung beachten

Genauigkeitsklasse[1]

Klassenzeichen für Anzeigefehler, z. B. Klasse 1,5, bezogen auf den Meßbereich-Endwert

[1] Feinmeßgeräte: Klassen 0,1; 0,2; 0,5 Betriebsmeßgeräte: Klassen 1; 1,5; 2,5

Leistungs- und Leistungsfaktormessung

Schaltungsnummer für Leistungs- und Leistungsfaktormeßgeräte
DIN 43 807/10.83

Kennzeichnungsbeispiel: **6 2 0 1**
- Stromart — 6
- Meßgröße — 2
- Meßart — 0
- Anschlußart — 1

Ziffer	Stromart	Meßgröße	Meßart	Anschlußart
0		Strom	alle Fälle, außer 1 … 6.	unmittelbar
1	Gleichstrom-Zweileiter	Spannung	L+ -Leiter in Stromspule	an Stromwandler
2	Gleichstrom-Dreileiter	Wirkleistung	L– -Leiter in Stromspule	an Strom- u. Sp.-Wandl.
3	Einph.-Wechselstrom	Blindleistung	o. angeschl. N-Leiter	an Nebenwiderstände
4	Dreileiter-Drehstrom symm. Belastung	Leistungsfaktor	mit angeschl. N-Leiter	
5	Dreileiter-Drehstrom beliebige Belastung		eingeb. Nullp.-Widerst.	
6	Vierleiter-Drehstrom beliebige Belastung		eingeb. Kunstschaltung	

Meßschaltungen
DIN 43 807/10.83

Wirkleistungsmeßgerät für Wechselstrom bzw. Gleichstrommeßgerät — 3200 (1210)

Wirkleistungsmeßgerät für Dreileiter-Drehstrom beliebiger Belastung unmittelbarer Anschluß — 5200

Wirkleistungsmeßgerät für Vierleiter-Drehstrom unmittelbarer Anschluß — 6200

Blindleistungsmeßgerät für Wechselstrom unmittelbarer Anschluß — 3300

Blindleistungsmeßgerät für Dreileiter-Drehstrom beliebiger Belastung mit Stromwandler — 5301

Wirkleistungsmeßgerät für Vierleiter-Drehstrom mit Strom- und Spannungswandler — 6202 (3 einpolig isolierte Spannungswandler)

Leistungsfaktor-Meßgerät für Wechselstrom unmittelbarer Anschluß — 3400

Leistungsfaktor-Meßgerät für Dreileiter-Drehstrom — 4400

Blindleistungsmeßgerät für Vierleiter-Drehstrom unmittelbarer Anschluß — 6300

Zählerschaltungen DIN 43 856/09.89

Schaltungsnummern für Elektrizitätszähler, Tarifschaltuhren und Rundsteuerempfänger

Kennzeichnungsbeispiel: **4 1 2 2**
- Zähler-Grundart: 4
- Zusatzeinrichtung: 1
- Anschluß: 2
- Schaltung der Zusatzeinrichtung: 2

Ziffer	Grundart	Zusatzeinrichtung	Anschluß	Schaltung d. Zusatzeinr.
		keine	direkt	kein äußerer Anschluß
1	L/N (Klemmen: 1 … 6)	Zweitarif (Klemmen: 13, 15)	Stromwandler	einpoliger innerer Anschluß (Klemmen: 13 oder 14)
2	L1/L2 (Klemmen: 1 … 6)	Maximum (Klemmen: 14, 16)	Strom- und Spannungswandler	äußerer Anschluß (Klemmen: 13, 15 oder 14, 16)
3	L1/L2/L3 (Klemmen: 1 … 9)	Zweitarif und Maximum (Klemmen: 13 … 16)		Maximumauslöser in Öffnungsschaltung
4	L1/L2/L3/N (Klemmen: 1 … 12)	Maximum mit elektrischer Rückstellung (Klemmen: 13 … 16)		Maximumauslöser in Kurzschließschaltung

Grundart: Wirkverbrauchszähler
Schaltung: innerer Anschluß

Einpolige Wechselstrom-Wirkverbrauchszähler

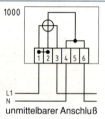

1000
L1, N
unmittelbarer Anschluß

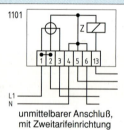

1101
L1, N
unmittelbarer Anschluß, mit Zweitarifeinrichtung

01
Tarifschaltuhr mit Tagesschalter

Vierleiter-Drehstrom-Wirkverbrauchszähler

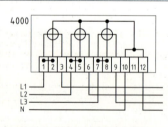

4000
L1, L2, L3, N
unmittelbarer Anschluß

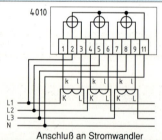

4010
L1, L2, L3, N
Anschluß an Stromwandler

Technische Werte von Elektrizitätszählern DIN 43 850/08.80

Zähler für	Nennstrom I_N	Grenzstrom $I_G \geq 1{,}25 \cdot I_N$	Nennspannung U_N
Wechselstrom	10 A	40 A oder 60 A	230 V
Drehstrom	10 A bzw. 15 A	40 A oder 60 A, bzw. 60 A	$3 \cdot 400$ V (3 Leiter) bzw. $3 \cdot 230/400$ V (4 Leiter)
Stromwandler	1 A bzw. 5 A		
Spannungswandler			$3 \cdot 100$ V (3 Leiter) bzw. $3 \cdot 58/100$ V, $3 \cdot \frac{100}{\sqrt{3}}/100$ V (4 Leiter)

Zählerkonstante c_Z in Umdrehungen pro kWh: 120; 150; 187,5; 240; 300; 375; 480; 600; 750; 960
Meßperiode für Maximumzähler in Minuten: 5; 10; 15 (Vorzugswert); 30; 60

Digitale Meßtechnik

Anzeigeeinheiten, Fehlergrenzen

Zahlenmäßige Anzeige des Meßwertes erfolgt bei Sieben-Segment-Anzeigen durch
- **l**ight **e**mitting **d**iode (LED): 1,5 V,   30 mA
- **l**iquid **c**ristal **d**isplay (LCD): 1,8 V ... 8 V, 4,5 mA

Anzeigebeispiel:
$4\frac{1}{2}$-stellige Anzeige

nur Ziffer 0 oder 1 möglich

Ziffern 0 bis 9 möglich

200 V-Meßbereich, größtmögliche Anzeige ist 199,99 V.
Anzeigeumfang beträgt 19999 Digits.
20 000 Meßschritte á 10 mV.

Keine Angabe der Genauigkeitsklasse, dafür Angabe der möglichen, prozentualen Abweichung vom Meßwert sowie Abweichung der Anzeige in Digits.

Beispiel: 0,5 % + 4 Digits bei 100 V-Anzeige und $4\frac{1}{2}$ Stellen
Minimaler Wert: 100 V − 0,5 V − 4 · 10 mV =   99,46 V
Maximaler Wert: 100 V + 0,5 V + 4 · 10 mV = 100,54 V

Übliche Verfahren der digitalen Spannungsmessung (Analog-Digital-Umsetzer)

Sägezahnverfahren   Dual-Slope-Verfahren (Zwei-Rampen Verfahren)

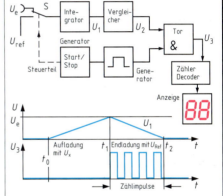

Hat Sägezahnspannung zum Zeitpunkt t_1 die Meßspannung U_e erreicht, schaltet der Vergleicher um. Die der Meßspannung proportionale Impulszählung endet.

Integrator lädt sich bis t_1 auf zur Meßspannung U_e proportionalen Spannung U_1 auf. Schalter S schaltet auf gegenpolige Referenzspannung U_{ref} um. Umladung bis t_2 gibt Impulse zum Zähler frei. Impulszahl ist Maß für Meßspannung U_e.

Bezeichnung von Funktionstasten

Kenn-zeichnung	Bedeutung	Kenn-zeichnung	Bedeutung
HOLD	Meßwert wird in Digitalanzeige gespeichert.	dB	Pegelmessung, dB-Werte absolut oder auf eingegebenem Wert bezogen.
EXTR	Minimal- und Maximalwert werden während der Messung gespeichert.	TIME	Meßwertspeicherung in vorgegebenen Zeitintervallen. Neue Meßwertübernahme wird akustisch gemeldet.
EXPAND, ZOOM	Lupenfunktion bei Hybridmultimetern (Analog- und Digitalanzeige, hier Dehnung des linearen Skalenbereichs)	BEEP	Ein- oder Ausschalter des Summers. Aktivierung wird mit ♪ angezeigt.
		AUT/MAN	Automatische oder manuelle Bereichsumschaltung.
REL	Vorgegebener Wert dient als Referenzwert, Anzeige der Abweichung.	STO	Speicherung mehrerer gleicher oder verschiedener Meßwerte mit Einheit und Polarität.
LIM	Grenzwertvorgabe, Grenzwertüberschreitungen werden optisch und akustisch gemeldet.	♪ ⏚	Durchgangsprüfung
BLANK	Displayabschaltung, z. B. von $4\frac{1}{2}$ - auf $3\frac{1}{2}$-stellige Anzeige.	▷⊢	Halbleitermessung

PC-Meßtechnik

Vorteile der PC-Meßtechnik:
- Standardisierung der Meßaufgaben.
- Bildliche Darstellung der Meßwerterfassungen durch Benutzeroberfläche.
- Sofortige Auswertung der Meßdaten.
- Einfachere Gestaltung komplexer Meßvorgänge durch softwaregesteuerte Reduktion.

PC-Meßsystemarten

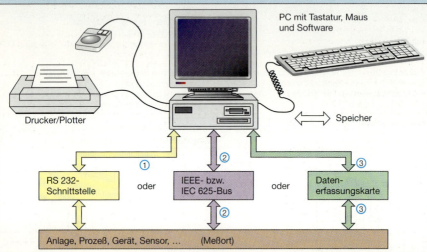

RS 232-Schnittstelle ①	IEEE- bzw. IEC 625-Bus ②	Datenerfassungskarte ③

– Meßgeräte mit RS 232-Schnittstelle wie z. B. digitale Thermometer, Schalttafelmeßinstrumente oder Datenlogger werden mit R232-Schnittstelle des PC verbunden.
– Meßwertübertragung über größere Distanzen möglich.
– Pro Meßgerät eine PC-Schnittstelle erforderlich. Einsatz bei relativ einfachen Meßaufgaben.
	– Durch IEEE-Buskarte (im PC-Systembus einfügbar) können bis zu 14 Meßgeräte angeschlossen werden, die über IEEE-Schnittstellen verfügen.
	– Datenbusbreite von 8 Bit erfordert komplexe Protokolle.
	– Kabellängen:
	  Gesamt ≦ 20 m
	  pro Gerät ≦ 2 m
	– Transferraten ≦ 1 MByte/s
		– Einbau einer Datenerfassungskarte im PC (z.B. EISA-Systembus) ergibt vollständiges Meßwerterfassungssystem.
		– Hohe Datenübertragungsraten durch direkte Verbindung des Meßortes mit dem PC-Systembus.
		– Zusätzliche Treibersoftware zur Steuerung des Meßwerterfassungssystems erforderlich.

Auswahl von PC-Multifunktions-Datenerfassungskarten

Eigenschaft	Hohe Auflösung	Analoge Eingänge	Dynamische Signalerfassung	Timing - Ein-/Ausgabekarte
Typ	AT-MIO-16X	EISA-A2000	AT-A2150	PC-TIO-10
Einsatz	PC/AT	EISA	PC/AT	PC/XT/AT
Ein-/Ausgänge	– 16 single-ended oder 8 differentielle 16-Bit analoge Eingangskanäle – 100 kHz-Abtastrate – 2 doppelt gepufferte, multiplizierende 16-Bit analoge Ausgangskanäle – 8 digitale Ein-/Ausgänge – 3 Counter/Timer	– 4 analoge Sample & Hold-Eingänge, sehr schnell – 1 MHz-Abtastrate – Programmierbare Trigger-Sources und -Level – Softwaregesteuerte Selbstkalibrierung	– Vier 16-Bit analoge Eingangskanäle mit simultaner Abtastung – 51,2 kHz max. Abtastrate pro Kanal – Linearphasiger Antialiasing-Filter – 95 dB THD für hohe Genauigkeit	– Zehn 16-Bit, 7 MHz, konfigurierbare Counter/Timer – Counter/Timer-Takt 1-5 MHz – 16 TTL digitale Ein-/Ausgabeleitungen
Software	DOS, Windows, Windows NT			

Logikanalysator

- Logikanalysatoren zeichnen eine Vielzahl digitaler Signale parallel auf.
- Dient zur Analyse von Betriebsabläufen in digitalen Schaltungen (Mikrocomputern).
- Besteht aus aktiven Tastköpfen, Triggereinstellung, Aufzeichnungsspeicher, Referenzspeicher und Anzeigeeinrichtung.
- Signale an den Tastköpfen werden zeitlich nacheinander in den Aufzeichnungsspeicher geschrieben.
- **Synchrone Taktung:** Taktsignal wird der zu prüfenden Schaltung entnommen, z. B. Signal ALE (Address Latch Enable) beim Mikrocomputer.
- Dient zum Überprüfen des ordnungsgemäßen Programmablaufes im Mikrocomputer.
- **Asynchrone Taktung:** Taktsignal wird vom Logikanalysator zur Verfügung gestellt.
- Taktsignal muß höher sein als höchste vorkommende Signalfrequenz.
- Dient zum Überprüfen des zeitlichen Signalverlaufs und der Zeitdifferenzen zwischen einzelnen Signalen (Hardware-Analyse).
- Triggereinrichtung erlaubt Auswahl bestimmter Ereignisse, ob deren Erscheinen aufgezeichnet werden soll oder durch bestimmte weitere Triggerbedingungen aktiviert werden sollen.
- Signalaufzeichnung erfolgt im Transitional-Verfahren (Signale nur im Speicher abgelegt, wenn Änderung des Eingangssignales vorliegt).
- Referenzspeicher wird zur Vergleichsmessung verwendet.
- Darstellung der Signale als Timing-, Hexadezimal-, Oktal- oder Binär-Diagramm.
- Über entsprechende Ergänzungen können Signale in disassemblierter Form dargestellt werden.

Blockschaltbild

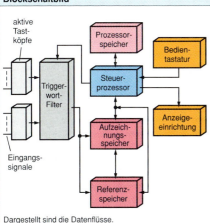

Dargestellt sind die Datenflüsse.

Signalabtastung

Asynchron

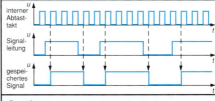

Synchron

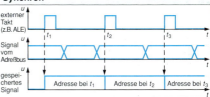

Signalgenerator

Digital

- Werden verwendet zur Simulation von digitalen Schaltungen oder zum Erzeugen von digitalen Signalfolgen.
- Datenfolge ist programmierbar über Eingabetastatur oder serielle Schnittstelle mittels Steuerkommandos.
- Datenausgabe wird von Ablaufsteuerung überwacht.
- Möglich sind Einzelimpulse (Pulsbreite einstellbar), Impulsfolgen mit einmaliger oder wiederholter Ausgabe (seriell oder parallel).
- Speichertiefe für Ausgangsdaten bis 16 384 Bit.

Analog

- Werden zur Erzeugung von komplexen Testsignalen für Kommunikationseinrichtungen verwendet.
- Modulationsarten:
  – Amplituden-, Frequenz-, Winkel- und Pulsmodulation.
  – I/Q-Modulation mit Quadratmodulator (In-Phase und Quadratur-Phase).
  – Breitband-Amplitudenmodulation (BB-AM).
  – GMSK (Gaussian Minimum Shift Keying) erzeugt aus seriellem Datenstrom gefilterte Analogsignale zur Ansteuerung des I/Q-Modulators.
  – Breitband-Frequenzmodulation (BB-FM).

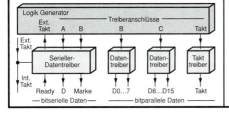

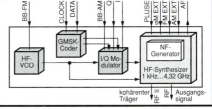

Messen mit dem Elektronenstrahl-Oszilloskop

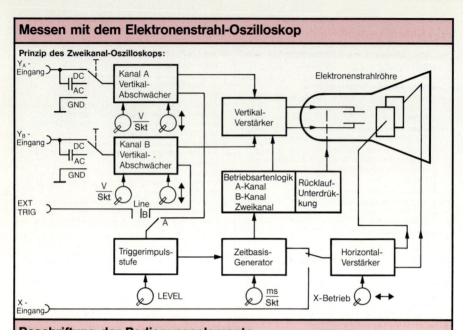

Beschriftung der Bedienungselemente

Beschriftung	Bedeutung	Beschriftung	Bedeutung
POWER	Netzschalter, Ein- Aus Rasterbeleuchtung	X-MAGN	Dehnung der Zeitablenkung
INTENS HELLIGK	Helligkeitssteuerung des Oszillogrammes	Triggerung: A; B EXT TRIG Line	Zeitablenkung wird getriggert durch – Signal von Kanal A (B) – externes Signal – Signal von der Netzspannung
FOCUS	Schärfeeinstellung des Oszillogrammes	LEVEL NIVEAU	Einstellung des Triggersignalpegels
INPUT A (B)	Eingangsbuchse für Kanal A (Kanal B), oft Kanal 1 und 2	AUTO	Endstellung der LEVEL-Einstellung. Automatische Triggerung der Zeitablenkung beim Spitzenpegel. Ohne Triggersignal ist die Zeitablenkung frei laufend.
AC-DC-GND	Eingang: über Kondensator – direkt – auf Masse – geschaltet		
CHOP –	Strahlumschaltung mit Festfrequenz von einem Vertikalkanal zum anderen		
– ALT	Strahlumschaltung am Ende des Zeitablenkzyklus von einem Vertikalkanal zum anderen	+ / –	Triggerung auf positiver bzw. negativer Flanke des Triggersignals
INVERT CH.B	Meßsignal auf Kanal B wird invertiert	TIME/DIV ZEIT/Skt	Zeitmaßstab in µs/DIV oder ms/SKT oder ms/cm
ADD	Addition der Signale von Kanal A und B	VOLTS/DIV V/SkT; V/cm	Vertikalabschwächer für Kanal A und B in mV/DIV oder mV/Skt oder V/cm
POSITION ↕ ↔	Vertikale Bildverschiebung Horizontale Bildverschiebung	CAL	Eichpunkt für Maßstabsfaktoren bei Rechtsanschlag
Technische Daten		Beispiel	Zubehör
Eingangsempfindlichkeit		$10 \frac{mV}{cm} \ldots 20 \frac{V}{cm}$	Tastteiler z. B. 1:1; 10:1; 100:1
Eingangsimpedanz Vertikalbandbreite Eingangskopplung Anstiegszeit		$1 M\Omega \| 25$ pF 0Hz ... 20 MHz DC – AC – GD < 20 ns	Demodulatortaster z. B. 0Hz ... 15 kHz Vierkanal-Umschalter Lichtschutztubus mit Kamera

Messen mit dem Elektronenstrahl-Oszilloskop

Beispiel: Spannungs- und Strommessung mit dem Zweikanaloszilloskop

Da beide Y-Ablenksysteme eine gemeinsame Masse besitzen, müssen die Meßleitungen einen gemeinsamen Bezugspunkt (z. B. C) haben.

$A = 2\,\dfrac{\text{ms}}{\text{SkT}}$; $k_{Y1} = 10\,\dfrac{\text{V}}{\text{SkT}}$; $k_{Y2} = 0{,}2\,\dfrac{\text{V}}{\text{SkT}}$ [1]

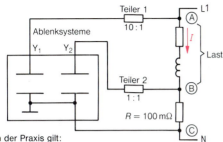

In der Praxis gilt:
$u_{AC} \gg u_{BC}$ und damit $u_{AB} \approx u_{AC}$

Die Spannung u_{AB} kann mit einem Zweikanaloszilloskop auch als Differenzspannung gemessen werden. Dabei ist
- für beide Kanäle der gleiche Vertikal-Maßstab einzustellen ($k_{Y1} = k_{Y2}$).
- ein Y-Eingangssignal zu invertieren.
- die Addition beider Y-Signale (Add) zu veranlassen.

Auswertung: $T = X_1 \cdot k_x = 10\,\text{Skt} \cdot 2\,\dfrac{\text{ms}}{\text{Skt}} = 20\,\text{ms}$

$f = \dfrac{1}{T} = \dfrac{1}{20\,\text{ms}} = 50\,\text{Hz}$

$\hat{u}_{AC} = Y_1 \cdot k_{Y1} \cdot k_{T1} = 3{,}1\,\text{Skt} \cdot 10\,\dfrac{\text{V}}{\text{Skt}} \cdot \dfrac{10}{1} = 310\,\text{V}$

$\hat{u}_{BC} = Y_2 \cdot k_{Y2} \cdot k_{T2} = 2\,\text{Skt} \cdot 0{,}2\,\dfrac{\text{V}}{\text{Skt}} \cdot \dfrac{1}{1} = 400\,\text{mV}$

$\hat{i} = \dfrac{\hat{u}_{BC}}{R_{\text{Meß}}} = \dfrac{400\,\text{mV}}{100\,\text{m}\Omega} = 4\,\text{A}$

$\varphi = X_2 \cdot k_X \cdot \dfrac{360°}{20\,\text{ms}}$

$= 1{,}5\,\text{Skt} \cdot 2\,\dfrac{\text{ms}}{\text{Skt}} \cdot \dfrac{360°}{20\,\text{ms}} = 54°$

In der Leistungselektronik werden Oszilloskope vorzugsweise über Trenntransformatoren versorgt. So kann jeder Punkt des geerdeten Niederspannungsnetzes mit der Masse des Oszilloskops verbunden werden. Nebenstehende Abb. zeigt, wie gefahrenreich die Messung ist. Die Massebuchsen der Frontplatte und metallisches Gehäuse nehmen Netzpotential an. Um die Berührungsgefahr zu beseitigen, ist das Oszilloskop mit isolierenden Materialien abzudecken oder die Meßspannung über einen Trennverstärker (z. B. mit Optokoppler) zu führen.

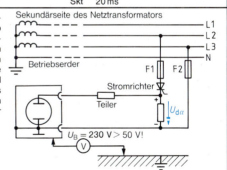

Beispiel: Kennliniendarstellung einer Diode

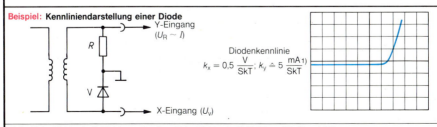

$k_x = 0{,}5\,\dfrac{\text{V}}{\text{SkT}}$; $k_y \hat{=} 5\,\dfrac{\text{mA}}{\text{SkT}}$ [1]

[1] k_X Ablenkfaktor in X-Richtung; k_{Y1}/k_{Y2} Ablenkfaktor in Y-Richtung für Kanal 1/2

Meßbrücken

Schaltungsprinzip	Eigenschaften	Anwendungen
Wheatstone-Meßbrücke	• Meßbedingung $I_Q = 0\,\text{A}$ (abgeglichene Brücke): $$R_X = R_N \cdot \frac{R_1}{R_2}$$ • Meßgenauigkeit hängt u. a. von Galvanometerempfindlichkeit und Genauigkeit der Vergleichswiderstände ab	• Durch Übergangs- und Leitungswiderstände Einsatz zur Widerstandsmessung für $R_X = 1\,\Omega \ldots 1\,\text{M}\Omega$ bis Meßgenauigkeiten von 0,02 %. • Ausschlagmeßbrücken ($I_q \neq 0\,\text{A}$) für Gleich- oder Wechselstrom zur Messung anderer physikalischer Größen
Thomson-Meßbrücke	• Meßbedingung $I_Q = 0\,\text{A}$: $$R_X = R_N \cdot \frac{R_1}{R_2} = R_N \cdot \frac{R_3}{R_4}$$ • Meßgenauigkeit neben Wheatstonebedingungen von größeren Strömen abhängig; daher externe Spannungsquelle U_B • Ausschaltung der Leitungswiderstände durch direkten Abgriff an R_X und R_N • Kompensation der Übergangswiderstände durch R_3 und R_4	• Messung kleiner Widerstände im Bereich $R_X = 1\,\mu\Omega \ldots 10\,\Omega$ bis zu Meßgenauigkeiten von 0,1 %
Wien-Meßbrücke	• Meßbedingung $I_Q = 0\,\text{A}$ (Tonlosigkeit): $\tan \varphi_X = \tan \varphi_N$ $$C_X = C_N \cdot \frac{R_1}{R_2}$$ $\tan \delta_X = \omega \cdot C_N \cdot R_N$ $$R_X = R_N \cdot \frac{R_2}{R_1}$$ • Brückenabgleich durch R_N, der auch parallel zu C_N geschaltet werden kann.	• Kapazitätsmessungen für $C_X = 1\,\text{nF} \ldots 100\,\mu\text{F}$ bei NF und bei MF $C_X \geq 100\,\text{pF}$ mit Fehlergrenzen bis 0,1 % • Verlustfaktor ($\tan \delta$)-Messungen bis 1 % Meßgenauigkeit • Wien-Maxwell-Meßbrücke zur Messung größerer Kapazitäten bei kleiner Spannung
Schering-Meßbrücke	• Nennkapazität C_1 verlustfrei ($\tan \delta_N = 0$) • Phasenabgleich durch C_1 • Nachweis des Brückenabgleiches durch Vibrationsgalvanometer • Meßbedingung $I_Q = 0\,\text{A}$: $$C_X = C_N \cdot \frac{R_1}{R_2}$$ $\tan \delta_X = \omega \cdot C_1 \cdot R_1$ • übliche Meßfrequenz 50 Hz … 150 Hz	• Kapazitätsmessungen und Verlustfaktormessungen mit Meßgenauigkeiten wie bei der Wien-Brücke. • Als Hochspannungs-Meßbrücke zur Kapazitätsbestimmung, z. B. von Kabeln, Isolatoren bei Meßspannungen bis 500 kV
Maxwell-Meßbrücke 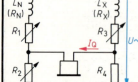	• Vergleich von L_X und L_N • Phasenabgleich durch R_1 und R_3. • Brückenabgleich ($I_Q = 0\,\text{A}$) $$L_X = L_N \cdot \frac{R_4}{R_2}$$ $(R_X + R_3) \cdot R_2 = (R_N + R_1) \cdot R_4$	• Induktivitätsmessungen für $L_X = 0{,}1\,\text{mH} \ldots 10\,\text{H}$ • Bei Spulen ohne Eisenkern ist R_X Widerstand der Spulenwicklung ($R_X = R_w$) • Bei Spulen mit Eisenkern ist R_X der Wirkwiderstand, R_W ist zusätzlich durch Gleichstrom zu ermitteln.

I_Q: Brückenquerstrom

Messen an Verstärkern, Empfängern

Meßprinzip	Meßvorgang, Meßergebnis
Eingangs- und Ausgangsimpedanz	
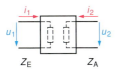	Z_E: Eingangsimpedanz Z_A: Ausgangsimpedanz $Z_E = \dfrac{u_1}{i_1} \qquad Z_A = \dfrac{u_2}{i_2}$
Breitband-Spannungsmessung	

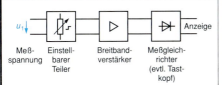
Meß- Einstell- Breitband- Meßgleich-
spannung barer verstärker richter
       Teiler   (evtl. Tast-
                                       kopf)
	• Breitbandverstärker mit f_{gu} und f_{go} (Grenzfrequenzen z. B. für NF oder HF).
	• Messungen im Millivoltbereich möglich.
	• Meßgleichrichter ist in der Regel in einem Tastkopf untergebracht.
	• Bei Spannungsmessungen in koaxialen Leitungssystemen: Durchgangsmeßkopf mit Meßgleichrichter.

Selektive Spannungsmessung	
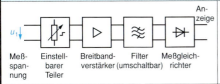 Meß- Einstell- Breitband- Filter Meßgleich- span- barer verstärker (umschaltbar) richter nung Teiler	• Bandbreite wird durch entsprechende Filter gewählt. • Wählbare Bandbreiten gelten stets symmetrisch zur eingestellten Frequenz am Meßeingang. • Messungen im Millivoltbereich möglich. • Theoretisch beliebige Bandbreiten (hängt vom gewählten Aufwand ab).
Analysator	
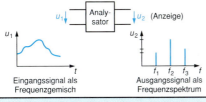 Eingangssignal als Ausgangssignal als Frequenzgemisch Frequenzspektrum	• Oszilloskop mit Y-Ablenkung, anstelle der X-Ablenkung eine Darstellung der Frequenzabhängigkeit in Form eines Spektrums. • Meßsignal wird frequenzmäßig abgetastet, Spektralanteile werden gespeichert und auf dem Bildschirm dargestellt (Y-f-Betrieb). • Einsatz von elektronisch umschaltbaren Filtern (im NF-Bereich z. B. $B = 10$ Hz).
Klirrfaktor, Klirrdämpfungsmaß (distortion factor)	
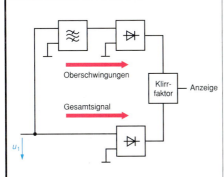 u_1: Eingangssignal, enthält Grundschwingung mit n-Oberschwingungen	• Gesamtsignal wird zwei Schaltungswegen zugeführt. • Überschwingungsanteil wird gefiltert. • Signale werden gleichgerichtet (Effektivwert). • Verhältnisbildung aus Oberschwingungen und Gesamtsignal (Division). • Anzeige kann direkt in Prozent erfolgen. **Klirrfaktor** (Spannungen) $k = \sqrt{\dfrac{U_2^2 + U_3^2 + \ldots + U_n^2}{U_1^2 + U_2^2 + U_3^2 + \ldots + U_n^2}}$ **Teilklirrfaktor** $k_m = \dfrac{U_m}{\sqrt{U_1^2 + U_2^2 + U_3^2 + \ldots + U_n^2}}$ **Klirrdämpfungsmaß** **Teilklirrdämpfungsmaß** $a_k = 20 \cdot \lg \dfrac{1}{k}$ dB $a_{km} = 20 \cdot \lg \dfrac{1}{k_m}$ dB

Messen an Verstärkern, Empfängern

Meßprinzip	Meßvorgang, Meßergebnis

Differenztonfaktor (intermodulation distortion)

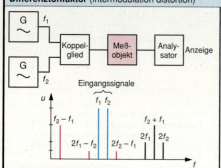

- Anwendung bei schmalbandigen Meßobjekten, bei denen die Überschwingungen häufig nicht mehr in den Arbeitsbereich fallen.
- Eingangssignale: Gleichgroße Signale mit benachbarten Frequenzen (f_1, f_2).
- Lage der Frequenzen frei wählbar, hängt jedoch vom Arbeitsbereich des Meßobjektes ab.
- Hauptarbeitsgebiet: NF-Bereich.

Differenztonfaktor 2. Ordnung

$$d_2 = \frac{U_{(f_2 - f_1)}}{\sqrt{2} \cdot U_{ges}}$$

Differenztonfaktor 3. Ordnung

$$d_3 = \frac{U_{(2f_1 - f_2)} + U_{(2f_2 - f_1)}}{\sqrt{2} \cdot U_{ges}}$$

U: Effektivwerte der Spannungen

Signal-Rausch-Abstand (SNR, S/N, Rauschabstand) (signal-to-noise-ratio)

Nutzsignalmessung (U_S)

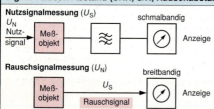

Rauschsignalmessung (U_N)

- Verhältnis von Nutzsignal (N) zu Störsignal (S) in dB.
- SNR ist als Leistungsverhältnis definiert, bei Spannungsmessungen quadratische Abhängigkeit beachten.
- SNR wird auch als Pegeldifferenz angegeben.

$$SNR = 20 \cdot \lg \frac{U_S + U_N}{U_N} \text{ dB}$$

U_N: Rauschspannung
U_S: Spannungs des Nutzsignals

Fremdspannungsabstand, Geräuschspannungsabstand

Fremdspannungsabstand (unweighted signal-to-noise ratio)

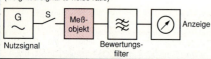

Nutzsignal
Schalter offen: Störsignal wird gemessen
Schalter geschlossen: Nutz- und Störsignal werden gemessen

Geräuschspannungsabstand (weighted signal-to-noise ratio)

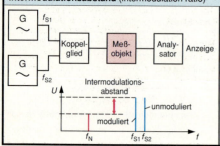

Nutzsignal

- Fremdspannung: Sammelbegriff für alle störenden Signale.
- Angabe als Pegeldifferenz der beteiligten Signale in dB.
- L_F: Fremdspannungsabstand (Pegel)
- L_{NS}: Pegel aus Nutzsignal + Störsignal
- L_S: Pegel des Störsignals
- $L_F = L_{NS} - L_S$
- Messung wie beim Fremdspannungsabstand, zusätzlich mit Bewertungsfilter (Anpassung an das nichtlineare Hörverhalten des Menschen).
- L_G: Geräuschspannungsabstand (Pegel)
- L_{NSb}: Pegel aus Nutzsignal + Störsignal (bewertet)
- L_{Sb}: Pegel des Störsignals (bewertet)
- $L_G = L_{NSb} - L_{Sb}$

Intermodulationsabstand (intermodulation ratio)

- Störsignale entstehen durch unerwünschte Modulationseffekte.
- Intermodulation liegt vor, wenn zwei Störsignale (f_{S1}, f_{S2}) durch Mischung ein nicht vorhandenes Nutzsignal (f_N) vortäuschen.
- Intermodulationsabstand: Abstand zwischen dem Stör- und dem Nutzsignal in dB.
- Messung: Gleichgroße Signale f_{S1} und f_{S2} als vorgetäuschte Störsignale.
- Intermodulation 2. Ordn.: $f_N = |f_{S1} \pm f_{S2}|$
- Intermodulation 3. Ordn.: $f_N = |f_{S1} \pm 2f_{S2}|$ oder $f_N = |2f_{S1} \pm f_{S2}|$

Elektrische Messung nichtelektrischer Größen

Meßverfahren	Eigenschaften	Anwendungen
Temperatur-Messung mit Thermoelement Material 1, Ausgleichsleitung, $\vartheta_{Meß}$, Meßstelle, ϑ_B, mV, Material 2, Bezugsstelle, Cu-Fernleitung	• Temperatur-Differenz zwischen Meß- und Bezugsstelle erzeugt proportionale Spannung. • Ausgleichsleitungen sind aus gleichem Material wie Thermopaar • Bei schwankender Bezugstemperatur ϑ_B Kompensation erforderlich	• Bei kleinen, punktförmigen Meßstellen • Großer Meßbereich $\vartheta_{Meß} = -200\,°C \ldots 1600\,°C$ • Gebräuchl. Thermopaare mit $\vartheta_{Meß}$: Cu-Konst.: $-200\,°C \ldots 600\,°C$ Fe-Konst.: $-200\,°C \ldots 900\,°C$ NiCr-Ni: $0\,°C \ldots 1200\,°C$ PtRh-Pt: $0\,°C \ldots 1600\,°C$
Temperatur-Messung mit temperaturabhängigem Widerstand Festwiderstand, R_N, R_1, R_3, R_ϑ, Meßstelle, R_2, $U=$ konst, Abgleichwiderstand	• Meßwiderstand R_ϑ Bestandteil der Brückenschaltung. • Meßinstrument liegt in Brückendiagonale. • Meßbereichsanfang (Ausschlag Null) bei Brückenabgleich • Temperaturänderung verursacht proportionalen Brückenstrom	• Fernmessungen ohne zusätzliche Verstärker. • Metallische Temperatur-Fühler: a) Platin (Korrosionsfest, hohe Schmelztemperatur) b) Nickel (hoher Temperatur-Koeffizient, Meßtemperatur bis $150\,°C$)
Kraft-Messung mit Dehnungsmeßstreifen (DMS) R_1 (DMS), F, R_3, V, R_2, R_4, $U=$ konst	• Abgleich der Brücke durch R_3 und R_4 im unbelasteten Zustand. • Bei Belastung ist Widerstandsänderung proportional Längenbzw. Kraftänderung. • DMS oft aus mäanderförmigem Konstantandraht in Kunststoffolie.	• Versorgung mit Gleich- oder Wechselspannung. • Messung von Zug-, Druck-, Biegungs- und Torsionskräften. • Indirekte Füllstandsmessung durch Kraftmeßdosen mit DMS • Druckmessung durch Membranverschiebung.
Drehzahl-Messung mit induktivem Geber Metallscheibe mit Nut, DA-Wandler, U, V	• Änderungen des magn. Leitwertes erzeugen im Tastkopf Spannungsimpulse. • Digital-Analog-Wandler setzen Impulse pro Zeiteinheit in drehzahlproportionale Spannung um.	• Berührungsloses Messen an beliebigen Stellen möglich. • Drehzahlmessungen ohne Belastungen durch Tachogenerator. • Drehzahlmeßbereich von kleinen bis zu sehr hohen Drehzahlen
Weg-Messung mit induktivem Geber Δl, L_1, R_1, L_2, R_2, Fe-Stab, Differentialdrossel, $U=$ konst	• Brückenabgleich in Mittelstellung des Fe-Stabes ($L_1 = L_2$) • Wegänderung Δl erzeugt proportionale Brückenspannung durch Induktivitätsänderung ($L_1 \neq L_2$) • Weitere Meßverfahren mit Differentialtransformator	• Wegmessung durch Verlagerung des Fe-Stabes, z. B. bei Flüssigkeiten durch Schwimmer. • Druckmessung durch Rohrfedermeßwerke.
pH-Wert-Messung Meßelektrode, Bezugselektrode, Meßlösung	• pH-Wert ist Maß für Stärke einer Säure oder Base • Potential der Bezugselektrode ist ph-Wert-unabhängig • Potential der Meßelektrode ist pH-Wert-abhängig • Zellenspannung ist Maß für pH-Wert der Meßlösung	• Überwachung der Neutralität von Lösungen. • Säure- und Basenmessungen. • übliche pH-Wert-Geber: Antimonmeßelektrode mit Silberchlorid-Bezugselektrode Glasmeßelektrode mit Silberchlorid-Bezugselektrode
Lichtstärke-Messung mit Fotoelement U_{Foto}	• Bei Belichtung entsteht proportionale Fotospannung U_{Foto}	• Beleuchtungsmesser (Luxmeter) • Belichtungsmesser • Reflexionsmesser • Trübungsmesser

Sensoren

Sensorart	Eigenschaften	Anwendungen
Drucksensor	• Druckabhängige Widerstände werden durch piezoresistive Bahnen gebildet. • Brückenschaltung bewirkt Reduzierung von Störgrößen • Nutzsignal bei U_1 = 5 V und Maximaldruck (z. B. 100 kPa) U_2 = 70 mV. • Bei hohen Temperaturschwankungen Kompensation erforderlich.	• Medizinische Technik • Elektronische Personenwaagen • Verpackungs- und Getränkeabfüllmaschinen • Klär-, Kühl- und Klimatechnik • Niederdruckbereich 2…10 kPa • Mitteldruckbereich 25…1000 kPa • Hochdruckbereich 6…40 MPa
Magnetfeldsensor[1]) z. B. KSY 20 I_1 Steuerstrom U_{35} Hallspannung	• Antiparallelschaltung zweier Hallgeneratoren bewirkt differenzierende Wirkung und besonders deutliche Registrierung von örtlichen Magnetfeldänderungen. • Bei Verbindung mit einem Permanentmagneten ändert sich die Hallspannung bei Annäherung eines weichmagnetischen Körpers.	• Positionsmessungen bei Werkzeugmaschinen. • Drehzahlmessungen in der Antriebstechnik. • Messung von Tangentialfeldern bei zerstörungsfreier Werkstoffprüfung. • Abtastung magnetisierter Folien in Sortieranlagen.
Wegsensor (magnetisch) 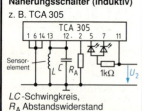 Gebermagnet / Sensorelement	• Zur Wegmessung wird die Verstimmung eines magnetischen Kreises genutzt. • Diese ergibt sich aus der relativen Position des Gebermagneten zur Sensorspule. • Elektronische Signalaufbereitung liefert lineare Umsetzung des Weges in Spannung im Volt-Bereich.	• Ausgangssignal U_2 ist nur von der Höhe, nicht aber von der Änderungsgeschwindigkeit des Magnetfeldes abhängig. • Messung der Nadelstellung im Diesel-Einspritzventil. • Erschütterungsunempfindlicher Einsatz bei Fahrzeugen, Handhabungsautomaten und Werkzeugmaschinen.
Näherungsschalter (induktiv) z. B. TCA 305 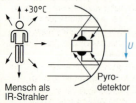 LC-Schwingkreis, R_A Abstandswiderstand	• Schaltfunktion wird ausgelöst durch Schwingkreisverstimmung bei Annäherung eines ferromagnetischen Metallteiles an die Oszillatorspule. • Schwankung des Schaltabstandes von ±10 % im Temperaturbereich von −25 °C bis +70 °C zulässig (nach CENELEC).	• Programmierbare Steuerungen • Handhabungsautomaten (Roboter) • Steuerung von Förderanlagen und Aufzugseinrichtungen • U_2 = 12 V schaltet angeschlossenen Schaltverstärker
Pyroelektrischer Sensor +30°C / Pyrodetektor Mensch als IR-Strahler	• Pyroelektrische Kunststoffolie verändert bei Bestrahlung durch Infrarotstrahlen elektrisches Dipolmoment der Moleküle. • Dadurch ändert sich die Oberflächenladung und damit die Spannung an den Folienelektroden. • Spannungsänderung wird als Schaltsignal weiterverarbeitet.	• Automatisches Einschalten von Licht in Treppenhäusern, Gängen und Kellern. • Schalten von Händetrocknern und sanitären Spülungen. • Öffnen von Türen. • Objektsicherung. • Fertigungsüberwachung von z. B. warmen Spritzteilen.

[1]) Magnetfeldabhängige Bauelemente S. 112

Sensoren

Sensorart	Eigenschaften	Anwendungen
Temperatursensor 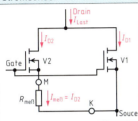	• Silizium-Temperatursensor, z. B. KTY 87, liefert im Temperaturbereich von 20 °C bis 100 °C Meßwerte mit max. Fehler von ±0,8 °C. • Nach Offset-Abgleich der OP-Schaltung kann beliebiges Sensorexemplar eingesetzt werden. • Preiswerte Alternative zu üblichen Pt 100-Temperaturfühlern.	• Thermometer • Heizkostenerfassungssysteme • Genaue Thermostate in Kühlanlagen und Warmwasserversorgungsanlagen. • Eiswarner im Automobilbereich. • Auswerteschaltung verstärkt • Signalspannung, dadurch Anpassung an A/D-Wandlereingänge eines Mikrocontrollers.
Stromsensor 	• Aufbau des Stromsensors wie ein Power-MOS-FET. • Separat metallisierte Zellen bilden Parallelschaltung von niederohmigen Power-MOS-FET (V1) mit hochohmigen Meß-MOS-FET (V2). • Offene Verbindung M und K ist mit externem Meßwiderstand $R_{meß}$ geschlossen.	• Stromistwerterfassung sehr präzise möglich, da genaue Stromteilung $\frac{I_{D1}}{I_{meß}}$ gegeben. Preiswerte und verlustarme Messung großer Lastströme. • Kurzschlußschutz von elektronischen Geräten. • Blockierschutz von Gleichstrommotoren.
Wegsensor (Ultraschall) 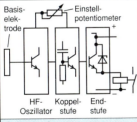	• Piezokeramischer Ultraschallsensor sendet Ultraschallimpulse in gebündelter Form. • Bei schallreflektierenden Objekten wird in der Sendepause das Echo empfangen. • Aus der Schallaufzeit T_L wird die Objektentfernung S_{Obj} ermittelt. $S_{Obj} = \frac{1}{2} \cdot c_S \cdot T_L$ c_S: Schallgeschwindigkeit	• Näherungsschalter für Objektabstände von S_{Obj} = 6 cm bis 6 m. • Füllstandsüberwachungen. • Kollisionsschutz bei Kräne, Beladerampen und Schienenfahrzeugen. • Sortieren von Behältern und Teilen unterschiedlicher Höhen. • Erfassen von Stapelhöhen (Papier, Holz, Stein) an Beladeeinrichtungen.
Füllstandssensor (kapazitiv) 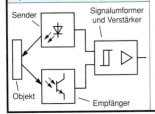	• Rauschfeld der Basiselektrode wird durch Nichtleiter, leitfähiges und geerdetes leitfähiges Material beeinflußt. • Tritt ein Medium in das Rauschfeld, arbeitet der HF-Oszillator mit seiner Grundschwingung. • Gegengekoppeltes Rückführungssignal gibt über Einstellpotentiometer die Ansprechempfindlichkeit vor.	• Abfrage von Füllständen in Silos und Behältern, auch in staubexplosionsgefährdeten Bereichen. • Zählaufgaben, Vollständigkeitskontrolle in Verpackungsmaschinen. • Überwachung auf Bandriß bei Textil- oder Papiermaschinen.
Optische Sensoren	• Reflexions-Lichttaster reagieren auf Helligkeitsänderungen im definierten Tastbereich. • Helligkeitsänderungen im Empfänger werden durch Lichtreflexion am Objekt im Tastbereich bewirkt. • Schaltausgang in Öffner- oder Schließerfunktion hell- oder dunkelschaltend.	• Lichtschranken und -taster, z. B. in der Fördertechnik. • Erfassung von Kleinteilen mit optischem Taster über Lichtleiter. • Datenlichtschranken zur drahtlosen Datenübertragung. • Schaltimpulsverlängerung für SPS-Verarbeitung möglich. • Reichweite 0 ... 500 mm.

Digitale Sensorsysteme

Aufbau eines digitalen Sensorsystems (dreistufiger AD-Umsetzer)

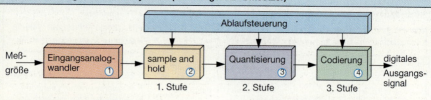

1. Stufe 2. Stufe 3. Stufe

① Umsetzung der nichtelektrischen Meßgröße in analoges elektrisches Signal.
② Abtastung des Meßwertes in der Zeit t_{ab}
Meßwerterhaltung für die Zeit t_{hold}.
③ Meßbereichsunterteilung in endliche Zahl von Teilbereichen. Davon abhängig sind Auflösung und Meßfehler.
④ Teilbereichsumwandlung in bestimmten Code sowie Anzeige bzw. Weiterleitung.

Digitalisierung durch Fühler mit frequenzanalogem Ausgang

- Digitale Sensorsysteme wandeln analoge Meßgröße in digitales, zählbares Signal um. Lediglich die Frequenz ist als analoge Größe direkt zählbar.
- **O**berflächen**w**ellen-**S**ensoren (OFWS) setzen Veränderungen in den Oberflächenwellen eines Festkörpers in Frequenzänderung eines Oszillators um.
- OFW-Sensoren dienen u.a. der berührungslosen Identifizierung von Fahrzeugen, Behältern, Werkstücken und Halbzeugen.

Aufbau eines Oberflächenwellen-Sensors

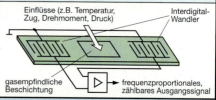

Digitale Winkelsensoren (Encoder)

Beispiel: Inkrementaler Winkelsensor

- Codescheibe mit regelmäßig angeordneten Hell-Dunkel-Feldern wird optoelektronisch abgetastet.
- Gezählte Impulse werden gleichzeitig in entsprechenden Winkel umgerechnet.
- Doppeltes, um 90° versetztes Impulsschema, dient zur Drehrichtungserkennung.

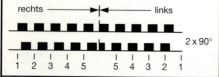

Multisensorsysteme

Beispiel: Ultraschall-Durchflußmeßrohr

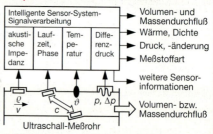

- Signalverarbeitungssystem, z. B. "Fuzzy", Sensor-Fusion usw.

Sensorsignalübertragung

Konventionell	Intelligent	Feldbus (s. Profibus)
4...20 mA	4...20 mA + digital	Feldbus

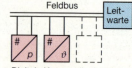

- Digitales Sensorsignal wird in analoges 4...20 mA-Signal umgewandelt und zur Leitwarte übertragen.
- Analogem 4...20 mA-Signal wird frequenzmoduliertes Signal überlagert (FSK = **F**requency **S**hift **K**eying).
- Speicherung von Werten und Ereignissen zur Prozeßoptimierung möglich.
- Digitale Kommunikation zwischen Sensoren und Aktoren möglich.
- Eigensichere Speisung und Datenübertragung von Leitwarte ins Feld.

Begriffe und Bezeichnungen der Steuerungs- und Regelungstechnik

DIN 19226 T.4/02.94

Steuerkette	Regelkreis
Kennzeichen des Steuerns • Eingangsgrößen beeinflussen Ausgangsgrößen. • Dies geschieht nach den Gesetzmäßigkeiten, die das System besitzt. • **Offener** Wirkungsweg (Steuerkette).	**Kennzeichen des Regelns** • Fortlaufende Erfassung der zu regelnden Größe. • Vergleichen mit der Führungsgröße. • Angleichen an die Führungsgröße. • **Geschlossener** Wirkungsablauf (Regelkreis).

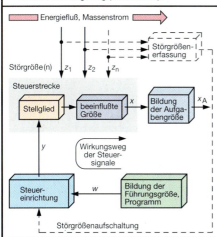
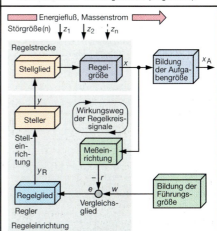

Größen im Steuer-/Regelungssystem

Formelzeichen	Größe	Erklärung	Formelzeichen	Größe	Erklärung
x	Regelgröße	Größe der Regelstrecke, die zum Regeln erfaßt und der Meßeinrichtung der Regeleinrichtung zugeführt wird.	w	Führungsgröße	Von der Steuerung oder Regelung nicht beeinflußte Größe, der die Steuerung oder Regelung folgen soll. Sie wird dem Regelkreis von außen zugeführt.
x_A	Aufgabengröße	Größe, die zu beeinflussen Aufgabe der Steuerung oder Regelung ist. Sie muß mit der Regelgröße verknüpft sein, aber nicht unbedingt dem Regelkreis angehören.	r	Rückführgröße	Aus der Messung der Regelgröße hervorgegangene Größe, die zum Vergleichsglied zurückgeführt wird.
y	Stellgröße	Ausgangsgröße der Steuer- oder Regeleinrichtung, zugleich Eingangsgröße der Strecke. Sie überträgt die steuernde Wirkung der Einrichtung auf die Strecke.	e $(e = w - r)$	Regeldifferenz	Differenz zwischen der Führungsgröße w und der Rückführgröße r.
z	Störgröße	Von außen wirkende Größe, die die beabsichtigte Beeinflussung in der Steuerung oder Regelung beeinträchtigt.	W_h X_h X_{Ah} Y_h Z_h	Führungs-/Regel-/Aufgaben-/Stell-/Störbereich	Bereiche, innerhalb deren Grenzen die Führungs-, Regel-, Aufgaben-, Stell- und Störgrößen liegen dürfen, ohne daß die vereinbarte größte Sollwertabweichung der Steuerung oder Regelung überschritten wird.

Elemente im Steuer-/Regelungssystem

Bezeichnung	Erklärung	Bezeichnung	Erklärung
Steuer-/Regelstrecke	Teil des Systems oder des Wirkungsplans, der aufgabengemäß beeinflußt werden soll.	Stellglied	Funktionseinheit am Eingang der Strecke, die im Massenstrom oder Energiefluß eingreift und zur Strecke gehört.
Regler	Aus Vergleichsglied und Regelglied bestehende Funktionseinheit.	Steuer-/Regeleinrichtung	Teil des Wirkungsweges, der die aufgabengemäße Beeinflussung der Strecke über das Stellglied bewirkt.
Steller	Funktionseinheit, in der aus der Reglerausgangsgröße die zur Aussteuerung des Stellglieds erforderliche Stellgröße gebildet wird.	Störgrößenaufschaltung	Störgröße wird direkt gemessen und der Steuer- oder Regeleinrichtung als zusätzliche Eingangsgröße zugeführt.

Zeitverhalten

Zeitverhalten von Führungsgrößen   DIN 19 225/12.81

Bezeichnung	Erklärung	Beispiel
Folge-regelung	Regelgröße folgt der von außen vorgegebenen, zeitlich veränderlichen Führungsgröße.	Witterungsgeführte Heizungsregelung
Zeitplan-regelung	Führungsgröße wird nach einem Zeitplan vorgegeben.	Heizungsregelung mit tage- oder wochenweiser Programmierung
Festwert-regelung	Führungsgröße ist auf einen festen Wert eingestellt, bzw. innerhalb des Führungsbereiches einstellbar.	Drehzahlregelung, Spannungsstabilisierung

Zeitverhalten von Regelkreisgliedern   DIN 19 226 T.2/02.94

Um optimales Zusammenwirken von Regelstrecke und Regeleinrichtung zu erreichen, ist die Kenntnis des zeitlichen Verhaltens der einzelnen Glieder notwendig. Zur Untersuchung wird vorzugsweise die Regelstrecke mit verschiedenartigen Änderungen der Eingangsgröße beaufschlagt und die Ausgangsgröße im zeitlichen Verlauf beobachtet. Folgende Verfahren sind möglich:

Verfahren	Erklärung	Zeitlicher Verlauf
Sprung-antwort	Zeitlicher Verlauf der Ausgangsgröße nach einer sprungartigen Änderung der Eingangsgröße.	
Impuls-antwort	Zeitlicher Verlauf der Ausgangsgröße bei einem Nadelimpuls der Eingangsgröße.	
Anstiegs-antwort	Zeitlicher Verlauf der Ausgangsgröße bei einer Anstiegsfunktion mit definierter Änderungsgeschwindigkeit als Eingangsgröße.	
Sinus-antwort	Zeitlicher Verlauf der Ausgangsgröße bei sinusförmigem Verlauf und Durchfahren der Frequenzen $\omega = 0$ bis $\omega = \infty$, ($\omega = 2\pi f$, Kreisfrequenz) der Eingangsgröße. Der Frequenzgang ($|G(\omega)| = |x/y|$) und der Phasengang (Phasenwinkelverlauf $\varphi = f(\omega)$) werden im Nyquist- oder Bode-Diagramm zur Beurteilung der Stabilität des Regelkreises dargestellt. Eckkreisfrequenz: $\frac{\omega}{\omega_1} = 1$	

Nyquist-Diagramm   Bode-Diagramm

Zeitverhalten von Regelstrecken

DIN 19226 T.2/02.94

Sprungantwort-Verfahren
Dem Sprungantwort-Verfahren kommt in der Praxis die größte Bedeutung zu, da sich die Übergangsfunktion meist mit geringem Aufwand experimentell ermitteln läßt.

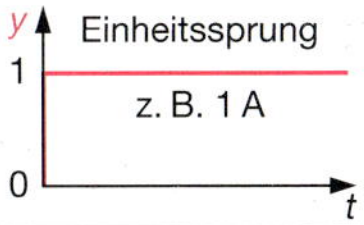

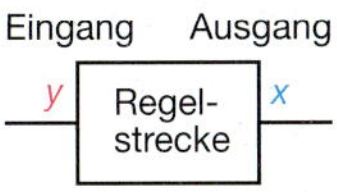

Einheitssprung z. B. 1 A

Eingang → Regelstrecke → Ausgang ($y \to x$)

	Bezeichnung, Kenngrößen	Sprungantwort	**Beispiel**	Übergangsverhalten
P-Strecken (Strecken mit Ausgleich)	**P_0-Strecke** Proportional-Beiwert $K_{PS} = x/y$	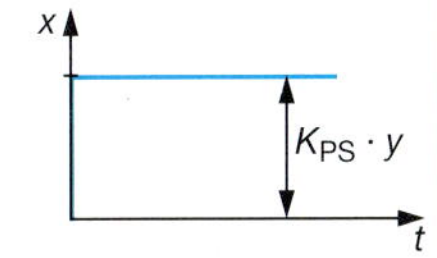 $K_{PS} \cdot y$	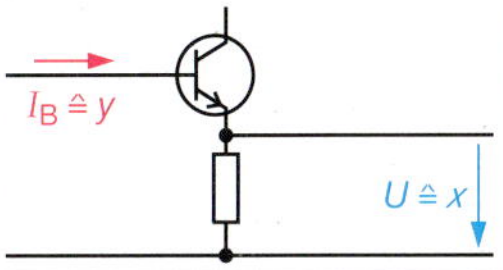 $I_B \triangleq y$; $U \triangleq x$	x folgt proportional unverzögert der Eingangsgröße y.
	PT_1-Strecke Proportional-Beiwert $K_{PS} = x_\infty/y$ Zeitkonstante T_S	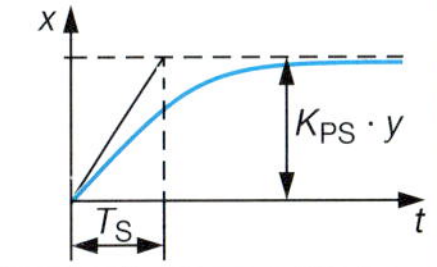 $K_{PS} \cdot y$; T_S	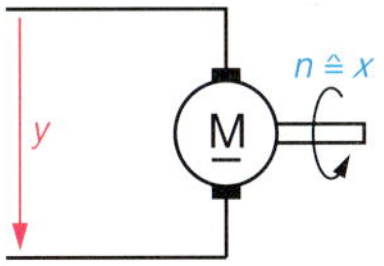 $n \triangleq x$	x folgt proportional, nach einer e-Funktion verzögert, der Eingangsgröße y.
	PT_2-Strecke Proportional-Beiwert $K_{PS} = x_\infty/y$ Verzugszeit T_u Ausgleichszeit T_g	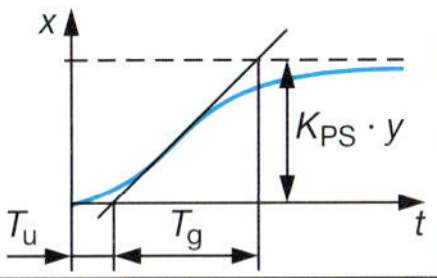 $K_{PS} \cdot y$; T_u, T_g	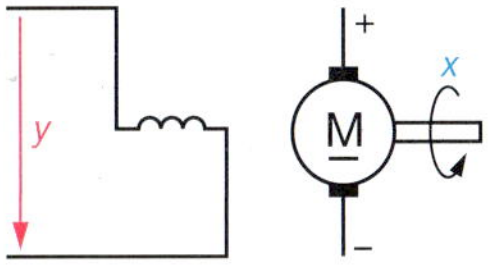	x folgt proportional, mit zwei Zeitkonstanten verzögert, der Eingangsgröße.
	PT_t-Strecke Proportional-Beiwert $K_{PS} = x/y$ Totzeit T_t	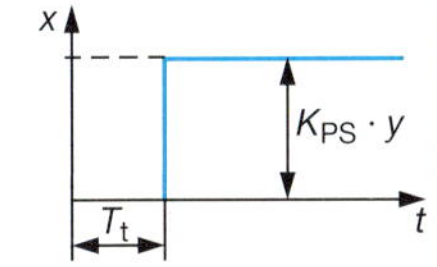 $K_{PS} \cdot y$; T_t	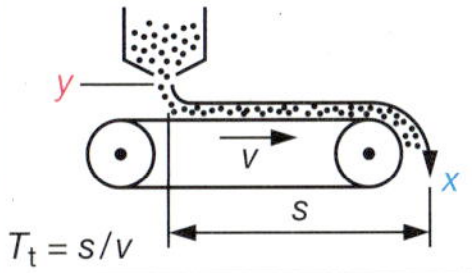 $T_t = s/v$	x folgt proportional der Eingangsgröße y, jedoch um die Zeit T_t verzögert.
	PT_t-T_1-Strecke Proportional-Beiwert $K_{PS} = x_\infty/y$ Totzeit T_t Zeitkonstante T_S	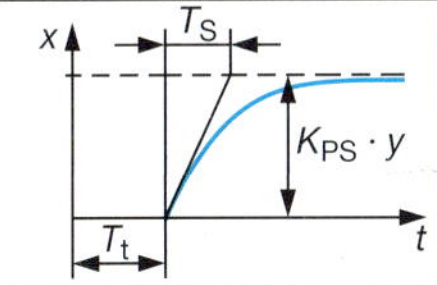 T_S ; $K_{PS} \cdot y$; T_t	 Mischung im Behälter	x folgt proportional, mit einer e-Funktion und einer Totzeit verzögert, der Eingangsgröße y.
I-Strecken (Strecken ohne Ausgleich)	**I_0-Strecke** Integrierzeit T_{IS} Integrierbeiwert $K_{IS} = v_x \cdot \dfrac{1}{y}$ $v_x = \dfrac{\Delta x}{\Delta t}$	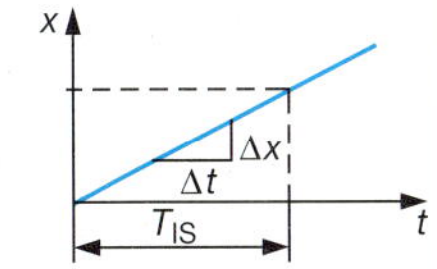 Δx, Δt, T_{IS}	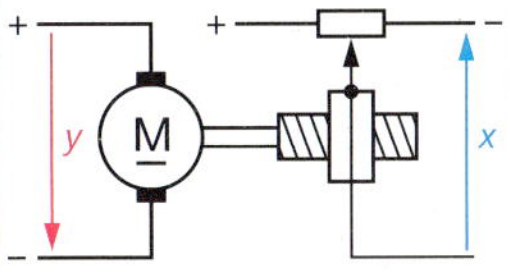	x ist das Zeitintegral der Eingangsgröße y.
	IT_1-Strecke Integrierzeit T_{IS} Verzögerungszeitkonstante T_S	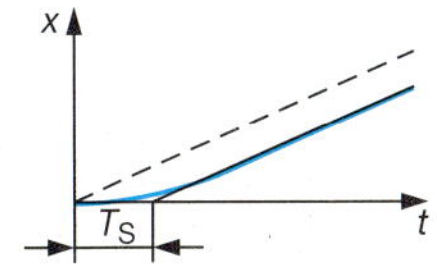 T_S	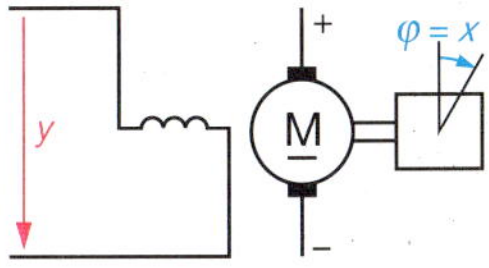 $\varphi \triangleq x$	x ist das Zeitintegral der Eingangsgröße y, verzögert mit einer Zeitkonstanten.
	IT_t-Strecke Integrierzeit T_{IS} Totzeit T_t	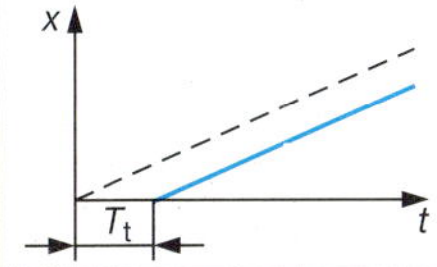 T_t	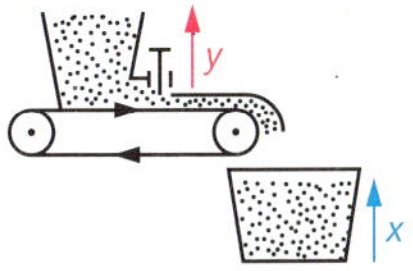	x ist das Zeitintegral der Eingangsgröße y, verzögert mit der Totzeit T_t.

347

Stetige Regeleinrichtungen für elektrische Regelaufgaben

DIN 19226 T.4/02.94

Bei stetig wirkenden Regeleinrichtungen kann die Stellgröße y innerhalb des Stellbereiches Y_h jeden Wert annehmen.
Die mit elektronischen Reglern relativ einfach realisierbaren gewünschten Eigenschaften werden hier stellvertretend auch für nicht elektronisch (mechanisch, pneumatisch, hydraulisch) arbeitende Regeleinrichtungen behandelt.

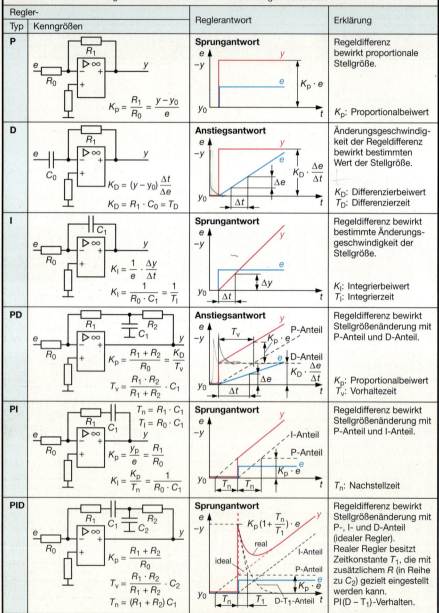

Unstetige Regeleinrichtungen

DIN 19226 T.2/02.94

Zweipunkt-Regeleinrichtung
Die Stellgröße kann beim Zweipunktregler nur zwei Zustände annehmen: EIN und AUS.
Zweipunktregler eignen sich aufgrund des unstetigen Verhaltens nur zum Betrieb an solchen Regelstrecken, deren Veränderung der Regelgröße zeitbehaftet (verzögert) erfolgt.

Dreipunkt-Regeleinrichtung
Dreipunktregeleinrichtungen verfügen über drei Schaltzustände: Zustand I – AUS – Zustand II.
Auch diese Reglerart kann nur an verzögerten Regelstrecken und Regelstrecken mit I-Verhalten betrieben werden.

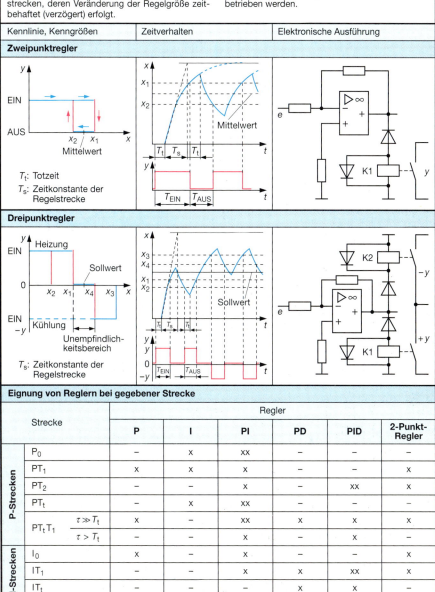

Strecke		Regler					
		P	I	PI	PD	PID	2-Punkt-Regler
P-Strecken	P_0	–	x	xx	–	–	–
	PT_1	x	x	x	–	–	x
	PT_2	–	–	x	–	xx	x
	PT_t	–	x	xx	–	–	–
	PT_tT_1 $\tau \gg T_t$	x	–	xx	x	x	x
	$\tau > T_t$	–	–	x	–	x	–
I-Strecken	I_0	x	–	x	–	–	x
	IT_1	–	–	x	x	xx	x
	IT_t	–	–	–	x	x	–

xx: besonders geeignet; x: geeignet; –: ungeeignet

Einstellung von Reglern

DIN 19 226 T.5/02.94

Eine Regeleinrichtung ist um so besser eingestellt,
- je kleiner die bleibende Regeldifferenz e
- je kürzer die Einschwingzeit und
- je kleiner die Überschwingweite x_m

Bei zu großer (Regel-)Kreisverstärkung kann der Regelkreis instabil werden.

$V_0 = K_{PR} \cdot K_{PS}$
K_{PR}: P-Beiwert (Regler)
K_{PS}: P-Beiwert (Strecke)
T_g : Ausgleichszeit
T_u : Verzugszeit

Sprungantwort der Regelstrecke

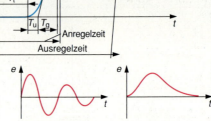

Verläufe von Regelvorgängen

1. instabil   2. Stabilitätsgrenze

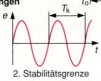

3. stabil, periodisch   4. stabil, aperiodisch

Verfahren von Ziegler und Nichols

Einfaches Verfahren bei nicht bekannten Kennwerten der Regelstrecke. Vorgehen:
- Regler als P-Regler im geschlossenen Regelkreis betreiben ($T_n = \infty$; $T_v = 0$ eingestellt).
- Proportionalbeiwert K_{PR} erhöhen, bis Regeldifferenz e Dauerschwingungen mit konstanter Amplitude ausführt.
- In diesem Zustand Schwingungsdauer T_K und kritischen P-Beiwert K_{PRK} bestimmen.

- Günstigste Reglereinstellung Tabelle entnehmen.

Reglertyp	P-Wert K_{PR}	Vorhaltzeit T_v	Nachstellzeit T_n
P	$0{,}5 \cdot K_{PRK}$	–	∞
PD	$0{,}8 \cdot K_{PRK}$	$0{,}12 \cdot T_K$	–
PI	$0{,}45 \cdot K_{PRK}$	–	$0{,}85 \cdot T_K$
PID	$0{,}6 \cdot K_{PRK}$	$0{,}12 \cdot T_K$	$0{,}5 \cdot T_K$

Verfahren von Chien, Hrones und Reswick

Sind die Kennwerte einer Regelstrecke bekannt oder können sie leicht durch eine Sprungantwort (s. o.) ermittelt werden, ist gemäß nachstehender Tabelle vorzugehen. Dabei ist zu unterscheiden, ob
- der Regelverlauf aperiodisch oder
- periodisch, mit ca. 20 % Überschwingen erfolgen soll, bzw. ob
- die Regeleinrichtung optimal für das Ausregeln von Störungen (durch Störgrößen) oder von
- Änderungen der Führungsgröße (Führung) eingestellt sein soll.

Angestrebt wird die kleinstmögliche Dauer des Ausregelvorganges.

Die Totzeit T_t und die Verzugszeit T_u, die bei Strecken mit P-T_t-T_n-Charakter zusammen die Ersatztotzeit T_{tE} bilden ($T_t + T_u = T_{tE}$), beeinträchtigen die Regelbarkeit einer Strecke, wenn sie im Verhältnis zur Ausgleichszeit T_g groß sind.

Richtwerte: gut regelbar: $T_g/T_{tE} > 10$
                mäßig regelbar: $T_g/T_{tE} > 4 \ldots 9$
                schlecht regelbar: $T_g/T_{tE} < 3$

Ist keine Totzeit vorhanden, wird für T_{tE} in den folgenden Gleichungen T_u eingesetzt.
Bei Regelstrecken ohne Ausgleich für $\dfrac{T_g}{K_{PS}}$ $\dfrac{1}{K_I}$ einsetzen.

		Störung		Führung	
		Aperiodischer Regelvorgang	Periodisch mit ≈ 20 % Überschwingen	Aperiodischer Regelvorgang	Periodisch mit ≈ 20 % Überschwingen
Reglertyp	P	$K_{PR} = 0{,}3 \cdot \dfrac{T_g}{K_{PS} \cdot T_{tE}}$	$K_{PR} = 0{,}7 \cdot \dfrac{T_g}{K_{PS} \cdot T_{tE}}$	$K_{PR} = 0{,}3 \cdot \dfrac{T_g}{K_{PS} \cdot T_{tE}}$	$K_{PR} = 0{,}7 \cdot \dfrac{T_g}{K_{PS} \cdot T_{tE}}$
	PI	$K_{PR} = 0{,}6 \cdot \dfrac{T_g}{K_{PS} \cdot T_{tE}}$ $T_N = 4 \cdot T_{tE}$	$K_{PR} = 0{,}7 \cdot \dfrac{T_g}{K_{PS} \cdot T_{tE}}$ $T_N = 2{,}3 \cdot T_{tE}$	$K_{PR} = 0{,}35 \cdot \dfrac{T_g}{K_{PS} \cdot T_{tE}}$ $T_N = 1{,}2 \cdot T_g$	$K_{PR} = 0{,}6 \cdot \dfrac{T_g}{K_{PS} \cdot T_{tE}}$ $T_N = T_g$
	PID	$K_{PR} = 0{,}95 \cdot \dfrac{T_g}{K_{PS} \cdot T_{tE}}$ $T_v = 0{,}42 \cdot T_{tE}$ $T_N = 2{,}4 \cdot T_{tE}$	$K_{PR} = 1{,}2 \cdot \dfrac{T_g}{K_{PS} \cdot T_{tE}}$ $T_v = 0{,}42 \cdot T_{tE}$ $T_N = 2 \cdot T_{tE}$	$K_{PR} = 0{,}6 \cdot \dfrac{T_g}{K_{PS} \cdot T_{tE}}$ $T_v = 0{,}5 \cdot T_{tE}$ $T_N = T_g$	$K_{PR} = 0{,}95 \cdot \dfrac{T_g}{K_{PS} \cdot T_{tE}}$ $T_v = 0{,}47 \cdot T_{tE}$ $T_N = 1{,}35 \cdot T_g$

Digitale Regelung

DIN 19 225/12.81 DIN 19 226 T.1-T.5/02.94
DIN 19 226 T.6/07.93

Signalformen

wertkontinuierlich-zeitkontinuierlich

stetiges Signal t frequenzmod. Signal

wertkontinuierlich-zeitdiskret

Pulssignal t Stufensignal t

wertdiskret-zeitkontinuierlich

Zweipunkt-Signal t

serielles, t paralleles, t
binäres Signal   binäres Signal

wertdiskret-zeitdiskret

01 01 01 10 00 01
serielles, t
binäres Signal

Deltamodulation
in festen Zeitschritten

Digitale Signale

Arbeitsprinzip

Regelkreis mit Digitalregler

Regelstrecke — x
y
Digitalregler — w

- Führungsgröße w und Regelgröße x in Form digital codierter Zahlenwerte erforderlich.
- Eventuell müssen diese Größen mittels Analog/Digital-Wandlern erzeugt werden.
- Berechnung der Stellgröße benötigt eine endliche Zeit.
- Istwert wird in zeitlichen Abständen gemessen und gespeichert.
- Bei der Rechnerregelung sind der Regelalgorithmus und die Regelparameter in Form eines Programms im Speicher abgelegt.
- Errechnete Stellgröße y wird bis zum nächsten Schritt gespeichert und ggf. digital/analog gewandelt.

Begriffe

Begriff	Erklärung	Begriff	Erklärung
Abtastregelung, zyklisch (polling)	Meßstelle wird in festen Zeitabständen T_A abgefragt.	Algorithmus	Vollständig festgelegte endliche Folge von Vorschriften, nach denen aus zulässigen Eingangsgrößen eines Systems gewünschte Ausgangsgrößen erzeugt werden.
Abtastregelung, azyklisch (interrupt)	Meßstelle wird nur bei Bedarf abgefragt (Programmunterbrechung).		
Adaptive Regelung	Regeleinrichtung paßt sich veränderlichen Betriebsbedingungen (auch Struktur- und Parameteränderungen in der Regelstrecke) selbsttätig an.	Parameter-identifizierung	Ermittlung von Systemparametern aus der Messung zeitveränderlicher Größen des Systems.

Prozeßsignale

Spannungssignal

Prozeßfeld — I — 4...20mA — 0...10V
Schaltwarte
PID — ▽▽ — Bildschirm — Protokoll-Drucker
PID-Regler   Grenzwert-melder

Spannungsbereich: 0 ... 10V, 1 ... 10V
Belastbarkeit: 1,5kΩ ... 2kΩ; ≙ 50 Module je 100kΩ

Konstantstromsignal

Prozeßfeld — I — 4...20mA — 4...20mA
Schaltwarte
PID — ▽▽ — Bildschirm — Protokoll-Drucker
PID-Regler   Grenzwert-melder

Strombereich: 4...20mA (0mA ≙ Leitungsbruch)
Senderlastwiderstand: < 750Ω ≙ 15 Module je 50Ω

351

Digitale Regelung

DIN 19 225/12.81 DIN 19 226 T.1-5/02.94
DIN 19 226 T.6/07.93

Strukur digitaler Regeleinrichtungen mit Mikrocomputer

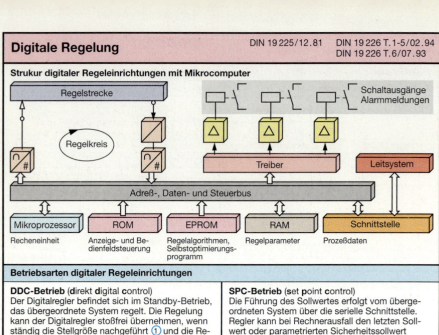

Betriebsarten digitaler Regeleinrichtungen

DDC-Betrieb (**d**irekt **d**igital **c**ontrol)
Der Digitalregler befindet sich im Standby-Betrieb, das übergeordnete System regelt. Die Regelung kann der Digitalregler stoßfrei übernehmen, wenn ständig die Stellgröße nachgeführt ① und die Regeldifferenz beseitigt werden ② (x-tracking).

SPC-Betrieb (**s**et **p**oint **c**ontrol)
Die Führung des Sollwertes erfolgt vom übergeordneten System über die serielle Schnittstelle. Regler kann bei Rechnerausfall den letzten Sollwert oder parametrierten Sicherheitssollwert übernehmen.

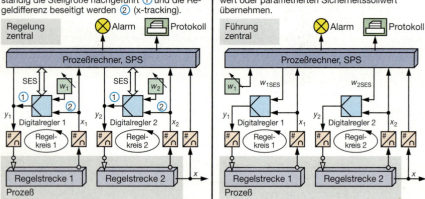

SES: Serielle Schnittstelle

Selbstoptimierung (Adaption)

Erklärung	Regelkreis mit adaptivem Regler
Verfahren zur selbsttätigen Anpassung der Reglerparameter an die Regelstrecke. Die Anpassung kann einmalig erfolgen (bei invariablen Regelstrecken) oder ständig mit voll-adaptiven Reglern an Regelstrecken mit veränderlichen Streckenparametern. Mögliche Verfahren: • Nach Ziegler/Nichols werden K_{PRkrit} und T_{krit} gemessen, die Reglerparameter errechnet und der Regler eingestellt. • Im Sprungantwortverfahren werden die Regelstreckenparameter aufgenommen, für die der Regler optimal angepaßt wird. • Optimierung mit Parameterschätzung und mathematischen Modellen (Prozeßrechner).	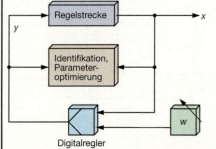

Kompaktregler

Abgestufte Bedien- und Anzeigeebenen	Parametrierung (Auswahl)

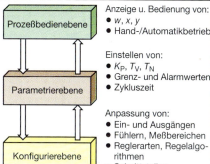

Anzeige u. Bedienung von:
- w, x, y
- Hand-/Automatikbetrieb

Einstellen von:
- K_P, T_V, T_N
- Grenz- und Alarmwerten
- Zykluszeit

Anpassung von:
- Ein- und Ausgängen
- Fühlern, Meßbereichen
- Reglerarten, Regelalgorithmen
- Schnittstellen

- **Zeitverhalten:** Nachstellzeit, Vorhaltezeit, Filterzeitkonstante, Sollwertrampe, Vorhalteverstärkung, Proportionalbeiwert, Arbeitspunkt y_0
- **Linearisierung:** Eingabe von Stützpunkten
- **Sollwert:** Sollwertbegrenzung, oberer Wert Sollwertbegrenzung, unterer Wert Sicherheitssollwert
- **Grenzwertmeldung:** Minimal-/Maximalwert (strukturierbar für Regelgröße, Regeldifferenz und Sollwert)
- **Stellgröße:** Stellwertbegrenzung, oberer Wert Stellwertbegrenzung, unterer Wert Sicherheitsstellwert
- **Konstanten:** c_1: Nullpunkteinstellung c_2: Faktor für Störgröße (bei Störgrößenaufschaltung)

Strukturierung (Gerätefunktionen, Auswahl)

Gerätefunktionen:
- Festwertregler für Ein-, Zwei-, Dreikomponenten-Regler mit 2 Sollwerten, Störgrößenaufschaltung am Ein- oder Ausgang
- Folge-, Gleichlauf-, SPC-Regler, DDC-Regler
- Verhältnisregler, fest oder geführt, mit Extern-/Internumschaltung
- Leit-/Handsteuergerät, Prozeßgrößenanzeiger
- Sollwertgeber
- Zweipunkt- oder Dreipunktregler

Ausgangsstruktur:
- Kontinuierliche Regler (K-Regler)
- Schrittregler (S-Regler)

Einstellbare Algorithmen:
- P-, PD-, PI-, PID-Regler
- Wirksinnanpassung: Regler → Strecke

Analogeingänge:
- Netzfrequenzunterdrückung für 50Hz oder 60Hz,
- Eingangssignal von AE1 und AE2 (0...20/4...20mA),
- Eingangssignal von AE3 und AE4 (0...20/4...20mA oder $U, R, P, T, 4...20$mA)

- Zuordnung der Analogeingänge zu: Hauptregelgröße, Stellungsrückmeldung/-nachführung, Störgröße, Führungsgröße, ext. Sollwert
- Radizierung bzw. Linearisierung der Hauptregelgröße, Meßumformerüberwachung

Binäreingang:
- Blockierfunktionen, Wirksinnanpassung

Binärausgang:
- Einstellung: Rechner-/Hand-/Bereitschaftsbetrieb

Sollwertführung:
- x-tracking bei Hand-, Nachführ-, DDC-Betrieb,
- interner Sollwert, Sicherheitssollwert

y-Anzeige:
- Stellgrößenanzeige
- Wirksinnanpassung der Stellgrößenanzeige an die Regelstrecke

Anlaufbedingungen:
- Wiederanlaufbedingungen nach Netzausfall

Serielle Schnittstelle:
- Einstellung der Datenübertragungsrate z.B. 300...9600 bit/s), Paritätsauswahl, Adressierung, Zeitüberwachung

Beispiel eines Kompaktreglers

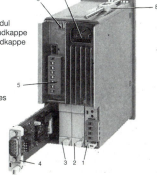

1 Steckplatz AE3, bestückt mit Modul
2 Steckplatz AE4, bestückt mit Blindkappe
3 Steckplatz GW, bestückt mit Blindkappe
4 Steckplatz SES, Modul gezogen
5 Anschlußklemmenblock des Grundgerätes
6 Erdungsschraube
7 Netzstecker
8 Spannelement zum Befestigen des Gerätes in einer Tafel

Kompaktregler

Beipiel eines Kompaktreglers

Bedienung

Rückansicht eines Kompaktreglers   Bedienfeld   Bedienfeldfunktionen:

① Umschalter für Inter-/Extern-Betrieb
② Leuchtdiode, grün (Dauerlicht: Interner Sollwert Blinklicht: bestimmte SPC-/DDC-Betr.-Zustände)
③ Taster zum Vergrößern des Sollwertes
④ Taster zum Reduzieren des Sollwertes
⑤ Leuchtdiode, gelb (Dauerlicht: Handbetrieb Blinklicht: Externer Eingriff)
⑥ Umschalter für Hand-/Automatikbetrieb
⑦ Leuchtdiode, grün, leuchtet, wenn Anzeiger (15) den Sollwert w anzeigt
⑧ Umschalter für Digitalanzeige (15) und zum Aktivieren der Parametrier-/ und Strukturierebenen
⑨ Leuchtdiode, rot, leuchtet, wenn Anzeiger (15) den Istwert x anzeigt
⑩ Taster für Stellgrößenverstellung gegen 100%
⑪ Punkt leuchtet bei Schrittreglern beim Durchschalten von $+\Delta y$
⑫ Digitalanzeige für Stellgröße y sowie für angewählten Parametrier- und Strukturierschalter
⑬ Taster für Stellgrößenverstellung gegen 0%
⑭ Punkt leuchtet bei Schrittreglern beim Durchschalten von $-\Delta y$
⑮ Digitalanzeige (vierstellig) für Istwert x, Sollwert w, Grenzwerte A1 und A2, Parametrier- und Strukturierschalterwerte
⑯ Leuchtdiode, rot, meldet Über- bzw. Unterschreitung des Grenzwertes A2
⑰ Anzeige für Regeldifferenz und Regelabweichung
⑱ Leuchtdiode, rot, meldet Über- bzw. Unterschreitung des Grenzwertes A1

Belegung der Rückseite:
① Steckplatz AE3, bestückt mit Modul
② Steckplatz AE4, unbestückt mit Blindkappe
③ Steckplatz GW, bestückt mit Grenzwertgeber
④ Steckplatz SES, bestückt mit Schnittstelle, seriell
⑤ Klemmblock des Grundgerätes
⑥ Netzanschluß

Funktionsschema

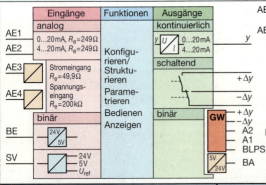

AE1...2: Analogeingänge für wahlweise 0...20mA, 4...20mA
AE3...4: Analogeingänge für wahlweise 0...20mA, 4...20mA oder Spannungseingang 0...10V, steckbare Module mit Potentialtrennung oder für Widerstandsgeber mit Signalbereichen zwischen 80...220Ω, 200...500Ω, 470...1200Ω
BE: Binäreingang
BA: Binärausgang
BLPS: Signaleingang zum Blockieren der Bedienebenen für Parametrieren und Strukturieren
GW: Grenzwertmeldung
SV: Interne Stromversorgung

Vorteile digitaler Regelungen	Nachteile digitaler Regelungen
• Einfache Anpassung an übergeordnete Prozeßleitsysteme. • Digitale Signalübertragung ist weitgehend fehlerfrei. • Struktur und Kennwerte sind einfach änderbar. • Reglerkennwerte genau und driftfrei einstellbar. • Größere Zeitkonstanten (D- und I-Anteil) sind leicht realisierbar.	• Erreichbare Schnelligkeit ist kleiner als bei kontinuierlichen Regelungen. • Informationsverlust innerhalb der Abtastzeit, Störgrößenänderungen werden erst bei nächster Abtastung erfaßt.

Leittechnik, Prozeßleittechnik

DIN 19 222/03.85

Begriffe

Prozeß	Leiteinrichtung
Gesamtheit von aufeinander einwirkenden Vorgänge in einem System, durch die Materie, Energie oder auch Informationen umgeformt, transportiert oder auch gespeichert werden. Beispiele: • Erzeugung elektrischer Energie im Kraftwerk, • Verteilung von Energie, • Verarbeitung von Daten in einer Rechenanlage, • Fertigung eines Getriebes	Alle für die Aufgaben des Leitens verwendeten Geräte und Programme. 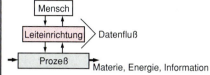
Leittechnik	**Aufgaben des Leitens**
Gezieltes Einwirken auf den Ablauf eines Prozesses.	Priorität: 1. Schützen, 2. Eingreifen, 3. Steuern, 4. Regeln, 5. Optimieren Weitere Aufgaben: Messen, Zählen, Überwachen, Auswerten, Anzeigen, Melden, Aufzeichnen, Protokollieren, Stellen, Daten erfassen, Daten eingeben, Daten verarbeiten, Daten übertragen, Daten ausgeben.
Leiten	
Gesamtheit aller Maßnahmen, die einen im Sinne festgelegter Ziele erwünschten Ablauf eines Prozesses bewirken. Die Maßnahmen werden vorwiegend unter Mitwirkung des Menschen aufgrund der aus dem Prozeß erhaltenen Daten mit Hilfe einer Leiteinrichtung getroffen.	

Beispiel für die Struktur eines Prozeßleitsystems

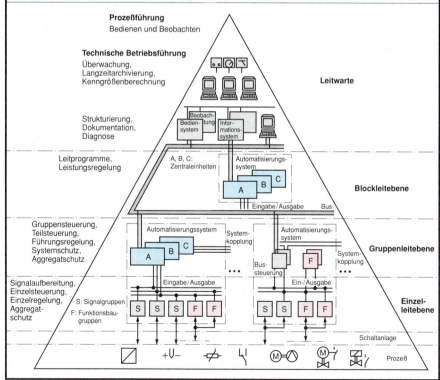

Speicherprogrammierbare Steuerungen (SPS) — DIN EN 61131-3/08.94

Funktionsprinzip

Prozeß → Programmbeginn, Lesen → **Speicher PAE** (Prozeßabbild Eingänge) → **Prozessor** (Zyklische Programmbearbeitung) ↔ **Programmspeicher / Anwenderprogramm** (Programmiersprachen: AWL, ST, AS, KOP, FBS) → **Speicher PAA** (Prozeßabbild Ausgänge) → Schreiben, Programmende → **Ausgänge**

Eingänge links, **Ausgänge** links unten.
Rechts: **Programmiergerät**, **Merker / Timer / Zähler**, **Alarmprogramm**, **Stromversorgung**.

Programmiersprachen für SPS

Bezeichnung, deutsch	Abk.	Bezeichnung, englisch	Abk.	Eigenschaften
Textuelle Sprachen				
Anweisungsliste	AWL	Instruction List	IL	Geringer genormter Operationsumfang (ca. 20 Operat.)
Strukturierter Text	ST	Structured Text	ST	Hochsprache, geeignet für komplexe Rechenaufgaben
Ablaufsprache textuelle Variante	AS	Sequential Function Chart	SFC	Für Programmierung von Ablaufketten gut geeignet (kaum gebräuchlich)
Grafische Sprachen				
Kontaktplan	KOP	Ladder Diagram	LD	Dem herkömmlichen Stromlaufplan sehr ähnlich im wesentlichen auf boolesche Elemente beschränkt
Funktionsbausteinsprache	FBS	Function Block Diagram	FBD	Wegen Analogie zu herkömmlichen Funktionsplänen sehr anschaulich
Ablaufsprache, grafische Variante	AS	Sequential Function Chart	SFC	Für Programmierung von Ablaufketten gut geeignet

Operatoren für Sprachen AWL und ST

AWL	Mod.[1)]	ST	Bedeutung
LD	N		Setzt aktuelles Ergebnis dem Operanden gleich
ST	N		Speichert aktuelles Ergebnis auf die Operanden-Adresse
S			Setzt booleschen Operator auf 1
R			Setzt booleschen Operator auf 0
AND, &	N, (	AND, &	Boolesches UND
OR	N, (	OR	Boolesches ODER
XOR	N, (	XOR	Boolesch. EXKLUSIV-ODER
ADD	(	+	Addition
SUB	(	−	Subtraktion
MUL	(	*	Multiplikation
DIV	(	/	Division
GT	(	>	Vergleich: >
GE	(	>=	Vergleich: >=
EQ	(	=	Gleichheit
NE	(	<>	Ungleichheit
LE	(	<=	Vergleich: <=
LT	(	<	Vergleich: <
JMP	C, N		Sprung zur Marke
CAL	C, N		Aufruf Funktionsbaustein
RET	C, N		Rücksprung von Funktion oder Funktionsbaustein

[1)] Modifizierer (für AWL)

Modifizierer für AWL

Modifizier.	Bedeutung
N	Boolesche Negation des Operanden
C	Ausführung der Anweisung nur bei boolescher "1" des Ergebnisses (oder "0", falls Operator mit "N" verknüpft)
(	Rückstellung der Auswertung des Operators bis Operator ")" erscheint
)	Bearbeitung der zurückgestellten Operation

Eingangsoperatoren von Standard-FB für AWL

FB-Typ	Operator	FB-Typ	Operator
SR	S1,R	CTU	CU,R,PV
RS	S,R1	CTD	CD,LD,PV
R_TRIG	CLK	CTUD	CU,CD,R,LD,PV
F_TRIG	CLK	TP	IN,PT
		TON, TOF	IN,PT

Anweisungen für Sprache ST

Anweisungstyp	Bedeutung
:=	Zuweisung
RETURN	Rücksprung
IF, CASE	Auswahlanweisungen
FOR	Zählschleife
WHILE	Abweisende Schleife
REPEAT	Nicht abweis. Schleife
EXIT	Schleifenabbruch
Bausteinname (Parameter)	Bausteinaufruf

Speicherprogrammierbare Steuerungen (SPS)   DIN EN 61131-3/08.94

Elemente graphischer Sprachen

Boolesche Funktionen		Bistabile Funktionen		Bitschiebe-Funktionen	
Darstellung	Bedeutung	Darstellung	Bedeutung	Darstellung	Bedeutung
⊸▢	Negierter Eingang	SR / S1 Q1 / R	Speicher, vorrangig Setzen	▢ IN Q / N (***)	***: SHR: rechts schieben SHL: links schieben
▢⊶	negierter Ausgang	RS / S Q1 / R1	Speicher, vorrangig Rücksetzen		ROR: rechts rotieren ROL: links rotieren

Boolesche Funktionen		Arithmetische Standardfunktionen		Zeitfunktionen	
ANY_BIT — *** — ANY_NUM ANY_BIT —		ANY_NUM — *** — ANY_NUM ANY_NUM —		TP IN Q / PT ET	Zeitgeber, Puls
ANY_BIT: Bool, Byte, Word...		ANY_NUM: Int, Real...		TON IN Q / PT ET	Zeitgeber, Einschaltverzögerung
***:	Symbol	***:	Symbol	***: Symbol	
AND OR XOR NOT	& >=1	ADD MUL SUB DIV	+ * - /	MOD EXPT MOVE	** :=	TOF IN Q / PT ET	Zeitgeber, Ausschaltverzögerung

Standard-Funktionsbausteine

Bezeichnung	Graphische Sprachen	ST-Sprache
Flankenerkennung, steigende Flanke	BOOL — R_TRIG CLK Q — BOOL	VAR_INPUT CLK : BOOL ; END_VAR VAR_OUTPUT Q : BOOL ; END_VAR VAR M : BOOL := 0 ; END_VAR Q := CLK AND NOT M ; M := CLK ;
Flankenerkennung, fallende Flanke	BOOL — F_TRIG CLK Q — BOOL	VAR_INPUT CLK : BOOL ; END_VAR VAR_OUTPUT Q : BOOL ; END_VAR VAR M : BOOL := 1 ; END_VAR Q := NOT CLK AND NOT M ; M := NOT CLK ;
Aufwärtszähler	CTU BOOL — CU Q — BOOL BOOL — R INT — PV CV — INT	IF R THEN CV := 0 ; ELSIF CU AND (CV < PVmax) THEN CV := CV + 1 ; END_IF ; Q := (CV >= PV) ;

Elemente für Sprache KOP (Kontaktplan)

Darstellung	Bedeutung	Darstellung	Bedeutung
Statische Kontakte		Spulen	
--| |--	Schließer	--( )--	Spule
--|/|--	Öffner	--(/)--	Negative Spule
Verknüpfungen	Bedeutung	Zum Vergl. in FBS	--(S)--	SETZE-Spule
--| |----| |--	UND	&	--(R)--	RÜCKSETZE-Spule
--+-| |-+-- --+-| |-+--	ODER	>=1	--(M)--	Gepufferte (Speicher)-Spule
			--(SM)--	SETZE-gepufferte (Speicher)-Spule
Kontakte zur Erkennung von Übergängen		--(RM)--	RÜCKSETZE-gepufferte (Speicher)-Spule
--|P|--	Kontakt zur Erkennung von positivem Übergang	--(P)--	Spule zur Erkennung von positivem Übergang
--|N|--	Kontakt zur Erkennung von negativem Übergang	--(N)--	Spule zur Erkennung von negativem Übergang

Aktuator-Sensor-Interface (ASI)

Eigenschaften

- ASI ermöglicht mit seinen Komponenten den Aufbau der untersten Ebene (Prozeßebene) der Kommunikationspyramide.
- Grundlage des Systems ist ein Master/Slave-Prinzip.
- Das ASI-Bussystem verbindet herkömmliche binäre Aktuatoren und Sensoren und solche mit ASI-Modul mit der Steuerungsebene SPS oder PC.
- Durch die Busstruktur entfällt die aufwendige Parallelverdrahtung.
- Keine Softwareerstellung für den Anwender.
- Übertragung von Zusatzinformationen ohne Zusatzaufwand möglich (z. B. Diagnosedaten aus Selbsttest, Verschmutzungsanzeige von Lichtschranken, Parametriersignale f. Schaltabstände).
- Versorgung der Komponenten über zweiadrige, geometrisch codierte Profilleitung, zugleich Datenleitung.
- Elektrische Kontaktierung mit Durchdringungselementen, kein Abschneiden und Abisolieren der Profilleitung.

System

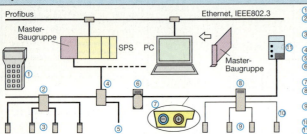

① Adreßprogrammier- u. Diagnosegerät
② Passives ASI-Modul (ohne Slave-ASIC)
③ Binäre Sensoren/Aktuatoren (mit Slave-ASIC)
④ Aktives oder passives ASI-Modul
⑤ Abzweigung der ASI-Profilleitung
⑥ Aktuator/Sensor mit Direktanschluß und Slave-ASIC
⑦ ASI-Profilleitung
⑧ Aktives ASI-Modul (mit Slave-ASIC)
⑨ Aktuator/Sensor (ohne Slave-ASIC)
⑩ herkömmliche Leitung
⑪ ASI-Netzteil (versorgt Slaves)

Kenndaten

Begriff	Erklärung	Begriff	Erklärung
Netzstruktur Übertragungsmedium	Linien- und Baumstruktur, Ungeschirmte geometrisch codierte Zweidrahtleitung für Daten und Energie (24V DC),	Geräteschnittstelle	4 konfigurierbare Ein-/Ausgänge für Daten sowie 4 Parameterausgänge und 2 Steuerausgänge (Strobe).
Leitungslänge	100m max., darüber mit Repeater.		
Zahl der Slaves Zahl anschließbarer Sensoren/Aktoren	max. 31 je Segment. Bis zu 4 je Slaves (max. 124 Binärelemente je Segment).	Dienste des Masters	Zyklische Abfrage aller Teilnehmer (Polling), zyklische Datenweitergabe an bzw. Übernahme von SPS und PC.
Adressierung Nachrichten Nettodatenrate Zykluszeit	Feste Adresse je Teilnehmer, Einstellung über Adressiergerät. Nachricht vom Master mit direkter Antwort des Slave. 4 Bit pro Aufruf eines Slave, < 5ms bei 31 Slaves.	Managementfunktionen des Masters	Initialisierung des Netzes, Identifikation der Teilnehmer, azyklische Vergabe von Parameterwerten an die Teilnehmer, Diagnose der Datenübertragung und der ASI-Slaves, Fehlermeldung an die Steuerung, Adressierung ersetzter Slaves.
Fehlersicherung	Identifikation und Wiederholung gestörter Telegramme.		

Komponenten

Netzteil mit Datenentkopplung

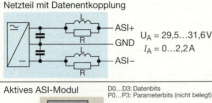

$U_A = 29{,}5\ldots31{,}6\,V$
$I_A = 0\ldots2{,}2\,A$

Profilleitung

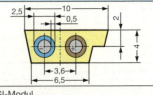

Aktives ASI-Modul   D0...D3: Datenbits
P0...P3: Parameterbits (nicht belegt)

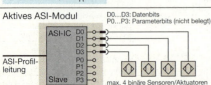

max. 4 binäre Sensoren/Aktuatoren

Passives ASI-Modul

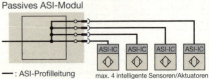

— : ASI-Profilleitung   max. 4 intelligente Sensoren/Aktuatoren

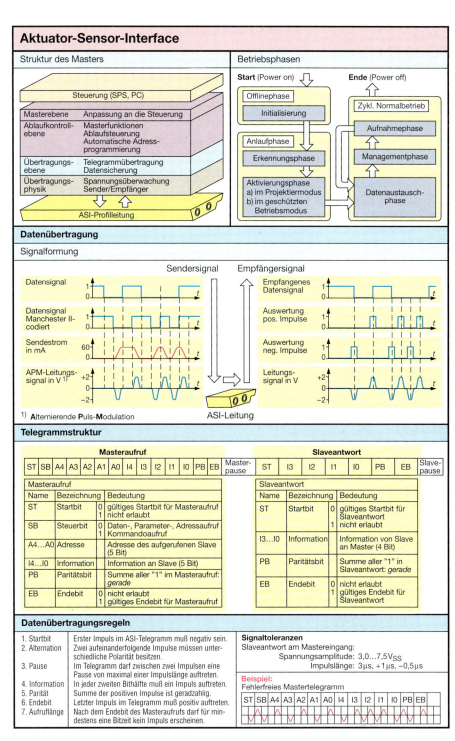

Servoantriebe

DIN 42 021 T.1/10.76, T.2/10.76,
DIN 42 025 T.1/01.83, T.2/01.80, DIN 42 027/12.84

Schrittmotor

Funktion

Aufbau und Wirkungsweise entsprechen der Synchronmaschine. Die Drehbewegung wird durch wechselweises Ansteuern der Statorwicklungen (Ändern der Polarität) mit Mitteln der Leistungselektronik erzielt.

Begriffe, Formelzeichen, Kennlinien

- n: Drehzahl, Umdrehungsfrequenz
- z: Schrittzahl
  Schritte je Umdrehung
- α: Schrittwinkel
  Winkel je Steuerimpuls
- p: Polpaarzahl
- m: Phasenzahl
- f_z: Schrittfrequenz
  Schritte je Sekunde (f_s = konst.)
- f_s: Steuerfrequenz
  entspr. f_z, wenn kein Schrittfehler
- f_{AOm}: Max. Steuerfrequenz
  Höchste Steuerfrequenz, bei welcher der unbelastete Motor ohne Schrittfehler starten und stoppen kann.
- M_L: Lastdrehmoment
- J_{Lm}: Grenz-Lastträgheitsmoment im Startbereich

$$n = 60 \frac{f_z}{z} \qquad \alpha = \frac{360°}{z} = \frac{360°}{2 \cdot m \cdot p}$$

① : Begrenzung für Betriebsbereich
② : Begrenzung für Startbereich, J_L = 0
③ : Begrenzung für Startbereich, J_L > 0

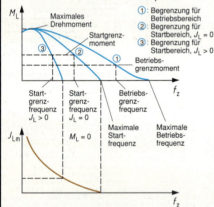

Ansteuerungsarten

unipolar
mit R_S: L/R-Steuerung

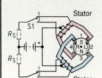

bipolar
mit R_S: L/R-Steuerung

Schritt-Nr. bei Drehrichtung		Halbschrittbetrieb						
		unipolar				bipolar		
		S1	S1	S2	S2	S1	S1	S2
R	L	1	2	1	2	1,3	2,4	1,3	2,4
1	1	x	–	x	–		x	–	x
1½	½	x	–	–	–		x	–	–
2	4	x	–	–	x		x	x	–
2½	3½	–	–	–	x		–	x	–
3	3	–	x	–	x		x	x	–
3½	2½	–	x	–	–		–	x	–
4	2	–	x	x	–		–	x	x
½	1½	–	–	x	–		–	–	x
1	1	x	–	x	–		x	–	x

Vollschrittbetrieb ergibt sich, wenn die roten Zahlen entfallen.

Konstantstrom-(Chopper-)Steuerung

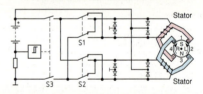

Schalter S3 wird nach Erreichen des zulässigen Steuerstromes geöffnet. Die Freilaufdioden führen den abklingenden Strom, bis S3 nach Erreichen der unteren Schaltschwelle schließt usw.

Schrittmotorsteuerung, unipolar

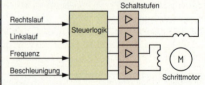

Fahrprofil

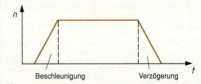

Eigenschaften der Ansteuerungsarten

Ansteuerungsart	Vorteile
unipolar	Einfache Leistungsschaltstufen (einfacher Umschalter)
bipolar	Cu-Volumen gut genutzt. Höheres Drehmoment, höhere Schrittfrequenz
Konstant**spannungs**- (L/R-)Steuerung	Höhere Schrittfrequenz durch kleinere Zeitkonstante L/R. Preiswerte Strombegrenzung durch Widerstand.
Konstant**strom**- (Chopper-)Steuerung	Optimale Motorleistung, hohe Schrittfrequenz, hohes Drehmoment, hoher Wirkungsgrad
Vollschrittbetrieb	Höheres Drehmoment
Halbschrittbetrieb	Doppelte Schrittzahl gegenüber Vollschrittbetrieb, geringeres Überschwingen

Funktionsplan

DIN 40719 T.6/02.92

Funktionspläne werden zur Darstellung von elektrischen, pneumatischen, hydraulischen oder mechanischen Systemen oder Teilsystemen angewandt.

Regeln für Funktionspläne

- Funktionspläne bestehen aus Symbolen für Schritte, z.B. ③, Übergänge, z.B. ⑤ und Wirkverbindungen, z.B. ⑧.
- Jedem Schritt dürfen ein oder mehrere Befehle zugeordnet sein, die durch ein nebenstehendes Symbol ④ dargestellt werden.
- Ein Befehlssymbol ④ kann aus drei Feldern bestehen. Im ersten Feld ⑥ gibt der Kennbuchstabe an, wie das binäre Signal vom Schritt verarbeitet wird (F: freigabebedingt, C: bedingt, N: nicht gespeichert, S: gespeichert, D: verzögert, L: zeitbegrenzt, P: pulsförmig). Im zweiten Feld ⑦ wird der Befehl beschrieben und im dritten Feld wird ein Hinweis auf eine Rückmeldung (A: Befehl ausgegeben, R: Befehl wirkt, X: Störung) gegeben.
- Schritte müssen, z.B. alphanumerisch, gekennzeichnet sein.
- Der Anfangsschritt ① hat ein besonderes Symbol.
- Schritte im gesetzten Zustand erhalten einen Punkt unter der Kennzeichnung.
- Jedem Übergang ⑤ muß eine Übergangsbedingung in textlicher oder boolscher Form oder durch Schaltzeichen zugeordnet werden.
- Die Ablaufwege bei Wirkverbindungen sind von oben nach unten, von links nach rechts oder in Pfeilrichtung. ⑧
- Der Übergang wird freigegeben, wenn die vorausgehenden Schritte gesetzt und die Bedingung erfüllt wird. Das Auslösen des Überganges hat ein Setzen des nachfolgenden und ein Rücksetzen des vorigen Schrittes zur Folge.
- Abläufe, die gleichzeitig (Parallellauf) beginnen oder enden, haben Doppellinien als Wirkverbindungen. ②
- Setzen hat bei gleichzeitigem Setzen und Rücksetzen Vorrang.
- Teile eines Hauptplanes (Grobstruktur) ⑨ können durch einen Hilfsplan (Feinstruktur) ⑩ dargestellt werden.
- Die Verfeinerung kann logische Verknüpfungen, analoge oder digitale Funktionen, Übergangsbedingungen, Schritte, Befehle und Aktionen betreffen.
- Zur Darstellung der MSR-Funktionen die graphischen Symbole aus DIN 40900 T.12, DIN EN 60617 oder DIN 19227 T.2 verwenden.
- Ein Befehlsblock ⑭ enthält eine Kopfzeile ⑪, eine Befehlstabelle ⑫ und einen Graphikteil. ⑬
- Ein Wirkungsschaltplan ist eine Kombination aus Funktionsplan und Stromlaufplan.

Funktionsplan einer Steuerung zum Wiegen und Mischen

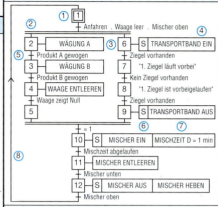

Funktionsplan einer Steuerung für einen Wagen mit zwei Arbeitsplätzen

Hauptplan ⑨
Grobstruktur

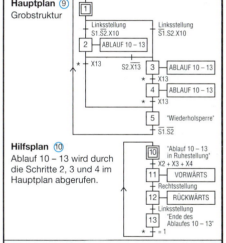

Hilfsplan ⑩
Ablauf 10 – 13 wird durch die Schritte 2, 3 und 4 im Hauptplan abgerufen.

Befehlsblock ⑭

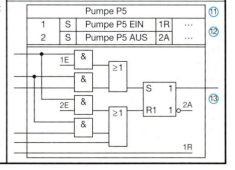

361

Elektronische Steller

Stellantriebe

Motor	Schrittmotor	Gleichstrommotor			Drehstrommotor	
Motorart		ständerkommutiert	Servomotor	Scheibenläufer	drehzahlgesteuert	Servomotor
Zusatzeinrichtungen	Getriebe, Winkelschrittgeber, Tachogenerator	Getriebe, Rotorlagegeber	Getriebe, Spindel	Getriebe	Getriebe, mechanische Bremse, Lagegeber, Drehzahlgeber	Getriebe, Spindel
Elektrische Steuereinrichtung	Schrittmotorsteuerung, getaktet, oder freiprogrammiert	automatische Kommutierung mit oder ohne Positionsgeber	Vierquadrantenantriebe	Gesteuerte Gleichrichter	Umkehrsteller, Frequenzumrichter für Vierquadrantenbetrieb	Regelbare Vierquadrantenantriebe
Drehzahlbereich	50 kHz > f_z > 100 Hz, α > 5°, n < 10000 min^{-1}	0 ... 30 000 min^{-1}	0 ... 15 000 min^{-1}	n < 14 000 min^{-1}	n < 10 000 min^{-1}	n < 6 000 min^{-1}
Leistungsbereich	2 W ... 20 kW	1 W ... 5 kW	0,07 W ... 50 kW	bis 10 kW	bis 100 kW	bis 50 kW
Besonderheiten	Voll-, Halb- und Viertel-Schrittbetrieb	geringe Wartung, Nebenschlußverhalten	überproportionale Länge gute dynamische Eigenschaften	kurze gedrungene Bauweise, gute dynamische Eigenschaften	Mehrmotorenantrieb möglich	geringe Wartungskosten, hohe Dynamik
Anwendungsbereiche	Automatisierungstechnik, Roboter	Automatisierungstechnik, Roboter, Prozeßtechnik, wenn hohe Dynamik erforderlich			Automatisierungstechnik, wenn hohe Leistung erforderlich	Automatisierungstechnik, bei robustem Betrieb

Steller für Wärmeanlagen

	Wechselstrom	Drehstrom
Aufbau	Wechselstromsteller mit Thyristoren	Drehstromsteller mit Thyristoren
Steuerungsart	Schwingungspaket- oder Phasenanschnittsteuerung	
Regelung	Temperaturregelung, Stromregelung, P-Regler, P-I-Regler	
Leistungsbereich	400 V ... 500 V 30 A ... 400 A 12 kVA ... 200 kVA	400 V ... 500 V 30 A ... 950 A 21 kVA ... 825 kVA
Anwendungsbereich	Industrieöfen mit elektrischer Widerstandsheizung, Hochvakuum-Lichtbogenöfen, Galvanotechnik, Glasindustrie, (Schmelzwannenbeheizung, Glasfaserproduktion), Kunststoffindustrie, Glühanlagen, Härten, Extruder, Elektrofilter, usw.	

8 Antriebe und Anlagen

Drehstrom-Asynchron-
maschinen 364
Sychronmaschinen 364
Gleichstrom-Motoren 365
Wechselstrom-Motoren 366
Motoren für spezielle Anwen-
dungen 367
Leistungsschilder für elektrische
Maschinen 368
Drehzahlsteuerungen 368
Betriebsarten von umlaufenden
elektrischen Maschinen 368
Einphasentransformatoren 369
Drehstrom-Transformatoren –
Begriffe, Kenngrößen, Schal-
tungen 370
Leistungsschilder von Transfor-
matoren 370
Sondertransformatoren 371
Primärbatterien 372
Akkumulatoren, wiederaufladbare
Batterien 373
Gasdichte Ni-Cd-Zellen 374
Gasdichte Nickel-Metallhydrid-
Zellen 374
Laden gasdichter Akkumu-
latoren 375
Leitungen und Kabel 376
Leitungen zur Energieüber-
tragung 377
Zuordnung von Überstrom-
Schutzorganen 378
Belastbarkeit von Leitungen zur
Energieübertragung 378
Kennzeichnung der Anschlüsse
von elektrischen Betriebs-
mitteln 379
Farben für Drucktaster, Anzeigen
und Leuchtdrucktaster 380

Anschlußbezeichnungen und Kenn-
ziffern von Niederspannungs-
schaltgeräten 380
Verteilungen, Hausinstallationen .. 381
Überspannungsschutz 382
Überstrom-Schutzorgane 383
Installationsschaltungen 384
Gebäudesystemtechnik 385
Gebäudesystemtechnik (EIB) 386
Erder, Erdungen, Potential-
ausgleich 388
Sicherheitsbestimmungen für
netzbetriebene elektronische
Geräte 389
Schutzmaßnahmen 390
Verteilungssysteme-Netzformen .. 391
Schutz gegen gefährliche
Körperströme 392
Schutz durch FI-Schutzschalter .. 393
Reparatur und Änderung
elektrischer Geräte 393
Unfallverhütung 394
Regeln für das Arbeiten in
elektrischen Anlagen 395
Nationale und internationale
Normung 396
Blitzschutzanlagen 397
Elektromagnetische Verträglich-
keit (EMV) 398
Räume mit elektrischen Anlagen .. 399
IP-Schutzarten 400
Prüfzeichen an elektrischen
Betriebsmitteln und Geräten 401
CE-Kennzeichnung 402
Bildzeichen der Elektrotechnik ... 403
Wirkungen von elektrischen und
magnetischen Feldern, Schutz
von Personen 405
Strahlenschutz 406

Drehstrom-Asynchronmaschinen

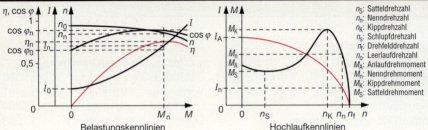

Belastungskennlinien — Hochlaufkennlinien

n_S: Satteldrehzahl
n_n: Nenndrehzahl
n_K: Kippdrehzahl
n_s: Schlupfdrehzahl
n_f: Drehfelddrehzahl
n_0: Leerlaufdrehzahl
M_A: Anlaufdrehmoment
M_n: Nenndrehmoment
M_K: Kippdrehmoment
M_S: Satteldrehmoment

I_n: Nennstrom I_0: Leerlaufstrom I_A: Anlaufstrom

$$n_f = \frac{f}{p} \qquad s = \frac{n_f - n}{n_f} \qquad s\text{: Schlupf} \qquad P_{zu} = U \cdot I \cdot \sqrt{3} \cdot \cos\varphi \qquad \eta = \frac{P_{ab}}{P_{zu}}$$

$$n_s = n_f - n \qquad s_\% = \frac{n_f - n}{n_f} \cdot 100\,\% \qquad s_\%\text{: Schlupf in \%} \qquad P = P_{ab} = U \cdot I \cdot \sqrt{3} \cdot \cos\varphi \cdot \eta$$

	Kurzschlußläufer-Motor	Schleifringläufer-Motor
Eigenschaften	• robust • wartungsarm • kompakt • schlechter Anlauf • Drehzahlsteuerung problematisch • Nebenschlußverhalten	• relativ wartungsarm • guter Anlauf • Nebenschlußverhalten • Drehzahlsteuerung durch einen Widerstand im Ankerkreis möglich
Anwendungen	• Werkzeugmaschinen • kleine Hebezeuge • Verarbeitungsmaschinen • landwirtschaftliche Maschinen	• Hebezeuge • Schweranlauf • Maschinen mit großen Schwungmassen • große Werkzeugmaschinen

Synchronmaschinen

	Drehstrom-Synchrongenerator	Drehstrom-Synchronmotor
Darstellungen	Einpoliges Ersatzschaltbild / ohmsche Last	induktiver Bereich untererregt / kapazitiver Bereich übererregt
Eigenschaften	• Klemmenspannung abhängig von der Drehzahl und der Belastungsart. • Frequenz abhängig von der Drehzahl und der Polpaarzahl.	• Selbstanlauf nur durch zusätzliche Anlaufkäfigwicklung oder durch Kurzschluß der Erregerwicklung möglich. • Drehzahl abhängig von der Frequenz, aber unabhängig von der Belastung. • Fällt bei Überlast außer Tritt. • Blindstromanteil durch Erregerstrom steuerbar (Phasenschieber).
Anwendungen	• Erzeugung von Drehstrom in Kraftwerken und bei Inselbetrieb. • Notstromaggregate	• Kolbenverdichter • Umformersätze • Maschinenantrieb mit hoher Drehzahlkonstanz • Phasenschieber

Gleichstrom-Motoren

Kompensationswicklung

Wendepolwicklung

Ankerwicklung

Hauptwicklung

R_i = innerer Widerstand
R_f = Widerstand der Feldwicklung

$$P_{zu} = U \cdot I_a + U_f \cdot I_f$$

$$\eta = \frac{P}{U \cdot I + U_f \cdot I_f}$$

$$R_i = R_a + R_W + R_K$$

	Fremderregter Motor	Nebenschluß-motor	Reihenschluß-motor	Doppelschluß-motor
Schaltung (ohne Wendepol- und Kompensationswicklung gezeichnet)	1L+ ; A1/A2	L+ L−; A1/A2, E1/E2	L+ L−; A1/A2, D1/D2	L− L+; D1/D2, A1/A2, E1/E2
Kennlinien	n vs M (leicht fallend)	n vs M (leicht fallend)	n vs M (stark fallend)	n vs M (fallend)
Anlaufstrom	$I_A = \dfrac{U}{R_i}$	$I_A = \dfrac{U}{R_i} + \dfrac{U}{R_f}$	$I_A = \dfrac{U}{R_i + R_f}$	$I_A = \dfrac{U}{R_i + R_{f,ser}} + \dfrac{U}{R_{f,par}}$
Eigenschaften	• Geringfügige Drehzahländerung bei Belastungsänderung. • Drehzahländerung über Ankerspannung oder Feldstrom. • Ankerwicklung und Feldwicklung haben evtl. unterschiedliche Spannungen.		• Hohes Anlaufdrehmoment. • Drehzahl lastabhängig. • Geht bei Leerlauf evtl. durch. • Drehzahlsteuerung durch Spannungsänderung oder Feldstromänderung.	• Je nach Kompoundierung vorwiegend Reihenschluß- oder Nebenschlußverhalten. • Bei Gegenkompoundierung Instabilität.
Anwendungen	• Drehzahlsteuerung über Leonard-Umformer oder gesteuerte Gleichrichter.	• Werkzeugmaschinen • Förderanlagen	• Elektrische Fahrzeuge • Hebezeuge • Anlasser im Kraftfahrzeug	• Werkzeugmaschinen • Antrieb von Schwungmassen z. B. Pressen, Stanzen, Scheren. • Walzwerkantriebe

Wechselstrom-Motoren

	Drehstrommotor an Wechselspannung	Wechselstrom-Motor mit Hilfswicklung		
		Kondensatormotor	mit Induktivität	mit Widerstand
Schaltung	L1, N, C_B, C_A, U1/V1/W1, W2/U2/V2	L1, N, C_A, C_B, U1/Z2, Z1/U2	L1, N, L, U1/Z2, Z1/U2	L1, N, R, U1/Z2, Z1/U2
Kennlinien	M–n Kennlinie: Drehstrom, Wechselstrom; $U=230V$, $C_B=70\frac{\mu F}{kW}\cdot P$; $U=400V$, $C_B=20\frac{\mu F}{kW}\cdot P$; $C_A=2\cdot C_B$	M–n Kennlinie: mit C_A, ohne C_A; $Q_{CB}=1\frac{kvar}{kW}\cdot P$; $C_A=3\cdot C_B$	M–n Kennlinie	M–n Kennlinie
Eigenschaften	Nebenschlußverhalten, schlechter Wirkungsgrad	Nebenschlußverhalten, mit C_A hohes Anlaufdrehmoment	Nebenschlußverhalten, ungünstiger Anlauf, geringer $\cos \varphi$	Nebenschlußverhalten, einfache Bauweise
Anwendungen	Baumaschinen	Haushaltsgeräte wie Waschmaschinen, u.ä.	selten angewandt	Haushaltsgeräte wie Waschmaschinen, u.ä.

	Wechselstrommotor ohne Hilfsphase	Spaltpolmotor	Repulsionsmotor	Universalmotor
Schaltung	L1, N, U1, U2	L1, N, U1, U2	L1, N, U1, U2	L+ L1, N L−, A1 A2, 202/203/201, 102/103/101
Kennlinien	M–n Kennlinie	M–n Kennlinie	M–n Kennlinie	M–n Kennlinie
Eigenschaften	Muß angeworfen werden	Nebenschlußverhalten, einfache Bauweise, schlechter Wirkungsgrad	Reihenschlußverhalten	Reihenschlußverhalten
Anwendungen	Gelegentlich für Baumaschinen	Für kleine Leistungen, z. B. in Haushaltsgeräten	Textilmaschinen	Haushaltsgeräte, elektrisch betriebene Werkzeuge

Motoren für spezielle Anwendungen

Motorart	Getriebemotor	Linearmotor	Elektronikmotoren		Servomotoren		Kleinstmotoren				Universalmotor
			Schrittmotor	Ständerkommutierter Gleichstrommotor	Lang-gezogene Bauweise	Scheibenläufermotor	Synchronmotor	Hysteresemotor	Reluktanzmotor	Spaltpolmotor	
Arbeitsweise	Asynchron- oder Gleichstrommotor mit eingebautem Getriebe	Induktionsmotorprinzip	Digitale Steuerbefehle werden in Winkelschritte umgewandelt	Ständerwicklung wird durch elektronische Schaltung kommutiert	Asynchronmotor- oder Gleichstrommotorprinzip		Synchronmotor mit Dauermagnetläufer	Drehfeldmotor, läuft asynchron an, geht dann in den synchronen Lauf über	Läufer mit ausgeprägten Polen, keine Erregerwicklung	Spaltpolmotor mit Kurzschlußläufer	Reihenschlußmotor für Gleich- und Wechselspannung
Kennzeichen	Motoren mit angebautem Getriebe, feste Übersetzung oder Stellgetriebe	Lineare Antriebsbewegung	Welle dreht sich in Winkelschritten, Schrittbewegung in beiden Drehrichtungen	Eingebauter Rotorlagegeber	Rascher Anlauf und kurze Bremszeit, kompakte Bauweise	überproportionale Länge	kurze- und gedrungene Bauweise	Wechselspannungsmotor mit Hilfsphase, kompakte Bauweise, evtl. Getriebe	Zylinder aus hartmagnetischem Werkstoff als Läufer		Nur eine Drehrichtung, Nebenschlußverhalten, symmetrische und asymmetrische Bauweise	Reihenschlußverhalten, Drehzahl steuerbar
Leistungsbereich	Einige W ... ca. 100 kW	ca. 10 W ... einige MW	Einige W ... einige kW		400 W ... 10 kW		1 W ... 3 W	ca. 10 W ... einige kW		0,5 W ... 25 W	10 W ... 500 W
Drehzahlbereich	Entsprechend Über- oder Untersetzung	Lineare Geschwindigkeit $v = 2 \cdot p \cdot f$	In Winkelschritten bis zu 5 000 min^{-1}	1 : 30 000	1 000 min^{-1} ... 13 000 min^{-1}		375 min^{-1} ... 500 min^{-1}	$n = \frac{f}{p}$; $n = \frac{3000}{p}$ min^{-1} bei 50 Hz		1 300 min^{-1} ... 2 700 min^{-1}	7 000 min^{-1} ... 28 000 min^{-1}
Wirkungsgrad	Geringer als ohne Getriebe	ca. 60 %	ca. 45%	70%...80%	70 % ... 90 %		ca. 10 %	ca. 40 %	ca. 10 %	10 % ... 30 %	ca. 50 %
Anwendungsbeispiele	• Werkzeugmaschinen, • Stellglieder	• Pumpen für leitende Flüssigkeiten, • Fahrzeugantriebe, • Büromaschinen	• In Steuer- und Regelanlagen für Stellglieder, • Tonwiedergabegeräte		• Automatisierung, • Roboter, • Drehzahlsteuerungen, • als Antriebe mit hoher Dynamik		• Regelungstechnik, • Zeitrelais, • Schaltuhren	• Tonbandgeräte, • Plattenspieler, • Industrieantriebe		• Büromaschinen, • Hausgeräte, • Lüfter, • Plattenspieler	• Hausgeräte, • Kleinwerkzeuge

Leistungsschilder für elektrische Maschinen

DIN 42 961/06.80

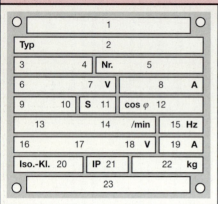

lfd. Nr.	Erklärung
9	Nennleistung, Abgabe in kW bei Motoren, Gleichstrom- und Induktionsgeneratoren; Scheinleistung in kVA bei Synchrongeneratoren und Blindleistungsmaschinen
10	Einheit der Leistung, z. B. kW
11	Nennbetriebsart
12	Leistungsfaktor
13	Drehrichtung nach DIN VDE 0530 Teil 8
14	Nenndrehzahl in min^{-1}
15	Nennfrequenz
16	„Err": (Erregung) bei Gleichstrommaschinen und Synchronmaschinen, „Lfr": (Läufer) bei Asynchronmaschinen
17	Schaltart der Läuferwicklung (siehe Feld 6)
18	Gleichstrom- und Synchronmaschinen: Nennerregerspannung, Schleifringl.-motoren: Läuferstillstandsspannung (Nennbetr.)
19	Gleichstrom- und Synchronmaschinen: Nennerregerstrom, Schleifringl.-motoren: Läufer-Nennstrom
20	Isolierstoffklasse
21	Schutzart nach DIN 40 050
22	Gewicht in kg bzw. t
23	Nr. und Ausgabejahr der zugrunde gelegten VDE-Bestimmung

lfd. Nr.	Erklärung
1	Name des Herstellers
2	Kennzeichen für den Typ, ergänzt durch Baugröße, Bauform
3	Stromart: siehe DIN 40 900 Teil 2;
4	Art der Maschine: z.B. Gen.; Mot.; usw.
5	Fertigungsnummer
6	Kennzeichnung der Schaltart der Wicklung nach DIN 40 900 Teil 6
7	Nennspannung
8	Nennstrom

Drehzahlsteuerungen

Motorart	Steuerart	Eigenschaften	Anwendung	Motorart	Steuerart	Eigenschaften	Anwendung
Asynchronmotoren	Polumschaltung	Bis zu vier unterschiedliche feste Drehzahlen	Lüfter	Universalmotor	Anschnittsteuerung	Stufenlose Drehzahlsteuerung	Elektrowerkzeuge, Haushaltsgeräte
	Frequenzsteuerung	Stufenlose Drehzahlsteuerung im großen Bereich	Werkzeugmaschinen, Schleifmaschinen u. ä.	Elektronikmotoren	fremdgesteuert, Schrittmotoren	Drehung im Winkelschritt möglich, zwei Drehrichtungen möglich	Steuer- und Regelungsanlagen, Tonwiedergabegeräte
Gleichstrommotoren	Steuerung von U_a	Stufenlose Drehzahlsteuerung in beiden Drehrichtungen	Werkzeugmaschinen, Walzstraßen, Bagger, Stellglieder		selbstgesteuert, ständerkommutiert	genaue Führung der Drehung	
	Steuerung von I_f	Stellbereich 1:1,5 bis 1:4					

Betriebsarten von umlaufenden elektrischen Maschinen

DIN VDE 0530 T.1/11.95

S1	Dauerbetrieb	S5	Periodischer Aussetzbetrieb mit Einfluß d. Anlaufvorganges und elektrischer Bremsung
S2	Kurzzeitbetrieb		
S3	Periodischer Aussetzbetrieb ohne Einfluß des Anlaufvorganges	S6	Ununterbrochener Betrieb mit Aussetzbelastung
S4	Periodischer Aussetzbetrieb mit Einfluß des Anlaufvorganges	S7	Ununterbrochener periodischer Betrieb mit Anlauf und elektrischer Bremsung
		S8	Ununterbrochener periodischer Betrieb mit periodischer Drehzahländerung
		S9	Betrieb mit nichtperiodischer Last- und Drehzahländerung
		S10	Betrieb mit einzelnen konstanten Belastungen

Einphasentransformatoren

Idealer Transformator

$$\ddot{u} = \frac{U_1}{U_2} \qquad \frac{U_1}{U_2} = \frac{N_1}{N_2} \qquad \frac{I_1}{I_2} = \frac{N_2}{N_1}$$

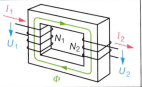
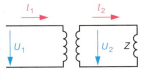

Realer Transformator

Umrechnung der Größen am Transformator auf die Eingangsseite (Widerstandstransformation):

$$U_2' = U_2 \cdot \ddot{u} \qquad Z' = Z \cdot \ddot{u}^2$$
$$R' = R \cdot \ddot{u}^2$$
$$I_2' = I_2 \cdot \frac{1}{\ddot{u}} \qquad X' = X \cdot \ddot{u}^2$$

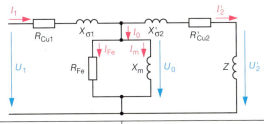
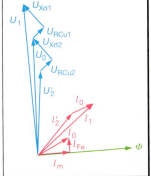

Transformatorhauptgleichung

$$|U_0| = N \frac{\Delta \Phi}{\Delta t}$$

$$U_0 = 4{,}44 \cdot \hat{B} \cdot A_{Fe} \cdot f \cdot N$$

Mit Hilfe der Transformatorhauptgleichung wird die Leerlaufspannung aus den Konstruktionsgrößen des Transformators bestimmt.

Kurzschlußspannung

$$u_k = \frac{U_k}{U_n} \cdot 100\ \%$$

Fließt bei kurzgeschlossener Sekundärwicklung in der Primärwicklung der Nennstrom, so liegt an der Primärwicklung die Kurzschlußspannung U_k.

Kurzschlußströme

$$I_{kd} = \frac{I_n}{u_k} \cdot 100\ \%$$

$$I_S = 1{,}8 \cdot \sqrt{2} \cdot I_{kd}$$

I_{kd}: Dauerkurzschlußstrom
I_S: Stoßkurzschlußstrom

Leerlauf	Kurzschluß	Belastung	Hohe Frequenzen
$R_{Cu} \ll R_{Fe}$ $X_\sigma \ll X_m$	R_{Fe} und X_m vernachlässigbar, da $I_0 \ll I_2'$ $R_{Cu} = R_{Cu1} + R'_{Cu2}$; $R_{Cu1} \approx R'_{Cu2}$ $X_\sigma = X_{\sigma 1} + X'_{\sigma 2}$; $\quad X_{\sigma 1} \approx X'_{\sigma 2}$		$R_{Cu}, R_{Fe} < X_\sigma$ X_m vernachlässigbar, da $I_0 \ll I_2$
Messung von R_{Fe} und P_{vFe}	Messung von R_{Cu} und P_{vCu}	U_2 hängt von I_2 und von φ ab, gilt für Leistungstransformatoren	

Drehstrom-Transformatoren
Begriffe, Kenngrößen, Schaltungen

DIN VDE 0532 T.1/03.82
DIN VDE 0532 T.4/03.82

Begriffe

- **Nennspannung** U: anzulegende Spannung oder Leerlaufspannung
- **Nennstrom** I: Strom bei Nennlast
- **Nennübersetzung**: $ü = \dfrac{U_{OS}}{U_{US}}$
- **Nennleistung**: $S_n = U \cdot I \cdot \sqrt{3}$
- **Oberspannungswicklung** (OS-Wicklung): Wicklung mit der höchsten Nennspannung
- **Unterspannungswicklung** (US-Wicklung): Wicklung mit der niedrigen Nennspannung.
- **Oberspannung** U_{OS}
- **Unterspannung** U_{US}
- **Leerlaufverluste** (Eisenverluste P_{vFe}): Bei Leerlauf aufgenommene Wirkleistung.
- **Kurzschlußverluste** (Nennwicklungsverluste P_{vCu}): Werden beim Kurzschlußversuch gemessen.
- **Spannungsverhalten** bei Belastung: Einpolige Betrachtung mit Strangwerten.
- **Wirkungsgrad**   • **Jahreswirkungsgrad**

$\eta = \dfrac{P_{ab}}{P_{ab} + P_{vFe} + P_{vCu}}$ $\eta_a = \dfrac{W_{ab}}{W_{ab} + W_{Fe} + W_{Cu}}$

- **Schaltgruppe** gibt die Schaltung der OS-Wicklung (Großer Buchstabe), die Schaltung der US-Wicklung (kleiner Buchstabe) und die Phasenverschiebung zwischen Ober- und Unterspannung an,
  Dreieckschaltung D oder d
  Sternschaltung   Y oder y
  Zickzackschaltung   z
  herausgeführter Sternpunkt N oder n
- **Kennzahl** x 30° gleich Phasenverschiebungswinkel

Wicklungen

Schaltgruppe Dy5

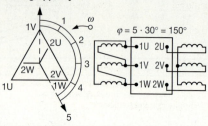

$\varphi = 5 \cdot 30° = 150°$

Schaltgruppe	Übersetzungsverhältnis $ü$	Zeigerbild OS	Zeigerbild US
Y y 0	$\dfrac{N_1}{N_2}$	1V, 1U, 1W	2V, 2U, 2W
D y 5	$\dfrac{N_1}{\sqrt{3}\,N_2}$	1V, 1U, 1W (Δ)	2U, 2W, 2V
Y d 5	$\dfrac{\sqrt{3}\,N_1}{N_2}$	1V, 1U, 1W	2U, 2W, 2V (Δ)
Y z 5	$\dfrac{2\,N_1}{\sqrt{3}\,N_2}$	1V, 1U, 1W	2U, 2W, 2V

Leistungsschilder von Transformatoren

DIN VDE 0532 T. 1/03.82
DIN VDE 0532 T.10/03.82

Leistungsschild eines Öltransformators mit Umsteller

Name oder Firmenzeichen				
Typ		Nr	Baujahr	VDE 0532
Nennleistung kVA	160	Art LT	Nennfrequenz Hz	50
Typ	1	20 400	Schaltgruppe	Yzn 5
Nennspg. V 2	20 000	400	U_m kV	24/1,1
Typ	3	19 600		
Nennstrom A	4,62		231	Isolierstoffkl.
Nennkurzschl.-Spg. %	4,1		Dauerkurzschl.-Strom kA	
Schutzart			Kurzschl.-Dauer max. s	2
Kühlungsart		DNAN		
Gesamt-Gewicht t	1,0		t	0,3

Mindestangaben

- Art des Transformators
- Name des Herstellers
- Baujahr
- Nennleistung
- Nennspannungen
- Schaltgruppe
- Gesamtgewicht
- VDE-Nummer
- Fertigungsnummer
- Phasenzahl
- Nennfrequenz
- Nennströme
- Nennkurzschlußspannung
- Ölgewicht

Zusatzangaben

- Isolierstoffklasse
- Schaltbild
- Kenndaten des Zubehörs
- Isolierflüssigkeit
- Übertemperatur
- Anzapfungsart
- Transportgewicht

Sondertransformatoren

DIN VDE 0550

Art und Bildzeichen	Bildzeichen bzw. Schaltung	Eigenschaften	Verwendung
Sicherheits- und **Schutztransformatoren**	Trenntransformatoren	$U_{1n} \leq 1\,000$ V $U_{2n} \leq 500$ V	Schutzmaßnahme Schutztrennung siehe Kap. 4
kurzschlußfest	Steuertransformatoren	$U_2 \leq 250$ V	Schützensteuerungen
	Kleinspannungstransformatoren	$U_2 < 50$ V, $U_{2n} = 42$ V oder $U_{2n} = 24$ V	Schutzmaßnahme Schutzkleinspannung siehe Kap. 4
bedingt kurzschlußfest	Netzanschlußtransformatoren	eine oder mehrere galvanisch getrennte Sekundärwicklungen	Elektronische Geräte
	Klingeltransformatoren	$U_2 \leq 12$ V, $U_2 = 3$ V/5 V/8 V/12 V nur eine Primärspannung	Haussignalanlagen
	Spielzeugtransformatoren	$U_2 \leq 24$ V, schutzisoliert nur mit Spezialwerkzeug zu öffnen	Kinderspielzeug
	Handleuchtentransformatoren	schutzisoliert	in besonderen Räumen
nicht kurzschlußfest offen gekapselt	Auftautransformatoren	$U_2 \leq 24$ V, schutzisoliert eine Ausgangsspannung	Auftauen eingefrorener Wasserleitung
	Transformatoren für medizinische Zwecke	$U_2 \leq 24$ V, in Sonderfällen 6 V schutzisoliert	medizinische Geräte
Zündtransformatoren		$U_2 = 5; 7; 10; 14$ kV Primär- und Sekundärwicklung galvanisch getrennt	Gas- und Ölfeuerungsanlagen
Schweißtransformatoren		$U_2 \leq 70$ V, $U_2 \leq 42$ V in engen Behältern I_2 steuerbar	Elektroschweißen
Streufeldtransformatoren		unbedingt kurzschlußfest, $u_{k\%} \leq 100$ % haben baubedingt große Streuinduktivitäten	Klingel-, Spielzeug-, Schutz- und Zündtransformatoren, Transformatoren für Leuchtröhrenanlagen
Spartransformatoren		keine galvanische Trennung $S_D = U_2 \cdot I_2;\ U_1 > U_2;\ U_2 > U_1$ $S_B = S_D\left(1 - \dfrac{U_2}{U_1}\right)\ S_B = S_D\left(1 - \dfrac{U_1}{U_2}\right)$	Wenn $U_1 \approx U_2$
		keine galvanische Trennung	Anlassen von Drehstrommotoren

Primärbatterien

Batteriearten

- **Industrie-Batterien:**
  Blei- und Nickel-Cadmium-Batterien, stationärer oder mobiler Einsatz.
- **Starter-Batterien:**
  Bleiakkumulatoren in Kraftfahrzeugen o. Schiffen.
- **Geräte-Batterien:**
  Batterien, gebaut als Rund- und Knopfzellen in prismatischer Bauform, verwendet als aufladbare Akkumulatoren und nichtaufladbare Primärbatterien.

Zink-Kohle-Element

U_n in V	IEC-Bez.	Kapazität in mAh	Max. Abmessung in mm			
			d	h	l	b
1,5	R 6	960	14,5	50,5	–	–
1,5	R 14	2300	26,2	50	–	–
1,5	R 20	5400	34,2	61,5	–	–
4,5	3 R 12	1800	–	67	62	22
9	6 F 22	300	–	48,5	26,5	17,5

Im Handel erhältlich unter dem Namen SUPER!
Weitere Batterietypen mit den Namen LONGLIFE u. Spezial!
Alle Batterien mit 0 % Hg und Cd!

Nichtaufladbare Batterien

System	Silberoxid-Zink Ag_2O-Zn ③	Alkali-Mangan-Zink MnO_2-Zn	Quecksilberoxid-Zink HgO-Zn ④	Zink-Luft Zn-O_2 ⑤	Lithium-Mangandioxid Li-MnO_2 ⑦
Aufbau	Silberoxid (–) Zinkpulver (+) Kali- oder Natronlauge	Braunstein (–) Zinkpulver (+) Kalilauge	Queck.-oxid (–) Zinkpulver (+) Kali- oder Natronlauge	Sauerstoff der Luft (–) Zinkpulver (+) Kalilauge	Braunstein (–) Lithium (+) organischer Elektrolyt
U_n in V	1,55	1,5	1,35	1,4	3,0
Energiedichte	350 bis 430 mWh/cm³	200 bis 300 mWh/cm³	400 bis 520 mWh/cm³	650 bis 950 mWh/cm³	400 bis 800 mWh/cm³
Belastbarkeit	hoch (KOH) mittel (NaOH)	hoch	hoch	hoch	niedrig
Selbstentladung	ca. 3 %/Jahr	ca. 3 %/Jahr	ca. 2 %/Jahr	ca. 3 %/Jahr	ca. 1 %/Jahr
Umweltbelastung	ca. 0,3 % Hg	ca. 0,3 % Hg Spezielle Entsorgung durch den Handel erforderlich.	ca. 30 % Hg	ca. 0,9 % Hg	umweltverträglich
Anwendungen	Uhren, Fotoapparate, Taschenrechner	Fotoapparate, Fernsteuerungen, Kleinsttaschenlampen	Hörgeräte, Meßgeräte, medizinische Geräte	Hörgeräte, Personenrufgeräte	Armbanduhren, elektronische Speicher, Film- u. Fotogeräte

Hochleistungsbatterien

IEC Bezeichnungen, Typ	Alkali-Mangan-Zelle (Alkaline)			Zink-Chlorid-Zelle		
	LR 20 Mono D, AM 1	LR 14 Baby C, AM 2	6 LR 61 E-Block 6 AM 6	R 20 Mono D, SUM-1	R 6 Mignon C, SUM-2	6 F 22 E-Block 006P
U_n in V	1,5	1,5	9	1,5	1,5	9
C_n in Ah	12	6,3	0,55	7,3	1,1	0,4
ϑ-Bereich	–30° C bis +70° C			–30° C bis +50° C		

Alle Batterien sind frei von Cadmium.

Typische Entladekennlinien

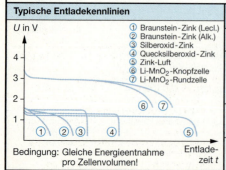

U in V

① Braunstein-Zink (Lecl.)
② Braunstein-Zink (Alk.)
③ Silberoxid-Zink
④ Quecksilberoxid-Zink
⑤ Zink-Luft
⑥ Li-MnO_2-Knopfzelle
⑦ Li-MnO_2-Rundzelle

Bedingung: Gleiche Energieentnahme pro Zellvolumen! Entladezeit t

Knopfzellen und Knopfzellenbatterien für elektronische Geräte

Chem. Element	U_n in V	C_n in mAh	Maße in mm	
			d	h
Alkali-Mangan	1,5	25	11,6	2,1
	1,5	50	11,6	3,05
	6	33	10,22	4,2
	6	100	13	25,2
	12	33	10,3	28,5
Silber-Zink	1,55	40	11,6	2,1
	1,55	105	11,6	4,2
	1,55	155	11,6	5,4
Lithium-Mangan	3	25	12,5	1,6
	3	150	20	2,5
	3	560	24,5	5

Akkumulatoren, wiederaufladbare Batterien

DIN 40732/05.78 DIN 72310/01.88
DIN 72311 T.13/09.76

Begriffe

- **Nennkapazität** C (CA) o. C_5 ist die Strommenge in mAh oder Ah, die bei einer 5stündigen Entladung ($I_E = 0{,}2$ CA) mindestens entnehmbar ist.
- **Lade- u. Entladeströme** ist das Vielfache von C_n in A mit CA. Bsp.: $C_n = 4$ Ah $\Rightarrow$ 0,1 CA = 400 mA
- **Nennladestrom** ist der erf. Strom ($I_L = 0{,}1$ CA), um eine entladene Zelle in 14 - 16 Std. zu laden.
- **Dauerladestrom** fließt zur Beibehaltung der Vollladung einer Zelle und beträgt z. B. $I_L = 0{,}03$ CA.
- **Nennentladestrom** ist der 5stündige Entladestrom von z. B. $I_E = 0{,}2$ CA. Damit wird die Nennkapazität innerhalb von 5 Stunden entnommen.
- **Ah-Wirkungsgrad** η_{Ah} ist Verhältnis der entnehmbaren Kapazität zur eingeladenen Kapazität. η_{Ah} ist abhängig von: Zellentyp, Lade-/Entladestrom und Zellentemperatur.
Unter Nennbedingungen beträgt $\eta_{Ah\,max} = 80\,\%$.

Betriebsarten von Akkumulatoren

Umschaltbetrieb (Notbeleuchtung) mit Ladegerät

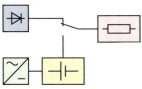

Parallelbetrieb (Fernmeldeanlagen und Starter-Batterie) als Pufferbetrieb

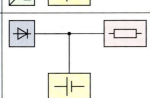

Kenndaten von Bleiakkumulatoren

- **Ladezustand:**
  Säuredichte ortsfester Akkumulatoren,
  entladen bei der Dichte 1,14 g/cm³;
  geladen bei der Dichte 1,2 g/cm³.
- **Spannungswerte:**
  Kleinste Entladespannung 1,8 V/Zelle,
  Gasungsspannung 2,4 V/Zelle,
  Ladeschlußspannung 2,65 V/Zelle,
  größte Ladespannung 2,4 V/Zelle.
- **Laden:**
  Polarität + an +, – an –,
  Ladespannung nach Zellenzahl mal 2,75 V,
  Belüftung des Laderaumes, Nachfüllen von destilliertem Wasser zu Beginn des Gasens.
- **Ladegerät:**
  Berührungsschutz, Schutzisolierung, Gehäuse nach IP 22, Überstromauslöser, also Schutz gegen Kurzschluß, falsche Polung, Überlastung.

Ladekennlinien von Akkumukatoren

Konstantstromladen (I) nach Abb. 1:
Die Ladespannung U_L wird so eingestellt, daß der Ladestrom konstant bleibt.

Konstantspannungsladen (U) nach Abb. 2:
Der Ladestrom I_L wird im Ladegerät so geändert, daß U_L bei Erreichen der Gasungsspannung konstant bleibt.

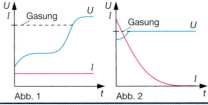

Abb. 1   Abb. 2

Technische Daten wartungsfreier Batterien

Typ[1]	U_n in V	C_n in Ah (20° C) bei 10 h bis 1,8 V	C_n in Ah (20° C) bei 3 h bis 1,8 V	Maße in mm l	b	h
1	12	22	18	166	125	176
2	12	32	27	166	156	203
3	12	53	42	271	164	204
4	12	75	60	360	164	227
5	6	64	51	165	165	204
6	6	115	91	326	171	161
7	6	155	112	359	171	226
8	2	210	162	135	208	282
9	2	340	261	201	208	282
10	2	445	345	201	208	282

Verwendung in stationären Anlagen, für unterbrechungsfreie Spannungsversorgung und Anlagen der Telekommunikation.

[1] Zellentyp, laut Herstellerangabe

Typische Entladekurven

U in V ① $2{,}5 \cdot C_{10}$ ② $1 \cdot C_{10}$ ③ $0{,}6 \cdot C_{10}$
④ $0{,}25 \cdot C_{10}$ ⑤ $0{,}15 \cdot C_{10}$ ⑥ $0{,}1 \cdot C_{10}$

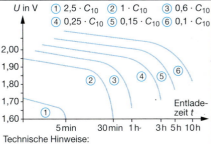

Technische Hinweise:
- **Dauerladespannung** je Zelle:
  2,50 V bei –20 °C;   2,40 V bei –10 °C;
  2,27 V bei +20 °C;   2,25 V bei +25 °C;
- **Entladeschlußspannung** je Zelle:
  1,65 V bei $t = 1$ h;   1,70 V bei $t = 3$ h;
  1,75 V bei $t = 5$ h;   1,80 V bei $t = 10$ h
- **Überwachung** durch Tiefentladeschutz oder Entladezeit über Zeitschaltuhr.

Weitere Hinweise, siehe Herstellerangaben.

Gasdichte Ni-Cd-Zellen

DIN IEC 21A (sec) 145/03.95 DIN 40751/01.83
DIN 40771 T.1/12.81

Bauarten zylindrischer Zellen

- **Standardzellen** (Typ 1),
  Trockenbatterien: Lady-, Micro- und Mignonzelle;
  Zyklenbetrieb: Personenrufanlagen
  Dauerbetrieb: Signal- u. Warnanlagen
- **Hochstromzellen** (Typ 2),
  für hohen Strombedarf;
  Zyklenbetrieb: Mobiltelefone
- **Hochkapazitätszellen** (Typ 3),
  optimierte Volumenkapazität;
  Zyklenbetrieb: z. B. Laptop Computer
  Dauerladebetrieb: Notstromanlagen
- **Hochtemperaturzellen** (Typ 4),
  maximal bis +70°C; geringere Belastbarkeit;
  Dauerladebetrieb: Kfz-Bord-Computer
- **Schnelladbare Zellen** (Typ 5),
  Ströme bis zu 2CA;
  Zyklenbetrieb: Elektrowerkzeuge

Kennlinien zylindrischer Ni-Cd-Zellen

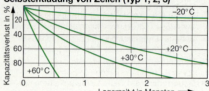

Selbstentladung von Zellen (Typ 1, 2, 3)

Entladespannung

Belastung bei Raumtemperatur: ①0,6·CA; ②1·CA; ③2·CA

Kenngrößen zylindrischer Ni-Cd-Zellen

Typ Größe	1	2	3	4	5
U_n in V	1,2	1,2	1,2	1,2	1,2
C_n in Ah	0,15 - 0,6	1,3 - 7,0	0,26 - 5,0	0,09 - 7,0	1,2 - 4,0
I_{En} in mA 0,2 · CA	30 - 120	240 - 1400	52 - 1000	18 - 1400	240 - 800
I_{Ln} in mA 0,1 · CA	15 - 60	130 - 700	26 - 500	9 - 700	120 - 400
R_i in mΩ	27 - 30	12,5 - 3,1	60 - 4	60 - 5,5	12,5 - 5

Beispiel: Zelle des Typs 3 mit $C_n = 5$ Ah
I_{En}: Entladestrom innerhalb von 5 h;
⇒ $I_{En} = 0,2 \cdot CA = 1000$ mA
I_{Ln}: Ladestrom, Vollladung einer Zelle
in 14 bis 16 h;
⇒ $I_{Ln} = 0,1 \cdot CA = 500$ mA

Ni-Cd-Knopfzellenbatterien

- Batterien für elektronische Geräte mit
  $C_n = 110$ mAh; $U_n = 8,4$ V;
  beschleunigt ladbar mit 22 mA
- Batterien für schnurlose Telefone mit
  $C_n = 280$ mAh; $U_n = 3,6$ V;
  Lebensdauer ca. 1000 Zyklen
- Batterien für elektronische Speicher z. B.
  Memory Backup (MBU) und Real Time Clocks
  in PC's; $C_n = 8$ bis 110 mAh;
  $U_n = 1,2$ V, 2,4 V und 3,6 V;

Eigenschaften von Knopfzellen-Typen

- **Hohe Überladefestigkeit** bei Raumtemperatur;
  $C_n = 12$ bis 110 mAh; $U_n = 1,2$ V
- **Erhöhte Außentemperaturen** bis +65°C;
  $C_n = 11$ bis 280 mAh; $U_n = 1,2$ V
- **Hohe Strombelastbarkeit** dauernd bis 3 · CA;
  $C_n = 250$ bis 550 mAh; $U_n = 1,2$ V

Gasdichte Nickel-Metallhydrid-Zellen

Rundzellen

U_n in V	C_5 in mAh	I_E in mA 0,2 · CA	I_L in mA 14 - 16 h	Maße in mm d	h
1,2	1100	220	110	14,4	48,2
1,2	1500	300	150	17,0	42,6
1,2	2400	480	240	17,0	66,6

Prismatische Zellen

U_n in V	C_5 in mAh	I_E in mA	I_L in mA	a	b	h
1,2	570	114	57	14,4	7,5	47,8
1,2	550	110	55	17,0	6,3	47,5

Knopfzellen

U_n in V	C_n in mAh	I_E in mA	I_{Emax} in mA	I_L in mA 14h	Maße in mm d	h
1,2	11	11	22	1,1	11,5	3,1
1,2	60	60	120	6	15,5	6,0
1,2	280	280	560	28	25,5	8,8

Kennlinien von Ni-Cd und Ni-MH-Zellen

Entladespannung und Kapazität

Ni-Cd-Rundzellen / Ni-MH-Zellen

Entnehmbare Kapazität in mAh
(bei vergleichbarer Zellengröße)

Spezifische Eigenschaften:
- Energiedichte ca. 180 Wh/l;
  ca. 50% mehr als bei Ni-Cd-Zellen
- Umweltverträglichkeit, 0% Hg, Cd und Pb.

Anwendungen:
- Tragbare Kommunikationsgeräte,
- Audio-visuelle Systeme,
- Computer, Taschenrechner

Laden gasdichter Akkumulatoren DIN VDE 0510/01.77

Ladebedingungen

Es gelten die folgenden Bedingungen für das Laden von Ni-Cd-Zellen:
- Ladung mit I = konstant (Konstantstromladen).
- Größe des Ladestromes je nach Zellentyp und Temperaturbedingungen.

Ladearten

- **Normalladen** für zylindrische Zellen:
  Ladenennstrom von 0,1 · CA bei Raumtemperatur in 14 h (Ladefaktor 1,4), Ladung auf 140 % der Nennkapazität.
- **Beschleunigtes Laden:**
  Laden mit Ladeströmen der Größe 0,2 · CA bis 0,3 · CA.
- **Schnellladen mit Spannungsüberwachung:**
  Ladenennstrom beträgt 1 · CA, Ladezeit von 1 h bei Standard-, Hochkapazitäts- und Hochstrom-Zellen, Spannungsabschaltung bei 1,52 V/Zelle bei 20°C.
- **Schnelladung nach Vorentladung:**
  Bei unbekanntem Ladezustand der Batterie zuerst entladen bis 0,9 V/Zelle, Ladenennstrom von 1 · CA innerhalb 1 h.
- **Schnelladen mit Temperaturüberwachung:**
  Ladenennstrom bis 2 · CA, Überwachung durch NTC-Widerstand im Batteriepaket mit Unterbrechung bei +50°C Zellentemperatur.
- **Dauerladen (Erhaltungsladen):**
  Laden von gasdichten, zylindrischen Zellen, Dauerladestrom von 0,05 · CA (maximal).
- **Dauerladen in Intervallen:**
  Laden je nach Belastung, Volladung bei z. B. 6 bis 7 h mit 0,2 · CA, Dauerladung in Intervallen mit mindestens 1 min/h mit 0,2 · CA.

Akkumulatoren für Ersatzstromgeräte

Ersatzstromaggregate übernehmen bei Netzstörungen z. B. in Industriebetrieben, Telekommunikationsanlagen und Krankenhäusern die Energieversorgung für bestimmte Anlagenbereiche. Folgende Anforderungen ergeben sich laut DIN VDE 0108:
- **Bemessung des Akkumulators:**
  Aus Erhaltungszustand muß bei Umgebungstemperatur von 5°C ein dreimaliger Start mit 10s Dauer und 5s Pause möglich sein.
- **Ladeverlauf nach I-U-Kennlinie**, d. h. der Akkumulator muß in 10h auf 90% von C_n gebracht werden.
- **Ladegerät** für Ni-Cd-Starterbatterien laut DIN VDE 0510 T.2.

Kenndaten von Ladegeräten

Technische Ausstattung
- **Anschlußspannung:** 230V ± 10%, 47 - 63Hz (± 5%)
  Typ: 12 V DC, Spannungsbereich 12...15,5 V
  24 V DC, Spannungsbereich 24...31 V
  mit Nennstrom von je 10 A.
- **Absicherung:** DC-seitig mit einpoliger Schmelzsicherung.
- **Ladegeräte für:**
  Ni-Cd-Akkumulatoren mit 10 bzw. 20 Zellen,
  Blei-Akkumulatoren mit 6 bzw. 12 Zellen.

Ladefunktionen

- **Automatische Schnell- und Erhaltungsladung:**
  IC-Baustein mit Programmiereinrichtung kontrolliert I_L und ϑ_{zul}, wobei der Laststrom über die Spannung, die Temperatur mit einem Thermistor kontrolliert werden.
- **Kennlinienumschalter** für Ladekennlinien zur Anpassung an jeweilige Akkumulatoren. Einstellung der typischen Ladekennlinien auch über eingebautes Potentiometer.

Ladegeräte

- **Geräte mit direkter Aufladung** des Akkumulators ohne Berücksichtigung des Entladezustands. Nachteil: Reduzierung der Lebensdauer u. Kapazität z. B. des Ni-Cd- bzw. Ni-MH-Akkumulators.
- **Geräte mit Entlade-Ladetechnik**, die die Akkumulatoren zunächst entladen und dann automatisch aufladen; Anzahl der Zellen von 1 bis 10 sowie Nennkapazität über Schalter einstellbar. Vorteil: Vermeidung von Überladung und Erhalt der Kapazität des Akkumulators.
- **Ladekontrolle** wird z.B. von einem Mikrokontroller übernommen, der den Verlauf der Lade-/Entladefunktion je nach Entladezustand des Akkumulators automatisch beeinflußt. Die Lebenszeit des Akkumulators erhöht sich, da der „Memory-Effekt" wegfällt.

Ladetechnik

Systemvergleich

Typ	Ni-Cd	Ni-MH	Li-Ion[1]
U_n in V	6V/ 5 Zellen	4,8V/ 4 Zellen	7,2V/ 2 Zellen
C_n in Ah	1,2	1,2	1,2
Selbstentladung	60%/ 6 Monate	60%/ 6 Monate	30%/ 6 Monate
Energiedichte	1,0 fach	1,4 fach	2,4 fach
Memory-Effekt	ja	nein	nein

[1] Der Lithium-Ion-Akkumulator besteht aus Li-C-Metalloxid. Er besitzt eine hohe Energiedichte u. Umweltverträglichkeit.

Umweltschutz, Recycling

Batterien

Umweltgefährdung:	Maßnahmen zum Schutz:	Alternativen:
• Quecksilber • Blei und Cadmium • Nickel und Zink	• Rückgabe an Handel • Sondermüllsammlung • Wiederverwertung	• wiederaufladbare Batterien • solarbetriebene Geräte

Leitungen und Kabel

DIN 40705/02.80 DIN VDE 0265/12.95
DIN VDE 0281 T. 1/04.85 DIN VDE 0293/01.90

Kennfarben isolierter und blanker Leiter

Leiterbezeichnung		Zeichen	Farbe	Leiterbezeichnung	Zeichen	Bildzeichen	Farbe
Wechselstrom	Außenleiter	L1; L2; L3	1)	Schutzleiter	PE	⏚	gnge
	Neutralleiter	N	bl	PEN-Leiter (Neutrall. mit Schutzfunktion)	PEN	⏚	gnge
Gleichstrom	positiv	L+	1)	Erde	E	⏛	1)
	negativ	L−	1)				
	Mittelleiter	M	bl	1) Farbe nicht festgelegt			

Kennfarben von Adern bei isolierten Leitungen und Kabeln

	für feste Verlegung			für ortsveränderliche Verbraucher		
Aderzahl	Leitungen mit Schutzleiter	Leitungen ohne Schutzleiter	Aderzahl	Leitungen mit Schutzleiter	Leitungen ohne Schutzleiter
2	gnge sw	sw bl	2	– –	br bl
3	gnge sw bl	sw bl br	3	gnge br bl	sw bl br
4	gnge sw bl br	sw bl br sw	4	gnge sw bl br	sw bl br sw
5	gnge sw bl br sw	sw bl br sw sw	5	gnge sw bl br sw	sw bl br sw sw
6 und mehr	gnge/weitere Adern sw mit Zahlenaufdruck	sw mit Zahlenaufdruck	6 und mehr	gnge/weitere Adern sw mit Zahlenaufdruck	sw mit Zahlenaufdruck

Gummi- und kunststoffisolierte Kabel

Aderzahl	Kabel mit Schutzleiter	Kabel ohne Schutzleiter	Kabel mit konz. Leiter
2	– –	sw bl	sw bl
3	gnge sw bl	sw bl br	sw bl br
4	gnge sw bl br	sw bl br sw	sw bl br sw
5	gnge sw bl br sw	sw bl br sw sw	–
6 usw.	gnge sw sw m. Zahlenaufdr.	sw sw mit Zahlenaufdruck	sw mit Zahlenaufdruck

Farbkurzzeichen (Auswahl) nach DIN IEC 757 (bisher nach DIN 47 002): Schwarz = BK (sw); Braun = BN (br); Gelb = YE (ge); Grün = GN (gr); Blau = BU (bl).

Spannungsfall und Verlustleistung

Kenngröße	Art des Netzes		
	Gleichstrom	Wechselstrom	Drehstrom
unverzweigtes Netz Spannungsfall in V	$\Delta U = \dfrac{2 \cdot l \cdot I}{\varkappa \cdot q}$	$\Delta U = \dfrac{2 \cdot l \cdot I \cdot \cos\varphi}{\varkappa \cdot q}$	$\Delta U = \dfrac{\sqrt{3} \cdot l \cdot I \cdot \cos\varphi}{\varkappa \cdot q}$
verzweigtes Netz Spannungsfall in V	$\Delta U = \dfrac{2}{\varkappa \cdot q} \cdot \Sigma(I \cdot l)$	$\Delta U = \dfrac{2 \cdot \cos\varphi_m}{\varkappa \cdot q} \cdot \Sigma(I \cdot l)$	$\Delta U = \dfrac{\sqrt{3} \cdot \cos\varphi_m}{\varkappa \cdot q} \cdot \Sigma(I \cdot l)$
Verlustleistung in W	$P_v = \dfrac{2 \cdot l \cdot I^2}{\varkappa \cdot q}$	$P_v = \dfrac{2 \cdot l \cdot I^2}{\varkappa \cdot q}$	$P_v = \dfrac{3 \cdot l \cdot I^2}{\varkappa \cdot q}$
maximale Leitungslänge in m	$l = \dfrac{\Delta u \cdot U \cdot q \cdot \varkappa}{2 \cdot 100\% \cdot I}$	$l = \dfrac{\Delta u \cdot U \cdot q \cdot \varkappa}{2 \cdot 100\% \cdot I \cdot \cos\varphi}$	$l = \dfrac{\Delta u \cdot U \cdot q \cdot \varkappa}{\sqrt{3} \cdot 100\% \cdot I \cdot \cos\varphi}$
Spannungsfall in %	$\Delta u = \dfrac{\Delta U}{U_N} \cdot 100\%$	Verlustleistung in %	$P_{v\%} = \dfrac{P_v}{P} \cdot 100\%$

Leitungen zur Energieübertragung

DIN VDE 0281 T.1/04.85
DIN VDE 0282 T.1/04.85

Isolierte Leitungen für feste Verlegung

Typenkurzzeichen
Beispiel: H 07 RR – F 3 G 1,5

Kennzeichnung der Bestimmung
H: Harmonisierter Typ
A: Anerkannter nationaler Typ

Leiterquerschnitt

Nennspannung in kV
03: 300/300 V; 05: 300/500 V; 07: 450/750 V

Schutzleiter
X: ohne gnge Schutzleiter
G: mit gnge Schutzleiter

Isolier- und Mantelwerkstoff
V: PVC
R: Natur- oder Synthetischer Kautschuk
N: Chloropren-Kautschuk
S: Silikon-Kautschuk; J: Glasfasergeflecht; T: Textilgewebe

Aderzahl

Leiterart
U: eindrähtig   F: feindrähtig;
R: mehrdrähtig   Leitungen flexibel
K: feindrähtig;   H: feinstdrähtig
Leitungen fest verlegt   Y: Lahnlitzenleiter

Aufbauart
H: flache, aufteilbare Leitung; H2: flache, nicht aufteilbare Leitung

Bezeich- nung	Abbildung	Kurzzeichen alt	Kurzzeichen neu	Ader- zahl	Verwendung
Gummi- aderleitung mit erhöhter Wärme- beständigkeit		N2GAFU	H05SJ-K	1	Verdrahtung in Leuchten, in Schalt- und Verteiler- anlagen. Verlegung in Rohren in trockenen Räumen bis 180 °C
Kunststoff- ader- leitungen		NYA NYAF	H07V-U H07V-R H07V-K	1	Verdrahtung in Schalt- und Verteileranlagen. Verlegung in Rohren in trockenen Räumen
Steg- leitungen		NYIF	–	2…5	Verlegung in oder unter Putz in trockenen Räumen
Mantel- leitungen		NYM	–	1…5	Verlegung auf, in und unter Putz in trockenen und feuchten Räumen und im Freien
Zwillings- leitungen		NYZ	H03VH-H	2	In trockenen Räumen bei sehr geringen mechani- schen Beanspruchungen. Nicht für Wärmegeräte
Leichte Kunststoff- schlauch- leitungen		NYLHYrd	H03VV-F	2…3	In trockenen Räumen bei geringen mechanischen Beanspruchungen für leichte Handgeräte
Mittlere Kunststoff- schlauch- leitungen		NYMHYrd	H05VV-F	2…5	In trockenen Räumen bei mittleren mechanischen Beanspruchungen, für Hausgeräte auch in feuchten Räumen
Gummischlauch- leitungen (leichte Aus- führung)		NLH NMH	H05RR-F	2…5	In trockenen Räumen bei geringen mechanischen Beanspruchungen für Hand- und Wärmegeräte

Zuordnung von Überstrom-Schutzorganen

Bbl. 1 DIN VDE 0100 T.430/11.91
DIN VDE 0298 T.4/02.88

Belastbarkeit von Leitungen mit Isolierwerkstoff PVC (zul. Betriebstemperatur 70° C) für feste Verlegung und Zuordnung von Überstrom-Schutzorganen für Dauerbetrieb bei Umgebungstemperatur 25° C (Auszug).

Verlegeart	Erklärung
A	Verlegung in wärmedämmenden Wänden.
B1, B2	Verlegung in Elektroinstallationsrohren oder -kanälen.
C	Direkte Verlegung auf der Wand oder auf dem Fußboden.

NYM, NYBUY, NYIF, H07V-U, H07V-R, H07V-K (Auswahl)

Zulässige Betriebsstromstärke I_z und Nennstromstärke I_n der Überstrom-Schutzorgane in A

q_n in mm² (Cu)	A				B1				B2				C			
	Aderzahl				Aderzahl				Aderzahl				Aderzahl			
	2		3		2		3		2		3		2		3	
	I_z	I_n	I_z	I_n	I_z	I_n	I_z	I_n	I_z	I_n	I_z	I_n	I_z	I_n	I_z	I_n
1,5	16,5	16	14	13[1]	18,5	16	16,5	16	16,5	16	15	13	21	20	18,5	16
2,5	21	20	19	16	25	25	22	20	22	20	20	20	28	25	25	25
4	28	25	25	25	34	32[1]	30	25	30	25	28	25	37	35[1]	35	35[1]
6	36	35	33	32[1]	43	40[1]	38	35[1]	39	35[1]	35	35[1]	49	40[1]	43	40[1]
10	49	40	45	40[1]	60	50	53	50	53	50	50	50	67	63	63	63
16	65	63	59	50	81	80	72	63	72	63	65	63	90	80	81	80
25	85	80	77	63	107	100	94	80	95	80	82	80	119	100	102	100
35	105	100	94	80	133	125	118	100	117	100	101	100	146	125	126	125

[1] Hinweis zu den Nennströmen I_n = 13 A; 32 A; 35 A; 40 A: Stehen entsprechende Schutzeinrichtungen nicht zur Verfügung, dann sind solche mit nächstniedrigeren Nennströmen zu verwenden.

Umrechnungsfaktoren für Leitungen mit Isolierstoff PVC

Umgebungstemperatur in °C	10	15	20	25	30	35	40	45	50	55	60
Umrechnungsfaktoren	1,15	1,1	1,06	1,0	0,94	0,89	0,82	0,75	0,67	0,58	0,47

Umrechnungsbeispiel zu I_z:
2adrige Leitung (2,5 mm²), Verlegeart B1 und Umgebungstemperatur 40° C
I_z = 25 A · 0,82 I_z = 20,5 A

Belastbarkeit von Leitungen zur Energieübertragung

Leitung/Kabel	Nennquerschnitt in mm²	Aderzahl	Außenabmessung in mm	max. Absicherung in A	max. Leistung in kW	max. Leitungslänge in m bei Δu (U_v) in %			
						Wechselstrom		Drehstrom	
						3,0	0,5		3,0
H07V-U	1,5	–	3,3	16[1]	3,68	18,1	–	–	–
	1,5	–	3,3	16[1]	11,07	–	–	–	36,4
	2,5	–	3,9	25[1]	5,75	19,1	–	–	–
	2,5	–	3,9	20[1]	13,84	–	–	–	48,6
	4	–	4,4	25[1]	17,3	–	–	–	62,2
	6	–	4,9	35[1]	24,22	–	–	–	66,6
	10	–	6,4	50[1]	34,6	–	–	12,9	77,7
H07V-R	16	–	7,3	63[1]	43,6	–	–	16,4	98,7
	25	–	9,8	80[1]	55,36	–	–	20,2	121,4
NYM	1,5	3	10,5	16	3,68	18,1	–	–	–
	1,5	4	11,0	16	11,07	–	–	–	36,4
	2,5	3	11,5	25	5,75	19,3	–	–	–
	2,5	4	12,5	25	17,3	–	–	–	38,8
	4	4	14,5	35	24,22	–	–	–	44,4
	6	4	16,5	40	27,68	–	–	–	58,3
	10	4	19,5	63	43,6	–	–	10,3	61,7
	16	4	23,5	80	55,36	–	–	12,9	77,7
NYY	1,5	3	14,0	16	3,68	18,1	–	–	–
	1,5	4	16,0	16	11,07	–	–	–	36,4
	2,5	3	15,0	25	5,75	19,3	–	–	–
	2,5	4	17,0	25	17,3	–	–	–	38,8
	4	4	19,0	35	24,33	–	–	–	44,4
	6	4	20,0	40	27,68	–	–	–	58,3
	10	4	22,0	63	43,6	–	–	10,3	61,7
	16	4	25,0	80	55,36	–	–	12,9	77,7

[1] Zuordnung von Überstrom-Schutzeinrichtungen nach Verlegeart B1, alle anderen Werte nach Verlegeart C für Umgebungstemperaturen von 25° C

Kennzeichnung von Betriebsmittelanschlüssen und Leitern

DIN EN 60 445/09.91

Betriebsmittel oder Leiterenden müssen nach Norm (DIN IEC 30) angeordnet werden.
Farbkennzeichnung darf erfolgen.
Kennzeichnung kann auch durch Bildzeichen (DIN IEC 417 und 617) oder große lateinische Buchstaben und arabische Zahlen erfolgen.
Bei Gleichstrom Buchstaben der ersten Hälfte und bei Wechselstrom der zweiten Hälfte des Alphabets wählen. (I und O nicht verwenden)
"+" und "−" dürfen benutzt werden.
Teile der Kennzeichnung weglassen, wenn keine Verwechselungsgefahr besteht.
Bei Anschlüssen:
- Enden eines Elementes mit 1 und 2 bezeichnen. ①
- Anzapfungen durch aufsteigende Zahlen kennzeichnen. ②
- Mehrere Elemente einer Gruppe durch vorangestellte Buchstaben ③ oder Zahlen ④ oder verschiedene Zahlen ⑤ unterscheiden.
- Mehrere Gruppen mit gleichen Buchstaben erhalten vorangestellte Zahlen. ⑥ ⑦
- Betriebsmittelanschlüsse, die an bestimmte Leiter angeschlossen werden, erhalten die Buchstaben der nebenstehenden Tabelle. Einigen Leitern sind die in der Tabelle angegebenen Bezeichnungen zugeordnet. ⑧

Leiter	Kennzeichen	
	Betriebsmittel-anschlüsse	Leiter-enden
Leiter des Wechselstromnetzes		
Außenleiter 1	U	L1
Außenleiter 2	V	L2
Außenleiter 3	W	L3
Neutralleiter	N	N
Leiter des Gleichstromnetzes		
Positiv	C	L+
Negativ	D	L−
Mittelleiter	M	M
Schutzleiter	PE	PE
PEN-Leiter	−	PEN
Erdungsleiter	E	E
Fremdspannungsarmer Erdleiter	TE	TE
Masseverbindung	MM [1]	MM [1]
Äquipotentialverbindung	CC [1]	CC [1]

[1] Diese Kennzeichnungen gelten nur dann, wenn diese Anschlüsse oder Leiter nicht dazu bestimmt sind, das Potential des Schutzleiters oder der Erde zu führen

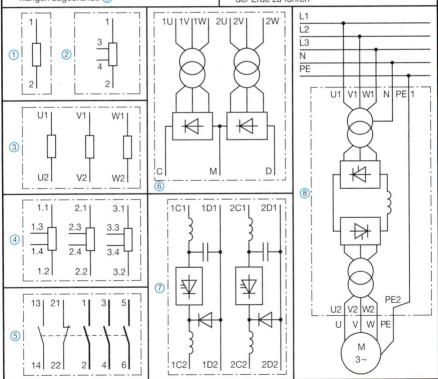

379

Farben für Drucktaster, Anzeigen und Leuchtdrucktaster

DIN EN 60 204 -1/06.93

Farbe	Drucktaster/Leuchtdrucktaster		Anzeige (Leuchten)	
	Bedeutung	Anwendung	Bedeutung	Anwendung
Rot	Notfall	NOT-AUS	Notfall	Gefährlicher Zustand
Gelb	Anomal	Beseitigung abnormaler Bedingungen oder unerwünschter Änderungen.	Anomal	Physikalische Größe überschreitet den normalen Bereich.
Grün	Sicher	Vorbereiten, Bestätigen	Normal	Physikalische Größe liegt im normalen Bereich.
Blau	Zwingend	Rückstellfunktion	Zwingend	Vorgegebene Werte eingeben.
WEISS		START/EIN	Neutral	Allgemeine Informationen.
GRAU				
SCHWARZ		STOP/AUS		

Anschlußbezeichnungen und Kennziffern von Niederspannungs-Schaltgeräten

DIN EN 50 005/07.77
DIN EN 50 011/05.78
DIN EN 50 012/05.78

Anschlußbezeichnungen für **Hauptschaltglieder** und **Überlast-Schutzeinrichtungen**

Ziffern		Bedeutung	Beispiele
1	2	1. Schaltglied	
3	4	2. Schaltglied	
5	6	3. Schaltglied	
7	8	4. Schaltglied	
9	0	5. Schaltglied	

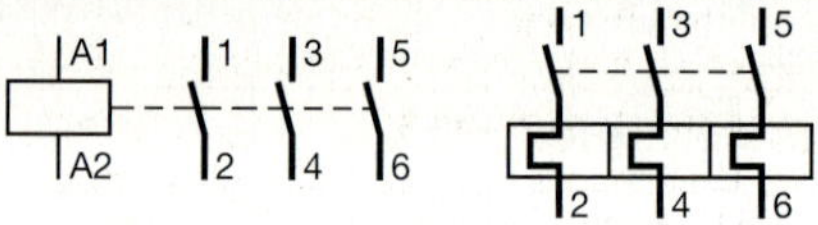

Funktionsziffer			Kontaktart	Beispiele
1	2		Öffner	
5	6		Öffner, mit besonderer Funktion	
3	4		Schließer	
7	8		Schließer, mit besonderer Funktion	
1	2	4	Wechsler	
5	6	8	Wechsler, mit besonderer Funktion	

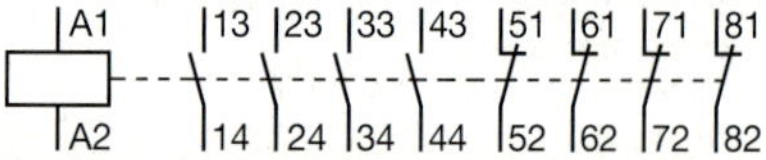

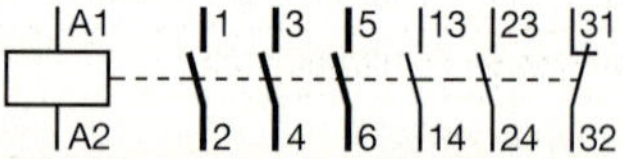

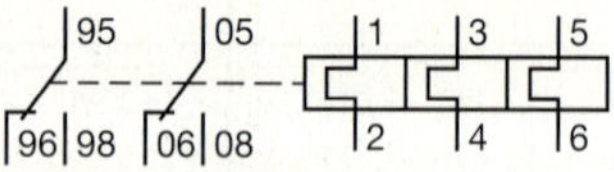

Buchstabe	Art des Antriebes	Ziffer	Anschlußart	Beispiele
A	magn. Antrieb (Spule)	1	Spulenanfang	
B	2. Spule	2	Spulenende	
C	Arbeitsstromauslöser	3	Anzapfungen	
D	Unterspannungsauslöser	4	Anzapfungen	
		.	Anzapfungen	
E	Verriegelungsauslöser	.	Anzapfungen	
		.	Anzapfungen	
U	Motoren			
X	Leuchtmelder			

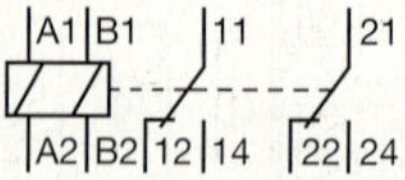

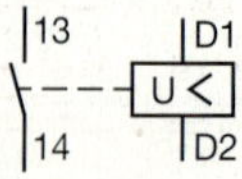

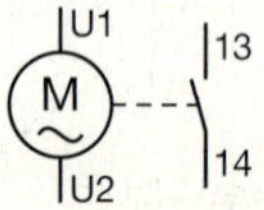

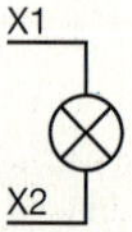

Verteilungen
Hausinstallationen

DIN VDE 0100 T.540/11.91   DIN 43627/07.92
DIN 43870 T.1/02.91 und 2/03.91
DIN 18015 T.1/03.92, T.2/08.96, T.3/07.90

Hausanschluß

Kabel-Hausanschlußkasten – 3 x KH 00-A

Zählerplatz nach Rastersystem

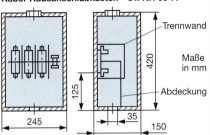

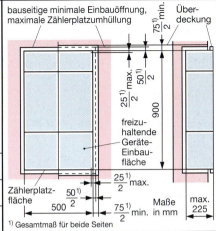

bauseitige minimale Einbauöffnung, maximale Zählerplatzumhüllung

Kurz-zeichen	NH-Siche-rungen	Anschluß: q_{max} in mm² Zugang	Abgang
KH 00-A	3 x Größe 00 + PEN/N	4 x 50	4 x 50
KH 1-B	3 x Größe 1 + PEN/N	4 x 150	4 x 120

[1] Gesamtmaß für beide Seiten

Zulässiger maximaler Spannungsfall

0,5 % in den Leitungen vom Hausanschluß bis zu den Meßeinrichtungen bei $S \leq 100$ kVA[1]
3,0 % zwischen Meßeinrichtung und den Verbrauchsmitteln
[1] Siehe Angaben der Technischen Anschlußbedingungen (TAB)

Hauptleitungsquerschnitte

Bemessung für Wohnungen ohne Elektroheizung:
- Laut Diagramm in DIN 18015 T.1,
- **Mindestabsicherung** von 63 A bis 5 Wohneinheiten; Selektivität der Schmelzsicherungen gewährleistet,
- **Mindestleiterquerschnitte** für Cu-Leitungen bei Verlegeart
  A: 25 mm²; **B1** und **B2:** 16 mm²; **C:** 10 mm²

Beispiel: Zentrale Zähleranordnung Drehstromleitungen

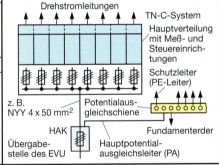

TN-C-System
Hauptverteilung mit Meß- und Steuereinrichtungen
Schutzleiter (PE-Leiter)
z. B. NYY 4 x 50 mm²
Potentialausgleichsschiene
HAK
Fundamenterder
Übergabestelle des EVU
Hauptpotentialausgleichsleiter (PA)

Installationszonen und Vorzugsmaße

Küchen, Hausarbeitsräume

Wohnräume

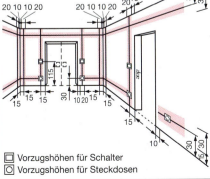

☐ Vorzugshöhen für Schalter
◎ Vorzugshöhen für Steckdosen

Installationszonen
Vorzugsmaße für elektrische Leitungen

Überspannungsschutz

DIN VDE 0185 T.1, T.2/11.82

Störursachen

- Ferne Blitzeinschläge in Freileitungen mit Stoßspannungen > 10 kV, so daß die Spannungsfestigkeit von Geräten überschritten wird.
- Elektromagnetische Störfelder durch atmosphärische Spannungsentladungen, die Übertragungsfelder in elektronischen Systemen verursachen.
- Schalthandlungen in elektrischen Versorgungsnetzen und bei induktiven Verbrauchern, z. B. Motoren, Aufzügen.
- Nahe Blitzeinschläge bis 1000 m, wobei starke Änderungen der magnetischen Feldstärke in Leiterschleifen, z. B. L1–N des Netzes zwischen Geräten und Gebäuden, hohe Induktionsspannungen hervorrufen.
- Blitzeinschlag in Versorgungs- oder Datenkabel, wobei ein Teil des Blitzstromes kapazitiv oder galvanisch in die elektronische Anlage gekoppelt wird.
- Höchste Gefährdung bei direktem Blitzeinschlag ins Gebäude oder im Nahbereich (< 1 km), Potentialanhebung metallischer Gebäudeteile und Geräte gegen Erde; Durchschläge in geerdeten elektrischen Betriebsmitteln, Daten- und Informationssystemen.

Maßnahmen gegen Überspannungen

Äußerer Blitzschutz:	Innerer Blitzschutz:
• Blitzableiter • Erdungsanlage	• Potentialausgleich • Überspannungsschutzgeräte

Überspannungsableiter

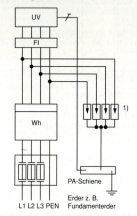

[1] mit Genehmigung des EVU auch vor dem Zähler

Anlage (Ausschnitt) mit Überspannungs-Schutzeinrichtungen

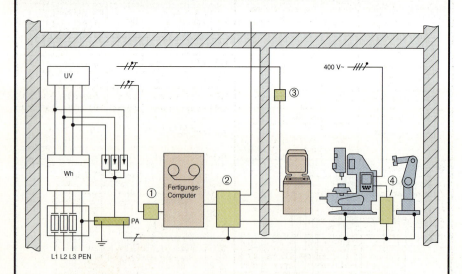

① Schutzkontaktsteckdose mit Überspannungsschutz und integrierter Überwachungseinrichtung
② Überspannungs-Schutzgeräte für unsymmetrische Schnittstellen
③ Überspannungsfilter für den netzseitigen Geräteschutz
④ Überspannungs-Schutzgeräte in MSR-Anlagen für Gleich- und Wechselspannungen

Überstrom-Schutzorgane

DIN VDE 0636 T.1, T.31, T.41/12.83, DIN 41576 T.1/06.84, T.2/06.87,
DIN 41 577 T.1/06.87, T.2/06.84, DIN VDE 0641 T.2/04.84,
DIN VDE 0641 T.4/10.86, T.11/08.92 DIN VDE 0820 T.1/11.92

Schmelzsicherungen

Funktionsklassen

g: Ganzbereichssicherungen können
- Nennstrom dauernd führen und
- Ströme vom kleinsten Schmelzstrom bis zum Nennausschaltstrom schalten.

a: Teilbereichssicherungen können
- Nennstrom dauernd führen und
- Ströme oberhalb eines bestimmten Vielfachen ihres Nennstromes bis zum Nennauschaltstrom schalten.

Arten von Schutzobjekten

- **L:** Kabel- und Leitungsschutz
- **M:** Schaltgeräteschutz
- **R:** Halbleiterschutz
- **B:** Bergbau- und Anlagenschutz

Betriebsklassen

- **gL:** Ganzbereichs-Kabel- und Leitungsschutz
- **aM:** Teilbereichs-Schaltgeräteschutz
- **aR:** Teilbereichs-Halbleiterschutz
- **gR:** Ganzbereichs-Halbleiterschutz
- **gB:** Ganzbereichs-Bergbauanlagenschutz

D- und DO-Sicherungssystem – Kennzeichnung

Sicherung und Paßeinsatz		Sockel Nennstrom in A	Gewindegröße der Schraubkappe	
Nennstrom in A	Kennfarbe		Diazed	Neozed
2	rosa	25		
4	braun			DO 1
6	grün			(E 14)
10	rot		D II	
16	grau		(E 27)	
20	blau			
25	gelb			DO 2
35	schwarz	63		(E 18)
50	weiß		D III	
63	kupfer		(E 33)	
80	silber	100	D IV	DO 3
100	rot		(R1/4")	(M30x2)

Geräteschutzsicherungen

Kleinstsicherungseinsätze
Ausschaltvermögen klein (flink)

Größe bis 10 mm x 10 mm	Bemessungsstrom: 2 mA bis 5 A Bemessungsspannung: 125 V Schmelzdauer bei:				
	I_n	1 x	2 x	2,75 x	4 x	10 x
	t	4 h min.	5 s max.	300 ms max.	30 ms max.	4 ms max.

	Bemessungsstrom: 50 mA bis 5 A Bemessungsspannung: 250 V Schmelzdauer bei:				
	I_n	2,1 x	2,75 x		4 x	10 x
	t	0,5 h max.	10 ms min.	3 s max.	3 ms min. 300 ms max.	20 ms max.

Leitungsschutz-Schalter

Auslösecharakteristiken, Anwendungen

Z Verwendung für
- Überstromschutz von Leitungen,
- Steuerstromkreise ohne Stromspitzen,
- Meßstromkreise mit Wandlern,
- Halbleiterschutz.

B und
C Verwendung u. a. in Hausinstallationen
- direkte Zuordnung der LS-Schalter nach I_z der Leitungen möglich;
- 2. Bedingung $I_2 = 1,45 \cdot I_z$ ist erfüllt.

K Verwendung für
- Stromkreise mit hohen Stromspitzen durch Motoren, Transformatoren, Kondensatoren,
- Elektromagnetischer Auslöser hält hohe Einschaltstromspitzen.

Auslösebedingungen

LS-Schalter laut DIN VDE 0100 T.430:

Bedingungen: 1. $I_b \leq I_n \leq I_z$ 2. $I_2 \leq 1{,}45 \cdot I_z$

Nach der 2. Bedingung ist I_2 der Strom, bei dem spätestens nach einer Stunde der LS-Schalter abschalten muß. Er darf maximal das 1,45-fache der maximalen Strombelastbarkeit der Leitung bzw. des Kabels betragen.

Auslöseverhalten

Typ	Überstromschutz – thermisch –	Zeit	Kurzschlußschutz – elektrom. –	Zeit
Z[1)]	$1{,}05\,I_n$ - $1{,}2\,I_n$	< 2 h	$2\,I_n$ - $3\,I_n$	< 0,2 s
B[2)]	$1{,}13\,I_n$ - $1{,}45\,I_n$	< 1 h	$3\,I_n$ - $5\,I_n$	< 0,1 s
C[2)]	$1{,}13\,I_n$ - $1{,}45\,I_n$	< 1 h	$5\,I_n$ - $10\,I_n$	< 0,1 s
K[3)]	$1{,}05\,I_n$ - $1{,}2\,I_n$	< 2 h	$8\,I_n$ - $12\,I_n$	< 0,2 s
K[4)]	$1{,}05\,I_n$ - $1{,}5\,I_n$	< 2 min	$10\,I_n$ - $14\,I_n$	< 0,2 s

Gültig für Baureihen: [1)] 0,5 - 63 A; [2)] 6 - 40 A; [3)] 0,2 - 8 A; [4)] 10 - 63 A;

Auslösekennlinien

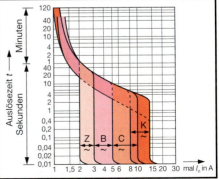

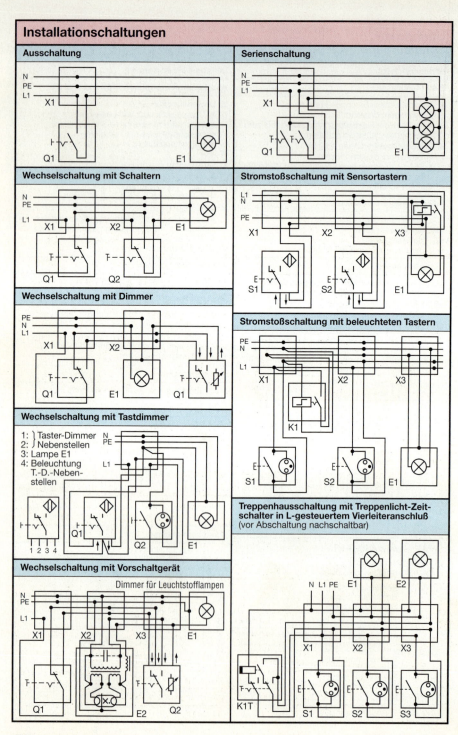

Gebäudesystemtechnik [1]

Systemarten	Signalübertragung
• Infrarot-Schaltsystem, leitungsloses Schalten • Installations-BUS-System (EIB) • Installationsnetz als Informationssystem	• Modulierte Infrarot-Strahlung; zeitfrequenz- oder digitalcodierte Signale • Übetragung digitaler BUS-Signale über getrennte BUS-Leitungen • Überlagerung hochfrequenter Wechselspannungssignale auf die 3 Phasen des Netzes

Infrarot-Schaltsystem

Systemkomponenten

Relaisstation-Schalter: Sender, Empfänger

Wandsender: 1-, 2- oder 4-Kanal

Handsender

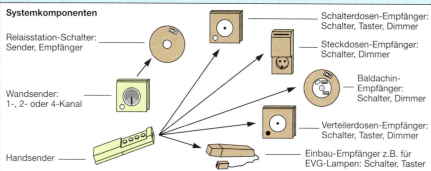

Schalterdosen-Empfänger: Schalter, Taster, Dimmer

Steckdosen-Empfänger: Schalter, Dimmer

Baldachin-Empfänger: Schalter, Dimmer

Verteilerdosen-Empfänger: Schalter, Taster, Dimmer

Einbau-Empfänger z.B. für EVG-Lampen: Schalter, Taster

- **Relaisstation** mit Anschluß an 230 V zur Weiterleitung des Infrarot-Signals und Vergrößerung der Reichweite um ca. 15 m.
- Signalsendung über batteriebetriebenen **Infrarot-Sender** (9 V; z. B. Typ 6 LR 61); Ausführung als Hand- oder Wandsender über Mehrkanalsysteme mit einer Reichweite von ca. 15 m bei direkter Ausrichtung.
- **Infrarot-Empfänger:**
  – Schalter- und Verteilerdosen-Empfänger mit Anschluß an 230 V;
  – Schalter mit Schaltleistung bis 1 kW;
  – Dimmer mit 60-400 W oder Taster mit 5A;
  – Steck- und Verteilerdosen-Empfänger mit Schalt- und Dimmfunktion, Schaltleistung wie vorher.

Gebäudesystemtechnik (EIB)

- EIB (Europäischer Installationsbus) ist ein Elektroinstallationssystem.
- Realisierung mit PC und Software ETS (EIB TOOL SOFTWARE) zur Parametrierung der Systemkomponenten.
- Verwendung zur zentralen Steuerung und Überwachung betriebstechnischer Anlagen.
- Systemkomponenten werden über einen Installationsbus miteinander vernetzt.

Funktionen und Komponenten

Funktionen	Schalten, Dimmen, Steuern, Regeln, Messen, Melden
Übertragungsart	2-Drahttechnik
Systemnennspannung	24 V DC; 0,32 A; kurzschlußfest, Schutzkleinspannung
Anzahl anschließbarer Teilnehmer in einer Linie	64 Teilnehmer je Spannungsversorgung; Teilnehmerzahl > 264, dann weitere Linie erforderlich
Struktur der Leitungsverlegung	Linien-, Stern- oder Baumstruktur, beliebig wählbar, maximale Leitungslänge von 1000 m je Linie
Linien-/Verbinder	maximal 12 Linien, Verbindung über Linienkoppler
Bereiche/Verbinder	15 Bereiche, Verbindung über Bereichskoppler
Adressierung	Einzelgeräte, wobei jedes Gerät eine physikalische Adresse erhält; die Geräte werden Gruppen zugeordnet
Übertragungstechnik	serielle Telegrammübermittlung mit 9,6 kbit/s
BUS-Management	Multi-Master-Betrieb, d. h. jeder Teilnehmer ist gleichberechtigt

[1] Sonstige Bezeichnungen: Gebäudeleittechnik, Hausleittechnik

Gebäudesystemtechnik (EIB)

Busleitungen

Typ	Leitungsaufbau	Art der Verlegung
YCYM 2x2x0,8 oder J-Y(St)Y 2x2x0,8	Adern für EIB: • rot (+) und schwarz (–); • gelb und weiß ohne Belegung; • Schirmfolie; • Gemeinsame Umhüllung von Adern und Schirmfolie	• feste Verlegung; in trockenen, feuchten und nassen Räumen; • auf, in und unter Putz; in Rohren; im Freien, bei Schutz vor direkter Sonnenbestrahlung; • BUS-Leitung parallel zur 230V-Leitung

Übersicht – Funktionsablauf

- EIB-Spannungsversorgung (Kleinspannung, SELV) mit Drossel auf Datenschiene, Busspannung z. B. 24 V je Linie.
- galvanische Trennung einzelner Linien, um Störungen zu vermeiden.
- Datenschnittstelle auf der Datenschiene ermöglicht Ankopplung eines PC's.
- Busleitung (2 Adern) führt zu busfähigen Geräten wie Sensoren, Aktoren usw.
- Sensoren melden Informationen über Datentelegramme auf der Busleitung.
- Aktoren setzen die empfangenen Datentelegramme in Schaltsignale um.
- Datenübertragung auf einer Linie oder in einem Bereich wird nicht durch Datenübertragung in anderen Linien oder Bereichen beeinflußt.
- Spezielle Codierung eines Telegramms ermöglicht Vorrang bei Störmeldung.

Beispiel: EIB – Informationsübertragung

- Sensoren, die Befehle abgeben, und Aktoren, die Befehle empfangen, haben eine eigene Adresse.
- Helligkeitssensor S1①, der die Leuchte E11② schalten soll, erhält Gruppenadresse 1/11.
- Taster S2③, der die Leuchten E11② und E12④ schalten soll, erhält bei der Parametrierung (PC, Software) die Gruppenadresse 2/1.
- Telegramm, bestehend aus Quell- und Zieladresse sowie aus Nutz- und Prüfdateninformation, wird auf der Busleitung seriell über Bereichskoppler BK 1 ⑤, Linienkoppler LK 1 ⑥ zum Teilnehmer TLN 1 ⑦ geleitet.
- Wiederholung (3 mal) des Sendetelegramms bis zur Quittierung durch den Empfänger.
- Busleitung ist dann für andere Telegramme gesperrt, da die Übertragung seriell erfolgt. Teilnehmer können nach bestimmter Priorität parametriert werden.
- Busankoppler, der für die Datenkommunikation mit dem Bussystem zuständig ist, wird dem Endgerät, z. B. Taster oder Leuchte, vorgeschaltet. (Einbau in Schalterdose).

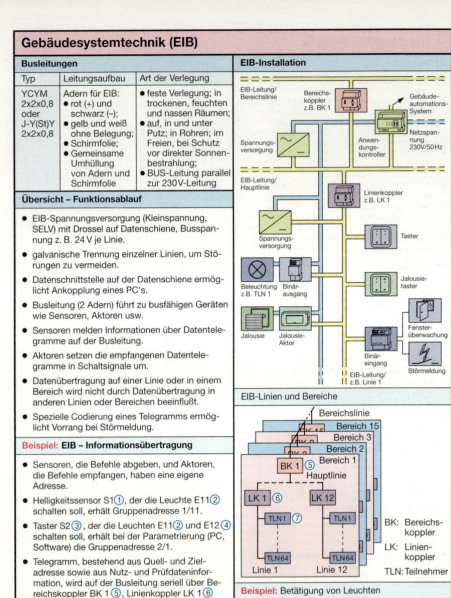

386

Gebäudesystemtechnik

Netzbus mit HF-Signal

Aufbau und Installation

- **Zentrale Fernbetätigung** oder **dezentrale Handbedienung** der Verbraucher über Leitstellen
- Netzbus-Übertragung über Energieleitungen oder zweiadrige Steuerleitungen in größeren Industrieanlagen (l_{max} = 1200 m)
- Übertragung des 120 kHz-Signals nach Puls-Code-Modulation auf die 3 Phasen mittels Phasenkoppler (u_{ss} = 0,6/0,8 V)
- **Freifilterung** des Netzes durch Trägerfrequenzsperren gegen Störeinflüsse
- **Eingabegeräte (Sender)** wie z. B. Zeit- und Dialog-Leitstellen zum Anschluß an Steckdosen und Unterputz-Leitstellen zum Ansteuern von Geräten
- **Ausgabegeräte (Empfänger)** wie Fernschalter oder Ferndimmer

Anwendungen

- Schalten und Steuern von Geräten
- Temperatur- und zeitabhängiges Steuern
- Beleuchtungssteuerung nach Zeit, Außenlicht und Bedarf
- Zeitprogrammiertes Ein- und Ausschalten mit Zeit-Leitstelle
- Kopplung von Geräten wie z.B. Leuchten und Telefon an Alarm- oder Störmelder
- Externe Einwirkung über Telefon z. B. Ein- und Ausschalten der Heizung

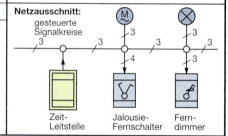

Netz mit Systemkomponenten

Netzausschnitt: gesteuerte Signalkreise

Zeit-Leitstelle — Jalousie-Fernschalter — Ferndimmer

4-Draht-BUS-Systeme

Aufbau und Installation

- **Leitrechner** mit Mikroprozessorsystemen
- **Datenaustausch** zwischen Leitrechner und neben- oder untergeordneten Systemen
- **Unterstationen UST** zur Konzentration von Daten, die z. B. SPS- und Optimierungsprogramme verarbeiten
- **PCs** zur Programmierung und Programmstrukturierung
- **BUS-Übetragung** (Kleinspannung DC) über vieradrige Steuerleitung z. B. I-Y (ST) 2x2x0,8 mm (Gesamtlänge bis 2 km)
- **Anschluß von Ein- und Ausgabegeräten** z. B. Sichtgeräte, Drucker
- **Direkter Anschluß** betriebstechnischer Anlagen an Unterstationen über Sensoren und Aktoren

Anwendung

- Prozeßführung und Überwachung betriebstechnischer Anlagenteile z. B. Beleuchtung, Heizung, Klimatisierung, Ersatzstromversorgung, Wärmerückgewinnung, Kommunikation
- Externes Einwirken z. B. über das Telefonnetz zur Datenfernübertragung

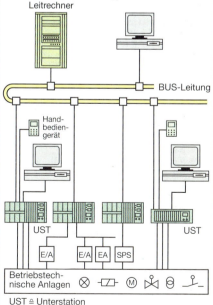

Schematische Darstellungen

UST ≙ Unterstation

Erder, Erdungen, Potentialausgleich

DIN 18012/06.82
DIN VDE 0100 T.540/11.91
DIN VDE 0800 T.2/07.85

Ausführung des Fundamenterders in unbewehrtem Fundament

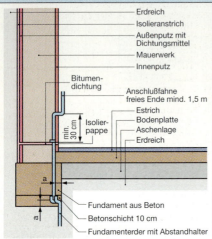

Hausanschlußraum mit Potentialausgleich

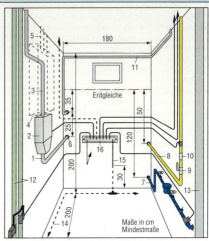

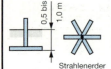
Strahlenerder Ringerder Maschenerder

1 Hauseinführungsleitung
2 Hausanschlußkasten (HAK)
3 Hauptleitung
4 Platz für Zählerschrank
5 Ableitungen von Meßeinrichtungen zu Stromkreisverteilern
6 Kabelschutzrohr
7 Hausanschlußrohr, Wasser
8 Hausanschlußrohr, Gas
9 Gas-Hauptabsperr-Einrichtung
10 Isolierstück
11 Hausanschlußleitung, Fernmeldeeinrichtung
12 Heizungsrohre (Vor- und Rücklauf)
13 Abwasserrohr
14 Fundamenterder
15 Anschlußfahne des Fundamenterders
16 Potentialausgleichschiene

Erdung und Potentialausgleich für Antennen-Empfangsanlagen

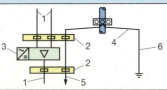

1 Koaxialkabel
2 Potentialausgleichschienen
3 Verstärker mit Netzteil
4 Erdungsleitung vom Antennenstandrohr zu Potentialausgleichschienen (Cu, $q \geq 4\ mm^2$)
5 Erdungsleitung zum Hauptpotentialausgleich (PA) der Anlage
6 Erdungsleitung zum Erder (Cu, $q \geq 10\ mm^2$)

Erdung und Potentialausgleich für BK-Empfangsanlagen

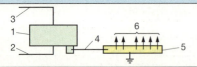

1 BK-Übergabepunkt
2 BK-Kabel
3 Koaxialkabel, doppelt geschirmt
4 Potentialausgleichsleitung
5 Hauptpotentialausgleich (PA) der Anlage
6 Potentialausgleichsleitungen der Anlage

Funktionserdung einer Fernmeldeanlage

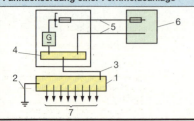

Betrieb bei:
a) Nenn-Gleichspannung ≤ 120 V oder
b) Nenn-Wechselspannung ≤ 50 V der Fernmelde-Stromversorgung

1 Hauptpotentialausgleich der Verbraucheranlage
2 Erdungsleiter der Anlage
3 Funktionserdungsleiter FE
4 Erdungsschiene der Fernmelde-Stromversorgung
5 Fernmelde-Betriebsstromkreis
6 Fernmeldeeinrichtung
7 Potentialausgleichsleitungen der Anlage

Sicherheitsbestimmungen für netzbetriebene elektronische Geräte

DIN EN 60 065/04.94

Begriffe	Anforderungen
Betriebserdanschluß: Anschlußstelle für solche Teile, deren Erdung aus anderen Gründen als aus Sicherheitsgründen erforderlich ist. **Kriechstrecke:** Kürzeste Entfernung zwischen leitfähigen Teilen auf der Oberfläche der Isolierung. **Luftstrecke:** Kürzeste Entfernung zwischen leitfähigen Teilen durch die Luft. **Netzanschlußteil** für batteriebetriebene Geräte: Stromversorgungsgerät, das anstelle von Batterien zur Energieversorgung dient. **Schutzleiteranschluß:** Anschlußstelle, an die zu erdende Teile aus Sicherheitsgründen angeschlossen werden. **Signal-Eingangswandler:** Gerät, das Energie eines nicht elektrischen Signals in elektrische Energie umwandelt (z. B. Mikrofon, Tonabnehmer). **Signal-Ausgangswandler:** Gerät, das Energie eines elektrischen Signals in eine andere Energie umwandelt (z. B. Lautsprecher, Bildröhre). **Stromversorgungsgerät:** Gerät mit Energieaufnahme aus dem Netz, das einen oder mehrere Verbraucher speist.	**Bau und Bemessung** des Geräts: Gefahrloser Betrieb bei normaler Verwendung und bei Störung erforderlich. **Schutzfunktionen:** • Berührungsschutz, • Personenschutz gegen Auswirkungen zu hoher Temperaturen, • Personenschutz gegen Auswirkungen ionisierender Strahlung, • Personenschutz gegen Implosionswirkung, • Personenschutz gegen unzureichende Standsicherheit des Gerätes, • Schutz gegen Feuer, • Schutz gegen elektrischen Schlag durch Erdung (Schutzklasse I) oder durch Isolierungen (Schutzklasse II). **Prüfungen am Gerät:** • Reihenfolge laut DIN. • Normalbetrieb bei Umgebungstemperatur von 15 °C bis 35 °C, relativer Luftfeuchtigkeit von 45 % bis 75 % und Luftdruck von 860 mbar bis 1060 mbar. • Sinusförmige Spannungen und Ströme. • Verwendung von Meßgeräten, die die zu messenden Werte nicht wesentlich beeinflussen.
Diagramm **Mindestabstände** bei Kriech- und Luftstrecken für leitend mit dem Netz verbundene Teile 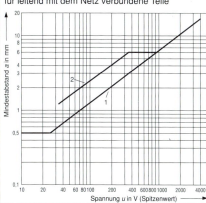	**Bemerkung** • Bei leitend mit dem Netz (220 V bis 250 V, Effektivwerte) verbundenen Teilen gelten die Abstände für 354 V (Spitzenwert). • Kennlinie 1: Anwendung bei Basisisolierung und Prüfungen im gestörten Betrieb, z. B. 34 V ≙ 0,6 mm; 354 V ≙ 3 mm • Kennlinie 2: Anwendung nur bei verstärkter Isolierung, z. B. 34 V ≙ 1,2 mm; 354 V ≙ 6 mm

Isolierungsbereiche	R_{iso} in MΩ
Abstand der mit dem Netz verbundenen Pole	2
Abstand zwischen Teilen mit Basis- oder Zusatzisolierung	2
Abstand zwischen Teilen mit verstärker Isolierung	4

Schutzklassen elektrischer Betriebsmittel		
Schutzklasse I	**Schutzklasse II**	**Schutzklasse III**
Schutzmaßnahme mit Schutzleiter Kennzeichen: ⏚	Schutzisolierung Kennzeichen: ▫	Schutzkleinspannung Kennzeichen: ⬙
Betriebsmittel mit Metallgehäuse	Betriebsmittel mit Kunststoffgehäuse	Betriebsmittel mit Nennspannungen bis 25 V ~ bzw. 50 V ~ und bis 60 V – bzw. 120 V –
z. B. Elektromotor	z. B. RF- und FS-Geräte	z. B. Elektrische Handleuchten

Schutzmaßnahmen

DIN VDE 0100 T.200/11.93
T.410/01.97

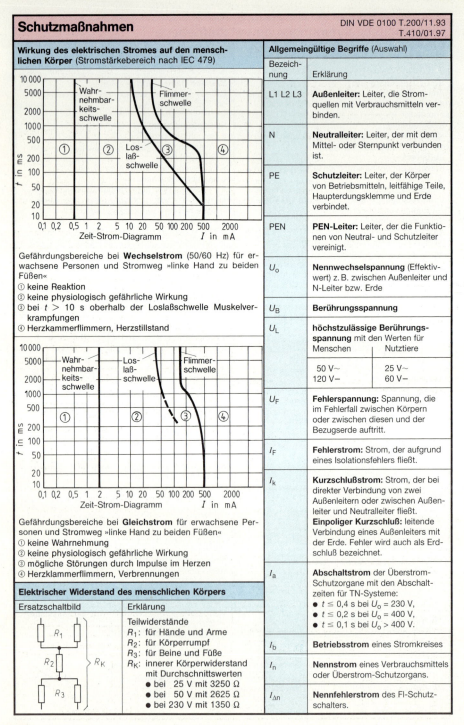

Wirkung des elektrischen Stromes auf den menschlichen Körper (Stromstärkebereich nach IEC 479)

Zeit-Strom-Diagramm, I in mA

Gefährdungsbereiche bei **Wechselstrom** (50/60 Hz) für erwachsene Personen und Stromweg »linke Hand zu beiden Füßen«
① keine Reaktion
② keine physiologisch gefährliche Wirkung
③ bei $t > 10$ s oberhalb der Loslaßschwelle Muskelverkrampfungen
④ Herzkammerflimmern, Herzstillstand

Zeit-Strom-Diagramm, I in mA

Gefährdungsbereiche bei **Gleichstrom** für erwachsene Personen und Stromweg »linke Hand zu beiden Füßen«
① keine Wahrnehmung
② keine physiologisch gefährliche Wirkung
③ mögliche Störungen durch Impulse im Herzen
④ Herzklammerflimmern, Verbrennungen

Elektrischer Widerstand des menschlichen Körpers

Ersatzschaltbild	Erklärung
	Teilwiderstände R_1: für Hände und Arme R_2: für Körperrumpf R_3: für Beine und Füße R_K: innerer Körperwiderstand mit Durchschnittswerten • bei 25 V mit 3250 Ω • bei 50 V mit 2625 Ω • bei 230 V mit 1350 Ω

Allgemeingültige Begriffe (Auswahl)

Bezeichnung	Erklärung
L1 L2 L3	**Außenleiter:** Leiter, die Stromquellen mit Verbrauchsmitteln verbinden.
N	**Neutralleiter:** Leiter, der mit dem Mittel- oder Sternpunkt verbunden ist.
PE	**Schutzleiter:** Leiter, der Körper von Betriebsmitteln, leitfähige Teile, Haupterdungsklemme und Erde verbindet.
PEN	**PEN-Leiter:** Leiter, der die Funktionen von Neutral- und Schutzleiter vereinigt.
U_0	**Nennwechselspannung** (Effektivwert) z. B. zwischen Außenleiter und N-Leiter bzw. Erde
U_B	**Berührungsspannung**
U_L	**höchstzulässige Berührungsspannung** mit den Werten für Menschen | Nutztiere 50 V∼ | 25 V∼ 120 V− | 60 V−
U_F	**Fehlerspannung:** Spannung, die im Fehlerfall zwischen Körpern oder zwischen diesen und der Bezugserde auftritt.
I_F	**Fehlerstrom:** Strom, der aufgrund eines Isolationsfehlers fließt.
I_k	**Kurzschlußstrom:** Strom, der bei direkter Verbindung von zwei Außenleitern oder zwischen Außenleiter und Neutralleiter fließt. **Einpoliger Kurzschluß:** leitende Verbindung eines Außenleiters mit der Erde. Fehler wird auch als Erdschluß bezeichnet.
I_a	**Abschaltstrom** der Überstrom-Schutzorgane mit den Abschaltzeiten für TN-Systeme: • $t \leq 0{,}4$ s bei U_0 = 230 V, • $t \leq 0{,}2$ s bei U_0 = 400 V, • $t \leq 0{,}1$ s bei U_0 > 400 V.
I_b	**Betriebsstrom** eines Stromkreises
I_n	**Nennstrom** eines Verbrauchsmittels oder Überstrom-Schutzorgans.
$I_{\Delta n}$	**Nennfehlerstrom** des FI-Schutzschalters.

Verteilungssysteme – Netzformen

DIN VDE 0100 T.300/01.96
DIN VDE 0100 T.410/01.97

Kennzeichen von Verteilungssystemen:
- Art und Anzahl aktiver Leiter eines Systems
- Art der Verbindungen mit Erde im System

Bedeutung der Kurzzeichen für übliche Drehstromnetze

Beispiel: T N – C – S – System

Erdungen im Verteilungssystem	Erdungen der Körper der elektrischen Anlage	Anordnung von Neutralleiter und Schutzleiter (TN-System)
T: Direkte Erdung eines Punktes. **I:** Trennung aller aktiven Teile von Erde oder Verbindung eines Punktes über eine Impedanz mit Erde.	**T:** Direkte Erdung der Körper, unabhängig von vorhandener Erdung eines Punktes im Versorgungssystem. **N:** Direkte Verbindung eines Körpers mit geerdetem Punkt des Versorgungssystems (bei Wechselstromnetzen ist der Sternpunkt oder bei fehlendem Sternpunkt ein Außenleiter).	**S:** Leiter (PE) mit Schutzfunktion, der vom Neutralleiter oder geerdetem Außenleiter getrennt ist. **C:** Kombinierte Neutralleiter- und Schutzleiterfunktion in einem Leiter (PE).

Schutzmaßnahmen im Drehstromnetz

TN-S-System mit Überstrom-Schutzeinrichtung und getrennten Neutral- und Schutzleiter im gesamten System.

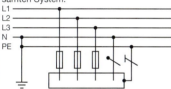

TT-System mit Überstrom-Schutzeinrichtung, direkte Erdung eines Punktes und der einzelnen Körper.

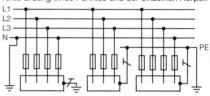

TN-C-System mit Überstrom-Schutzeinrichtung, Funktionen des Neutral- und Schutzleiters sind im gesamten System in einem Leiter kombiniert (PEN).

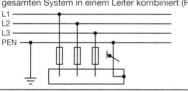

TT-System mit Fehlerstrom-Schutzeinrichtung.

TN-C-S-System mit Überstrom-Schutzeinrichtung, Funktionen des Neutral- und Schutzleiters sind in einem Teil des Systems kombiniert.

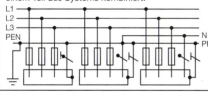

IT-System mit Überstrom-Schutzeinrichtung, Trennung aller aktiven Teile von Erde oder Verbindung eines Punktes mit Erde über Impedanz.

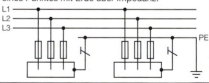

TN-System mit Fehlerstrom-Schutzeinrichtung.

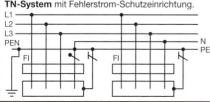

IT-System mit Isolations-Überwachungseinrichtung.

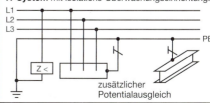

zusätzlicher Potentialausgleich

Schutz gegen gefährliche Körperströme

DIN VDE 0100 T.410/01.97
DIN VDE 0100 T.739/06.89

Schutz sowohl gegen direktes als auch bei indirektem Berühren

Schutzkleinspannung (SELV[1])	Funktionskleinspannung (PELV[2])

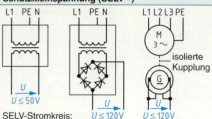
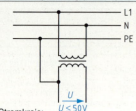

SELV-Stromkreis:
Keine Verbindung mit Erde, Schutzleiter oder aktiven Teilen anderer Stromkreise, sichere Trennung
[1] ≙ **S**eparated **e**xtra-**l**ow **v**oltage

PELV-Stromkreis:
Erdung und Verbindung mit Schutzleiter anderer Stromkreise zulässig, sichere Trennung
[2] ≙ **P**rotective **e**xtra-**l**ow **v**oltage

Schutz gegen direktes Berühren

Schutz durch Isolierung aktiver Teile

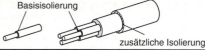

Basisisolierung
zusätzliche Isolierung

Schutz durch Abdeckungen und Umhüllungen

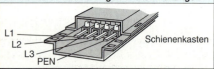

L1
L2
L3
PEN
Schienenkasten

Schutz durch Hindernisse
z. B. Barrieren, Schranken

Schutz durch Abstand

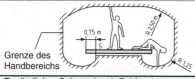

Grenze des Handbereichs

Zusätzlicher Schutz durch Fehlerstrom-Schutzeinrichtungen ($I_{\Delta n} \leq 30$ mA)

Schutz bei indirektem Berühren

Schutz durch Hauptpotentialausgleich

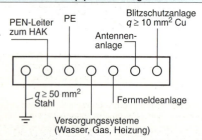

PEN-Leiter zum HAK
PE
Blitzschutzanlage $q \geq 10$ mm² Cu
Antennenanlage
$q \geq 50$ mm² Stahl
Fernmeldeanlage
Versorgungssysteme (Wasser, Gas, Heizung)

Schutzisolierung
- Vollisolierung
- Isolierungsumkleidung
- Isolierauskleidung
- Zwischenisolierung

Schutz durch nichtleitende Räume

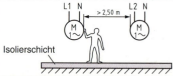

Isolierschicht

Schutztrennung

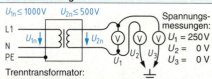

$U_{1n} \leq 1000$ V $U_{2n} \leq 500$ V

Spannungsmessungen:
$U_1 = 250$ V
$U_2 = 0$ V
$U_3 = 0$ V

Trenntransformator:
- Sekundärstromkreis ohne Verbindung zu anderem Stromkreis oder Erde
- $l_{2\,max} \leq 500$ m; $U_{2n} \cdot l_2 \leq 100\,000$ Vm.

Schutzmaßnahmen im TN-System

TN-C-S-System I_F

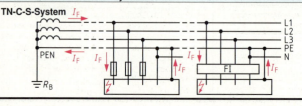

Schutzeinrichtungen:
- Schmelzsicherungen
- Leitungsschutzschalter
- FI-Schutzschalter

Prinzip: Fehlerstrom I_F wird zum Kurzschlußstrom und fließt über PE- und PEN-Leiter zur Stromquelle.

Schutz durch FI-Schutzschalter (RCD[1]) DIN VDE 0664 T.1 / 10.85

Elektronische Fehlerstrom-Steuereinrichtung

- **Betriebsdaten:**
  Betriebsstrom der FI-Steuereinrichtung bis 500 A,
  Fehler-Nennstrom $I_{\Delta n} \leq 30$ mA, $U_n \leq 1000$ V,
  Abschaltvermögen ≤ 1000 VA,
  max. Erdungswiderstand bei
  50 V und $R_E = 1666\ \Omega$, 25 V und $R_E = 833\ \Omega$.
- **Elektronische Fehlerstrom-Steuereinrichtung**
  mit FI-Schutzschalter (Summenstromwandler)
  und elektronischem FI-Steuerrelais.
- **Abschaltung** der Anlage im Fehlerfall durch
  Steuerrelais und Schütz oder Leistungsschalter.
- **Ansprechverzögerung** des FI-Steuerrelais
  (wählbar: 10, 20, 50 und 100 ms) bei Anlaufvorgängen oder Störimpulsen zur Vermeidung von
  Fehlauslösungen.

[1] RCD = **R**esidual **C**urrent protective **D**evice

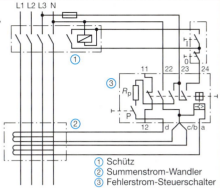

① Schütz
② Summenstrom-Wandler
③ Fehlerstrom-Steuerschalter

Reparatur und Änderung elektrischer Geräte DIN VDE 0701 T.1 / 05.93

- Reparatur und Änderung fachgerecht ausführen.
- Nach der Reparatur oder Änderung darf keine Gefahr für den Benutzer oder die Umgebung des Gerätes bestehen.
- Nur die vom Hersteller vorgeschriebenen Ersatzteile einbauen.
- Eingebaute Einzelteile, Bauelemente und Baugruppen müssen den Anforderungen an das Gerät und geltenden VDE-Vorschriften entsprechen.
- Zur Sicherheit beitragende Teile des Gerätes dürfen nicht beschädigt werden.

Prüfen reparierter und geänderter Geräte

1. **Sichtprüfung**
   - Kontrollieren, ob Teile beschädigt oder ungeeignet sind und ob die Schutzklasse eingehalten wird.
   - Sind Leitungen, Zugentlastung und Biegeschutzhülle ordnungsgemäß?

2. **Kontrolle des Schutzleiters**
   - Anschluß und Verbindung durch Sicht- und Handprobe überprüfen.
   - Messung des Widerstandes zwischen Gehäuse und dem Schutzkontakt des Netzbzw. Gerätesteckers am netzseitigen Ende der Anschlußleitung (Anschlußleitung dabei bewegen) nach Abb. 3.

3. **Isolationswiderstand messen**
   - Messung mit Geräten nach DIN VDE 0413 T.1
   - Bei Schutzklasse I nach Schaltung Abb. 1, Schutzklasse II nach Schaltung Abb. 2, Schutzklasse III nach Schaltung Abb. 2 (Nur wenn $P \geq 20$ VA bzw. $U \geq 42$ V).

4. **Funktionsprüfung**
   - Kontrollieren, ob bestimmungsgemäßer Gebrauch des Gerätes möglich ist (Instandhaltungs- oder Instandsetzungsanleitungen benutzen).

5. **Kontrolle der Aufschriften**
   - Aufschriften berichtigen oder ergänzen.

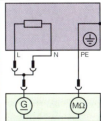

Abb. 1
Messen des Isolationswiderstandes
Schutzklasse I:
$R_{iso} \geq 0{,}5\ M\Omega;\ U_o \leq 500$ V

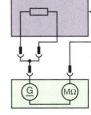

Abb. 2
Messen des Isolationswiderstandes
Schutzklasse
II: $R_{iso} \geq 2\ M\Omega$ bzw.
III: $R_{iso} \geq 250\ k\Omega$

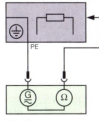

Abb. 3
Messen des Schutzleiterwiderstandes
$R < 0{,}3\ \Omega$

Unfallverhütung

DIN 4844 T.1/05.80

Sicherheits-farbe	rot	gelb	grün	blau
Bedeutung oder Angabe	Verbot Halt	Gefahr Vorsicht!	Erste Hilfe Gefahrlosigkeit	Gebot Hinweise
Anwendungs-beispiele	Haltezeichen Not – Aus Verbotszeichen	Hinweis auf Gefahren (z. B. Feuer, Explosion, Strahlen) Kennzeichnung von Hindernissen	Kennzeichnung von Rettungswesen und Notausgängen, Erste-Hilfe- und Rettungsstationen	Verpflichtung zum Tragen einer Schutzausrüstung. Standort eines Telefons
Kontrastfarbe	weiß	schwarz	weiß	weiß

Verbotszeichen

P2	P4	P5	P6	P8	P18
Feuer, offenes Licht und Rauchen verboten	Mit Wasser löschen verboten	Kein Trinkwasser	Zutritt für Unbefugte verboten	Berühren verboten	Mobilfunk verboten

Warnzeichen

W1	W2	W3	W4	W6	W7
Warnung vor feuergefährlichen Stoffen	Warnung vor explosionsge-fährlichen Stoffen	Warnung vor giftigen Stoffen	Warnung vor ätzenden Stoffen	Warnung vor schwebender Last	Warnung vor Flurförder-zeugen

W9	W15	W21	W25	W26	W27
Warnung vor einer Gefahren-stelle	Warnung vor Absturzgefahr	Warnung vor explosionsfähiger Atmosphäre	Warnung vor automatischem Anlauf	Warnung vor heißer Ober-fläche	Warnung vor Hand-verletzungen

Gebotszeichen

M1	M2	M3	M4	M6	M14
Augenschutz tragen	Schutzhelm tragen	Gehörschutz tragen	Atemschutz tragen	Schutzhand-schuhe tragen	Vor Arbeiten freischalten

Rettungszeichen

E1 Rettungsweg nach links · E6 Erste Hilfe · E7 Kranken-trage · E8 Notdusche · E13 Richtungs-pfeil für Rettung · E15 Arzt

Regeln für das Arbeiten in elektrischen Anlagen

DIN VDE 0105 T.1/10.97
DIN 40 008 T.1, T.3/02.85

Freigabe der Anlage zur Arbeit
durch die verantwortliche Aufsichtsperson
nach Befolgen aller 5 Sicherheitsregeln

**Die 5 Sicherheitsregeln
Vor Beginn der Arbeiten:**

Freischalten

Gegen Wiedereinschalten sichern

Spannungsfreiheit feststellen

Erden und kurzschließen[1)]

Benachbarte, unter Spannung stehende
Teile abdecken oder abschranken

**Maßnahmen vor dem Wiedereinschalten
nach beendeter Arbeit**

- Werkzeug und Hilfsmittel entfernen
- Gefahrenbereich verlassen
- Kurzschließung und Erdung zuerst
  an der Arbeitsstelle, dann an den
  übrigen Stellen aufheben
- Erdungsseil zuerst von den Anlagenteilen
  (z. B. Leitung), dann erst von der Erde heben
- Anlagenteile und Leitungen ohne Erdungsseil
  dürfen nicht mehr berührt werden
- Entfernte Schutzverkleidungen und
  Sicherheitsschilder wieder anbringen
- Schutzmaßnahmen an den Schaltstellen
  erst nach Freimeldung von den Arbeitsstellen
  aufheben

Erste Hilfe bei Unfällen durch elektrischen Strom

- Strom sofort unterbrechen
- Feststellen, ob Atemstillstand vorliegt,
  dann mit Beatmung einsetzen
- Feststellen, ob Kreislaufstillstand vorliegt,
  dann neben Beatmung auch mit Herzmassage
  beginnen
- Liegt kein Atem- oder Kreislaufstillstand
  vor, dann Verunglückten in Seitenlage bringen
- Bei Atem- und Kreislaufstillstand, größeren
  Verbrennungen, Ohnmacht schnellen
  Transport ins Krankenhaus veranlassen

[1)] In Anlagen mit Nennspannungen bis 1000 V
darf unter bestimmten Umständen hiervon
abgewichen werden (vgl. DIN VDE 0105 T.1).

Sicherheitsschilder

Darstellung	Bedeutung
	Verbotsschild Nicht berühren, Gehäuse unter Spannung P9
	Verbotsschild Nicht schalten P10
Es wird gearbeitet! Ort: Entfernen des Schildes nur durch:	Zusatzschild ZS 1
	Warnschild Warnung vor gefährlicher elektrischer Spannung W8
Hochspannung Lebensgefahr	Zusatzschild ZS 2
	Warnschild Warnung vor Laserstrahl W10
	Warnschild Warnung vor Gefahren durch Batterien W20
	Gebotsschild Vor Öffnen Netzstecker ziehen M13

Hinweisschilder

HS 1	HS 2	HS 3	HS 4
Entladezeit länger als 1 Minute	Teil kann im Fehlerfall unter Spannung stehen	Fünf Sicherheitsregeln Vor Beginn der Arbeiten: · Freischalten · Gegen Wiedereinschalten sichern · Spannungsfreiheit feststellen · Erden und kurzschließen · Benachbarte, unter Spannung stehende Teile abdecken oder abschranken	Vor Berühren: Entladen Erden Kurzschließen

Nationale und internationale Normung

Nationale Normungsinstitutionen

DIN — Deutsches Institut für Normung e. V. Berlin

- Technische Normung ist in Deutschland Selbstverwaltungsaufgabe interessierter Kreise, einschließlich des Staates.
- Normung basiert auf dem Grundsatz der Freiwilligkeit und Öffentlichkeit.

VDE — Verband Deutscher Elektrotechniker e. V. Frankfurt am Main

- In der Rechtssprechung gelten VDE-Bestimmungen grundsätzlich als allgemein anerkannte Regeln der Technik.
- Die VDE-Prüfzeichen (s. Prüfz.) zeigen der Öffentlichkeit die Einhaltung der VDE-Bestimmungen an.

Rechtscharakter der Technischen Normen

- DIN-Normen haben Empfehlungscharakter.
- Gesetz- und Verordnungsgeber machen DIN-Normen durch Einbeziehung in Rechts- und Verwaltungsvorschriften verbindlich.
- Einbindung in Lieferverträge macht DIN-Normen ebenso rechtsverbindlich wie bei der Ausfüllung unbestimmter Rechtsbegriffe.
- Europäische Normen sind durch EWG-Vertrag auch DIN-Normen.

VDE-Vorschriftenwerk

Deutsche Elektrotechnische Kommission (DKE)

Kennzeichnungsbeispiel

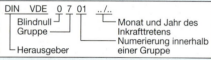

- Blindnull
- Gruppe
- Herausgeber
- Monat und Jahr des Inkrafttretens
- Numerierung innerhalb einer Gruppe

Gruppen des VDE-Vorschriftenwerkes

0 Allgemeines
1 Starkstromanlagen
2 Starkstromleitungen und -kabel
3 Isolierstoffe
4 Messung und Prüfung
5 Maschinen, Transformatoren, Umformer
6 Installationsmaterial, Schaltgeräte, Hochspannungsgeräte
7 Verbrauchsgeräte
8 Fernmeldeanlagen und Rundfunkanlagen

- DIN und VDE erarbeiten gemeinsam in der DKE DIN-Normen, die als Sicherheitsnormen das VDE-Vorschriftenwerk bilden.
- DKE vertritt die deutschen Interessen in den internationalen Normungsorganisationen der Elektrotechnik.

Europäische Normungsinstitutionen

CEN — Comité Européen de Normalisation, Brüssel

CENELEC — Comité Européen de Normalisation Electrotechnique, Brüssel

Mitglieder:
Nationale Normungsinstitute der EU und EFTA (98 Stimmen, Deutschland 10)

- **Europäische Normen (EN)**
  Erstellung mit dem Ziel, daß die nationalen Normen der Mitglieder identisch werden.
- **Europäische Vornormen (ENV)**
  Beabsichtigte Normen zur vorläufigen Anwendung mit max. 3 Jahren Gültigkeit.
- **Harmonisierungsdokumente (HD)**
  Erstellung, wenn Überführung in nationale Normen unnötig oder unpraktisch ist.

Internationale Normunginstitutionen

ISO — International Organization for Standardization, Genf

IEC — International Electrotechnical Commission, Genf

Mitglieder:
Nationale Normungsinstitute, z. B. DIN

IEC-Gremien

IECEE: IEC-System für Konformitätsprüfungen nach Sicherheitsnormen für elektrotechnische Erzeugnisse.
IECQ: IEC-Gütebestätigungssystem für Bauelemente der Elektronik.
CISPR: Internationaler Sonderausschuß für Funkstörungen.

ETSI — European Telecommunications Standards Institut

Nachfolger der Europäischen Konferenz der Post- und Fernmeldeverwaltungen.

Blitzschutzanlagen

Blitzschutznormen (Auswahl)

Normbezeichnung	Bezeichnung
DIN VDE 0185 T.1/11.82 T.2/11.82 T.103/12.92	Blitzschutzanlagen- Allgemeines für das Errichten besonderer Anlagen Festlegungen für Gebäudeblitzschutz
DIN VDE 0845 T.1/10.87 T.2/10.93	Schutz von Fernmeldeanlagen, Schutz von Einrichtungen der Informationsverarbeitung und Telekommunikationstechnik gegen Blitzeinwirkungen
DIN 48810/ 08.86	Blitzschutzanlagen; Verbindungsbauteile Trennfunkenstrecke
DIN EN 50210/ 09.95	Schutz von Telekommunikationsleitungen gegen atmosphärische Entladungen
DIN IEC 81 (Sec) 48/02.93	Gebäudeblitzschutz- Teil 1: Allgemeine Grundsätze
VG 96903/ T.1/05.97	Schutz gegen Nuklear-Elektromagnetischen Impuls (NEMP) und Blitzschlag

Geräteempfindlichkeit gegen Überspannungen

Geräteart	Übergang	U_{max}
Starkstromgeräte	Gehäuse/Erde	5... 8 kV
Fernmeldegeräte		1... 3 kV
Schaltungen mit Bauteilen wie Widerständen und Kondensatoren	Spannung zwischen Eingangsklemmen von elektronischen Schaltungen und Geräten	0,5... 5 kV
Integrierte Schaltungen der Bipolartechnik (TTL)		50...100 V
Integrierte Schaltungen der Bipolartechnik (HTTL) und Operationsverstärker		50...300 V
Integrierte Schaltungen der MOS-Technik		70...100 V
Fernmeldekabel		5... 8 kV
Signal- und Meßkabel, Starkstromleitungen		20 kV

Arten und Anlageteile zum Blitzschutz

Äußerer Blitzschutz
- **Fangeinrichtungen** auf dem Dach, z.B. Fangleitungen und Fangstangen auf, oberhalb, seitlich oder neben dem Gebäude.
- **Ableitungen** am Gebäude als Verbindung zwischen Fangeinrichtung und Erdungsanlage.
- **Erdungsanlage** als gemeinsamer Potentialausgleich zwischen Schutz- und Betriebserdung sowie Blitzschutzanlage (Fundamenterder).

Innerer Blitzschutz
- **Überspannungsableiter** nach DIN VDE 0675 T.6 zum Einsatz im Blitz-Schutzzonen-Bereich.
- **Blitzstromableiter** für das Einbeziehen von Starkstromleitungen in den Blitzstrompotentialausgleich.
- **Potentialausgleich** von Anlagen und Geräten der Energie- und Informationstechnik.

Hauptableitungen (HA) der Blitzschutzanlage

Gebäudemaße in m		Flachdach[1]
Länge	Breite	
bis 20	bis 20	HA1, HA2
12 bis 20	bis 20	HA1, HA2, HA3, HA4
20 bis 40	bis 12	HA1, HA2, HA3 (≤ 20 m)
20 bis 40	20 bis 40	HA1, HA2, HA3, HA4, HA5, HA6, HA7, HA8

[1] Flachdach: Abstand First – Traufkante ≤ 1 m

Blitzschutzanlage

Äußerer Blitzschutz

① Ableitungen
② Erdungsanlage
③ Fangeinrichtung

Innerer Blitzschutz

PA
- Starkstromkabel 230/400 V
- Leittechnik, EDV-Kabel
- Fernmeldekabel
- Wasserrohr
- Gasrohr — Isolierstück
- Tankrohr kathodisch geschützt
- Fundamenterder
- Abwasserrohr

Trennfunkenstrecke
Schutzgerät für informationstechnisches Netz
Schutzgerät für energietechnisches Netz

Elektromagnetische Verträglichkeit (EMV)

EMV-Gesetz 01.01.1996

Störbereiche

Störbereiche entstehen zwischen:
- zwei oder mehreren Geräten mit elektromagnetischer Funktionsweise,
- elektronischen Geräten und Systemen mit externen Einflüssen wie z. B. durch Gewitter.

Störverlauf

Aussendung	Übertragung	Beeinflußbarkeit
EMA LA SA	elektromagnetisch leitungsgebunden strahlungsgebunden	EMB LB SB

Störquellen – Aussendung der Störenergie

Geräte und Anlagen mit schmalem Frequenzband	breitem Frequenzband
• Datenverarbeitungsanlagen • Hochfrequenz-Generatoren • Ultraschallgeräte • Mikrowellengeräte • Ton- und Fernseh-Rundfunkempfänger • Frequenzumrichter	• Schaltgeräte, z. B. Schütze • elektrische Haushaltsgeräte • Gasentladungslampen • Zweipunktregler • Entladungen bei Gewitter • Schweißgeräte

Störsenken – Aufnahme der Störenergie

- Datenübertragungsanlagen
- Ton- und Fernseh-Rundfunkempfänger
- Modem
- Funkempfangsanlagen
- Datenverarbeitungsanlagen
- Video-Übertragungseinrichtungen
- Digitale und analoge Systeme
- Prozeßrechner

Vorschriften (Auswahl) zum EMV-Gesetz

DIN VDE-Vorschrift	Europäische Norm	Erklärung
0839 T.81-1 /03.93	EN 50081-1	EMV; Störaussendung; Wohn- und Gewerbebereich, Kleinbetriebe
0839 T.81-2 /03.94	EN 50081-2	EMV; Störaussendung; Industriebereich
0839 T.82-1 /03.93	EN 50082-1	EMV; Störfestigkeit; Wohn- und Gewerbebereich, Kleinbetriebe
0839 T.82-2 /02.96	EN 50082-2	EMV; Störfestigkeit; Industriebereich
0878 T.24 /10.95	EN 55024-4	EMV; Einrichtungen der Informationsverarbeitungs- und Telekommunikationstechnik
0847 T.1,2,4	EN 61000-4-2	EMV; Prüf- und Meßverfahren

Blitzschutz als Maßnahme der EMV

Prinzipdarstellung zu den Blitz-Schutzzonen

Äußerer Bereich 0   Innere Bereiche 1 bis 3

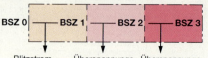

Blitzstromableiter (Typ 1)   Überspannungsableiter (Typ 2)   Überspannungsableiter (Typ 3)[1]

[1]) Typ 1 – 3: ZnO-Varistoren (Spezifikation nach Herstellerangaben)

Einflüsse auf Blitz-Schutzzonen

Blitz-Schutzzone	direkte Blitzeinschläge	elektromagnetisches Feld
0	+	+
0	–	+
1	–	+/–
2	–	+/– –
3	–	– –

+ (–) möglich (nicht mögl.)   +/– abgeschwächt
+/– – stark abgeschwächt   – – nicht vorhanden

Blitz-Schutzzonen in einer Computeranlage

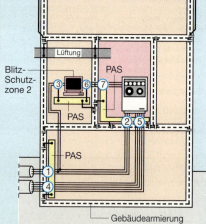

☐ Blitz-Schutzzone 0   ☐ Blitz-Schutzzone 2
☐ Blitz-Schutzzone 1

① Blitzstromableiter für Energie-Netz
④ Blitzstromableiter für Info-Netz BEE-Schutzkarten[1]
②③ Überspannungsableiter
S-Protector[1]
SF-Protector[1]
Protector NSM[1]
⑤⑥⑦ BLITZDUCTOR Datenschutzmodul
CS-Protector[1]

[1]) Laut Herstellerangaben

Räume mit elektrischen Anlagen

Bezeichnung/ VDE-Bestimmung	Erklärungen
Elektrische Betriebsstätten: Räume bzw. Orte mit elektrischen Anlagen DIN VDE 0105 T.1/10.97	Betreten nur unterwiesenen Personen gestattet, Schalträume, Verteilungsanlagen in abgetrennten Räumen, Maschinenräume von Kraftwerken usw., Schutz gegen direktes Berühren blanker, aktiver Teile durch Schutzleisten, Abdeckungen oder Geländer
Trockene Räume: Räume ohne hohe Luftfeuchtigkeit und Kondenswasser DIN VDE 0100 T.731/02.86	Wohnräume, Büros, Geschäftsräume • Leitungen: NYIF, NYM, H07V-U, H07V-K
Feuergefährdete Betriebsstätten: Orte in Räumen oder im Freien mit leicht entzündlichen Stoffen DIN VDE 0100 T.482/08.97	Auswahl von geeigneten Betriebsmitteln: • El. Betriebsmittel mit Umhüllungen mindestens für Schutzart IP5X bei möglicher Staubansammlung. Kabel- u. Leitungssysteme: • in nicht brennbaren Materialien (Putz, Beton) verlegen, • gegen Überlast und Kurzschluß schützen, • Überstrom-Schutzeinrichtungen vor Betriebsstätten installieren. Schutz bei Isolationsfehlern, außer bei mineralisolierten Leitungen und Stromschienensystemen, durch: • Fehlerstrom (RCD)-Schutzeinrichtung in TN- u. TT-Systemen ($I_{\Delta n} \leq 0{,}3$ A), • bei Brandgefahr durch Fehler an Widerständen (z.B. Widerstandsheizung mit Flächenheizelementen) RCD-Schutz mit $I_{\Delta n} \leq 30$ mA, • Abschaltzeit der Überstrom-Schutzeinrichtung ($t \leq 5$ s) in IT-Systemen. PEN-Leiter in feuergefährdeten Betriebsstätten nicht zugelassen.
Niederspannungs-stromerzeugungsanlagen: Energieversorgung von Netzteilen und Verbrauchern DIN VDE 0100 T.551/08.97	Stromerzeugungsanlagen: • Verbrennungsmotoren, Elektromotoren, Batterien (evtl. mit Wechselrichtern und Umformern), • Stromversorgung für fest oder zeitweilig errichtete Anlagen. Schutzmaßnahmen nach DIN VDE 0100 Teil 410: • Stromversorgung nach SELV oder PELV bzw. Schutztrennung möglich, Stromerzeugungsanlage als umschaltbare Versorgungsanlage zum öffentlichen Netz (Ersatzstromversorgungsanlage): • Fehlerstrom(RCD)-Schutzeinrichtung in TN-, TT- u. IT-Systemen maximal bis $I_{\Delta n} \leq 30$ mA, um automatisches Abschalten zu bewirken.
Elektrische Anlagen in Möbeln und ähnlichen Einrichtungsgegenständen: DIN VDE 0100 T.724/06.80	Leuchten in Hohlräumen abschaltbar durch Schalter bei Schließen des Raumes. Leiterquerschnitt mindestens 1,5 mm² Cu oder 0,75 mm² Cu, wenn Leitungslänge $l \leq 10$ m und keine Steckvorrichtungen vorhanden Leitungsverlegung in fester Form oder durch Hohlräume mit Zugentlastung Leitungsart: • feste Verlegung mit NYM oder H07V-U • feste und bewegliche Verlegung mit H05RR-F oder H05VV-F
Anlagen der Fernmeldetechnik: DIN VDE 0800 T.1/05.89	Arten von Anlagen: • Anlagen der Fernmeldetechnik wie z. B. Wähler- und Verstärkerräume, Zentralen von Brand-, Einbruch- und Überfallmeldeanlagen, • Anlagen der Informationstechnik wie z. B. Datenverarbeitungsanlagen nach DIN EN 60 950 bzw. DIN IEC 950 Kenngrößen der Anlagen: • maximaler Ableitstrom von 10 mA, wenn der Schutzleiter eines Fernmeldegerätes an der Verbraucheranlage liegt, • Bemessungsklassen zum Schutz vor Berührungsspannungen und Begrenzung der Körperströme laut Nennwerten

IP-Schutzarten
Berührungs-, Fremdkörper- und Wasserschutz für elektrische Betriebsmittel

DIN 40 050 / 5.93

Beispiel: IP W 2 3 S

- Kennbuchstaben
- Zusatzbuchstabe
- Schutz gegen das Eindringen von Fremdkörpern und Staub (1. Kennziffer) [1]
- Zusatzbuchstabe
- Schutz gegen das Eindringen von Wasser (2. Kennziffer) [1]

1. Kennziffer	Schutzgrad	2. Kennziffer	Schutzgrad
0	Kein Schutz	0	Kein Schutz
1	Schutz gegen Eindringen von großen Fremdkörpern $d > 50$ mm Kein Schutz bei absichtl. Zugang	1	Schutz gegen tropfendes Wasser, das senkrecht fällt (Tropfwasser)
2	Schutz gegen mittelgroße Fremdkörper, $d > 12$ mm, Fernhalten von Fingern o. ä.	2	Schutz gegen schräg fallendes Wasser (Tropfwasser), 15° gegenüber normaler Betriebslage
3	Schutz gegen kleine Fremdkörper, $d > 2,5$ mm, Fernhalten von Werkzeugen, Drähten u. ä.	3	Schutz gegen Sprühwasser, bis 60° zur Senkrechten
4	Schutz gegen kornförmige Fremdkörper, $d > 1$ mm, Fernhalten von Werkzeugen, Drähten u. ä.	4	Schutz gegen Spritzwasser aus allen Richtungen
5	Schutz gegen Staubablagerungen (staubgeschützt), vollständiger Berührungsschutz	5	Schutz gegen Strahlwasser aus allen Richtungen
6	Schutz gegen Eindringen von Staub (staubdicht), vollständiger Berührungsschutz	6	Schutz gegen schwere See oder starken Wasserstrahl (Überflutungsschutz)
		7	Schutz gegen Eintauchen in Wasser unter festgesetzten Druck- und Zeitbedingungen
		8	Schutz gegen dauerndes Untertauchen in Wasser
Zusatzbuchstabe	Bedeutung	Zusatzbuchstabe	Wasserschutzprüfung bei
		S	Stillstand
W	Wetterschutz	M	laufender Maschine

Bildzeichen für Schutzarten (bei Leuchten üblich)

DIN VDE 0710 T.1/3.69

Bildzeichen	Schutzumfang	Bildzeichen	Schutzumfang
❈	staubgeschützt, siehe 1. Kennziffer 5	▼	tropfwassergeschützt, Schutz gegen hohe Luftfeuchte, Wrasen und tropfendes Wasser
◈	staubdicht, siehe 1. Kennziffer 6	▯	regengeschützt, siehe 2. Kennziffer 3
		△	spritzwassergeschützt, siehe 2. Kennziffer 4
		△△	strahlwassergeschützt, siehe 2. Kennziffer 5
		▼▼	wasserdicht, Schutz gegen Eindringen von Wasser ohne Druck
		▼▼...bar	druckwasserdicht, Schutz gegen Eindringen von Wasser unter Druck

[1] Wird ein Schutzgrad nicht angegeben, dann schreibt man statt der Ziffern den Buchstaben X, z. B. IP X4.

Prüfzeichen an elektrischen Betriebsmitteln und Geräten

Nationale Prüfzeichen an elektrischen Betriebsmitteln und Geräten

Zeichen	Erklärung	Zeichen	Erklärung	Zeichen	Erklärung
(VDE-Zeichen)	VDE-Zeichen Verband Deutscher Elektrotechniker	GS geprüfte Sicherheit	Sicherheitszeichen Prüfzeichen Geprüfte Sicherheit	IZE	Informationszentrale der Elektrizitätswirtschaft in Frankfurt/M.
◁VDE▷ ◁HAR▷	VDE-Harmonisierungszeichen für Kabel u. Leitungen	VDE GS geprüfte Sicherheit	Sicherheitszeichen Prüfstelle: VDE	DIN AGI	Qualitätszeichen für geräuscharme Ausführung elektr. Geräte
(Funkschutz)	Funkschutzzeichen Im freien Ausschnitt Funkstörgrad: G, N, K oder O	TÜV GS Rheinland	Sicherheitszeichen Prüfstelle: TÜV (Technischer Überwachungsverein)	SISIR ISO 9000	Qualitätssicherheit f. gasdichte, wiederaufladbare Knopfzellen, Norm: DIN-ISO 9001
A999 999N	Bundesamt für Zulassungen in der Telekommunikation Saarbrücken	DIN-DVGW GS geprüfte Sicherheit	Sicherheitszeichen Prüfstelle: DIN	DIN ISO 9001 LQP	Qualitätssicherheit für Schutzbauelemente, Norm: DIN-ISO 9001
⊐	Zulassungszeichen für Meßwandler u. Zähler der Phys.-Technischen Bundesanstalt Braunschweig	A-ET 87020 GS geprüfte Sicherheit	Sicherheitszeichen Prüfstelle: Berufsgenossenschaft	1 2 3 4 5 6 7 8	Prüfzeichen Sicherheitsprüfung z.B. bei elektrischen Geräten
E	Zulassungszeichen für Tarifschaltuhren der Phys.-Technischen Bundesanstalt Braunschweig	M	Kennzeichen, Vereinigung der Hersteller u. Verarbeiter von Kunststoffen	♻	Recyclingzeichen Wiederaufbereitung nach Verwendung

Internationale Prüfzeichen an elektrischen Betriebsmitteln und Geräten

Zeichen		Zeichen		Zeichen		Zeichen	
CEBEC	Belgien	(IMQ)	Italien	(B)	Polen	MEEI	Ungarn
D	Dänemark	(JIS)	Japan	S	Schweden	UL	USA (Einzelgeräte)
SF	Finnland	CSA	Kanada	(+S)	Schweiz	RU	USA (Geräte in Anlagen)
NF	Frankreich	KEMA KEUR	Niederlande	E1	\[siehe unten\]		
♡	Großbritannien	N	Norwegen	(CCE)	\[siehe unten\]		
I	Island	ÖVE	Österreich	CE	\[siehe unten\]		

Zeichen	Erklärung
E 1	ECE: Kommission der UN für Europa mit Kennzahl des Landes, das die Genehmigung erteilt hat, z.B. 1 für Deutschland; 2 für Frankreich
(CCE)	CCE: Internationale Kommission für Regeln zur Begutachtung elektrotechnischer Erzeugnisse.
CE	CE: Pflichtkennzeichnung durch die Hersteller, z.B. auch für EMV auf allen elektrischen und elektron. Geräten, verbindlich für die Staaten der EU.

401

CE-Kennzeichnung

DIN EN 45014/9.89

- EG-Richtlinien sind verbindliche Rechtsvorschriften der Europäischen Union (EU).
- CE-Kennzeichnung (**C**ommunanté **E**uropéenne = Europäische Gemeinschaft) bestätigt Übereinstimmung der Erzeugnisse mit relevanten EU-Richtlinien.
- CE-Kennzeichnungspflicht besteht für die Erzeugnisse, die in den Anwendungsbereich einer EU-Richtlinie fallen.
- Freiwillige CE-Kennzeichnungen sind ausgeschlossen.

Auswahl von Erzeugnissen mit CE-Kennzeichnungspflicht

Bezeichnung	Europäische Nr.	Deutsches Recht	bisherige Zeichen	Inkraftsetzung
Elektrische Betriebsmittel zur Verwendung innerhalb bestimmter Spannungsgrenzen	72/23/EWG	1. GSGV 11.06.1979	GS-Zeichen	01.01.1997
Elektromagnetische Verträglichkeit	89/392/EWG 91/263/EWG 93/44/EWG	EMV-GESETZ 10.11.1992	Funkschutzzeichen	01.01.1996
Maschinen	89/392/EWG 91/368/EWG 93/44/EWG	9. GSGV 12.05.1993	GS-Zeichen	01.01.1995
Sicherheit von Spielzeug	88/378/EWG	GSG-Spielzeugverordnung	GS-Zeichen	01.01.1990
Telekommunikationsendeinrichtungen	91/263/EWG	Fernmeldeanlagengesetz	ZZF-Nr.	06.11.1992

Konformitätsbewertungsverfahren

- Die Harmonisierungsrichtlinien legen Anforderungen für Produkte fest, um diese in den Verkehr bringen zu können.
- Hersteller weisen in eigener Verantwortung oder mit Hilfe von Zertifizierungsstellen nach, daß Richtlinienanforderungen erfüllt sind.

Konformitätserklärungen von Anbietern/Herstellern

- Anbieter von Produkten (Hersteller, Lieferer usw.) müssen in Konformitätserklärungen angeben, daß die Produkte mit den angegebenen Normen übereinstimmen.
- Das CE-Kennzeichen wird immer vom Hersteller oder seinem Bevollmächtigten angebracht.

Weg zur CE-Kennzeichnung

Recherche
- Welcher(n) EG-Richtlinie(n) unterliegt das Produkt?
- Welche Anforderungen müssen beachtet werden?
- Welche Nachweise sind nötig?

Erfüllung der grundlegenden Forderungen
- Gefahrenanalyse
- Einhalten von Normen- und Richtlinienforderungen.
- Abhilfemaßnahmen, damit Gefährdungen unter vorgegebenen Bedingungen nicht auftreten.

Technische Dokumentation
- Unterlagen über Zulieferteile (Rückverfolgbarkeit).
- Betriebsanleitung
- Konformitätserklärung

CE-Kennzeichnung
- Beachtung der Vorgaben in jeweiligen EG-Richtlinien.
- Anbringen des CE-Kennzeichens.

Überwachung des Produktes
- Beachtung von Änderung des Produktes und der Normen.

Muster einer Konformitätserklärung

EG-Konformitätserklärung
Anbieter: _Name und Anschrift_
Anschrift: _des Anbieters, der die Erklärung ausstellt_

Produktbezeichnung: _Identifizierung des Produktes (Bezeichnung, Typ- oder Modellnummer)_

Hiermit wird mit alleiniger Verantwortung erklärt, daß das bezeichnete Produkt mit den Vorschriften folgender Europäischer Richtlinien übereinstimmt:
Text: _Normen oder andere normative Dokumente genau und vollständig, u. U. ergänzende Informationen wie Klasse, Typenreihe o. ä._
Weitere Angaben über die Einhaltung dieser Richtlinie enthält Anhang

Ort, Datum: _Ausstellungsort- und Datum_
Rechtsverbindliche Unterschrift: _Unterschrift und Funktion des Beauftragten_

CE-Symbol als Rastervorlage

- Mindesthöhe 5 mm
- Bei Vergrößerungen oder Verkleinerungen sind Proportionen gemäß Raster einzuhalten.

Bildzeichen der Elektrotechnik

DIN 40 101 T.1...3/06.94
DIN 40 100 T.2...22/11.85

Bildzeichen	Benennung	Bildzeichen	Benennung	Bildzeichen	Benennung
	Ein / On		Koaxiale Leitung, abgeschirmt		Oszilloskop
	Aus / Off		Lichtstrahlung		Meßwertanzeiger, analog
	Vorbereiten		Lichtenergie		Meßwertanzeiger, digital
	Ein/Aus stellend		Strahlung, allgemein		Schreiber
	Ein/Aus tastend		Mechanische Energie		Drucker
	Start, Ingangsetzung		Wärmeenergie		Elektrische Maschine
	Schnellstart		Pneumatische Energie		Handschalter
	Stop, Anhalten der Bewegung		Wärmeabgabe, allgemein		Fußschalter
	Handbetätigung		Hydraulische Energie		Umschalteinrichtung
	Automatischer Ablauf		Bewegung in Pfeilrichtung		Sperreinrichtung elektronisch
	Pause		Bewegung in beiden Richtungen		Akustisches Signal, Klingel
	Steuern		Geschwindigkeit, Geschwindigkeitsstufe 1		Sirene
	Regeln		Wirkung auf einen Bezugspunkt zu		Akustisches Signal, Hupe
	Nullstellung		Langsamer Lauf		Uhr, zeitlicher Ablauf
	Mittelstellung		Kurzwiederholung		Ventilator
	Fernbedienung		Wirkung von einem Bezugspunkt in zwei Richtungen		Nachechodämpfung
	Unterirdische elektrische Leitung		Begrenzung einstellen; Empfindlichkeit einstellen		Meßbrücke
	Oberirdische Leitung		Einsteller		Rauher Betrieb

403

Bildzeichen der Elektrotechnik

DIN 40 101, T.1...3/06.94
DIN 40 100 T.2...22/11.85

Bildzeichen	Benennung	Bildzeichen	Benennung	Bildzeichen	Benennung
	Zulässige Übertemperatur		Farbsättigung		Lautsprecher
	Notruf, Feuerwehr		Farbton		Hörer, Hörkapsel
	Elektrorasierer		Monophon		Kopfhörer
	Türöffner		Stereophon		Fernsprecher
	Beleuchtung, Licht		Ton (Schall)		Handapparat auflegen, aufgelegt
	Bestrahlung, infrarot		Sprache		Fernsprechverkehr, kontinental
	Sicherheitsbeleuchtung in Bereitstellung		Magnettongerät		Fernsprecher mit Induktorruf
	Aufnahme einer Information auf Informationsträger		Bandaufnahme		Münzeinwurf
	Wiedergabe einer Information von Informationsträger		Bandwiedergabe		Frequenzbandwahl für mehrere Bereiche
	Aufnahmesperre		Impulsmarkierung bei Magnetbandaufzeichnung		Empfangsfrequenz-Regelung
	Impulsmarkierung		Fernsehen		Frequenz-Übertragungsband
	Löschen einer Information vom Informationsträger		Farbfernsehen		Dynamik-Presser
	Einsetzen und Entnehmen von Tonträgern		Fernsehempfänger		Meßsender
	Auswerfen		Farbfernsehkamera		Morsetaste
	Mehrfach Überspielung		Bildverstärker elektronenoptisch		Elektrische Energie
	Spurwechsel, Spurwahl		Tonabnehmer		Achtung, allgemeine Gefahrenstelle
	Helligkeit		Bild-/Ton-Abnehmer		Gefährliche elektrische Spannung
	Kontrast		Mikrophon		Isoliertransformator

Wirkungen elektrischer und magnetischer Felder
Schutz von Personen

DIN VDE 0848

Gesundheitliche Risiken nach **ICNIRP**:
(**I**nternational **C**ommission on **N**on-**I**onizing **R**adiation)
- Gewebeerwärmung durch HF-Absorbtion.
- Wirkung induzierter Ströme ($f < 500\,\text{kHz}$) auf Nerven- und Muskelzellen.
- Verbrennungen und Elektroschocks durch Berühren von leitenden Gegenständen.
- Höreffekte
- Krebsentstehung und -förderung.
- Wirkungen bei Modulation von HF-Strahlung mit ELF-Frequenzen.

Gefahren von Personen bestehen
- **unmittelbar** durch direkte Einwirkung,
- **mittelbar** durch Berühren von elektrisch-leitfähigen Gegenständen.

Schutzmaßnahmen:
- Bereiche, in denen die Grenzwerte überschritten werden, absperren und auf die Gefahr hinweisen.
- Von unterwiesenen Personen zugängliche Bereiche durch Kennzeichnung abgrenzen.
- Leistungsreduzierung, Abschirmung u.ä.
- Wirksamkeit überprüfen.

Spezifische Absorbtionsrate SAR		
$\text{SAR} = \dfrac{\text{absorbierte HF-Leistung}}{\text{Körpermasse}}$ in $\dfrac{W}{kg}$		
SAR-Grenzwerte (Absorbierte HF-Energie während 6 min) in W/kg		
Gesamter Körper		Körperteile je 10g Masse
Allgemein	Arbeitsbereich	
0,08	0,4	2

W, Warnung vor elektro-magnetischem Feld

Grenzwerte in Wohngebieten

Frequenz in MHz	Effektivwerte der		S (Mittelwert) in W/m²
	E in $\dfrac{V}{m}$	H in $\dfrac{A}{m}$	
30 - 400	27,5	0,073	2
900	41,1	0,11	4,5
1600	54,8	0,146	7,5
2450	61,4	0,16	10
$2 \cdot 10^3$ bis $3 \cdot 10^5$	61,4	0,16	10

Grenzwerte (Basis SAR-Grenzwert = 0,08 W/kg) bei 50 Hz

	Gefährdung	
	Mittelbare	Unmittelbare
$E = 20\,\text{kV/m}$ $H = 4\,\text{kA/m}$	$U_B > 72\,\text{V}$	siehe Diagramm

Beispiele

Quelle	f in MHz	s	E, H oder S	Grenzwerte
UKW-Sender	88...108	50 m 300 m	450 V/m 90 V/m	73,5 V/m wird für $S > 350\,\text{m}$ eingehalten
CB-Funk	27	5 cm	<1000 V/m <0,2 A/m	2 W/kg
VHF UHF	174-216 470-890	1,5 km	<0,02 V/m <0,005 V/m	2 W/m² 2-4 W/m²
Mobilfunk	890-960	50 cm 3 cm	0,001 W/m² <2 W/m²	4 W/m² 2 W/kg
Mikrowellengerät	2450	5 cm 30 cm	0,62 W/m² 0,06 W/m²	<50 W/m²

Grenzwerte zum Personenschutz bei unmittelbarer Gefährdung

① 10 kHz ≤ f ≤ 30 kHz: eingetragen die zulässigen Spitzenwerte, Effektivwert ≤ 350 A/m
② 10 kHz ≤ f ≤ 30 kHz: angegeben die zulässigen Spitzenwerte, Effektivwert ≤ 1500 V/m
③ 30 kHz ≤ f ≤ 3 000 GHz: angegeben die zulässigen Effektivwerte bei einer Einwirkdauer von 6 min.
④ 30 MHz ≤ f ≤ 3 000 GHz: eingetragen die Grenzwerte bei einer Einwirkdauer von 6 min.

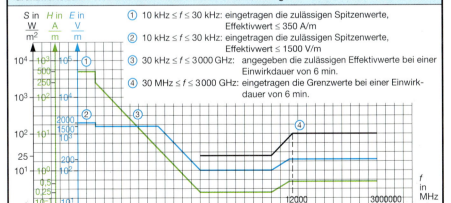

Strahlenschutz

Strahlenschutzverordnung (Strl.SchV)/12.86

Aktivität A

Aktivität = $\dfrac{\text{Anzahl der Kernumwandlungen}}{\text{Zeit}}$

$A = \dfrac{\Delta N}{\Delta t}$ $[A] = 1\ \text{Bq} = 1\ \text{s}^{-1}$ $1\ \text{Ci} = 3{,}7 \cdot 10^{10}\ \text{s}^{-1} = 3{,}7 \cdot 10^{10}\ \text{Bq}$

Bq: Bequerel   Ci: Curie

Energiedosis D

Energiedosis = $\dfrac{\text{absorbierte Energie}}{\text{Masse}}$

$D = \dfrac{\Delta W}{\Delta m}$ $[D] = 1\ \text{Gy} = 1\ \text{J/kg}$

Gy: Gray

Strahler	Aktivität in Bq	in Ci
Radiumstrahler für Unterrichtszwecke	$3{,}7 \cdot 10^3$	$0{,}1 \cdot 10^{-6}$
Kalium 40 im menschlichen Körper	$3{,}7 \cdot 10^3$	$0{,}1 \cdot 10^{-6}$ $0{,}2 \cdot 10^{-6}$
1 g reines Ra 226 ohne Folgeprodukte	$3{,}67 \cdot 10^{10}$	≈ 1
1 g Co 60	$4{,}181 \cdot 10^{13}$	$1{,}13 \cdot 10^3$
Das in der gesamten Natur vorkommende C14 (geschätzt).	$8{,}5 \cdot 10^{18}$	$2{,}3 \cdot 10^8$
Die in einem Kernreaktor angesammelten radioaktiven Spaltprodukte.	bis $3{,}7 \cdot 10^{20}$	bis 10^{10}

Als spezifische Aktivität eines radioaktiven Stoffes bezeichnet man seine Aktivität pro Masse. $A_{sp} = \dfrac{A}{m}$

Äquivalentdosis H; Qualitätsfaktor $\overline{Q}$

Äquivalentdosis = Energiedosis · Qualitätsfaktor

$H = D \cdot \overline{Q}$ $[H] = 1\ \text{Sv} = 1\ \text{J/kg}$ $1\ \text{rem} = 10^{-2}\ \text{Sv}$

Sv: Sievert

Strahlenart	$\overline{Q}$
Röntgenstrahlen, Gammastrahlen	1
Beta- und Elektronenstrahlen	1
Thermische (langsame) Neutronen	2,3
Schnelle Neutronen, Protonen	10
Alphastrahlen	20
Schwere Rückstoßkerne (Richtwert)	20

Bei der Dosisleistung wird die Äquivalentdosis auf eine bestimmte Zeitspanne bezogen, z.B. Sv/h, Sv/d oder mrem/a.

WOS, Warnung vor gefährlicher Strahlung

Grenzwerte der Körperdosis

Körperteile	[1] Werte für Personen, die mit strahlendem Material arbeiten			Maximalwerte für allgemeine Bevölkerung in mSv
	Maximalwerte in mSv	Kontrollbereich [2] in mSv	Überwachungs- oder Kontrollbereich Jugendliche < 18 Jahre in mSv	
Keimdrüsen, Gebärmutter rotes Knochenmark	50	15	5	0,3
Hände, Unterarme, Füße, Unterschenkel, Knöchel einschließlich der zugehörigen Haut	500	150	50	–
Schilddrüse, Knochenoberfläche, übrige Haut	300	90	30	1,8
Alle Organe und Gewebe, soweit bisher nicht genannt	150	45	15	0,9

[1] Die Summe aller effektiven Dosen darf 400 mSv nicht überschreiten.
[2] Im Kontrollbereich können die hier angegebenen Werte beim Aufenthalt von $40\ \dfrac{\text{h}}{\text{Woche}}$ und $50\ \dfrac{\text{Wochen}}{\text{Jahr}}$ überschritten werden.

9 Technische Dokumentation

Linien, Bemaßung, Gewinde,
  Schnitte 408
Normschrift 409
Blattformate 409
Blattgrößen 409
Darstellung in mehreren
  Ansichten 409
Schaltungsunterlagen 410
Kennzeichnung von elektrischen
  Betriebsmitteln 411

Schaltzeichen

Graphische Symbole für Schal-
  tungsunterlagen, Allgemeines .. 412
Symbolelemente und Kenn-
  zeichen für Schaltzeichen 412
Symbolelemente, Schaltzeichen
  für Leitungen und Verbinder 414
Schaltzeichen für passive
  Bauelemente 415
Schaltzeichen für Halbleiter und
  Elektronenröhren 415

Schaltzeichen für die Erzeugung
  und Umwandlung elektrischer
  Energie 417
Schaltzeichen für Schalt- und
  Schutzeinrichtungen, Kontakte . 418
Schaltzeichen für Schaltgeräte
  und Schutzeinrichtungen 419
Schaltzeichen für Meß-, Melde-
  und Signaleinrichtungen 420
Schaltzeichen für Nachrichten-
  technik, Vermittlungssysteme
  und -einrichtungen 422
Schaltzeichen für die Nachrichten-
  technik, Fernsprecher, Tele-
  graphen- und Datenendgeräte,
  Wandler, Aufzeichnungs- und
  Wiedergabegeräte 423
Schaltzeichen für die Nachrichten-
  technik, Übertragungseinrich-
  tungen 424
Schaltzeichen für Netze und
  Elektroinstallationen 427
Schaltzeichen für binäre Elemente . 428
Schaltzeichen für analoge
  Signalverarbeitung 432

Linien, Bemaßung, Gewinde, Schnitte

DIN 27/03.67　DIN 406 T.11/12.92
DIN 6 T.2/12.86　DIN 15 T.1, T.2/06.84

Linienart	Vollinie		Strichlinie		Strichpunktlinie		Freihandlinie	Zickzacklinie	Strich-Zweipunktlinie
	breit	schmal	breit	schmal	breit	schmal	schmal	schmal	schmal
Anwendungsbeispiele	sichtbare Körperkanten, Gewindebegrenzung	Maßlinie, Maßhilfslinie, Schraffur, Bezugslinie, Gewindelinie	Kennzeichnung von Oberflächenbehandlung	verdeckte Körperkanten	Schnittverlauf	Mittellinie	Bruchlinie	Bruchlinie	angrenzende Teile, Grenzstellung beweglicher Teile

Bemaßungsregeln

- Keine Doppelbemaßung.
- Keine Bemaßung an verdeckten Kanten.
- Maß in der Ansicht, in der es am deutlichsten zu sehen ist.
- Maßzahlen von unten (Schriftfeld) oder von rechts lesbar.
- Maßlinien sollen sich nicht kreuzen.

Begriffe

Werkstückdicke: 7 mm

2 mm　10 mm　10 mm　7 mm　2 mm

Maßlinienbegrenzung

normalerweise　　bei Platzmangel

d: Breite der breiten Vollinie

Sechskant-Schraube　　DIN 931 T.1/07.82

Richtwerte zum Zeichnen:
Eckmaß　　$e = 2 \cdot d$　　$d_1 = 0{,}8 \cdot d$
Schlüsselmaß　$s = 1{,}7 \cdot d$　$k_1 = 0{,}7 \cdot d$

Innengewinde

entweder *
oder　　 **

Vollschnitt

Halbschnitt

Teilschnitte (Ausbrüche)

Normschrift

Schriftform A: Linienbreite $\frac{1}{14}h$

Schriftform B: Linienbreite $\frac{1}{10}h$

kursiv: unter 75°

vertikal: unter 90°

ABCDEFGHIJKLMNOPQRSTUVW
XYZÄÖÜ 12345677890 IVX
aabcdefghijklmnopqrstuvwxyz
aäöüß±□ [(!?;'-=+×·√%&)]ø

Blattformate   DIN 476/02.91   ## Blattgrößen   DIN 823/05.80

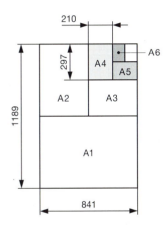
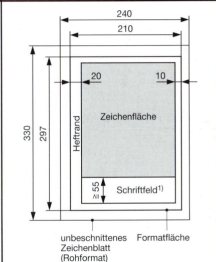

A0 = 841 mm x 1189 mm = 1 m²
A4 = 210 mm x 297 mm = 0,0624 m² ≈ $\frac{1}{16}$ m²

unbeschnittenes Zeichenblatt (Rohformat)   Formatfläche

[1)] siehe DIN 6771

Darstellung in mehreren Ansichten   DIN 6/12.86

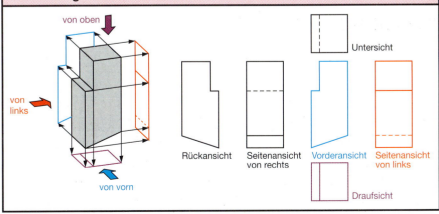

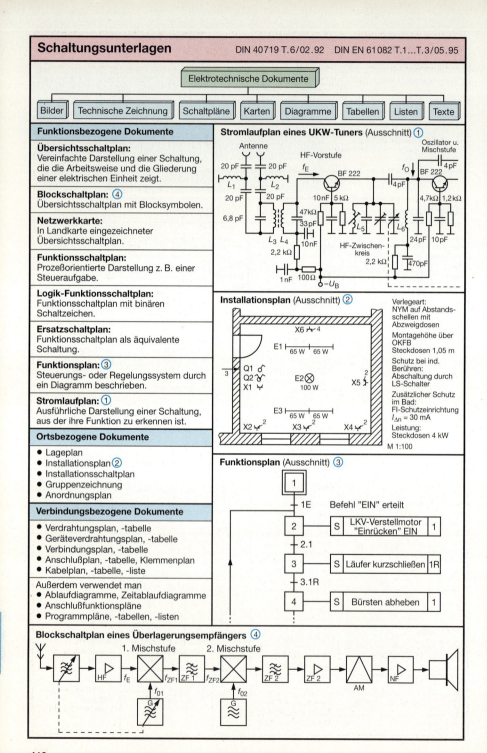

Kennzeichnung von elektrischen Betriebsmitteln

DIN 6779 T.1/06.91
DIN 40719 T.3/04.79

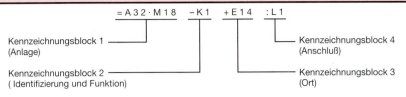

= A 3 2 · M 1 8   – K 1   + E 1 4   : L 1

Kennzeichnungsblock 1 (Anlage)

Kennzeichnungsblock 2 (Identifizierung und Funktion)

Kennzeichnungsblock 4 (Anschluß)

Kennzeichnungsblock 3 (Ort)

- Nur Kennzeichnungsblöcke angeben, die zur Kennzeichnung notwendig sind.
- Vorzeichen weglassen, wenn unzweideutig.
- Reihenfolge der Blöcke beliebig, aber in obiger Nummernfolge bevorzugt.

- Kennzeichnungsblöcke sind unmittelbar links bzw. unterhalb des Schaltzeichens einzutragen; Ausnahme: Block 4 („Anschluß").
- Ein Kennzeichnungsblock, der für die meisten Betriebsmittel gilt, kann im Schriftfeld angegeben werden.

Kennbuchstaben der Art des Betriebsmittels für Kennzeichnungsblock 4 (Anschluß)

Kennbuchstabe	Art des Betriebsmittels	Beispiele	Kennbuchstabe	Art des Betriebsmittels	Beispiele
A	Baugruppen, Teilbaugruppen	Verstärker, Magnetverstärker, Laser	P	Meßgeräte, Prüfeinrichtungen	Anzeigende, schreibende und zählende Meßeinrichtungen
B	Umsetzer von nicht elektrischen Größen in elektrische Größen	Thermoelektrische Fühler, photoelektr. Zellen, Dynamometer, Mikrophon, Lautsprecher u.ä.	Q	Starkstrom-Schaltgeräte	Leistungsschalter, Lastschalter, Trennschalter
C	Kondensatoren		R	Widerstände	Festwiderstände, Regelwiderstände, Anlasser u. ä.
D	Binäre Elemente, Verzögerungseinrichtungen, Speichereinrichtungen	Kombinative Elemente, Verzögerungsleitungen, bistabile u. astabile Elemente	S	Schalter, Wähler	Taster, Steuerschalter, Befehlsgeräte, Wähler
E	Verschiedenes	Beleuchtungen, Heizungen u. ä.	T	Transformatoren	Transformatoren, Strom- und Spannungswandler
F	Schutzeinrichtungen	Sicherungen, Ableiter, Schutzrelais	U	Modulatoren, Umsetzer	Demodulator, Frequenzwandler, Inverter u. ä.
G	Generatoren, Stromversorgungen	Rot. Generatoren, Frequenzwandler, Oszillatoren	V	Röhren und Halbleiter	Elektronenröhren, Transistoren, Dioden, Thyristoren
H	Meldeeinrichtungen	Optische und akustische Melder	W	Übertragungswege, Hohlleiter, Antennen	Drähte, Kabel, Schienen, Dipole
J	frei		X	Klemmen, Stecker, Steckdosen	Stecker, Klemmleisten, Buchsen
K	Relais, Schütze	Schütze, Hilfsschütze, Relais, Zeitrelais u. ä.	Y	Elektrisch betätigte mechanische Einrichtungen	Bremsen, Kupplungen, Ventile
L	Induktivitäten	Drosselspulen, Wellensperren	Z	Abschlüsse, Filter, Entzerrer, Begrenzer	Filter, Funkentstörung, Pässe, Frequenzweichen
M	Motoren				
N	Verstärker, Regler	Elektronische Einrichtungen, Regler, Verstärker, Wandler			

Graphische Symbole für Schaltungsunterlagen
Allgemeines

Schaltzeichen	Raster üblich: M = 2,5 mm für Anschlußlinien Figur, Zeichen, Ziffer, Buchstabe oder deren Kombination zur Darstellung von Funktions- oder Baueinheiten.	**Grundsymbol**	Figur mit festgelegter Bedeutung. (Charakteristisch für eine Familie von Funktions- oder Baueinheiten)
		Kennzeichen	Schaltzeichen oder Symbolelement, das einem Schaltzeichen beigefügt wird, um dessen Bedeutung festzulegen.
Symbolelement	Figur, Zeichen, Ziffer oder Buchstabe mit festgelegter Bedeutung. (Nur in Kombination mit Grundsymbolen oder Symbolelementen anwenden.)	**Blocksymbol**	Vereinfachte Darstellung einer Funktions- oder Baueinheit.

Das Beiblatt 1 zur DIN 40 900 enthält das Stichwortverzeichnis über Schaltzeichen mit der Angabe einer Nummer.

z. B. Widerstand, allgemein 04-01-01

- Teil der DIN 40 900[1] (hier Teil 4)
- Hauptabschnitt oder Anhang[2] (hier Hauptabschnitt 1)
- laufende Nummer des Schaltzeichen (hier Nummer 1)

Symbolelemente und Kennzeichen für Schaltzeichen

Symbolelemente		Kennzeichen			
Schaltzeichen	Benennung	Schaltzeichen	Benennung	Schaltzeichen	Benennung
Form 1 02-01-01	Betriebsmittel Gerät Funktionseinheit	**Arten von Strömen und Spannungen**		**Wirkungen von Abhängigkeiten**	
Form 2 02-01-02		Form 1 02-02-01	Gleichstrom wenn das Schaltzeichen 02-02-01 zu Verwechslungen führt.	02-08-01	Thermische Wirkung
Form 3 02-01-03		Form 2 02-02-03		02-08-02	Elektromagnetische Wirkung
Form 1 02-01-04	Hülle Gehäuse Röhrenkolben	50 Hz 02-02-05	Wechselstrom, 50 Hz		
Form 2 02-01-05		3N 50 Hz 400/200 V 02-02-07	Dreiphasen-Vierleitersystem	02-08-03	Magnetostriktive Wirkung
02-01-06	Begrenzungslinie Trennlinie	02-02-09	Wechselstrom Niedrige Frequenzen	02-08-04	Magnetfeld-Wirkung oder -Abhängigkeit
02-01-07	Abschirmung	02-02-10	Mittlere Frequenzen	02-08-05	Verzögerung
Strahlungen		02-02-11	Hohe Frequenzen	**Abhängigkeit von einer charakteristischen Größe**	
02-09-01	nicht ionisierend, elektromagnetisch	02-02-12	Gleichgerichteter Strom mit Wechselstromanteil	< 02-06-01	größer
				> 02-06-02	kleiner
				= 02-06-05	gleich 0
02-09-03	ionisierend			≈ 0 02-06-04	etwa 0

[1] Steht vor der Nummer eine 1, z. B. 103, dann handelt es sich um ein national übernommenes Schaltzeichen.
[2] Steht vor der Zahl der Buchstabe A, dann wurde das Schaltzeichen aus einem Anhang zu IEC 617 entnommen.

Symbolelemente und Kennzeichen für Schaltzeichen

Schaltzeichen	Benennung	Schaltzeichen	Benennung	Schaltzeichen	Benennung
Veränderbarkeiten		**Antriebsarten**		**Symbolelemente**	
02-03-01	nicht inhärent[1]	102-05-04	Schaltschloß, mechanische Freigabe	02-05-01	Übertragung, Energiefluß, Signalfluß, in einer Richtung (simplex)
02-03-02	nicht inhärent, nicht linear	02-13-01	Handantrieb, allgemein	02-05-04	Senden
02-03-03	inhärent[2]	02-13-03	Betätigung durch Ziehen	02-05-05	Empfangen
02-03-05	Einstellbarkeit	02-13-04	Betätigung durch Drehen	102-01-01	Senden oder Empfangen, nicht gleichzeitig
02-03-08	nicht inhärent, 5stufig	02-13-05	Betätigung durch Drücken	102-01-02	Senden oder Empfangen, gleichzeitig
02-03-10	Einstellbarkeit, stetig	102-05-01	Betätigung durch Kippen	102-01-25	Wasserschall
02-03-11	Regelung oder automatische Steuerung, inhärent	02-13-06	Betätigung durch Annähern	102-01-26	Radar
Richtung von Kraft und Bewegung		02-13-07	Betätigung durch Berühren	102-01-03	Größtwertbegrenzung, allgemein
02-04-01	Geradlinig	102-05-02	Handantrieb, abnehmbar, z. B. Steckschlüssel	102-01-04	Kleinstwertbegrenzung, allgemein
02-04-04	Drehung in beide Richtungen	02-13-15	Betätigung durch Rolle	102-01-05	Größt- und Kleinstwertbegrenzung
02-04-06	Periodisch	02-13-23	Betätigung durch elektromagnetischen Antrieb	**Mechanische Stellteile**	
Impulsformen				Form 1 02-12-01	Wirkverbindung, allgemein
02-10-01	Positiver Impuls	02-13-26	Betätigung durch Motor	Form 2 02-12-04	Mechanische, Pneumatische und Hydraulische Wirkverbindung
02-10-03	Wechselstrom-Impuls	02-13-20	Kraftantrieb, allgemein	02-12-08	Raste, Nicht selbsttätiger Rückgang
02-10-04	Positive Schrittfunktion	02-13-21	Betätigung durch pneumatische oder hydraulische Steuerung in Pfeilrichtung	02-12-05	Verzögerte Wirkung
02-10-05	Negative Schrittfunktion			102-07-01	
02-10-06	Sägezahn	**Verschiedenes**		**Erde, Masse, Äquipotential**	
Verschiedenes		102-06-04	Sperre von Hand lösbar	02-15-01	Erde
02-17-01	Fehler	102-09-02	Speicher, allgemein	02-15-02	Fremdspannungsarme Erde
02-17-03	Dauermagnet			02-15-03	Schutzerde
02-17-04	Bewegbarer Kontakt (z. B. Schleifkontakt)	102-09-05	Regler	02-15-04	Masse Gehäuse
02-17-06	Umsetzer, Umformer, Umrichter				
02-16-01	Ideale Stromquelle				
02-16-02	Ideale Spannungsquelle				

[1] Veränderbarkeit ist „nicht inhärent", wenn die veränderbare Größen durch eine äußere Einrichtung gesteuert wird, z. B. wenn der Widerstand durch einen Steller gesteuert wird.

[2] Veränderbarkeit ist „inhärent", wenn die veränderbare Größe von den Eigenschaften des Gegenstands selbst abhängt, z. B. wenn sich Widerstand mit der Änderung der Spannung oder der Temperatur ändert.

Symbolelemente, Schaltzeichen für Leitungen und Verbinder

Schaltzeichen	Benennung	Schaltzeichen	Benennung	Schaltzeichen	Benennung
Symbolelemente u. Kennzeichen		**Leiter**		**Verbinder**	
▷ 102-01-09	Verstärkung	03-01-01	Leiter, Gruppe von Leitern Leitung, Kabel, Stromweg, Übertragungsweg (z.B. für Mikrowellen)	• 03-02-01	Verbindung von Leitern
102-01-10	Siebung Filterung			○ 03-02-02	Anschluß (z. B. Klemme) der Kreis darf ausgefüllt werden
102-01-11	Gabelung	Form 1	Einpolige Darstellung, drei Leiter, Anzahl der Leiter durch kleine Striche oder durch einen Strich mit einer Zahl angezeigt	11 12 13 14 15 16 03-02-03	Anschlußleiste, dargestellt mit Anschlußbezeichnungen
102-01-12	Vorverzerrung Preemphase	Form 2 03-01-03		1 2 3 4 5 6 103-03-04	Klemmenleiste Reihenklemmen und Reihentrennklemmen
102-01-13	Nachverzerrung Deemphase	110 V 2 × 120 mm² Al	Oberhalb der Linie: Stromart, Netzart, Frequenz und Spannung. Unterhalb der Linie: Anzahl der Leiter, Multiplikationskreuz Querschnitt der einzelnen Leiter. Leitermaterial durch sein chemisches Zeichen angeben	Form 1 03-02-04	Abzweig von Leitern
102-01-14	Netzwerk, H-Schaltung	3N ~ 50 Hz 400 V		Form 2 03-02-05	
102-01-15	Netzwerk, TT-Schaltung	2 × 120 + 1 × 50		Form 1 03-02-06	Doppelabzweig von Leitern
102-01-16	Netzwerk, T-Schaltung	103-01-01	Leitung, geplant[1]	Form 2 03-02-07	
102-01-17	Fernsprechen	03-01-06	Leiter, bewegbar	03-03-01 03-03-02	Buchse, Pol einer Steckdose
102-01-18	Ton-Übertragung, Rundfunk-Übertragung, Drahtfunk-Übertragung	03-01-07	Leiter, geschirmt	03-03-03 03-03-04	Stecker, Pol eines Steckers[2]
102-01-19	Bild-Übertragung	03-01-08	Leiter, verdrillt, zwei Leiter dargestellt	103-03-05	Steckverbinder, mit Kennzeichnung des Schutzleiteranschlusses
102-01-20	Zweiseitenband, dargestellt für oberes und unteres Seitenband	03-01-09	Leiter in einem Kabel, drei Leiter dargestellt		Steckverbindung, vielpolig
102-01-21	Einseitenband, dargestellt für oberes Seitenband	03-01-11	Leiter, koaxial	03-03-07	allpolige Darstellung
Verbinder		03-01-10	Die zwei durch Pfeilspitzen gekennzeichneten Leiter sind in einem Kabel.	6 03-03-08	einpolige Darstellung
03-03-20	Steckverbindung, zwei Buchsen durch Stecker verbunden.	03-01-12	Koaxiale Leitung auf Anschlußstellen geführt	03-03-17 Form 1	Trennstelle, Lasche, geschlossen
03-03-21	Steckverbindung mit Adapter	03-01-13	Leiter, koaxial, geschirmt	03-03-18 Form 2	
03-03-22	Steckverbindung mit Abzweigbuchse	03-01-14	Leitung oder Kabel, nicht angeschlossen	03-03-12	Stecker und Klinke, zweipolig
		03-01-15	Leitung oder Kabel, nicht angeschlossen, besonders isoliert		

[1] Zur Unterscheidung verschiedener Arten von Leitungen, Kabelstrecken usw. dürfen beliebige Linienarten verwendet werden. Ihre Bedeutungen sollen im Plan erläutert werden.

[2] Auf die Verdickung, die den Pol eines Steckers darstellt, darf verzichtet werden.

Schaltzeichen für passive Bauelemente

Schaltzeichen	Benennung	Schaltzeichen	Benennung	Schaltzeichen	Benennung
Widerstände		**Kondensatoren**		**Induktivitäten**	
04-01-01	Widerstand, allgemein Dämpfungsglied, bevorzugte Form	04-02-01	Kondensator, allgemein bevorzugte Form	04-03-01	Induktivität, Spule, Wicklung, Drossel bevorzugte Form
04-01-02	andere Form	04-02-02	andere Form[1]	04-03-02	andere Form
104-01-03	Scheinwiderstand	04-02-05	Kondensator, gepolt, Elektrolyt-Kondensator	04-03-03	Induktivität mit Magnetkern
04-01-12	Heizelement	104-02-01	Kondensator mit Anzapfung	04-03-04	Induktivität mit Luftspalt im Magnetkern
04-01-09	Widerstand mit Anzapfungen	04-02-07	Kondensator, veränderbar	04-03-06	Induktivität mit festen Anzapfungen
04-01-10	Nebenschlußwiderstand Shunt	04-02-16	Kondensator, gepolt, spannungsabhängig, Halbleiter-Kondensator	04-03-07	Induktivität mit bewegbarem Kontakt, stufig, veränderbar
04-01-03	Widerstand, veränderbar, allgemein	**Verzögerungsleitungen**		04-03-09	Koaxiale Drossel mit Magnetkern
04-01-04	Widerstand, spannungsabhängig, Varistor	04-09-01	Verzögerungsleitung, Verzögerungselement, Verzögerungsglied	**Verschiedenes**	
104-01-05	Widerstand, gegensinnig, spannungsabhängig	04-09-02	Magnetostriktive Verzögerungsleitung, 04-09-02	04-04-01	Magnetkern
04-01-07	Widerstand mit Schleifkontakt Potentiometer	04-09-05	Verzögerungsleitung als Leitungsnachbildung	04-04-03	Magnetkern mit einer Wicklung
04-01-08	Widerstand, einstellbar, mit Schleifkontakt	04-09-03 04-08-03	Koaxiale Verzögerungsleitung	04-07-01	Piezoelektrischer Kristall mit zwei Elektroden

Schaltzeichen für Halbleiter und Elektronenröhren DIN 40 900 T.5/03.88

Symbolelemente				Kennzeichen			
05-01-01	Halbleiterzone mit einem ohmschen Anschluß	05-01-23	Eigenleitende Zone PIN- o. NIP-Struktur	05-02-01	Schottky-Effekt		
05-01-02	Halbleiterzone mit mehreren Anschlüssen Form 1	05-01-24	PIP- o. NIN-Struktur	05-02-02	Tunnel-Effekt		
05-01-03	Form 2	05-01-09	P-Gebiet, das eine N-Zone beeinflußt				
05-01-04	Form 3	05-01-10	N-Gebiet, das eine P-Zone beeinflußt	05-02-03	Durchbruch-Effekt in einer Richtung		
05-01-05	Leitender Kanal Verarmungstyp	05-01-11	N-leitender Kanal auf einem P-Substrat	05-02-04	Durchbruch-Effekt in beiden Richtungen		
05-01-06	Anreicherungstyp	05-01-12	P-leitender Kanal auf einem N-Substrat				
		05-01-14	P-Emitter auf einer N-Zone N-Emitter auf einer P-Zone	05-02-05	Backward-Effekt Rückwärts-Effekt Unitunnel-Effekt		

[1] Falls es notwendig ist, die Elektroden zu kennzeichnen, muß die gebogene Linie darstellen:
- den Außenbelag bei Papier- oder Keramik-Kondensatoren
- den beweglichen Teil bei einstellbaren oder veränderbaren Kondensatoren
- den Belag mit dem negativen Potential bei Durchführungskondensatoren

Schaltzeichen für Halbleiter und Elektronenröhren

Halbleiterdioden

Schaltzeichen	Benennung
05-03-01	Halbleiterdiode, allgemein
05-03-02	Leuchtdiode, allgemein
05-03-04	Kapazitätsdiode
05-03-06	Z-Diode, Esaki-Diode
05-03-07	Breakdown-Diode Gegeneinander geschaltete Z-Dioden
05-03-05	Tunneldiode
05-03-08	Backward-Diode Unitunneldiode
05-03-09	Zweirichtungsdiode, Diac

Thyristoren

Schaltzeichen	Benennung
05-01-01	Thyristordiode rückwärts sperrend
05-04-02	Thyristordiode, rückwärts leitend
05-04-03	Zweirichtungs-Thyristordiode
05-04-04	Thyristortriode Thyristor
05-04-05	Thyristortriode, rückwärts sperrend, Anode gesteuert (N-Gate)
05-04-06	Thyristortriode, rückwärts sperrend, Kathode gesteuert (P-Gate)
05-04-07	Abschalt-Thyristortriode
05-04-08	Abschalt-Thyristortriode, Anode gesteuert (N-Gate)
05-04-10	Thyristortriode, rückwärts sperrend
05-04-11	Thyristortriode, bidirektional, Triac
05-04-12	Thyristortriode, rückwärts leitend
05-04-13	Thyristortriode, rückwärts leitend, Anode gesteuert (N-Gate)

Transistoren

Schaltzeichen	Benennung
05-05-01	PNP-Transistor
05-05-03	NPN-Avalanche-Transistor
05-05-04	Unijunction-Transistor mit Basis vom P-Typ
05-05-06	NPN-Transistor mit zwei Basisanschlüssen
05-05-08	PNIN-Transistor
05-05-09	Sperrschicht-Feldeffekt-Transistor (JFET) mit N-Kanal
05-05-10	Sperrschicht-Feldeffekt-Transistor (JFET) mit P-Kanal
05-05-11	Isolierschicht-Feldeffekt-Transistor (IGFET), Anreicherungstyp
05-05-13	Isolierschicht-Feldeffekt-Transistor (IGFET), Anreicherungstyp, Substratanschluß
05-05-14	Isolierschicht-Feldeffekt-Transistor (IGFET), Substrat intern mit Source verbunden
05-05-15	Isolierschicht-Feldeffekt-Transistor (IGFET), Verarmungstyp

Sensoren

Schaltzeichen	Benennung
05-06-02	Diode, lichtempfindlich, Photodiode
05-06-01	Widerstand, lichtempfindlich Photowiderstand
05-06-03	Photoelement Photozelle
05-06-08	Optokoppler Leuchtdiode und Phototransistor
05-06-05	Hall-Generator
05-06-06	Widerstand, magnetfeldempfindlich
05-06-07	Magnetischer Koppler
05-15-01	Ionisationskammer
05-15-05	Halbleiterdetektor
05-15-10	Zählrohr
105-04-01	Peltierelement

Elektronenröhren

Schaltzeichen	Benennung
05-11-01	Triode
05-11-02	Thyratron, Triode
05-11-03	Pentode

Schaltzeichen	Benennung	Schaltzeichen	Benennung
05-12-01	Kathodenstrahlröhre mit • elektromagnetischer Ablenkung • Permanentmagnet-Fokussierung und Ionenfalle • Fokussierelektrode • Wehnelt-Zylinder • indirekt geheizte Kathode. z.B. Fernsehbildröhre	05-12-02	Doppel-Kathodenstahlröhre mit • geteiltem Strahl • elektrostatischer Ablenkung • indirekt geheizte Kathode

Schaltzeichen für die Erzeugung und Umwandlung elektrischer Energie

Schaltzeichen	Benennung	Schaltzeichen	Benennung	Schaltzeichen	Benennung
Kennzeichnung der Schaltungsart		Symbolelemente		Maschinenarten	
06-01-01	Eine Wicklung	06-03-01	Wendepol- oder Kompensationswicklung	06-06-01	Wechselstrom-Reihenschlußmotor, einphasig
06-01-02	Drei getrennte Wicklungen	06-03-02	Reihenschlußwicklung		
106-01-01	Reihenschaltung	06-03-03	Nebenschlußwicklung, oder fremderregte Wicklung	06-08-01	Drehstrom-Asynchronmotor mit Käfigläufer
106-01-04	Einzelstrang mit Hilfsphase				
06-02-02	Dreiphasenwicklung, V-Schaltung (60°)	Maschinenarten		06-08-03	Drehstrom-Asynchronmotor mit Schleifringläufer
06-02-05	Dreieckschaltung	06-04-01	Maschine, allg. An die Stelle des Sterns (*) muß eines der folgenden Kennzeichen eingetragen werden: C Umformer G Generator GS Synchrongenerator M Motor MG Als Generator oder als Motor nutzbar Maschine MS Synchronmotor	06-05-02	Gleichstrom-Nebenschlußmotor
06-02-07	Sternschaltung			06-04-02	Linearmotor
06-02-08	Sternschaltung, Neutralleiter herausgeführt			06-04-03	Schrittmotor
06-02-09	Zickzackschaltung				

Schaltzeichen		Benennung	Schaltzeichen		Benennung
Form 1	Form 2		Form 1	Form 2	
06-09-01	06-09-02	Transformator mit zwei Wicklungen Spannungswandler[1]	06-10-13	06-10-14	Drehstromtransformator mit Last-Stufenschalter, Stern/Dreieckschaltung
	06-09-03	Kennzeichnung gleicher Phasenlagen, gleichzeitig eintretende Ströme erzeugen Magnetflüsse in gleicher Richtung			
06-09-06	06-09-07	Spartransformator	06-10-11	06-10-12	Drehstromeinheit aus Einphasentransformatoren, Stern/Dreieckschaltung
06-09-08	06-09-09	Drossel	06-09-10	06-09-11	Stromwandler Impulstransformator
06-10-03	06-10-04	Transformator mit Mittenanzapfung an einer Wicklung	06-13-10	06-13-11	Stromwandler, Impulstransformator mit einer (Sekundär-) Wicklung und drei durchgefädelten (Primär-) Wicklungen (z. B. Summenstromwandler)
06-10-05	06-10-06	Transformator mit veränderbarer Kopplung			

[1] Für Spannungswandler dieses oder ein anderes geeignetes der nachfolgenden Transformator-Schaltzeichen anwenden

Schaltzeichen für die Erzeugung und Umwandlung elektrischer Energie

Schaltzeichen	Benennung	Schaltzeichen	Benennung	Schaltzeichen	Benennung
\multicolumn{4}{l}{Leistungsumrichter, Primärzellen und Akkumulatoren}	\multicolumn{2}{l}{Nichtrotierende Generatoren und Heizquellen}	
06-14-02	Gleichstrom-Umrichter	06-15-02	Batterie von Primärelementen Akkumulatorenbatterie Form 1	06-16-01	Generator, allgemein
06-14-03	Gleichrichter	06-15-03	Form 2	06-17-01	Heizquelle, allgemein
106-04-01				06-17-03	Verbrennungs-Heizquelle
06-14-04	Gleichrichter in Brückenschaltung		Ventile und magnetische Geräte	06-18-01	Thermoelektrischer Generator, betrieben durch Verbrennungswärme
06-14-05	Wechselrichter	106-03-02	Absperrorgan, offen	06-18-06	Fotoelektrischer Generator
06-14-06	Gleichrichter/Wechselrichter (umschaltbar)	106-03-01	geschlossen	\multicolumn{2}{l}{Transduktoren und Magnetverstärker}
106-04-02	Wechselstromumrichter	106-03-03	Ventil, dargestellt mit Fühler und Antrieb durch Nocken	06-A1-01	Transduktorkern
106-04-03	Spannungskonstanthalter	106-02-01	Lasthebemagnet Spannplatte Magnetscheider	06-A1-03	Transduktor (Blocksymbol)
06-15-01	Primärzelle Primärelement Akkumulator	106-02-02	magnetische Bremse, Schienenbremsmagnet	06-A1-04	Magnetischer Verstärker (Blocksymbol)

Schaltzeichen für Schalt- und Schutzeinrichtungen, Kontakte

DIN 40 900 T.7/03.88

Kennzeichen		Symbolelemente			
07-01-01	Schütz-Funktion	07-02-01	Schließer, Schaltfunktion, allgemein Schalter Form 1	07-03-01	Wischer mit Kontaktgabe bei Betätigung
07-01-02	Leistungsschalter-Funktion	07-02-02	Form 2	07-04-01	Voreilender Schließer
07-01-03	Trennschalter-Funktion	07-02-03	Öffner	07-04-02	Nacheilender Schließer
07-01-04	Lasttrennschalter-Funktion	07-02-04	Wechsler mit Unterbrechung	07-04-03	Nacheilender Öffner
07-01-05	Selbsttätige Auslöser-Funktion	07-02-05	Zweiwegschließer mit Mittelstellung „Aus"	07-05-01	Schließer, schließt verzögert bei Betätigung Form 1
07-01-06	Grenzschalter-Funktion	07-02-06	Wechsler ohne Unterbrechung Folgeumschaltglied Form 1	07-05-02	Form 2
07-01-07	Funktion „selbsttätiger Rückgang"	07-02-07	Form 2	07-05-03	Öffner, schließt verzögert bei Rückfall Form 1
07-01-08	Funktion „nichtselbsttätiger Rückgang"	07-02-08	Zwillingsschließer	07-05-04	Form 2

Schaltzeichen für Schaltgeräte und Schutzeinrichtungen

Schaltzeichen	Benennung	Schaltzeichen	Benennung	Schaltzeichen	Benennung
Elektromagnetische Antriebe		**Elektromagnetische Antriebe**		**Schalter – Schaltgeräte**	
07-15-01	Elektromechanischer Antrieb, Relaisspule Form 1	107-08-05	Antrieb, mit drei Schaltstellungen	07-09-04	Gasentladungsröhre mit Thermokontakt, Starter für Leuchtstofflampe
07-15-02	Form 2	107-08-01	Antrieb, zwei gegensinnig wirkende Wicklungen	07-07-01	Handbetätigter Schalter
07-15-03	Antrieb mit zwei getrennten Wicklungen zusammenhängende Darstellung Form 1	107-08-02		07-07-02	Druckschalter, Taster
07-15-04	Form 2	107-08-03	Antrieb, wattmetrisch wirkend	07-20-01	Berührungsempfindlicher Schalter
07-15-05	aufgelöste Darstellung Form 1	07-15-14	Elektromechanischer Antrieb eines Stützrelais	07-20-02	Näherungsempfindlicher Schalter
07-15-06	Form 2	**Schalter – Schaltgeräte**		07-20-03	Näherungsempfindlicher Schalter betätigt durch Näherung eines Magneten
107-15-06	Antrieb, erregt	07-06-01	Schließer mit selbsttätigem Rückgang	07-10-01	Trägheitsschalter
07-15-07	Elektromechanischer Antrieb mit Rückfallverzögerung	07-06-02	Schließer mit nicht selbsttätigem Rückgang	**Schalter – Schaltgeräte – Beispiele**	
07-15-08	Elektromechanischer Antrieb mit Ansprechverzögerung	07-06-03	Öffner mit selbsttätigem Rückgang		Tastschalter mit Schließer, handbetätigt
07-15-09	Elektromechanischer Antrieb mit Ansprech- und Rückfallverzögerung	07-08-01	Grenzschalter Endschalter (Schließer)		Stellschalter mit Schließer, handbetätigt (**Ausschalter**)
07-15-18	Elektromechanischer Antrieb eines polarisierten Relais	07-13-03	Schütz mit selbsttätiger Auslösung		Stellschalter mit drei Schaltstellungen, Zweiwegschließer, handbetätigt, (**Gruppenschalter**)
07-15-21	Elektromechanischer Antrieb eines Thermorelais	107-05-06	Motorschutzschalter, dreipolig, mit thermischer und magnetischer Auslösung		Stellschalter mit zwei Betätigungsstücken, handbetätigt (**Serienschalter**)
07-15-12	Elektromechanischer Antrieb eines Wechselstromrelais	107-05-07	Fehlerstrom-Schutzschalter, vierpolig		Stellschalter mit zwei Schaltstellungen, Umschaltglied, Wechsler, handbetätigt (**Wechselschalter**)
107-09-07	Tonfrequenz-Rundsteuerrelais	107-05-08	Leitungsschutzschalter		
107-09-04	Fortschaltrelais, Stromstoßrelais	07-09-03	Öffner mit selbsttätiger thermischer Betätigung (Thermokontakt, z. B. Bimetall)		Kreuzschalter

Schaltzeichen für Meß-, Melde- und Signaleinrichtungen

Schaltzeichen	Benennung	Schaltzeichen	Benennung	Schaltzeichen	Benennung
Anzeigende Meßgeräte				**Zähler**	
* 08-01-01 [1)]	Meßgerät, anzeigend, allgemein	n 08-02-15	Drehzahlmeßgerät	* 08-01-03 [1)]	Meßgerät, integrierend, Elektrizitätszähler, allgemein
108-03-01	Anzeige, allgemein	W/P_{max} 08-02-03	Höchstbelastungs-, Lastspitzenanzeiger, fernbetätigt	h 08-04-01	Betriebsstundenzähler
|000| 108-03-02	Anzeige, digital numerisch	08-02-14	Thermometer, Pyrometer	Ah 08-04-02	Amperestundenzähler
108-03-03	Registrierung, schreibend	108-01-06	Meßwerk zur Produktbildung	Wh 08-04-03	Wattstundenzähler, Elektrizitätszähler
V 08-02-01	Spannungsmeßgerät	108-01-07	Meßwerk zur Quotientenbildung	Wh 08-04-04	Wattstundenzähler, der nur die in eine Richtung fließende Energie zählt
A	Amperemeter, Strommeßgerät	108-01-02	Meßwerk mit Spannungspfad	Wh 08-04-05	Wattstundenzähler, der nur die von der Sammelschiene abgegebene Energie zählt
W	Wattmeter, Leistungsmeßgerät	108-01-03	Meßwerk mit einem Strompfad	Wh 08-04-08	Mehrtarif-Wattstundenzähler, Zweitarifzähler dargestellt
var 08-02-04	Blindleistungsmeßgerät	NaCl 08-02-13	Solekonzentrationsmeßgerät (NaCl)	Wh P> 08-04-09	Wattstundenzähler, der nur zählt, wenn ein vorgegebener Wert überschritten wird
cos φ 08-02-05	Leistungsfaktormeßgerät	108-01-05	Meßwerk zur Summen- oder Differenzbildung	Wh → 08-04-10	Wattstundenzähler mit Übertragungseinrichtung
Hz 08-02-07	Frequenzmeßgerät	**Aufzeichnende Meßgeräte**			
08-02-12	Galvanometer	* 08-01-02 [1)]	Meßgerät, aufzeichnend, allgemein	Wh P_{max} 08-04-14	Wattstundenzähler mit Maximumaufzeichnung
08-02-08	Synchronoskop	W 08-03-01	Wirkleistungsschreiber	08-04-11 → Wh	Wattstundenzähler, fernbetätigt
φ 08-02-06	Phasenwinkelmeßgerät	W var 08-03-02	Wirk- u. Blindleistungsschreiber, kombiniert	08-04-12 → Wh	Wattstundenzähler, m. Drucker fernbetätigt
08-02-10	Oszilloskop	08-03-03	Kurvenschreiber	Wh P_{max} 08-04-13	Wattstundenzähler, mit Maximumanzeiger Maximumzähler
λ 08-02-09	Wellenlängemeßgerät	108-01-09	Registrierwerk, Linienschreibwerk	varh 08-04-15	Blindverbrauchszähler
108-01-08	Kreuzzeigerinstrument	**Zähleinrichtungen**		**Fernmeßeinrichtungen**	
		08-05-04	Impulszähler mit elektrischer Rückstellung auf Null	08-07-02	Fernmeßsender, Telemetriesender
V/U_d 08-02-11	Differentialspannungs-, Gleichspannungsmeßgerät	08-05-05	Impulszähler mit Vielfach-Kontaktgeber	08-07-03	Fernmeßempfänger, Telemetrieempfänger
A/$I \sin φ$ 08-02-02	Blindstrommeßgerät	n 08-05-06	Zähleinrichtung, betätigt durch Nocke		

[1)] Der Stern muß durch die Einheit oder das Zeichen der zu messenden Größe oder durch das chemische Zeichen ersetzt werden.

Schaltzeichen für Meß-, Melde- und Signaleinrichtungen

Schaltzeichen	Benennung	Schaltzeichen	Benennung	Schaltzeichen	Benennung
Sensoren		**Meß- und Regelgeräte**		**Melder – Signaleinrichtungen**	
108-04-01	Dehnungsmeßstreifen	108-05-01	Drehzahlregler	08-10-01	Leuchte, allgemein Leuchtmelder, allgemein
108-04-02	Widerstandsthermometer, Bolometer	108-05-02	Stromregler mit PI-Verhalten		Neben dem Schaltzeichen darf die Farbe nach DIN IEC 757 angegeben werden: RD rot YE gelb GN grün BU blau WH weiß
108-04-03	Meßzelle, galvanisch pH-Elektrode	108-05-03	vereinfachte Form		Neben dem Schaltzeichen darf die Lampenart angegeben werden: Ne Neon Xe Xenon Na Natriumdampf Hg Quecksilber J Jod IN Glühfaden EL Lumineszenz ARC Lichtbogen FL Fluoreszenz IR Infrarot UV Ultraviolett LED Leuchtdiode
108-04-04	Leitfähigkeitselektrode	108-05-04	Verzögerungsglied		
108-04-06	Geber, magnetisch				
108-04-07	Differenzregler, induktiv	108-05-05 108-05-06	Totzeitglied vereinfachte Form	08-10-02	Leuchtmelder, blinkend
108-04-08	Winkelstellungsgeber, Winkelstellungsempfänger Drehmelder	108-05-07	Differenzierer	08-10-03	Sichtmelder, elektromechanisch, Schauzeichen, Fallklappe
108-04-09	Aufnehmer mit veränderbarem Widerstand, Kraftmeßdose	108-05-08	vereinfachte Form	08-10-04	Mehrfachzeigermelder, Stellungsanzeiger, elektromechanisch
108-04-11	Aufnehmer, induktiv	108-05-09	Integrierer		
108-04-12	Meßumformer Temperatur in elektrischen Strom	108-05-10	vereinfachte Form	08-10-05	Horn, Hupe
108-04-13	Signalumsetzer mit galvanischer Trennung von 1A ~ auf 10V –	108-05-11	Funktionsgeber	08-10-06	Wecker, Klingel
08-06-01	Thermoelement Form 1	108-05-13	vereinfachte Form	08-10-08	Gong, Einschlagwecker
08-06-02	Form 2	108-05-12	Kleinstwertglied	08-10-09	Sirene
08-06-05	Thermoelement mit isoliertem Heizelement	108-04-15	Gleichspannungs-Pulsphasen-Umsetzer	08-10-10	Schnarre, Summer
08-06-06	vereinfachte Darstellung	108-04-14	Analog/Digital-Umsetzer	08-10-12	Pfeife, elektrisch betätigt
				08-09-01	Ruhestromschleife, als Brandfühler
Meldeeinheiten					
108-02-01	Meldeeinheit, allgemein	108-10-01	Lichtsender Gleichlichtsender	08-09-01	Drehmelder, allg., Stern durch passende Buchstabenkombination ersetzen
108-02-03	Erstwert-Meldeeinheit, blinkend	108-10-02	Lichtempfänger mit Hell-Schaltung u. Kontaktausgang		Erster Buchstabe C Steuerung, T Drehmelder, R Zerleger in Komponenten (Resolver) Folgende Buchstaben D Differential, E Empfänger, T Transformator, X Geber, Sender, B Verdrehbare Ständerwicklung
108-02-04	Sammel-Meldeeinheit, blinkend	108-10-03	Lichtschranke • Lichtsender mit Wechsellicht • Lichtempfänger in Dunkelschaltung mit Kontaktausgang		
008-08-01	Uhr, allgemein Nebenuhr			08-09-03	Drehwinkelgeber

Schaltzeichen für Meß-, Melde- und Signaleinrichtungen

Schaltzeichen	Benennung	Schaltzeichen	Benennung	Schaltzeichen	Benennung
Kennzeichen		**Gefahrenmeldeeinrichtungen**			
108-07-01	Hilferuf (z. B. an Polizei)	108-06-01	Leuchtmelder mit Glimmlampe	108-08-02	Polizeimelder, mit Sperrung und mit Fernsprecher
108-07-02	Brandmeldung, mit abgedecktem Druckknopf	108-06-02	Melder mit Fühleinrichtung, z. B. für Blinde	108-08-04	Brandmelder
108-07-04	Hilferuf mit Sperrung	108-08-09	Temperaturmelder	108-08-07	Bandmelder, Polizeimelder, Laufwerk mit Sperrung Polizeimelder mit Sperrung
108-07-05	Brandmeldung mit Sperrung				
108-07-08	Bimetallprinzip	108-08-10	Temperaturmelder, selbsttätig, Bimetallprinzip	108-10-03	Lichtschranke, Lichtsender mit Wechsellicht, Lichtempfänger in Dunkelschaltung mit Kontaktausgang
108-07-09	Schmelzlotprinzip	108-08-11	Rauchmelder, selbsttätig, lichtabhängiges Prinzip		
108-07-10	Differentialprinzip			108-10-05	Lichtsender mit Gleichlicht, Lichtempfänger mit analogem Ausgang.
108-08-13	Passierschloß für Schaltwege in Sicherheitsanlagen	108-08-12	Erschütterungsmelder, Tresorpendel		
Schaltzeichen	Benennung		Schaltzeichen		Benennung
108-08-08	Brandmeldeanlage, Hauptstelle (Zentrale), vier Schleifen in Sicherheitsschaltung) Sirenenanlage für zwei Schleifen		108-06-04		Fallklappenrelais, rastend, rückstellbar

Schaltzeichen für die Nachrichtentechnik, Vermittlungssysteme und -einrichtungen

DIN 40 900 T.9/03.88

Gruppenverbindungsplan eines Vermittlungssystems mit drei Wahlstufen:

A B D
C

1. Vorwahlstufe A;
2. Richtungswahlstufe B oder BC;
3. Endwahlstufe (Leitungswahlstufe) D.

Verbindungsleitungen Junctions

Schaltzeichen	Benennung
09-04-05	Wähler mit zwei unterschiedlichen Einstellvorgängen, mit Nullstellung
09-04-07	Wähler für Vierdraht-Durchschaltung, mit Nullstellung

Schaltzeichen	Benennung	Schaltzeichen	Benennung	Schaltzeichen	Benennung
09-02-01	Automatische Wähleinrichtung	09-02-02	Handvermittlung	09-04-09	Wähler mit einem Einstellvorgang, mit Nullstellung, dargestellt mit den einzelnen Ausgängen (bzw. Gruppen von Ausgängen)
09-01-02	Koppelstufe mit x Eingängen und y Ausgängen	09-03-02	Schaltarm, überbrückend	09-04-10	Wähler mit zwei unterschiedlichen Einstellvorgängen, dargestellt mit Ausgangsebenen
09-01-05	Koppelstufe, Markierstufe, bestehend aus nur einer Koppelstufe	09-03-04	Kontaktsegment, Kontaktbank eines Wählers, z. B. eines Hebdrehwählers	109-01-03	Wähler mit zwei unterschiedlichen Einstellvorgängen, Hebdrehwähler
09-01-06	Koppelstufe zum Verbinden einer Gruppe von doppelt gerichteten Leitungen	09-03-06	Kontaktbank mit Gruppen von Ausgängen	109-01-05	Wähler mit zentralem Antrieb, Wähler mit Gruppenantrieb, Maschinenwähler
09-01-07	Koppelfeld, bestehend aus mehreren Koppelstufen	09-03-07	Kontaktebene mit Darstellung der einzelnen Ausgänge	109-01-09	Periodischer Unterbrecher, allgemein
09-01-11	Gemischte Wahlstufe, bestehend aus einer zwei und drei Koppelstufen	09-03-08	Betätigungsspule eines Wählers (Wählermagnet)	109-01-11	Periodischer Unterbrecher mit Motorantrieb
		09-04-01	Kontaktebene mit überbrückendem Schaltarm	109-01-08	Wähler mit zwei unterschiedlichen Einstellvorgängen

Schaltzeichen für die Nachrichtentechnik, Fernsprecher, Telegraphen- u. Datenendgeräte, Wandler, Aufzeichnungs- u. Wiedergabegeräte

Schaltzeichen	Benennung	Schaltzeichen	Benennung	Schaltzeichen	Benennung
09-05-01	Fernsprecher, allgemein	**Kennzeichen**		09-09-15	Aufnahmekopf (Schreibkopf), magnetisch, monophon
09-05-03	Fernsprecher für Zentralbatterie-Betrieb		Magnetischer Typ	09-09-16	vereinfachte Form
			Tauchspulen- oder Bändchentyp		
09-05-04	Fernsprecher mit Nummernschalter		Stereo	09-09-19	Magnetkopf für Aufnahme, Wiedergabe, Löschen, monophon
			Platte		
09-05-05	Fernsprecher mit Tastwahlblock		Band, Film	09-09-20	vereinfachte Form
			Aufnehmen und Wiedergeben	109-03-01	Magnetkopf, allgemein
09-05-07	Münzfernsprecher		Löschen		
			Elektromagnetischer Typ	109-03-04	Wiedergabekopf, Hörkopf
09-05-11	Fernsprecher ohne Speisung, Fernsprecher, batterielos		Zylinder, Walze Trommel	109-03-06	Lösch-Aufnahmekopf, Lösch-Sprechkopf
09-05-12	Fernsprecher für zwei oder mehr Amtsleitungen oder Nebenstellenleitungen	09-09-03	Hörer, allgemein	109-03-07	Wiedergabe-Löschkopf, Hör-Löschkopf
		09-09-04	Gegentaktmikrophon		
109-02-01	Fernsprecher und Gebührenanzeiger mit Nummernschalterwahl	09-09-01	Mikrophon, allgemein	109-03-05	Aufnahme-Wiedergabekopf, Sprech-Hörkopf
109-02-02	Fernsprecher mit Bildübertragung	09-09-02	Kondensatormikrophon Elektretmikrophon	109-03-03	Zweisystemkopf, nicht magnetisch gekoppelt
109-02-04	Fernsprechgerät, amtsberechtigt	09-09-06	Handapparat	09-10-05	Wiedergabegerät mit Lichtabtastung Compact-Disk-Gerät
09-06-01	Telegrafen-Sendegerät			09-10-02	Aufzeichnungs-/Wiedergabegerät mit Magnettrommelspeicher
09-06-02	Telegrafen-Sende- und Empfangsgerät, halbduplex	09-09-07	Lautsprecher, allgemein	109-04-02	Matrixspeicher, Halbleiterspeicher, Ringkernspeicher
09-06-03	Streifenschreiber mit Tastatur als Sende- und Empfangsgerät	09-09-08	Lautsprecher/Mikrophon	109-04-03	Magnetplattenspeicher
09-06-04	Blattschreiber als Empfangsgerät	09-09-10	Tonabnehmer, stereophon	109-04-01	Magnetspeicher
09-06-05	Faksimile-Empfangsgerät	09-09-11	Wiedergabekopf, lichtempfindlich, monophon	109-05-01	Tonschreiber, allgemein
109-02-07	Vermittlungszentrale, allgemein	09-09-12	Löschkopf	109-05-02	Körperschall-Empfänger
109-02-06	OB-Vermittlung	09-07-01	Telegrafie-Umsetzer, entzerrend	109-05-04	Thermophon
109-02-08	Wählerzentrale	09-07-02	Telegrafie-Umsetzer, vollduplex	109-05-05	Tonabnehmer, piezoelektrisch, Kristalltonabnehmer, für stereophone Wiedergabe
109-02-09	Bedienungsplatz für Schnurvermittlung, dargestellt mit Nummernschalter	09-07-03	Telegrafie-Umsetzer, Doppelstrom/Einfachstrom, simplex	109-05-06	Tonabnehmer, elektrodynamisch für stereophone Wiedergabe
109-05-09	Echolot mit Lichtblitzanzeiger			109-05-07	Schallschwinger, dargestellt als Sender

423

Schaltzeichen für die Nachrichtentechnik, Übertragungseinrichtungen

Schaltzeichen	Benennung	Schaltzeichen	Benennung	Schaltzeichen	Benennung
10-01-06	Funkstrecke auf der Fernsehen (Bild und Ton) und Fernsprechen übertragen werden	10-04-01	Antenne, allgemein	10-06-05	Funkstelle für abwechselndes Senden und Empfangen über dieselbe Antenne, tragbar
F 10-01-01	Fernsprechen	10-04-07	Richtantenne, Azimut fest. Polarisation vertikal, horizontales Strahlungsdiagramm		
T 10-01-02	Telegrafie und				
V 10-01-03	Datenübertragung, Bildübertragung (Fernsehen)			10-06-08	Relaisstelle, passiv, allgemein
S 10-01-04	Tonübertragung (Fernsehrundfunk und Tonrundfunk)	10-04-02	Antenne, Polarisation zirkular		
				10-06-09	Weltraumfunkstelle, allgemein
10-01-07	Leiter, bespult	10-04-03	Antenne, Azimut variabel		
10-02-01	Zweidrahtverbindung, Verstärkung in einer Richtung	10-05-04	Ferritantenne	10-06-10	Weltraumfunkstelle, aktiv Fernmeldesatellit
10-02-01					
$f_1...f_2$ $f_3...f_4$ 10-02-05	Vierdraht-Verstärkerkreis in einer Zweidrahtverbindung, Verstärkung in beide Richtungen, frequenzabhängig	10-05-05	Dipolantenne	10-06-12	Erdefunkstelle zur Bahnverfolgung einer Weltraumfunkstelle, dargestellt mit Parabolantenne
		10-05-06	Faltdipolantenne Schleifendipolantenne		
Form 1 10-02-06	Vierdrahtverbindung, Verstärkung in beide Richtungen, Echounterdrückung	10-05-07	Faltdipolantenne, mit drei Direktoren und einem Reflektor	10-07-01	Rechteck-Hohlleiter
Form 2 10-02-07	Zweidrahtverbindung, Verstärkung in beide Richtungen			10-07-02	Rechteck-Hohlleiter mit Ausbreitung im TE_{01}-Modus
		110-01-01	Rahmenantenne, abgeschirmt	10-07-04	Steg-Hohlleiter
10-03-01	Polarisation, linear[1]	110-01-04	Wendelantenne		
10-03-02	Polarisation, zirkular	110-02-01	Parabol-Antenne	10-07-03	Rund-Hohlleiter
10-03-03	Strahlungsrichtung, Azimut fest	110-02-05	Höhenreflektor	10-07-05	Koaxial-Hohlleiter
10-03-04	Strahlungsrichtung, Azimut variabel			10-07-07	Streifenleiter, symmetrisch
10-03-05	Strahlungsrichtung, Elevation fest	10-06-01	Funkstelle, allgemein	10-07-08	Hohlleiter, in festem Dielektrikum (Goubau-Leitung)
10-03-06	Strahlungsrichtung, Elevation variabel	10-06-03	Funkpeil-Empfangsstelle Funkpeiler	10-08-24	Leitungskurzschluß, verschiebbar
10-03-07	Strahlungsrichtung, Azimut und Elevation fest	10-06-02	Funkstelle für gleichzeitiges Senden und Empfangen über dieselbe Antenne	bevorzugte Form 10-08-25 andere Form 10-08-26	Leitungsabschluß, angepaßt
10-03-08	Peilantenne Funkfeuer Funkbake				

[1] Ein Pfeil rechtwinklig zum Schaltzeichen der Antenne gibt horizontale Polarisation an; ein Pfeil parallel zum Schaltzeichen der Antenne gibt vertikale Polarisation an.

Schaltzeichen für die Nachrichtentechnik, Übertragungseinrichtungen

Schaltzeichen	Benennung	Schaltzeichen	Benennung	Schaltzeichen	Benennung
10-09-01	T-Verzweigung[1]	10-12-01	Pulslagemodulation, Pulsphasenmodulation (PPM)	10-15-01	Verstärker, allgemein Form 1
10-09-02	T-Verzweigung, E-Vektor in der Verzweigungsebene	10-12-02	Pulsfrequenzmodulation (PFM)	10-15-02	Form 2
10-09-03	T-Verzweigung, H-Vektor in der Verzweigungsebene	10-12-03	Pulsamplitudenmodulation (PFM)	10-15-03	Verstärker, von außen veränderbar
10-09-04	Leistungsteiler, Teilungsverhältnis 6:4	10-12-04	Pulsabstandsmodulation	10-15-05	Verstärker mit Umgehung (Bypass) für Signalisierung und/oder Stromversorgung
10-09-05 Form 1	4-Tor-Verzweigung	10-12-05	Pulsdauermodulation (PDM)		
10-09-06 Form 2		10-12-06	Pulscodemodulation (PCM)[2]	10-16-05	Dämpfungsglied, veränderbar
10-09-07	Hohlleiter-Gabelschaltung (magisches T)	10-12-07	3- aus-7-Code	10-16-02	Filter, allgemein
10-09-08 vereinfachte Form		10-13-02	Sinusgenerator, 500 Hz	10-16-03	Hochpaß
		10-13-03	Sägezahngenerator, 500 Hz	10-16-04	Tiefpaß
10-09-09	Richtungskoppler Erster Wert: Koppeldämpfung Zweiter Wert: Richtdämpfung	10-13-04	Pulsgenerator	10-16-06	Bandpaß
10-09-10	Hohlleiter-Gabelschaltung	10-13-06	Rauschgenerator k = Boltzmann-Konstante T = absolute Temperatur	10-16-07	Bandsperre
10-09-11	Ringgabel Ringverzweigung	10-14-02	Frequenzumsetzer, Umsetzung von f_1 nach f_2	10-16-08	Vorverzerrer Preemphase
10-09-16	Mikrowellenschalter, zwei Stellungen (90° Rastwinkel)	10-14-03	Frequenzvervielfacher	10-16-14	Entzerrer, allgemein
10-11-01	Maser, allgemein	10-14-04	Frequenzteiler	10-16-20	Zerhacker, elektronisch
10-11-02	Maser als Verstärker			10-16-09	Nachentzerrer Deemphase
10-11-03	Laser (optischer Maser), allgemein	10-14-05	Pulsinverter	10-16-10	Dynamikpresser
10-11-04	Laser als Generator	10-14-06	Codeumsetzer, 5-Bit-Binärcode in 7-Bit-Binärcode	10-16-11	Dynamikdehner
10-11-07	Rubinlaser als Generator	10-14-08	Pulsregenerator	10-16-12	Künstliche Leitung
				10-16-13	Phasenschieber φ darf durch B ersetzt werden, wenn dadurch keine Verwechslung ensteht

[1] Die Art der Kopplung, Leistungsteilerverhältnisse, Reflexionskoeffizienten usw. dürfen angegeben werden, wie bei den Schaltzeichen 10-09-02 bis 10-09-04 dargestellt. Die Winkel zwischen den Anschlüssen dürfen so dargestellt werden, wie es am günstigsten ist.

[2] Der Asteriskus muß durch die Angabe des Codes ersetzt werden.

Schaltzeichen für die Nachrichtentechnik, Übertragungseinrichtungen

Schaltzeichen	Benennung	Schaltzeichen	Benennung	Schaltzeichen	Benennung
10-17-01	Begrenzer, allgemein	10-21-05	Sekundärgruppenpilot	10-23-03	Lichtwellenleiter für Einmoden-Stufenprofil
10-17-04	Begrenzer der positiven Amplituden	10-21-06	Pilot, unterdrückt	10-23-04	Lichtwellenleiter für Gradientenprofil
10-17-03	Begrenzer mit linearer Eingangs-/Ausgangs-Charakteristik für Signale, die einen einstellbaren Schwellwert überschreiten, Eingangswerte zwischen Null und dem Schwellwert werden unterdrückt	10-21-07	Zusätzliche Meßfrequenz, allgemein	10-23-05	Ergänzende Angaben zum Aufbau des Lichtwellenleiters sollen in der Reihenfolge von innen nach außen stehen. a = Kern b = Mantel c = erste Beschichtung d = zweite Beschicht.
		10-21-10	Frequenzband, allgemein		
		10-21-11	Tertiärgruppe		
10-18-01	Gabel Entkoppler	10-21-12	Frequenzband, begrenzt von f_1 bis f_2, unterteilt in fünf Kanäle, fünf Gruppen o. ä.	10-23-06	Lichtwellenleiterkabel, bestehend aus 20 Fasern für Mehrmoden-Stufenprofil; jede Faser besteht aus einem Kern, Ø 150 µm, und einem Mantel, Ø 300 µm
10-18-04	Gabelübertrager	10-21-13	Frequenzband in Regellage
10-19-01	Modulator, Demodululator, Diskriminator, allgemein	10-21-14	Frequenzband, dargestellt mit einer Gruppe von 12 Kanälen in Regellage	10-24-01	Optischer Sender Lichtsender
10-19-04	Einseitenband-Demodulator mit unterdrücktem Träger	10-21-15 vereinfachte Form		10-24-02	Optischer Empfänger Lichtempfänger
		10-21-16	Frequenzband in Kehrlage		
10-20-01	Konzentration von links nach rechts, allgemein	10-22-01	Amplitudenmodulation, Zweiseitenbandübertragung	10-24-04	Buchse und Stecker für Lichtwellenleiter
10-20-02	Expansion von links nach rechts, allgemein	10-22-02	Phasenmodulation, Zweiseitenbandübertragung	110-08-01	Gegentaktverstärker
Form 1 10-20-03 Form 2 10-20-04	Konzentrator, dargestellt mit m Eingangsleitungen und n Ausgangsleitungen	10-22-03	Amplitudenmodulation, Zweiseitenbandübertragung	110-08-03	Zweidrahtverstärker
		10-22-05	Einseitenband, unterdrückter Träger	110-08-04	Weiche, Tiefpaß, Hochpaß, dargestellt mit Durchlaßbereich
MUX 10-20-05	Multiplex, allg.			110-09-01	Quarzfilter
DX 10-20-06	Demultiplex, allg.	10-22-07	Einseitenband, unterdrückter Träger, verschlüsseltes Seitenband	110-09-01	Quarzgenerator
MULDEX 10-20-07	Multiplexer/Demultiplexer, allgemein
10-20-08	Multiplexer mit Analog-/Digital-Umsetzung	10-22-08	Amplitudenmodulation, Restseitenbandübertragung, Übertragung der tieferen Frequenzen bis Null in beiden Seitenbändern, der übrigen nur im oberen Seitenband	110-10-01	Fernwirkgerät, allgemein
	Träger, allgemein			110-10-02	Fernwirkzentrale, allgemein
	Träger, unterdrückt			110-10-04	Fernüberwachungsempfänger
	Träger, vermindert	10-23-01	Lichtwellenleiter (LWL) Lichtwellenleiterkabel, allgemein	110-12-01	Ferneinstellgeber, allgemein
	Pilot, allgemein	10-23-02	Lichtwellenleiter für Mehrmoden-Stufenprofil		

Schaltzeichen für Netze und Elektroinstallationen

Schaltzeichen	Benennung	Schaltzeichen	Benennung	Schaltzeichen	Benennung
Schalter		**Leuchten[1)]**		**Ton- und Fernseh-Rundfunk**	
11-14-01	Schalter, allgemein	111-07-05	Leuchte mit Schalter	11-07-02	Dreiwegverteiler, mit einem Ausgang, mit höherem Pegel
11-14-02	Schalter mit Kontrolleuchte	111-07-06	Leuchte mit veränderbarer Helligkeit		
111-07-01	Ausschalter, einpolig, Schalter 1/1[1)]	11-15-11	Sicherheitsleuchte Notleuchte mit getrenntem Stromkreis Rettungszeichenleuchte	11-07-03	Richtungskoppler
11-14-05	Serienschalter, einpolig, Schalter 5/1[1)]	111-07-08	Leuchte, mit zusätzlicher Sicherheitsleuchte in Dauerschaltung,	11-08-01	Abzweigdose, allgemein
11-14-06	Wechselschalter, einpolig, Schalter 6/1[1)]			11-08-02	Stichdose
11-14-07	Kreuzschalter, Zwischenschalter Schalter 7/1[1)]	111-07-09	mit zusätzlicher Sicherheitsleuchte in Bereitschaftsschaltung	11-08-03	Durchschleifdose
11-14-08	Dimmer	111-07-12	Leuchte für Entladungslampe	11-09-02	Entzerrer, veränderbar
11-14-10	Taster	11-15-01	Leuchtenauslaß, dargestellt mit Leitung	11-09-03	Dämpfungsglied
111-07-02	Stromstoßschalter	11-15-02	Leuchtenauslaß auf Putz	11-05-01	Kabelkopf, Empfangsstelle mit Ortsantenne, dargestellt mit Antennen-Zuführung
Kennzeichen für Leiter		11-15-04	Leuchte für Leuchtstofflampe,		
11-11-01	Neutralleiter (N) Mittelleiter (M)	11-15-05	Leuchte mit drei Leuchtstofflampen,	11-05-02	Kabelkopf, Empfangsstelle ohne Ortsantenne
11-11-02	Schutzleiter (PE)	11-15-06	Leuchte mit fünf Leuchtstofflampen		
11-03-11	Fernmeldeleitung mit Wechselstrom-Fernspeisung	**Steckdosen**		11-06-02	Durchgangs- und Abzweigsverstärker, dargestellt mit drei Abzweigen
		11-13-02	Mehrfachsteckdose, dargestellt als Dreifachsteckdose		
111-05-01	Leiter auf Putz	11-13-04	Schutzkontaktsteckdose	11-06-03	Endverstärker, mit einem Ausgang
Geräte für Installation		11-13-07	Steckdose mit verriegeltem Schalter	**Verschiedenes**	
11-12-01	Leitung, nach oben führend	11-13-08	Steckdose mit Trenntrafo, z.B. für Rasier-Apparat	111-06-01	Elektrogerät, allgemein
11-12-04	Dose, allgemein Leerdose, allgemein			11-16-03	Zeiterfassungsgerät
11-12-06	Hausanschlußkasten, allgemein dargestellt mit Leitung	11-13-09	Fernmeldesteckdose, allgemein TP = Telephon M = Mikrophon FM = Lautsprecher UKW-Rundfunk TV = Fernsehen TX = Telex	11-16-04	Türöffner
11-12-07	Verteiler, dargestellt mit fünf Anschlüssen	111-07-04	Antennensteckdose	11-16-05	Wechselsprechstelle Haus- oder Torsprechstelle Gegensprechstelle

[1)] Leuchte, allgemein, siehe Seite 390, 08-10-01

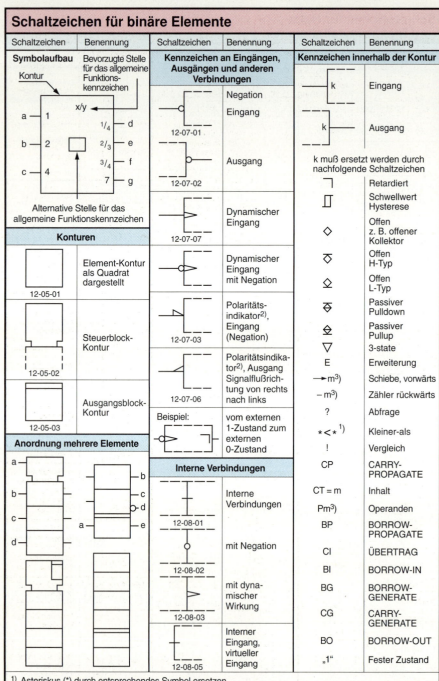

Schaltzeichen für binäre Elemente

Abhängigkeitsnotation (Beziehungen zwischen Ein- und Ausgängen)				Schaltzeichen	Benennung
Buch-stabe	Abhängig-keitsart	Wirkung auf gesteuerten Eingang oder Ausgang		**Kombinatorische Elemente**	
		Eingang: 1-Zustand	Eingang: 0-Zustand	≥ 1 12-27-01	ODER-Element, allgemein
A	ADRESSEN	erlaubt Aktion (Adresse angewählt)	verhindert Aktion (Adresse nicht angewählt)		
C	STEUERUNG	erlaubt Aktion	verhindert Aktion		
EN	FREIGABE	erlaubt Aktion	– verhindert Aktion gesteuerter Eingänge, – bewirkt den externen hochohmigen Zustand an offenen und 3-state-Ausgängen, – bewirkt hochohmigen L-Pegel an passiven Pull-down-Ausgängen und hochohmigen H-Pegel an passiven Pull-up-Ausgängen, – bewirkt den 0-Zustand an anderen Ausgängen	& 12-27-02	UND-Element, allgemein
				$\geq m$ 12-27-03	Schwellwert-Element, allgemein
G	UND	erlaubt Aktion	bewirkt den 0-Zustand	$= m$ 12-27-04	(m aus n)-Element, allgemein
M	MODE	erlaubt Aktion (Modus ausgewählt)	verhindert Aktion (Modus nicht ausgewählt)		
N	NEGATION	komplementiert den Zustand	keine Wirkung		
R	RÜCKSETZ	gesteuerter Ausgang reagiert wie bei S = 0, R = 0	keine Wirkung	$> n/2$ 12-27-05	Majoritäts-Element, allgemein
S	SETZ	gesteuerter Ausgang reagiert wie bei S = 1, R = 0	keine Wirkung		
V	ODER	bewirkt 1-Zustand	erlaubt Aktion	= 12-27-06	Äquivalenz-Element, allgemein
X	TRANS-MISSION	Weg durchgeschaltet	kein Weg durchgeschaltet		
Z	VERBINDUNG	bewirkt 1-Zustand	bewirkt den 0-Zustand	2 k 12-27-08	GERADE-Element, PARITÄTS-Element, allgemein

Schaltzeichen	Benennung	Schaltzeichen	Benennung
─⊐ Gm ⊏─ 12-14-01	Gm-Eingang [1]	─ ─ ─⊐ Cm ⊏─ 12-18-01	Cm-Eingang [1]
Gm ─── 12-14-02	Gm-Ausgang	Cm ─── 12-18-02	Cm-Ausgang
─⊐ Vm ⊏─ 12-15-01	Vm-Eingang [1]	─⊐ ENm ⊏─ 12-20-01	ENm-Eingang [1]
Vm ─── 12-15-02	Vm-Ausgang	a ─⊐ EN1 b ─⊐ 1T ≡ a ─⊐ 1J b ─⊐ C1 ─⊐ 1K	

Schaltzeichen	Benennung
1 12-27-10	Buffer ohne besondere Verstärkung am Ausgang, allgemein
1 ⊳○─ 12-27-11	NICHT-Element, Inverter (in einem Schaltplan mit einheitlicher Logik-Vereinbarung)
Nicht-logische Verbindungen und Signalflußanzeiger	
─⊠─ 12-10-01	Nicht-logische Verbindung
←→ 12-10-02	Bidirektionaler Signalfluß

Beispiel:

a ─⊐ V1 1 ⊏─ b
          c
         b
≥1
≡ a   c

─⊐ m₁ ⟩ 1)   ─⊐ m₂ ⟩ 2) *   ─⊐ mₖ   Bit-Gruppierung für Multibit-Eingang

─⊐ 0   ─⊐ 1 ⟩ 2)   ─⊐ ⟩* ≡   ─⊐ ⟩* ≡   ─⊐ 4   ─⊐ 16

[1] m muß durch den entsprechenden Wert ersetzt werden. Bei m = 1 kann die 1 entfallen.
[2] Jeder Asteriskus muß durch eine Operandenbezeichnung ersetzt werden, z. B. P bzw. Q.

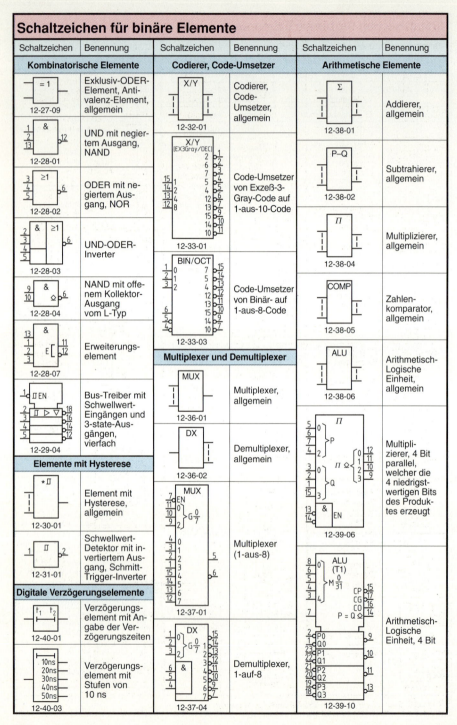

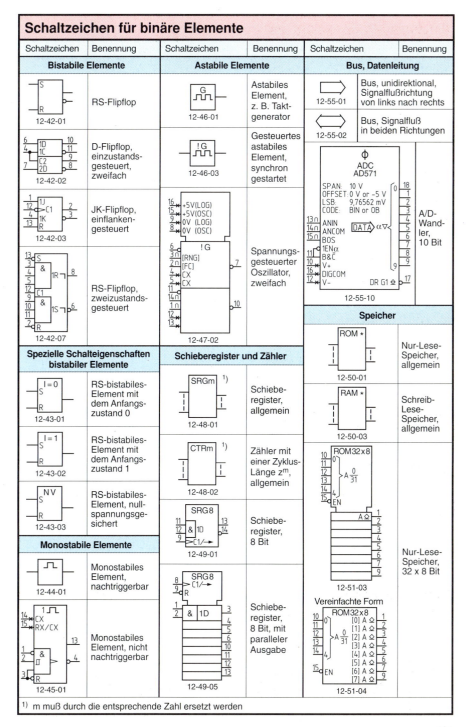

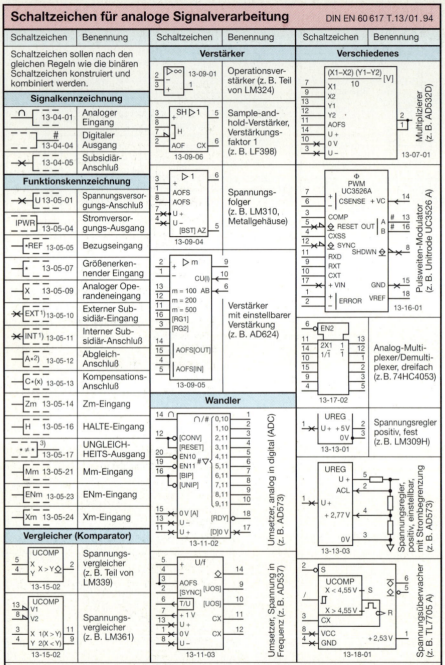

Formeln

Mathematik 434
Mechanik 435
Wärme 436
Größen der Elektrotechnik 436
Elektrischer Stromkreis 436
Elektrischer Widerstand 436
Schaltungen mit Widerständen ... 437
Elektrisches Feld 438
Magnetisches Feld 438
Wechselspannung und
   Wechselstrom 439
Stern- und Dreieckschaltung im
   Drehstromnetz, symmetrische
   Belastung 439
Umwandlung von Schaltungen ... 440
RC- und RL-Schaltungen 441
RCL-Schaltungen 441
Schaltungen mit Operations-
   verstärkern 442
Schaltalgebra 442
Dämpfungs- und Über-
   tragungsmaße 442
Schwingkreise 442
Transistoren 443
Nachrichtentechnik 445
Gleichrichter etc. 447
Zahlen-Codes 448
Disjunktive/Konjunktive
   Normalform 448
K-V-Tafeln 448
Meßtechnik 449
Wechselspannungen 449
Prüfung von Schutzmaßnahmen .. 449
Regeleinrichtungen 450
Antennenanlagen 450
Spannungsfall und Verlustleistung 450

Mathematik

Operation	Regeln und Gesetze			
Addieren $a + b = c$	**Kommutativgesetz:** $a + b = b + a$	**Vorzeichenregeln:** $a + (-b) = a - b$ $a - (-b) = a + b$ $a - (b + c) = a - b - c$ $a - (b - c) = a - b + c$		
Subtrahieren $a - b = c$	**Assoziativgesetz:** $(a + b) + c = a + (b + c)$			
Multiplizieren $a \cdot b = c$	**Kommutativgesetz:** $a \cdot b = b \cdot a$	**Distributivgesetz:** $a(b + c) = ab + ac$ $(a + b)(c + d) = ac + ad + bc + bd$ ← Ausklammern Ausmultiplizieren →	**Vorzeichenregeln:** $(+a) \cdot (+b) = ab$ $(-a) \cdot (+b) = -ab$ $(+a) \cdot (-b) = -ab$ $(-a) \cdot (-b) = ab$	
Dividieren $a : b = c$	**Assoziativgesetz:** $a(b \cdot c) = (a \cdot b) \cdot c$			
	Klammerregeln: $-(a + b - c) = -a - b + c$ $+(a + b - c) = a + b - c$	$\dfrac{a}{b} : \dfrac{c}{d} = \dfrac{a \cdot d}{b \cdot c}$		
Potenzieren $a^n = c$	$a^n \cdot a^m = a^{n+m}$	$a^n \cdot b^n = (a \cdot b)^n$	$\dfrac{a^n}{b^n} = \left(\dfrac{a}{b}\right)^n$	$\dfrac{a^n}{a^m} = a^{n-m}$ $(a^n)^m = a^{n \cdot m}$
Radizieren $\sqrt[n]{a} = c$	$\sqrt[n]{ab} = \sqrt[n]{a} \cdot \sqrt[n]{b}$	$\sqrt[n]{\dfrac{a}{b}} = \dfrac{\sqrt[n]{a}}{\sqrt[n]{b}}$	$\sqrt[n]{b^m} = b^{\frac{m}{n}}$	$\sqrt[m]{\sqrt[n]{b}} = \sqrt[m \cdot n]{b}$ $\sqrt[n]{a^m} = a^{\frac{m}{n}}$

Potenzen

Zehner	Binäre	Hexadezimale
$10^0 = 1$	$2^0 = 1$	$16^0 = 1$
$10^1 = 10$	$2^1 = 2$	$16^1 = 16$
$10^2 = 100$	$2^2 = 4$	$16^2 = 256$
$10^3 = 1000$	$2^3 = 8$	$16^3 = 4096$
$10^{-1} = 1/10$	$2^{-1} = 1/2$	$16^{-1} = 1/16$
$10^{-2} = 1/100$	$2^{-2} = 1/4$	$16^{-2} = 1/256$
$10^{-3} = 1/1000$	$2^{-3} = 1/8$	$16^{-3} = 1/4096$

Logarithmieren

Multiplizieren	Potenzieren
$\log(c \cdot d) = \log c + \log d$	$\log c^n = n \cdot \log c$

Dividieren	Radizieren
$\log \dfrac{c}{d} = \log c - \log d$	$\log \sqrt[m]{c} = \dfrac{1}{m} \log c$

Dreieck

$\alpha + \beta + \gamma = 180°$

$A = \dfrac{g \cdot h}{2}$

Umfang: $U = a + b + c$

Sinussatz: $\dfrac{\sin \alpha}{a} = \dfrac{\sin \beta}{b} = \dfrac{\sin \gamma}{c}$

Kosinussatz:
$a^2 = b^2 + c^2 - 2bc \cdot \cos \alpha$
$b^2 = a^2 + c^2 - 2ac \cdot \cos \beta$
$c^2 = a^2 + b^2 - 2ab \cdot \cos \gamma$

Komplexe Zahlen

$z = a + jb$
$b = r \cdot \sin \varphi$
$z = r(\cos \varphi + j \cdot \sin \varphi)$
$z = r \cdot e^{j\varphi}$
$r = \sqrt{a^2 + b^2}$
$a = r \cdot \cos \varphi$
$j = \sqrt{-1}$

Trigonometrie

Einheitskreis — cot α, Ankathete zu Winkel α, Gegenkathete zu Winkel α, Hypotenuse c, $\tan \alpha$, $\sin \alpha$, $\cos \alpha$, $r = 1$

Grad- und Bogenmaß

$\dfrac{\alpha_G}{\alpha_B} = \dfrac{360°}{2 \cdot \pi} = \dfrac{57{,}3°}{1 \text{ rad}}$

Satz des Pythagoras

$c^2 = a^2 + b^2$

Winkelfunktionen:

$\sin \alpha = \dfrac{a}{c}$ $\tan \alpha = \dfrac{a}{b}$ $\sin(-\alpha) = -\sin \alpha$
$\cos \alpha = \dfrac{b}{c}$ $\cot \alpha = \dfrac{b}{a}$ $\cos(-\alpha) = \cos \alpha$
                                                $\tan(-\alpha) = -\tan \alpha$
                                                $\cot(-\alpha) = -\cot \alpha$

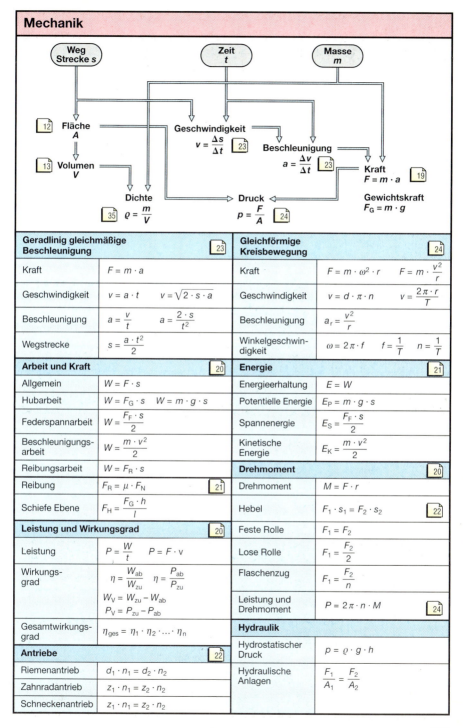

Wärme

Längen- ausdehnung	$l_\vartheta = l_0 + \Delta l$ $\Delta l = l_0 \cdot \alpha \cdot \Delta \vartheta$	Wärmemenge	$Q = m \cdot c \cdot \Delta \vartheta$
Volumen- ausdehnung	$V_\vartheta = V_0 + \Delta V$ $\Delta V = V_0 \cdot \gamma \cdot \Delta \vartheta \quad \gamma \approx 3\alpha$	Mischung	$Q_{ab} = Q_{auf}$ $\vartheta_m = \dfrac{m_1 \cdot c_1 \cdot \vartheta_1 + m_2 \cdot c_2 \cdot \vartheta_2}{m_1 \cdot c_1 + m_2 \cdot c_2}$
Wärme- wirkungsgrad	$\eta_{th} = \dfrac{W_{ab}}{W_{zu}} \quad P = \dfrac{\Delta \vartheta \cdot c \cdot m}{\eta_{th} \cdot t}$	Wärme- leitfähigkeit	$\lambda = \dfrac{Q \cdot s}{\Delta \vartheta \cdot A \cdot t}$

Größen der Elektrotechnik

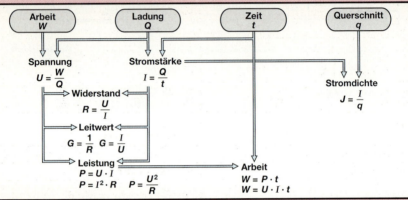

Elektrischer Stromkreis

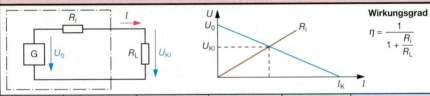

Fälle	Belastungs- widerstand R_L	Stromstärke I	Klemmen- spannung U_{Kl}	abgegebene Leistung P_L	Wirkungsgrad η
Leerlauf	$R_L = \infty$	$I = 0$	$U_{Kl} = U_0$	$P_L = 0$	$\eta = 0$
Belastung	$0 < R_L < \infty$	$I = \dfrac{U_0}{R_i + R_L}$	$U_{Kl} = U_0 - I \cdot R_i$	$P_L = \dfrac{U_0^2 \cdot R_L}{(R_i + R_L)^2}$	$\eta = \dfrac{R_L}{R_i + R_L}$
Anpassung	$R_L = R_i$	$I = \dfrac{I_K}{2}$	$U_{Kl} = \dfrac{U_0}{2}$	$P_L = \dfrac{U_0^2}{4 R_i}$	$\eta = \dfrac{1}{2}$
Kurzschluß	$R_L = 0$	$I = I_K = \dfrac{U_0}{R_i}$	$U_{Kl} = 0$	$P_L = 0$	$\eta = 0$

Elektrischer Widerstand

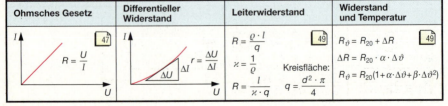

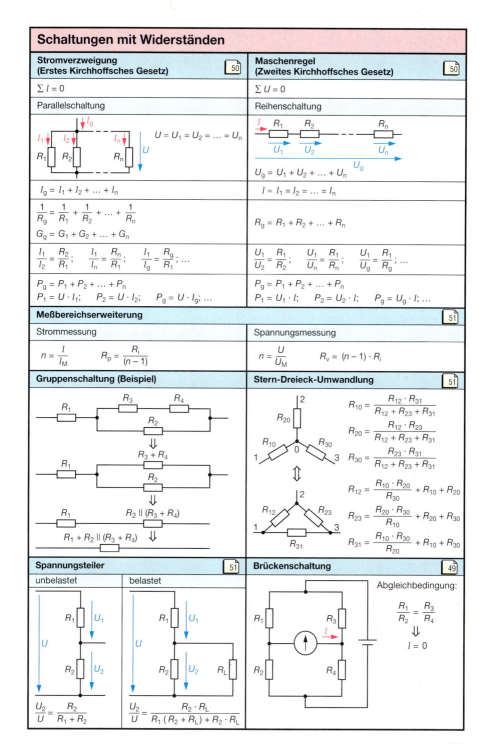

Elektrisches Feld

Elektrische Feldstärke	$E = \dfrac{F}{Q}$	$E = \dfrac{U}{d}$
Elektrische Flußdichte	$D = \dfrac{Q}{A}$	
Verknüpfung	$D = \varepsilon \cdot E$	$\varepsilon = \varepsilon_0 \cdot \varepsilon_r$
Kraft zwischen Ladungen	$F = \dfrac{Q_1 \cdot Q_2}{4\pi \cdot \varepsilon \cdot l^2}$	

Magnetisches Feld

Magnetische Feldstärke	$H = \dfrac{\Theta}{l}$	$\Theta = I \cdot N$ Durchflutung
Magnetische Flußdichte	$B = \dfrac{\Phi}{A}$	
Verknüpfung	$B = \mu \cdot H$	$\mu = \mu_0 \cdot \mu_r$
Kraft zwischen stromdurchfl. Leitern	$F = \dfrac{\mu_0 \cdot I_1 \cdot I_2 \cdot l}{2\pi \cdot a}$	
Tragkraft von Magneten	$F = \dfrac{B^2 \cdot A}{2\mu_0}$	

Kondensator, Kapazität

Kapazität	$C = \dfrac{Q}{U}$	$C = \dfrac{\varepsilon \cdot A}{d}$
	$\varepsilon = \varepsilon_0 \cdot \varepsilon_r$	
Elektrische Feldkonstante	$\varepsilon_0 = 8{,}86 \cdot 10^{-12} \dfrac{As}{Vm}$	
Stromstärke	$i_C = C \cdot \dfrac{\Delta U}{\Delta t}$	
Elektrische Energie	$W_{el} = \dfrac{1}{2} \cdot C \cdot U^2$	

Spule, Induktivität

Induktivität	$L = \dfrac{\mu \cdot N^2 \cdot A}{l}$	$L = A_L \cdot N^2$
	$\mu = \mu_0 \cdot \mu_r$	
Magnetische Feldkonstante	$\mu_0 = 1{,}267 \cdot 10^{-6} \dfrac{Vs}{Am}$	
Spannung	$U_L = L \cdot \dfrac{\Delta I}{\Delta t}$	
Magnetische Energie	$W_{mag} = \dfrac{1}{2} \cdot L \cdot I^2$	

Schaltungen mit Kondensatoren

Parallelschaltung	Reihenschaltung
$Q_g = Q_1 + Q_2 + \ldots + Q_n$	$Q_g = Q_1 = Q_2 = \ldots = Q_n$
$U_g = U_1 = U_2 = \ldots = U_n$	$U_g = U_1 + U_2 + \ldots + U_n$
$C_g = C_1 + C_2 + \ldots + C_n$	$\dfrac{1}{C_g} = \dfrac{1}{C_1} + \dfrac{1}{C_2} + \ldots + \dfrac{1}{C_n}$

Schaltungen mit Spulen

Parallelschaltung	Reihenschaltung
$I_g = I_1 + I_2 + \ldots + I_n$	$I_1 = I_2 = \ldots = I_n = I$
$U_g = U_1 = U_2 = \ldots = U_n$	$U_g = U_1 + U_2 + \ldots + U_n$
$\dfrac{1}{L_g} = \dfrac{1}{L_1} + \dfrac{1}{L_2} + \ldots + \dfrac{1}{L_n}$	$L_g = L_1 + L_2 + \ldots + L_n$

RC-Schaltung

Zeitkonstante	$\tau = R \cdot C$

Einschaltvorgang (Aufladung)	Ausschaltvorgang (Entladung)
$u_C = U \cdot (1 - e^{-\frac{t}{\tau}})$	$u_C = U \cdot e^{-\frac{t}{\tau}}$
$i_C = \dfrac{U}{R} \cdot e^{-\frac{t}{\tau}}$	$i_C = -\dfrac{U}{R} \cdot e^{-\frac{t}{\tau}}$
Tiefpaß/Hochpaß	$f_g = \dfrac{1}{2\pi \cdot R \cdot C}$

RL-Schaltung

Zeitkonstante	$\tau = L/R$

Einschaltvorgang	Ausschaltvorgang
$u_L = U \cdot e^{-\frac{t}{\tau}}$	$u_L = -U \cdot e^{-\frac{t}{\tau}}$
$i_L = \dfrac{U}{R} \cdot (1 - e^{-\frac{t}{\tau}})$	$i_L = \dfrac{U}{R} \cdot e^{-\frac{t}{\tau}}$
Tiefpaß/Hochpaß	$f_g = \dfrac{R}{2\pi \cdot L}$

Strom und Magnetfeld

Leiter im Magnetfeld

Kraftwirkung	$F = B \cdot I \cdot l \cdot z$
Induktionsspannung	$U = B \cdot l \cdot v \cdot z$

Spule im Magnetfeld

Drehmoment	$M = \dfrac{F \cdot a \cdot \sin\alpha}{2}$
Kraftwirkung	$F = 2 \cdot N \cdot B \cdot l \cdot I$
Induktionsspannung	$U = N \cdot \dfrac{\Delta \Phi}{\Delta t}$

Idealer Transformator / Übertrager

$\dfrac{U_1}{U_2} = \dfrac{N_1}{N_2} \qquad \dfrac{I_1}{I_2} = \dfrac{N_2}{N_1} \qquad \ddot{u} = \dfrac{U_1}{U_2}$

$\dfrac{Z_1}{Z_2} = \ddot{u}^2 \qquad \dfrac{R_1}{R_2} = \ddot{u}^2 \qquad \dfrac{X_1}{X_2} = \ddot{u}^2$

Wechselspannung und Wechselstrom

Sinusform

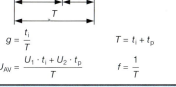

$u = \hat{u} \cdot \sin(\omega \cdot t + \varphi_0)$

$\omega = 2\pi \cdot f \qquad f = \dfrac{1}{T} \qquad \dfrac{\alpha_B}{\alpha_G} = \dfrac{2\pi}{360°}$

$U = \dfrac{\hat{u}}{\sqrt{2}} \qquad I = \dfrac{\hat{i}}{\sqrt{2}} \qquad u_{SS} = 2 \cdot \hat{u}$

$U = \dfrac{u_{SS}}{2\sqrt{2}} \qquad I = \dfrac{i_{SS}}{2\sqrt{2}} \qquad i_{SS} = 2 \cdot \hat{i}$

Rechteckform

$U_1 \neq U_2$
$t_i \neq t_p$

$g = \dfrac{t_i}{T} \qquad T = t_i + t_p$

$U_{AV} = \dfrac{U_1 \cdot t_i + U_2 \cdot t_p}{T} \qquad f = \dfrac{1}{T}$

Addition phasenverschobener Spannungen und Ströme

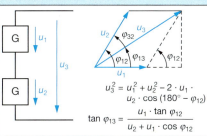

$u_3^2 = u_1^2 + u_2^2 - 2 \cdot u_1 \cdot u_2 \cdot \cos(180° - \varphi_{12})$

$\tan \varphi_{13} = \dfrac{u_1 \cdot \tan \varphi_{12}}{u_2 + u_1 \cdot \cos \varphi_{12}}$

Impulsform

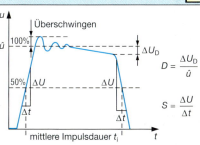

mittlere Impulsdauer t_i

$D = \dfrac{\Delta U_D}{\hat{u}}$

$S = \dfrac{\Delta U}{\Delta t}$

Gleichgerichtete sinusförmige Spannung

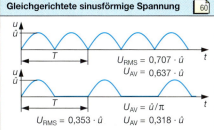

$U_{RMS} = 0{,}707 \cdot \hat{u}$
$U_{AV} = 0{,}637 \cdot \hat{u}$

$U_{RMS} = 0{,}353 \cdot \hat{u} \qquad U_{AV} = \hat{u}/\pi$
$U_{AV} = 0{,}318 \cdot \hat{u}$

Impulsverformung

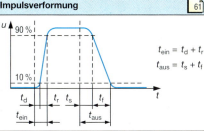

$t_{ein} = t_d + t_r$
$t_{aus} = t_s + t_f$

Stern- und Dreieckschaltung im Drehstromnetz, symmetrische Belastung

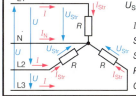

$U_{Str} = \dfrac{U}{\sqrt{3}}$

$I = I_{Str}$

$S = \sqrt{3} \cdot U \cdot I$

$S = \sqrt{P^2 + Q^2}$

$P = \sqrt{3} \cdot U \cdot I \cdot \cos \varphi$

$Q = \sqrt{3} \cdot U \cdot I \cdot \sin \varphi$

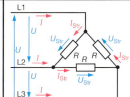

$U = U_{Str}$

$I = \sqrt{3} \cdot I_{Str}$

$S = \sqrt{3} \cdot U \cdot I$

$S = \sqrt{P^2 + Q^2}$

$P = \sqrt{3} \cdot U \cdot I \cdot \cos \varphi$

$Q = \sqrt{3} \cdot U \cdot I \cdot \sin \varphi$

Umwandlung von Schaltungen

Ausgangsschaltung

$$R_i = \frac{R_1 \cdot R_2}{R_1 + R_2}$$

Ersatzspannungsquelle

$$U_q^* = \frac{U_q \cdot R_2}{R_1 + R_2}$$

Ersatzstromquelle

$$I_q^* = \frac{U_q}{R_1}$$

Reihenschaltung von Spannungsquellen

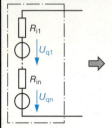 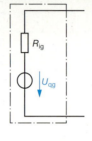

$U_{qg} = U_{q1} + U_{q2} + \ldots + U_{qn}$
$R_{ig} = R_{i1} + R_{i2} + \ldots + R_{in}$

Parallelschaltung von Spannungsquellen

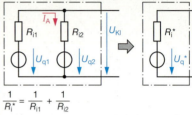

$$\frac{1}{R_i^*} = \frac{1}{R_{i1}} + \frac{1}{R_{i2}}$$

bei $U_{q1} > U_{q2}$ gilt: $\quad U_q^* = U_{q2} + I_A \cdot R_{i2}$

$$I_A = \frac{\Delta U}{R_{i1} + R_{i2}} \qquad \Delta U = U_{q1} - U_{q2}$$

Verlustbehafteter Kondensator

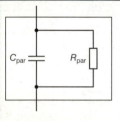 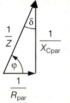

$d = \tan \delta$

$\tan \delta = \dfrac{X_{Cpar}}{R_{par}}$

$Q = \dfrac{R_{par}}{X_{Cpar}}$

$Q = \dfrac{1}{d}$

Verlustbehaftete Spule

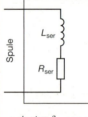 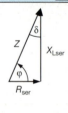

$d = \tan \delta$

$\tan \delta = \dfrac{R_{ser}}{X_L}$

$Q = \dfrac{X_{Lser}}{R_{ser}}$

$Q = \dfrac{1}{d}$

RC-Schaltungen

$Q = \dfrac{X_{Cser}}{R_{ser}}$

$Q = \dfrac{R_{par}}{X_{Cpar}}$

$R_{par} = R_{ser} \left(1 + \left(\dfrac{X_{Cser}}{R_{ser}}\right)^2\right)$

$X_{Cpar} = X_{Cser} \left(1 + \left(\dfrac{R_{ser}}{X_{Cser}}\right)^2\right)$

RL-Schaltungen

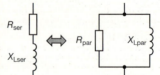

$Q = \dfrac{X_{Lser}}{R_{ser}}$

$Q = \dfrac{R_{par}}{X_{Lpar}}$

$R_{par} = R_{ser} \left(1 + \left(\dfrac{X_{Lser}}{R_{ser}}\right)^2\right)$

$X_{Lpar} = X_{Lser} \left(1 + \left(\dfrac{R_{ser}}{X_{Lser}}\right)^2\right)$

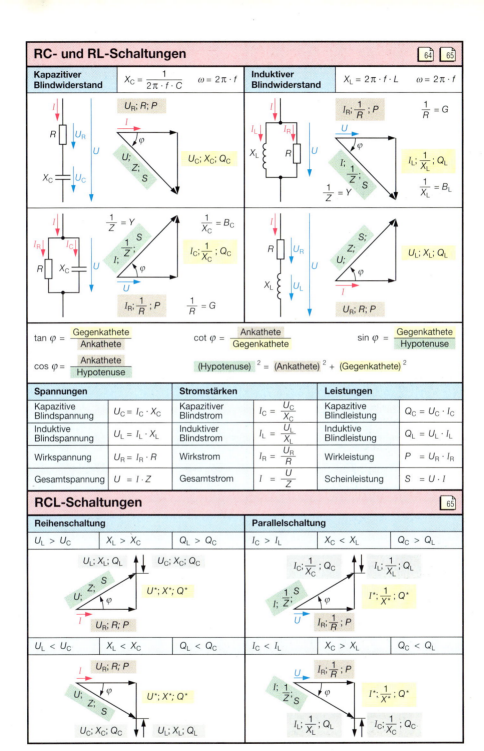

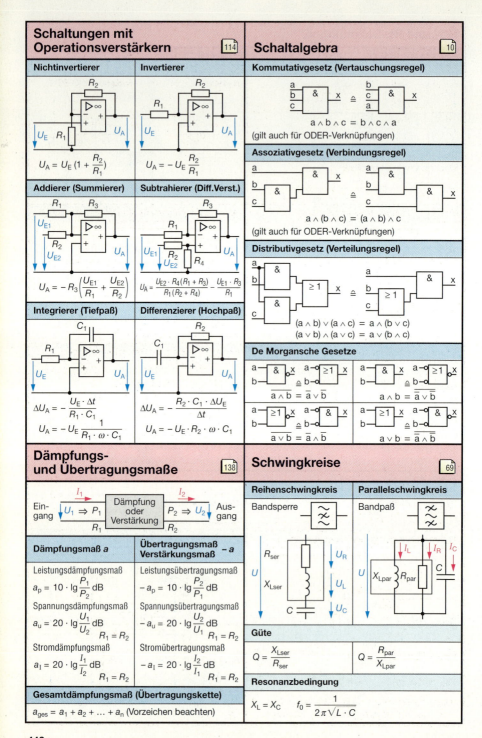

Transistoren

Bipolare Transistoren

NPN

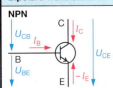

$\Sigma I = 0 \qquad I_E = I_C + I_B$

$B = \dfrac{I_C}{I_B}$

$P_{tot} = U_{CE} \cdot I_C + U_{BE} \cdot I_B$

$\Sigma U = 0$

$U_{CE} = U_{BE} + U_{CB}$

Bei PNP: Umkehrung der Vorzeichen

Wechselstromkenngrößen:

$r_{BE} = \dfrac{\Delta U_{BE}}{\Delta I_B} \qquad r_{CE} = \dfrac{\Delta U_{CE}}{\Delta I_C} \qquad \beta = \dfrac{\Delta I_C}{\Delta I_B}$

Unipolare Transistoren (FET)

Sperrschicht FET, N-Kanal

Isolierschicht FET, N-Kanal-MOS-FET

 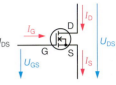

$I_G = 0; \quad I_D = I_S \qquad S = \dfrac{\Delta I_D}{\Delta U_{GS}} \qquad r_{DS} = \dfrac{\Delta U_{DS}}{\Delta I_D}$

Emitterschaltung mit Vorwiderstand

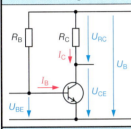

$U_B = U_{RC} + U_{CE}$

$R_B = \dfrac{U_B - U_{BE}}{I_B}$

$R_C = \dfrac{U_B - U_{CE}}{I_C}$

$r_e = R_B \parallel r_{BE}$

$r_a = R_C \parallel r_{CE}$

Sourceschaltung mit Sourcewiderstand

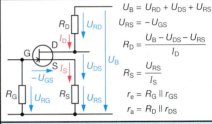

$U_B = U_{RD} + U_{DS} + U_{RS}$

$U_{RS} = -U_{GS}$

$R_D = \dfrac{U_B - U_{DS} - U_{RS}}{I_D}$

$R_S = \dfrac{U_{RS}}{I_S}$

$r_e = R_G \parallel r_{GS}$

$r_a = R_D \parallel r_{DS}$

Emitterschaltung mit Basisspannungsteiler

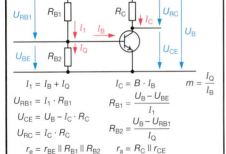

$I_1 = I_B + I_Q$

$U_{RB1} = I_1 \cdot R_{B1}$

$U_{CE} = U_B - I_C \cdot R_C$

$U_{RC} = I_C \cdot R_C$

$r_e = r_{BE} \parallel R_{B1} \parallel R_{B2}$

$I_C = B \cdot I_B \qquad m = \dfrac{I_Q}{I_B}$

$R_{B1} = \dfrac{U_B - U_{BE}}{I_1}$

$R_{B2} = \dfrac{U_B - U_{RB1}}{I_Q}$

$r_a = R_C \parallel r_{CE}$

Sourceschaltung mit Gatespannungsteiler

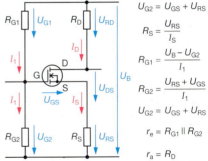

$U_{G2} = U_{GS} + U_{RS}$

$R_S = \dfrac{U_{RS}}{I_S}$

$R_{G1} = \dfrac{U_B - U_{G2}}{I_1}$

$R_{G2} = \dfrac{U_{RS} + U_{GS}}{I_1}$

$U_{G2} = U_{GS} + U_{RS}$

$r_e = R_{G1} \parallel R_{G2}$

$r_a = R_D$

Emitterschaltung mit Stromgegenkopplung

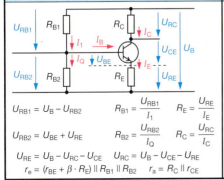

$U_{RB1} = U_B - U_{RB2}$

$U_{RB2} = U_{BE} + U_{RE}$

$U_{RE} = U_B - U_{RC} - U_{CE}$

$R_{B1} = \dfrac{U_{RB1}}{I_1} \qquad R_E = \dfrac{U_{RE}}{I_E}$

$R_{B2} = \dfrac{U_{RB2}}{I_Q} \qquad R_C = \dfrac{U_{RC}}{I_C}$

$U_{RC} = U_B - U_{CE} - U_{RE}$

$r_e = (r_{BE} + \beta \cdot R_E) \parallel R_{B1} \parallel R_{B2} \qquad r_a = R_C \parallel r_{CE}$

Dual-Gate-MOS-FET mit Spannungsteiler

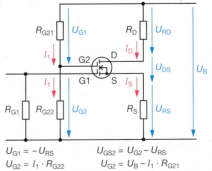

$U_{G1} = -U_{RS} \qquad U_{GS2} = U_{G2} - U_{RS}$

$U_{G2} = I_1 \cdot R_{G22} \qquad U_{G2} = U_B - I_1 \cdot R_{G21}$

Transistoren

Bipolarer Transistor als Schalter

Belastung gegen U_B

Eingang 1, Ausgang 1

$U_{BE} \approx 0{,}7\ V \qquad U_A \approx U_B \qquad U_{CE} = U_{CEsat} \approx 0\ V$

$I_{Bü} = ü \cdot I_B \qquad\qquad I_L = I_C \approx \dfrac{U_B}{R_C}$

$R_B = \dfrac{U_E - U_{BE}}{I_{Bü}} \qquad R_C = \dfrac{U_B - U_{CEsat}}{I_C}$

$P_V = U_{CEsat} \cdot I_C + U_{BE} \cdot I_{Bü}$

Differenzverstärker

Spannungsverstärkung $v_U = -\dfrac{U_{A1} - U_{A2}}{U_{E1} - U_{E2}} = \dfrac{U_{A12}}{U_D}$

$-U_{A1} = v_U \cdot U_{E1};\ \ -U_{A2} = v_U \cdot U_{E2} \qquad I_E = I_{E1} + I_{E2}$

Darlington-Schaltung

$U_{BE}' = U_{BE1} + U_{BE2} \qquad r_{BE}' = 2 \cdot r_{BE1}$

$B' = B_1 \cdot B_2;\quad \beta' = \beta_1 \cdot \beta_2;\quad r_{CE}' = r_{CE2} \parallel \dfrac{2\, r_{CE1}}{\beta_2}$

Wechselstrommäßige Betrachtung von Transistoren

Bipolare Transistoren

Emitterschaltung

$R_B = \dfrac{R_{B1} \cdot R_{B2}}{R_{B1} + R_{B2}}$

$r_e = \dfrac{r_{BE} \cdot R_B}{r_{BE} + R_B} \qquad r_a = \dfrac{r_{CE} \cdot R_C}{r_{CE} + R_C}$

$v_u = -\beta \dfrac{R_C}{r_{BE}} \qquad v_i = \beta \qquad v_p = v_u \cdot v_i$

$f_{gu} = \dfrac{1}{2\pi C_{K,e} \cdot r_e} \qquad f_{go} = \dfrac{1}{2\pi C_{BE} \cdot r_{BB}}$

Kollektorschaltung

$R_B = \dfrac{R_{B1} \cdot R_{B2}}{R_{B1} + R_{B2}}$

$r_e = \dfrac{(r_{BE} + \beta \cdot R_E) \cdot R_B}{r_{BE} + \beta \cdot R_{BE} + R_B} \qquad r_a = \dfrac{\dfrac{r_{BE}}{\beta} \cdot R_E}{\dfrac{r_{BE}}{\beta} + R_E}$

$v_u = \dfrac{\beta \cdot R_E}{\beta \cdot R_E + r_{BE}} \qquad v_i \approx \beta \qquad f_{go} < f_\beta$

Basisschaltung

$r_e = \dfrac{\dfrac{r_{BE}}{\beta} \cdot R_E}{\dfrac{r_{BE}}{\beta} + R_E} \qquad r_a = \dfrac{r_{CE} \cdot R_C}{r_{CE} + R_C}$

$v_u = \beta \cdot \dfrac{R_C}{r_{BE}} \qquad v_i \approx \dfrac{\beta}{\beta + 1} = \alpha \qquad f_{go} \approx \beta \cdot f_\beta$

Unipolare Transistoren

Sourceschaltung mit Sperrschicht-FET

$r_e = \dfrac{r_{GS} \cdot R_G}{r_{GS} + R_G}$

$r_a = \dfrac{r_{DS} \cdot R_D}{r_{DS} \cdot R_D} \qquad v_i \to \infty$

$S = \dfrac{\Delta I_D}{\Delta U_{GS}} \qquad v_u = \dfrac{\Delta U_{DS}}{\Delta U_{GS}}$

$v_u = -S \cdot r_a \qquad \varphi = 180°$

Drainschaltung mit Sperrschicht-FET

$r_e \approx R_G$

$r_a \approx \dfrac{1}{S}$

$v_u = \dfrac{S \cdot R_S}{1 + S \cdot R_S} \leq 1$

$\varphi = 0°$

Sourceschaltung mit Isolierschicht-FET

$r_e = \dfrac{R_{G1} \cdot R_{G2}}{R_{G1} + R_{G2}} \qquad v_u = -S \cdot r_a,\ \text{mit}\ r_a \approx R_D$

$v_u \approx -S \cdot R_D$

$r_a = \dfrac{r_{DS} \cdot R_D}{r_{DS} + R_D} \qquad \varphi = 180°$

Nachrichtentechnik

Rauschen

Rauschleistung, Rauschspannung

$P_r = k \cdot T \cdot B$
$U_r = \sqrt{4 \cdot k \cdot T \cdot B \cdot R}$
$k = 1{,}38 \cdot 10^{-23}$

Rauschabstandsmaß

$a_r = 10 \cdot \lg \dfrac{P_s}{P_r}$ dB $\qquad a_r = 20 \cdot \lg \dfrac{U_s}{U_r}$ dB

Rauschzahl F

$F = \dfrac{P_{se}}{P_{re}} : \dfrac{P_{sa}}{P_{ra}} \qquad F = \dfrac{P_{se}}{P_{re}} \cdot \dfrac{P_{ra}}{P_{sa}}$

Eingangsgrößen: P_{se}; P_{re}
Ausgangsgrößen: P_{sa}; P_{ra}

Rauschzahl a_F

$a_F = 10 \cdot \lg F$ dB

Oszillatoren

Meißner-Oszillator

$f_0 = \dfrac{1}{2\pi \cdot \sqrt{L_1 \cdot C_1}}$

Colpitts-Oszillator

$f_0 = \dfrac{1}{2\pi \cdot \sqrt{L \cdot C}} \qquad C = \dfrac{C_1 \cdot C_2}{C_1 + C_2}$

Hartley-Oszillator

$f_0 = \dfrac{1}{2\pi \cdot \sqrt{L \cdot C_1}} \qquad L = L_1 + L_2$

RC-Phasenschieberoszillatoren

mit Hochpässen $\qquad$ mit Tiefpässen

$f_0 = \dfrac{1}{2\pi \cdot \sqrt{6}\, R \cdot C} \qquad f_0 = \dfrac{\sqrt{6}}{2\pi \cdot R \cdot C}$

Wien-Robinson-Oszillator

$f_0 = \dfrac{1}{2\pi \cdot \sqrt{R_1 \cdot R_2 \cdot C_1 \cdot C_2}}$

Schwingquarz

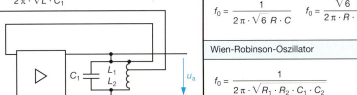

$f_{0S} = \dfrac{1}{2\pi \cdot \sqrt{L_1 \cdot C_1}}$

$f_{0P} = \dfrac{1}{2\pi} \sqrt{\dfrac{C_1 + C_0}{L_1 \cdot C_1 \cdot C_0}}$

Spiegelfrequenz (Beispiel)

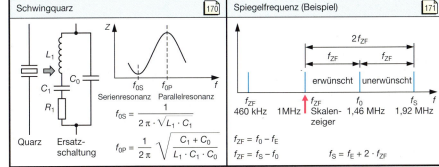

$f_{ZF} = f_0 - f_E$
$f_{ZF} = f_S - f_0 \qquad f_S = f_E + 2 \cdot f_{ZF}$

Nachrichtentechnik

Elektromagnetische Wellen

Schwingung	Wellen
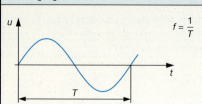 $f = \dfrac{1}{T}$	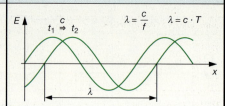 $\lambda = \dfrac{c}{f}$ $\quad \lambda = c \cdot T$

HF-Leitung

Ersatzschaltbild

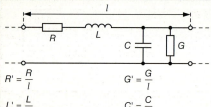

$R' = \dfrac{R}{l}$ $\qquad G' = \dfrac{G}{l}$

$L' = \dfrac{L}{l}$ $\qquad C' = \dfrac{C}{l}$

Wellenwiderstand

tiefe Frequenzen $\qquad$ hohe Frequenzen
$(R > \omega \cdot L)$ $\qquad\qquad$ $(R < \omega \cdot L)$

$Z = \sqrt{\dfrac{R}{\omega \cdot C}}$ $\qquad$ $Z = \sqrt{\dfrac{L}{C}}$

Paralleldrahtleitung

$Z = \dfrac{\ln \dfrac{2a}{d}}{\sqrt{\varepsilon_r}} \cdot 120 \, \Omega$

Leitung als Übertragungsstrecke

Ausbreitungsgeschwindigkeit

$v = \dfrac{c}{\sqrt{\varepsilon_r}}$ $\qquad$ c: Lichtgeschwindigkeit, $c = 3 \cdot 10^8$ m/s
ε_r: Permittivitätszahl

Verkürzungsfaktor

$K = \dfrac{1}{\sqrt{\varepsilon_r}}$ $\qquad$ (bei Koaxialkabel: 0,65 ... 0,82)

Einengung des Frequenzbereichs

Grundschaltung	Parallelschaltung	Serienschaltung
$C_{min} \ldots C_{max}$ $f_{0max} \ldots f_{0min}$		

$\dfrac{f_{0max}^2}{f_{0min}^2} = \dfrac{C_{max} + C_p}{C_{min} + C_p}$ $\qquad$ $\dfrac{f_{0max}^2}{f_{0min}^2} = \dfrac{C_{max}(C_{min} + C_s)}{C_{min}(C_{max} + C_s)}$

$V_f = \dfrac{f_{0max}}{f_{0min}}$ $\quad V_C = \dfrac{C_{max}}{C_{min}}$ $\quad \dfrac{f_{0max}^2}{f_{0min}^2} = \dfrac{C_{max}}{C_{min}}$ $\quad C_p = \dfrac{C_{max} - V_f^2 \cdot C_{min}}{V_f^2 - 1}$ $\quad C_s = C_{max} \dfrac{V_f^2 - 1}{\dfrac{C_{max}}{C_{min}} - V_f^2}$

Klirrfaktor k

$k = \sqrt{\dfrac{U_2^2 + U_3^2 + \ldots + U_n^2}{U_1^2 + U_2^2 + U_3^2 + \ldots + U_n^2}}$

$k_m = \dfrac{U_m}{\sqrt{U_1^2 + U_2^2 + U_3^2 + \ldots + U_n^2}}$

Klirrdämpfungsmaß a_k

$a_k = 20 \cdot \lg \dfrac{1}{k}$ dB

$a_{km} = 20 \cdot \lg \dfrac{1}{k_m}$ dB

Gleichrichter

Ungesteuerte Gleichrichter [118]

M1U	$U_{di} = 0{,}45\, U_{V0}$	$I_d = \dfrac{I_V}{1{,}57}$	$U_{im} = 3{,}14\, U_{di}$		$I_{FAV} = I_d$ $I_{FRMS} = 1{,}57\, I_d$
M2U		$I_d = \dfrac{I_V}{0{,}785}$	$U_{im} = 3{,}14\, U_{di}$	$S_{Li} = 3{,}49\, P_d$	$I_{FAV} = 0{,}5\, I_d$ $I_{FRMS} = 0{,}785\, I_d$
M3U	$U_{di} = 0{,}65\, U_{V0}$	$I_d = \dfrac{I_V}{0{,}588}$	$U_{im} = 2{,}09\, U_{di}$	$S_{Li} = 1{,}23\, P_d$	$I_{FAV} = 0{,}333\, I_d$ $I_{FRMS} = 0{,}588\, I_d$
B2U	$U_{di} = 0{,}9\, U_{V0}$	$I_d = \dfrac{I_V}{1{,}11}$	$U_{im} = 1{,}57\, U_{di}$		$I_{FAV} = 0{,}5\, I_d$ $I_{FRMS} = 0{,}785\, I_d$
B6U	$U_{di} = 1{,}35\, U_{V0}$	$I_d = \dfrac{I_V}{0{,}82}$	$U_{im} = 1{,}05\, U_{di}$	$S_{Li} = 1{,}06\, P_d$	$I_{FAV} = 0{,}33\, I_d$ $I_{FRMS} = 0{,}588\, I_d$

Gesteuerte Gleichrichter (bei Widerstandslast) [119]

M1C	M2C	M3C/B2C/B6C	B2H	B6H
$U_{di\alpha} = U_{di0} \cdot \dfrac{1+\cos\alpha}{2}$	$U_{di\alpha} = U_{di0} \cdot 0{,}577 \cdot [1 + \cos(\alpha+30°)]$	$U_{di\alpha} = U_{di0} \cdot \cos\alpha$	$U_{di\alpha} = U_{di0} \cdot \cos\alpha$	$U_{di\alpha} = U_{di0} \cdot \dfrac{1+\cos\alpha}{2}$

Spannungsvervielfacher [117]

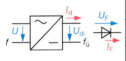

Einpuls-Verdoppler-Schaltung **D1**	$U_{di} = 2 \cdot \sqrt{2}\, U$		$I_{FAV} = I_d$	$f_ü = f$
Zweipuls-Verdoppler-Schaltung **D2**		$U_{im} = 2 \cdot \sqrt{2}\, U$	$I_{FAV} = \dfrac{I_d}{2}$	$f_ü = 2f$
Einpuls-Vervielfacher-Schaltung **V1**, n Stufen	$U_{di} = n \cdot 2 \cdot \sqrt{2}\, U$		$I_{FAV} = n \cdot I_d$	$f_ü = f$

Phasenanschnittsteuerung [125]

$$U_\alpha = U \cdot \sqrt{1 - \dfrac{\alpha}{180°} + \dfrac{\sin 2\alpha}{2\pi}} \qquad I_\alpha = I \cdot \sqrt{1 - \dfrac{\alpha}{180°} + \dfrac{\sin 2\alpha}{2\pi}} \qquad P_\alpha = P\left(1 - \dfrac{\alpha}{180°} + \dfrac{\sin 2\alpha}{2\pi}\right)$$

Sieb- und Stabilisierungsschaltungen [120]

Stromwelligkeit	$w_I = \dfrac{I_w}{I_d}$	Spannungswelligkeit	$w_U = \dfrac{U_w}{U_{di}}$	Siebfaktor	$s = \dfrac{U_{w1}}{U_{w2}}$

Glättungsdrossel	Ladekondensator	Siebglieder	
$L = \dfrac{1}{p \cdot \omega} \cdot \sqrt{Z^2 - R^2}$ $Z = \dfrac{w_U}{w_I} \cdot R$	$C \approx \dfrac{k \cdot I_d}{p \cdot f \cdot U_w}$ Einpulsschaltung: $k = 0{,}25$ Zweipulsschaltung: $k = 0{,}2$	**LC** $s \approx \dfrac{X_{LS}}{X_{CS}}$ $X_{LS} = p \cdot \omega \cdot L_S$	**RC** $s \approx \dfrac{R_S}{X_{CS}}$ $X_{CS} = \dfrac{1}{p \cdot \omega \cdot C_S}$

Stabilisierung

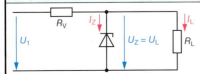

$$P_{tot} = U_Z \cdot I_Z$$

$$I_{Zmax} = \dfrac{P_{tot}}{U_Z} \qquad I_{Zmin} = 0{,}1 \cdot I_{Zmax}$$

$$R_{v\,min} = \dfrac{U_{1max} - U_Z}{I_{Zmax} + I_{Lmin}} \qquad R_{v\,max} = \dfrac{U_{1min} - U_Z}{I_{Zmin} + I_{Lmax}}$$

Zahlen-Codes

Dezimal-Ziffer	BCD-Code	Gray-Code	2 aus 5-Code	Dual-Code
0	0 0 0 0	0 0 0 0	0 0 0 1 1	0 0 0 0
1	0 0 0 1	0 0 0 1	0 0 1 0 1	0 0 0 1
2	0 0 1 0	0 0 1 1	0 0 1 1 0	0 0 1 0
3	0 0 1 1	0 0 1 0	0 1 0 0 1	0 0 1 1
4	0 1 0 0	0 1 1 0	0 1 0 1 0	0 1 0 0
5	0 1 0 1	0 1 1 1	0 1 1 0 0	0 1 0 1
6	0 1 1 0	0 1 0 1	1 0 0 0 1	0 1 1 0
7	0 1 1 1	0 1 0 0	1 0 0 1 0	0 1 1 1
8	1 0 0 0	1 1 0 0	1 0 1 0 0	1 0 0 0
9	1 0 0 1	1 1 0 1	1 0 0 0 0	1 0 0 1
10				1 0 1 0
11				1 0 1 1
12				1 1 0 0
13				1 1 0 1
14				1 1 1 0
15				1 1 1 1

Disjunktive/Konjunktive Normalform

Eingang	Ausgang	Ausdrücke für …	
a b c	X	DNF	KNF
0 0 0	1	$\bar{a} \wedge \bar{b} \wedge \bar{c}$	
0 0 1	0		$a \vee b \vee \bar{c}$
0 1 0	0		$a \vee \bar{b} \vee c$
0 1 1	1	$\bar{a} \wedge b \wedge c$	
1 0 0	1	$a \wedge \bar{b} \wedge \bar{c}$	
1 0 1	1	$a \wedge \bar{b} \wedge c$	
1 1 0	0		$\bar{a} \vee \bar{b} \vee c$
1 1 1	0		$\bar{a} \vee \bar{b} \vee \bar{c}$

DNF: $(\bar{a} \wedge \bar{b} \wedge \bar{c}) \vee (\bar{a} \wedge b \wedge c) \vee (a \wedge \bar{b} \wedge \bar{c}) \vee (a \wedge \bar{b} \wedge c)$
KNF: $(a \vee b \vee \bar{c}) \wedge (a \vee \bar{b} \vee c) \wedge (\bar{a} \vee \bar{b} \vee c) \wedge (\bar{a} \vee \bar{b} \vee \bar{c})$

Disjunktive Normalform (DNF)
- Die Zeilen der Wertetabelle auswählen, deren Ergebnis eine 1 enthält.
- Eingangsvariable UND-verknüpfen, dabei Variable, die logisch 0 sind, negieren.
- Ausdrücke ODER-verknüpfen.

Konjunktive Normalform (KNF)
- Die Zeilen der Wertetabelle auswählen, deren Ergebnis eine 0 enthält.
- Eingangsvariable ODER-verknüpfen, dabei Variable, die 1 sind, negieren.
- Ausdrücke UND-verknüpfen.

K-V-Tafeln

- Grafisches Verfahren zur Minimierung von Funktionsgleichungen.
- Eintragen der Werte aus der Wertetabelle entsprechend der Felder in der K-V-Tafel.
- Freie Felder können beliebig belegt werden (0 oder 1), je nach gewählter Methode (Minterm- oder Maxtermmethode).

Mintermmethode
Möglichst viele Felder, die eine 1 enthalten zu 2er-, 4er-, 8er- oder 16er-Blöcken zusammenfassen und kürzen.

Maxtermmethode
Möglichst viele Felder, die eine 0 enthalten zu 2er-, 4er-, 8er- oder 16er-Blöcken zusammenfassen und kürzen.

2 Variable, **3 Variable**, **4 Variable**, **5 Variable** (K-V-Tafeln)

Meßtechnik

Meßfehler

Absoluter Meßfehler	Angezeigter Wert	Wahrer Wert	Relativer Fehler
$F = \dfrac{M \cdot G}{100\,\%}$	$A = k \cdot n$	$W = A \pm F$	$f = \dfrac{F}{W} \cdot 100\,\%$
M: Meßbereich G: Güteklasse	k: Skalenkonstante n: Anzeige	$+F$: größter Wert W_1 $-F$: kleinster Wert W_2	f_1: kleinster relativer Fehler

Indirekte Messung von Widerständen

Spannungsfehlerschaltung	Stromfehlerschaltung
Große Widerstände: $R = \dfrac{U - I \cdot R_{i(I)}}{I}$	Kleine Widerstände: $R = \dfrac{U}{I - U/R_{i(U)}}$

Meßbrücken

Widerstand		Kapazität	Induktivität
Wheatstone-Meßbrücke	Thomson-Meßbrücke	Wien-M. Schering-M.	Maxwell-M.
$R_X = R_N \cdot \dfrac{R_1}{R_2}$	$R_X = R_N \cdot \dfrac{R_1}{R_2} = R_N \cdot \dfrac{R_3}{R_4}$	$C_X = C_N \cdot \dfrac{R_1}{R_2}$	$L_X = L_N \cdot \dfrac{R_4}{R_2}$

Messen mit dem Oszilloskop

Oszillogramm	Scheitelwert	Periodendauer, Frequenz	Phasenwinkel
	$\hat{u} = y_{Skt} \cdot k_y \cdot k_T$ y_{Skt}: Skalenteile, vertikal k_y: Vertikal-Maßstab k_T: Teilerkopfkonstante	$T = x_{Skt} \cdot k_x$ $f = \dfrac{1}{T}$ x_{Skt}: Skalenteile, horizontal k_x: Horizontal-Maßstab (Zeitbasis, Zeitkoeffizient)	$\varphi = x_{Skt} \cdot k_x$ φ: Phasenverschiebungswinkel

Wechselspannungen

Sinuskurve	Sym. Rechteckkurve	Sym. Dreieckkurve	Rechteckimpulse
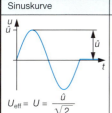	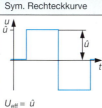	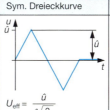	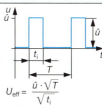
$U_{eff} = U = \dfrac{\hat{u}}{\sqrt{2}}$	$U_{eff} = \hat{u}$	$U_{eff} = \dfrac{\hat{u}}{\sqrt{3}}$	$U_{eff} = \dfrac{\hat{u} \cdot \sqrt{T}}{\sqrt{t_i}}$

Arithmetischer Mittelwert $\bar{u}$

	Formfaktor
Einpuls-Gleichrichtung: $\bar{u} = \dfrac{\hat{u}}{\pi}$ Zweipuls-Gleichrichtung: $\bar{u} = \dfrac{2 \cdot \hat{u}}{\pi}$	Sinusform: $F_{sin} = \dfrac{\pi}{2\sqrt{2}} \approx 1{,}1107$

Prüfung von Schutzmaßnahmen

Isolationswiderstand	Erdungswiderstand	Schleifenimpedanz	Kurzschlußstrom
$R_{iso} = R_i \cdot \left(\dfrac{U_1}{U_2} - 1\right)$	$R_A = \dfrac{U_0}{I}$	$Z_S = \dfrac{\Delta U \cdot R_p}{U_0}$	$I_k = \dfrac{U_0}{Z_S}$

Regeleinrichtungen

Regelkreis, Regelgrößen

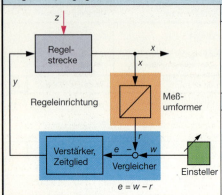

P-Regler

$K_p = \dfrac{y - y_0}{e}$

K_p: Proportionalbeiwert

D-Regler

$K_D = (y - y_0) \cdot \dfrac{\Delta t}{\Delta e}$

K_D: Differenzierbeiwert

I-Regler

$K_I = \dfrac{1}{e} \cdot \dfrac{\Delta y}{\Delta t}$

K_I: Integrierbeiwert

PD-Regler

$K_p = \dfrac{K_D}{T_v}$

T_v: Vorhaltzeit

PI-Regler

$K_p = \dfrac{y_p}{e}$

$K_I = \dfrac{K_p}{T_n}$

T_n: Nachstellzeit

Antennenanlagen

Biegelastmoment	Antennengewinnmaß
$M_a = M_{a1} + M_{a2} + ... + M_{an}$ $M_a = F_{a1} \cdot l_1 + F_{a2} \cdot l_2 + ... + F_{an} \cdot l_n$	$G_d = 20 \lg \dfrac{U_a}{U_D}$ dB G_d: Gewinnmaß der Antenne U_A: Antennenspannung U_D: Spannung des Vergleichsdipols

Maximales Biegelastmoment	Wirksame Länge, mechanisch und elektrisch
$M_a \leq 1650$ Nm	$l = k \cdot l_{el}$ l: mechanische Länge l_{el}: wirksame el. Länge
Wellenlänge	$l_{el} \triangleq \dfrac{\lambda}{4}$ ($\dfrac{\lambda}{4}$-Dipol) d: Stabdicke k: Verkürzungsfaktor
$\lambda = \dfrac{c}{f}$	

$l_{el} \triangleq \dfrac{\lambda}{2}$ ($\dfrac{\lambda}{2}$-Dipol)	$\dfrac{\lambda}{d}$	600	300	150	80
	k	0,95	0,94	0,92	0,9

Einzel-Antennenanlage

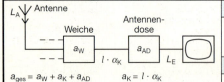

$a_{ges} = a_W + a_K + a_{AD}$ $a_K = l \cdot \alpha_K$
$G_d = L_{min} - L_E$ $L_E = L_A - A_{ges}$
$G_d = L_{min} - (L_A - a_{ges})$

Gemeinschafts-Antennenanlage (GA)

$a_{ges} = (n - 1) a_{DD} + a_K + a_{AD}$

$L_{VAmin} = a_{ges} + L_{Dmin}$ $v_{min} = L_{VAmin} + L_A$

Groß-Gemeinschafts-Antennenanlage (GGA)

$a_{ges} = l \cdot \alpha_K + a_V + a_{DA} + (n - 1) a_{DD} + a_{AD}$

$L_{D1} = L_{VAmin} + \Delta v - a_{K-D1}$

Spannungsfall und Verlustleistung

Netzart	Stichleitungen		Max. Leitungslänge	Hauptleitung
	Spannungsfall	Verlustleistung		Spannungsfall
Gleichstrom	$\Delta U = \dfrac{2 \cdot l \cdot I}{\varkappa \cdot q}$	$P_v = \dfrac{2 \cdot l \cdot I^2}{\varkappa \cdot q}$	$l = \dfrac{\Delta u \cdot U \cdot q \cdot \varkappa}{2 \cdot 100 \% \cdot I}$	$\Delta U = \dfrac{2}{\varkappa \cdot q} \cdot \Sigma (I \cdot l)$
Wechselstrom	$\Delta U = \dfrac{2 \cdot l \cdot I \cdot \cos \varphi}{\varkappa \cdot q}$	$P_v = \dfrac{2 \cdot l \cdot I^2}{\varkappa \cdot q}$	$l = \dfrac{\Delta u \cdot U \cdot q \cdot \varkappa}{2 \cdot 100 \% \cdot I \cdot \cos \varphi}$	$\Delta U = \dfrac{2 \cdot \cos \varphi_m}{\varkappa \cdot q} \cdot \Sigma (I \cdot l)$
Drehstrom	$\Delta U = \dfrac{\sqrt{3} \cdot l \cdot I \cdot \cos \varphi}{\varkappa \cdot q}$	$P_v = \dfrac{3 \cdot l \cdot I^2}{\varkappa \cdot q}$	$l = \dfrac{\Delta u \cdot U \cdot q \cdot \varkappa}{\sqrt{3} \cdot 100 \% \cdot I \cdot \cos \varphi}$	$\Delta U = \dfrac{\sqrt{3} \cdot \cos \varphi_m}{\varkappa \cdot q} \cdot \Sigma (I \cdot l)$

Sachwortverzeichnis

1 aus 10-Code 275
2 aus 5-Code 275

A
A-Betrieb 107
AB-Betrieb 107
Abfallzeit 61
Abhängigkeits-
– arten 269
– notation 259
Ablauf-
– kontrollebene (ASI) 359
– steuerung (ASI) 344, 359
Ableiter 397
Ableitfähigkeit 129
Ablenkfaktor 337
Abschaltbarer
  Thyristor 97
Abschaltstrom 390
Absoluter Pegel 136
Absorbtionsrate 405
Abtast-
– nadel 216
– theorem 168
Abtastregelung
– Azyklisch 351
– Zyklisch 351
Abtastung 165
Abzweigung der ASI-
  Profilleitung 358
AC-Logik 273
Ada 325
ADo 239
ADR- 175, 177
– Coder 177
– Empfänger 177
AD-Umsetzer 344
Adaption 352
Adaptive Regelung 351
Addition phasenversch.
  Spannungen 59
Adhäsion 46
Adressen (ASI) 269, 359
Adreßfeld 295
Adressierung (ASI) 358
Ah-Wirkungsgrad 373
Aiken-Code 275
Akkumulatoren 373 ff.
Aktive Filter 115
Aktivierungsphase
  (ASI) 359
Aktoren 386
Aktuator-Sensor-
  Interface 358
Aktuatoren, binär 358
Akustik 26 f.
Akzeptanzwinkel 145
Alarmanlagen 226
Algol 325
Algorithmus 351

Alkali-Mangan-
  Batterien 372
Alphabet
– Griechisches 9
Alphanumerische
  Codes 276
ALS-Logik 273
ALU 283
Alternation (ASI) 359
Aluminium 37
– Elektrolytkonden-
  sator 82, 84 f.
AM- 160
– Demodulation 161
– FM-Empfänger 172
– Unterdrückung 180
AMI bipolar 255
Ampere 47 ff.
Amplituden- 59
– bedingung 169
– modulation 160
– umtastung 166
– begrenzer 121
AMPS 259
Amtsleitung 237
Analog-Digital-Um-
  setzer 274, 333
Analogeingang, digitaler
  Regler 353
Analoges
– Fernsprechnetz 236
– Meßverfahren 330
Analysator 339
Anfangspermeabilität 86
Anlaufphase (ASI) 359
Anpassung 52
– lineare (Hallgene-
  rator) 112
Anregelzeit 350
Anrufsucher 240
Anschluß-
– adapter 239
– belegung 291
– belegung 80515 300
– leitungen 238
– X.24 309
Anschlußbezeich-
  nung 380
– Hilfsschütze 380
– Niederspannungs-
  geräte 380
– Relais 380
– Schütze 380
Anschlußflächendurch-
  messer 44
Anschlußkenn-
  zeichen 116
Anschlußkennzeichnung
– von Kondensatoren 83
ANSI 252

Ansichten,
  zeichnerisch 409
Ansteuerung
– Bipolare
  (Schrittmotor) 360
– der Bildröhre 193
– Unipolare (Schritt-
  motor) 360
Anstiegs-
– antwort 346, 348
– zeit 61
Antennen- 150 ff.
– ankopplung 172
– anlagen 151 f., 388
– ausrichtung 257
Antivalenz 264
Antriebe,
  Mechanische 22
Anweisungsliste
  (SPS) 356 f.
Anwendungsklassen für
  Bauelemente 75 f.
Anwendungsschicht 251
Antworttonempfänger 245
Anzeige-
– ebene 353
– einheit 333
APM-Leitungssignal
  (ASI) 359
Äquivalent,
  Elektrochemisches 32
Äquivalenz- 264
– dosis 407
– Verknüpfung 264
Arbeit
– Elektrische 47
– Mechanische 20
Arbeits-
– gerade von Transi-
  storen 99
– kennlinie von
  Transistoren 99
– punkteinstellung 100
– punktstabilisierung 100
ARI 173
Arithmetische
  Operationen 279 f.
Arithmetischer Mittel-
  wert 59, 61
ASCII-Code 276 f.
ASIC 292
ASI (Aktuator-Sensor-
  Interface) 358
ASI-Bussystem 358
ASI-Modul
– aktives 358
– passives 358
ASK 166
Assembler 325
Assemblieren 326

Assoziatives Gesetz 10
Astra Digital
  Radio 175, 177
Astra, Sendefre-
  quenzen 256
Astabiler Multivibrator 114
Asynchroner
  Zeichenrahmen 307
Atmosphärischer Druck 24
Atmosphärisches
  Rauschen 137
Atom 30 f.
Audio-
– CD 219 f.
– codierung 224
– datenreduktion 174
– technik-Begriffe 206
Aufgaben-
– bereich 345
– größe 345
Aufladungen 129
Aufladung von
  Kondensatoren 57
Aufnahmephase (ASI) 359
Aufzeichnungs-
– format (CD) 219
– kapazität 293
Augenblickswert 59
Augenempfindlichkeit 28
– spektrale 110
Ausbreitungs-
– geschwindigkeit von
  Wellen 138
– zone 133
Ausdehnung 25
Ausfall- 74
– rate 74
– quotient 75
Ausführungsbefehle 247
Ausgangs-
– impedanz 339
– impulsbreite 266
– Lastfaktor 273
– Wechselstromwider-
  stand 87
Aushärtezeit 350
Aushärtezeit (Kleben) 46
Ausleger, flexible
  Leiterplatten 45
Auslöse-
– bedingungen 383
– charakteristiken 383
– kennlinien 383
– verhalten 383
Ausregelzeit 350
Ausschaltung 384
Austastpegel 184
Außen-
– kabel 141
– leiter 390

451

Avalanche-Diode 126
Azimutwinkel 257

B
B-Betrieb 107
B-Komplement 8
B-Wert 80
Badewannenkurve 74
Bajonettverschluß 142
Band-
– I - VI 135
– breite 69, 105 f.
– breite bei FM 162
– filterkopplung 172
– paß 91, 115
– rauschen 137
– sorten 217
– sperre 91
Bändchenmikrofon 210
Barcode- 318
– Scanner 319
Basen 30 f.
Base Station Controller 261
Basic 305, 325
Basis-
– anschluß 248
– bandübertragung 255
– einheiten 14
– größen 14
– isolierung 392
– schaltung 101
– spannungsteiler 100
Basismaterial von flexiblen
 Leiterplatten 45
Batteriearten 372 ff.
Baudrate 308
Bauelemente 75 ff.
– Anschlußart 42
– Anwendungs-
 klassen für 75
– Biegewinkel 42
– in SMD-Technologie 78
– Lagefixierung 42
– Magnetfeldab-
 hängige 112
– Optoelektronische 108 f.
Baum-Struktur 250
– ASI-Netz 358
Baustahl 36
BCD-
– Code 275
– zu Dezimal-Decoder 271
– zu Siebensegment-
 Decoder 271
Beanspruchungsdauer von
 Bauelementen 76
Bedien-
– ebene 353
– feld 354
– feldfunktionen 354
Bedingte Verzweigung 324
Befehls-
– Cache 284
– code 8051 299
– code hexadezi-
 mal 8085 282
– liste 8085 279 f.
– Pipeline 283

Begrenzerschaltung 121
Begriffe zur Audio-
 technik 206
Beharrungswert 350
Belastbarkeit von
 Leitungen 378
Belegungsdauer 241
Beleuchtungs-
– messer 341
– stärke 29
Belichtung 29
Bemaßungsregeln 408
Benutzerklassen 242
Bereich I - V 183
Bereich, Magnet-
 streifen 295
Bereichskoppler 385 f.
Berührungs-
– schutz 389, 400
– spannung 390
Beschleunigung 23
Beschleunigungs-
 Kondensator 99
Bestrahlung 29
Bestrahlungsstärke 29
Betamax 198
Betriebs-
– erdanschluß 389
– klassen 383
– pegel 151
– stätten 399
– stromstärke 378
Betriebsarten- 107, 290
– Elektrische Ma-
 schinen 368
– Lichtschranken 111
– umschaltung 247
– wahl 296
– wahl 8251 297
Betriebsmittel, elektrisch,
 Kennzeichnung 379
Betriebsmittel-
 Kennzeichnung 411
Bewegungsenergie 21
Bezugs-
– erde 62
– konfiguration 248
– sinn 50
Biegelastmoment 151
Bild-
– aufnehmer 195
– aufzeichnung 200
– röhrenansteu-
 erung 193
– schirmarbeitsplatz 322
– schirmtext 243
– telefon 248
– träger 183
– verstärker 195
– wandler 195
– wiedergabe 200
– zeichen, Elektro-
 technik 403 f.
– zeichen für Schutz-
 arten 400
Bildung der
 Führungsgröße 345
BIMOS-Transistor 102

Binär
– Ausgang, digitaler
 Regler 353
– Eingang, digitaler
 Regler 353
Binäre
– Aktuatoren 358
– PSK 166
– Sensoren 358
Bindung
– Atom 31
– Ionen 31
– Metall 31
Bipolare
– Ansteuerung (Schritt-
 motor) 360
– Transistoren 98
Biquinär-Code 275
Bistabile Kippglieder 267
Bistabiler Multivi-
 brator 114
Bit-
– fehler 252
– übertragungs-
 schicht 251
BK-Empfangsan-
 lagen 153, 388
Blatt-
– formate 409
– größen 409
Bleiakkumulatoren 373
Blindleistung 59
Blindleistungs-
– faktor 59
– meßgerät 331
Blitz-
– einschläge 382
– schutz 382, 397
– schutznormen 397
– schutzzonen 398
– stromableiter 397 f.
Block-
– prüfung 276
– schaltbild 8085 278
– schaltbild 8751 298
– schaltbild 80287 301
– schaltbild 80515 300
– schaltplan 410
Blockschaltbild, Farbfernsehempfänger 188
Bodediagramm 346
Bodenwelle 133
Bogen-
– entladung 130
– maß 24
Boltzmann-Konstante 137
Boost-converter 123
BOSFET 109
BPSK 166
Brandmelde-
– anlagen 226, 230 ff.
– kabel 232
Brechungsgesetz 145
Breitband-
– Lautsprecher 211
– Spannungs-
 messung 339
– anschlüsse 154

– dipole 150
– Kommunika-
 tion 139, 153 f.
Bridge 252
Bruchdehnung 35
Brücken-
– gleichrichter 121
– schaltung 49, 118
Brummspannung 121
Buchsenleiste V.24 307
Buck-converter 124
Bügelstecker 142
Bündel- 241
– verseilung 140
Burst 262
Bus-
– leitungen 385 f.
– Struktur 250, 314
– Systeme 387
– zugriff 314

C
C 325
Cache 283, 286
– DRAM Controller 286
Camcorder-Begriffe 201
C-Betrieb 107
CB-Sprechfunk 182
CCIR-Norm 183
CCITT 307
CCITT V.10 316
CCITT V.11 315
CCITT X.26 316
CCITT X.27 315
CCITT-Empfehlungen 234 f.
C-MAC 204
C-Netz 181
CD- 219 f.
– Audio 220
– DA 220
– Familie 220
– I 220
– MO 220
– Platte 219 f.
– ROM 220, 304
– WO 220
CDC 286
CE-Kennzeichnung 402
Celluloseacetat 82
Celsius 25
CEN 396
CGA 310
Chemie 30 ff.
Chemische
– Basis (Klebstoffe) 46
– Zeichen 31
Chien-Hrones-Reswick-
 Verfahren 350
Chipkarten 295
Chopper 122
Chromdioxid-Band 217
CIF 224
Citizen-Band 182
Cityruf 182
CMOS-Logik 273
Codefamilie 2/5 318
Codieren 326
Codierung 165, 344

452

COFDM 176
Colpitts-Oszillator 169
Comal 325
Cosinus 11
Cotangens 11
Coulomb 47, 53
Cr-Band 217
CRC- 252
– Generator 276
CSMA-CD 249 f.
Crest-Faktor 59
Cryptokarten 295
CT 1/2 259

D

D1-Netz 181
D2-Netz 181
D2-MAC 204
DAB 175 f.
Dämpfung bei LWL 145
DAT 221
D-FF 267
D-/DO-Sicherungs-
  system 383
D-Regler 348
DAM-Technik 226
Dämpfung 92, 136
Dämpfungs-
– faktor 136
– maß 136
– maß bei Antennen 151
Darlington-Schaltung 100
Darstellungen in mehreren
  Ansichten 409
Darstellungsschicht 251
Data Encryption
  Standard 225
Data Path Unit 286
Data-Link-Layer 249
Datei 252
Daten-
– ausgabegeräte 320 f.
– Austauschphase
  (ASI) 359
– bustreiber 266
– Cache 284
– dokumentation 326
– eingabegeräte 319
– endeinrichtung 308, 316
– erfassungskarte 334
– format bei RDS 173
– kommunkation 244
– kompression 224
– leitungsfilter 128
– netze 249
– rahmen (CD) 219
– reduktion 218
– Signal (ASI) 359
– sicherung 327
– sicherungsschicht 251
– sichtstation 321
– übertragung 248
– übertragungseinrich-
  tung 316
– übermittlungsnetze 235
– Übertragungsregeln
  (ASI) 359
Datex-L 242

Datex-P 242
Dauer-
– laden 375
– ladespannung 373
– ladestrom 373
Dauermagnet-Werk-
  stoffe 39
DCC 218
DC/DC-Wandler 123 f.
DCS 1800 260
DCT 224
DDC-Betrieb 352
Decoder 271
DECT 259 f.
DEE 308, 316
De-Emphasis 162
De Morgansches
  Gesetz 10
Dehnung 35
Dekameterwellen 135
Demodulation
– von AM 161
– von FM 163
Demodulator 171
Demultiplexer 271
DES 225
Deskriptor Register 283
Determinante 72
Deutsches Institut für
  Normung 396
Dezimal-
– zahlen 8
– Zähler 270
Dezimeterwellen 135
Diac 96
Diagnosegerät 358
Diazed-Sicherungen 383
Dichte 35, 38 ff.
Differential-Feldplatten-
  Positionssensor 112
Differential-Manchester-
  Code 255
Differenz
– Eingangsspannung 113
– Leerlaufspannungs-
  verstärker 113
– Verstärker 113 f.
Differenzier-
– beiwert 348
– glied 58
– zeit 348
Differenzierer 114
Differenz-
– spannung 337
– tonfaktor 340
– verstärker 100
Digital-Analog-Um-
  setzer 274
Digital Audio Tape 221
Digital Compact
  Cassette 218
Digitalfernseher 205
Digitale
– Filter 223
– Meßtechnik 333
– Modulationsver-
  fahren 166 f.
– Regelung 351

– Rundfunkdienste 175
– Sensorsysteme 344
– Signalprozessoren 288
– Video CD 220
– Winkelsensoren 344
– Verarbeitung von
  Fernsehsignalen 205
Digitales
– Audio Broadcasting 175
– Satelliten
  Radio 175 f., 178
– Koppelnetz 241
– Meßverfahren 330
Digitalisiertablett 319
Dimmer 125, 384 f.
DIN VDE
  Verband Deutscher
  Elektrotechniker 396
Diode 95
Dipole 150
Direct-digital-control 352
Direktruf-Netz 242
Direktes Meßverfahren 330
Disjunktion 10, 264
Disketten 293
Dispersion 145
Distributives Gesetz 10
D-MAC 204
D-Netz 181
Dokumente
– elektrisch 410
– ortsbezogen 410
– verbindungsbe-
  zogen 410
Dolby-
– Pro-Logik-Codie-
  rung 222
– Surround-Pro-Logik-
  Decoder 222
Doppel-
– Basisdiode 96
– Einweg-Licht-
  schranke 111
– Reflexions-
  Lichtschranke 111
– schichtband 217
– schlußmotor 365
– strom, symme-
  trisch 315, 317
– strom, unsymme-
  trisch 316
– Welle (Löten) 42
DPU 286
DQPSK 167, 259
DRAM 289 f.
Drainschaltung 104
Drehmoment 20, 24
Drehstrom- 62
– Asynchronma-
  schinen 364
– motor an Wechselspan-
  nung 366
– steller 362
– Synchrongenerator 364
– Synchronmotor 364
– Transformatoren 370
– übertragung 62
– verteilung 62

Drehzahl- 24
– erfassung 112
– messung mit induktivem
  Geber 341
Dreieckschaltung für
  Drehstrom 63
Drei-Draht-Kopplung
– DTE-DCE 309
– DTE-DTE 309
Dreipuls-Mittelpunkt-
  Schaltung 118
Dreipunktregler 349
Druck- 24, 26
– beanspruchung
  (Kleben) 46
– sensor 342
– taster, Farben 380
DSR 175, 178
DTLZ-Logik 273
Dual-Code 275
Dual-Slope-Verfahren 333
Dual-Slope-Umsetzer 274
Dualzahlen 8 f.
DÜE 308, 316
Duplex 244
Durchflutung
– Elektrische 54
Durchlaßspannungen
  (LED) 110
Durchzugswinkel 42
Duroplaste 40
DVD 220
Dynamischer Laut-
  sprecher 211

E

E/A-Karten 294
EAN-/UPC-Code 318
EBCDIC-Code 276
Edelgas 130
EEPROM 289, 292
e-Funktion 79
EGA 310
EHF 135
EIA 253
E-Kerne 86
E-Reihe 77, 82
E-Welle 149
ECL-Logik 273
Effektivwert 59
EIB 385 f.
Eignung von Reglern 349
Einbruchmeldean-
  lage 226, 230
Einchip-
– Mikroprozessor 8751 298
– Mikropro-
  zessor 80515 300
Einengung des Frequenz-
  bereiches 69
Einerkomplement 8
Einfachwelle (Löten) 42
Eingang
– Invertierender 113
– Nichtinvertierender 113
Eingangs-
– analogwandler 344
– impedanz 339

453

- Lastfaktor 273
- Nullspannung 113
- Nullstrom 113
- Ruhestrom 113
- Wechselstromwiderstand 87
Einheiten 15 ff.
Einkristallhalbleiter 116
Einmoden-
- Stufenfaser 146
- LWL 146
- Stufenfaser 147
Einphasentransformatoren 56
- Belastungsarten 369
Einpuls-
- Mittelpunkt-Schaltung 118
- Verdoppler-Schaltung 117
- Vervielfacher-Schaltung 117
- schaltung 121
Einschalt-
- dauer 123
- zeit 61
Einseitenband-Phasenrauschen 92
Einspann-
- länge 151
- punkt 151
Einstellung von Reglern 350
Eintakt-
- Durchfluß-wandler 123 f.
- Mischschaltung 159
Einwegbetrieb (Lichtschranken) 111
Einzel-
- anlage 256
- verstärker 105
EISA 286, 311
Eisenoxid-Band 217
Eisenwerkstoffe 36
Elastizität 35
Electro-Lumineszenz-Display 197
Elektrische
- Arbeit 47
- Betriebsstätten 399
- Durchflutung 54
- Feldkonstante 53
- Leistung 47
- Leitfähigkeit 35
- Weiche 211
Elektrische Felder 53
- Schutz von Personen 406
- Felder, Wirkungen 406
Elektrische Messung nichtelektrischer Größen 341
Elektrischer Widerstand 47
- von Leiterbahnen 44
Elektrizitätszähler 332
Elektrobleche 39

Elektrochemisches Äquivalent 32
Elektrolyse 32
Elektrolytkondensator 82, 84
Elektromagnetische
- Verträglichkeit 398
- Wellen 132
Elektromagnetisches
- Feld 132
- Mikrofon 210
Elektron 30
Elektronenstrahl-
- Oszilloskop 336 f.
- röhre 336
- system 196
Elektronisches Farbtestbild 190
Elektrostatik 129
Elektrostatischer Lautsprecher 211
Elementare Pascal Anweisungen 306
Elemente 372 ff.
Elevationswinkel 257
ELD 197
ELF 135
Ellenbogenhöhe 322
Ellipse 12
Elliptischer Hohlleiter 149
Embedded Controller 285
Emissionsspektren 110
Emitterschaltung 101
Empfängersignal (ASI) 359
Empfangsantennen 150 ff.
Empfindlichkeit 180
EMV 398
Encoder 344
Endebit (ASI) 359
ENELEC 396
Energie-
- dosis 407
- erhaltung 21
- kabel 376 f.
- Mechanische 21
- niveau 30
- umwandlung 21
Entlade-
- kennlinien 372 ff.
- kurven 372 ff.
- schlußspannung 373
- ströme 373
Entladung von Kondensatoren 57
Entmagnetisierungs-Kennlinien 39
Entropie-Codierung 224
EPLD 289
Epoxidharz
- Hartpapier 44
- Glashartgewebe 44
EPROM 289, 291
Equipement Identity Register 262
Erder 388
Erdschlußstrom 390
Erdung 237, 388

Erdungs-
- anlage 397
- leitung bei Antennen 151f., 388
Erkennungsphase (ASI) 359
Erlangstunden 241
ERMES 182
Ersatz-
- schaltplan 410
- totzeit 350
Ersatzstrom-
- aggregate 375
- versorgungsanlagen 399
Ersetzen von Verknüpfungsgliedern 264
Erste Hilfe 395
Erzeuger-Pfeilsystem 50
Erweiterter Sonderkanal-bereich 183
ESB 183
ETACS 259
ETD-Kern 87
Ethernet 249 f.
Europäische Normen 396
Europäischer Installationsbus 385f.
European Article Numbering 318
Eurosignal 182
Eutelsat 260
EVST 236
Exklusiv-
- NOR-Verknüpfung 264
- ODER-Verknüpfung 264
Exponentialfunktion 6
Extend ISA 286
Externe Befehle 305

F

Fadingzone 133
Fahrenheit 25
Fahrprofil 360
Fall-
- abfrage 324
- beschleunigung 19, 23
Fall-back-Prozedur 245
Fan in/out 273
Fangeinrichtungen 397
Faradaysches Gesetz 32
Farb-
- artsignal 185
- aufnahmeteil 200
- auszug 185
- balkenvorlage 185
- bildröhren 197
- dreieck 197
- fernsehempfänger 188
- kreis 185
- synchronsignal 184
- testbild 190
Farbdifferenz-Ansteuerung 193
Farbdifferenzsignal 185
- Reduziertes 185
Farben
- Anzeigen 380
- Drucktaster 380
- Leuchtdrucktaster 380

Farbkennzeichnung
- von Kondensatoren 77
- von Widerständen 77
Farbkurzzeichen 376
Faseroptische Lichtschranken 111
FBAS-Signal 185
FDDI 253
Fe-
- Band 217
- Cr-Band 217
Federspannarbeit 20
Feed 256
Fehler-
- anteil 74
- erkennbarkeit 276
- grenzen 333
- klassen 74
- sicherung 358
- spannung 390
Fehlerstrom- 390
- Schutzeinrichtung 391 ff.
- Schutzschalter 393
Feinelektrotechnik 45
Feinsicherungen 383
Feld-
- bus 344
- Elektrisches 53
- Elektromagnetisches 132
- kennimpedanz 26
- Magnetisches 54 f.
Feldeffekttransistor-Grundschaltungen 104
Feldeffekttransistoren 103
Feldkonstante
- Elektrische 53
- Magnetische 54
Feldlinienlänge 54
Feldstärke
- Elektrische 53
- Magnetische 54
Fern-
- empfangszone 133
- feld 133
Fernsehnorm 183
Fernmelde-
- kabel 140 f.
- technik, Anlagen 399
Fernsehtechnik
- Begriffe der 206
Fernsprech-
- anschlußdosen 239
- apparat 236
Ferritwerkstoffe 86
Festigkeit 35
Festspannungsregler 120
Festwert-
- regelung 346
- regler 353
- speicher 291 f.
FET 103
Feuchtebeanspruchung 75
FI-Schutzschalter 393
File-Server 253
Filter 92
- Aktive 115
Filterschaltungen 66, 115
- für Netzleitungen 128

454

Finite Impulse
 Response 223
Flachbett-Scanner 319
Flachbildanzeigen 197
Flachrelais 88
Flächenberechnung 12
Flammenmelder 231
Flanken-
– schrift 216
– steilheit 61
Flash-
– EEPROM 289, 292
– Umsetzer 274
Flexible Leiterplatten 45
Flimmerschwelle 390
Flipflop 267
Fluß, Magnetischer 54
Flußdichte,
 Magnetische 54
Flüssigkristall-
 Anzeigen 110
Fluoreszenz 196
Flußwandler 124
Flyback-converter 123
FM- 162
– Demodulation 163
– Stereosender 179
Folgeregelung 346
Formeln zur Datenüber-
 tragung 308
Formelzeichen 15 ff.
Form-
– faktor 59
– kenngrößen, magneti-
 sche 87
– konstante, magne-
 tische 87
Forth 325
Fortran 325
Forward-converter 124
Foto-
– metrische Größen 28
– transistor 145
– Diode 108
– Diode
 (Lichtschranke) 109
– Element 108
– katode 195
– Thyristor 108
– Transistor 108
– Widerstand 108
Fotovoltaischer
 Generator 109
Fotovoltaisches
 Relais 109
Fourier-Analyse 60
FPLA 289
FPLMTS 260
Frame-Transfer-
 Bildaufnehmer 195
Freier Fall 23
Freilauf-
– diode 119
– kreis 119
Fremderreger Motor 365
Fremdkörperschutz 400
Fremdspannungs-
 abstand 340

Frequenz- 59, 134
– band 398
– bereiche 134, 302
– bereiche für Hör- und
 Fernsehfunk 135
– Gang 346
– hub 162, 164
– Kompensation 113
– modulation 162
– multiplex 168
– plan 258
– raster 153f.
– umtastung 166
– variationsverhältnis 69
– Verhalten 113
Frequenzen 153 f.
FSK 166
FS-Signale 153 f.
Fügeschicht (Kleben) 46
Führungs-
– bereich 345
– größe 345, 351
Füllfaktor, Kupfer- 87
Füllstandssensor 343
Fundamenterder 381, 388
Fünfschichtdiode 96
Funkentstörungen 155
– Vorschriften 398
Funk-
– netze 181
– ortung 179
– störgrad 155
Funkstörung 155
– Dauerstörung 155
– Entstörmaßnahmen 155
– Grenzwerte 156
– Grenzwertpegel 155
– Knackrate 155
– Störfeldstärke 156
Funktionen 6, 11, 306
Funktions-
– erdung 388
– klassen 383
– kleinspannung 392
– plan 356 f., 361, 410
– prüfung 393
– schaltplan 410
Funktionstasten- 333
– generator) 112
– gliedern 264
– Leiterplatten 45
– Leiterplatten 45
– Positionssensor 112
– verstärkung 113
– von metallka-
 schiertem 44
Funkübertragung 261
Funkzelle 261

G
Gabellichtschranke 109
Galvanisieren 32
Ganze Zahlen 70
Gasentladungsraum 130
Gate Array 292
Gaußsche MSK 167
Gaußsche Zahlen-
 ebene 70

Gebäudesystem-
 technik 385 ff.
Gedruckte Schaltungen 44
Gefahrenmelde-
– anlage 230
– technik 230
Gegenkopplung 106
Gegentakt-
– AB-Verstärker 107
– B-Verstärker 107
– Durchflußwandler 124
– mischschaltung 159
– Parallel-
 speisung 123, 124
– verstärker 107
Gehäuseformen von Halb-
 leiterbauelementen 94
Gemeinschaftsanlage 256
Genauigkeitsklassen 330
Generatorpolynom 276
GEO 260
Geräuschspannungs-
 abstand 340
Germanium-Dioden 95
Gesamt-
– siebfaktor 121
– Verlustleistung 98
– verstärker 105
Geschlossener Wirkungs-
 ablauf 345
Geschwindigkeit 23
Gesteuerte Strom-
 richter 119
Getriebemotor 367
Gewichtskraft 19
Gewinde 408
Glasfaser-
– Lichtschranke 111
– verbindung 148
Glas-
– gehäuse 94
– kondensatoren 84
Glättung 121
Glättungs-
– drossel 120
– faktor 121
– kondensator 121
Gleich-
– laufbedingung 171
– wellenfähigkeit 176
– wellennetz 176
Gleichrichter- 118
– betrieb 119
– schaltung 121
Gleichrichtwert 59
Gleichspannungs-
– Versorgungsgeräte 122
– Zwischenkreis 125
Gleichstrom-
– kopplung 105
– Motoren 365
– motor, ständerkommu-
 tiert 367
– schalter 122
– steller 122
Gleichstrommäßige
 Betrachtung bipolarer
 Transistoren 100

Gleichtakt-
– Eingangsspannung 113
– Leerlaufspannungs-
 Verstärkung 113
Gleitreibung 21
Glimmerkondensa-
 toren 82, 84
Glixon-Code 275
Global Positioning
 System 179
Global System for Mobile
 Communication 261
GMSK 167, 335
GPS 179
Gradientenindex-Profil 146
Gradmaß 24
Gray-Code 275
Greifraum 322
Grenzdaten von
 Transistoren 98
Grenz-
– frequenz 66, 69
– temperatur 75
– wertmeldung 353
Griechisches Alphabet 9
Größen 14 ff.
Großsignalverstärker 107
Grundbegriffe der
– Meßtechnik 330
– Codierung 276
Grund-
– welle 149
– widerstand
 (Feldplatte) 112
Gruppenwähler 240
GSM 259 ff.
GTO 97
Güte- 67, 69, 93
– faktor 67

H
Haft-
– kleben 46
– mechanismus 46
– reibung 21
HAK 381, 388
Halb-
– leiterrauschen 137
– spuraufzeichnung 217
– spurstereo 217
Halbbrücken-
– Durchflußwandler 124
– wandler 123
Halbgesteuerte Zweipuls-
 Brückenschaltung 119
Halbleiter-
– Bildaufnehmer 195
– kennzeichnungen 94
– schutz 383
– speicher 289
Halbschnitt 408
Halbschrittbetrieb 360
Hall-
– effekt 112
– konstante 112
Haltestrom 96
Hamming-Code 275
Handbereich 392

455

Härte 35
Hartley-Oszillator 169
Hartlöten, Festigkeit 43
Hauptableitungen 397
Haupt-
– leitungsquer-
  schnitte 381
– potentialaus-
  gleich 381, 392
– verteilung 381
Haus-
– installationen 381
– kommunikation 227 ff.
– kommunikations-
  anlage 229
– leittechnik 385 ff.
– sprechanlage 228 f.
– telefon, Schal-
  tungen 229
Hausanschluß-
– kasten 381, 388
– raum 388
– Verstärker 152
Hayes-Befehlssatz 247
HCMOS-Logik 273
HDK-Kondensatoren 84
HD-MAC 204
HDTV 203
Hebel 22
Heimstudio-Technik 207 ff.
Heißleiter 80 f.
Hektometerwellen 135
Helligkeits-
– aufnahmeteil 200
– empfindlichkeitsgrad 28
HEX-FET 102
Hexadezimalzahl 8
HfD 242
HF- 135
– Leitung 138
– Signal 387
– Steckverbinder 142
– Verstärker 105
HGC 304
Hi 8 198 f.
Hi-Fi 207 ff.
High Definition
  Television 203
Hintergrundbereich (Licht-
  schranke) 111
Hinweisschilder 395
Hoch-
– auflösendes Fern-
  sehen 203
– frequenz-Hohlleiter 149
– geprägte Karten 295
– kapazitätsbatterien 374
– laufkennlinien 364
– leistungsbatterien 372
– paß 66, 115
– setzsteller 123
– spannungsschalter mit
  galv. Trennung 103
– strombatterien 374
– ton-Lautsprecher 211
– temperaturbatterien 374
– voltinverter 103
Höckerspannung 96

Hohlzylinder 13
Home Location
  Register 262
Horizontal-
– Austastung 184
– synchronisation 184
Horner-Schema 8
Host-Adapter 287
Hubarbeit 20 f.
Hüllkurvendetektor 161
HVST 236
H-Welle 149
Hybridform 71
Hybridtechnik
– Flexible Leiterplatten 45
Hypotenuse 11
Hysterese- 268
– motor 367

I
I²C-Bus 313
IC-Gehäuseformen 303
IDE 286
Identifikations-Nummern-
  zeile 295
IEC 396
IEC-Bus 312
IEEE 249, 253
IEEE 488 312
IGBT 102
Imaginäre Zahl 70
Impedanzwandler 114
Implikation 264
Impuls-
– antwort 346
– dauer 61
– form 61
– former 121, 268
– verformung 58, 61
Indirektes Meß-
  verfahren 330
Indizes 18
Induktion 54, 56
Induktionsspannung 41
Induktivität 55 f.
Induktivitäts-
– belag 138
– faktor 86
– messungen 338
Industrieller 2/5 Code 318
Infinite Impulse
  Response 223
Infrarote Strahlung 28
Infrarot-Schaltsystem 385
Inhibition 264
Initialisierung (ASI) 359
– des Netzes (ASI) 358
Initiator 387
Inkrementaler Winkel-
  sensor 344
Inmarsat 258, 260
Innengewinde 408
Innenwiderstand von
  Spannungsquellen 52
Installations-
– plan 410
– schaltungen 384
– zonen 381

Integrated Drive
  Electronic 286
Integrationstest 326
Integrier-
– beiwert 348
– glied 58
– zeit 347 f.
Integrierer 114
Integrierter Festspan-
  nungsregler 120
Inter-
– carrierverfahren 192
– digitalwandler 92
– ferenzzone 133
– ferometer 179
– modulationsabstand
  340
– IC-Bus 313
Interleaved 2/5 Code 318
Interline-Transfer-
  Bildaufnehmer 195
Internationale Nor-
  mung 396
Interne Befehle 305
Interruptvektoren 283
Inverter 123
Invertierender Ein-
  gang 113
Invertierer 114
Ionen 31
– bindung 31
– ladung 31
– Lautsprecher 211
Ionisationsmelder 231
Ionosphäre 133
IP-Schutzarten 400
I/Q-Modulation 335
I-Regler 348
Irrationale Zahl 70
Irrelevanz-Reduktion 174
IR-Strahlung 28
ISA 286, 311
ISDN- 248, 253
– Anschlußeinheiten 239
ISM 260
ISO 249, 396
Isolations-Prüfspannung
  (Optokoppler) 109
Isolationswider-
  stand 389, 393
Isolierschicht-Feldeffekt-
  transistoren 103
Isolierungsbereiche 389
Isotope 30
I-Strecken 347, 349
I-T1-Strecke 347
IT-Systeme 391
I-Tt-Strecke 347

J
Jahreswirkungsgrad 370
JK-FF 267
JPEG 224

K
Kabel- 139 ff., 376 ff.
– Hausanschluß 381
– Koaxial 144

– schutz 383
– stecker 142
Kaltleiter 80
Kameraröhren 195
Kammrelais 88
Kanal-
– aufteilung 183
– breite 153
– codierung 262
– raster 153 f.
Kapazität 53
Kapazitäts-
– belag 138
– Diode 95
– messungen 338
– variationsverhältnis 69
Kapazitive Kopplung 105
Karten 295
Kassetten- 216
– gerät 217
Kathete 13
Katodenstrahlröhren 196
Kegel- 13
– stumpf 13
Kelvin 25
Kenn-
– daten von
  Empfängern 180
– farben von
  Leitungen 376
– größen für
  Mikrofone 210
– größen von
  Lautsprechern 211
– linien von
  Batterien 372 ff.
– liniendarstellung einer
  Diode 337
– zahl 370
– zeichnung LWL 148
– zeichen, Schalt-
  zeichen 412 ff.
Kennzeichnung
– Betriebsmittel 411
– Betriebsmittel-
  anschlüsse 379
– Leiter 379
– Relais 380
– Schütze 380
– von Kondensatoren 77
– von Leitern 62
– von Systempunkten 62
– von Widerständen 77
Kennziffern, Niederspan-
  nungsschaltgeräte 380
Keramik- 41
– Kondensatoren 82, 84
Kern-
– ladungszahl 30
– materialien 86
Ketten-
– form 71
– schaltung 72, 105
Kilometerwellen 135
Kinetische Energie 21
Kipp-
– diode 126
– spannung 96

456

Kirchhoffsches Gesetz 50
Kleben 46
Klebespleiß 148
Kleinsignal-MOS-FET 103
Kleinspannungstrans-
   formatoren 371
Kleinstmotor 367
Klingeltransformatoren 371
Klinkenstecker 215
Klirr-
– dämpfungsmaß 158, 339
– faktor 158, 339
Knopfzellen-
   batterien 372, 374
Knotenregel 35
Koaxialkabel 143 f.
Kohäsion 46
Kohlemikrofon 210
Koinzidenzdemodu-
   lator 163
Kollektorschaltung 101
Kombinierter Schutz 126
Kommunikations-
   Dienste 242
Kommutatives Gesetz 10
Kompaktregler 353 f.
Komparator 272
Kompensations-
   wicklung 365
Komplementär-Darlington-
   Schaltung 100
Komplementbildung 8
Komplexe Zahlen 7, 70
Komplexer
– Phasenverschiebungs-
   winkel 70
– Scheinleitwert 70
– Scheinwiderstand 70
Kompressions-
– kennlinie 165
– verfahren 224
Komprimierung 165
Kondensatormotor 366
Kondensator- 53
– Aluminium-
   Elektrolyt 82 ff.
– Glimmer 82 ff.
– Lautsprecher 211
– mikrofon 210
– MP- 82 ff.
– Kennwerte 82
– Kennzeichnung 77, 82
– Kennzeichnung der
   Anschlüsse 83
– keramik 41
– Keramik- 60 ff.
– Kunststoffolien- 82 ff.
– Papier 82 ff.
– Schaltungen mit 53
– Tantal-Elektrolyt 82 ff.
– Verlustbehafteter 67
Konfigurationsbefehle 247
Konfigurierebene 353
Konformität 74
Konformitäts-
– bewertungsverfahren 402
– erklärung 402
Konjunktion 10, 264

Konstant-
– spannungsladen 373
– Spannungs-
   steuerung 360
– stromladen 373
– Stromsteuerung 360
Konstantan 38
Konstante
– Physikalische 17
Konstantspannungs-
   quelle 50, 103
– mit Transistor 120
Konstantspannungsregler
   mit Feldeffekt-
   transistor 120
Konstantstromquelle 50
– mit Transistor 120
Konstantstromsignal 351
Kontakt-Werkstoffe 38
Kontaktbehaftete
   Karte 295
Kontaktbelegung für
   Steckverbinder 212 ff.
Kontaktkleben 46
Kontaktlose Karte 295
Kontaktplan (SPS) 356, 357
Kontrolle der Klebfläche 46
Konzentrische Steck-
   verbinder 215
Kopfhörer (Hi-Fi) 208
Koppel-
– faktor 109
– flächen, kapazitiv
   (Chipkarte) 295
– spulen (Chipkarte) 295
Kopplungsarten 105
Kosmisches Rauschen 137
Körper-
– berechnung 13
– dosis, Grenzwert 407
– kapazität 129
– widerstand 390
Kraft
– zwischen Ladungen 53
– zwischen stromdurch-
   flossenen Leitern 55
Kraft-Messung mit
   Dehnungsmeßstreifen
   (DMS) 341
Kräfte 19
Kreis- 12
– abschnitt 12
– ausschnitt 12
– bewegung 24
– frequenz 59
– Magnetischer 54
– ring 12
Kriechstrecke 389
Kristallmikrofon 210
Kritische Wellenlänge 149
Kryptografie 225
KS-Kondensatoren 84
Kugel- 12
– abschnitt 13
– strahler 132
Kühl-
– arten 127
– körper 127

Kühlung und Kühlarten von
   Halbleiterventilen und
   Stromrichtern 127
Kunststoffe, Eigen-
   schaften 40
Kunststoff-
– gehäuse 94
– schlauchleitungen 377
Kupfer- 37
– füllfaktor 87
Kupferkaschierungen,
– Nenngewicht von 44
Kurzschluß-
– läufer-Motor 364
– schutz 383
– strom 390
Kurzwellen 133, 135
KVST 236
K-V-Tafel 265

L
Lagenverseilung
   (LWL) 148
LAN 249, 253
LAN-Technik,
   Begriffe 252 f.
Laserdrucker 320
LCD 197
L/R-Steuerung 360
Lade-
– arten 373, 375
– geräte 373,375
– kennlinien 373
– kondensator 120
– kontrolle 375
– ströme 373
– technik 375
Längswellen 133, 135
Lage-
– energie 21
– Magnetstreifen 295
Lagenverseilung 140
Langwellen 133, 135
Längenberechnung 12
Laser-Diode 145
Lastdrehmoment 360
Laugen 30
Laut-
– heit 27
– sprecher (Hi-Fi) 208
– sprecherkenngrößen 211
Lautstärke- 26
– empfindung 174
– pegel 27
Lawinen-Fotodiode 145
LCD-Anzeigen 110
LC-Siebglied 120
LDR 108
LED- 108, 145
– Anzeigen 110
Leerlauf-
– Hallspannung 112
– spannung 52
Legierungen 36, 38
Lehrsätze 11
Leistung
– Elektrische 47
– Mechanische 20

Leistungs-
– anpassung 52
– BIMOS-Transistor 102
– faktor 59
– faktormessung 331
– Feldeffekttransi-
   storen 102
– messung 331
– MOS-FET mit integrier-
   tem Übertemperatur-
   schutz 102
– verstärker 107
Leistungsschilder
– Maschinen 368
– Transformatoren 370
Leitebene 355
Leiteinrichtung 355
Leiter
– Abstand 44
– Bahnen, elektrischer
   Widerstand 44
– Kennzeichnung 379
Leiterplatten-
– Layout 43
– montage 43
Leitfähigkeit
– Elektrische 35
– spezifisch elektrische 35
Leitrechner 387
Leittechnik 355
Leitung als Bauteil 138
Leitungen 376 ff.
Leitungs-
– abschluß 138
– länge 316, 376, 378
– länge (ASI) 358
– schutz 383
– schutz-Schalter 383
– wähler 240
Leitwert
– Magnetischer 54
– Spezifischer 49
Leitwertbelag 138
Leitwertform 71
LEO 260
Letter-Box-Zeilen 189
Leuchtdichte 29
Leuchtdrucktaster 29
– signal 185
   Farben 380
Leuchtschirm 196
Libaw-Craig-Code 275
Licht- 28
– geschwindigkeit 132, 145
– griffel 319
– menge 29
– intensität, relative 110
– polarisation 111
– ruftechnik 350
– schranke 109, 111, 343
– stärke 29
– strom 29
– technische Größen 28 f.
– transport 111
– wellenleiter 146 ff.
Lichtstärke-Messung mit
   Fotoelement 341
Linearmotor 367

457

Lineare Anpassung (Hallgenerator) 112
Lineare Verzerrungen 158
Linearisierung 353
Linien- 408
– anlage 228
– arten 408
– koppler 385 f.
– struktur (ASI-Netz) 358
Linsenoptische Lichtschranken 111
Lithium-Batterien 372
Lithium-Ion-Akkumulator 375
Liquid-Crystal-Display 197
Lisp 325
Local Area Network 249
Lochmaske 197
Logarithmieren 9
Logarithmus-
– funktion 6
– gesetze 9
Logik-
– analysator 335
– familien 273
– Funktionsschaltplan 410
– pegel 273
Lokale Netzwerke 250
Longitudinalwellen 26
Loslaßschwelle 390
Löschspannung 130
Lösungsmittel-Aktivierkleben 46
– Lötauge 42
– Durchmesser 42
– Flexible Leiterplatten 45
Löten 42
LS-TTL-Logik 273
LSL-Logik 273
LTC 201
Luftstrecke 389
Luminanzsignal 185
Lumineszenzabtastung (Lichtschranke) 111
Lumineszenz-Diode 108, 145
LWL- 146 ff.
– Außenkabel 147
– Faser 147
– Innenkabel 147
– Kennzeichnung 148

M

Mäander 112
Magnetband- 216
– geräte (Hi-Fi) 209
Magnetfeldabhängige Bauelemente 112
Magnetfeldsensor 342
Magnethofkerne 86
Magnetische Felder
– Schutz von Personen 406
– Wirkungen 406
Magnet-Werkstoffe 39
Magnetische
– Feldkonstante 54
– Feldstärke 53 f.

– Formkenngrößen 87
– Formkonstante 87
– Flußdichte 54
– Fluß 54
– Kreis 54
– Leitwert 54
– Lautsprecher 211
– Querschnitt, effektiv 87
– Widerstand 54
– Weglänge, mittlere 87
Magnetisches Feld 54
Magnetisierungs-Kennlinien 39
Magnetstreifenkarte 295
Magnetton-
– verfahren 216
– kassetten 216
Makroassembler 281
Management-
– funktion des Masters (ASI) 359
– phase (ASI) 359
Manchester-Code 255
Manganin 38
Mantelleitungen 377
Maschinen, elektrisch
– Betriebsarten 368
– Drehzahlsteuerungen 368
– Leistungsschilder 368
Maschinenorientierte Programmiersprache 304
Maschenregel 50
Masse 19
Maßlinien 408
Master 313
– Aufruf (ASI) 359
– Baugruppe (ASI) 358
– Ebene (ASI) 359
– Funktionen (ASI) 359
– Pause (ASI) 359
– Telegramm (ASI) 359
Masters (ASI) 358
Master/Slave-Prinzip 358
Mathematik 6 ff.
Mathematischer Co-Prozessor 80287 301
Mathematische Zeichen und Begriffe 6
Matrizen 71
Matrix-Decoder 180
MAU 253
Maus 319
Maximalwert 59
Maxtermmethode 265
Maxwell-Meßbrücke 338
MCA 311
MD 221
Me-Band 217
Mechanische
– Antriebe 22
– Arbeit 20
– Energie 20
– Leistung 20
– Spleiß 148
Mechanischer Wähler 240
Mehrelement-Antenne 150

Mehrmoden-
– Gradientenfaser 146 f.
– Stufenfaser 146
Mehrpunktverbindungen 317
Mehrstufige Verstärker 105
Meißner-Oszillator 169
Meldelinien 226
Melderarten 226
Melde- und Signaltechnik 230
Memory-Effekt 375
Mengenlehre 7
Merker (SPS) 357
Meß-
– bereichserweiterung 51
– brücken 49, 338
– einrichtung 330
– größe 330
– ort 334
– prinzip 330
– schaltungen 331
– technik 330
– verfahren 330
– werke 330
– wert 330
Messen 330
– am Empfänger 339 f.
– am Verstärker 339 f.
– von Widerständen 49
Metall-
– bindung 31
– gehäuse 94
– ion 46
Meterwellen 135
Metropolitan Area Network 249
MFM-Aufzeichnungsformat 293
Mindest-
– absicherung 381
– abstände 389
– leiterquerschnitte 381
Mischbestückung (SMD) 42
Mithörsperre 229 f.
Mittelpunkt- 62
– schaltung 118
Mikro-
– befehlsbus 283
– meterwellen 135
– pack 78
– programmspeicher 283
– prozessor, 8 Bit (8085) 278
– prozessor, 32 Bit 283
– prozessor, 64 Bit 284
– wellen 135
Mikrofone 208
– HiFi 210
Mikrofonkenngrößen 210
Millimeterwellen 135
Minidisc 221
Mintermmethode 265

MIPS 285
Misch-
– frequenz 159
– schaltung 159
– steilheit 159
– stufe 159, 171
– verstärkung 159
Mischung 159
Mithörschwelle 174
Mittel-
– klassenempfänger 180
– wellen 133, 135
Mittelwert
– Arithmetischer 59
– Quadratischer 81
Mixed-Mode CD 220
MKC-Kondensator 84
MKP-Kondensator 84
MKS-Kondensator 84
MKT-Kondensator 84
MKU-Kondensator 84
MKV-Kondensator 84
M-Loading 198
MO 304
Mobile Station 261
Mobile Switching Center 261
Mobilfunk Dienste 260
Mobilkommunikation 259
Mobiltelefone, Standards 259
MobSat 260
Mode 269
MODEM- 245
– Anschaltung 246
– Steuerung 247
Moden- 145
– ausbreitung 146
– dispersion 145
Modula 325
Modulation
– mit unterdrücktem Träger 161
– mit pulsförmigem Träger 164
Modulations-
– grad 160
– index 162
– verfahren 244
Modulschaltungen 117
Monitorröhren 196
Monostabile Kippstufe 266
Momentanwert 59
MOS-FET 103
MPEG 174, 224
MP-Kondensator 82, 84 f.
MSC 261
MS-DOS 261, 304 f.
MS-Windows 261, 304
MTBF 74
Multifunktions-Datenerfassungskarten 334
Multimaster 313
Multimode-LWL 146
Multiplexer 271
Multisensorsysteme 344

Multivibrator
– Astabil 114
– Bistabil 114
MUSICAM-Verfahren 174 f.
Myriameterwellen 135

N

Nachlaufverschlüsseler 274
Nachtsehen 28
Nachrichten- (ASI) 358
– kabel 139 ff.
Nachstellzeit 348
Nadeldrucker 320
Nadeltonverfahren 216
Näherungsschalter 342
Nahempfangszone 133
Nahfeld 133
Namenfeld 295
NAND-Verknüpfung 264
Nassi-Shneidermann 323 f.
Naßkleben 46
Nationale Normung 396
Natürliche Zahlen 7
NDK-Kondensator 84
n-Eck, Regelmäßiges 12
Nebenschlußmotor 365
Negation 10, 264
Nenn-
– fehlerstrom 390
– kapazität 373
– strom 390
– stromstärke 378
Nenn-
– dicken von metallkaschiertem Basismaterial 44
– gewicht von Kupferkaschierungen 44
– kapazität 82
– lagen 330
– ströme 48
Neozed-Sicherungen 383
Nettodatenrate 358
Network-
– Layer 249
– Terminator 248
Netz-
– anschlußteil 389
– architektur 261
– bus 387
– ebene 153
– formen 391f.
– geräte 122
– konfiguration 261
– leitungsfilter 128
– schlußtransformatoren 371
– struktur 244
– werkkarte 410
Netzgerät mit
– integriertem einstellbaren Spannungsregler 122
– Operationsverstärker 122
Neunerkomplement 8
Neutrale Faser 45
Neutralleiter 62, 390 f.
Neutron 30

Neutronenzahl 31
Newton 19
NF-Verstärker 105
N-Gate-Thyristor 97
NICHT-Verknüpfung 10
Nichtaufladbare Batterien 372
Nichteisen-Metalle 37
Nichtinvertierender Eingang 113
Nichtinvertierer 114
Nichtlineare Verzerrungen 158
Nickel-
– Cadmium-Batterien 374
– Metallhydrid-Batterien 374
Niedrigstrom-Ausführung (Anzeigen) 110
NOR-Verknüpfung 264
Normal-
– betrieb, zyklisch (ASI) 359
– laden 375
– Mode 290
– potential 32
Norm-
– schrift 409
– spannung 48
NPN-Transistoren 98
NRZ-Code 255
nsa, nsr 236
NTC-Widerstand 80 f.
NUI 253
Nukleonenzahl 31
Numerische Apertur 145
Numerus 9
Nummernzeile (Karten) 295
NV-RAM 292
Nyquist-
– Diagramm 346
– Theorem 288

O

Obere Seitenfrequenzen bei AM 160
Oberer Sonderkanalbereich 183
Oberflächenhaftung 46
Oberflächenwellenresonator 92
Objektorientierte Programmiersprache 304
O'Brian-Code 275
ODER-
– Funktion 10
– Verknüpfung 264, 357
Öffentliche Netze 242
Öffnungswinkel 145
Offener Wirkungsablauf 345
Offlinephase (ASI) 359
Offset QSPK 167
Ohm 47
Ohmsches Gesetz 47
Operand (SPS) 356
Operation 354
Operationsverstärker, 113 f.
– Schaltungen 114

Operatoren 306
Optik 28 f.
Optimierung 352
Optische
– Achse (Lichtschranke) 109
– Fenster 145
– Festplatten 304
– Melder 231
– Schallaufzeichnung 219
– Strahlung 28
– Übertragungstechnik 145
Optischer
– Distanzsensor 111
– Sensor 343
Optoelektronische Bauelemente 108 ff.
Optokoppler 109
OQPSK 167
Ordnungszahl 30 f.
Ortungssystem 179
OS/2 304
OSB 183
– bei AM 160
OSI-Referenzmodell 249, 251
Oszillatoren 169, 171
Oszilloskop-Röhren 196
OVP 123
Oxidationszahl 31
Oxide 30

P

P-Gate-Thyristor 97
P-Kern 87
P-Regler 348
P-Strecken 347, 349
P-T1-Strecke 347
P-T2-Strecke 347
P-Tt-Strecke 347
P-Tt-T1-Strecke 347
Page-Mode 290
Paging 182
PAL- 289
– Verfahren 187
– plus-Verfahren 189
PAM 164
Papierkondensator 82, 84
PA-Schiene 381f.
Parabol-
– Offset 257
– Reflektor 257
Parallel-
– betrieb von Akkumulatoren 373
– drahtleitung 138
– resonanzfrequenz 93
– schaltung 72
– schwingkreis 68 f.
– Seriell SR 272
– tonverfahren 192
– verfahren 274
Parallele Schnittstelle 310
Paralleler Ein-/Ausgabebaustein 8255 296
Parallelogramm 12

Parameter
– Identifizierung 351
– Optimierung 352
– SPS 356
Parametrierebene 353
Parametrierung 353
Parität (ASI) 276, 359
Paritätsbit (ASI) 308, 359
Parity-Bit 254
Pascal 306, 325
Pausendauer 61
PC- 304
– Erweiterungskarten 294
– Meßsystemarten 334
– Meßtechnik 334
– Regler 348
– Schnittstellen 309 ff.
PCM 165
PCM 30 168
PCI-Bus 286
PCMCIA 294, 304
PDM 164
Pearl 325
Pegel- 136, 153 f.
– Absoluter 136
– plan 137
– Relativer 136
– zuordnung I^{2}C-Bus 313
PELV 392
PEN-Leiter 62, 390 f.
Pentium Prozessor 284
Periode 59
Perioden-
– dauer 59, 123
– system 33
Peripheral Component Interface 286
Permeabilität 54
Permeabilitätszahl 54
Permittivität 16, 53
Permittivitätszahl 16, 53
Personalcomputer 304
Personenschutz 389
Pfeilsystem 50
PFM 164
PGA 289
Phantomspeisung 210
Phasen-
– anschnittsteuerung 125
– bedingung 169
– differenzcodierung 167
– diskriminator 163
– gang 346
– hub 164
– modulation 164
– umtastung 166
– verschiebungswinkel 59
– zahl (Schrittmotor) 360
Phenolharz-Hartpapier 44
Phon 14, 26, 27
Phosphoreszenz 196
Photo-CD 220
pH-Wert-Messung 341
Physical Layer 249
Physikalische
– Größen 14
– Konstanten 17

459

Piezoelektrischer
  Lautsprecher 211
PI-Glied 91
Pipeline 284 f.
PI-Regler 348
PID-Regler 348
Pilotsignal 154
Pilotton- 179
– Unterdrückung 180
PIN-Fotodiode 145
Planar-Antenne 257
Plasma-Display 197
Plastizität 35
PLCC-Gehäuse 78
PLD 197, 292
PLL-
– Diskriminator 163
– Regelkreis 180
Plotter 321
PM 164
PNP-Transistoren 98
Polarisations-
– ebenen (Licht-
  schranke) 111
– filter 110, 111
– weiche 256
Polarisator 110
Polarizer 256
Polling
– ASI 358
– dig. Regelung 351
Polpaarzahl 59
– Schrittmotor 360
Polumschaltungen 368
Poly-
– carbonat 82
– propylen 82
– styrol 82
– therephthalat 82
Porzellan 41
Positionserfassung 112
Potenzial-
– ausgleich 381, 388,
  391, 397
– Ausgleichsleitung 152
– bildung 32
Potenzielle Energie 21
Potenziometer 79
Potenzwert-Verfahren 8
PPM 164
Pre-Emphasis 162
Produktdetektor 161
Primär- 56
– batterien 372 ff.
– farbe 197
– multiplexanschluß 248
Prioritäts-Decoder
  8 zu 3 271
Prisma 13
Problemorient. Profibus 314
Pro Electron 94
Profibus 344
Profilleitung (ASI) 358
Programm-
– ablaufplan 324
– aufbau 306
– dokumentation 328
– entwicklung 326

Programmier-
– ablauf 291
– gerät (SPS) 356
– kenndaten 328
– sprachen 304, 325
– system 328
– unterbrechung 280
Programmierung (SPS) 356
Prolog 325
PROM 289, 292
Proportionalbeiwert 347 f.
Proton 30
Protonenzahl 31
Prozeß- 355
– bedienebene 353
– leittechnik 355
– signal 351
Prozessorchipkarte 295
Prüfen 330
Prüf-
– spannungen 330
– zeichen 401
– zeilensignale 191
PS/2 311
PSK 166
Psycho-Akustik 174
PTC-Widerstand 80 f.
Puls-
– amplitudenmo-
  dulation 164
– codemodulation 165
– dauermodulation 164
– frequenzmodulation 164
– phasenmodulation 164
Pulsbreiten-
– Umsetzer 274
– steuerung 122, 125
Pulsfolgesteuerung 122
Pulsumrichter 125
Pulswandler 125
Punkt-zu Punkt 315 f.
Push-Pull-converter 124
PUT 96
PVC 40
PVR 109
PWM 123
Pyramide 13
Pyramidenstumpf 13
Pyroelektrischer Sensor 342
Pythagoras 11

Q
QAM 167
QFP 78
QPSK 167
Quadrat 12
Quadratur-
– Amplitudenmo-
  dulation 167
– PSK 167
– modulation 186
Quadratischer Mittel-
  wert 81
Qualitäts-
– begriffe 74
– faktor 407
Quantisierung 165, 344
Quarzoszillatoren 170, 302

Quasi-Komplementär-
  Endstufe 107
Quasi-Parallelton-
  verfahren 192
Quecksilberoxid-
  Batterien 372
Quellencodierung 224

R
Radio-Daten-System 173
Radiometrische Größen 28
Räume 399
Rangierdrähte 139
RAPIDTC 201
Ratiodetektor 163
Rationale Zahl 7, 70
Rauchmelder 231
Raumstufe 241
Raumwelle 133
Rausch-
– abstand 340
– abstandsmaß 137
– leistung 137
– maß 137
– spannung 137
– zahl 137
Rauschen 137
RC-
– Glieder 121
– Phasenverschieber-
  oszillator 170
– Siebglied 120
– Sinusoszillator 170
RCD (Residual Current
  protective Device) 393
RCR-27 259
RCTC 201
RDS 173
Reaktionen
– Chemische 31
Receiver 313
Rechteck- 12
– signal 61
– hohlleiter 149
Recycling 375
Reduced Instruction Set
  Computer 285
Redundanz-Reduktion 174
Reduziertes Farbdifferenz-
  signal 185
Reed-Relais 90
Reelle Zahl 7, 70
Refexionsbetrieb
  (Lichtschranke) 111
Reflektive LCD 110
Reflektor
  (Lichtschranke) 111
Reflowlöten 42
Regel-
– barkeit v. Strecken 350
– bereich 345
– differenz 345
– größe 345
– strecke 345
Regeleinrichtungen 332
– allgemein 345
– Stetige 348
– Unstetige 349

Regelmäßiges n-Eck 12
Regeln 345, 395
– der Technik 396
Register-
– anweisungen 280
– funktionen 261
Regler, Einstellung 350
Reibung 21
Reibungs-
– arbeit 20
– zahl 21
Reihen-
– folge 324
– schlußmotor 365
– schwingkreis 68
Reihenschaltung 72
– von Kondensatoren 53
– von Spulen 55
– von Widerständen 50
Reineisen-Band 217
Relais 88 ff.
– Kontaktarten 90
– Werkstoffe 39
Relation 6
Relativer Pegel 136
Reluktanzmotor 367
Remanenzrelais 88
Reparatur von
  Geräten 393
Repeater (ASI) 250, 358
Repulsionsmotor 366
Resonanz- 69
– frequenz 69, 115
– widerstand 67
Rest-
– dämpfung 137
– Verfahren 8
Rettungszeichen 394
RGB-Ansteuerung 193
Rhombus 12
Richtcharakteristik 150
– Mikrofone 210
Richtungs-
– signal (Licht-
  schranke) 109
– sinn 50
Riemenantrieb 22
Ring-
– modulator 159, 161
– Struktur 250
RISC 254, 285
RLL-Aufzeichnungs-
  format 293
RM-Kern 87
Rollen 22
Rollreibung 21
ROM 289, 292
Römische Zahlen 9
RS 232 307
RS 422 B 315
RS 423 A 316
RS 485 314, 317
RS-FF 267
RS 232-Schnitt-
  stelle 334
Rückhallverzögerung
  (SPS) 357
Rückführgröße 345

Rückwärts-
– leitender
  Thyristor 97
– verhalten 97
Ruf-
– empfänger 245
– signale 182
Ruhehörschwelle 174
Rundfunk-Stereo-
fonie 179 f.
Rund-
– hohlleiter 149
– relais 88
– steuerempfänger 332
RZ-Code 255
RZ-Stabilisierung 120

S

SAR 406
Satellite Radio 175
S-DAB 260
S-TTL-Logik 273
Sägezahnverfahren 333
Salze 30
Satelliten-
– antennen 257
– Empfang 256
– empfangsanlagen 256
– Standorte 258
– umlaufbahn 179
Säuren 30 f.
Scall 182
Scart-Anschluß 203, 310
Schall- 26
– aufzeichnung 216
– druckänderung 26
– druckpegel 26 f.
– intentisätspegel 26
– kernspulen 86
– leistung 26
– leistungspegel 26
– platte 216
– platten-Abspielgeräte
  (Hi-Fi) 209
– quellen 26
– schnellepegel 26
– gechwindigkeit 26
Schalt-
– algebra 10
– drähte 139
– kabel 140
– litzen 139
– netzteile 123
– regler 123 f.
Schalter-Decoder 180
Schalter, spannungsab-
hängiger 96
Schaltungen
– mit Kondensatoren 53
– mit Spannungs-
  quellen 52
– mit Spulen 50
– mit Wechselstromwider-
  ständen 64 f.
– mit Widerständen 50 f.
– gedruckte 124
– Hauskommuni-
  kation 227 ff.

Schaltungs-
– nummern 331
– umwandlungen 67
– unterlagen 410
Schaltverhalten von
  Transistoren 99
Schaltvorgänge
– bei Kondensatoren 57
– bei Spulen 57
Schaltzeichen für 412 ff.
– 8251 297
– 8255 296
– 8751 298
– 80287 301
– 80515 300
– Akkumulatoren 418
– Analogtechnik 432
– Aufnahme- und
  Wiedergabe-
  geräte 423
– binäre Elemente 428 ff.
– Datengeräte 423 f
– Digitaltechnik 428 ff.
– Dioden 416
– elektrische Energieer-
  zeugung 418
– Elektroinstallation 427
– Elektronikröhren 415 f.
– Energieumwandlung 418
– Fernsprecher 423 f.
– Generatoren 417 f.
– Halbleiter 415 f.
– Induktivitäten 415
– Kapazitäten 415
– Leitungen 414
– Maschinen 417
– Meldeeinrich-
  tungen 419 ff.
– Meßgeräte 419
– Motoren 417
– Nachrichten-
  technik 422 ff.
– Netze 427
– passive Bauele-
  mente 415
– Primärzellen 418
– Schalter 418 f.
– Schutzeinrich-
  tungen 418 f.
– Sensoren 416
– Signaleinrich-
  tungen 419 ff.
– Telegraphengeräte 423
– Thyristoren 416
– Transformatoren 417
– Transistoren 416
– Übertrager 417
– Übertragungseinrichtun-
  gen 424 ff.
– Umrichter 418
– Verbinder 414
– Vermittlungs-
  technik 422 ff.
– Widerstände 415
Schaltzeit (LCD) 110
Schaltverhalten 268
Scheinleistung 59
Scheitelfaktor 59

Schering-Meßbrücke 338
Schichten-
– architektur 314
– modell 251
Schichtdrehwider-
  stand 79
Schichtwiderstand 76
Schieberegister 272
Schleife 324
Schleifringläufer-
  motor 364
Schlepplöten 42
Schlitzblende 109
Schmelzsicherungen 383
Schmelzspleiß 148
Schmitt-Trigger 268
Schneckenantrieb 22
Schnelladbare Zellen 374
Schnelladen 375
Schnitte 408
Schnittstellen-
– anpassung 268
– leitungen 315 ff.
Schottky-Diode 95
Schottky-TTL-Logik 273
Schrägspurverfahren 198
Schreib-Lese-
  Speicher 289 f.
Schrift-
– feld 409
– frequenz 360
– geschwindigkeit 308
– höhe 322
– motor 360, 367
– Motorsteuerung 360
Schutz-
– funktionen 389
– isolierung 392
– klassen 389
– kleinspannung 392
– leiter 62, 390 f.
– leiteranschluß 389
– leiterwiderstand 393
– maßnahmen 390 ff.
– transformatoren 371
– trennung 392
– überzug (Leiterplatten) 44
Schutzarten 400
– Berührungsschutz 400
– Fremdkörperschutz 400
– Wasserschutz 400
Schwallöten 42
Schwarzpegel 184
Schwarzschulter
– Hintere 184
– Vordere 184
Schwarz-Weiß-Fernseh-
  empfänger 192
Schweißtransfor-
  matoren 371
Schwellwert 268
Schwing-
– kreis 67 ff.
– quarz 170
Schwingquarze 93, 302
Schwingung 132
Schwingungsdauer 59
SCR-Koppler 109

SCSI 254, 287, 304
– A-Kabel 287
– Anschlußbelegung 287
Sechskantschraube 408
Sechspuls-Brücken-
  Schaltung 118
Sedezimal-Zahl 8
Segmentanzeige 110
Sehraum 322
Seiten-
– frequenzen bei AM 160
– schrift 216
Selbstentladung bei
  Batterien 374
Selbstgeführter
  Wechselrichter 125
Selbsthaltung (SPS) 357
Selbstoptimierung 352
Selektive-Spannungs-
  messung 339
SELV 392
Sende-Frequenz-
  bereiche 258
Sender-Abstimmung 172
Sendersignal (ASI) 359
Sensoren 342f., 386
– binär 358
Sensorsignalüber-
  tragung 344
Sensortaster 384
Serielle Schnitt-
  stellen 297, 307, 309,
  352
Serieller Ein-
  /Ausgabebau-
  stein 8251 297
Seriell-/Parallel SR 272
Serien-
– resonanzfrequenz 93
– schaltung 384
– schwingkreis 68
Servomotor 367
Set-point-control 352
Setzeigung 269
SHF- 135
– Umsetzer 256
SI-Basiseinheiten 14
Sicherheits-
– bestimmungen für
  Geräte 389
– farben 394
– regeln 395
– relais 89
– schilder 395
– Sollwert 352 f.
– Stellwert 353
– transformatoren 371
Sicherungen 383
Sichtbare Strahlung 28
Sichtprüfung 393
Sieben-Segment-
  Anzeigen 110
Sieb-
– faktor 121
– kette 121
– schaltung 120 f.
Siebung 121
Siemens 47

461

Signal-
- abtastung 335
- arten 158
- Ausgangswandler 389
- Binäres 351
- codierung 255
- Eingangswandler 389
- Fluß 345
- Frequenzmoduliertes 351
- generator 335
- kreise 387
- Laufzeit 61, 273
- leitung 139
- Paralleles 351
- pegel 307
- Puls- 351
- Richtung 307
- schaltung 227
- Serielles 351
- Stetiges 351
- Stufen- 351
- Toleranzen (ASI) 359
- übertragung 262, 385
- Wertkontinuierliches 351
- Wertdiskretes 351
- Zeitdiskretes 351
- Zeitkontinuierliches 351
- Zweipunkt- 351
Signal-Rausch-
- Abstand 340
- Verhältnis 137
Silberoxid-Batterien 372
Silicium-
- carbid 80
- Dioden 95
Simplex 244
Sinnbilder 323
Sinter-Werkstoffe 38
Sinus- 11
- antwort 346
Sitzungsschicht 251
Skalar 7, 14
Skalensymbole 330
Slave- 313
- antwort (ASI) 359
- Asic (ASI) 358
- pause (ASI) 359
SMD-Technologie 78
Small Computer System Interface 287
Smartcard 295
SMD-
- Ausführung 302
- Bauteil 42, 43
S/N 340
Snap-in-Sicken 43
SNR 137, 340
SNT 123
SOD-Gehäuse 78
SO-Gehäuse 78
Solarzelle 108
Sollwert
- Abweichung 345
- Begrenzung 353
Sonder-
- motoren 367
- transformatoren 371
- kanalbereich 153 f

Sone 14, 27
SOT-Gehäuse 78
Sourceschaltung mit
- Isolierschicht-FET 104
- Sperrschicht-FET 104
Spaltpolmotor 366, 367
Spannung 47
Spannungs-
- anpassung 52
- fall 376, 381
- fehlerschaltung 49
- festigkeit, Leiterbahnen 44
- glättung 120
- Komperator
- Parallel-Gegenkopplung 106
- reihe der Elemente 32
- Serien-Gegenkopplung 106
- signal 351
- Stromwandler 114
- teiler 51, 103
- vervielfacherschaltungen 117
Spannungsabhängiger
- Schalter 96
- Widerstand 80 f.
Spannungsquellen
- Schaltungen mit 52
Spartransformatoren 371
SPARC 285
SPC-Betrieb 352
Speicher- 304
- befehle 247
- chipkarte, intelligente 295
- kapazität, Magnetstreifenkarten 295
- Karten 294
- SPS 357
- zeit 61
Speicherprogrammierbare Steuerung 356 f.
Spektrale Empfindlichkeit 110
Sperrgatter 264
Sperrschicht-Feldeffekttransistoren 103
Sperrwandler 123
Spezialmotoren 367
Spezifisch elektrischer Widerstand 35, 38ff., 49
Spezifische
- Absorbtionsrate 406
- Wärmekapazität 25, 52
Spezifischer
- Leitwert 49
- Widerstand 49
Spiegelfrequenz- 171
- selektion 180
Spielzeugtransformatoren 371
Spitze-Spitze-Wert 59
Spleiß
- Klebe- 148
- Mechanischer 148
- Schmelz 148
Sprachcodierung 262

Spread Spectrum 259
Sprödigkeit 35
Sprühaussetzspannung 44
Sprung-
- antwort 346, 348, 350
- befehle 281
- funktion 350
SPS 356 f.
Spulen 55, 86
- Verlustbehaftete 67
Spulenkörper 87
Spuren, Magnetstreifenkarte 295
SQL 254
SRAM 289
Stabilisierte Gleichspannungs-Versorgungsgeräte 122
Stabilisierungsschaltungen 120
Stabilität von Regelkreisen 350
Stabilitätsgrenze 350
Stammleitungssystem 152
Standardzellen 292, 374
Standverbindung, Zwei-Draht- 246
Startbit 308
- ASI 359
Startgrenz-
- frequenz 360
- moment (Schrittmotor) 360
Start-Stop-Oszillator 268
Steatit 41
Stecker-
- codierung 237
- leiste V.24 307
Steckverbinder
- Konzentrische 215
Steckverbinder für
- elektroakustische Anlagen 212 ff.
- Kopfhörer 213
- Lautsprecher 213
- Leistungsverstärker 213
- Magnetbandgeräte 212 f.
- Mikrofone 212 f.
- Schallplatten-Abspielgeräte 212 f.
- Tuner 212 f.
Steckverbinderbelegung Profibus 314
Steckverbinder in Fahrzeugen 214
Steckverbindung
- IEC 625 312
- IEEE 488 312
Stegleitung 377
Stehende Welle 138
Steinmetzschaltung 366
Stell-
- antriebe 362
- Bereich 345
- Glied 345

- Größe 345 f.
- Wertbegrenzung 353
Stellenwertigkeit 276
Steller 345
- elektronisch, Wärmeanlagen 362
Stern-Dreieck-Umwandlung 51
Sternpunkt 62
Sternschaltung (Drehstrom) 63
Stern-Struktur 250
Stereo-Mutliplexsignal 179
Steuer-
- Bit 359
- blindleistung 125
- Einrichtung 345
- Elemente (SPS) 357
- Gerät 345
- kennlinien des Wechselstromstellers 125
- Kette 345
- logik 8255 296
- nennstrom (Hallgenerator) 112
- strecke 345
- tasten 305
- transformatoren 371
- wort 8255 296
Steuern 345
Steuerung 356 f.
- Speicherprogrammierbare 356
Steuerungs-
- anweisung (SPS) 356
- eingang 269
- system 152
Stöchiometrischer Index 31
Stoff-
- abscheidung 32
- werte 33 f.
Stopbit 308
Stör-
- bereiche 345, 398
- größe 345, 353
- größenaufschaltung 345, 353
- reduzierung bei FM 162
- senken 398
- spannung 273
- spannungsbegrenzer 121
- verlauf 398
Störlicht-Ausblendung (Lichtschranke) 111
Strahl-
- dichte 29
- stärke 29
Strahlensatz 11
Strahlenschutz- 407
- schutzverordnung 407
Strahlung
- Infrarote 28
- Optische 28
- Sichtbare 28
- Ultraviolette 28

Strahlungs-
– energie 29
– leistung 29
Strangsicherungen 126
Straßenverkehrssignal-
technik 230
Stratosphäre 133
Strecken
– mit Ausgleich 347
– ohne Ausgleich 347
– Regelbarkeit von 350
Streckgrenze 35
Streufeldtransfor-
matoren 371
Strichcode 318
Strichgitterreflektor 92
Strom-
– anpassung 52
– Belastbarkeit von
Leiterbahnen 44
– dichte 32, 47, 87
– fehlerschaltung 49
– gegenkopplung 106
– glättung 120
– laufplan 412
– Parallel-Gegen-
kopplung 106
– rauschen 137
– Serien-Gegen-
kopplung 106
– Spannungs-
wandler 114
– stärke 47
– stärkebereiche 390
– stoßrelais 88
– stoßschaltung 384
– systeme 62 f.
– Übertragungs-
verhältnis 109
– versorgungsgerät 389
Stromdurchflossene
– Leiter im Magnetfeld 55
– Spule im Magnetfeld 55
Stromrichter-
– benennungen 116
– geräte 116
– kennzeichen 116
– sätze 116
Stromsensor 343
Stufenindex-Profil 146
Struktogramm 324
Struktur
– des Masters (ASI) 359
– digitaler Regeleinrich-
tungen 352
Strukturierte Anwei-
sungen 306
Strukturierung 353
Stufenrampen-
Umsetzer 274
Subjunktion 264
Summenstrom-
Wandler 393
Summierver-
stärker 114
Surround-Sound 222
SVGA 304
S-VHS 198 f.
S-VHS-C 198 f.

Symbol-
– aufbau (Anzeigen) 110
– elemente, Schalt-
zeichen 412 ff.
– höhe (Anzeigen) 110
Symmetrische Verschlüs-
selung 225
Symmetrischer Verhält-nis-
diskriminator 163
Synchrone Zähler 270
Synchron-
– demodulator 161
– maschinen 364
– motor 364, 367
– pegel 184
Synchronisation
– Horizontal 184
– Vertikal 184
System-
– arten (Licht-
schranken) 111
– entwurf 326
– punkte 62

T
TAE 237 f.
Tagessehen 28
T-DAB 260
T-Glied 91
Tangens 11
Tantalelektrolytkon-
densator 82, 84
Target 287
Tarifschaltuhren 332
Tast-
– abstand (Licht-
schranke) 111
– bereich (Licht-
schranke) 111
– dimmer 384
– grad 61, 123 f.
– verhältnis 61, 302
Tastatur 19
Tauchspulmikrofon 210
TCP/IP 254
Tele-
– box 243
– fax 243
– kommunikations-
Anschlußeinheit 237
– metrie 258
Telefon-
– anlage 229
– karte 295
– system, kabellos 259
Telegramm-
– aufbau I²C-Bus 313
– übertragung (ASI) 359
Teletex 243
Telex 243
Temperatur- 25
– koeffizient 35, 38, 49, 80
– messung 341
– regelung 93
– sensor 343
– Temperaturabhängiger
Widerstand 80, 341
Teil-
– schnitt 408

– klirrdämpfungs-
maß 158, 339
– klirrfaktor 158, 339
Terminal 321
Terminal Equipement 248
Tetratische Codes 275
Textkommunikation 243
TF 168
TFTS 260
TDMA 259
TDMA-Rahmenstruktur
262
Thermisches
Rauschen 137
Thermo-
– element 341
– plaste 40
– transferdrucker 320
– spannung (Relais) 109
Thomson-Meßbrücke
338
Thyristor 97
– Diode 96
– Tetrode 97
– Triode 97
Tiefentladeschutz 373
Tiefenschrift 216
Tiefpaß 66, 115, 120
Tiefton-Lautsprecher 211
Tintendrucker 320
TN-Systeme 391 f.
Token Bus 249
Token Ring 249
Toleranzband 350
Tonader-Speisung 210
Ton-
– aufzeichnung 217
– bandgerät 217
– bandspulen 216
– kassetten 216
– Rundfunktechnik 171 f.
– signale 153 f.
– spur 217
– träger 183
Tote Zone 133
Totzeit 347, 350
Touchscreen 319
Trägerfrequenz-
– sperre 387
– technik 168
Transceiver 250
Transferbefehle 279
Transflektive LCD 110
Transformator- 56, 369 ff.
– für medizinische
Zwecke 371
– idealer 369
– Kurzschluß-
spannung 369
– Kurzschluß-
ströme 369
– Kurzschluß-
verluste 370
– Leerlaufverluste 370
– Leistungsschild 370
– realer 369
– Schaltgruppe 370
– Wirkungsgrade 370
– hauptgleichung 369

Transistor
– als Schalter 99
– Restströme 98
– Sperrspannungen 98
– Transistor-Logik 273
Transmissive LCD 110
Transmitter 313
Transparente
Elektroden 110
Transportschicht 251
Transversalwellen 26
Trapez 12
Trenn-
– schärfe 180
– transformatoren 371, 392
– verstärker 337
Treppenhaus-
schaltung 384
Triac 97
Triac-Koppler 109
Triggerdiode 96
Triggern von Zünd-
strömen 96
Triggerung 336
Trigonometrische
Funktion 6
Trockene Räume 399
Trockenrelais 88
Troposphäre 133
TSE-Beschaltung 126
TT-Systeme 391
TTL-Logik 273
Tür-
– freisprecheinrichtung 229
– öffneranlage 228 f.
– sprechanlage 227 ff.
Tuner (Hi-Fi) 207
Typenraddrucker 320

U
U-Loading 198
U-Modulator 186
U-MOS-Transistor 102
U-Pipeline 284
Überfallmeldeanlage 230
Übergabe-
– pegel 154
– punkt 153 f.
Übergangs-
– verbinder 142
– verhalten 347
Überlagerungs-
empfänger 171
Übersetzungsver-
hältnis 56, 123
Übersichtsschaltplan 410
Überspannungs-
– ableiter 130, 126,
382, 397 f.
– begrenzung 126
– schutz 382
Überspannungsschutz von
Halbleiter-Ventilen u.
Stromrichtern 126
Übersprech-
dämpfung 180
Überstrom-Schutz-
organe 378, 383
Überstromschutz 383

463

Überstromschutz von
 Halbleiter-Ventilen und
 Stromrichtern 126
Übertrager 56
– Allgemein 87
– Leistungs- 87
Übertragerbleche 39
Übertragerkopplung 105
Übertragungs-
– einrichtung 236
– faktor 136
– frequenz 154
– geschwindigkeit 308
– Kennlinie, Operations-
 verstärker 113
– kette 136
– maß 136
– qualität 137
– raten 244
Übertragungstechnik
– Optische 145 f.
UHF 135, 183
Uhrenanlage 226
UJT 96
UKW-
– Empfangsteil (Hi-Fi) 207
– Mischstufe 172
Ultrakurzwellen 133, 135
Ultraviolette Strahlung 28
Ultraschallsensor 343
Umdrehungsfrequenz 24
Umrechnungsfaktoren
 zur Leitungsbe-
 lastung 378
Umschaltbetrieb von
 Akkumulatoren 373
Umweltschutz 375
UND-Funktion 10
UND-Verknüpfung
 (SPS) 264, 356 f.
Unempfindlichkeits-
 bereich (Dreipunkt-
 regler) 349
Unfallverhütung 394
Ungesteuerte Strom-
 richter 118
Unijunktion-Transistor 96
Unipolare
– Ansteuerung
 (Schrittmotor) 360
– Transistoren 103
Universalmotor 366 f.
UNIX 304
Unsymmetrischer
 Verhältnisdiskri-
 minator 163
Unsymmetrische
 Verschlüsselung 225
Untere Seitenfrequenzen
 bei AM 160
Unterer Sonderkanal-
 bereich 183
Unterprogrammbehand-
 lung 281
Unterschwingungs-
 verfahren 125
Utraschall-Durchfluß-
 meßrohr 344

USB 183
– bei AM 160
UV-Strahlung 28

V
V.24 307
Variationsbereich 171
V-Modulator 186
V-Pipeline 284
V.-Serie 234 f.
V-MOS-Transistor 102
Vakuum-Fluoreszenz-
 Anzeigen 110
Varistor 80, 126
VDE-Prüfzeichen 396
VDR 80
Vektor 7, 14
Verbindung
– Anorganische 31
– Chemische 30
Verbindungsregel 10
Verbotszeichen 394
Verbraucher-Pfeil-
 system 50
Verbrennungs-
 vorgang 230
Verdeckungseffekt 174
Verhältnisdiskri-
 minator 163
Verkehrs-
– menge 241
– theorie 241
– wert 241
Verknüpfungs-
– bausteine 264
– glieder ersetzen 264
Verkürzungsfaktor 138
Verlegearten 232, 378
Verlust-
– faktor 86, 121
– leistung 376
– wärme 127
Verlustbehafteter
 Kondensator 67
Verlustbehaftete Spule 67
Vermittlungs-
– einrichtung 236
– schicht 251
– technik 240 f., 261
Verschachtelung 262
Verschlüsselung 225, 262
Verseil-Querschnittsbilder
 für LWL 148
Verseilung 140 f.
Verstärker 105, 152
– Hi-Fi 207
Verstärkungs-
– faktor 136
– maß 136
Vertauschungsregel 10
Verteilungen 381
Verteilungs-
– regel 10
– systeme, TN-,TT-,IT- 391
Verteilverstärker 152
Vertikal-
– Austastung 184
– synchronisation 184

Verträglichkeit (EMV) 398
Verzerrungen 158
– Lineare 158
– Nichtlineare 158
Verzerrungsfreiheit 107
Verzögerung 23
Verzögerungs-
 Zeitkonstante 347
Verzögerungszeit 61
Verzugszeit 350
VF-Anzeigen 110
VGA 304, 310
VHF 135, 183
VHS 198 f.
VHS-C 198 f.
Video 2000 198
Video 8 198 f.
Video-
– anlage 229
– anschlüsse 310
– bänder 199
– CD 224
– Kassetten 199
– Nachbereitung 201
– Programm-System 194
– Steckverbinder 203
– schnitt 201
– signal 184
– systeme 198
– technik-Begriffe 206
Videotext- 194
– Daten 194
Vielfache von Ein-
 heiten 14
Vielkristallhalbleiter 116
Vier-Bit-Binär-Zähler 270
Vierpol 71
– parameter 71 f.
Vierleiter-Drehstrom-Wirk-
 verbrauchszähler 332
Vierschichtdiode 96
Visitor Location
 Register 262
VITC 201
VLF 135
Voll-
– brückenwandler 123 f.
– disjunktion 265
– konjunktion 265
– schnitt 408
– schrittbetrieb 360
Vollgesteuerte
– Sechspuls-Brücken-
 schaltung 119
Vollgesteuerte
– Zweipuls-Brücken-
 schaltung 119
Vollspur-
– aufzeichnung 217
– stereo 207
Vorbehandlung (Kleben) 46
Vorhaltzeit 348
Vorkreis 171
Vorsätze für Einheiten 14
Vorsatzzeichen 14
Vorwärts-
– richtung 96
– verhalten 97

VPS- 194, 202
– Datenzeile 202
– Decoder 202

W
W1C-Schaltung 125
WAN 254
WARC 260
WARC-Frequenzplan 258
Wasserschutz 400
Wahrnehmungs-
 schwelle 390
Wandlerarten 123
Wägeverfahren 274
Wähl-
– netz 236, 246
– scheibe 236
Wärme- 25
– aktivierkleben 46
– kapazität,
 spezifische 35
– leitfähigkeit 35
– leitung 35
– melder 231
– menge 25
– widerstand 127
– wirkungsgrad 52
Wärmekapazität
– Spezifische 25, 52
Warmfestigkeit 35
Warnschild
– elektrische und magne-
 tische Felder 406
– gefährliche
 Strahlung 407
Warnzeichen 394
Wartungsfreie
 Batterien 373
Wassertropfenmethode
 (Kleben) 46
Wechsel-
– richter 125
– richterbetrieb 119
– schaltungen 384
– spannung 59
Wechselstrom- 59
– Ersatzschaltbild 101
– Motoren 366
– motor mit Hilfs-
 wicklung 366
– steller 362
– Umrichter 125
– widerstände 64 f.
– Wirkverbrauchs-
 zähler 332
Wechselstrommäßige
 Betrachtung bipolarer
 Transistoren 101
Wechselweg-
 schaltung 125
Wecker-
– anlage 228
– schaltung 236
Wegmessung mit indukti-
 vem Geber 341
Wegsensor 342 f.
Weichen 211
Weichlöten, Festigkeit 42

464

Weißpegel 184
Wellen
- Stehende 138
- Elektromagnetische 132
Wellen-
- abstrahlung 132
- ausbreitung 133
- bereiche 134
- bereichsum-
  schaltung 172
- länge 110, 132, 134
- widerstand 138, 143 f.
Wendepolwicklung 365
Werkstoffe
- Arten 38 ff.
- Eigenschaften 35,38 ff.
- Keramische 41
- Kontakt 38
- Magnet 39
- Relais 39
- Widerstand 38
Werkstoffkombination
  (Kleben) 46
Werkzeugstahl 36
Wertdiskrete Signale 158
Wertkennzeichnung
- von Kondensatoren 77
- von Widerständen 77
Wertkontinuierliche
  Signale 158
Western-Modular-
  Technik 239
Wheatstone-
  Meßbrücke 49, 338
Wickelquerschnitt 87
Wicklungspunkt 56
Wicklungssinn 56
Widerstand 49 f.
- Edelmetall 76
- Farbkennzeichnung 77
- in Wechselstrom-
  kreisen 64 f.
- Kohle 76
- Magnetischer 54
- Metall 76
- Schaltungen mit 50 f.
- Spannungsabhän-
  giger 80 f.
- spezifisch elek-
  trischer 35, 38 ff., 49

- Spezifischer 49
- Temperaturab-
  hängiger 80
Widerstandbelag 138
Widerstands-
- form 71
- matrix 180
- messung 49
- Werkstoffe 38
Wiederaufladbare
  Batterien 373
Wiederholung 324
Wien-Meßbrücke 338
Wien-Robinson-
  Oszillator 170
Windlast 151
Winkel-
- funktionen 11
- schrittgeber 112
Winkel im
- Bogenmaß 24
- Gradmaß 24
Wirkleistung 59
Wirkleistungs-
- faktor 59
- meßgeräte 331
Wirksinnan-
  passung 353
Wirkungsablauf 345
Wirkungsgrad 20
- Elektrolyse 32
- Wärme 52
Workstation 254
WORM 304
Würfel 13

X
X-Serie 235
X-tracking 352

Y
Y-Ablenksystem 337
Yagi-Antenne 150
Yellow Cable 254
Y-Signal 185

Z
Z-Diode 95
Zähigkeit 35
Zähldiskriminator 163

Zählverfahren 274
Zahlen 7f., 330
Zahlen-Codes 275
Zahlensysteme 7 f.
Zähler-
- konstante 332
- platz 381
- schaltungen 332
Zählimpuls
  (Lichtschranke) 109
Zählpfeilsystem 50
Zahnradantrieb 22
Zeichen-
- aufbau (SPS) 356
- blattformate 409
- Chemisches 30
- der Mengenlehre 7
- geschwindigkeit 308
- Mathematische 6
- rahmen 308
Zeilen-
- austastlücke 184
- sensor 195
Zeitdiensttechnik 230
Zeitdiskrete Signale 158
Zeitkonstante 57
Zeitkontinuierliche
  Signale 158
Zeitplanregelung 346
Zeitmultiplex 168
Zeitstufe 241
Zeitverhalten von
- Führungsgrößen 346
- Regelkreis-
  gliedern 346
- Regelstrecken 346
Zellensicherungen 126
Zentimeterwellen 135
Zentralanlage 228
Zerlegen von
  Kräften 19
ZF-
- Selektion 180
- Unterdrückung 180
- Verstärker 171
Ziegler-Nichols-
  Verfahren 350, 352
Zieh-
- bereich 93
- empfindlichkeit 93

Zink-
- Chlorid-Batterien 372
- Kohle-Batterien 372
- Luft-Batterien 372
- oxid-Varistor 80
Zünd-
- hilfe 130
- transformatoren 371
Zugbeanspruchung
  (Kleben) 46
Zugriffsverfahren 314
Zuordnungen 327
Zusammensetzung von
  Kräften 19
Zustandsab-
  frage 8251 297
Zuständigkeit 327
Zuständigkeits-
- angaben 75 f.
- bereich 237
ZVST 236
Zweidrahtleitung (ASI)
  358
Zweikanal-
  Oszilloskop 336 f.
Zweipuls-
- Brücken-Schaltung 118
- Mitelpunkt-
  Schaltung 118
- schaltung 121
- Verdoppler-
  Schaltung 117
Zweipunktregler 349
Zweirichtungs-
- Thyristordiode 96
- Diode 96
- Thyristor 97
Zweitore, elektrische 71
Zwischenkreis-
  Umrichter 125
Zyklische
- Abfrage
  (Polling, ASI) 358
- Redundanz-
  prüfung 276
Zyklischer Normalbetrieb
  (ASI) 359
Zykluszeit 358
Zylinder 13
- kerne 86

Bildquellenverzeichnis:

Hengstler GmbH, Wehingen: S. 89
Hüthig Verlag, Heidelberg: S. 197
Kathrein-Werke KG, Rosenheim: S. 152
Siemens AG, Braunschweig: S. 88
Siemens AG, München: S. 140, 141, 377

Einbandgestaltung: Wolfgang Seipelt, Armin Kreuzburg

Hexadezimal-Dezimal-Umwandlung (ganzzahlige Werte)

Hexadezimal-Zahlen	0	1	2	3	4	5	6	7	8	9	A	B	C	D	E	F
00_	0000	0001	0002	0003	0004	0005	0006	0007	0008	0009	0010	0011	0012	0013	0014	0015
01_	0016	0017	0018	0019	0020	0021	0022	0023	0024	0025	0026	0027	0028	0029	0030	0031
02_	0032	0033	0034	0035	0036	0037	0038	0039	0040	0041	0042	0043	0044	0045	0046	0047
03_	0048	0049	0050	0051	0052	0053	0054	0055	0056	0057	0058	0059	0060	0061	0062	0063
04_	0064	0065	0066	0067	0068	0069	0070	0071	0072	0073	0074	0075	0076	0077	0078	0079
05_	0080	0081	0082	0083	0084	0085	0086	0087	0088	0089	0090	0091	0092	0093	0094	0095
06_	0096	0097	0098	0099	0100	0101	0102	0103	0104	0105	0106	0107	0108	0109	0110	0111
07_	0112	0113	0114	0115	0116	0117	0118	0119	0120	0121	0122	0123	0124	0125	0126	0127
08_	0128	0129	0130	0131	0132	0133	0134	0135	0136	0137	0138	0139	0140	0141	0142	0143
09_	0144	0145	0146	0147	0148	0149	0150	0151	0152	0153	0154	0155	0156	0157	0158	0159
0A_	0160	0161	0162	0163	0164	0165	0166	0167	0168	0169	0170	0171	0172	0173	0174	0175
0B_	0176	0177	0178	0179	0180	0181	0182	0183	0184	0185	0186	0187	0188	0189	0190	0191
0C_	0192	0193	0194	0195	0196	0197	0198	0199	0200	0201	0202	0203	0204	0205	0206	0207
0D_	0208	0209	0210	0211	0212	0213	0214	0215	0216	0217	0218	0219	0220	0221	0222	0223
0E_	0224	0225	0226	0227	0228	0229	0230	0231	0232	0233	0234	0235	0236	0237	0238	0239
0F_	0240	0241	0242	0243	0244	0245	0246	0247	0248	0249	0250	0251	0252	0253	0254	0255
10_	0256	0257	0258	0259	0260	0261	0262	0263	0264	0265	0266	0267	0268	0269	0270	0271
11_	0272	0273	0274	0275	0276	0277	0278	0279	0280	0281	0282	0283	0284	0285	0286	0287
12_	0288	9289	0290	0291	0292	0293	0294	0295	0296	0297	0298	0299	0300	0301	0302	0303
13_	0304	0305	0306	0307	0308	0309	0310	0311	0312	0313	0314	0315	0316	0317	0318	0319
14_	0320	0321	0322	0323	0324	0325	0326	0327	0328	0329	0330	0331	0332	0333	0334	0335
15_	0336	0337	0338	0339	0340	0341	0342	0343	0344	0345	0346	0347	0348	0349	0350	0351
16_	0352	0353	0354	0355	0356	0357	0358	0359	0360	0361	0362	0363	0364	0365	0366	0367
17_	0368	0369	0370	0371	0372	0373	0374	0375	0376	0377	0378	0379	0380	0381	0382	0383
18_	0384	0385	0386	0387	0388	0389	0390	0391	0392	0393	0394	0395	0396	0397	0398	0399
19_	0400	0401	0402	0403	0404	0405	0406	0407	0408	0409	0410	0411	0412	0413	0414	0415
1A_	0416	0417	0418	0419	0420	0421	0422	0423	0424	0425	0426	0427	0428	0429	0430	0431
1B_	0432	0433	0434	0435	0436	0437	0438	0439	0440	0441	0442	0443	0444	0445	0446	0447
1C_	0448	0449	0450	0451	0452	0453	0454	0455	0456	0457	0458	0459	0460	0461	0462	0463
1D_	0464	0465	0466	0467	0468	0469	0470	0471	0472	0473	0474	0475	0476	0477	0478	0479
1E_	0480	0481	0482	0483	0484	0485	0486	0487	0488	0489	0490	0491	0492	0493	0494	0495
1F_	0496	0497	0498	0499	0500	0501	0502	0503	0504	0505	0506	0507	0508	0509	0510	0511
20_	0512	0513	0514	0515	0516	0517	0518	0519	0520	0521	0522	0523	0524	0525	0526	0527
21_	0528	0529	0530	0531	0532	0533	0534	0535	0536	0537	0538	0539	0540	0541	0542	0543
22_	0544	0545	0546	0547	0548	0549	0550	0551	0552	0553	0554	0555	0556	0557	0558	0559
23_	0560	0561	0562	0563	0564	0565	0566	0567	0568	0569	0570	0571	0572	0573	0574	0575
24_	0576	0577	0578	0579	0580	0581	0582	0583	0584	0585	0586	0587	0588	0589	0590	0591
25_	0592	0593	0594	0595	0596	0597	0598	0599	0600	0601	0602	0603	0604	0605	0606	0607
26_	0608	0609	0610	0611	0612	0613	0614	0615	0616	0617	0618	0619	0620	0621	0622	0623
27_	0624	0625	0626	0627	0628	0629	0630	0631	0632	0633	0634	0635	0636	0637	0638	0639
28_	0640	0641	0642	0643	0644	0645	0646	0647	0648	0649	0650	0651	0652	0653	0654	0655
29_	0656	0657	0658	0659	0660	0661	0662	0663	0664	0665	0666	0667	0668	0669	0670	0671
2A_	0672	0673	0674	0675	0676	0677	0678	0679	0680	0681	0682	0683	0684	0685	0686	0687
2B_	0688	0689	0690	0691	0692	0693	0694	0695	0696	0697	0698	0699	0700	0701	0702	0703
2C_	0704	0705	0706	0707	0708	0709	0710	0711	0712	0713	0714	0715	0716	0717	0718	0719
2D_	0720	0721	0722	0723	0724	0725	0726	0727	0728	0729	0730	0731	0732	0733	0734	0735
2E_	0736	0737	0738	0739	0740	0741	0742	0743	0744	0745	0746	0747	0748	0749	0750	0751
2F_	0752	0753	0754	0755	0756	0757	0758	0759	0760	0761	0762	0763	0764	0765	0766	0767
30_	0768	0769	0770	0771	0772	0773	0774	0775	0776	0777	0778	0779	0780	0781	0782	0783
31_	0784	0785	0786	0787	0788	0789	0790	0791	0792	0793	0794	0795	0796	0797	0798	0799
32_	0800	0801	0802	0803	0804	0805	0806	0807	0808	0809	0810	0811	0812	0813	0814	0815
33_	0816	0817	0818	0819	0820	0821	0822	0823	0824	0825	0826	0827	0828	0829	0830	0831
34_	0832	0833	0834	0835	0836	0837	0838	0839	0840	0841	0842	0843	0844	0845	0846	0847
35_	0848	0849	0850	0851	0852	0853	0854	0855	0856	0857	0858	0859	0860	0861	0862	9863
36_	0864	0865	0866	0867	0868	0869	0870	0871	0872	0873	0874	0875	0876	0877	9878	0879
37_	0880	0881	0882	0883	0884	0885	0886	0887	0888	0889	0890	0891	0892	0893	0894	0895
38_	0896	0897	0898	0899	0900	0901	0902	0903	0904	0905	0906	0907	0908	0909	0910	0911
39_	0912	0913	0914	0915	0916	0917	0918	0919	0920	0921	0922	0923	0924	0925	0926	0927
3A_	0928	0929	0930	0931	0932	0933	0934	0935	0936	0937	0938	0939	0940	0941	0942	0943
3B_	0944	0945	0946	0947	0948	0949	0950	0951	0952	0953	0954	0955	0956	0957	0958	0959
3C_	0960	0961	0962	0963	0964	0965	0966	0967	0968	0969	0970	0971	0972	0973	0974	0975
3D_	0976	0977	0978	0979	0980	0981	0982	0983	0984	0985	0986	0987	0988	0989	0990	0991
3E_	0992	0993	0994	0995	0996	0997	0998	0999	1000	1001	1002	1003	1004	1005	1006	1007
3F_	1008	1009	1010	1011	1012	1013	1014	1015	1016	1017	1018	1019	1020	1021	1022	1023